卫星气象学

（第三版）

陈渭民 编著

内容简介

本书结合了近年来卫星气象学的新成果,对多年用于教学的第二版教材内容进行了增删修订,并增加了思考习题。全书共 11 章。第 1 章介绍卫星气象学的概貌。第 2 章介绍气象卫星轨道和卫星轨道的基本知识。第 3 章介绍卫星观测基本原理。第 4 章是卫星资料的获取原理。第 5 章介绍卫星云图分析基础。第 6 章介绍卫星云图大尺度云系的特征与天气物理机制间的关系分析,和局地天气云系的分析。第 7 章介绍高空、地面和急流天气系统的云系分布特征分析。第 8 章介绍中纬度锋面、气旋天气系统云图分析。第 9 章是冰雹、暴雨的卫星云图分析。第 10 章介绍热带天气系统和台风的云图分析。第 11 章介绍卫星估计降水、风、大气温度垂直分布、云参数、水汽、臭氧等。

本书的读者对象主要是大气科学领域高年级本科学生和广大气象台站气象工作者,以及相关领域的科研人员。

图书在版编目(CIP)数据

卫星气象学/陈渭民编著. -- 北京:气象出版社,2017.8(2023.7 重印)

ISBN 978-7-5029-6610-2

Ⅰ.①卫… Ⅱ.①陈… Ⅲ.①气象卫星-卫星遥感 Ⅳ.①P405

中国版本图书馆 CIP 数据核字(2017)第 172878 号

出版发行:	气象出版社			
地　　址:	北京市海淀区中关村南大街 46 号		邮政编码:	100081
电　　话:	010-68407112(总编室)　010-68408042(发行部)			
网　　址:	http://www.qxcbs.com		E-mail:	qxcbs@cma.gov.cn
责任编辑:	林雨晨		终　　审:	吴晓鹏
责任校对:	王丽梅		责任技编:	赵相宁
封面设计:	博雅思企划			
印　　刷:	三河市百盛印装有限公司			
开　　本:	720 mm×960 mm　1/16		印　　张:	37
字　　数:	725 千字			
版　　次:	2017 年 8 月第 3 版		印　　次:	2023 年 7 月第 4 次印刷
定　　价:	98.00 元			

本书如存在文字不清、漏印以及缺页、倒页、脱页等,请与本社发行部联系调换

前　言

自从20世纪60年代第一颗气象卫星成功发射至今，卫星探测技术得到迅速发展，建立了全球卫星观测体系，大大丰富了气象观测的内容和范围，使大气探测技术和气象观测进入了一个新阶段，突破了人类只能从底层探测大气的局限性，一些难以观测的资料和地区，现在都可以从气象卫星上得到实现。气象卫星的出现极大地促进了大气科学的发展，在探测理论和技术、灾害天气监测、天气分析和预报等方面发挥了重要作用，从而促进了一门新的学科——卫星气象学的形成，同时气象卫星资料广泛应用于地质、地理、农业、林业、水文、航空航天等领域。特别是进入到21世纪，气象卫星探测技术又有很多新突破，气象卫星探测的谱段从紫外到微波的各个谱段，卫星观测通道越来越多，图像的种类大大增加，经处理后定量的卫星资料也越来越多，卫星探测的光谱分辨率、时空分辨率都有很大提高，有关卫星气象的研究内容极为丰富，研究成果大量涌现。鉴于这种情况，很难用一本书表达当今卫星气象学的发展和应用。本书着重介绍卫星气象观测的基本概念、原理、方法和资料应用，反映当前卫星气象的最新发展。本书的读者对象主要是大气科学领域高年级本科学生和广大气象台站气象工作者。

全书共11章，第1章给出卫星气象学的概貌，卫星观测的内容、特点和气象卫星的发展状况；第2章介绍气象卫星轨道和卫星轨道的基本知识；第3章介绍卫星观测基本原理，是本书的重点和难点之一，着重介绍辐射的基本概念，辐射传输理论，太阳、云和地表面的有关辐射知识；第4章是卫星资料的获取原理，卫星观测仪器，资料的接收和处理的原理；第5章是卫星云图分析基础，介绍多光谱通道云图的特点，分析应用，各类云的识别依据，地表特征分析；第6章是卫星云图大尺度云系的特征与大气物理机制间的关系分析，和局地天气云系的分析；第7章高空、地面和急流天气系统的云系分布特征分析；第8章是中纬度锋面、气旋天气系统云图分析；第9章是冰雹、暴雨的卫星云图分析；第10章是热带天气系统和台风的云图分析；第11章是卫星估计降水、风、大气温度垂直分布、云参数、水汽、臭氧等。

本书是作者在南京信息工程大学卫星气象学课程多年教学基础上，结合近年来卫星气象学的新成果，对教材内容进行了增删修订，加强了卫星观测原理的基本概念、云图分析的内容，增加了思考习题，以使学生通过学习后能在工作中使用卫星云图。

本书在编写过程中得到了从事卫星气象学教学工作的陈爱军、胡方超、钱博、吴莹、许丹、王剑庚等教授、博士们提出的许多宝贵修改意见及吴鹏飞博士的大力支持，并仔细审阅了全部书稿，南京大学大气科学学院郁凡教授对全书提出很多宝贵意见，在编写中得南京信息工程大学大气物理学院、教务处大力支持。在此一并表示衷心感谢。

限于作者水平和能力，不当之处在所难免，敬请读者批评指正。

作者

2017 年 5 月

目　录

前言
第1章　气象卫星遥感的概述和应用 ………………………………………… (1)
　1.1　引言 …………………………………………………………………… (1)
　1.2　气象卫星遥感探测的特点 …………………………………………… (3)
　1.3　卫星资料在大气科学和其他领域中的应用 ………………………… (4)
　1.4　国内外卫星介绍 ……………………………………………………… (9)
　本章要点 …………………………………………………………………… (21)
　问题和习题 ………………………………………………………………… (22)
第2章　气象卫星轨道和气象卫星 …………………………………………… (23)
　2.1　气象卫星运动规律 …………………………………………………… (23)
　2.2　卫星轨道参数和轨道的摄动 ………………………………………… (27)
　2.3　气象卫星轨道 ………………………………………………………… (37)
　2.4　卫星的发射和卫星技术 ……………………………………………… (44)
　本章要点 …………………………………………………………………… (47)
　问题与思考题 ……………………………………………………………… (47)
第3章　卫星遥感辐射基础知识 ……………………………………………… (49)
　3.1　辐射基本量 …………………………………………………………… (49)
　3.2　辐射基本定理 ………………………………………………………… (59)
　3.3　大气中的辐射过程 …………………………………………………… (65)
　3.4　辐射传输方程微分和积分形式 ……………………………………… (72)
　3.5　反射和透射函数、辐射参数和累加法 ……………………………… (76)
　3.6　太阳和地球辐射以及大气吸收和散射 ……………………………… (81)
　3.7　地球大气辐射和大气吸收 …………………………………………… (94)
　3.8　地表和云特性 ………………………………………………………… (102)
　本章要点 …………………………………………………………………… (127)
　问题和习题 ………………………………………………………………… (127)
第4章　卫星云图观测原理和资料获取处理 ………………………………… (129)
　4.1　卫星接收的辐射 ……………………………………………………… (129)

 4.2 卫星云图观测原理 ………………………………………………… (139)
 4.3 气象卫星观测仪器 ………………………………………………… (144)
 4.4 极轨气象卫星观测仪器 …………………………………………… (153)
 4.5 静止卫星观测仪器 ………………………………………………… (167)
 4.6 卫星资料的发送和接收 …………………………………………… (177)
 4.7 地面接收卫星资料范围的确定 …………………………………… (184)
 4.8 卫星轨道报格式 …………………………………………………… (190)
 4.9 卫星云图的图像表示和增强处理 ………………………………… (195)
 本章要点 ………………………………………………………………… (202)
 问题和习题 ……………………………………………………………… (202)

第5章 卫星图像分析基础 …………………………………………………… (206)
 5.1 卫星图像的基本特征 ……………………………………………… (207)
 5.2 识别云的判据 ……………………………………………………… (226)
 5.3 卫星云图上各类云的识别 ………………………………………… (229)
 5.4 卫星云图上各类云的共存及区分 ………………………………… (245)
 5.5 地表特征分析 ……………………………………………………… (247)
 5.6 风沙、浮尘、沙尘暴和烟雾 ……………………………………… (250)
 5.7 陆地冰雪覆盖区 …………………………………………………… (252)
 本章要点 ………………………………………………………………… (257)
 问题与思考题 …………………………………………………………… (257)

第6章 卫星图像大尺度和局地云系分析 …………………………………… (260)
 6.1 带状和涡旋云系 …………………………………………………… (260)
 6.2 逗点云系 …………………………………………………………… (261)
 6.3 斜压叶云系 ………………………………………………………… (270)
 6.4 变形场云系 ………………………………………………………… (276)
 6.5 细胞状云系 ………………………………………………………… (278)
 6.6 水汽图形的大尺度分析 …………………………………………… (283)
 6.7 局地性云系的云图分析 …………………………………………… (288)
 本章要点 ………………………………………………………………… (295)
 问题和思考题 …………………………………………………………… (296)

第7章 由卫星云图分析高空槽、急流和地面天气系统 ………………… (297)
 7.1 高空天气系统和大气波动 ………………………………………… (297)
 7.2 利用卫星云图分析 500hPa 槽线 ………………………………… (297)
 7.3 南支槽和青藏高原切变线云系 …………………………………… (302)

7.4 卫星云图确定高压脊线 …………………………………… (307)
   7.5 高空急流云系 …………………………………………… (312)
   本章要点 ……………………………………………………… (324)
   问题与思考题 ………………………………………………… (325)

第8章 锋面、温带气旋云系分析和预报 …………………………… (326)
   8.1 冷锋云系 ………………………………………………… (326)
   8.2 暖锋云系、锢囚锋云系和静止锋云系 ………………… (339)
   8.3 温带气旋云系 …………………………………………… (352)
   本章要点 ……………………………………………………… (372)
   问题与思考题 ………………………………………………… (372)

第9章 我国暴雨、冰雹和大风强对流云系的卫星云图分析预报 … (374)
   9.1 分析和预报强对流需考虑的几个基本问题 …………… (374)
   9.2 卫星云图分析对流云发生发展的条件 ………………… (378)
   9.3 强对流飑线云系分析 …………………………………… (383)
   9.4 我国中尺度雹暴云团 …………………………………… (392)
   9.5 我国北方产生雹暴云团的天气系统 …………………… (394)
   9.6 我国南方强暴雹云团的发生发展过程 ………………… (400)
   9.7 我国暴雨云系(非飑线云团)的分析 …………………… (406)
   9.8 我国暴雨云团与天气尺度云系间的配置 ……………… (417)
   9.9 我国暴雨云团的动态演变模式 ………………………… (423)
   本章要点 ……………………………………………………… (433)
   问题与思考题 ………………………………………………… (434)

第10章 热带天气系统的云图分析和预报应用 …………………… (436)
   10.1 热带地区云系 …………………………………………… (436)
   10.2 热带天气系统的卫星云图特征 ………………………… (441)
   10.3 东风波云系 ……………………………………………… (452)
   10.4 热带涡旋 ………………………………………………… (454)
   10.5 台风云系和结构 ………………………………………… (458)
   10.6 Dvork 分析台风方法 …………………………………… (466)
   10.7 台风强度的预报方法 …………………………………… (477)
   10.8 热带气旋路径的卫星云图预报方法 …………………… (479)
   本章要点 ……………………………………………………… (480)
   问题和思考题 ………………………………………………… (480)

第11章 气象卫星资料估计气象参数 ……………………………………… (482)
11.1 卫星资料估计降水 …………………………………………………… (482)
11.2 卫星资料估算风 ……………………………………………………… (503)
11.3 卫星遥感晴空大气温度 ……………………………………………… (510)
11.4 水汽的卫星遥感 ……………………………………………………… (526)
11.5 卫星遥感臭氧 ………………………………………………………… (528)
11.6 卫星遥感气溶胶 ……………………………………………………… (533)
11.7 卫星定量遥感云参数 ………………………………………………… (535)
11.8 微波遥感大气 ………………………………………………………… (547)
11.9 卫星遥感洋面温度 …………………………………………………… (554)
11.10 卫星资料在农业上的应用 ………………………………………… (556)
本章要点 ……………………………………………………………………… (564)
问题与思考题 ………………………………………………………………… (565)
参考文献 ……………………………………………………………………………… (568)
附录1 英文缩略语 …………………………………………………………………… (573)
附录2 一些基本常数 ………………………………………………………………… (581)
附录3 常用单位换算 ………………………………………………………………… (582)

第1章 气象卫星遥感的概述和应用

1.1 引言

20世纪50年代后期,空间技术迅速发展,出现了人造卫星。人造卫星是进行现代科学研究的重要工具,目前人造卫星已广泛应用于天文、气象、地质地理、海洋、农业、军事和通讯等各个领域。1960年4月1日,美国成功发射了第一颗气象试验卫星TIROS-1(泰罗斯-1),开创了人造卫星应用于气象探测的新纪元。至今全世界有许多国家发射了自己的气象卫星。

1.1.1 什么是气象卫星和卫星气象

在卫星上携带有各种气象观测仪器,测量诸如大气温度、湿度、风、云等气象要素以及各种天气现象,这种专门用于气象目的的卫星称作**气象卫星**。气象卫星的出现极大地促进了大气科学的发展,在探测理论和技术、灾害性天气监测、天气分析预报等方面发挥了重要作用。从而促进了一门新的学科——卫星气象学的形成。

卫星气象学是指如何利用气象卫星探测各种气象要素,并将卫星探测到的资料如何应用于大气科学的一门学科。它是与气象卫星完全不同的概念。

1.1.2 什么是气象卫星遥感

所谓**遥感**是指在一定距离之外,不直接接触被测物体和有关物理现象,通过探测器接收来自被测物体(目标物)反射或发射的电磁辐射信息,并对其进行处理、分类和识别的一种技术。收集电磁辐射信息的装置(如扫描辐射仪、相机等观测仪器)称作**传感器**;装载传感器的设备(如卫星、飞机、火箭等)称作**运载工具**。

利用卫星这一个运载工具进行遥感探测称作**卫星遥感**。而利用气象卫星对大气进行遥感探测称作**气象卫星遥感**。

卫星遥感探测技术包括以下三个重要组成部分:

(1)遥感信息的获取方法的研究,主要是研究在各个电磁波段的各类传感器的特性;

(2)各类目标物的光谱特性和遥感信息传输规律的研究;

(3)遥感数据的处理和分析判读技术的研究。

1.1.3 卫星气象学的主要内容

卫星气象主要研究 60km 以下大气中各气象要素的获取和应用,它的主要内容有:

(1)研究大气目标物(各类吸收气体)、云和地表等的辐射光谱特性及电磁辐射在大气中传输规律;

(2)寻找从卫星探测和获取大气中主要气象要素和大气现象的理论和方法。包括测量各种气象要素和推断目标物特性的最佳光谱段选取的研究,能满足气象观测要求的遥感仪器的最佳设计的研究,以及气象卫星资料反演方法的研究等;

(3)气象卫星资料的接收、处理和分发、数据管理和存储、质量控制;

(4)气象卫星资料直接在天气预报、大气科学研究中的应用。以及在其他有关领域中的使用。

1.1.4 遥感分类

遥感技术已经应用于各个学科领域,采用的方式和电磁波谱谱段也各不相同,为此遥感的分类方法也很多,目前主要有以下几种。

1.1.4.1 按工作方式可以分为主动遥感和被动遥感

主动遥感是指仪器接收由本身发射然后经被测物体反射回来的电磁辐射,再根据仪器接收到的反射电磁辐射特征来识别和推断目标物的特性。采用这种方式的仪器必须具备有发射电磁辐射的发射装置和接收装置,所以整个设备的体积大、重量重、消耗功率大,一般为地面遥感采用,如测雨雷达。由于这种遥感方式需要有人工电磁辐射源,故又称**有(人工)源遥感**。

被动遥感是测量目标物自身发射的电磁辐射或反射自然源(如太阳辐射)发射的电磁辐射来推测目标物特性,这种遥感方式只需要能感应电磁辐射的接收系统。所以它的优点是仪器的重量轻、体积小和耗能少,这种方式又称**自然源遥感**,所以卫星探测大都采用被动遥感方式。

1.1.4.2 按探测器选用的电磁波谱段划分

可以分成**紫外遥感**、**可见光遥感**、**红外遥感**和**微波遥感**等。随卫星探测技术进一步发展,在探测某一目标物时采用几个波段同时进行观测,这种遥感探测称为**多光谱遥感**。

1.1.4.3 按探测对象分

可以有**大气遥感**、**海洋遥感**、**农业遥感**和**地质地理遥感**等。对于大气遥感,根据测量的气象要素又可以分成**温度遥感**、**大气成分遥感**和**风的遥感**等。

1.1.4.4　按探测的信息形式分

有图像方式和非图像方式，图像方式把测量到的辐射转换成以黑白（或彩色）色调表示成图像；非图像方式则把测量到的辐射以数据或图表来表示。

1.2　气象卫星遥感探测的特点

气象卫星从空间观测地球大气系统，作为新型的气象探测平台，经多年来的实践发现它与地面观测和其他观测相比较，有许多优点和实现常规探测无法进行的观测。

1.2.1　气象卫星在固定轨道上对地球大气进行观测

气象卫星一旦进入轨道，便只能在固定的轨道上观测地球大气，而不是像飞机那样可以自由选择观测路线。当卫星选用一定的轨道，则观测范围和区域就一定，所以对于一定的观测目的，轨道的选择是重要的。卫星在轨道飞行的另一个优点是不再需要像飞机那样提供飞行动力，工作时间可长达几年以上。

1.2.2　气象卫星实现全球和大范围观测

气象卫星在离地面的几百千米到几万千米的宇宙空间，不受国界和地理条件的限制，对地球大气进行大范围观测。如泰罗斯-N卫星在约850km高空对地球东—西方向扫描观测，可达3000km左右；地球静止气象卫星在约36000km高空对地于某一固定区域的观测面积达1.7亿km^2，约为地球表面积的1/3。

由于卫星在固定轨道上运行，地球不停地自西向东旋转，所以卫星绕地球转一圈的同时，地球也相应地自西向东转过一定角度，从而使卫星能周期地观测到地球上的每一点，实现卫星的全球观测。而地面观测只能对单个点的观测，飞机只能对飞行路线经过的地区进行观测，雷达只能对局部地区（几百千米范围内）观测，时常只能观测到天气系统的某一部分。气象卫星的大范围观测，使得占地球的4/5海洋、荒无人烟的沙漠和高原等地区都可以从卫星探测获取气象资料，从而深入了解全球大气活动。

1.2.3　在空间自上向下观测

气象卫星在空间自上而下观测地球大气，这与地面观测是不同的。如对云的观测，卫星观测到的是云顶特征。在有几层云时，卫星首先观测到的是高云；若高云很薄，则可透过高云看到中低云；如果高云很厚，就无法看到中低云。如果卫星看到的云很白，说明这云很厚，在地面观测这块云时就很暗。

气象卫星不但能作大范围的水平观测，而且可以对大气作垂直探测，为研究天气系统的结构提供资料。

1.2.4 气象卫星采用遥感探测方式

气象卫星不能直接接触地球大气,只能采用遥感的方法获取大气和地面目标物的特性。遥感探测具有观测速度快、项目多、信息量大和测量系统不干扰被测目标物,以及资料代表性好等优点。例如卫星采用多个光谱段,以短的时间间隔测量,能及时掌握云系演变和各种气象要素,为天气预报提供依据。卫星测量比地面观测更具有内在的均匀性,在全球表面是连续的,不像现有的地面常规观测的不均匀的和间断的。此外对一颗气象卫星用一台仪器对世界各地观测,资料统一,不像地面观测采用型号不同、性能不完全一致的仪器工作,对大量仪器进行定标。

1.2.5 有利于新技术的发展和推广应用

气象卫星作为新型的观测平台,在上面可以安放用于各种目的的观测仪器,进行试验和工作,不断更新仪器设备,十分有利于新技术的推广应用。由于气象卫星通过世界上任一地区,所获取的各种资料可以实时发送给世界各国,卫星资料不仅可以为本国使用,而且可以为其他国家利用,受益面积大。

1.3 卫星资料在大气科学和其他领域中的应用

从 1960 年代初第一颗气象卫星成功发射以来,卫星探测在天气分析和大气科学研究中发挥了重大作用,取得了明显的效果,同时气象卫星资料广泛应用于农业、海洋、林业、地质地理、水文、航空航天等各领域。

1.3.1 增加和丰富了气象观测及其他领域资料的内容和范围

气象卫星观测体系的建立,大大地丰富了气象观测的内容和范围,使大气探测技术和气象观测进入了一个新阶段,突破了人类只能在大气底层观测大气的局限性。一些难以观测的资料和地区,现在都可以从气象卫星上得到实现。当前气象卫星可以提供以下有价值的资料:

(1)每日的可见光、红外和水汽等多谱段图像资料;
(2)大气垂直探测资料;
(3)微波探测资料;
(4)太阳质子、宇宙粒子资料等。

以上这些资料包含有大量地球大气信息,由这些信息可以导得以下气象和其他领域的各种参数和现象:

(1)云系的大范围分布和各类天气系统的位置、形成、发生发展等;灾害性天气的发生发展；

(2) 云类、云量、云顶温度(云顶高度)、云的相态等；

(3) 气溶胶、沙尘暴、吹沙、浮尘、冰雪覆盖等；

(4) 陆面温度、植被分布、蒸散、土壤湿度、地面反照率等陆面参数；

(5) 大气温度、湿度垂直分布，大气中水汽总量、臭氧总量；

(6) 降水量和降水区、地面水资源、洪水等；

(7) 给定区域的云风矢量；

(8) 入射地球-大气系统的太阳辐射和地球大气系统反射总辐射，长波辐射总量地气系统辐射收支等；

(9) 海洋表面温度、洋流、悬浮物质浓度、叶绿素浓度和海冰等海洋表面状态；

(10) 监视森林火灾、森林生长状况；

(11) 由可见光和近红外云图提取植被指数，监视农作物生长、估计作物产量；

(12) 监视太阳质子、α粒子、电子通量密度和能量谱以及卫星高度上的粒子总能量。

1.3.2 卫星资料是天气分析预报的重要依据

由于卫星观测范围大，能得到海洋、高原、沙漠等人烟稀疏地区的气象资料，大大地改进了这些地区的天气分析的准确性，加深了对各天气系统的理解，揭露了一些新的天气事实，解释了以前无法解释的天气现象。由于卫星云图有高的时、空分辨率，能连续追踪云系的形成、天气系统发展加强与降水等的相互关系，如对锋面、高空槽和气旋云系的发生发展和演变都有了新的认识和理解。发现了大尺度云系分布的各种云型特征，提出了天气尺度云系演变的概念模式，为预报员准确预报天气提供了依据。在使用了卫星资料后，能及早发现天气系统，从而提高预报的准确性，延长预报时效，如在卫星观测之前，青藏高原资料稀少，许多天气系统常常被遗漏，造成天气预报的失败，有了卫星资料后，发现和掌握了青藏高原上冷、暖锋和急流及其他系统的活动规律，为预报我国东部地区的降水发挥了重要作用。

1.3.3 监视和预报暴雨、强雷暴等灾害性天气系统

暴雨和强雷暴(大风和雷电)是灾害性危险天气系统，对人们的生命财产常造成严重损失。这类系统空间尺度小、变化快、生命短、强度大，用常规的观测资料难以抓住它，因此对这类系统的分析和预报一直是大气科学研究的一个重要问题。静止卫星云图能对某一固定区域连续观测，具有高的时、空分辨率，对发现和连续监视暴雨和强雷暴天气系统是很有效的工具，我国预报员利用静止卫星云图监视暴雨强对流的发生发展，制作0～6小时和0～12小时短时天气预报，减少了人民生命和财产

1.3.4 监视热带洋面上的低压、台风等天气系统

在热带海洋地区,气象测站稀少,资料十分短缺,用常规气象资料很难发现和追踪洋面天气系统的发生发展和移动。卫星云图是监视热带洋面上的低压、台风等天气系统的重要工具。在使用卫星云图以来没有一个台风被遗漏,并总结出一套用卫星云图预报台风强度和路径的有效方法,提高了台风预报的准确率,延长了预报时效,保障了人民生命和财产的安全,减少了经济损失。

1.3.5 改进长期天气预报

卫星资料能提供南北半球环流和中低纬度环流间的相互作用的有关资料,又因这些作用在几天或几星期后影响中纬度地区,所以应用这些资料可以帮助制作中长期天气预报。另外由卫星观测资料计算出的洋面温度、地球表面和洋面的冰雪覆盖资料,以及地球-大气和宇宙之间辐射能的交换资料,可以研究海气交换、气候变迁。

1.3.6 为数值天气预报提供资料

由 NOAA 气象卫星的高分辨率红外探测器得到的探测资料反演得到的大气温度、湿度分布和各高度上的云迹风,通过对卫星数据的同化处理,输入到数值模式中,用于提供数值预报的初始场,进一步提高数值天气预报的准确率。

1.3.7 在气候研究方面的应用

(1)云量、云类

云控制着入射到地球表面的太阳辐射和地球自身发射的红外辐射,所以云对地球的辐射收支有重要影响,从而对地球的增暖和冷却起着直接重要的作用。用卫星资料估算云的时空分布,能用于研究:①气候模式和有效性检验;②云对气候的影响;③云和地球辐射收支;④云的气候学变化等。

(2)辐射

地球大气顶的辐射收支决定了地气系统的能量输入,辐射能的源和汇导致了大气环流,影响全球的能量和水循环。由卫星观测能确定大气顶的辐射收支,入射地面的太阳辐射,射出长波辐射、总辐射等。

(3)降水

用卫星资料估计降水是测量降水的又一新的途径,特别是对于估算大尺度降水是最有效的方法。在热带地区的对流降水及其释放的潜热是大气环流的重要强迫机制之一。

卫星估算降水已经是一项重要的业务产品,对于研究降水与气候间的关系,水循环、作物生长等都是十分有用的。

(4)气溶胶、微量气体

CO_2、CH_4 和 N_2O,这些气体起着温室效应作用,影响气候变化;臭氧变化影响人类的健康;SO_2 等有害气体则造成大气污染。

(5)冰雪覆盖

中国是世界上中低纬度地区山岳冰川最多的国家之一,冰川面积虽不足全国面积的 6%,但其融水量却占全国地表年总径流量的 2.0%,相当于黄河每年入海年总径流量。利用卫星资料能计算冰川面积、冰川变化等。

冰雪覆盖的改变是气候变化的最重要的信号之一,全球气候模拟表明,温室效应在高纬度最大,极地冰雪一旦融化,地面反照率将发生很大变化,结果更有利于增温。地球上的冰雪覆盖有海冰、雪盖和冰川三部分。用卫星资料可以对冰雪覆盖的水平分布进行详细的观测,对冰川的分析更加系统化和全球化。利用 NOAA 卫星资料可以分析雪盖的范围、月、季雪盖频次及其距平;由 NOAA-K 卫星 1.6μm 资料更加容易区分积雪和云,积雪的深度;由美国国防气象卫星 SSM/I 资料分析积雪深度。由合成孔径雷达可以提供冰的范围、密度、冰期、冰缝等。

1.3.8 为农业提供气象资料

气象卫星可以为农业提供诸如日照、降水、气温、陆面温度、植被分布、蒸散、土壤湿度、地面反照率等气象参数和陆面参数,利用这些资料可以进行农业区划,监视作物长势,监测干旱、虫灾和估算作物产量等。确定反演生态环境预测变量。

1.3.9 监视森林火灾、地表热异常

森林火灾通常用地面建立瞭望塔和飞机进行观测,其瞭望塔的观测范围十分有限,而飞机观测费用十分昂贵。卫星观测有高的时空分辨率,可以对大范围森林火灾进行监视观测,经济费用少,是一个十分有效的工具。

1.3.10 卫星资料在水文方面的应用

卫星资料在水文方面的应用主要有以下几方面:

(1)估计降水量;

(2)监测洪涝灾害;洪水泛滥可造成重大损失,利用近红外卫星资料,可以制作洪水泛滥图;

(3)地面水资源。水是地面上无处不有,然而又是最多变的矿产资源,对环境水的监测是一件困难而又迫切的问题之一。水是一切有机物体的组成成分之一,没有

水就没有生命。利用卫星遥感资料可以帮助寻找地下水,对于人烟稀少的高原等地区,由卫星观测水资源的分布是十分理想的工具。

1.3.11 为海洋活动提供气象资料

(1)海洋气象预报和海洋航行保障:全球广阔海洋上大范围海冰、水状态对全球天气有重要影响。卫星观测到的海面温度、海冰、海面风浪状态对制作海洋天气预报有很大帮助。由卫星云图提供的天气实况和天气预报,可以避开不利的天气和海洋上的巨浪,改进海上航行业务。又如根据卫星资料制作的海冰分布图,可以寻找可通行水路的最佳航线,不仅能绕过海上危险的巨大冰山,节省时间和花费。例如在美国每年在海上航运事故造成的损失达5亿美元,在利用了卫星资料后,可减少损失5%~10%。在每年冬季,我国渤海湾地区经常出现冰冻,用飞机或船舶侦察海冰分布,不仅费用大,而且不能满足要求。用卫星资料能准确及时作出海冰分布图,为我国航行事业提供有用资料。

(2)海洋环境监视:利用卫星资料能实现环境监视,发现海洋上大范围的污染、赤潮,能获取海洋表面温度、洋流、悬浮物质浓度、叶绿素浓度等海洋表面状态;如石油污染、热污染和固体垃圾污染等海洋污染对生态破坏极大,这些都可以由卫星监视检测。

(3)河口、海岸的研究:使用卫星资料可以研究海岸、河口的形态及沿岸泥沙的搬运。为海港建设、保护海岸和浅海区域施工提供资料。

(4)海洋捕捞:卫星资料可以帮助海洋捕捞提供海洋信息,直接或间接地反映鱼类生态情况。例如根据卫星提供的海面温度定出冷暖洋流的边界位置,是鱼类活动的区域,由此可以预报鱼群,提高捕鱼产量。

1.3.12 为航空提供飞行保障

在卫星观测之前,由于缺乏资料,航空天气预报难以作准。在一张航线图上,标出哪些地方有强烈颠簸、哪里有积雨云、哪里能见度差、哪里有危险天气等是很困难的,即使能标出,误差也很大,应用卫星资料后,便改善了这种情况,以上问题很容易解决,为飞机安全飞行提供保障。利用卫星资料可以选取最佳航线,如沿高空急流飞行,可以缩短飞行时间,节省燃料。

1.3.13 为军事提供气象服务

气象卫星资料广泛应用于军事保障工作,如空军靶场、着陆预报、远程轰炸机航线天气预报、危险天气警报、特种军事勤务保障、弹道导弹系统的计算、气象参数对通信和雷达系统的影响计算等,卫星资料起有重要作用。

美国还专门发射了国防气象卫星(Defense Meteorological Satellite Program, DMSP),建立军事气象卫星体系,得到比民用气象卫星分辨率还高的气象资料,在越战和中东战争中广泛使用军事气象卫星资料,发挥了作用。

随着我国国防现代化、空间科学和尖端武器的发展,对气象保障工作提出越来越高的要求。例如,卫星发射和着陆回收的地区人烟稀少,气象资料缺乏,卫星可以提供及时而有效的资料。在战时,气象卫星可以获取敌区的气象资料,为战争服务。同时,若敌方对我方实行封锁,气象情报来源中断,此时气象卫星可以发挥更大的作用。

1.3.14 收集和转发各种气象资料

气象卫星不仅是一个空间观测平台,而且可以是资料收集和转发平台,它可以收集船舶、气球、漂浮站及自动气象站的资料,并传送给资料处理中心,经处理后再发送给世界各地。

1.3.15 空间环境监视

气象卫星上装有空间环境监测器(SEM),测量太阳质子、电子流密度、α粒子、能量谱和总粒子能量等,确定卫星周围的磁场强度和方向、估计太阳X射线流量,探测太阳风和环绕地球辐射带中的能量粒子,为高层大气物理和空间科学研究提供资料。

1.4 国内外卫星介绍

1.4.1 风云1号系列卫星

我国于1988年9月7日,由长征4号火箭成功地将风云1号气象卫星(图1.1)送入太空,从此我国拥有了自己的气象卫星。FY-1气象卫星是中国第一代极地太阳同步轨道试验卫星,它由中国航天部承担卫星的研制和发射任务,中国气象局卫星气象中心负责管理卫星资料的接收、处理以及产品的分发。FY-1气象卫星的任务是为天气预报提供区域性及全球昼夜云图,并测量海面温度、海洋水色、海冰、雪盖和植被等环境资料,以及空间环境监测资料。卫星本体是 $1.4m \times 1.4m \times 1.2m$ 的六面体,星体高度2.115m,外侧对称地安装六块太阳电池帆板;卫星总长10.556m,姿态为三轴定向稳定,对地指向精度小于1.0°,轨道为太阳同步轨道,高度900km,倾角99°,偏心率小于0.005,周期102.86min,每天绕地球14圈。FY-1上装有多光谱可见光、红外扫描辐射仪(MVISR)。1999年5月10日发射了FY-1C卫星,2002年5月15日发射了FY-1D卫星。表1.1给出了中国风云1号气象卫星MVISR1、2的通道及用途。

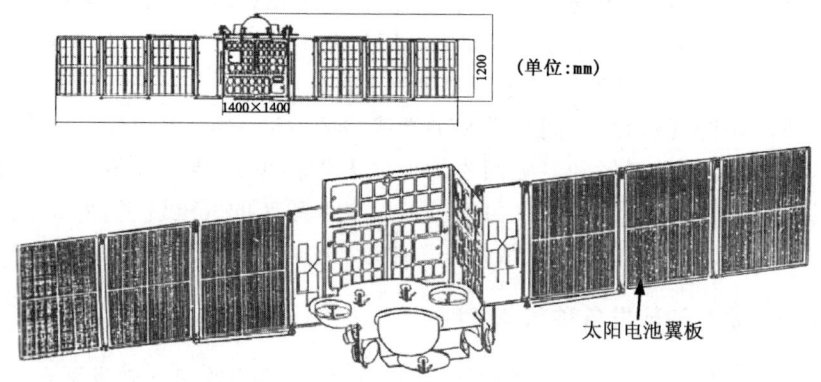

图 1.1　风云 1 号气象卫星星体

表 1.1　FY-1 号气象卫星 MVISR1、2 的通道及用途

通道序号	FY-1A/B 谱段（μm）	FY-1C 谱段（μm）	主 要 作 用
1	0.58～0.68	0.58～0.68	白天云分布和云特性，作物监测，污染物等
2	0.725～1.10	0.84～0.89	水陆界面、云、气溶胶、植被、土壤湿度等
3	0.48～0.43	3.55～3.95	表面温度、森林火灾、火山、地面热异常等
4	0.53～0.58	10.3～11.3	昼夜云分布、地表面温度、云顶温度、火灾等
5	10.5～12.5	11.5～12.5	昼夜云分布、地表面温度、云顶温度、火灾等
6		1.58～1.64	冰雪、土壤湿度、云相等
7		0.43～0.48	海洋叶绿素、悬浮物、泥沙、海冰、海流、水团等
8		0.48～0.53	海洋叶绿素、悬浮物、泥沙、海冰、海流、水团等
9		0.53～0.58	海洋叶绿素、悬浮物、泥沙、海冰、海流、水团等
10		0.90～0.96	云、气溶胶、海岸线等

2008 年 5 月 27 日，第一颗 FY-3 系列卫星 FY-3A 在太原卫星发射中心顺利发射升空，是我国第二代极轨气象卫星，标志着我国极轨气象卫星成功地实现了技术升级换代，实现了新的跨越发展，FY-3A 具有全球、全天候、多光谱、三维和定量遥感监测能力，实现了我国气象卫星从单一遥感成像到地球环境综合探测、从光学遥感到微波遥感、从千米级分辨率到百米级分辨率、从国内接收到极地接收的四大技术突破，在我国天气预报、气候预测、生态环境和自然灾害监测方面发挥重要作用。FY-3A 携带了可见光红外线扫描辐射计、红外分光计、中分辨率光谱成像仪等 11 台探测仪器和一个数据收集平台。探测波段覆盖了从紫外到微波的多个吸收带，探测灵敏度最高达 0.1K，光谱分辨率最高达 3cm^{-1}，地面分辨率最高达 250m。除对大气温、湿

度进行三维立体观测外,还可监测云雨、臭氧分布和地表特征参数等。表 1.2 给出了 FY-3A 的技术参数。

表 1.2 FY-3(01 批)遥感仪器主要性能指标

名称		性能参数	探测目的
可见光红外扫描辐射计(VIRR)		光谱范围 0.43～12.5μm 通道数 10 扫描范围 ±55.4° 地面分辨率 1.1km	云图、植被、泥沙、卷云及云相态、雪、冰、地表温度、海表温度、水汽总量等
大气探测仪器包	红外分光计(IRAS)	光谱范围 0.69～15.0μm 通道数 26 扫描范围 ±49.5° 地面分辨率 17km	大气温、湿度廓线、O_3 总含量、CO_2 浓度、气溶胶、云参数、极地冰雪、降水等
	微波温度计(MWTS)	频段范围 50～57GHz 通道数 4 扫描范围 ±48.3° 地面分辨率 50～75km	
	微波湿度计(MWHS)	频段范围 150～183GHz 通道数 5 扫描范围 ±53.35° 地面分辨率 15km	
中分辨率光谱成像仪(MERSI)		频段范围 0.40～12.5μm 通道数 20 扫描范围 ±55.4° 地面分辨率 0.25～1km	海洋水色、气溶胶、水汽总量、云特性、植被、地面特征、表面温度、冰雪等
微波成像仪(MWRI)		频段范围 10～89GHz 通道数 10 扫描范围 ±55.4° 地面分辨率 15～85km	雨率、云含水量、水汽总量、土壤湿度、海冰、海温、冰雪覆盖等
地球辐射探测仪(ERM)		光谱范围 0.2～50μm,0.2～3.8μm 通道数 窄视场2个,宽视场2个 扫描范围 ±50°(窄视场) 灵敏度 0.4W·m^{-2}·sr^{-1}	地球辐射
太阳辐射监测仪(SIM)		光谱范围 0.2～50μm 灵敏度 0.2W·m^{-2}·sr^{-1}	太阳辐射

续表

名称	性能参数	探测目的
紫外臭氧垂直探测仪（SBUS）	光谱范围 0.16~0.4 μm 通道数 12 扫描范围 垂直向下 地面分辨率 200km	O_3 垂直分布
紫外臭氧总量探测仪（TOU）	光谱范围 0.3~0.36μm 通道数 6 扫描范围 ±54° 星下点分辨率 50km	O_3 总含量
空间环境监测器（SEM）	测量空间重离子、高能质子、中高能电子、辐射剂量；监测卫星表面电位与单粒子翻转事件等。	卫星故障分析所需空间环境参数

1.4.2 风云 2 号系列卫星

风云 2 号卫星是定点于 105°E 的静止气象卫星，第一批是于 1997 年 6 月 10 日和 2000 年 6 月 25 日发射的 FY-2A、FY-2B 两颗试验卫星，卫星是重达 620kg、高 1.6m、直径 2.1m 圆柱体，卫星采用每分钟旋转 100 周的自旋稳定方式姿态，设计寿命 3 年。风云 2 号 C 系列卫星于 2004 年 10 月 19 日发射，是我国第一颗业务静止气象卫星，随后 2006 年 12 月 8 日发射 FY-2D，2008 年 12 月 23 日发射 FY-2E 卫星，运行到 2012 年为止。FY-2C 定点于 105°E，FY-2D 定点于 86.5°E，FY-2E 卫星定点 123.5E 构成双星卫星。风云 2 号气象卫星的主要任务是：(1)获取可见光、红外云图和水汽图；(2)收集来自海洋漂浮站、无人自动气象站的观测数据；(3)播放展宽数字云图、低分辨率云图和天气图。图 1.2 给出了风云 2 号卫星系统的工作流程图。

风云 2 号静止气象卫星带有多通道扫描辐射仪，选用五个光谱通道：
(1)可见光通道：0.55~0.90μm，星下点地面分辨率为 1.25km；(2)短波红外通道：3.55~3.95μm，5.0km；(3)水汽通道：6.3~7.6μm，5.0km；(4)红外通道 1：10.5~11.3μm，5.0km；(5)红外通道 2：10.3~11.5μm，5.0km。

该卫星每 30 分钟对地球圆面进行一次观测，获取一张全景圆面图。采用两个转发器传输原始云图和展宽数字云图、低分辨率云图和测距信号。

风云 2 号卫星地面系统由指令接收系统、数据处理中心和三点测距系统三部分组成。其中：

(1)指令接收系统主要完成：①发送指令信号到风云 2 号气象卫星上；②接收卫星的原始数据；③发送和接收测距信号；④接收来自数据收集平台的观测报告。

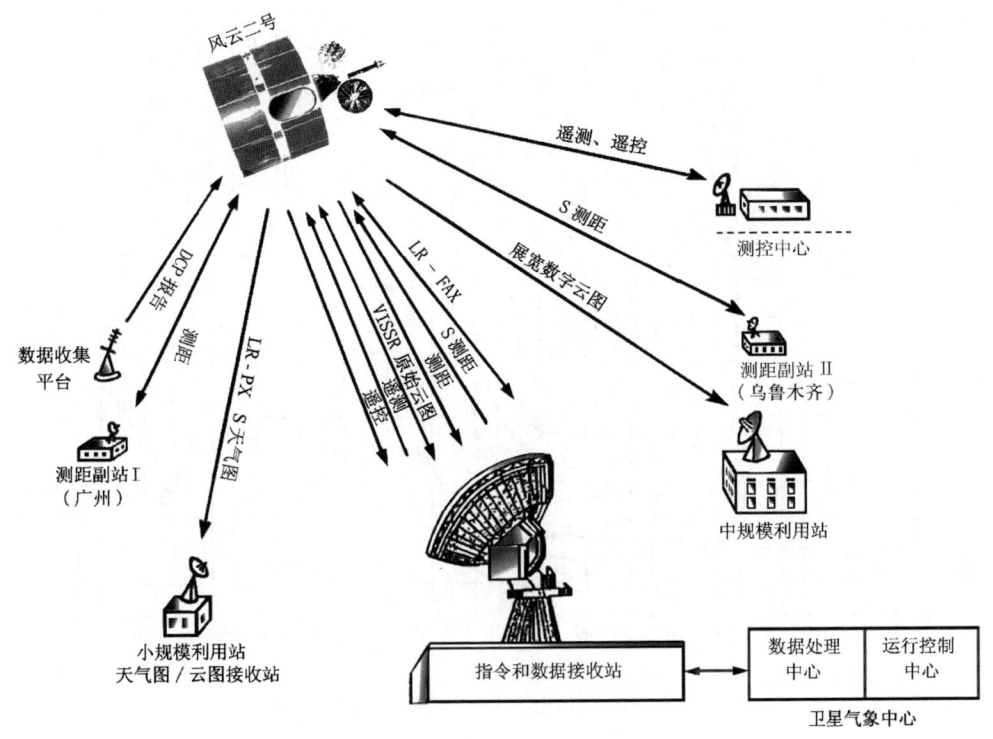

图 1.2 给出了风云 2 号卫星系统的工作流程图

(2) 数据处理中心的任务是完成各类遥感产品的处理、资料的存档和产品分发。

(3) 三点测距系统由卫星和地面主站（北京站）及两个副站（广州站和乌鲁木齐站）组成。通过测距站计算卫星距离及其变率，求出卫星轨道根数，预报卫星轨道。图 1.3 给出了风云 2 号卫星覆盖范围。

2016 年 12 月 11 日我国发射了具有 14 个通道的风云 4 号卫星，该卫星成功发射标志着我国卫星技术达到了一新水平，为实现天气预报精细化和提高准确率提供了一个强力工具。

1.4.3 国外气象卫星

1.4.3.1 美国的极轨气象卫星

美国是最先把空间卫星遥感技术应用于气象科学的国家之一，在气象卫星 50 多年发展的历程中，美国无论在发射卫星的数量、卫星遥感技术的开发和卫星资料的应用方面处于领先地位。美国气象卫星的发展、管理和使用归属于国家海洋大气管理

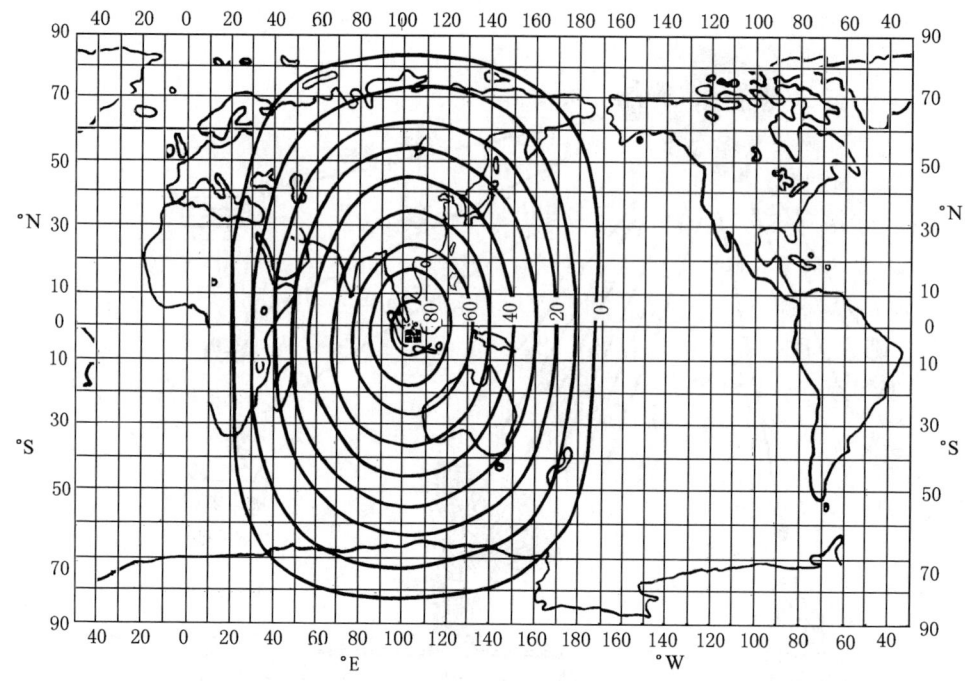

图 1.3 风云 2 号卫星覆盖范围

局(NOAA)下的国家环境卫星资料和信息局(NESDIS),卫星的研制和发射由国家宇航局(NASA)承担,资金由商务部提供(每年约 3 亿美元)。美国的气象卫星有两大系列:极轨气象卫星系列和静止气象卫星系列。同时美国气象卫星还分民用和军用气象卫星两大系列。

美国民用气象卫星的具体目标是:①系统地定时地对全球大气系统进行昼夜监视,提供大气温度、水汽、风、云分布等资料,并直接向地面发送;②收集转发浮标、船舶、自动气象站、飞机和气球等观测平台的观测资料;③提供业务用的卫星资料产品、发展卫星资料应用技术。

(1)泰罗斯试验卫星

1960—1965 年为泰罗斯系列卫星(TIROS)试验阶段,共发射了 10 颗。

(2)第一代业务气象卫星

从 1966 年至今,泰罗斯(TIROS)卫星进入业务应用阶段,其中 1966—1969 年为第一代业务极轨应用气象卫星,称为托斯(TOS)/艾萨(ESSA)系列卫星。

(3)第二代业务气象卫星

1970—1978 年为第二代业务应用气象卫星,称之为艾托斯(ITOS)/诺阿(NO-

AA)卫星,是改进的泰罗斯业务的意思。

(4)第三代极轨业务气象卫星

1978年至20世纪90年代后期,是第三代泰罗斯业务应用气象卫星,其中第一颗泰罗斯-N是这一代的先行卫星,后继卫星以诺阿(NOAA)命名。

(5)第四代极轨业务气象卫星——NOAA K,L,M,N

1998年诺阿-K发射成功,标志着开始美国第四代业务卫星,卫星装有改进的微波探测单元AMSU,取代平流层探测单元(SSU)和微波探测单元(MSU),它由15通道的微波温度探测器AMSU-A和5通道的微波湿度探测器AMSU-B二者组成;而HIRS/2则为HIRS/3替代,AMSU和HIRS/3协同组成新一代的ATOVS,替代原有的TOVS系统。

(6)第五代业务气象卫星——NOAA O,P,Q

在NOAA K,L,M,N系列卫星后,新一代系列卫星是NOAA O,P,Q,该系列卫星高度824km,倾角98.5°,轨道周期102min。

1.4.3.2 美国静止气象卫星

美国静止气象卫星经历试验和业务两个阶段。试验阶段的卫星是应用技术卫星(ATS)系列。静止气象业务卫星为戈斯(GOES)系列卫星。

(1)应用技术卫星(ATS)系列

该卫星星体呈圆柱形,长1.37m,直径1.46m,重352kg。在这一卫星系列中,ATS-1和ATS-3,是专门用于气象观测试验的,分别定点于150°W太平洋和60°W大西洋赤道上空,采用自旋扫描云图照相机(SSCC)和彩色自旋扫描云图照相机,以间隔为30分钟和26分钟提供一张云图照片。这两颗卫星分别工作了5年和8年。卫星只提供白天云图,还进行天气图传真试验,为建立业务静止卫星系统提供依据。

(2)第一代业务静止气象卫星(SMS/GOES)

由同步气象卫星(SMS)和地球静止业务环境卫星(GOES)组成,总共发射了5颗,通常有两颗卫星分别定点于75°W和135°W,以间隔半小时对地球观测一次,每2年有一颗新的GOES卫星接替行将失效的卫星。卫星设计寿命为2~3年,实际寿命在5年以上,因此当新卫星代替时,原有的卫星就调至备用位置,若现役卫星发生故障,它又调到指定位置。

该系列卫星本体呈圆柱形,重约305kg,直径1.91m,高2.31m。卫星的主要任务是:①使用可见光和红外自旋扫描辐射计(VISSR)摄取可见光和红外云图;②传真卫星云图和天气资料;③收集飞机、气球、浮标、船舶和无人气象站的天气资料;④空间环境监测,使用空间环境监测仪(SEM),测量高能粒子、磁场和太阳X射线。

(3)第二代业务静止气象卫星(GOES-D)

1980年9月9日成功地发射了GOES-D卫星,开始了第二代业务静止卫星,其主要改进是前几颗卫星使用的 VISSR,现为 VISSR 大气探测器(VAS)所取代,它除提供 30 分钟一次的云图外,还提供 30 分钟一次的 VAS 资料,用于反演三维大气温度和水汽分布等。这一代卫星发射了 4 颗。

(4)第三代业务静止气象卫星(GOES-I—M)

1994 年 4 月 13 日 GOES-8(GOES-I—M)发射成功,并于 1995 年 6 月 1 日正式工作,它定点于 75°W 赤道上空,为 GOES 东卫星,开始美国第三代业务静止气象卫星,这一代卫星与前一代卫星相比较,其主要变化在于:①卫星的姿态稳定由自旋稳定改变为三轴定向稳定,可使卫星观测仪器始终正对地球表面观测;②图像仪与大气探测器分开,分别独立工作,它们有各自独立的地面控制系统和地面传输系统,可以同时获取卫星云图和大气垂直探测资料;③卫星对地球进行圆盘图像观测的同时,可以对局部小区域进行 5 分钟的连续监视观测;④卫星探测分辨率有所提高,红外通道分辨率由原来的 8km 提高到 4km;大气探测器的分辨率由 14km 提高到 8km;⑤卫星的定位精度提高,由 10km 提高到 4~6km。

GOES-8 卫星携带的仪器有:①一台成像仪(Imager);②一台探测器(Sounder);(3)空间环境探测器(SEM)(包括高能粒子探测器(EPS),高能质子和 α 粒子探测器(HEPAD),X 射线传感探测器(XRS),用于监测地球磁场的磁强计);GOES-8 卫星还有一个数据收集系统(DCS),搜索和营救(SAR)接收器和发射器。

1995 年 5 月 23 日 GOES-9 卫星发射成功,定点于 135°W,它的仪器设备与 GOES-8 相同。

GOES-L 和 GOES-M 于 1999 年 3 月和 2000 年 4 月发射。在 2010 年以后,GOES-N 到 GOES-Q 将取代 GOES-I—M 卫星。

1.4.3.3 欧共体静止气象卫星(METEOSAT)

1972 年,欧洲空间研究组织(ESRO)的 8 个成员国(现在有 16 个)决定建立欧洲静止气象卫星 METEOSAT 系列卫星,并于 1977 年成功地发射了第一颗 METEO-SAT 卫星。Meteosat 卫星包括:①MOP 系列卫星;②MTP 系列卫星;③MAG 系列卫星等三个系列。

(1)第一代 Meteosat 卫星(MOP 系列卫星)

MOP 系列卫星是 Meteosat 卫星系列中的第一代卫星共发射了 6 颗,其中 Meteosat 1—3 是试验性非业务卫星,Meteosat 4—6 是业务卫星。卫星定点于 0°赤道上空,星体是一个圆柱体,高 3.1m,直径 2.1m。采用自旋稳定方式,转速 100 转/分钟,功率为 200W,设计寿命为 5 年。卫星携带有 3 通道扫描辐射计获取可见光(0.4~1.1μm)、红外(10.5~12.5μm)和水汽(5.7~7.1μm)图像。它的主要功能是:①每日提供 48 张地球圆盘图(传真图);②向用户提供实时数字和模拟资料;③中继其他气象卫星资料;④收集转发数据收集平台的环境资料;⑤向用户发送云风矢、云分析、云顶高、海面温度等二次处理产品。

(2)第二代 Meteosat 卫星(MSG 卫星)

MSG 系列卫星是第二代 Meteosat 卫星,功率 500W,起飞重量为 1700kg,设计寿命 10 年,携带有一台 12 通道的扫描辐射计,每 15 分钟提供一次全景圆盘图。其信息量是 MOP 卫星的 10 倍,可见光通道的分辨率由 2.5km 提高到 1km。红外通道和水汽通道的分辨率由 5km 提高到 3km,该卫星的主要作用是:①获取多光谱图像资料;②监视大气中对流的发生发展;③监视大气气团特性;④向用户提供卫星图像和气象产品;⑤接收和转发数据收集平台资料。

1.4.3.4 日本静止气象卫星

(1)GMS 卫星:1977 年 7 月 14 日,美国休斯公司代为日本研制发射了第一颗静止气象卫星(GMS),命名为向日葵号,预定寿命 5 年,定点于 140°E 的赤道上空。本体呈圆柱形,直径 2.16m,高 2.7m,重 315kg。星体四周贴有太阳电池,采用自旋稳定方式。从第二颗 GMS 卫星开始由日本自己制造发射,总共发射 5 颗卫星。

(2)日本多用途卫星(MTSAT):2005 年 2 月 26 日 6:25 发射了 MTSAT-1R 卫星,该卫星在原来的装载的 VISSR、DCS 和云图广播基础上增加了导航业务、航空通讯等,用于完成气象探测和航空通讯两大任务。卫星重约 2000kg,功率为 2500W。增加了 3.7μm 短波红外通道,数据量化等级为 10 比特。2006 年 2 月 18 日又发射了第二颗 MTSAT-2R 卫星。卫星有以下五个通道,红外有 ch1:10.3~11.3μm;ch2:11.5~12.5μm;ch3:6.5~7.0μm;ch4:3.5~4.0μm;可见光有 0.55~0.90μm。

(3)2015 年 10 月 7 日,日本发射了 Himawari8 静止卫星,卫星有 16 个通道(3 个可见,3 个近红外,10 个红外),可每隔 10 分钟提供一次云图。

1.4.3.5 印度的静止气象卫星(INSAT)

INSAT I 卫星是由美国福特航天和通信公司设计制造,是一个偏动量三轴定向稳定姿态,卫星不仅进行气象观测,还兼电视广播和通信。1982 年 4 月印度气象卫星 INSAT I 的第一颗 INSAT-1A 卫星发射,至同年 9 月终止。INSAT-1B 卫星于 1983 年 8 月 30 发射,于 10 月 15 日投入业务使用;INSAT-1C 业务卫星于 1988 年 7 月发射成功,由于某种技术原因已不能使用,1990 年 6 月 12 日发射了 INSAT-1D 卫星,于 7 月 17 日投入业务使用。INSAT II 系列卫星的第一颗于 1992 年发射。IN-SAT 定点于 83°E 上空。用于观测印度及邻近地区和海洋区域的卫星云图。卫星携带两通道(可见光 0.55~0.75μm 和红外 10.5~12.5μm)甚高分辨率辐射计(VHRR)。

1.4.3.6 地球观测系统(EOS)卫星介绍

EOS 起始于早在 1980 年 NASA 提出的美国全球变化研究计划(USGCRP),并于 1991 年建立的地球观测系统(EOS),它是由多颗卫星组成和为实行多学科(大气、海洋、陆面、生物、化学等)综合研究,加深对地球系统变化的理解,回答理解全球气候变化的问题,地球气候系统是如何变化的,各种地球现象是如何发生的,又是如何变化的,自然和人类引起全球环境变化的作用,建立人类对地球系统发生的各种现象实行长期监视的全球卫星观测体系,从而改进对全球尺度上地球系统各分量及它们之间相互作用的理解。

EOS 的计划是:①建立由多颗卫星组成的地球观测体系、能满足多学科研究地球的资料收集系统;②发展一个包括数据的反演、资料同化综合性的资料处理系统;③建立对多学科地球系统研究的资料服务系统;④通过 10 年或更长时间建立获取和收集从空间测量的遥感全球数据库。

EOS 观测卫星体系主要由三种类型的卫星组成:①Terra EOS AM(EOS/地球星),②Aqua EOS PM(EOS-/水星),③Aura(EOS/化学星),它们的工作寿命至少在 6 年以上。

Terra(EOS/AM-1,10:30/地球星)卫星(图 1.4)是美国、日本和加拿大合作开发的一个项目,Terra(EOS/AM-1)卫星是 EOS 系列卫星第一颗上午卫星,Terra 拉丁语意为"地球"之意,它于 1999 年 12 月 18 日用 Atlas-Centaur IIAS 火箭发射进入太空。

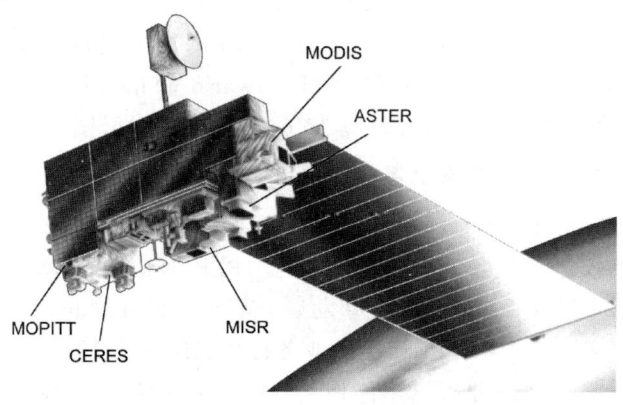

图 1.4 Terra 卫星外形及仪器分布

(1)Terra(EOS/AM-1)

三轴定向稳定卫星,长 6.8m(长)×3.5m(直径),发射前重量 5190kg,进入轨道后重量 1155kg。卫星平均功率 2.53kW,设计寿命为 6 年。Terra(EOS/AM-1)卫星采用太阳同步轨道,每天环绕地球 16 圈,卫星高度 705km,倾角 98.5°,周期为 99min,通过赤道时间 10:30。有效荷载平均数据速率是 18545Mbit/s(109Mbit/

peak),星上记录每一条轨道的数据,由 GSFC 接收卫星发送的数据。Terra 卫星提供全球大气、陆地、海洋状态,以及与太阳辐射和彼此间的相互作用。Terra 的五个仪器同时研究云、水汽、气溶胶、微量气体、地形和海面特性、陆地和海洋的生物生产率,它们间的相互作用和对大气辐射和气候的影响。理解这些相互作用过程,进而才能理解全球气候变化。

(2)主动型控腔辐射照度监视器(Active Cavity Radiometer Irradiance Monitor,ACRIMSAT),1999 年 12 月 20 日发射

ACRIMSAT 与它的 ACRIM Ⅲ仪器,研究来自太阳的总辐照度。理论推断地球全球增暖的 25% 可以是由于最近几个世纪太阳能量输出的小的增加。通过测量入射的太阳辐射和附加海洋和大气环流、温度及表面温度的测量,将能改进气候预测。自从 1980 年发射载有太阳最大项目 ACRIM Ⅰ和 1991 年发射载有 ACRIM Ⅱ 高层大气研究卫星(UARS)以来,NASA 已经通过 ACRIM 测量总的太阳辐照度。

(3)Aqua:2002 年 5 月 4 日发射

已发射的 Aqua 用 6 种仪器观测地球的海洋、大气、陆地、冰和雪覆盖及植被,提供时、空分辨率高精度测量。特别是 Aqua 数据包括大气中水汽和云、大气中的降水、陆地上土壤湿度、陆地冰川、陆面的雪盖和海中的海冰、整个海洋、湖泊、洼地表面水的信息。利用这些信息有助于改进全球水循环研究。

(4)Aura:2004 年 7 月 15 日发射

NASA 的 Aura 项目是通对地球大气的综合测量寻找理解和保护人类呼吸的空气。Aura 的 4 个仪器能每日观测地球大气层的臭氧层,空气质量和主要气候参数。Aura 能监视环境保护局的 5 个污染源:一氧化碳、二氧化氮、二氧化硫、臭氧和大气中的微粒(气溶胶)。Aura 提供合适的精度数据以改进工业发射的污染物,和也帮助区分工业的和自然的源。同时,Aura 的仪器提供每日全球空气污染的全球监测。

(5)云-气溶胶光雷达和红外探路者卫星(Cloud-Aerosol Lidar and Infrared Pathfinder Satellite Observations,CALIPSO):2006 年 4 月 28 日发射

借助 CALIPSO 卫星提供的关于云和气溶胶(大气悬浮粒子)对地球气候变化的作用新的数据资料,以了解这些成分的对地球气候过程的影响和改进气候模式预测精度,为全球气候变化的政策提供科学支撑。CALIPSO 的测量与 Aqua 卫星的测量相互协调,根据新的观测资料能评估气溶胶和云的辐射效应,将极大地改进人类面临预测未来气候变化的能力。CALIPSO 与 CloudSat 卫星起提供云的结构和成分的特征,和在各种天气条件下它对气候的影响。

(6)云卫星(CloudSat):2006 年 4 月 28 日发射

像地面天气雷达一样,使用厘米波长观测雨滴尺度的粒子。CloudSat 雷达使我们能观测更多构成天气云系的较小的液态和冰粒子。CloudSat 高级雷达对云"切

片"可以看到云的内部垂直结构,提供由空间全新观测云的工具。因为云对云对地球辐射收支有巨大的作用,即使云量或云分布的很小改变对气候变化的比与全球变化有关的温室气体、人类产生的气溶胶或其他因子的预期变化要大得多。由云引起的气候变化,反过来由于气候引起云的改变:云—气候反馈。这反馈可以是正的(加强气候的变化),也可以是负的(趋向于减小净变化),这取决于所包括的过程。这些原因导致在气候模式中,科学家认为在气候模式中不确定性是由于充分表示云和它的辐射特性的困难。

(7)New Millennium Program Earth Observing-1 (EO-1):2000年11月21日发射

EO-1是一个先进的陆地成像卫星,用它论证新仪器和卫星系统,其作用是减小陆地卫星和其他卫星的成本。EO-1卫星载有3个先进的陆地成像仪器和5次重大的航天器相交接的技术,EO-1有一个一年的基本任务,但也成功地连续对自动传感器网应用进行检验,和收集唯一的陆面的高光谱数据(大于220个光谱段),用于发展算法和灾害的应答。

(8)Gravity Recovery and Climate Experiment(GRACE):2002年3月17日发射

GRACE卫星的基本任务是精确制作整个5年地球重力场的变化图,GRACE得到的重力场改变用于研究:海洋深处和表面洋流的变化;大陆地下水和地面水径流;冰盖或冰川和海洋间的交换,地球内的质量变化;项目的另一个目标是建立地球大气的最佳廓线,由这项目的结果得到地球内与它周围质量流的分布的重要信息。

(9)Ice,Clouds,and Land Elevation Satellite(ICESat):2003年1月12日发射

ICESat的基本目标是量化冰盖质量平衡和理解地球大气和气候是如何影响极地冰质量和全球海平面高度。ICESat也测量云和气溶胶分布,以及调查陆地地形、海冰和全球冰图。ICESat项目提供多年高度资料,确定冰盖质量平衡及云特性信息,特别是极地区域的平流层云。也提供全世界各地地形和植被,此外提供格林兰和南极区域冰盖的范围。未来的项目将扩展和改进对ICESat评估以及监视进一步的变化。

(10)Jason-1:2001年12月7日发射

Jason是一个海洋地形项目,用于监视全球海洋环流,改进全球气候预测,监视厄尔尼诺情况事件和海洋涡旋。地球海洋是对全球气候影响最大,但是还只能从空间观测到全球尺度巨大的海洋,和监视海洋流和热储量的重要变化。海面高度和海面风的精确观测能提供关于海流的速度和方向,和有关海洋中的热储量。转而揭示全球气候变化。来自卫星的连续高度计数据,像Jason-1有助于理解和预测变化的海洋对气候和厄尔尼诺和拉尼娜事件。Jason-1是一个成功继承项目TOPEX/

Posiedon(2005 退役)和先驱者 OSTM/Jason 2(2008)。

(11)陆地卫星(Landsat 7):1999 年 4 月 15 日发射

Landsat 7 卫星是一个美国地质局(USGS)和 NASA 共同首创的收集地球资源数据,陆地卫星从 1974 年至今有 30 多年长系列卫星。Landsat 7 卫星系统提供精确定标和多光谱、中分辨率基本无云、全球覆盖的白天陆地数字图像和海岸区域图像和数据。陆地卫星的全球观测项目是建立和实行数据采集确保重复采集地球陆地块和海岸边界、珊瑚礁的观测数据和保障采集到的数据量最大,支持监视地球陆地表面和其环境的变化的科学目标。

(12)SeaWiFS:1997 年 8 月 1 日发射

商业用 SeaStar 卫星载有 SeaWiFS 仪器,它是根据海岸区域彩色扫描仪(CZCS)设计,其用于监视世界洋面海色。不同海色指示海洋各种类型和数量的浮游植物的出现,其起着大气与海洋之间基本要素和气体的交换作用。卫星监视海色的微小改变可评估海洋浮游生物的水平(等级),给出的资料更好理解这引起变化如何影响全球环境和海洋在全球碳循环和其他生化过程式中的作用。每两天对全球海洋完全覆盖。

(13)Solar Radiation and Climate Experiment (SORCE):2003 年 1 月 25 日发射

输入到地球的主要的直接能量是太阳辐射,它影响所有物理、化学和生物过程。SORCE 给出 X 射线、紫外、可见光、近红外和总的太阳辐射的测量。由 SORCE 给出的测量能确定长期气候变化、自然可变性和增强气候预测、和大气臭氧和 UV-B 辐射。这些测量是研究影响地球系统和影响到人类的太阳关键。由 SORCE 试验获取的资料,用于模拟太阳辐射输出,和解释及预测太阳辐射对地于大气和气候的影响。

(14)Tropical Rainfall Measuring Mission (TRMM):1997 年 11 月 27 日发射

TRMM 是世界最先进研究与风暴和热带、副热带气候过程的降水的卫星,可提高理解在干旱和洪涝区的降水的发生、云的形成和大气环流的如何形成。热带地区的降水占地球上总降水的三分之二,对于天气系统发生和气候系统变化起着重要作用,TRMM 已经由热带降水试验进入到对于分析 3 小时降水特征到年际和更长时间的基本研究和业务系统。

(15)NPOESS Preparatory Project (NPP):2011 年 1 月发射

装载在 NPP 的 5 个仪器以获取大气、海面温度、湿度、生物学产品云和气溶胶特性、地球能量收支和大气臭氧的资料。这些资料将用于长期气候变化和全球变化的研究,作为 ASA's Terra 和 Aqua 卫星测量的继续。

本章要点

1. 卫星气象的主要内容,卫星遥感的基本概念。

2. 气象卫星的主要特点。
3. 气象卫星可以获取哪些资料,卫星资料的应用领域。
4. 我国和国外的气象卫星概况。

问题和习题

1. 什么是气象卫星？什么是卫星气象？卫星气象的主要内容主要有哪些？
2. 什么是遥感？什么是传感器？什么时候是运载工具？什么是卫星遥感？它包括哪几部分？
3. 什么是主动遥感？什么是被动遥感？它们有哪些主要特点？
4. 气象卫星观测与常规气象观测相比较,有哪些特点？
5. 当前气象卫星可以获取哪些资料？可以获取哪些信息？
6. 气象卫星资料在大气科学和其他领域中主要有哪些应用？
7. 我国的气象卫星分为哪两大类？FY-1 和 FY-2 卫星有哪些主要特点？中国气象卫星观测体系有哪几部分组成？卫星观测仪器的主要性能和用途有哪些？
8. 美国气象卫星有哪几类？业务卫星已有几代？每一代卫星较前一代卫星的改进主要有哪些？
9. TRMM 卫星携带有哪些仪器？主要功能有哪些？
10. 什么是地球观测系统？它的目标和任务有哪些？

第 2 章　气象卫星轨道和气象卫星

2.1　气象卫星运动规律

气象卫星在其所在的轨道上对地球大气进行观测,它所携带的仪器及其工作方式、观测范围、资料的类型和数量,地面接收、资料的处理和应用都与卫星轨道有关,所以学习卫星气象学,首先要学习卫星运行规律方面的有关知识。

2.1.1　卫星的运动方程

2.1.1.1　假定地球为均质球体时的运动方程

建立卫星的运动方程,首先要分析作用于它的力,然后选取坐标系表达。卫星作为一个"天体",它要受到其他天体的引力,即万有引力的作用。如地球、太阳、月亮等星体对卫星的吸引力,在这些吸引力中,地球对卫星的吸引力要比其他星体对卫星的吸引力大得多,是主要作用力。卫星不仅受天体的引力作用外,还要受到大气阻力、光压力、磁场等的作用,不过这些力比起地球对它的作用要小得多。

为方便起见,由分析可以假定:①地球为均质球体,则可以把地球作为质量集中于地心的质点处理;②由于卫星的大小远小于地球与卫星之间的距离,把卫星也作为质点处理;③卫星的质量远小于地球,所以卫星对地球的作用可以忽略不计;④忽略其他天体和大气等对卫星的作用力,这时可以把卫星作为受地心引力作用下的质点加以描述。

(1)卫星受力

根据万有引力定律,以地心为原点的地球对卫星的引力 F 可以表示为

$$F = -m\nabla\Phi \tag{2.1}$$

或为

$$F = -F(r)\frac{r}{r}$$

而

$$F(r) = m\frac{d\Phi}{dr} = m\frac{d}{dr}\left[\frac{GM_e}{r}\right] = \mu m/r^2 \tag{2.2}$$

式中,F 是吸引力;Φ 是重力位势;r 是卫星矢径的数值;$\frac{r}{r}$ 是卫星矢径的方向;G 是万有引力常数($=6.67259\times10^{11}\text{N}\cdot\text{m}^2\cdot\text{kg}^{-2}$);$M_e$ 是地球质量,为 5.97370×10^{24}

kg；m 是卫星质量；μ 是开普勒常数，也称轨道常数，为 $3.986032\times10^{14}\,\mathrm{m}^3\cdot\mathrm{s}^{-2}$。

(2) 以地心为原点的直角坐标系中的运动方程

在笛卡儿直角坐标系中，卫星的运动方程可以写成

$$\begin{cases} m\dfrac{\mathrm{d}^2 x}{\mathrm{d}t^2}=-\mu\dfrac{m}{r^2}\dfrac{x}{r} \\ m\dfrac{\mathrm{d}^2 y}{\mathrm{d}t^2}=-\mu\dfrac{m}{r^2}\dfrac{y}{r} \\ m\dfrac{\mathrm{d}^2 z}{\mathrm{d}t^2}=-\mu\dfrac{m}{r^2}\dfrac{z}{r} \end{cases} \tag{2.3}$$

式中

$$r^2 = x^2 + y^2 + z^2$$

(3) 有心力场中卫星的运动方程

由于卫星受有心力场的作用，其轨道必在过地心的一平面内，对此用平面极坐标较为方便，取地心为极坐标原点，地心至卫星轨道的近地点方向为极轴方向，则有卫星在平面极坐标中的运动方程为

$$\begin{cases} m(\ddot{r}-r\dot{\theta}^2)=-\mu\dfrac{m}{r^2} \\ m(r\ddot{\theta}+2\dot{r}\dot{\theta})=\dfrac{m}{r}\dfrac{\mathrm{d}}{\mathrm{d}t}(r^2\dot{\theta})=0 \end{cases} \tag{2.4}$$

即有

$$\begin{cases} \ddot{r}-r\dot{\theta}^2=-\dfrac{\mu}{r^2} \\ r^2\dot{\theta}=h=\text{常数} \end{cases} \tag{2.5}$$

2.1.1.2 开普勒运动定律

如果将行星运动定律应用于人造卫星，或求解卫星运动方程可得卫星运动的三定律，表达为

(1) 卫星的运动轨道是一圆锥截线（圆锥被一平面截出的一曲线，可以是圆、椭圆），地球位于其中的一个焦点上；

(2) 卫星的矢径（卫星与地心的连线）在相等的时间内，在地球周围扫过相等的面积；

(3) 卫星轨道周期的平方与轨道的半长轴的立方成正比。

如图 2.1，对于第一定律，圆锥截线可表示为

$$r = P/(1+e\cos\theta) = a(1-e^2)/(1+e\cos\theta) \tag{2.6}$$

式中，$e=c/a$ 是偏心率，a 是半长轴，c 是焦距，$P=r(1+e\cos\theta)$ 是半通径，θ 是矢径与半长轴之间的夹角，称真近点角。

偏心率 e 确定了卫星轨道的形状：① 当 $e=0$，$c=0$，$P=r=a$ 卫星轨道是一圆形；

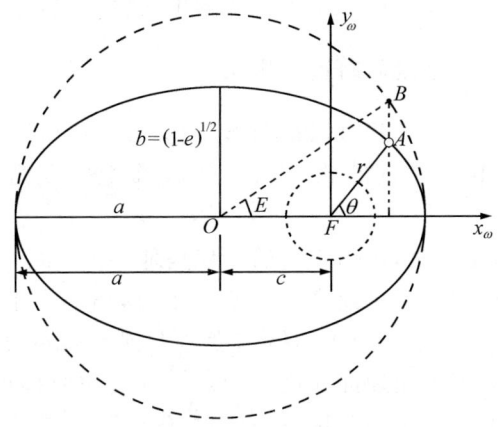

图 2.1 卫星椭圆轨道和参数

② 当 $e<1$，卫星轨道是以地心为焦点的椭圆形轨道，其 $c\neq 0$，焦点与椭圆中心不重合，而半通径 $P=a(1-e^2)$。在椭圆轨道上，离地心最近的一点称近地点，最远的一点称远地点，它们的矢径分别为

$$r_p=a(1-e), \qquad r_a=a(1+e) \tag{2.7}$$

如果 $e=1$，圆锥截线为一抛物线，这时物体成为人造行星；如果 $e>1$，圆锥截线为双曲线，这时物体为人造恒星。

由第二定律，卫星矢径扫过的面积速度为常数，写为

$$\frac{dA}{dt}=\frac{r^2\dot{\theta}}{2}=h/2=常数 \tag{2.8}$$

由于卫星在轨道上的能量可以表示为

$$W(能量)=mv^2/2(动能)-\mu m/r(势能)=-\mu m/2a \tag{2.9}$$

由上式可得

$$v^2=\mu\left(\frac{2}{r}-\frac{1}{a}\right) \tag{2.10}$$

对于圆形轨道，$r=a$，$e=0$，速度写为

$$v_{圆}=\sqrt{\mu\left(\frac{2}{r_{圆}}-\frac{1}{a}\right)}=\sqrt{\frac{\mu}{a}}=\sqrt{\frac{\mu}{R+H}} \tag{2.11}$$

式中，R 是地球半径，为 6.356752×10^6 m（极半径）和 6.378137×10^6 m（赤道半径），平均值为 6.371009×10^6 m；H 是卫星高度。

由第三定律，卫星的周期与半长轴的关系可表示为

$$\frac{a^3}{T^2}=\frac{\mu}{4\pi^2} \quad 或 \quad T=2\pi\sqrt{a^3/\mu} \tag{2.12}$$

由(2.12)式可见,卫星的周期仅决定于轨道的半长轴,而与卫星的其他因素无关。

2.1.2 卫星的入轨速度与轨道的形状

由上可知,卫星的轨道形状可以是圆形、椭圆形。那么卫星轨的形状与什么因素有关呢?理论说明,卫星的轨形状只取决于火箭把卫星送入轨道的一瞬间的速度——入轨速度。

当卫星环绕地球运行时,作用于它的不仅是地心力,而且有卫星本身运动产生的离心力,离心力大小决定于卫星速度。当速度小时,离心力小于地心引力,这时物体要落回地面而不能成为卫星。而当物体速度增大到当离心力等于地心引力时,物体就作平衡的圆周运动,不落回地面而成为卫星。又若将物体的速度增大到离心力大于地心引力时,平衡的圆周运动破坏,这时卫星作椭圆轨道运动。如果物体的速度继续加大,则其运动的轨道将成为抛物线或双曲线。

2.1.2.1 实现圆轨道的条件和环绕速度

当卫星的入轨速度使离心力等于地球引力时,则有

$$\frac{GMm}{r^2} = \frac{mv^2}{r} \tag{2.13}$$

或

$$v_c = (GM/r)^{1/2} = [\mu/(R+H)]^{1/2} \tag{2.14}$$

式中,v_c 为环绕速度,它是指卫星在不同高度上作圆轨道运动所具有的速度,也是卫星作圆轨道运动应具有的速度。

卫星在某高度作圆轨道运动时,除速度必须等于环绕速度外,而且要求入轨的方向必须与地面平行。如果卫星的速度大于或小于环绕速度,和入轨速度虽等于环绕速度,但入轨方向与地面有一定交角时,卫星将作椭圆运动,而不是圆轨道运动。

2.1.2.2 卫星作椭圆轨道运动所需的条件

如果卫星的入轨速度进一步加大,其离心力加大到足使卫星脱离地球引力场,即就是 $a \to \infty$,这时由(2.11)式得

$$v_p = \sqrt{2} v_c \tag{2.15}$$

可见当卫星速度达到 $\sqrt{2} v_c$ 时,它就成为行星,轨道也不是椭圆形,而是双曲线了。因此卫星作椭圆轨道运动所需的入轨速度应满足下条件

$$v_p = \sqrt{2} v_c > v_{椭圆} > v_c \tag{2.16}$$

式中,v_p 称做抛物线速度。若将卫星在近地面附近作环绕速度的 $v_c = v_1$ 代入(2.15)式,并把这时的 v_p 记为 v_2,得

$$v_2 = 11.2 \text{km/s}$$

这个速度称为**第二宇宙速度**,又称逃逸速度。它是地面发射一颗行星所需的最小

速度。

如果卫星的离心力大于太阳引力,则卫星便脱离太阳系进入银河系,其速度为
$$v_3 = 16.9 \text{m/s}$$
这就是**第三宇宙速度**。

2.2 卫星轨道参数和轨道的摄动

为在地面跟踪和接收卫星数据,必须要知道卫星在宇宙空间中的运动规律,才能确定卫星的时空位置。而要描述卫星在空间中的运动规律,必须要有若干参数和参照坐标。

2.2.1 卫星的轨道参数

2.2.1.1 天球坐标系中的卫星轨道参数

为描述卫星在宇宙空间中的运动规律,通常采用天球坐标系描述卫星的运动。假想宇宙空间为一球,其两极与地球的极一致,但天球不随地球自转。在图 2.2 中,天球坐标取天赤道(地球赤道平面与天球相交)为基本圈,地心为中心,春分点为原点。天球上任一点的位置用赤经 α 和赤纬 δ 表示,赤经以春分点为起点,反时针方向度量,以 0—360°表示;赤纬以天赤道为 0°,向南、向北至两极为 90°。在天球坐标系中,卫星的位置可以用以下几个参数(图 2.3)描述。

(1)升交点赤径 Ω:卫星由南半球飞往北半球那一段轨道称卫星轨道的升段;由北半球飞往南半球那一段卫星轨道称轨道的降段。卫星绕地球飞行一圈有半圈处在升段,另半圈处在降段。把轨道的升段与赤道平面的交点称升交点;轨道降段与赤道平面的交点称降交点。升交点的位置用赤径 Ω 表示,它表示了轨道平面的位置,也表示了轨道平面相对于太阳的取向。

(2)倾角 i:这是指卫星轨道平面与赤道平面之间的夹角,单

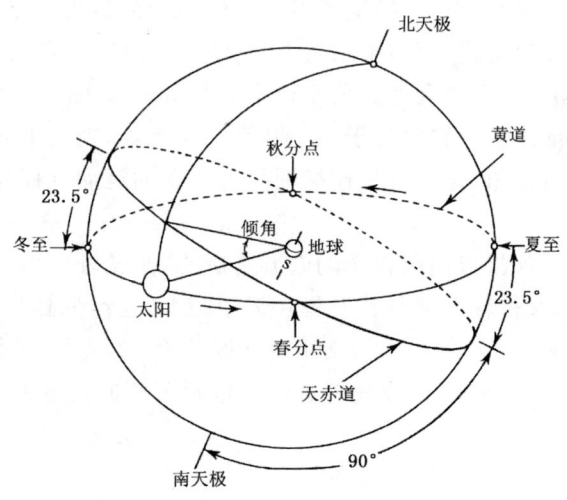

图 2.2 天球坐标系

位度。其度量是当卫星处在升段时,从赤道平面反时针旋转到轨道平面计算的。在卫星观测中,倾角决定了卫星观测的区域。

(3)偏心率 e:指轨道的焦距与半长轴之比,它确定了卫星轨道的形状。

(4)轨道半长轴 a:它是在轨道的长轴方向由轨道中心到轨道上的距离,它确定了卫星轨道的形状。

(5)近地点角 ω:这是指卫星在轨道平面内升交点与近地点之间的夹角,它确定了轨道半长轴的方向。

(6)平均近点角 M:若卫星通过近地点的时间为 t_p,卫星平均角速度为 n,则任意时刻 t 的卫星平均近点角为

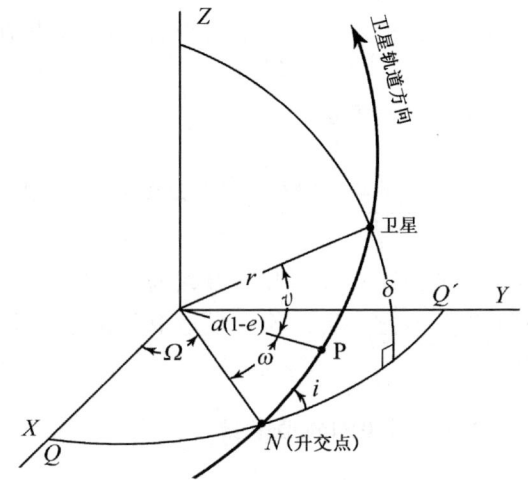

图 2.3 卫星轨道参数

$$M = n(t - t_p) \tag{2.17}$$

式中,平均角速度 n 为

$$n = 2\pi/T = \sqrt{\mu/a^3} \tag{2.18}$$

平均近点角确定了卫星在轨道上的位置。如果卫星轨道是圆形的,则其环绕地球作等角速运动,平均近点角 M 就是对地心之间的夹角。

(7)卫星真近点角 θ 和偏近点角 E:如图 2.1 中,取地心为原点,轨道半长轴方向为 x_ω 轴,y_ω 轴垂直于 x_ω 轴,平行于短轴,则卫星的矢径 r 与 x_ω 轴之间的夹角 θ 称为真近点角,这时卫星作椭圆轨道运动的运动方程为

$$x_\omega = r\cos\theta, \qquad y_\omega = r\sin\theta \tag{2.19}$$

如果以椭圆轨道的中心为圆心,半长轴 a 为半径作圆,就得到一椭圆轨道的外接圆,又称辅助圆。若卫星在辅助圆上运行,便作等角速度运动。为利用这一特征,过卫星 A 作 x_ω 的垂线交于外接圆于 B 点,连结 B 点和椭圆中心 O,得连线 OB,则 OB 与 x_ω 的夹角 E 称偏近点角。这时用偏近点角表示的运动方程

$$x_\omega = a(\cos E - e) \tag{2.20}$$
$$y_\omega = a\sqrt{1-e^2}\sin E$$

由此可得

$$r = \sqrt{x_\omega^2 + y_\omega^2} = a(1 - e\cos E) \tag{2.21}$$

及

$$r = \frac{a(1-e^2)}{1+e\cos\theta}$$

同样,可以求得真近点角与偏近点角的关系为

$$\begin{cases} \cos\theta = \dfrac{\cos E - e}{1 - e\cos E} \\ \cos E = \dfrac{\cos\theta + e}{1 + e\cos\theta} \end{cases} \quad (2.22)$$

开普勒运动方程为

$$M = n(t - t_p) = E - e\sin E \quad (2.23)$$

2.2.1.2 地理坐标系中轨道参数

在气象卫星地面接收处理、计算卫星轨道、资料定位等许多工作中常采用地理坐标系。卫星的位置用地球上的经、纬度表示,这种坐标系经度以通过英国格林尼治天文台的子午线为0°,向东到180°为东经、向西到180°为西经;纬度以赤道为0,至南北两极为90°;赤道以南为南纬,以北为北纬。这种坐标固定在地球上随地球一起转动。下面介绍几个地理坐标中的参数(图2.4)。

(1)星下点:是指卫星与地球中心的连线在地球表面上的交点,用地理坐标的经纬度表示。由于卫星运动和地球的自转,星下点在地球表面形成一条连续的运动轨迹,这一轨迹称星下点轨迹。

(2)升交点和降交点:其定义与天球坐标中一样。

(3)截距:由于卫星绕地球公转的同时,地球不停地自西向东旋转,所以当卫星绕地球转一周后,地球相对卫星转过的度数,这个度数称之为**截距**。可见截距是两个升交点之间的经度差。

(4)轨道数:是指卫星从这一个升交点开始后到以后任何一个升交点环绕地球运

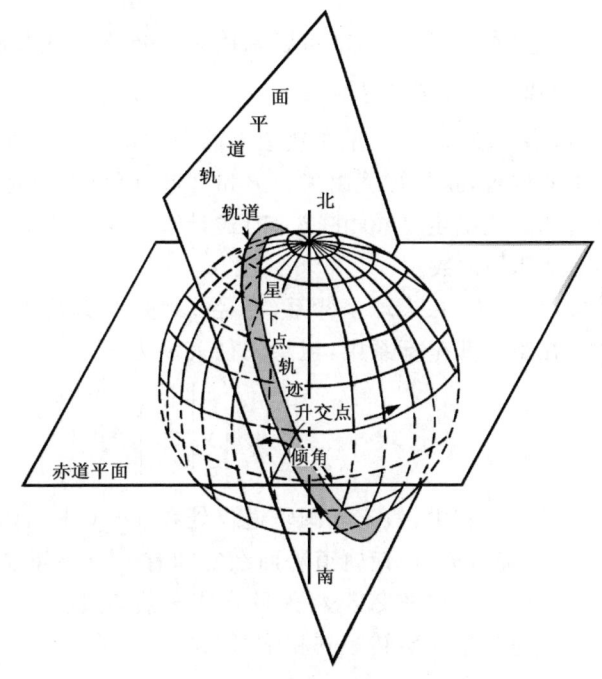

图 2.4 卫星轨道平面和参数

行一圈的数目。从卫星入轨到第一个升交点的轨道数为零条,以后每过一个升交点,轨道数增加 1。

2.2.2 卫星轨道空间位置、轨迹的确定

为描述卫星于 t 时刻在空间中的位置,除需要轨道参数外,还需要采用几种坐标系表示。

2.2.2.1 卫星在空间中的位置

在卫星轨道参数中,半长轴 a、偏心率 e 和倾角 i 是常数,它可以直接从最近的卫星轨道报中得到,而另三个轨道参数平均近点角 M、升交点赤径 Ω 和近地点角 ω 则由下式计算出

$$M = M_0 + \frac{\mathrm{d}M}{\mathrm{d}t}(t - t_0) \tag{2.24a}$$

$$\Omega = \Omega_0 + \frac{\mathrm{d}\Omega}{\mathrm{d}t}(t - t_0) \tag{2.24b}$$

$$\omega = \omega_0 + \frac{\mathrm{d}\omega}{\mathrm{d}t}(t - t_0) \tag{2.24c}$$

在上述轨道参数确定后,就可以采用以下介绍的方法确定卫星的位置。

2.2.2.2 矢量旋转法

(1)第一步:确定卫星在轨道平面中的位置。该方法的第一步是确定卫星在轨道平面中的位置,就是计算出矢径 r 和真近点角 θ。具体做法是:①由(2.23)式求出 E;②由(2.22)式确定 θ;③由(2.21)式计算出 r。对于圆轨道而言,这一步十分简单。因为 r、θ 都是常数。

(2)第二步:在天球坐标系(赤径-赤纬)中矢径由地心到卫星所构成的 个矢量表示。在笛卡儿坐标系中,卫星矢径表示为

$$\begin{Bmatrix} x \\ y \\ z \end{Bmatrix} = \begin{Bmatrix} r\cos\theta \\ r\sin\theta \\ 0 \end{Bmatrix} \tag{2.25}$$

在(2.25)式中,假定椭圆轨道仅处在 $x-y$ 平面内,且近地点在正 x 轴上。在后面三步中,旋转矢量,使轨道平面在空间有一个合理取向。

(3)第三步,如图 2.5,将矢量 $\vec{r}$ 绕 z 轴通过转动近地点角变量 ω 得一新矢量 r',数学表示为矢量与旋转矩阵相乘,即是

$$\begin{Bmatrix} x' \\ y' \\ z' \end{Bmatrix} = \begin{Bmatrix} \cos\omega & -\sin\omega & 0 \\ \sin\omega & \cos\omega & 0 \\ 0 & 0 & 1 \end{Bmatrix} \begin{Bmatrix} x \\ y \\ z \end{Bmatrix} = \begin{Bmatrix} x\cos\omega - y\sin\omega \\ x\sin\omega + y\cos\omega \\ z \end{Bmatrix} \tag{2.26}$$

第 2 章 气象卫星轨道和气象卫星

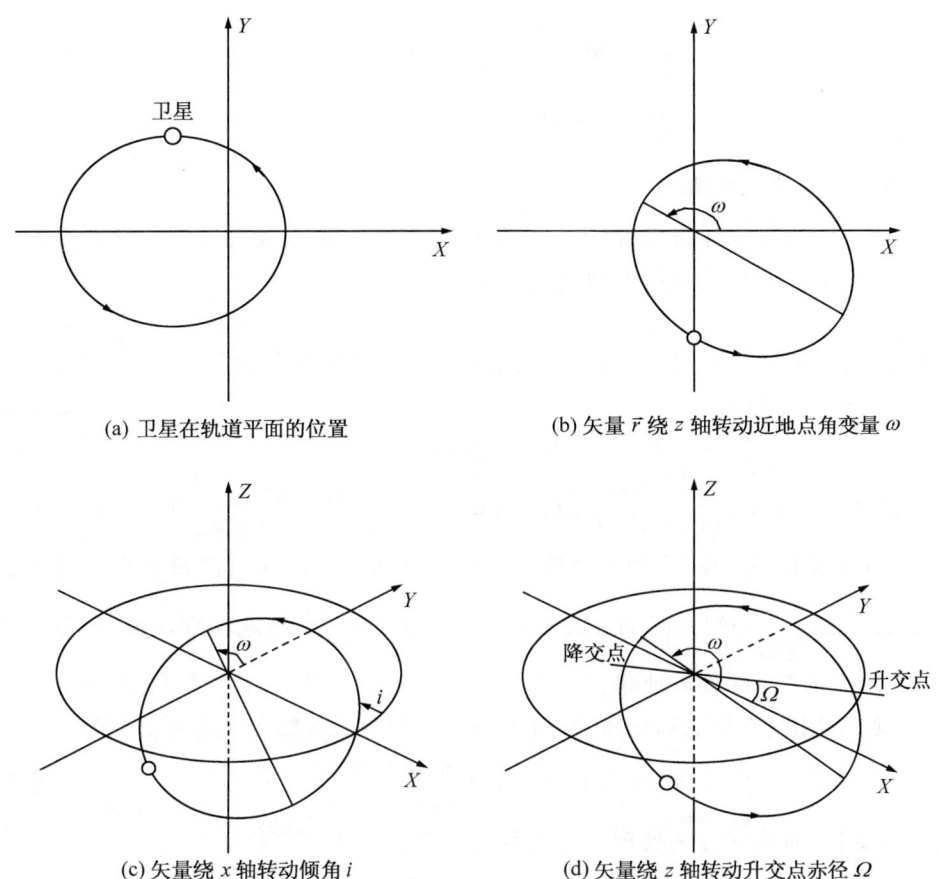

图 2.5 卫星位置坐标系旋转变换

(4) 第四步：将矢量绕 x 轴通过转动倾角 i，得矢量 r''，即

$$\begin{bmatrix} x'' \\ y'' \\ z'' \end{bmatrix} = \begin{bmatrix} 1 & 0 & 0 \\ 0 & \cos i & -\sin i \\ 0 & \sin i & \cos i \end{bmatrix} \begin{bmatrix} x' \\ y' \\ z' \end{bmatrix} = \begin{bmatrix} x' \\ y'\cos i - z'\sin i \\ y'\sin i + z'\cos i \end{bmatrix} \quad (2.27)$$

(5) 第五步：将矢量绕 z 轴通过转动升交点赤径 Ω，得新矢量 r'''，即是

$$\begin{bmatrix} x''' \\ y''' \\ z''' \end{bmatrix} = \begin{bmatrix} \cos\Omega & -\sin\Omega & 0 \\ \sin\Omega & \cos\Omega & 0 \\ 0 & 0 & 1 \end{bmatrix} \begin{bmatrix} x'' \\ y'' \\ z'' \end{bmatrix} = \begin{bmatrix} x''\cos\Omega - y''\sin\Omega \\ x''\sin\Omega + y''\cos\Omega \\ z'' \end{bmatrix} \quad (2.28)$$

矢量 $r'''(x''', y''', z''')$ 是 t 时刻卫星在天球坐标系中的位置，由此可以得到用 x''', y''', z''' 表示的卫星的半径、赤纬、升交点赤经，即

$$\begin{cases} r_s = \sqrt{x'''^2 + y'''^2 + z'''^2} = r \\ \delta_s = \sin^{-1}\left(\dfrac{z'''}{r_s}\right) \\ \Omega_s = \tan^{-1}\left(\dfrac{y'''}{z'''}\right) \end{cases} \qquad (2.29)$$

2.2.2.3 球面几何方法

由球面三角法可以导得该方法,但实际也是矢量旋转方法得出的。设 Γ 是在卫星轨道平面内从升交点到卫星的纬度变量,写成

$$\Gamma = \theta + \omega \qquad (2.30)$$

式中,θ 是真近点角,ω 是近地点角。用矢量旋转方法等数学处理可得

$$r_s = r \qquad (2.31\text{a})$$

$$\Theta_s = \delta_s = \sin^{-1}(\sin\Gamma\sin i) \qquad (2.31\text{b})$$

$$\Psi_s = \tan^{-1}\left(\dfrac{\sin\Gamma\cos i}{\cos\Gamma}\right) + \Omega_0 - \Omega_e(t_0) - \left(\dfrac{\mathrm{d}\Omega_e}{\mathrm{d}t} - \dfrac{\mathrm{d}\Omega}{\mathrm{d}t}\right)(t - t_0) \qquad (2.31\text{c})$$

式中,r 是卫星矢径,Θ_s、Ψ_s 分别是纬度和经度。$\Omega_e(t_0)$ 是纪元时间格林尼治的升交点,因此,$\Omega_0 - \Omega_e(t_0)$ 是纪元时刻升交点经度。$\left(\dfrac{\mathrm{d}\Omega_e}{\mathrm{d}t} - \dfrac{\mathrm{d}\Omega}{\mathrm{d}t}\right)$ 是地球旋转速率,也就是地球相对于轨道平面的旋转速率。对于太阳同步卫星轨道,它必须是每天 2π 半径。

对于圆形轨道,或是准圆形轨道(对于由于因椭圆引起的误差可以忽略),有

$$\Gamma(t) = \Gamma_0 + \left(\bar{n} + \dfrac{\mathrm{d}\omega}{\mathrm{d}t}\right)(t - t_0) \qquad (2.32)$$

则很容易使用球面几何方法处理。由此可以导得以下轨道参数

$$\Delta\text{LON} = \left(\dfrac{\mathrm{d}\Omega_e}{\mathrm{d}t} - \dfrac{\mathrm{d}\Omega}{\mathrm{d}t}\right) \cdot \tilde{T} \qquad (2.33)$$

式中,ΔLON 是经度增量;$\tilde{T}$ 是周期。在使用以上方程时,应记住:$\Gamma_0 = 0$,$(\bar{n} + \mathrm{d}\omega/\mathrm{d}t) = 2\pi/T$,和 $(\mathrm{d}\Omega_e/\mathrm{d}t - \mathrm{d}\Omega/\mathrm{d}t) = \Delta\text{LON}/\tilde{T}$。

2.2.2.4 卫星星下点轨迹

为了便于天线跟踪卫星,必须要确定以方位、仰角表示的天线指向。如图 2.6 中,假定卫星星下点的纬度为 Θ_s、经度为 Ψ_s,卫星离地球中心的半径 r_s。又假定地面接收天线所处的纬度为 Θ_e、经度为 Ψ_e 和半径 r_e(地球半径),则在笛卡儿坐标系中地心到卫星的矢量 $\vec{r}_s$ 为

$$\vec{r}_s = \begin{pmatrix} x_s \\ y_s \\ z_s \end{pmatrix} = \begin{pmatrix} r_s\cos\Theta_s\cos\Psi_s \\ r_s\cos\Theta_s\sin\Psi_s \\ r_s\sin\Theta_s \end{pmatrix} \qquad (2.34)$$

而地心到天线的矢量 $\vec{r}_e$ 写为

$$\vec{r}_e = \begin{pmatrix} x_e \\ y_e \\ z_e \end{pmatrix} = \begin{pmatrix} r_e\cos\Theta_e\cos\Psi_e \\ r_e\cos\Theta_e\sin\Psi_e \\ r_e\sin\Theta_e \end{pmatrix} \tag{2.35}$$

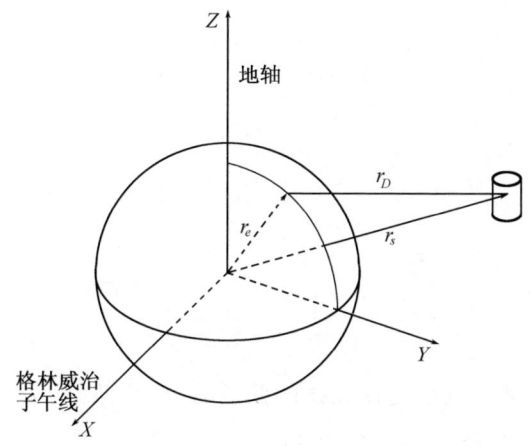

图 2.6 卫星轨迹几何图

而矢量差 $\vec{r}_D = \vec{r}_s - \vec{r}_e$ 是由天线到卫星的矢量。图 2.7 中，假定地球是球形的，卫星天顶角 ζ_{sat} 的余弦（天线仰角的补角）为

$$\cos\zeta_{sat} = \frac{\vec{r}_e \cdot \vec{r}_D}{|\vec{r}_e||\vec{r}_D|} \tag{2.36}$$

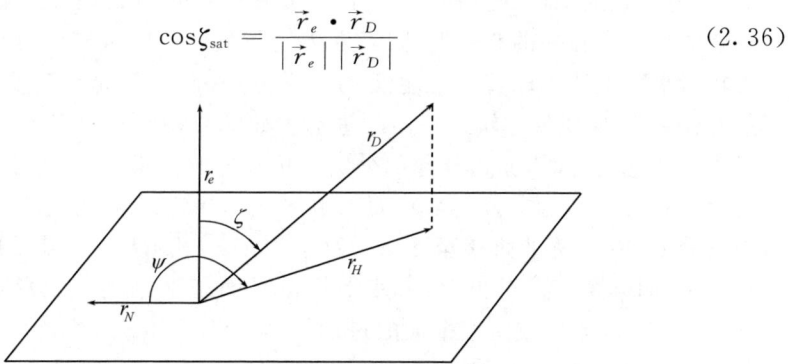

图 2.7 天顶角 ζ 和方位角 Ψ 的定义

对于方位角的求取是这样的：首先求取天线的两个水平分量（在过天线的与地球相切的切线平面内）。第一个是向北的矢量为

$$\vec{r}_N = \begin{bmatrix} x_N \\ y_N \\ z_N \end{bmatrix} = \begin{bmatrix} -\sin\Theta_e \cos\Psi_e \\ -\sin\Theta_e \sin\Psi_e \\ \cos\Theta_e \end{bmatrix} \tag{2.37}$$

第二个矢量是 $\vec{r}_D$ 水平投影矢量 $\vec{r}_H$。如果定义 $\vec{r}_e$ 和 $\vec{r}_D$ 的单位矢量分别写为

$$\hat{r}_e = \frac{\vec{r}_e}{|\vec{r}_e|} \tag{2.38}$$

$$\hat{r}_D = \frac{\vec{r}_D}{|\vec{r}_D|} \tag{2.39}$$

则水平投影矢量 $\vec{r}_H$ 为

$$\vec{r}_H = \vec{r}_D - (\hat{r}_e \cdot \vec{r}_D)\hat{r}_e = \vec{r}_D - |\vec{r}_D|\cos\zeta_{sat}\hat{r}_e = |\vec{r}_D|(\hat{r}_D - \cos\zeta_{sat}\hat{r}_e) \tag{2.40}$$

则方位角 Ψ 为

$$\cos\psi = \frac{\vec{r}_N \cdot \vec{r}_H}{|\vec{r}_N||\vec{r}_H|} \tag{2.41}$$

在计算时要注意的是当卫星处在天线的西侧时,方位角 Ψ 大于 $180°$。

2.2.2.5 由于地球扁率引起的摄动

地球是一个在赤道部分有些鼓起的扁平的近似旋转椭球体,赤道鼓起部分会给卫星轨道以摄动,使得卫星的轨道平面绕地轴缓慢地转动,轨道平面的主轴也在轨道平面内旋转。

(1)卫星轨道平面的进动:决定卫星轨道平面的参数是升交点赤经 Ω 和倾角 i。由于地球是一个扁平的旋转椭球体,在赤道附近处地球对卫星的引力加大,就使得卫星的轨道平面绕地轴朝着与卫星运动相反方向旋转,就是使升交点赤经 Ω 变化,而倾角 i 不变,这种现象称轨道平面的进动。如图 2.8(a)中,SS' 是卫星的轨道平面,当卫星由南往北飞行时,赤道隆起部分给卫星以向北的摄动力 f,使得实际的卫星轨道平面为 $SS_1'(\Omega-|\Delta\Omega|,i+\Delta i)$;而当卫星飞到赤道以北时,赤道隆起部分又给以向南的摄动力,使轨道平面移至 $S_1S_1'(\Omega-|\Delta\Omega|-|\Delta\Omega|,i)$,其总的长期效果是使 Ω 不断减小,而倾角 i 值不变,结果使得轨道平面绕地轴朝着卫星运动相反方向旋转(如图 2.8(b)),即造成轨道平面的进动。

可以求出轨道平面的进动率为

$$\frac{d\Omega}{dt} = -n\left[\frac{3J_2}{2}\left(\frac{R}{a}\right)^2(1-e^2)^{-2}\cos i\right] \tag{2.42}$$

即为

$$\frac{d\Omega}{dt} = -\frac{10}{(1-e^2)^2} \cdot \left(\frac{R}{a}\right)^{3.5}\cos i \tag{2.43}$$

式中,R 是地求半径,a 是轨道半长轴,e 是轨道偏心率,i 是轨道倾角,$\frac{d\Omega}{dt}$ 是进动率,

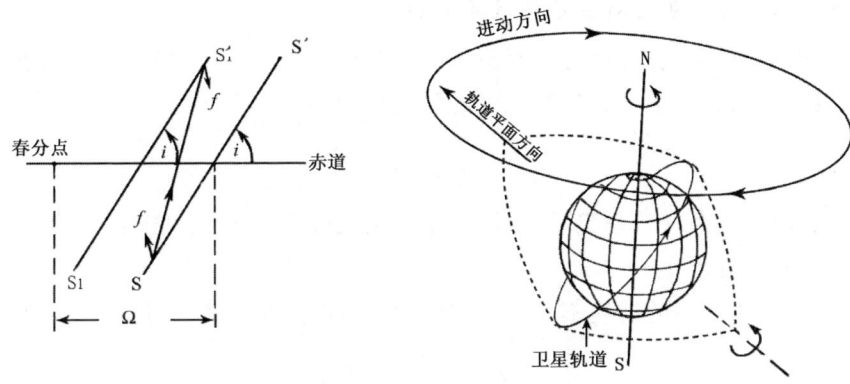

图 2.8 卫星轨道平面的进动

单位为(°/d)。当 $i<90°$ 时,轨道平面的进动方向是自东向西;$i>90°$ 时,轨道平面进动是自西向东。

(2)卫星轨道平面长轴的旋转:地球椭球体对卫星轨道的另一作用是轨道长轴在轨道平面内旋转,从而引起近地点角的改变。从理论上求得其变化率为

$$\frac{d\omega}{dt} = \bar{n}\left[\frac{3}{2}J_2\left(\frac{R}{a}\right)^2(1-e^2)^{-2}\cos i\right] \tag{2.44}$$

或者为

$$\frac{d\omega}{dt} = \frac{10}{(1-e^2)^2} \cdot \left(\frac{R}{a}\right)^{3.5}\left(\frac{5}{2}\cos^2 i - \frac{1}{2}\right) \tag{2.45}$$

式中,$\frac{d\omega}{dt}$ 是近地点角变化率,单位为(°/d)。如果取 $\frac{d\omega}{dt}=0$,则由上式得

$$\frac{5}{2}\cos^2 i - \frac{1}{2} = 0 \tag{2.46}$$

$$\cos i = \frac{1}{\sqrt{5}} \quad \text{或} \quad i = 63.4° \tag{2.47}$$

这就是说当倾角等于 63.4°时,轨道平面主轴不旋转,始终为一固定的取向。

(3)升(降)交点周期,考虑到地球扁率对卫星轨道的摄动,卫星的运行周期也发生小的改变,此时其与倾角有关,这时相邻轨道交点周期为

$$P_N = \frac{2\pi a^{3/2}}{\sqrt{GM}}\left\{1 + \frac{3}{4}J_2\left(\frac{R}{a}\right)^2\left[(1-3\cos^2 i) + \frac{(1-5\cos^2 i)}{(1-e^2)^2}\right]\right\} \tag{2.48}$$

(4)近地点周期,同样由于地球扁率的作用,近地点角发生变化,从而两相邻轨道近地点的周期为

$$P_N = \frac{2\pi a^{3/2}}{\sqrt{GM}}\left\{1 + \frac{3}{4}J_2\left(\frac{R}{a}\right)^2\frac{(1-5\cos^2 i)}{(1-e^2)^2}\right\} \tag{2.49}$$

2.2.2.6 大气阻力对卫星轨道的影响

在宇宙空间,空气十分稀薄,对卫星的作用可以忽略不计,但当卫星高度较低时,这种作用就不能忽视了。大气对卫星的阻力写为

$$F = \frac{1}{2m_{\text{sat}}} C_D A \rho v^2 \tag{2.50}$$

式中,F 是大气阻力,m_{sat} 是卫星质量,A 是卫星截面积,ρ 是大气密度,v 是卫星速度,C_D 是大气阻力系数。

大气阻力使卫星的动能不断损耗,轨道日益缩小,偏心率减小,其变化率为

$$\Delta a \cong \frac{2}{3} \frac{\Delta T}{T} a = 4\pi A C_D \rho a^2 / m \tag{2.51}$$

$$\Delta e \cong \frac{2}{3} \frac{\Delta T}{T}(1-e) \tag{2.52}$$

式中,Δa、Δe 和 ΔT 分别是卫星轨道的半长轴、偏心率和周期的改变量。由于轨道半长轴的减小和偏心率的减小,使得卫星高度下降,轨道形状逐渐接近正圆。最后坠入稠密大气层而陨灭。

卫星的周期和大气密度之间存在线性关系,因而对周期的分析,就能推知高层大气的密度。

2.2.2.7 太阳、月亮的引力对卫星轨道的影响

当卫星高度较低时,地球对卫星的引力要比太阳和月亮的引力大得多,所以太阳和月亮的引力可以忽略。但当卫星的高度较高时,太阳和月亮对其的引力就不可忽略了。例如在静止卫星高度上,太阳引力达到地球引力的 1/37,月亮引力约为地球引力的 1/6800。显然,这两者的摄动力是不可忽略的。这使得赤道上的静止卫星的轨道倾角每年约有 1° 的变化。

2.2.2.8 太阳辐射压力的作用

太阳的辐射压力对卫星也有影响,晴天太阳作用于 $1 m^2$ 上的力达 0.4mg,该力作用于卫星上,也会使其偏离轨道。直接太阳辐射和地球反射太阳辐射产生的辐射压力为

$$kSA \cos(\alpha/c) \tag{2.53}$$

式中,S 是辐照度(太阳常数),c 是光速,α 是入射辐射与表面垂线之间的夹角。k 是一全依赖于方向、形状和卫星表面反射率的系数。由于太阳压力的作用,当地球与太阳在卫星轨道平面成一线时引起对于圆形轨道的高度变化为

$$\Delta a = 3\pi a^3 \frac{ASk}{mcGM} \tag{2.54}$$

2.3 气象卫星轨道

为从卫星获取所需要的资料,选取合适的卫星轨道是十分重要的。为说明这一问题,下面介绍几种类型的卫星轨道。

2.3.1 按卫星的轨道参数进行轨道分类

2.3.1.1 按卫星轨道的倾角划分轨道

卫星的倾角不同,其轨道的用途也不同。按卫星的轨道倾角 i 可以将卫星分成下面四种。

(1)前进轨道:如果倾角 i 在 $0 \sim 90°$ 之间,卫星顺地球自转方向,由西南向东北或西北向东南方向运动,这种轨道称为**前进轨道或顺行轨道**。卫星每天可以不同时刻观测某一地区。

(2)后退轨道:当倾角 i 在 $90° \sim 180°$ 之间,卫星逆着地球自转方向运行,由东南向西北方向运动,称为**后退轨道或逆行轨道**。利用后退轨道可以实现太阳同步卫星轨道,则卫星始终以同一地方时观测世界各地。

(3)赤道轨道:当卫星倾角 i 为 $0°$ 或 $180°$ 时,卫星在赤道上空向东或向西运行,这种轨道称为**赤道轨道**。这时卫星可以连续观测热带地区;当卫星的倾角为 $0°$ 时,卫星与地球同向运行,可以实现静止轨道,对某一固定区域作连续观测。而当倾角为 $180°$ 时卫星可以较短的时间观测全球所有热带地区。

(4)极地轨道:当卫星倾角 i 为 $90°$ 时,卫星通过南北两极,这种轨道称为**极地轨道**。利用这一种卫星轨道可以观测人类难以到达的两极地区。

显然,卫星的倾角不同,观测范围也不同。如果只对热带地区观测,可以选取较小倾角的轨道;如果要观测极地区域,则要取倾角较大的卫星轨道。

2.3.1.2 按卫星高度划分轨道

卫星的高度对卫星的观测和寿命有重要影响,若卫星的高度高,其受大气的阻力小,寿命长,观测范围大,但用同样的仪器,则分辨率要降低,图片不易清楚。若卫星的高度低,虽然可以获取较清晰的图片,但因大气的阻力大,寿命短。所以应根据需要选取卫星高度。按卫星的高度将轨道分为三种类型:

(1)低高度短寿命轨道:这种轨道的卫星高度约为 $150 \sim 200 km$,寿命只有 $1 \sim 3$ 周,大多数为军事服务的侦察卫星所采用。其可获得分辨率高、比例尺大的清晰图片。

(2)中高度长寿命轨道:这种轨道的卫星高度为 $350 \sim 1500 km$,寿命可达一年以上。气象卫星、陆地卫星和海洋卫星等大都采用这种轨道。它对地面有较高的分辨率,又有较长的寿命,能对天气、海洋、陆地资源等作监测。

(3)高高度长寿命地球静止卫星:这种卫星轨道的高度约在35800km左右,受地心引力和大气阻力很小,卫星的寿命可以在几年以上,主要用于气象、广播和通信等许多领域。

2.3.1.3 按卫星轨道的偏心率划分

按卫星的偏心度可以将卫星轨道分为圆形和椭圆形卫星轨道两类。

(1)圆形轨道:如前所述,当偏心率$e=0$,卫星作等速圆周运动,对卫星遥感特别有利。同时对卫星轨道的预告和资料的定位十分方便。

(2)椭圆形轨道:当$e\neq 0$时,卫星作椭圆形运动,这时卫星在不同高度上对大气进行观测,可获取大气密度或其他有用的资料。利用椭圆形轨道可以发射高高度卫星轨道。

2.3.2 太阳同步卫星轨道

2.3.2.1 什么是太阳同步卫星轨道

所谓太阳同步卫星轨道是指卫星的轨道平面与太阳始终保持固定的取向。由于这一种卫星轨道的倾角大于且接近90°,卫星近乎通过极地,所以又称它为近极地太阳同步卫星轨道,有时简称极地轨道。图2.9表示了近极地太阳同步卫星轨道的示意图,从图2.9看出,卫星几乎以同一地方时(只对轨道的升段或降段)经过世界各地。考虑到卫星轨道平面随地球绕太阳公转的同时,为保持卫星的轨道平面始终与太阳保持固定的取向,必须使卫星的轨道平面每天自西向东旋转1°(相对于太阳)。

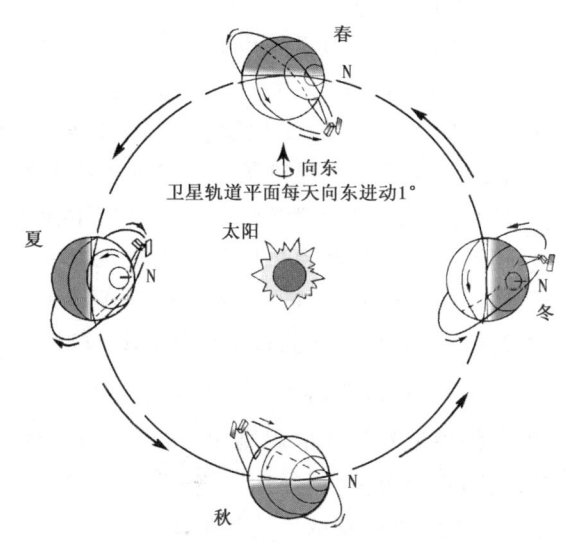

图2.9 太阳同步卫星轨道

2.3.2.2 太阳同步轨道的实现

如果地球是一个均匀的球体,当地球绕太阳公转时,轨道平面随地球公转的同时作平动运动,则轨道平面相对于太阳的取向不能保持不变。由于地球绕太阳公转是反时针的,因而轨道平面相对太阳的取向是自东向西的。因地球绕太阳公转一周需365d左右,此时跟随地球一起公转的卫星轨道平面相对于太阳的取向改变360°,所以卫星轨道平面每天取向的改变(转过的度数)为360°/d≅1°/d。也就是使卫星每天提早4min出现于同一观测地点。

为了使卫星的轨道平面相对太阳始终有固定的取向,必须克服轨道平面每天大约1°取向的改变。对此,可以利用因地球扁率引起的卫星轨道平面的进动去抵消它。由于在把地球作为均匀于体时,轨道平面取向的改变是自东向西的,所以应使卫星轨道平面自西向东进动。由卫星轨道摄动理论知,当倾角大于90°时,即后退轨道时,卫星的轨道平面是自西向东进动的,恰与上面轨道平面自东向西旋转相反。如果选定合适的倾角,使轨道平面自西向东进动所旋转的度数大约等到于1°,就抵消了轨道平面取向的改变,实现太阳同步轨道。由(2.43)式,使$\dot{\Omega}=0.985°/d$,就有

$$\dot{\Omega}=-\frac{10}{(1-e^2)^2}\left(\frac{R}{a}\right)^{3.5}\cos i = 0.985 \text{°}/\text{d} \tag{2.55}$$

如果太阳同步轨道是一圆形轨道,则$a=R+H$,$e=0$,轨道平面的进动为

$$i=\cos^{-1}\left[-0.0985 \cdot \left(\frac{R+H}{R}\right)^{3.5}\right] \tag{2.56}$$

上式就是实现太阳同步卫星轨道的高度与倾角必须满足的条件。可以看出,卫星高度越高,为实现太阳同步卫星轨道的倾角越大。如 TIROS-N 系列卫星高度为 833 (870)km,则由(2.56)式算出轨道倾角为 98.739°(98.899°)。

表 2.1 作为太阳同步卫星高度函数的倾角值

高度(km)	400	600	800	1000	1200	1400
倾角(°)	97.02	97.78	98.60	99.47	100.41	101.42

2.3.2.3 太阳同步轨道的优缺点

太阳同步卫星轨道的优点是:(1)由于太阳同步卫星轨道近于圆形,轨道的预告、资料的接收定位处理都有十分方便;(2)太阳同步轨道卫星可以观测全球,尤其是可以观测到极地区域;(3)在观测时有合适的照明,可以得到稳定的太阳能,保障卫星正常工作。

太阳同步卫星轨道的缺点是:(1)虽然太阳同步卫星可以获取全球资料,但是时间分辨率低,对某一地区的观测时间间隔长,一颗极地太阳同步轨道卫星每天只能对同一地区观测两次,不能满足气象观测要求,不能监视生命短、变化快的中小尺度天气系统;(2)相邻两条轨道的观测资料不是同一时刻的,需要进行同化。

2.3.3 地球静止卫星轨道

2.3.3.1 什么是地球同步静止卫星轨道

若卫星的周期正好等于地球自转周期(23小时56分04秒),卫星公转方向与地球自转达方向相同,这样的卫星轨道称为地球同步轨道;又如果卫星的倾角等于0°,赤道平面与轨道平面重合,则卫星在赤道上空运行。若在地面看,这种轨道上的卫星好像静止在天空某一地方,不动似的,所以又把它称作地球静止卫星轨道。这样轨道上的卫星称作静止卫星。

2.3.3.2 静止卫星的轨道参数

对于理想的静止卫星轨道,它的轨道参数为

(1)卫星的周期为23小时56分04秒,它正好等于地球自转周期,这就实现了卫星与地球同步。

(2)卫星轨道偏心率等于0,这表示卫星轨道必须是圆形的;

(3)卫星的轨道倾角为0°,这时卫星的轨道平面与赤道平面重合,卫星的运行方向与地球自转方向一致;卫星相对于地球赤道上一点静止,实现了地球静止卫星轨道。

静止卫星的高度可以由(2.11)式求得下式

$$H = \sqrt[3]{\frac{\mu}{4\pi}T^2} - R \tag{2.57}$$

取 $\mu = GM_e$,$T=23$ 小时 56 分 04 秒,$R=6370$km 代入上式,得

$$H = 42230 - 6370 = 35860 \text{km}$$

根据(2.11)式可以求得静止卫星在轨道上运行的速度

$$v = \sqrt{\frac{\mu}{R+H}} = \sqrt{\frac{3.986 \times 10^5}{42230}} = 3.07 \text{ (km/s)}$$

2.3.3.3 静止卫星的漂移

(1)地球对静止轨道上卫星的漂移作用:由于实际的地球是一个旋转椭球体,所以静止卫星升交点的进动率并不等于0,由(2.55)式,令 $i=0$,则有

$$\dot{\Omega} = -\frac{3GJ_2}{2a^{3.5}}\left(1 + \frac{3J_2}{2a^2}\right) \tag{2.58}$$

以 J_2,G 的值和 $a = 6.229 r_e$ 代入上式,可以求出

$$\dot{\Omega} = -0.01332°/d$$

这就是说,静止卫星的星下点每天向进动 0.01332°,这种进动是由于赤道隆起产生的,为消除卫星向西漂移,可以从地面控制,降低卫星高度,增加其速度。

(2)静止卫星轨道参数偏差引起卫星的漂移：首先，实际的静止卫星轨道不可能是圆形的（$e \neq 0$），而是带有一点椭圆形的，这样在一天当中，卫星的轨道半径有时大有时小，当轨道半径偏大时，卫星速度减小，其相对于地球就要向西漂移；当轨道半径偏小时，卫星速度加大，就要向东漂移。所以一天之内卫星要在东西方向上来回漂移。

其次，卫星轨道倾角也不可能正好是 0°，常有大约 1° 的倾角，若不考虑其他因素，卫星在一天之内将作南北漂移。

所以如果卫星的轨道带有一点椭圆形，又带有一点倾角，则卫星星下点轨迹是上述两种作用的合成，使得卫星星下点轨迹在赤道两侧呈 8 字形或圆形摆动。

2.3.3.4 卫星食和太阳干扰

（1）卫星食：当太阳、月亮和地球依次排成一条直线时，太阳被月亮挡住，就出现日食；当太阳、地球和月亮在一条直线上时，月球进入地球的阴影区，就发生月食。人造卫星也会发生这种情况，如图 2.10 中，若太阳、地球和卫星在一条直线上时，人造卫星进入地球的阴影区，就出现卫星食。

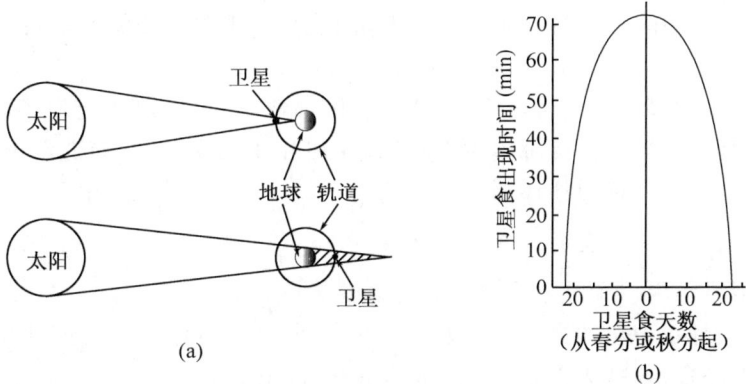

图 2.10　静止卫星食示意图及发生天数和每次持续时间

由于静止卫星位于赤道平面内，所以静止卫星的卫星食出现在春分和秋分前后一段时间内，卫星星下点地区正好处在午夜时分。在春分和秋分这两天卫星食的时间最长，达 72 分钟之久，卫星食可以连续出现 45 天以上。

在卫星食出现期间，卫星上的太阳能电池不能工作，所以用蓄电池供电，因此卫星必须携带大的蓄电池，才能不使卫星的工作停止。有时供电不足时，要中止某些观测项目，或作某些调整。另外在卫星食期间，因卫星中没有热量输入，卫星星体的温度下降，使得其收缩，以致自旋速率加大。

极地太阳同步轨道卫星也会出现卫星食,卫星食的长短决定于卫星高度和卫星经过各地地方时间,如果午夜经过各地,卫星食时间较长对卫星的正常工作有较大的影响。为尽可能缩短卫星食时间,卫星常在早晨或傍晚时刻通过各地,以获得充足的太阳能。如泰罗斯—N卫星在地方时上午7:30和下午15:00左右经过各地。

(2)太阳干扰:当太阳、静止卫星和地球在一条直线上时,地面接收天线正好对准太阳。在卫星进入接收天线的波束期间,强烈的太阳射电噪声影响下,接收电波受到严重干扰,地面接收天线收不到信号,这样的干扰称太阳干扰。这种情况在春分和秋分前后连续数天发生,受干扰的时间的长短随天线直径大小而异。

2.3.3.5 静止卫星的有效利用

地球静止卫星轨道是赤道上空约35800km高度处的圆形轨道,尽管这条轨道的圆周很长,由于连续不断地发射静止卫星,卫星的位置迟早会出现拥挤现象,静止卫星只能在唯一的这条轨道上。同时即使不考虑卫星在空间位置上的矛盾,如果卫星过于接近,也存在相邻卫星间的电波干扰问题,这就是从地面向卫星发射电波,它邻近的卫星会收到,从而产生电波干扰。为防止卫星间的相互干扰,要求地面站具有高方向性定向窄波束天线。例如对于$3°$间隔的卫星,波束宽度应小于$2°\pm0.5°$。若每隔$3°$放置一颗卫星,绕地球可放置120颗静止卫星,则两颗相邻卫星间的圆弧距为

$$S_{i-j+1} = 2\pi(R+H)/120 = 2210.04 \text{ (km)} \tag{2.59}$$

由于静止卫星的使用价值很高,所以各国都希望尽早发射自己的卫星,但卫星的位置是有限的,世界各国又都集中在欧洲、亚洲和非洲这一带,南北美洲国家也很集中,这就涉及如何合理地使用静止卫星轨道。

2.3.3.6 静止卫星的优缺点

静止卫星作为一个气象观测平台有许多优点:

(1)由于静止卫星的高度高,视野广阔,一个静止卫星可以对南北$70°S—70°N$,东西140个经度,地球表面积约1.7亿km^2进行观测;

(2)静止卫星可以对某一固定区域进行连续观测,可以每半小时或1小时提供一张全景圆面图。在特殊需要时,可每隔3~5分钟对某个小区域进行一次观测;

(3)静止卫星可以监视天气云系的连续变化,特别是生命短、变化快的中小尺度灾害性天气系统。

静止卫星的不足之处是不能观测南北极区,同时对卫星观测仪器的要求高。

2.3.4 全球卫星观测体系

静止卫星能对中低纬度广大固定地区实行连续观测,但是观测不到极区和固定地区的以外的地区;极地太阳同步轨道卫星能实现全球观测,但一颗极地太阳同步卫

星对中低纬度地区每天只能对白天和夜间各观测一次,不能对中低纬度地区的天气连续监视观测,但其能以高的时间分辨率观测极区。为了将若干颗静止气象卫星与几颗极地太阳同步气象卫星组合在一起,发挥各自的优势,克服其短处,形成一个全球卫星观测体系,实行对全球天气的监视。如图 2.11 所示,在静止卫星轨道上放置多颗卫星,具体位置分别为:0°、63°E(METEOSAT,欧洲空间局)、83°E(INSAT,印)、105°E(FY-2,中)、140°E(MTSAT,日)、135°W(GOES,美)、75°W(GOES,美);极地太阳同步卫星有两颗,一个在上午通过,另一个在下午通过,这样可以每间隔半小时获取全球资料。为有效覆盖全球,各卫星观测区彼此有一定重叠。另有数颗专用气象卫星,从而实现卫星对全球大气的监视和观测,为全球气候和天气预报提供气象资料。中国发射的 FY-2 静止气象卫星,定点于 105°E,这对于观测青藏高原和西太平洋台风有重要作用;印度发射了 INSAT 静止气象卫星,定点于 83°E,对于观测印度洋热带风暴发挥了重要作用;同时,这对气象卫星完成全球天气的监视和气候变化的研究有重要意义。全球气象卫星观测体系的建立,标志着大气探测进入了一个以卫星观测为主体的全球观测体系新时代,大气科学的发展必将有一个新的飞跃。

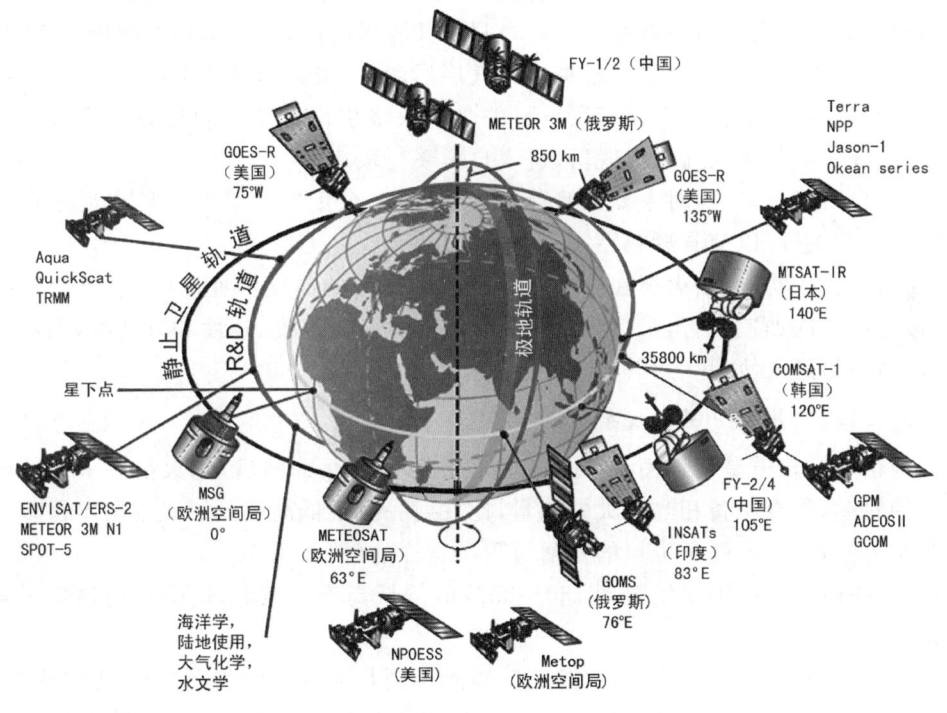

图 2.11 地球卫星观测体系

2.4 卫星的发射和卫星技术

2.4.1 卫星的发射

2.4.1.1 极地轨道卫星的发射和入轨过程

人造卫星是火箭技术迅速发展的结果。火箭由头部、发动机和制导系统所组成。火箭头部也叫鼻锥，呈流线型形状，安装着各种测量仪器和卫星。为了将卫星送入轨道，一般采用多级火箭发射。在发射时，当第一级火箭点火后，整个火箭便慢慢地离开发射台。当第一级火箭燃料烧尽时，将壳体分离抛弃，得速度 v_1，然后点燃第二级，第二级推进剂烧完，又把壳体分离抛弃，获得速度增量 v_2，接着第三级点火，提供的速度增量为 v_3，最终速度为 $v_1+v_2+v_3$。

卫星的发射过程分为如下几段。

(1)垂直上升段：在这一段，因火箭很重很大及空气密度大，大气的阻力也很大，所以火箭垂直缓慢穿过大气层，使火箭以最短的距离穿过稠密的大气层，以减少推进剂的消耗和受到大气阻力最小。这一段只有几秒钟时间，它由第一级助推火箭完成；

(2)转弯飞行段：当火箭穿过稠密大气层后，第二级火箭开始工作，在制导系统的控制下开始转弯，进入转弯飞行段。目的是将火箭引向预定的轨道方向飞行。在这一段结束时，第二级火箭燃尽脱落，进入自由飞行段；

(3)自由飞行段：这时主要火箭荷载已经脱离，余下的火箭及卫星在近于真空的空间中惯性飞行，以节省燃料；

(4)卫星入轨段：当火箭在自由飞行段达到预定的高度和速度时，点燃第三级火箭，进行第二次加速飞行，最后到达卫星轨道应具有的高度、速度和方向时，卫星与火箭分离，卫星进入轨道。

2.4.1.2 静止卫星的发射

静止卫星轨道是离地面约 35860km 的圆形赤道平面轨道，用火箭一下子送到这样高的轨道，需要花费相当巨大的能量，比发射一颗中低高度的卫星要困难得多。为使花费的能量最少，静止卫星的发射过程是这样的(图 2.12)：

(1)先由火箭把卫星发射到 180~250km 的低高度轨道上，这个轨道称暂定轨道或初始轨道。

(2)卫星在暂定轨道上绕地球运行，当运行到与赤道平面相交处时，点燃火箭，使卫星进入远地点高度为 35860km 的偏心率很大的椭圆轨道，这个轨道称为转移轨道，是为卫星进入静止卫星轨道作准备。

第 2 章 气象卫星轨道和气象卫星

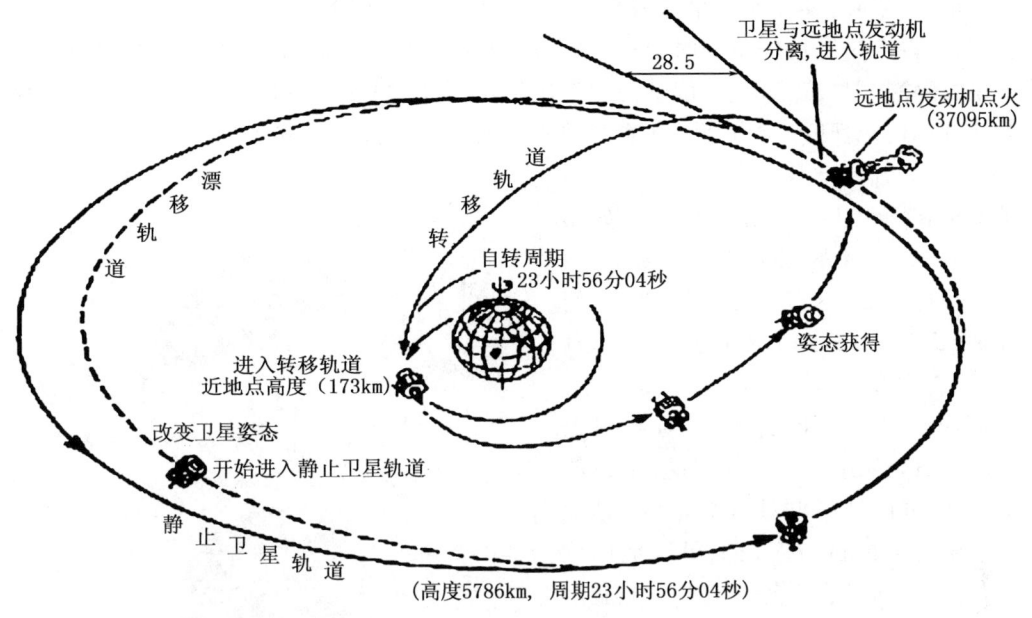

图 2.12 静止卫星发射和入轨示意图

(3)当卫星绕转移轨道运行几圈后,在到达远地点赤道上空时,点燃远地点发动机,使卫星获得速度增量 Δv,偏离椭圆轨道,卫星进入接近预定的圆形轨道,称漂移轨道,也叫近静止轨道,最后利用小推力喷嘴,修正最后发射误差,把卫星送上静止卫星轨道。

2.4.2 卫星的基本技术

气象卫星通常由基本卫星系统和探测仪器设备系统两部分组成。基本卫星系统的任务是保障探测系统正常工作,它包括卫星姿态控制、能源的供给、温度控制和通信指令系统。探测设备系统是各类探测仪器。

2.4.2.1 卫星的姿态

卫星的姿态是指卫星在空间相对于轨道平面、地球表面或任何坐标系的固定取向。它决定于卫星仪器对地面的观测方式和资料的可利用性,如果卫星仪器正对地面观测,得到的图片对称,各处的比例较一致。如果卫星仪器对地面倾斜观测,得到的图片上,有的地方被压缩,有的地方被拉长,各处比例不一,不利于资料的利用。为此必须对卫星的姿态进行控制。通常采用以下几种方式。

(1)自旋稳定:若卫星绕自身对称轴以一定的角速度旋转,则在没有空气的阻力下,卫星的角动量守恒,因而自转轴方向始终不变,这种使卫星稳定下来的方式称自旋稳定。早期的泰罗斯卫星采用平动式自旋稳定,自旋轴在空间平动,仪器装在卫星底部,所以卫星绕地球一周时,只有部分时间取得资料。以后的艾萨卫星和静止卫星采用"滚轮式"自旋稳定,自旋轴与卫星轨道平面相垂直,仪器位于卫星的侧面,当仪器转到朝向地面时进行观测,在整个卫星周期内都能获得资料。

(2)三轴定向稳定:三轴定向稳定是卫星在三个方向上保持稳定。如图2.13中,取卫星的三个方向作为轴,并使其保持稳定,这三个轴分别为:①俯仰轴(Y轴方向):与卫星轨道平面垂直,控制卫星上下摆动;②横滚轴(X轴方向):平行于轨道平面,且与轨道方向一致,控制卫星左右摆动;③偏航轴(Z轴方向):指向地球中心,控制卫星沿轨道方向运行。在卫星绕地球旋转一圈中,轨道方向改变360°,偏航轴和横滚轴的方向也要改变360°,才能保持卫星姿态的稳定。

(3)重力梯度稳定:由于地球对一个物体的吸引力随高度而减小,高度越高,引力越小,所以地球的重力场是

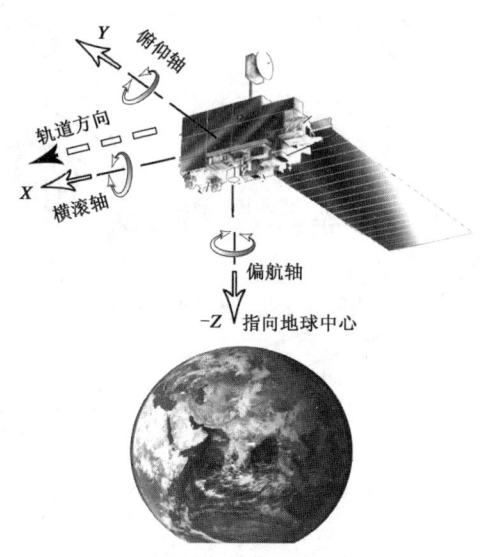

图 2.13 卫星三轴定向稳定姿态示意图

不均匀的,存在有重力梯度。当卫星在重力场中运动时,因受重力梯度的作用,使卫星趋向一个平衡位置,由此实现重力梯度稳定。

2.4.2.2 在静止卫星轨道上卫星位置的控制

由于地球重力的不均匀和太阳、月亮的作用,常使卫星于静止卫星轨道上漂移,如不加以控制,这种偏离就会越来越大,以至卫星超出地面接收天线的波束范围,接收不到卫星信号。为消除卫星漂移,在卫星上装有轴向和横向的两个气体喷射推进系统,通过喷气产生反作用力,实现卫星漂移的修正。

2.4.2.3 卫星的结构和形状

卫星的结构不仅要经得起剧烈的力学环境,而且要做得尽量轻,以保证卫星上专用设备的重量,所以制作卫星必用特殊材料。卫星的形状常与其采用的姿态稳定方式有关,如自旋稳定的卫星,要求相对自旋轴的重量分配平衡,整个星体要保持对称,为此,一般做成圆柱形。三轴定向稳定的卫星,形状不限,但为了充分利用太阳能,常将太阳能电池翼板伸出,以增加光照。表2.2是几种常用卫星的有关结构

参数。

表 2.2　卫星的有关结构参数

类别	GMS-3	GOES-4~7	TIROS-N/NOAA-A~D	先进的 TIROS-N/NOAA-E~J
星体大小	直径:210.0cm 高度:350.0cm(入轨后)	直径:210.0cm 高度:370.0cm	直径:188.0cm 高度:371.0cm	直径:188.0cm 高度:371.0cm
星体重量	680.9kg(入轨前) 303.2kg(入轨后)	835kg	1421kg 194kg	1009kg 386kg
姿态控制准确度	东西:0.5° 南北:1.0°		0.2° 0.12°	0.2° 0.14°
能源	263W	400W 320W(结束)	输出:420W 需求:330W	输出:515W 需求:475W
寿命	5年	7年	2年	2年

2.4.2.4　卫星电源

能否正常地向卫星上各种仪器供电,常是卫星成败的重要问题。早期发射的卫星,一般采用蓄电池电源,但其贮存电能有限,在短期内就会用完,一旦没有电,卫星的工作也就停止了。由于太阳能是取之不尽、用之不及,加上太阳能电池体积小、重量轻、效率高和寿命长,故目前大多数卫星都采用太阳能电池。当然也有使用原子能电池和化学电池的。

2.4.2.5　卫星通信系统

气象卫星的通信系统是卫星体系的一个重要组成部分,它的任务是收集和传送各种气象资料,发送指令,控制卫星的工作等。如 TIROSN 卫星发送指令为 148.56MHz,信标 137.77,136.77MHz,VHF137.50MHz,S 带实时 HRPT 为 1698MHz,资料收集为 401.5MHz。

本章要点

1. 开普勒三定律和卫星轨道。
2. 卫星轨道参数和轨道摄动。
3. 太阳同步轨道及其实现,地球同步静止卫星轨道。
4. 卫星技术。

问题与思考题

1. 开普勒三定律主要的内容有哪些?它主要说明哪三个问题?卫星轨道形状

有哪几种？卫星的周期主要决定于什么？卫星的速度主要取决于什么？

2. 在天球坐标系中卫星的轨道参数有哪些？什么是近地点角和平均近点角？什么是真近地点角和偏近地点角？星下点？轨道数？升交点？截距及其轨道升交点的计算？前进轨道和后退轨道？其主要表示轨道的什么特性？

3. 如何确定卫星在空间中的位置？

4. 什么是卫星轨道的摄动？引起卫星轨道摄动的原因有哪些？它使卫星的那些轨道参数发生改变？

5. 什么是卫星轨道平面的进动？它决定于哪些因素？

6. 试证明：$V_{min} : V_{max} = (1-e)(1+e)$

7. 为什么卫星受地球大气阻力的作用使轨道半径减小？且轨道越来越圆？为什么卫星受摩擦阻力越大，卫星的速度却越来越大？

8. 我国第一颗人造卫星的近地点为 $439km$，远地点为 $2384km$，试求卫星轨道的偏心率，近地点和远地点的速度？卫星的周期和卫星的轨道方程？

9. 什么是准极地太阳同步卫星轨道？它是如何实现的？主要的优点和缺点有哪些？

10. 什么是静止卫星轨道？它是如何实现的？主要的优点和缺点有哪些？

11. 若在 $30°$ 上空向正东水平方向发射一颗卫星，试问卫星的倾角是多少？

12. 若卫星的倾角为 $180°$，试问卫星每隔 6 小时、8 小时观测同一地点的卫星高度和速度为多少？

13. 我国风云 1 号卫星为高度 $900km$ 的圆形太阳同步轨道，试求卫星的周期和截距？卫星轨道的倾角是多少？

14. 若风云 1 号卫星第 n 条卫星轨道的升交点经度为 $17°E$ 或 $175°W$，升交点时间为世界时 13 时 20 分，试求第 n 条卫星轨道降交点的时间和经度？第 $n+1$ 条卫星轨道升交点时间和经度？地方时间是多少？

第 3 章　卫星遥感辐射基础知识

宇宙与地球大气之间能量交换是通过辐射实现的,而表征地球-大气特性的信息是通过辐射这唯一方式向宇宙传递。气象卫星遥感地球大气系统的温度、湿度和云雨演变等气象要素和大气现象是通过探测地球大气系统发射或反射太阳的电磁辐射而实现的,因此,电磁辐射是气象卫星遥感的基础。为了准确地掌握气象卫星探测大气的原理和应用卫星资料,必须对辐射的基本概念、基本定律及辐射在大气中的传输规律有深入的了解。为此,这一章要介绍有关的辐射基础知识。

3.1　辐射基本量

地球大气和地物的目标特性随波长(频率)而变,不同波长处其特性不同,卫星遥感地球大气和地物就是根据不同波长处其不同特性,通过使用不同的光谱段遥感地球大气系统发出或反射的辐射,识别不同的目标物,对此首先介绍电磁波谱的有关知识。

3.1.1　电磁波谱

电磁辐射包括太阳辐射、地球大气的热辐射和无线电辐射等,它的波长范围很广,从 $10^{-10}\mu m$ 的宇宙射线到 $10^{10}\mu m$ 的无线电波。为了使用的方便,按电磁波的频率或波长将电磁波划分为以下几个波段:

3.1.1.1　电磁波段的划分

电磁波分成 γ 射线、X 射线、紫外线(UV)、可见光(VIS)、红外线(IR)、微波(WV)等波段(图 3.1 和表 3.1),它们都具有电磁波所固有的特性,同时由于波长和频率的不同,还表现有各自不同的特性。

(1) γ 射线:它是放射性元素蜕变时产生的,其波长最短,从 $10^{-11}\sim 10^{-4}$ nm,具有很高的能量($10^4\sim 10^6$ eV),因此它能穿透非常稠密的物质。由于 γ 射线能电离空气,所以可以让它穿透空气来研究它的特性。

(2) X 射线(伦琴射线):X 射线是原子内部的电子从激发态恢复到稳态产生的,因而它的波长短、频率高,其范围从 $0.0045\sim 10^{-5}\mu m$。X 射线也能穿透密度很大的物质,所以可以利用它的这种特性研究物质的内部结构。

(3) 紫外线(UV):紫外线是由于原子和分子内部电子状态的改变引起的,其波

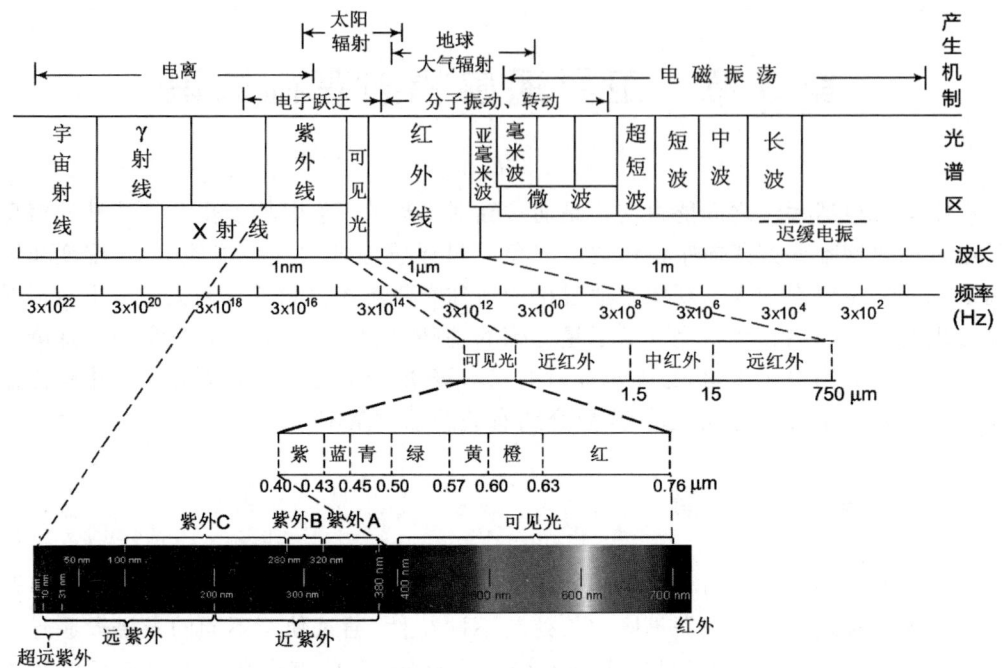

图 3.1 电磁波谱

长范围为 0.35~0.0045μm。紫外线又可分为近紫外(0.25~0.38μm)和远紫外(0.01~0.25μm)。由于它的频率高,各种物质对短的紫外线波都有强烈的吸收。对于近紫外 UV 还分为:UVA(0.32~0.38μm)、UVB(0.29~0.32μm)和 UVC(0.25~0.29μm),其中 UVA 辐射对大多数人没有大的危害,UVB 可以对生命引起太阳伤害,较强的 UVC 则对多数生命产生严重的损害。

(4)可见光谱段(VIS):可见光是一个很狭窄的波长间隔,波长范围为 0.35~0.76μm,它是由于原子内部电子状态的改变而引起的,其最大特点是它对人眼的网膜施以一种特殊的刺激而引起视觉。可见光谱段还可进一步分为:紫、蓝、绿、黄、橙、红等色光分波段。其中紫光波长最短,比紫光还要短的就是上面讲的紫外线;红光波长最长,比红光还要长的是红外线。太阳辐射的主要范围是可见光辐射。

(5)红外线(IR):红外线谱段为 0.76~1000μm,它主要由分子、原子的振动转动而产生的。它还分为近、中、远红外谱段。红外辐射也叫热辐射或温度辐射,地球大气主要产生红外辐射。

(6)微波(WV):这是比红外线还要长的电磁波辐射,波长范围从 1mm 到 30cm,它是由物质内部分子的转动引起的。大于 30cm 的是无线电波。

电磁波谱各谱段的划分常没有严格的界限，在两谱段之间的边界是渐变的，在某些文献中，其划分与上述略有不同。

电磁波的谱段有时还可以按照使用目的划分，如把 $0.38\sim3.0\mu m$ 谱段，称谓反射波段，这一波段的辐射源是太阳，卫星接收的是地面云面对太阳辐射的反射辐射，反射波段还可将波长分为反射可见光谱段和反射近红外谱段。电磁谱段还可以按吸收物质划分，如将水汽吸谱段称为水汽带，二氧化碳吸收谱段称为**二氧化碳吸收带**。表 3.1 给出多谱段卫星观测谱段的划分，由于谱段的划分没有严格的规定，这里仅供参考。

表 3.1 卫星遥感电磁谱段的划分

谱段名称		波长 λ	波数 $\nu^*=1/\lambda$	频率 $=c/\lambda$
UV	紫外	$0.01\sim0.38\mu m$	$26320\sim1000000 cm^{-1}$	
B	蓝	$0.436\mu m$	$22935 cm^{-1}$	
G	绿	$0.526\mu m$	$18315 cm^{-1}$	
R	红	$0.670\mu m$	$14285 cm^{-1}$	
VIS	可见光	$0.38\sim0.78\mu m$	$12820\sim26320 cm^{-1}$	
NIR	近红外	$0.78\sim1.30\mu m$	$7690\sim12820 cm^{-1}$	
VNIR	可见光和近红外(VIS+NIR)	$0.38\sim1.3\mu m$	$7690\sim26320 cm^{-1}$	
SWIR	短波红外	$1.3\sim3.0\mu m$	$3330\sim7690 cm^{-1}$	
SW	短波	$0.2\sim4.0\mu m$	$2500\sim50000 cm^{-1}$	
LW	长波	$4\sim100\mu m$	$100\sim2500 cm^{-1}$	
MWIR	中波红外	$3.0\sim6.0\mu m$	$1665\sim3330 cm^{-1}$	
TIR	热红外	$6.0\sim15.0\mu m$	$665\sim1665 cm^{-1}$	
IR	红外(MWIR+TIR)	$3\sim15\mu m$	$665\sim3330 cm^{-1}$	
FIR	远红外	$15\mu m\sim1mm$	$10\sim665 cm^{-1}$	$300\sim20000 GHz$
Sub-mm	亚毫米波(远红外部分)	$0.1\sim1mm$	$10\sim100 cm^{-1}$	$300\sim3000 GHz$
Mm	毫米波(微波部分)	$1\sim10mm$	$1\sim10 cm^{-1}$	$30\sim300 GHz$
MW	微波	$0.1\sim30cm$	$0.033\sim10 cm^{-1}$	$1\sim300 GHz$

微波谱带	频率	波长	微波谱带	频率	波长
P	$220\sim390 MHz$	$77\sim136 cm$	Ku	$12.5\sim18 GHz$	$1.67\sim2.4 cm$
UHF	$300\sim1000 MHz$	$30\sim100 cm$	K	$18\sim26.5 GHz$	$1.1\sim1.67 cm$
L	$1\sim2 GHz$	$15\sim30 cm$	Ka	$26.5\sim40 GHz$	$0.75\sim1.18 cm$
S	$2\sim4 GHz$	$7.5\sim15 cm$	V	$40\sim75 GHz$	$4.0\sim7.5 mm$
C	$4\sim8 GHz$	$3.75\sim7.5 cm$	W	$75\sim110 GHz$	$2.75\sim4.0 mm$
X	$8\sim12.5 GHz$	$2.4\sim3.75 cm$			

3.1.1.2 电磁波各参数的关系和使用的单位

(1)电磁波各参数的关系

电磁波谱通常以波长和频率来表示,真空中存在关系

$$\lambda f = c; \quad f = c/\lambda; \quad \lambda = c/f \tag{3.1}$$

式中,λ 是波长,f 是频率,c 是光速,在真空中它等于 $2.997925 \pm 0.000003 \times 10^8 \text{cm/s}$。若在介质中传播,则有

$$v = f \lambda_n \tag{3.2}$$

式中,v 是波在介质中的速度;λ_n 是波在介质中的速度,等于 λ/n,$n = \sqrt{\varepsilon_r \mu_r}$ 是介质的折射指数,ε_r 是介电常数,μ_r 是磁导率。

(2)电磁波各谱段使用的单位

电磁波波长单位的换算见表 3.2。在日常使用中,可见光波段的波长单位常用纳米(nm),和微米(μm);红外波段的波长单位常用 μm。除此之外,红外波段还采用波数表示,所谓波数是指单位长度内包含波的数目,即

$$\nu = 1/\lambda = f/c \tag{3.3}$$

式中,ν 是波数。波数的单位用厘米的倒数(cm^{-1}),其表示 1cm 长度内含有波的数目,波数用于表示频率,频率越高,波数越大。由于没有一种方法测量出红外波段那么高的频率,但测量其波长的精度却可达 $10^{-5} \sim 10^{-7}$ m,为了表示这么高的精度,使用波数较为方便。

表 3.2 波长单位换算因子

单 位	m(米)	cm(厘米)	mm(毫米)	μm(微米)	nm(纳米)
m(米)	1	10^2	10^3	10^6	10^9
cm(厘米)	10^{-2}	1	10	10^4	10^7
mm(毫米)	10^{-3}	10^{-1}	1	10^3	10^6
μm(微米)	10^{-6}	10^{-4}	10^{-3}	1	10^3
nm(纳米)	10^{-9}	10^{-7}	10^{-6}	10^{-3}	1

在微波波段,波长单位常用毫米或厘米,但也常用频率来表示,单位有赫兹、千赫、兆赫和千兆赫,它们间的关系为

1 千兆赫(GHz) = 10^3 兆赫(MHz) = 10^6 千赫(kHz) = 10^9 赫(Hz)

3.1.2 辐射基本量

3.1.2.1 辐射能 Q

指电磁辐射所携带的能量,或物体发射的全部能量,单位用焦耳(J)。

3.1.2.2 辐射通量 Φ

指单位时间内通过某一表面的辐射能,它表示了辐射能传递的速率,单位用瓦(W),公式为

$$\Phi = Q/t \tag{3.4}$$

式中,Q 是辐射能,t 是时间。如果辐射能随时间而变,则辐射通量以微分形式表示

$$\Phi = \lim_{\Delta t \to 0} \Delta Q / \Delta t = \mathrm{d}Q/\mathrm{d}t \quad 或 \quad Q = \int_{t_1}^{t_2} \Phi \mathrm{d}t \tag{3.5}$$

在遥感探测中,传送给探测器的能量必须超过一最低值,才能使它工作。若探测器接收最小辐射能所允许的时间是 t_{all},则有

$$Q_{\min} = \Phi \cdot t_{\text{all}} \tag{3.6}$$

式中,$Q_{\min}$ 是遥感探测器能进行工作所需要的最低辐射能。

如果遥感测量的波段为 $\lambda_1 \to \lambda_2$ 或 $\lambda_1 \to \lambda_1 + \Delta\lambda$,则测量到的辐射通量为

$$\Phi_\lambda = \lim_{\Delta\lambda \to 0} \Delta\Phi / \Delta\lambda = \frac{\mathrm{d}\Phi}{\mathrm{d}\lambda}$$

3.1.2.3 辐射通量密度或照度

辐射通量密度定义为通过单位面积、单位时间的辐射能,写为

$$F = \Phi/A \quad [\mathrm{W/m^2}]$$

微分形式 F 为当 $\Delta A \to 0$,$\Delta\Phi/\Delta A$ 的极限值,表示为

$$F = \lim_{\Delta A \to 0} \Delta\Phi/\Delta A = \frac{\mathrm{d}^2 Q}{\mathrm{d}A \mathrm{d}t} = \frac{\mathrm{d}\Phi}{\mathrm{d}A} \tag{3.7}$$

卫星遥感探测地球大气辐射是在一定波长间隔 $\lambda \to \lambda + \Delta\lambda$ 内进行,当 $\Delta\lambda \to 0$ 时,测量的辐射通量密度写为

$$F_\lambda(\vec{n}) = \lim_{\Delta\lambda \to 0} \Delta F/\Delta\lambda = \frac{\mathrm{d}^3 Q}{\mathrm{d}A \mathrm{d}t \mathrm{d}\lambda} = \frac{\mathrm{d}^2 \Phi}{\mathrm{d}A \mathrm{d}\lambda} = \frac{\mathrm{d}F}{\mathrm{d}\lambda} \tag{3.8}$$

式中,F_λ(单位:$\mathrm{J \cdot s^{-1} \cdot m^{-2} \cdot \mu m^{-1}} = \mathrm{W \cdot m^{-2} \cdot \mu m^{-1}}$)是单色辐射通量密度,$\vec{n}$ 是表面的法线方向。

注意 F_λ、F_f、F_ν 之间的关系,由关系式

$$F_\nu = \partial F / \partial \nu = (\partial F / \partial f)(\partial f / \partial \nu) = F_f (\partial f / \partial \nu) = (\partial F / \partial \lambda)(\partial \lambda / \partial \nu) = F_\lambda (\partial \lambda / \partial \nu)$$

即

$$F_\nu \mathrm{d}\nu = F_f \mathrm{d}f = F_\lambda \mathrm{d}\lambda$$

由 $\lambda = c/f$,$f = c\nu$ 得

$$|\partial f / \partial \nu| = c, \quad |\partial \lambda / \partial f| = c/f^2, \quad |\partial \lambda / \partial \nu| = 1/\nu^2$$

有

$$F_f = \lambda^2 F_\lambda / c, \quad F_\nu = \lambda^2 F_\lambda, \quad F_f = c^{-1} F_\nu \tag{3.9}$$

卫星遥感探测是在一定波长(频率)间隔内接收目标物发出的辐射,这种波长间隔称之为卫星观测通道,如果卫星遥感测量的波段为 $\lambda_1 \to \lambda_2$,则测量到的辐射通量密

度为

$$F(\lambda_1 \to \lambda_2) = \int_{\lambda_1}^{\lambda_2} F_\lambda \, d\lambda \tag{3.10}$$

对于一个被照射的表面或发射的表面,还使用以下述语:

辐照度(E):指投射到一表面上的辐射通量密度。

出射度(M):指辐射体表面发射出的辐射通量密度。

这几个量之间的关系为

$$\Phi = FA = EA = MA \quad \text{或} \quad F = M = E = \frac{\partial \Phi}{\partial A} \tag{3.11}$$

3.1.2.4 辐射强度或辐射率

(1)立体角:辐射描述的是在空间中某一传播方向上的辐射能,而卫星遥感测量的是来自于某一方向的辐射能。因此,为表示空间中任一点处某一方向的辐射场强度,首先需要引入立体角的概念,由于辐射是有方向的,立体角也有方向性。下面就立体角作说明。

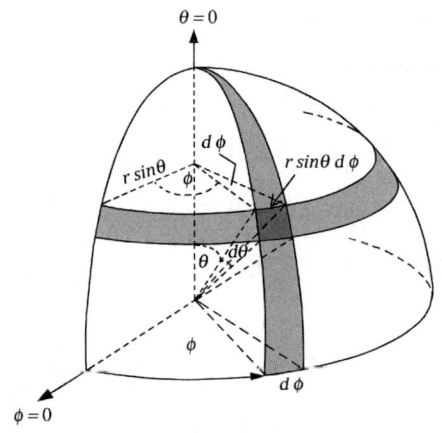

图 3.2 立体角

如图 3.2,定义立体角为球面上任一面积元对球心所张的角,数值上等于该面积被球半径的平方除,采用微分形式写为

$$d\omega = \frac{dA}{r^2} \tag{3.12}$$

式中,$dA = r \, d\theta \, r\sin\theta \, d\phi$,是球表面的面元,$r$ 是面元到球中心的距离,θ、ϕ 分别是极角和方位角,则立体角元为

$$d\omega = \sin\theta \, d\theta \, d\phi = -d\cos\theta \, d\phi = -d\mu \, d\phi \tag{3.13}$$

及

$$\sin\theta = (1 - \mu^2)^{1/2}, \cos\theta = \mu$$

①整个空间的立体角:对整个空间积分,就是 $\theta:0\to\pi$ 和 $\phi:0\to 2\pi$,即

$$\omega = \int_0^{2\pi} \int_0^{+\pi} \sin\theta \, d\theta \, d\varphi = 4\pi$$

②对于球面上一弧形区所张的立体角

$$\omega = \int_{\theta_1}^{\theta_2} \sin\theta \, d\theta \int_0^{2\pi} d\varphi = 2\pi(\cos\theta_1 - \cos\theta_2)$$

③角度为 θ 时的球冠所张的立体角

$$\omega = \int_0^{2\pi} d\varphi \int_0^{\theta} \sin\theta \, d\theta = 2\pi(1 - \cos\theta)$$

④对于小角度 θ,有 $\cos\theta \to 1 - \theta^2/2$,则

$$\omega \approx \pi\theta^2$$

⑤太阳对于地球张的立体角为 $\omega_\odot \approx \pi\theta_\odot^2$,日地距离为 $d_\odot = 1.5\times 10^8$ km,太阳半径为 $R_s = 6.96\times 10^5$ km,则得

$$\omega_\odot = \frac{\pi R_s^2}{d^2} = 6.76\times 10^{-5} \quad (\text{sr})$$

立体角是一矢量,如图 3.3,在直角坐标中它可以表示为

$$\boldsymbol{\Omega} = \Omega_x \boldsymbol{i} + \Omega_y \boldsymbol{j} + \Omega_z \boldsymbol{k} \tag{3.14}$$

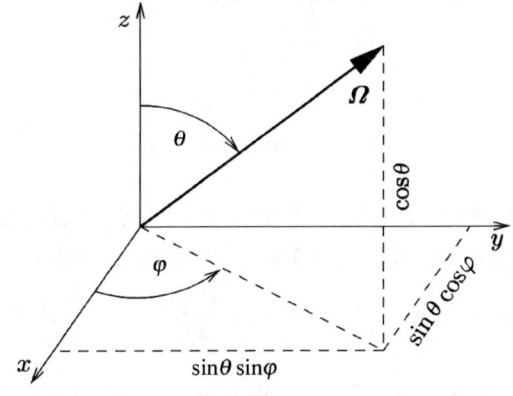

图 3.3 单位立体角的直角坐标 $\Omega_x, \Omega_y, \Omega_z$ 分量

立体角分量值可表示为

$$\begin{cases} \Omega_x = \dfrac{\partial x}{\partial s} = \boldsymbol{\Omega} \cdot \boldsymbol{i} = \cos(\Omega, i) \\ \quad = \sin\theta\cos\phi = (1-\mu^2)^{1/2}\cos\phi \\ \Omega_y = \dfrac{\partial y}{\partial s} = \boldsymbol{\Omega} \cdot \boldsymbol{j} = \cos(\Omega, j) \\ \quad = \sin\theta\sin\phi = (1-\mu^2)^{1/2}\sin\phi \\ \Omega_z = \dfrac{\partial z}{\partial s} = \boldsymbol{\Omega} \cdot \boldsymbol{k} = \cos(\Omega, k) \\ \quad = \cos\theta = \mu \\ \boldsymbol{\Omega} = \Omega(\theta, \phi) = \Omega(\mu, \phi) \end{cases} \quad (3.15)$$

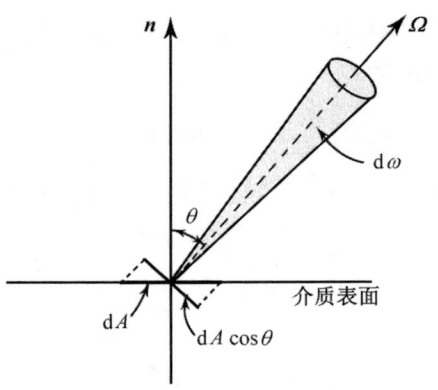

图 3.4 辐射率的定义

(2)辐射率的定义：如图 3.4，辐射率定义为在垂直于辐射传播方向 $\boldsymbol{\Omega}$ 上单位面积、单位立体角、单位时间、单位波长(频率或波数)的辐射能 Q_λ，写为

$$L_\lambda(\boldsymbol{n}, \boldsymbol{\Omega}) = \lim_{\Delta\Omega \to 0} \Delta F_\lambda/\Delta\Omega = \dfrac{\mathrm{d}^2 F(\Omega)}{\mathrm{d}\omega\mathrm{d}\lambda} = = \dfrac{\mathrm{d}^3 \Phi(\Omega)}{\mathrm{d}A\cos\theta\mathrm{d}\omega\mathrm{d}\lambda}$$

$$= \dfrac{\mathrm{d}^4 Q(\Omega)}{\mathrm{d}A\cos\theta\mathrm{d}\omega\mathrm{d}t\mathrm{d}\lambda} \quad [\mathrm{W} \cdot \mathrm{m}^{-2} \cdot \mathrm{sr}^{-1} \cdot \mu\mathrm{m}^{-1}] \quad (3.16)$$

式中，L_λ 是单色辐射强度，θ 是介质表面方向 $\boldsymbol{n}$ 与辐射传播方向 $\boldsymbol{\Omega}$ 之间的夹角，$\mathrm{d}A$ 是介质表面积，$\mathrm{d}A\cos\theta$ 是垂直于 $\boldsymbol{\Omega}$ 方向的面积，$\cos\theta = \boldsymbol{\Omega} \cdot \boldsymbol{n}$。注意：单色不是在单一波长，而是指以波长为中心 λ 波长间隔 $\Delta\lambda$ 很窄的范围。辐射率所用的单位：($\mathrm{J} \cdot \mathrm{s}^{-1} \cdot \mathrm{sr}^{-1} \cdot \mathrm{m}^{-2} \cdot \mu\mathrm{m}^{-1} = \mathrm{W} \cdot \mathrm{sr}^{-1} \cdot \mathrm{m}^{-2} \cdot \mu\mathrm{m}^{-1}$)。

辐射率的特点：①强度是坐标、方向、波长(频率)、时间的函数，因此它取决于 7 个独立变量：3 个空间、2 个角度、1 个波长和 1 个时间。②在透明介质中，沿射线方向，强度不变。③如果强度与方向无关，表示电磁辐射场是各向同性的。④如果辐射与位置无关,则辐射场是均匀的。

将任一函数对立体角积分,如强度就是对半球方向积分

$$h = \int_0^{2\pi} d\varphi \int_{\pi/2}^0 L(\theta,\varphi)\sin\theta\, d\theta = \int_0^{2\pi} d\varphi \int_0^1 L(\mu,\varphi)\, d\mu \tag{3.17}$$

3.1.2.5 辐射强度与辐射通量密度

辐射通量密度是一个很重要的量,定义半球辐射通量密度为

$$F = \int_0^{2\pi} d\varphi \int_0^1 L(\mu,\varphi)\,\mu\, d\mu \tag{3.18}$$

它与 h 的不同在于它表示的是通过水平面的辐射通量密度,h 则是 Ω 方向上的通量密度。

投射到一表面的辐射通量密度,称为辐照度,写为

$$E_{\lambda,z}(\Omega) = L_\lambda(\Omega)\cos\theta\, d\omega\, d\lambda = L_\lambda(\Omega)\Omega_z d\omega\, d\lambda \tag{3.19}$$

上式对全波长和整个空间积分,有

$$E_x = \int_0^\infty \int_{4\pi} L_\lambda(\Omega)\Omega_x d\omega\, d\lambda \tag{3.20}$$

总的辐照度为

$$E = \int_0^\infty \int_{4\pi} \Omega\, L_\lambda(\Omega) d\omega\, d\lambda$$
$$= \boldsymbol{i}\, E_{\lambda,x} + \boldsymbol{j}\, E_{\lambda,y} + \boldsymbol{k}\, E_{\lambda,z} \tag{3.21}$$

式中

$$E_y = \int_0^\infty \int_{4\pi} \Omega_y L_\lambda(\Omega) d\omega\, d\lambda$$

$$E_z = \int_0^\infty \int_{4\pi} \Omega_z L_\lambda(\Omega) d\omega\, d\lambda$$

综合上面各式,在表面法向 n 的辐照度为

$$E_{n\lambda}(r) = E_\lambda(r) \cdot n = \int_{4\pi} \Omega \cdot n\, L_\lambda(r,\Omega) d\omega = \int_{4\pi} \cos(\Omega,n) L_\lambda(\Omega) d\omega \tag{3.22}$$

3.1.2.6 分谱辐射通量与强度

由(3.22)式,某一表面的辐射通量密度是将其法向辐射率对立体角积分,为

$$F_\lambda = \int_\Omega L_\lambda \cos\theta\, d\omega = \int_0^{2\pi}\int_{-\pi/2}^{\pi/2} L_\lambda \cos\theta\, \sin\theta\, d\theta\, d\phi \tag{3.23}$$

(1) 在水平面上半球向上分谱辐射量密度,为

$$F_\lambda^+ = \int_0^{2\pi}\int_0^{\pi/2} L_\lambda \cos\theta\, \sin\theta\, d\theta\, d\phi \tag{3.24}$$

(2) 向下分谱辐射通量密度,为

$$F_\lambda^- = \int_0^{2\pi}\int_{-\pi/2}^0 L_\lambda \cos\theta\, \sin\theta\, d\theta\, d\phi \tag{3.25}$$

(3)净分谱辐射通量密度,为

$$F_\lambda = F_\lambda^+ + F_\lambda^- \tag{3.26}$$

(4)各向同性辐射况下,也就是朗伯面时,$L_\lambda = L_{\lambda 0}$,辐射强度与通量密度,为

$$F_\lambda^+ = \int_0^{2\pi} \int_0^{\pi/2} L_\lambda \cos\theta \sin\theta \, d\theta \, d\phi = \pi L_{\lambda 0} \tag{3.27}$$

3.1.3 光度量

3.1.3.1 光谱视效率 $V(\lambda)$

人眼作为一种遥感器,能响应从 $0.4 \sim 0.7 \mu m$ 光谱范围内的电磁辐射,但是眼睛把辐射转换成视觉的光化效率对各种波长是不相等的。对于在白天光照条件下,眼睛把不同波长的辐射通量转变成视觉响应的相对效能称光谱视效率,用符号 $V(\lambda)$ 表示。光谱视效率是无量纲量,在约 $0.53 \mu m$ 处最大,而向两边下降,到 0.4 和 $0.7 \mu m$ 处都下降到很小值。

3.1.3.2 光度量

光度量的定义与辐射量的定义是一样的,只是使用的符号和名称不一样,表 3.4 给出它们相互间的关系。

表 3.4 基本辐射量与光度量的定义

辐射量	符号	定义	单位	光度量	符号	单位
辐射能	Q_e		J(焦耳)	光能	Q_v	lm·s(流明·秒)
辐射通量	Φ_e	$\Phi_e = \dfrac{\partial Q_e}{\partial A}$	W(瓦)	光通量	Φ_v	lm(流明)
辐照度	E_e	$E_e = \dfrac{\partial \Phi_e}{\partial A}$	W·m^{-2}(瓦·米$^{-2}$)	照度	E_v	lx(勒克斯)
辐出射度	M_e	$M_e = \dfrac{\partial \Phi_e}{\partial A}$	W·m^{-2}(瓦·米$^{-2}$)	光出射度	M_v	lm·m^{-2}(流明·米$^{-2}$)
辐射强度	I_e	$I_e = \dfrac{\partial \Phi_e}{\partial \omega}$	W·sr^{-1}(瓦·球面度$^{-1}$)	发光强度	I_v	cd(坎德拉)
辐射率	L_e	$L_e = \dfrac{\partial^2 \Phi_e}{\partial A \cos\theta \, \partial \omega}$	W·m^{-2}·sr^{-1}(瓦·米$^{-2}$·球面度$^{-1}$)	亮度	L_v	cd·m^{-2}(坎·米$^{-2}$)

3.1.3.3 光度量与辐射量的转换

光谱光度量 $\Phi_{v\lambda}$ 与分谱辐射量 $\Phi_{e\lambda}$ 可以根据下述关系换算

$$\Phi_{v\lambda} = 680 \Phi_{e\lambda} \cdot V(\lambda) \tag{3.28}$$

式中,680 这个因子可以把辐射通量单位转换成光通量单位,$V(\lambda)$ 是光谱视效率。

3.1.4 辐射的吸收、反射和透射

如若 Q 是入射到介质的总的辐射能量,Q_a 是介质对辐射能的吸收,Q_t 是透过介

质的辐射能量，Q_r 是被介质反射的辐射能量，则有关系

$$Q = Q_a + Q_t + Q_r$$

定义：吸收率 $a = \dfrac{Q_a}{Q}$，透过率 $t = \dfrac{Q_t}{Q}$，反射率 $r = \dfrac{Q_r}{Q}$，则上式可写为

$$a + t + r = 1 \tag{3.29}$$

实际上，a, r, t 都是波长的函数，即有 $a = a(\lambda), t = (\lambda), r = (\lambda)$。考虑到入射辐射的光谱分布，$a, r, t$ 可以写为

$$a = \frac{\int_{\lambda_1}^{\lambda_2} \Phi(\lambda) a(\lambda) \mathrm{d}\lambda}{\int_{\lambda_1}^{\lambda_2} \Phi(\lambda) \mathrm{d}\lambda}, \quad t = \frac{\int_{\lambda_1}^{\lambda_2} \Phi(\lambda) t(\lambda) \mathrm{d}\lambda}{\int_{\lambda_1}^{\lambda_2} \Phi(\lambda) \mathrm{d}\lambda}, \quad r = \frac{\int_{\lambda_1}^{\lambda_2} \Phi(\lambda) r(\lambda) \mathrm{d}\lambda}{\int_{\lambda_1}^{\lambda_2} \Phi(\lambda) \mathrm{d}\lambda} \tag{3.30}$$

其中 $\Phi(\lambda)$ 是入射辐射的分谱辐射通量。

3.2 辐射基本定理

3.2.1 辐射体和辐射平衡

根据物体的吸收或发射能力，通常将物体分为以下三类。

3.2.1.1 黑体

所谓黑体是指某一物体在任何温度下，对任意方向和任意波长，其吸收率或发射率都等于1，即

$$a(\lambda) \equiv 1 \tag{3.31}$$

或者说，在热力学定律允许的范围内，最大限度地把热能转变为辐射能的理想热辐射体叫作黑体。黑体是一个理想的热辐射体，在自然界并不存在，但是在实验室可以近似地制作它，在自然界的某些物体（如太阳）可以看作黑体。

3.2.1.2 灰体

如果物体的吸收率与波长无关，且为小于1的常数，即

$$a(\lambda) \equiv 常数 < 1 \tag{3.32}$$

该物体称为灰体。

3.2.1.3 选择性辐射体

如果物体的吸收率（或发射率）随波长而变，即

$$a = a(\lambda) \tag{3.33}$$

则这物体称作选择性辐射体。在自然界中绝大多数物体是选择性辐射体。不少选择性辐射体在某些波长间隔内的吸收率随波长变化很小，可以近似看作灰体。如在红

外波段,不少物体的吸收率近似于 1,这些物体在这一波段可以近似看成黑体。

3.2.1.4 发射率

如果将辐射体的辐射通量密度 M' 与具有同一温度的黑体的辐射通量密度 M 作比值,即

$$\varepsilon = \frac{M'}{M} \tag{3.34}$$

则称 ε 是比辐射率或发射率,其值介于 0 和 1 之间。由于辐射体发射的辐射随波长而变,所以发射率也是波长的函数,写为 $\varepsilon(\lambda)$。对于波长间隔 $\lambda_1 \to \lambda_2$ 的发射率写成

$$\varepsilon = \frac{\int_{\lambda_1}^{\lambda_2} \varepsilon(\lambda) M(\lambda) \mathrm{d}\lambda}{\int_{\lambda_1}^{\lambda_2} M(\lambda) \mathrm{d}\lambda} \tag{3.35}$$

(3.35)式定义的是半球发射率,它给出辐射体在半球内的发射率。由于发射率随测量方向而变,故有定向发射率 $\varepsilon(\theta)$,它是指与辐射表面成 θ 角的小立体角内的发射率。表 3.5 给出了某些地面目标物的发射率。

表 3.5 地面目标物的发射率

表面类型	发射率	表面类型	发射率
液态水	1.0	土壤	0.9~0.98
新雪	0.99	草地	0.9~0.95
老雪	0.82	沙漠	0.84~0.91
液态水云	0.25~1.0	森林	0.95~0.97
卷云	0.1~0.9	混凝土	0.71~0.9
冰	0.96	城市	0.85~0.87

3.2.1.5 辐射平衡与局地热力平衡

自然界的所有物体都在向四周放射辐射,同时也从周围吸收辐射能。如果一个物体在某一温度从外界得到辐射能,恰等于物体因辐射而失去的辐射能,则该物体的热辐射达到平衡,而温度保持不变,这一热辐射过程称作平衡热辐射或辐射平衡。

对于地球大气系统,它不是孤立的,要受到太阳辐射和其他微粒流的作用,同时大气内存有温度梯度,所以大气中完全的热力平衡是没有的。但是在所有热力不平衡的系统中,在一个宏观小体积内建立平衡的时间要短得多。从这个事实出发,就可设想在大气中存在如下状态,在这个状态中,气体的每一体积元量有如处在热力平衡状态中(对这个体积温度而言),这样的平衡称作局地热力平衡。实际大气中,在 50km 以下可以认为大气处在局地热力平衡。

3.2.2 辐射基本定理

3.2.2.1 普朗克黑体辐射定理

对于物体温度为 T、波长为 λ 的普朗克(黑体)分谱辐射公式为

$$M_\lambda(T) = 2\pi hc^2 / \{\lambda^5 [\exp(hc/\lambda k_B T) - 1]\} \tag{3.36}$$

式中,$M_\lambda(T)$($W \cdot m^{-2} \cdot \mu m^{-1}$)是黑体分谱辐射射出度(辐射通量密度),$h = 6.6262 \times 10^{-34} J \cdot s$ 是普朗克常数,$k_B = 1.3806 \times 10^{-23} J \cdot K^{-1}$ 是玻尔兹曼常数。普朗克辐射亮度公式为

$$\begin{aligned} B_\lambda(T) &= 2hc^2 / \{\lambda^5 [\exp(hc/\lambda k_B T) - 1]\} \\ &= c_1 / \{\lambda^5 [\exp(c_2/\lambda T) - 1]\} \end{aligned} \tag{3.37}$$

如果以频率 f 表示为

$$\begin{aligned} B_f(T) &= 2hf^3 / \{c^2 [\exp(hf/k_B T) - 1]\} \\ &= c_1 f^3 / [\exp(c_2 f/T) - 1] \end{aligned} \tag{3.38}$$

如果以波数 ν 表示为

$$\begin{aligned} B_\nu(T) &= 2hc^2 \nu^3 / [\exp(hc\nu/k_B T) - 1] \\ &= c_1 \nu^3 / [\exp(c_2 \nu/T) - 1] \end{aligned} \tag{3.39}$$

式中,k_B 是玻尔兹曼常数,h 是普朗克常数,c 是光速,T 是温度(K)。$c_1 = 2hc^2 = 1.191044 \times 10^{-8} W/(m^2 \cdot sr \cdot cm^{-4})$,$c_2 = hc/k_B = 1.438769 K \cdot cm$。图 3.5 给出了普朗克黑体辐射与波长的关系。注意 $B_\lambda(T)$、$B_f(T)$、$B_\nu(T)$ 之间的关系,有

$$B_f(T) = \lambda^2 B_\lambda(T)/c, \qquad B_\nu(T) = \lambda^2 B_\lambda(T) \tag{3.40}$$

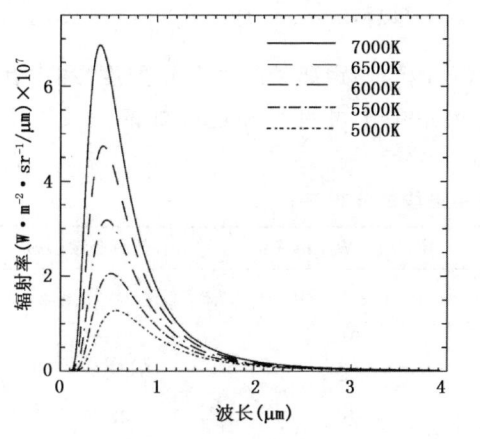
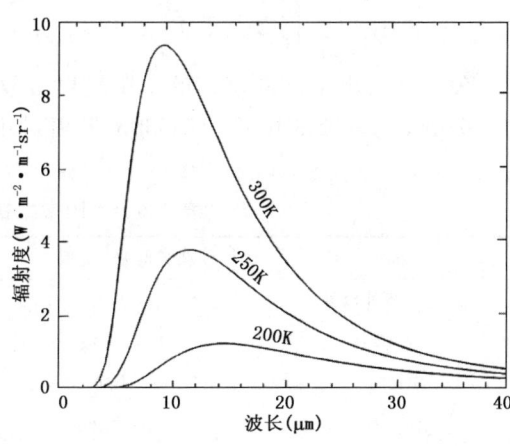

图 3.5 黑体辐照度与波长的关系

3.2.2.2 斯蒂芬-玻尔兹曼——总的黑体辐射定理

将普朗克公式对个波长积分,有

$$B(T)=\int_0^\infty B_\lambda(T)\,\mathrm{d}\lambda=\frac{c_1 T^4}{\pi}\int_0^\infty \frac{\mathrm{d}(\lambda T)}{(\lambda T^5)[\exp(c_2/\lambda T)-1]}=\left[\frac{c_1}{\pi c_2^4}\int_0^\infty \frac{y^3\mathrm{d}y}{\mathrm{e}^y-1}\right]T^4 \tag{3.41}$$

式中,$y=c_2/\lambda T$,其中积分为 $\pi^4/15$,因此常数为

$$\sigma=\frac{\pi^4 c_1}{15 c_2^4}=5.67\times 10^{-8}\quad [\mathrm{W\cdot m^{-2}\cdot K^{-4}}]$$

常数 σ 称为斯蒂芬-玻尔兹曼常数,由此得总的黑体辐射为

$$B(T)=\frac{\sigma}{\pi}T^4 \quad \text{或} \quad F=\sigma T^4 \tag{3.42}$$

式中,π 是对于各向同性辐射出现的因子。

在卫星遥感中常是对有限光谱宽度的普朗克函数积分,也就是由波长 $\lambda_1\to\lambda_2$ 积分,则是

$$\int_{\lambda_1}^{\lambda_2} B_\lambda(T)\,\mathrm{d}\lambda=\left[\frac{c_1}{\pi c_2^4}\int_{y_2}^{y_1}\frac{y^3\mathrm{d}y}{\mathrm{e}^y-1}\right]T^4 \tag{3.43}$$

(3.43)式积分一般不能解析求出。为此求取波长由 $0\to\lambda_1$ 之间的黑体辐射,即

$$f(\lambda_1,T)=\frac{\int_0^{\lambda_1} B_\lambda(T)\mathrm{d}\lambda}{\int_0^\infty B_\lambda(T)\mathrm{d}\lambda}=\frac{15}{\pi^4}\int_{y_1}^\infty \frac{y^3\mathrm{d}y}{\mathrm{e}^y-1} \tag{3.44}$$

可以数值地或预先计算好的查算表求取,则黑体辐射的 $\lambda_1\to\lambda_2$ 光谱积分为

$$\int_{\lambda_1}^{\lambda_2} B_\lambda(T)\,\mathrm{d}\lambda=[f(\lambda_2,T)-f(\lambda_1,T)]\frac{\sigma}{\pi}T^4 \tag{3.45}$$

表 3.6 给出了不同谱带的太阳辐射常数(日地平均距离处的太阳辐照度)和占有的百分数,从表 3.6 中可以看到太阳辐射主要集中于可见光和近红外谱段及以下谱段。

表 3.6 太阳常数在各谱段的分布

谱段	波长间隔(μm)	辐照度($\mathrm{W\cdot m^{-2}}$)	占有的百分数(%)
紫外及紫外以外	<350	62	4.5
近紫外	350~400	57	4.2
可见光	400~700	522	38.2
近红外	700~1000	309	22.6
红外及以下	>1000	417	30.5
总的太阳常数		1367	100.0

3.2.2.3 维恩位移定律

如果将普朗克公式对波长求导,并令其为 0,就得

$$\frac{dB(\lambda, T)}{d\lambda} = 0$$

设 $x = c_2/(\lambda_{\max} T)$,得非线性方程

$$x = 5(1 - e^x)$$

可以得

$$\lambda_{\max} T = 2897.8 (\mu m \cdot K) \tag{3.46}$$

(3.46)式就是维恩位移定律,其中 $\lambda_{\max}$ 称作光谱辐射峰值波长。可见,当黑体温度升高时,最大辐射值朝短波方向移动。若已知黑体的温度,就可以求出黑体在某一温度的峰值波长;将 $\lambda_{\max}$ 代入普朗克式就得温度为 T 时最大峰值波长 $\lambda_{\max}$ 处的最大辐射值

$$M(\lambda_{\max}, T) = \frac{c_1}{\lambda_{\max}^5 [\exp(c_2/\lambda_{\max} T) - 1]} \tag{3.47}$$

如果太阳的有效温度为 $T = 5777K$,则太阳辐射的最大峰值波长为

$$\lambda_{sun,\max} = 0.5016 \mu m$$

如果地球的温度为

$$T_{earth} = 300K$$

可以求得地球的最大辐射波长为

$$\lambda_{earth,\max} = 9.659 \mu m$$

3.2.2.4 维恩和瑞利－金斯辐射公式

当波长为大于 1mm 的微波区域,$hf \ll \kappa T$,则(3.42)式的分母展开为

$$e^{hf/\kappa T} = 1 + \frac{hf}{\kappa T} + \frac{(hf/\kappa T)^2}{2!} + \cdots \approx 1 + \frac{hf}{\kappa T} \tag{3.48}$$

则得瑞利-金斯辐射公式

$$B_f(T) = \frac{2f^2}{c^2} \kappa T = 8.278(0.001f)^2 T \tag{3.49}$$

以波长表示为

$$B_\lambda(T) = \frac{2\kappa c}{\lambda^4} T = 8278 T/(100\lambda)^4 \tag{3.50}$$

计算表明,当 $hc/\lambda \kappa T < 0.019$ 时,用瑞利-金斯辐射公式代替普朗克公式,其误差小于 1%,同时可以看到,辐射与温度呈线性关系。

在可见光或紫外波段,于常温下,λT 很小,这时有

$$e^{c_2/\lambda T} - 1 \approx e^{-c_2/\lambda T}$$

由此代入普朗克公式中,得**维恩公式**,写为

$$B_\lambda(T) = \frac{c_1}{\lambda^5} e^{c_2/\lambda T} \quad \text{或} \quad B_f(T) = c_1 f e^{-c_1 f/T} \tag{3.51}$$

3.2.2.5 基尔霍夫定理

对于处在热力平衡状态的物体,其发射的辐射就等于吸收的辐射;如若物体被加热或冷却,这就违反热力平衡假设。因此在热力平衡状态下,若 L_λ 是入射至物体的分谱辐射率,则物体的发射辐射率为

$$J_\lambda = \varepsilon_\lambda B_\lambda(T) = a_\lambda L_\lambda \tag{3.52}$$

式中,J_λ 是物体发射辐射率,ε_λ 是物体的比辐射率或发射率,$B_\lambda(T)$ 是黑体普朗克辐射,a_λ 是物体吸收率。如果辐射源与该物体一起处在热力平衡中,则有基尔霍夫定理 $B_\lambda(T) = L_\lambda$,也就是

$$\varepsilon_\lambda = a_\lambda \tag{3.53}$$

基尔霍夫定理表示:(1)一物体在一定温度下发射某一波长的辐射,则该物体在同一温度下吸收这种辐射;(2)一物体是好的发射体,也是好的吸收体。

在热力平衡条件下,地表面有

$$\varepsilon_\lambda + a_\lambda = 1$$

则发射率写为

$$\varepsilon_\lambda = 1 - a_\lambda \tag{3.54a}$$

对于大气,有

$$\varepsilon_\lambda = a_\lambda = 1 - \widetilde{T}_\lambda \tag{3.54b}$$

3.2.3 实际辐射体温度的几种表示

3.2.3.1 亮度温度

定义为以黑体温度发射的辐射等同于测量到物体的辐射发射的辐射,则黑体温度为实测物体的亮度温度。亮度温度由普朗克公式求取,即

$$T_{B\lambda} = \frac{c_2}{\lambda \ln[1 + \frac{c_1}{\lambda^5 I_\lambda}]} = c_2 \nu \left[\ln\left(\frac{c_1 \nu^3}{B_\nu} + 1\right)\right] \tag{3.55}$$

式中,$c_1 = 1.191044 \times 10^8 \text{ W} \cdot \text{m}^{-2} \cdot \text{sr}^{-1} \cdot \mu\text{m}^4$;$c_2 = 1.438769 \times 10^4 \text{ K} \cdot \mu\text{m}$。因此亮度温度是把实际物体发出的辐射作为黑体发出的且由普朗克公式得出的温度,称为该物体的亮度温度。

瑞利-金斯区域亮度温度表示为

$$T_B = (c_2/c_1) \lambda^4 B_\lambda \tag{3.56}$$

式中,$c_2/c_1 = 1.208021 \times 10^4$。

维恩区域亮度温度表示为

$$T_B = c_2 / [\lambda \ln(\frac{c_1}{\lambda^5 B_\lambda})] = c_2 \nu / [\ln(\frac{c_1 \nu^3}{B_\nu})] \tag{3.57}$$

如果卫星测量的辐射为

$$L_\lambda^{\text{sat}}(\mu) = B_\lambda [T_{BB}] \tag{3.58}$$

则称 T_{BB} 是亮度温度。

3.2.3.2 有效温度

若物理温度为 T 的物体发射的辐射为 $M'(T)$，又若假设 $M'(T)$ 是由黑体发出的辐射，且与温度为 T_e 的黑体辐射 $M(T_e)$ 相等，即 $M(T') = M(T_e)$，则称 T_e 是该物体的有效温度。根据斯蒂芬-玻尔兹曼定律

$$M(T_e) = \sigma T_e^4 = M'(T)$$
$$T_e = [M'(T)/\sigma]^{1/4} \tag{3.59}$$

通常由于物体的比辐射率小于 1，所以有 $T > T_e$。

3.2.3.3 色温度

物体的辐射光谱与温度为 T_c 的黑体辐射光谱相一致，则称 T_c 为该物体的色温度。它可根据物体的辐射光谱曲线，求出最大辐射波长 $\lambda_{\max}$，再由维恩位移律，得

$$T_c = 2897.8 / \lambda_{\max} \tag{3.60}$$

3.3 大气中的辐射过程

辐射在通过介质时，辐射将发生改变，它表现在 5 个方面：①介质对入射辐射的吸收引起辐射减小；②介质对入射辐射的散射引起辐射减小；③介质本身发射辐射导致辐射加强；④介质对周围入射到介质的多次散射辐射的散射使辐射加强；⑤介质对太阳的一次散射辐射使辐射加强。

3.3.1 介质对入射辐射的吸收引起辐射减小

图 3.6 中，在 Ω 方向上的入射辐射 $L(\Omega)$ 由于介质吸收引起辐射的减小，辐射的减小与吸收介质密度成正比，和与入射辐射强度成正比，下面略去下标 λ，写为

$$\mathrm{d} L_a(\Omega) = -k_{a\nu}(s) L(\Omega) \mathrm{d}s = -k_a(s) L(\Omega) \rho(s) \mathrm{d}s \tag{3.61}$$

式中，$\rho(s)$ 是吸收介质的密度，$k_{a\nu}(s) = -k_a(s) \rho(s)$ 是体积吸收系数，$k_a(s)$ 是质量吸收系数。或者表示为

$$k_{a,\nu}(s) = -\frac{\mathrm{d}L}{L \mathrm{d}s} \tag{3.62}$$

$$k_a(s) = -\frac{\mathrm{d}L}{L \rho \mathrm{d}s} = -\frac{\mathrm{d}L}{L \mathrm{d}m} \tag{3.63}$$

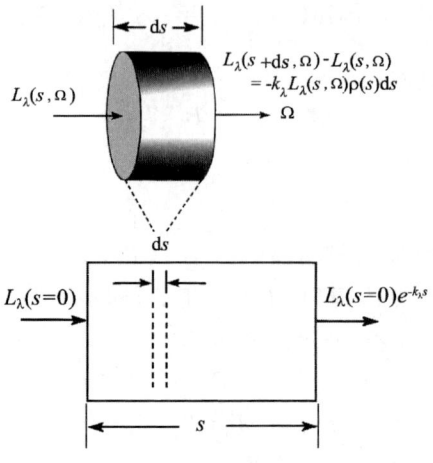

图 3.6 介质的纯吸收

如果用吸收粒子数密度 n 表示,则以吸收截面 $\sigma(s)$ 表示为

$$\sigma(s) = k_n(s) = -\frac{\mathrm{d}L}{Ln\,\mathrm{d}s} = -\frac{\mathrm{d}L}{L\,\mathrm{d}N} \tag{3.64}$$

因此
$$k_{a,\nu}(s) = n\sigma(s) \tag{3.65}$$

对(3.64)式整理后从 $0 \to s_1$ 积分,得

$$\int_0^{s_1} \mathrm{d}L_a(\Omega)/L(\Omega) = -\int_0^{s_1} k_a(s)\rho(s)\,\mathrm{d}s$$

结果为

$$L_a(s_1) = L(0)\exp\left[-\int_0^{s_1} k_a(s)\rho(s)\,\mathrm{d}s\right] \tag{3.66}$$

式中,$L(0)$ 是入射辐射,$L_a(s_1)$ 是出射辐射。

定义透过率 $\widetilde{T}$

$$\widetilde{T} = \exp\left[-\int_0^{s_1} k_a(s)\rho(s)\,\mathrm{d}s\right] \tag{3.67}$$

在大气中,总的透过率为

$$\widetilde{T}(总) = \widetilde{T}_{s,g}(气体的散射透过率) \times \widetilde{T}_{a,g}(气体吸收透过率)$$
$$\times \widetilde{T}_{s,a}(气溶胶散射透过率) \times \widetilde{T}_{a,a}(气溶胶吸收透过率)$$
$$\times \widetilde{T}_{s,c}(云散射透过率) \times \widetilde{T}_{a,c}(云吸收透过率) \tag{3.68}$$

从(3.68)式看到,总的大气透过率为各成分透过率的乘积,称为**透过率的乘法规则**。

3.3.2 介质对入射辐射的散射引起减小

因入射辐射受介质粒子散射,使辐射由传播方向 Ω 散射到方向 Ω',由此使传播

方向 Ω 的辐射减小为

$$dL_s(\Omega \to \Omega') = -k_s(s, \Omega \to \Omega')\rho(s) L(\Omega) ds \quad (3.69)$$

式中,$k_s(s, \Omega \to \Omega')$ 是 Ω 方向上的质量方向散射系数,Ω 是入射辐射方向,Ω' 是散射辐射方向。

在 Ω 方向辐射被介质散射到整个空间的散射辐射为

$$\begin{aligned}dL_s(\Omega) &= -\int_{4\pi} k_s(s, \Omega \to \Omega') L(\Omega)\rho(s) ds\, d\omega' \\ &= -k_s(s) L_t(\Omega)\rho(s) ds = -k_{s,v}(s)L(\Omega)ds\end{aligned} \quad (3.70)$$

其中

$$k_s(s) = \int_{4\pi} k_s(s, \Omega \to \Omega') d\omega' \quad (3.71)$$

是质量散射系数,而

$$k_{s,v}(s) = k_s(s)\rho(s) \quad (3.72)$$

是体积散射系数。

3.3.3 介质本身发射的辐射引起辐射加强

介质本身发射的辐射与物质量 $\rho\, ds$ 成正比,写为

$$dL_{emit}(\Omega) = j\rho(s) ds \quad (3.73)$$

式中,j 是质量发射系数,定义源函数 J

$$J = \frac{j}{k_e} \quad (3.74)$$

则在方向的辐射总的改变为

$$\begin{aligned}dL(\Omega) &= -k_a(s)L(\Omega)\rho(s) ds - k_s(s) L(\Omega)\rho(s) ds + j\rho(s) ds \\ &= -k_e(s) L(\Omega)\rho(s)ds + j\rho(s) ds\end{aligned} \quad (3.75)$$

3.3.3.1 衰减系数

定义衰减系数 $k_{e,\lambda}(s)$ 为吸收系数 $k_{a,\lambda}(s)$ 与散射系数 $k_{s,\lambda}(s)$ 之和,表示为

$$k_e(s) = k_a(s) + k_s(s) \quad (3.76)$$

3.3.3.2 光学厚度

(1)衰减光学厚度

由图 3.7 可见,点 $s \to s_1$ 之间介质的衰减光学厚度 $\tau_e(s, s_1)$ 可写为

$$\tau_e(s, s_1) = \int_s^{s_1} k_e(s)\rho ds \quad (3.77a)$$

则微分形式可表示为

$$d\tau_e(s, s_1) = -k_e\rho ds \quad (3.77b)$$

注意,上式中取"—"表示光学厚度随光学路径 ds 而减小,这是考虑到大气中各类吸

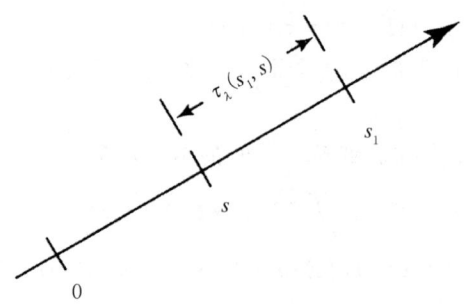

图 3.7 光学厚度的定义

收气体含量是随高度增加而减小的。在大气顶吸收气体含量为 0,光学厚度为 0;在大气最下层吸收气体含量最大,光学厚度最大。

(2)吸收光学厚度 $\tau_a(s,s_1)$ 为

$$\tau_a(s,s_1) = \int_s^{s_1} k_a(s)\rho ds \qquad (3.78a)$$

$$d\tau_a(s,s_1) = -k_a\rho ds \qquad (3.78b)$$

(3)散射光学厚度 $\tau_s(s,s_1)$ 为

$$\tau_s(s,s_1) = \int_s^{s_1} k_s(s)\rho ds \qquad (3.79a)$$

$$d\tau_s(s,s_1) = -k_s\rho ds \qquad (3.79b)$$

(4)垂直光学厚度 $\tau_e(z,\infty)$:由于 $dz/ds = \cos\theta = \mu$,$ds = dz/\mu$,有

$$\tau_e(z,\infty) = \int_s^{s_1} k_e(z)\rho dz/\mu \qquad (3.80a)$$

$$d\tau_e(z,\infty) = -k_e\rho dz/\mu \qquad (3.80b)$$

(5)光程(光学质量)

大气对辐射的吸收和散射取决于辐射光束通过吸收和散射物质的含量,这种物质含量称为光程,又称为空气的绝对光学质量 m_a,为

$$m_a = \int_s^{s_1} \rho(s,t)ds \qquad (3.81)$$

式中,$\rho(s,t)$ 是吸收物质的密度,ds 是沿光束方向的微分元,积分由高度 h 到大气顶,对于无折射平面平行大气,光束以天顶角为 θ 方向光程为垂直方向光程乘以因子 $\sec\theta$,相乘因子称为空气的相对光学质量 m_r,定义为

$$m_r(h) = \left[\int_h^\infty \rho(s,t)ds\right] / \left[\int_h^\infty \rho(s,t)dh\right] \qquad (3.82)$$

式中,dh 是垂直方向的微分元,对于无折射平面平行大气的相对光学质量为

考虑到地球曲率,大气的相对光学质量为

$$m_r(h) = \sec\theta$$

$$m_r(\theta) = \{[(R/\hat{H})\cos\theta+]^2 + 2(R/\hat{H})+1\}^{1/2} - (R/\hat{H})\cos\theta \tag{3.83}$$

$$\hat{H} = P_g g/\rho_g$$

式中,$\hat{H}$ 是以地面密度为 ρ_g 的均质大气高度;R 是地球半径;θ 是太阳天顶角;P_g 是地面气压。对于 20km 上空臭氧的光特性计算中,可证明有

$$m_r(h) = [1+(h/R)]/[\cos^2\theta + 2(h/R)]^2$$

(6)粒子的吸收系数和复折指射指数

对于一粒子的吸收可以用折射指数的虚部表示。如果略去散射,通过一个粒子的辐射能,仅由于吸收引起的辐射衰减,近似为

$$\frac{dL}{ds} = -\frac{4\pi m_I}{\lambda} L \tag{3.84}$$

式中,m_I 是折射指数的虚部,m 是波长的函数,$4\pi m_I/\lambda$ 是对于一粒子的吸收衰减系数。如果辐射从粒子 s_0 到 s,辐射的改变为

$$L(s) = L_0(s_0) e^{-4\pi m_I(s-s_0)/\lambda} \tag{3.85}$$

复折射指数 m 中为虚部 m_I 和实部 m_R 的组合,写为

$$m = m_R - i m_I \tag{3.86}$$

表 3.7 给出了对于波长为 $0.5\mu m$ 和 $10.0\mu m$ 某些物质的折射指数。

表 3.7 波长为 0.5μm 和 10.0μm 某些物质的折射指数

物质	0.5μm		10.0μm	
	m_R	m_I	m_R	m_I
H_2O	1.34	1.0×10^{-9}	1.22	5.0×10^{-2}
无机碳	1.82	7.4×10^{-1}	2.40	1.0×10^{0}
有机碳	1.45	1.0×10^{-3}	1.77	1.2×10^{-1}
H_2SO_4	1.43	1.0×10^{-8}	1.89	4.6×10^{-1}
NH_4SO_4	1.52	5.0×10^{-4}	2.15	2.0×10^{-2}
NaCl	1.45	1.5×10^{-4}	1.53	5.1×10^{-2}

3.3.4 多次散射辐射 $L_s(\Omega')$ 入射到介质的散射使传播方向 Ω 辐射加强

对于 Ω 方向的多次散射辐射 $I_s(\Omega')$ 入射到介质的散射到传播方向 Ω 辐射 dI_s $(\Omega' \to \Omega)$ 为

$$dL_s(s, \Omega' \to \Omega) = k_s(s, \Omega' \to \Omega) \rho(s) L_s(\Omega') ds$$

则对于所有方向的散射辐射 $I_{s,\lambda,t}(\Omega')$ 被介质散射到传播方向 Ω 辐射为将上式对 $d\omega'$

作整个空间积分,为

$$dL_{ms}(\Omega) = \int_{4\pi} k_s(s, \Omega' \to \Omega) L_s(\Omega') \rho(s) \, ds \, d\omega' \tag{3.87}$$

式中,$L_s(\Omega')$ 是多次散射辐射。

定义散射相函数

$$k_s(s, \Omega' \to \Omega) = \frac{1}{4\pi} k_s(s) P(\Omega' \to \Omega) \tag{3.88}$$

散射相函数表示为

$$P(\Omega' \to \Omega) = P(\cos\Theta) = P(\Omega, \Omega') = P(\mu, \phi; \mu', \phi') = 4\pi k_s(s, \Omega' \to \Omega)/k_s(s) \tag{3.89}$$

式中,Θ 是散射角,如图 3.8 为入射方向与散射方向间夹角的几何关系。

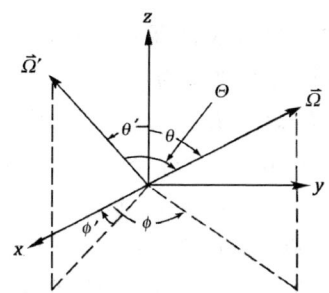

图 3.8 入射角与散射角几何关系

$$\cos\Theta = \Omega' \cdot \Omega =$$
$$= (i\cos\varphi'\sin\theta' + j\sin\varphi'\sin\theta' + k\cos\theta') \cdot (i\cos\varphi\cos\theta + j\sin\varphi\sin\theta + k\cos\theta)$$
$$= \cos\theta'\cos\theta + \sin\theta'\sin\theta\cos(\varphi' - \varphi)$$
$$= \mu'\mu + (1-\mu'^2)^{1/2}(1-\mu^2)^{1/2}\cos(\varphi' - \varphi) \tag{3.90}$$

式中 $\mu' = \cos\theta', \quad \mu = \cos\theta$

相函数归一化表示为

$$\frac{1}{4\pi} \int_{4\pi} P(\Omega' \to \Omega) \, d\omega' = 1 \tag{3.91}$$

则(3.87)式成为

$$dL_{ms}(\Omega) = \frac{1}{4\pi} k_s(s) \int_{4\pi} P(\Omega' \to \Omega) L_s(\Omega') \rho(s) \, ds \, d\omega' \tag{3.92}$$

定义单次反照率 $\tilde{\omega}_0$,写为

$$\tilde{\omega}_0 \equiv \int P(\cos\Theta) \frac{d\omega}{4\pi} \tag{3.93}$$

它表示在光束消光衰减中纯散射占的那部分。因此单次反照率 $\tilde{\omega}_0$ 也可以写为

$$\tilde{\omega}_0(\tau) = d\tau/d\tau_e = k_s/(k_a + k_s) \tag{3.94}$$

对于纯散射而言,$\tilde{\omega}_0 = 1$,为**完全反射体**。在各向同性的情况下,由(3.93)式得:$\tilde{\omega}_0 = P(\cos\Theta)$。当存在有吸收时,$\tilde{\omega}_0 < 1$,则 $1 - \tilde{\omega}_0$ 表示对辐射的吸收。

$$\tilde{\omega}_0 = \frac{k_s}{k_e} = 1 - \frac{k_a}{k_e}$$

(3.92)式成为

$$dL(\Omega) = \frac{\tilde{\omega}_0}{4\pi} k_{e,\lambda}(s) \int_{4\pi} P(\Omega' \to \Omega) L_s(\Omega') \rho(s) \, ds \, d\omega' \tag{3.95}$$

3.3.5 介质对太阳的一次散射辐射使辐射加强

到达地面的太阳辐射场是由明显不同的直接辐射 L_{dir} 和散射辐射 L_{dif} 两个分量之和,写为

$$L = L_{dir} + L_{dif} \tag{3.96}$$

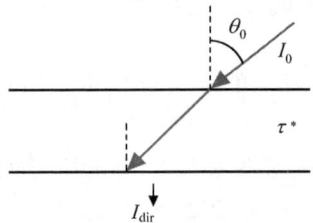

图 3.9 直接太阳辐射

(1) 直接辐射:如图 3.9 中,直接辐射是通过光学厚度为 τ^* 气层的衰减后的太阳辐射部分,它满足 Beer-Bouguer-Lambert 定理,写为

$$L_{dir}^{\downarrow} = L_0 \exp(-\tau^*/\mu_0) \tag{3.97}$$

式中,L_0 是大气顶给定波长处的太阳辐射,μ_0 是太阳天顶角的余弦。

直接太阳辐射通量定为

$$F_{dir}^{\downarrow} = \mu_0 F_0 \exp(-\tau^*/\mu_0) \tag{3.98}$$

(2) 漫太阳辐射传输方程的源函数

如图 3.10 中,漫辐射是由一次散射或多次散射所构成的光,定义源函数为

$$J = (j_t + j_s)/\beta_e \tag{3.99}$$

式中,j_t 是热力发射辐射,有关系 $j_t = \beta_a B(T)$;j_s 是散射辐射的再辐射。

(3) 一次散射辐射,可写为

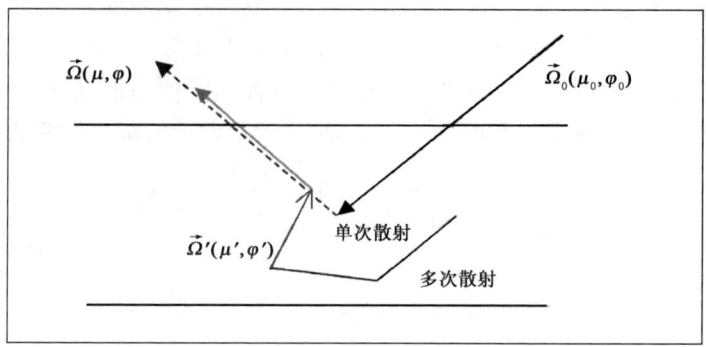

图 3.10 单次散射和多次散射

$$dL(\Omega) = \frac{\beta_s}{4\pi} L(\Omega') P(\Omega,\Omega') \rho(s) \, ds \, d\omega' \tag{3.100}$$

式中，$L(\Omega')$ 是方向为 $\Omega'(\mu',\varphi')$ 的入射辐射。

3.4 辐射传输方程微分和积分形式

地球与宇宙间辐射交换时发生的复杂过程主要出现于大气，影响大气中的辐射过程的因素有：

（1）大气中的分子和粒子的吸收和发射使传播方向辐射改变，由于大气中的水汽、二氧化碳、臭氧等吸收气体，一方面要吸收入射辐射使辐射减小，同时要以自身的温度发射辐射使辐射加强

$$dL_a(\Omega) = -k_{a,v}(s) L(\Omega) ds = -k_a(s) L(\Omega) \rho(s) ds$$

（2）物质对辐射的散射使传播方向辐射减小，大气中的分子、气溶胶、沙尘等改变辐射的传播方向

$$dL_s(\Omega) = -k_s(s) L(\Omega) \rho(s) ds = -k_{s,v}(s) L(\Omega) ds$$

（3）大气中水汽、二氧化碳等物质发射辐射使传播方向辐射加强

$$dL_{em}(\Omega) = j\rho(s) \, ds$$

（4）入射的多次散射辐射使传播方向辐射加强

$$dL(\Omega) = \frac{1}{4\pi} k_s(s) \int_{4\pi} P(\Omega' \to \Omega) \rho(s) L(\Omega') ds \, d\omega'$$

（5）介质对太阳的一次散射辐射使辐射加强

$$dL(\Omega) = \frac{\beta_s}{4\pi} L(\Omega') P(\Omega,\Omega') ds \, d\omega'$$

3.4.1 辐射传输方程的微分形式

则上面5项之和为

$$dL_a(\Omega) = -[k_{a,m\lambda}(s) + k_{s,\lambda}(s)]\rho(s)L(\Omega)ds + j\rho(s)ds$$
$$+ \frac{1}{4\pi}k_s(s)\int_{4\pi} P(\Omega' \to \Omega)\rho(s)L_s(\Omega')ds\,d\omega'$$
$$+ \frac{1}{4\pi}k_s(s)L(\Omega')P(\Omega,\Omega')\rho(s)ds\,d\omega' \quad (3.101)$$

则(3.101)式化为

$$\frac{dL(\tau;\mu,\varphi)}{k_e\rho ds} = -L(\tau;\mu,\varphi) + J(\tau;\mu,\varphi) \quad (3.102)$$

对(3.102)式,由 $d\tau = -k\rho ds = -k\rho dz/\mu$,得平面平行大气的辐射传输方程为

$$\mu\frac{dL(\tau;\mu,\varphi)}{d\tau} = L(\tau;\mu,\varphi) - J(\tau;\mu,\varphi) \quad (3.103)$$

式中,$\mu = \cos\theta$,(3.103)式成为以$(\tau;\mu,\varphi)$为函数的平面平行大气中有关多次散射的辐射传输基本方程。(3.103)右侧,第一项为辐射传播方向上因吸收和散射对辐射的衰减,第二项是源函数,它包括介质发射项,有

$$J_{em} = j/k_e = \varepsilon B[\tau] = (1-\tilde{\omega}_0)B[\tau] \quad (3.104)$$

及太阳多次散射辐射和对太阳辐射的一次散射,即

$$J^{ms}(\tau;\mu,\phi) = \frac{\tilde{\omega}_0}{4\pi}\int_{4\pi} L(\tau;\mu',\phi')P(\mu,\phi;\mu',\phi')d\mu'd\phi' \quad (3.105)$$

$$J^{\sin}(\tau;\mu,\phi) = \frac{\tilde{\omega}_0}{4\pi}F_0 P(\mu,\phi;-\mu_{\text{sun}},\phi_{\text{sun}})e^{-\tau/\mu} \quad (3.106)$$

平面平行大气的辐射传输方程(3.103)又写为

$$dL(\tau;\mu,\phi) = L(\tau;\mu,\phi)d\tau/\mu - J(\tau;\mu,\phi)d\tau/\mu \quad (3.107)$$

将(3.107)式乘以 $e^{-\tau/\mu}$,便有

$$e^{-\tau/\mu}dL(\tau;\mu,\phi) = L(\tau;\mu,\phi)e^{-\tau/\mu}d\tau/\mu - J(\tau;\mu,\phi)e^{-\tau/\mu}d\tau/\mu \quad (3.108)$$

即有 $e^{-\tau/\mu}dL(\tau;\mu,\phi) - L(\tau;\mu,\phi)e^{-\tau/\mu}d\tau/\mu = -J(\tau;\mu,\phi)e^{-\tau/\mu}d\tau/\mu \quad (3.109)$

就是 $d[L(\tau;\mu,\phi)e^{-\tau/\mu}] = -J(\tau;\mu,\phi)e^{-\tau/\mu}d\tau/\mu \quad (3.110)$

3.4.2 辐射传输的积分形式

3.4.2.1 有限大气层内向上和向下的辐射亮度

(1) 有限大气层内向上辐射亮度

图 3.11 中,对于大气层内 τ 高度处向上($\mu>0$)的辐射亮度,对(3.110)式由 $\tau \to \tau_1$ 进行积分,则向上的辐射率为

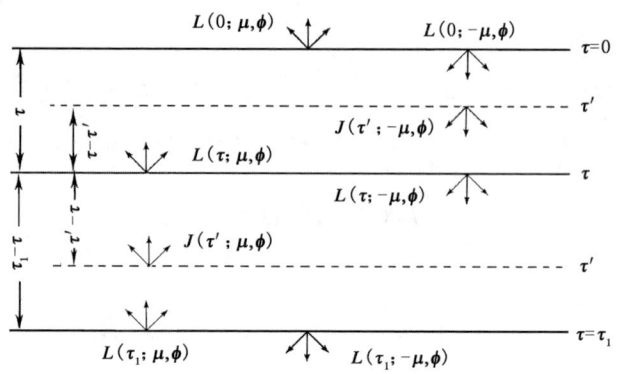

图 3.11 有限大气中的辐射传输

$$L(\tau;\mu,\phi) = L(\tau_1;\mu,\phi)\mathrm{e}^{-(\tau_1-\tau)/\mu} + \int_\tau^{\tau_1} J(\tau';\mu,\phi)\mathrm{e}^{-(\tau_1-\tau')/\mu}\frac{\mathrm{d}\tau'}{\mu} \quad (3.111)$$

式中，τ' 是 τ 的积分参数；

(2) 有限大气层内向下辐射亮度

对于大气层内 τ 高度处向下（$\mu<0$）的辐射亮度，与上类似，只是用 $-\mu$ 代替 μ，并由 $0\to\tau$ 进行积分（3.110），得

$$L(\tau;-\mu,\phi) = L(0;-\mu,\phi)\mathrm{e}^{-\tau/\mu} + \int_0^\tau J(\tau';-\mu,\phi)\mathrm{e}^{-(\tau-\tau')/\mu}\frac{\mathrm{d}\tau'}{\mu} (-1\leqslant\mu<0)$$
$$(3.112)$$

3.4.2.2 有限大气层顶和底层处向上和向下的辐射亮度

有限大气层顶处（$\tau=0$），由大气发射的向下辐射亮度为 0，只有向上的辐射亮度，由（3.112）式可以得

$$L(0;\mu,\phi) = L(\tau_1;\mu,\phi)\mathrm{e}^{-\tau_1/\mu} + \int_0^{\tau_1} J(\tau';\mu,\phi)\mathrm{e}^{-\tau'/\mu}\frac{\mathrm{d}\tau'}{\mu} \quad (3.113)$$

式中，等式右边第一项和第二项分别表示大气底面和大气层内部发射的辐射。

有限大气层底处（$\tau=\tau_1$），大气向上辐射忽略不计，仅考虑向下大气辐射，由（3.112）式得

$$L(\tau_1;-\mu,\phi) = L(0;-\mu,\phi)\mathrm{e}^{-\tau_1/\mu} + \int_0^{\tau_1} J(\tau';-\mu,\phi)\mathrm{e}^{-(\tau-\tau')/\mu}\frac{\mathrm{d}\tau'}{\mu} \quad (3.114)$$

式中，$L(\tau_1;-\mu,\phi)$ 为大气底层处的向下辐射，式中右边第一项为入射大气顶后透过整层大气到达大气低层的辐射，第二项为整层大气发出的向下辐射。

3.4.2.3 半无限大气层 τ 内处向上、向下大气辐射亮度

(1)半无限大气层内 τ 处的向上辐射亮度

对于半无限大气的顶部和底部,没有向上和向下的漫辐射,即

$$L(\tau_1;\mu,\phi)=0 \quad \text{和} \quad L(0;-\mu,\phi)= \text{宇宙辐射}$$

因此在 τ 处的向上辐射写为

$$L(\tau;\mu,\phi) = \int_\tau^{\tau_1} J(\tau';\mu,\phi) e^{-(\tau_1-\tau')/\mu} \frac{d\tau'}{\mu} \tag{3.115}$$

(2)半无限大气层内 τ 处的向下辐射

对于半无限大气 τ 处的向下辐射写为

$$L(\tau;-\mu,\phi) = L(0;-\mu,\phi)e^{-\tau/\mu} + \int_0^\tau J(\tau';-\mu,\phi) e^{-(\tau-\tau')/\mu} \frac{d\tau'}{\mu} \tag{3.116}$$

式中,等式左边是半无限大气 τ 处的向下辐射;等式右边第一项是入射大气顶并透过光学厚度 τ 的辐射,第二项是 τ 以上气层发出的向下辐射。

3.4.3 辐射传输方程的二流近似

3.4.3.1 不对称因子

为了表达后向散射与前向散射的对称性,在研究散射问题时引入**不对称因子**,定义为散射角余弦的加权平均,写为

$$g_\lambda = \frac{1}{4\pi} \int_0^{2\pi} \int_0^\pi P_\lambda(\cos\Theta) \cos\Theta d\omega_a \tag{3.117}$$

式中,$d\Theta = \sin\Theta d\Theta d\phi$,在一般情况下有

$$g_\lambda = \begin{cases} >0 & \text{前向米氏散射} \\ =0 & \text{各向同性散射或蕾利散射} \\ <0 & \text{后向散射} \end{cases} \tag{3.118}$$

对于强的前向散射的不对称因子接近为 $+1$,而对于强的后向散射不对称因子为 -1。不对称因子也可以写成

$$g_\lambda = \frac{1}{4\pi} \int_0^{2\pi} \int_0^\pi P_\lambda(\cos\Theta) \cos\Theta \sin\Theta \, d\Theta d\phi \tag{3.119}$$

对于各向同性情况下,相函数为 $P_\lambda(\cos\Theta) = 1$,则不对称因子为

$$g_\lambda = \frac{1}{4\pi} \int_0^{2\pi} \int_0^\pi \cos\Theta \sin\Theta \, d\Theta d\phi = -\frac{1}{2} \int_1^{-1} \mu d\mu = 0 \tag{3.120}$$

式中,$\mu = \cos\Theta$,由于各向同性散射辐射在所有方向的分布是相同的,因此对于各向同性散射的对称因子为 0。从上式可以看到,不对称因子用于描述前向和后向散射各占有的份额,对于实际大气中,通常认为大气在水平方向是均匀的,其不同之处表

现在向上和向下辐射的不同,因而不对称因子用于表达向上和向下辐射流的近似,即二流近似。

3.4.3.2 二流近似方程式

在大气辐射传输中,可以近似认为辐射在水平方向各向同性,所以在处理辐射传输中将辐射分成向上和向下两部分,这就是**二流近似**。对此可利用不对称因子将散射辐射表示为

$$\frac{1}{4\pi}\int_0^{2\pi}\int_{-1}^1 P_\lambda(\mu,\phi;\mu',\phi')L_\lambda(\tau_\lambda,\mu',\phi')\mathrm{d}\mu'\mathrm{d}\phi'$$

$$\approx \begin{cases} \dfrac{1+g_{a\lambda}}{2}L_\lambda^\uparrow + \dfrac{1-g_{a\lambda}}{2}L_\lambda^\downarrow & \text{向上辐射} \\ \dfrac{1+g_{a\lambda}}{2}L_\lambda^\downarrow + \dfrac{1-g_{a\lambda}}{2}L_\lambda^\uparrow & \text{向下辐射} \end{cases} \quad (3.121)$$

将(3.121)式代入(3.105)式,源函数为

$$J_\lambda^{\text{diffuse}}(\tau,\mu,\phi) = \frac{\widetilde{\omega}_{\lambda 0}}{4\pi}\int_0^{2\pi}\int_{-1}^1 P_\lambda(\mu,\phi;\mu',\phi')L_\lambda(\tau_\lambda,\mu',\phi')\mathrm{d}\mu'\mathrm{d}\phi'$$

$$\approx \begin{cases} \widetilde{\omega}_{\lambda 0}(1-b_\lambda)L_\lambda^\uparrow + \widetilde{\omega}_{\lambda 0}b_\lambda L_\lambda^\downarrow \\ \widetilde{\omega}_{\lambda 0}(1-b_\lambda)L_\lambda^\downarrow + \widetilde{\omega}_{\lambda 0}b_\lambda L_\lambda^\uparrow \end{cases} \quad (3.122)$$

式中 $\widetilde{\omega}_{\lambda 0}$ 是单次反照率,而

$$1-b_\lambda = (1+g_{a,\lambda})/2 \quad \text{和} \quad b_\lambda = (1-g_{a,\lambda})/2 \quad (3.123)$$

分别表示集合于前向和后向散射的积分能量部分,而不对称因子为

$$g_{a,\lambda} = \frac{k_{s,a,\lambda}g_{a,a,\lambda} + k_{s,c,\lambda}g_{a,c,\lambda}}{k_{s,g,\lambda} + k_{s,a,\lambda} + k_{s,c,\lambda}} \quad (3.124)$$

则二流近似方程式写为

$$\mu_1 \frac{\mathrm{d}L_\lambda^\uparrow}{\mathrm{d}\tau} = L_\lambda^\uparrow - \widetilde{\omega}_{\lambda 0}(1-b_\lambda)L_\lambda^\uparrow - \widetilde{\omega}_{\lambda 0}b L_\lambda^\downarrow - \frac{\widetilde{\omega}_0}{4\pi}P_{s,\lambda}^-(\Theta)F_0 \mathrm{e}^{-\tau/\mu_s} \quad (3.125)$$

$$-\mu_1 \frac{\mathrm{d}L_\lambda^\downarrow}{\mathrm{d}\tau} = L_\lambda^\downarrow - \widetilde{\omega}_{\lambda 0}(1-b_\lambda)L_\lambda^\downarrow - \widetilde{\omega}_{\lambda 0}b L_\lambda^\uparrow - \frac{\widetilde{\omega}_0}{4\pi}P_{s,\lambda}^+(\Theta)F_0 \mathrm{e}^{-\tau/\mu_s} \quad (3.126)$$

式中相函数近似展开为

$$P_{s,\lambda}^\pm(\Theta) \approx 1 \pm 3g_{a,\lambda}\mu_1\mu_s \quad (3.127)$$

式中,μ_1 是漫射因子,取 $\mu_1 = 1/\sqrt{3}$。

3.5 反射和透射函数、辐射参数和累加法

通过确定某一气层的反射函数和透射函数表达气层的多次散射,有时要比求解辐射传输方程更方便,物理含义更明显。下面介绍有关这些函数的基本定义。

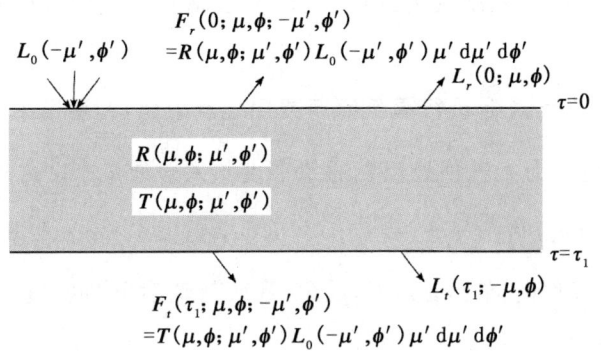

图 3.12 反射函数和透射函数定义

3.5.1 反射函数和透射函数

图 3.12 中，投射到介质层顶的辐射率为 $L_0(-\mu',\phi')$，其相应的辐照度为 $L_0(-\mu',\phi')\mu' \mathrm{d}\mu' \mathrm{d}\phi'$，定义反射函数 $R(\mu,\phi;\mu',\phi')$ 为：介质将方向 (μ',ϕ') 反射到方向 (μ,ϕ) 的反射的辐射通量密度 $F_r(0,\mu,\phi;\mu',\phi')$ 与入射的辐照度 $L_0(-\mu',\phi')\mu' \mathrm{d}\mu' \mathrm{d}\phi'$ 之比值，即

$$R(\mu,\phi;\mu',\phi') = F_r(0,\mu,\phi;\mu',\phi') / L_0(-\mu',\phi')\mu' \mathrm{d}\mu' \mathrm{d}\phi'$$

即 $F_r(0,\mu,\phi;\mu',\phi') = R(\mu,\phi;\mu',\phi') L_0(-\mu',\phi')\mu' \mathrm{d}\mu' \mathrm{d}\phi'$

则由整个上半空间入射辐射 $L_0(-\mu',\phi')$ 反射到 (μ,ϕ) 的辐射率为

$$L_r(0,\mu,\phi) = \frac{1}{\pi} \int_0^{2\pi} \int_0^1 R(\mu,\phi;\mu',\phi') L_0(-\mu',\phi') \mu' \mathrm{d}\mu' \mathrm{d}\phi' \quad (3.128)$$

同理可以有

$$L_t(\tau_1,\mu,\phi) = \frac{1}{\pi} \int_0^{2\pi} \int_0^1 T(\mu,\phi;\mu',\phi') L_0(-\mu',\phi') \mu' \mathrm{d}\mu' \mathrm{d}\phi' \quad (3.129)$$

式中，(μ',ϕ') 是入射大气顶的辐射方向；$(\mu;\phi)$ 是气层对辐射的反射方向；$L_0(-\mu',\phi')$ 是入射至散射层顶部的向下阳光辐射；$R(\mu,\phi;\mu',\phi')$ 所定义的反射函数，它表示整层气层对向下的辐射的反射辐射；$T(\mu,\phi;\mu',\phi')$ 是所定义的气层的透射函数；$L_r(0,\mu,\phi)$ 是大气顶的反射辐射；$L_t(\tau_1,\mu,\phi)$ 是透过气层的透射辐射。实际上，对于太阳光的方向只需用单一方向近似就足够了，写成

$$L_0(-\mu,\phi) = \delta(\mu-\mu_0)\delta(\phi-\phi_0) F_0 \quad (3.130)$$

式中，δ 是狄拉克 δ 函数，F_0 是垂直于太阳光束的入射太阳辐射通量密度。这时由 (3.128)、(3.129)式得反射函数和透射函数为

$$\begin{cases} R(\mu,\phi;\mu_0,\phi_0) = \pi L_r(0,\mu,\phi)/(\mu_0 F_0) \\ T(\mu,\phi;\mu_0,\phi_0) = \pi L_t(\tau_1,-\mu,\phi)/(\mu_0 F_0) \end{cases} \quad (3.131)$$

式中，$L_t(\tau_1, -\mu, \phi)$ 代表漫透射强度，它没有包括直接透射太阳辐射 $F_0 \exp(-\tau_1/\mu_0)$。

3.5.2 局地的反射比 r（行星反照率或局地反射比）和漫透射比 t

(1) 反射比：定义为大气顶处反射通量密度与入射通量密度之比。写为

$$r(\mu_0) = \frac{F_{\text{dif}}^{\uparrow}(0)}{\mu_0 F_0} = \frac{1}{\pi} \int_0^{2\pi} \int_0^1 R(\mu, \phi; \mu_0, \phi_0) \mu \, \mathrm{d}\mu \, \mathrm{d}\phi \tag{3.132}$$

式中，$F_{\text{dif}}^{\uparrow}(0)$ 为大气顶的向上漫辐射，$\mu_0 F_0$ 是入射辐射通量密度。当反射函数与方位无关时，反射比为

$$r(\mu_0) = 2 \int_0^1 R(\mu, \mu_0) \mu \, \mathrm{d}\mu \tag{3.133}$$

(2) 漫透射比：定义为大气底处透过的漫辐射与入射通量密度之比，写为

$$t(\mu_0) = \frac{F_{\text{dif}}^{\downarrow}(\tau_1)}{\mu_0 F_0} = \frac{1}{\pi} \int_0^{2\pi} \int_0^1 T(\mu, \phi; \mu_0, \phi_0) \mu \, \mathrm{d}\mu \, \mathrm{d}\phi \tag{3.134}$$

式中，$F_{\text{dif}}^{\downarrow}(\tau_1)$ 是大气层底处的漫透射辐射。当透射与方位无关时，透射比可以写为

$$t(\mu_0) = 2 \int_0^1 T(\mu, \mu_0) \mu \, \mathrm{d}\mu \, \mathrm{d}\phi \tag{3.135}$$

(3) 直接透射比：定义为大气底处透过的直接辐射与入射辐射之比，写为

$$t_{\text{dir}}(\mu_0) = \exp(-\tau_1/\mu_0) \tag{3.136}$$

3.5.3 球面（全球）反照率 $\bar{r}$ 和漫透射比 $\bar{t}_{\text{dif}}$

对于整个行星而言，太阳光相对于行星上各点的天顶角是不同的，因而在考虑整个行星的反照率、漫透射比等时需计及太阳天顶角的作用。

(1) 球面（全球）反照率：定义为整个行星反射的能量与入射至行星上的能量之比。首先，对于半径为 a 的行星截得的太阳辐射能量为（行星截面积 πa^2）×（入射至行星处的太阳能量密度 F_0）。其次，如图 3.13，现考察半径为 a'、厚度为 $\mathrm{d}a'$ 的圆环，又若行星的局地反射率为 $r(\mu_0)$，这些圆环反射的能量通量为 $r(\mu_0) F_0 2\pi a' \, \mathrm{d}a'$；由于 $a' = a \sin\theta_0$，$\mathrm{d}a' = a \cos\theta_0 \, \mathrm{d}\theta$，则通量又写为 $2\pi a^2 F_0 r(\mu_0) \mathrm{d}\mu_0$。最后，整个行星反射的能量通量为

$$f^{\uparrow}(0) = 2\pi a^2 F_0 \int_0^1 r(\mu_0) \mu_0 \, \mathrm{d}\mu_0 \tag{3.137}$$

因而球面反照率写为

$$\bar{r} = \frac{f_{\text{dif}}^{\uparrow}(0)}{\pi a^2 F_0} = 2 \int_0^1 r(\mu_0) \mu_0 \, \mathrm{d}\mu_0 \tag{3.138}$$

(2) 全球漫透射比 $\bar{t}_{\text{dif}}$：定义为透射至行星表面与入射行星上的辐射能量比。与

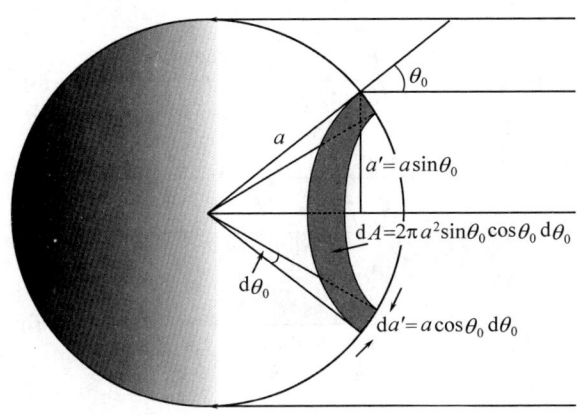

图 3.13 球面反照率

上类似可以得

$$\bar{t}_{\text{dif}} = \frac{f_{\text{dif}}^{\uparrow}(0)}{\pi a^2 F_0} = 2\int_0^1 r(\mu_0)\, \mu_0 \, \mathrm{d}\mu_0 \tag{3.139}$$

(3) 直接透射比：定义为透射至行星表面的直接辐射能量与入射行星上的辐射能比。写为

$$\bar{t}_{\text{dir}} = 2\int_0^1 e^{-\tau_1/\mu_0}\, \mu_0 \, \mathrm{d}\mu_0 \tag{3.140}$$

(4) 全球吸收比：定义为被行星吸收的辐射与入射至行星辐射能的比值，写为

$$\bar{a} = 1 - \bar{r} \tag{3.141}$$

(5) 表观反照率

在大气顶处测量到的反射太阳辐射，估算的反照率称**表观反照率**。如果大气顶测量到的辐射率为 $L(\theta_0, \theta_{\text{sun}}; \phi_0 - \phi_{\text{sun}})$，则表观反照率定义为

$$r^*(\theta_0, \theta_{\text{sun}}; \phi_0 - \phi_{\text{sun}}) = \pi L(\theta_0, \theta_{\text{sun}}; \phi_0 - \phi_{\text{sun}})/E_0 \mu_{\text{sun}} \tag{3.142}$$

式中，θ_0 是观测角；$\theta_{\text{sun}}, \phi_{\text{sun}}$ 是太阳的入射角和方位角；E_0 是大气顶的太阳辐照度，表观反照率的意义类似于亮度温度，表示当将卫星测量的辐射看成是由地表反射的。而实际卫星测量的辐射为地面反射和大气反射两部分之和。

3.5.4 累加法

所谓累加法是利用直观的几何方法，如果相邻两个气层的反射和透射特性已知，则通过计算射线在两气层间的多次反射，就可以求得两个气层合为一个气层的反射和透射性质。当这两个气层具有同样的光学厚度时，将累加法称之为倍加法。

如图 3.14 所示，入射至 a 层顶的大气辐射为 F_0，R_a 和 $\widetilde{T}_a$ 为 a 层的反射函数和

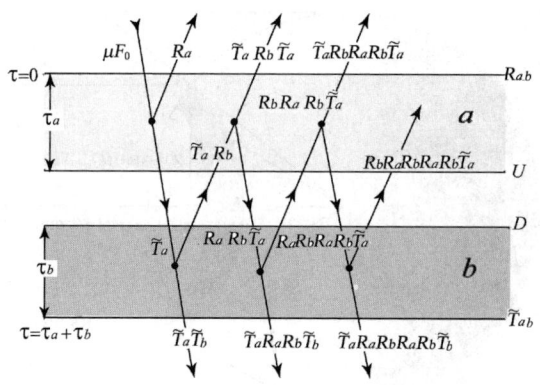

图 3.14 累加法

透射(直接＋漫透射)函数，R_b 和 $\widetilde{T}_b$ 为 b 层的反射函数和总透射(直接＋漫透射)函数；U 和 $\widetilde{D}$ 分别为 a 层与 b 层之间的反射函数和总透射函数。则由图 3.14 可以看出，将两个气层合为一个气层后的联合反射和透射函数为

$$R_{ab} = R_a + \widetilde{T}_a^\downarrow R_b \widetilde{T}_a^\uparrow + \widetilde{T}_a^\downarrow R_b R_a R_b \widetilde{T}_a^\uparrow + \widetilde{T}_a^\downarrow R_b R_a R_b R_a R_b \widetilde{T}_a^\uparrow + \widetilde{T}_a^\downarrow R_b R_a R_b R_a R_b R_a R_b \widetilde{T}_a^\uparrow$$
$$= R_a + \widetilde{T}_a^\downarrow R_b \widetilde{T}_a^\uparrow [1 + R_a R_b + (R_a R_b)^2 + (R_a R_b)^3]$$
$$= R_a + \widetilde{T}_a^\downarrow R_b \widetilde{T}_a^\uparrow [1 - R_a R_b]^{-1} \tag{3.143}$$

$$\widetilde{T}_{ab} = \widetilde{T}_a^\downarrow \widetilde{T}_b^\downarrow + \widetilde{T}_a^\downarrow R_b R_a \widetilde{T}_b^\downarrow + \widetilde{T}_a^\downarrow R_b R_a R_b R_a \widetilde{T}_b^\downarrow + \widetilde{T}_a^\downarrow R_b R_a R_b R_a R_b R_a \widetilde{T}_b^\downarrow + \cdots\cdots$$
$$= \widetilde{T}_a^\downarrow \widetilde{T}_b^\downarrow [1 + R_a R_b + (R_a R_b)^2 + (R_a R_b)^3 \cdots\cdots]$$
$$= \widetilde{T}_a^\downarrow \widetilde{T}_b^\downarrow [1 - R_a R_b]^{-1} \tag{3.144}$$

同样，由图 3.14 可以求出 U 和 $\widetilde{D}$ 的表达式为

$$U = \widetilde{T}_a^\downarrow R_b + \widetilde{T}_a^\downarrow R_b R_a R_b + \widetilde{T}_a^\downarrow R_b R_a R_b R_a R_b + \widetilde{T}_a^\downarrow R_b R_a R_b R_a R_b R_a R_b + \cdots\cdots$$
$$= \widetilde{T}_a^\downarrow R_b [1 + R_a R_b + (R_a R_b)^2 + (R_a R_b)^3 \cdots\cdots]$$
$$= \widetilde{T}_a^\downarrow R_b [1 - R_a R_b]^{-1} \tag{3.145}$$

$$\widetilde{D} = \widetilde{T}_a^\downarrow + \widetilde{T}_a^\downarrow R_b R_a + \widetilde{T}_a^\downarrow R_b R_a R_b R_a + \widetilde{T}_a^\downarrow R_b R_a R_b R_a R_b R_a + \cdots\cdots$$
$$= \widetilde{T}_a^\downarrow [1 + R_a R_b + (R_a R_b)^2 + (R_a R_b)^3 \cdots\cdots]$$
$$= \widetilde{T}_a^\downarrow [1 - R_a R_b]^{-1} \tag{3.146}$$

由上面(3.143)(3.144)和(3.145)(3.146)式可以得

$$R_{ab} = R_a + \widetilde{T}_a U, \quad \widetilde{T}_{ab} = \widetilde{T}_b \widetilde{D}, \quad U = R_b \widetilde{D} \tag{3.147}$$

其中对于总的透射函数为

$$\widetilde{T}^\downarrow = T + \exp(-\tau/\mu)$$

式中，T 为漫透射函数，$\exp(-\tau/\mu)$ 为直接透射。对于太阳光的直接透射，有 $\mu' = \mu_0$；而对于任意方向 μ 的直接透射，有 $\mu' = \mu$。

3.6 太阳和地球辐射以及大气吸收和散射

太阳是地球上能量的主要来源,入射地球大气的太阳辐射,加热地球—大气系统,驱动地球大气环流,形成地球上各种复杂天气。同时进入大气的太阳辐射与大气发生光化反应,形成地球生命的保护层——臭氧层,入射至地面的太阳辐射与植被等进行生化反应——光合作用,构造地球上的生命物质,没有太阳也就没有地球上的生命。太阳从它形成之日起至今有 46 亿年之久,它离我们的地球最近,日地平均距离为 1.5×10^8 km。

太阳是我们所在银河系中约 100,000,000,000(10^{11})颗星系的一个,而在宇宙中至少有 10^{11} 条银河系,太阳现正处于生命中年时期,银河系中的太阳处于银河的外边缘一条称为猎户臂旋涡臂上,离银河中心约 3 万光年。太阳绕银河系中心轨道周期约 2 亿多年,这个时间量称为太阳年。太阳绕银河已经旋转了 22 圈多,如今的太阳像人一样,达到 22 岁,是太阳的旺盛时期。

3.6.1 太阳基本量

太阳的基本参数为:

(1)太阳的半径为 6.96×10^5 km,质量为 1.99×10^{33} g,约 90% 的太阳质量包含在离太阳中心二分之一的半径内;

(2)太阳的主要成分是氢和氦,以及少量的铁、硅、氖和碳等元素,其中氢占总质量的 75%,剩余下的则是 25% 左右的氦;

(3)太阳内部中心温度约为 5×10^6 K,由中心到表面迅速降低为 5800 K;

(4)太阳中心密度约为 150 g/cm^3,表面密度约为 10^{-7} g/cm^3,平均密度约为 1.41 g/cm^3。表 3.8 给出了太阳参数的基本量,可全面了解太阳。

3.6.2 太阳的辐射输出

太阳发出的辐射强度为由日盘中心的最大值到边缘处为最小,这是由于外层温度梯度,太阳的温度向外递减的结果。太阳在波长 λ 处发出的辐射强度为

$$J_\lambda = J_{0\lambda}(1-\frac{0.237 r_{\text{sun}}^{2.4}}{\lambda}) \tag{3.148}$$

式中,r_{sun} 是离日盘的中心距离(以太阳半径为单位)。$J_{0\lambda}$ 是太阳日盘中心处的光谱强度。J_λ 是 r_{sun} 处的光谱强度。按 (3.148) 式,在半径 $r_{\text{sun}}=0.736$ 处太阳强度的光谱分布与总的太阳辐射光谱十分相似。另外由 Smithson 站的观测资料,将 (3.148) 式对所有波长积分,总的强度变化为

$$J = J_0(1 - 0.342\, r_{\text{sun}}^{2.4}) \tag{3.149}$$

可以求得平均太阳辐射强度是日盘中心强度的 0.845。

太阳辐射随时间的变化不十分清楚,太阳黑子的 11 年周期对太阳表面辐射输出并没有明确的关系。但太阳光谱的短波一端(紫外)谱辐射随太阳黑子数有很大的变化,其能影响平流层里臭氧的光化反应,并由此间接影响大气环流。

表 3.8 太阳参数

距离		太阳内部成分	质量比	粒子数比
近日点(1月3日)	1.470×10^8 km	氢	$X = 0.47$	0.80
远日点(6月5日)	1.520×10^8 km	氦	$Y = 0.41$	0.19
日地平均距离	1.495×10^8 km	重元素	$Z = 0.12$	0.01
平均视半径	$15'59.63''$	平均分子量	$\mu = 0.76$	
自转轴(北极)赤经	18h44min	太阳中心压强	4.0×10^{16} Pa	
	赤纬 $+64°$	密度	150 g/cm^3	
自转周期	$25 \sim 27$ d	温度	2.4×10^7 K	
恒星周期	25.38 d	太阳表面重力	2.74×10^4 cm/s^2	
自转轴与赤道的倾角	$7.25°$	温度	6000 K	
太阳奔赴点的方向赤经	18h36min	太阳的光度	2×10^{26} J/s	
	赤纬 $+29°$	光谱型	G-2v	
太阳奔赴点的方向速度	19.7 km	太阳常数	1.95 cal/(min·cm^2)	
太阳半径	6.96×10^5 km		$1391 \sim 1368$ W/m^2	
太阳的质量	1.99×10^{30} kg		(1975—1977 年)	
平均密度	1.41 g/cm^3			

3.6.3 地球截获的太阳辐射

3.6.3.1 日地平均距离处的辐射

在日地平均距离处的太阳辐射称为**太阳常数** S_0,它定义为:在日地平均距离处通过与太阳光束垂直的单位面积上的太阳能通量。它表征了到达地球表面总的太阳辐射能。其值见表 3.8。如果太阳的半径为 r_{sun},则太阳表面处太阳发出的辐射能量为 $F 4\pi r_{\text{sun}}^2$,其中 F 表示太阳的出射度;而在离太阳的日地平均距离 $\bar{d}$ 处,太阳发出的辐射能量为 $S_0 \cdot 4\pi \bar{d}^2$,它们两者之间必须相等,即

$$\bar{d}^2 F 4\pi r_{\text{sun}}^2 = S_0 \cdot 4\pi \bar{d}^2 \tag{3.150}$$

所以太阳常数表示为

$$S_0 = F(r_{sun}/\bar{d})^2 \tag{3.151}$$

如果地球的半径为 r_e，则地球截获的太阳辐射能为 $S_0 \pi r_e^2$，若这一能量均匀地分布在整个表面上，则大气顶处单位时间内、单位面积上所接受的能量为

$$\bar{Q} = S_0 \pi r_e^2 / (4\pi r_e^2) = S_0/4 \tag{3.152}$$

3.6.3.2 大气顶处的太阳辐射

入射到大气顶的太阳辐射决定于地球绕太阳的公转轨道及其变化。而到达地球上各点的太阳辐射还与地球的自转轨道有关。因此地球绕太阳的公转轨道和自转轨道是决定太阳到达地球表面上某一点的太阳辐射的决定性因子，也是决定地球气候和气候变化最重要的因子。

图 2.2 给出了在天球坐标系中的太阳运动轨道，其主要有以下几方面特征：

(1) 黄道面的变化：地球与所有的行星一样都以同一方向环绕太阳运行，所有行星的轨道平面几乎在同一平面内。将地球轨道所在的平面称为**黄道面**，它的法线方向与地球自转轴的夹角称黄道的**倾角**（约为 23.5°），是季节形成的基本原因，也是影响气候带的一个因子，大约 41000 年的时期内有平均幅度 1.5° 的周期变化。

(2) 日-地系统的另一个特点是二分点（春分和秋分）与二至点（夏至和冬至）沿地球轨道（向西缓慢移动）的**进动**，这种进动称之为**岁差**，它是由地球的扁率引起的。由于太阳对赤道地区比极地有更大的吸引力，从而使地轴趋向竖直方向。同时由于地球的自旋轴是倾斜的，其轴在锥面上进动，结果使轨道上的方位基点以 26000 年的周期移动。但是轨道作为一个整体沿着与进动相反方向缓慢摆动，因而方位基点移动（周期性的岁差指数）的完整周期平均来说只需要 21000 年，使得地球接近太阳的时间每年大约向前推移 25 分钟。轨道的偏心率、轨道的倾角以及二分点还受到除太阳以外的其他星体的吸引而发生长期变化，这些变化又影响到入射到给定纬度上的太阳辐射值。气候学家由南印度洋深海的沉积物岩芯中的浮游生物有孔虫类的氧同位素成分的测量结果及放射虫类群的统计分析得出的岩石处的夏季海面温度估计值，它包含了 50 万年左右的连续气候记录，发现有以下事实：

① 10 万年气候变化成分的平均周期非常接近地球偏心率变化的平均周期；

② 4 万年气候变化成分与地轴倾角变化的周期相同；

③ 2.3 万年的气候变化与周期性的岁差指数有关。

地球绕太阳的轨道是一椭圆形轨道，地球轨道的偏心率不大，它的平均值为 0.017，大约在 10 万年的周期内有 0.05 的变化。但是日地平均距离的平方对其平均值的变化为 3.3%，偏心率的作用又是明显的。考虑到以上因素，到达大气顶的辐射可以写为

$$F = S(\bar{d}/d)^2 \cos\theta_{sun} \tag{3.153}$$

式中，$\bar{d}$ 为日地平均距离，d 是日地距离，$\cos\theta_{sun}$ 是太阳天顶角的余弦。对于 $(\bar{d}/d)^2$ 的计算可以使用下式近似进行，精度可以达到 10^{-4} 以上。计算式为

$$(\bar{d}/d)^2 = 1.000110 + 0.034221\cos\theta_0 + 0.001280\sin\theta_0 \\ + 0.000719\cos2\theta_0 + 0.000077\sin2\theta_0 \tag{3.154}$$

式中，θ_0 是地球绕太阳转达过的角度，它可以用每年的第几天确定，公式为

$$\theta_0 = (2\pi N - 1)/365 \tag{3.155}$$

式中，N 是一年中的第几天。

3.6.3.3 每日输入大气的太阳辐射

如果在大气顶每单位面积接受的太阳热量为 Q，则太阳的辐射通量密度为

$$F = \frac{dQ}{dt} \tag{3.156}$$

对于给定时间内的日射为

$$Q = \int_t F(t)dt \tag{3.157}$$

每日的日射可以写为

$$Q = S\left(\frac{\bar{d}}{d}\right)^2 \int_{t_1}^{t_2} \cos\theta_{sun}(t)dt \tag{3.158}$$

其中积分限 t_1、t_2 为日落和日出的时间，由球面三角的几何关系可以求得太阳天顶角表示为

$$\cos\theta_{sun} = \sin\delta\sin\varphi + \cos\varphi\cos\delta\cos t_h \tag{3.159}$$

式中，δ 是太阳倾角，它等于太阳与赤道间的角距离；φ 是观测点的纬度，t_h 是时角，则有

$$Q = S\left(\frac{\bar{d}}{d}\right)^2 \int_{t_1}^{t_2} (\sin\delta\sin\varphi + \cos\varphi\cos\delta\cos t_h)dt_h \tag{3.160}$$

3.6.4 太阳辐射光谱

太阳向整个太阳系发射从 γ 射线、X 射线、紫外线、可见光、红外到微波的宽广的电磁谱段。太阳光球是一个大体上保持理想辐射和吸收能力的黑体。它发射的电磁辐射遵守普朗克黑体辐射定律，根据测定和计算，太阳单色辐射的峰值波长位于 500nm 附近处。在可见光和红外谱段，将测量到的太阳辐射光谱曲线与理论黑体辐射值拟合，发现其与 6000K 的黑体辐射曲线最好。而在光谱的紫外区与 6000K 的黑体辐射曲线有较大的偏差；在紫外区的 $0.21\sim0.264\mu m$ 区间，太阳的等效黑体温度为 5000K 左右；在 $0.14\mu m$ 附近，它逐渐降低到 4700K。在 X 波段可以观测到伴随太阳耀斑的强辐射。太阳电磁辐射的能量分布见表 3.9，可以看出，大约 46% 的能量集中于 $0.40\sim0.76\mu m$ 的可见光区，46% 的能量位于大于 $0.77\mu m$ 的红外区，小于

$0.4\mu m$ 的紫外区的能量只占整个的 8%。

表 3.9　太阳光谱能量分布

颜色	波长 (μm)	谱带照度 ($W \cdot m^{-2}$)	占 $\bar{S_c}$ 的百分数	谱区	波长 (μm)	谱带照度 ($W \cdot m^{-2}$)	占 $\bar{S_c}$ 的百分数
紫色	0.390~0.455	108.85	7.96	紫外线	<0.4	109.81	8.03
蓝色	0.455~0.492	73.63	5.39	可见光	0.390~0.770	634.40	46.41
绿色	0.492~0.577	160.00	11.70	红外	>0.77	634.40	46.40
黄色	0.577~0.597	35.97	2.63				
橙色	0.597~0.622	43.14	3.16				
红色	0.622~0.770	212.82	15.57				

3.6.5　地球表面处的太阳吸收光谱

图 3.15 给出了大气顶和地面处的太阳辐射辐照度的光谱分布。由于太阳蒙气和地球大气的吸收和散射的结果，在地面观测到的太阳辐射光谱存有许多吸收暗线和带，与 6000K 的黑体辐射曲线基本一致，但有明显差异，图中的这些吸收线和带主要是由大气中的臭氧、氧、水汽、二氧化碳，此外有氮分子和氧、氮原子及大气中的尘埃等物质选择性吸收造成，还有含量很少的 NO、N_2O、CO 和 CH_4 也有弱的吸收。

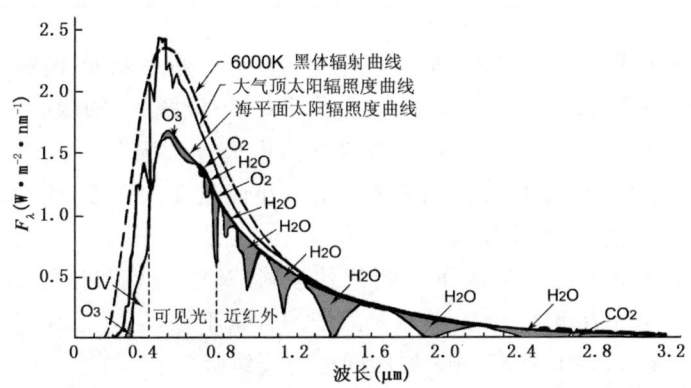

图 3.15　太阳辐射光谱和地球大气辐射光谱中一些重要吸收气体的位置和范围

3.6.5.1　紫外吸收

表 3.10 列出了对太阳紫外辐射吸收的主要气体和大气中某些气体对太阳辐射吸收的范围。在紫外光谱段的吸收光谱主要是由于分子的和原子的氧和氮的电子跃迁以及臭氧的电子跃迁造成的，因此太阳的大部分紫外辐射在大气的高层就被氧和

氮所吸收。其中可见光吸收很小。氧分子的紫外吸收光谱始于 $0.26\mu m$ 左右，一直延伸到很短的波长。在 $0.26\sim0.20\mu m$ 之间是一很弱谱带叫作**赫茨堡带**，它与强的臭氧吸收带重叠在一起，对臭氧的形成也十分重要。与赫茨堡带相邻的是强的**舒曼-容格带系**和连续吸收带，它从 $0.20\mu m$ 开始延伸至 $0.125\mu m$ 左右。在 $0.125\sim0.10\mu m$ 间也存在几个吸收带，其中在 $0.1216\mu m$ 处是强的**赖曼-α 线**，处在 O_2 吸收窗区中。小于 $0.10\mu m$ 的是叫作霍普菲的强 O_2 吸收带。

表 3.10 大气对太阳紫外辐射的吸收气体

气体	吸收波长(μm)	气体	吸收波长(μm)
N_2	<0.1	N_2O_5	<0.38
O_2	<0.245	HNO_3	<0.33
O_3	$0.17\sim0.35;0.45\sim0.75$	HO_2NO_2	<0.33
CO_2	<0.21	$HCHO$	$0.25\sim0.36$
H_2O	<0.21	CH_3CHO	<0.345
H_2O_2	<0.35	$CH_3CO_3NO_2$	<0.3
NO_2	<0.71	HCl	<0.22
N_2O	<0.24	$CFCl_3$	<0.23
NO_3	$0.41\sim0.67$	CF_2Cl_2	<0.23
$HONO$	<0.4	CH_3Cl	<0.22

氮分子的吸收光谱始于波长 $0.1450\sim0.1000\mu m$，称为**赖曼-伯格-霍普菲带**，它由一些窄锐谱线所构成。$0.10\sim0.08\mu m$ 称为**塔纳卡-沃莱 N_2 的吸收带**，其复杂且吸收系数变化大。短于 $0.08\mu m$ 的 N_2 吸收带是由电离连续吸收所构成。在电离过程中，原子或分子吸收的能量比移去电子所需的最小能量要大得多，这种增加的能量不是量子化的，所以吸收是连续吸收。

高层大气的氧和氮分子吸收了太阳紫外辐射，离解为氧和氮原子，氮原子从约 $0.001\mu m$ 到 $0.10\mu m$ 有吸收光谱，虽然氮原子的含量不多，但它是高层大气的重要吸收气体。氧原子在 $0.001\sim0.10\mu m$ 的区间也为连续吸收。

在 $0.20\mu m$ 和 $0.30\mu m$ 谱段有氧分子的弱吸收区，其主要是由平流层和中层的臭氧所吸收。由臭氧构成的强吸收带是**哈特莱带**。在 $0.30\sim0.36\mu m$ 之间的吸收带称为**赫金斯带**，它没有哈特莱带强。

3.6.5.2 可见光区和红外区的吸收

在可见光的红区有两个弱的吸收带，在（$0.7\mu m$）是 O_2 A 吸收带，同时由此还可发现有氧的同位素带 [18]O 和 [17]O。

在近红外区,最重要的吸收是水汽吸收,它是由振动和转动跃迁造成的。其吸收中心在 $0.94\mu m, 1.1\mu m, 1.38\mu m$ 和 $1.87\mu m$,通常用 $(\rho, \sigma, \tau), \varphi, \psi$ 和 Ω 表示。这些带是由基态跃迁引起的,称为泛频带和组合带。

CO_2 在太阳光谱也有许多弱吸收带:$2.0\mu m, 1.6\mu m$ 和 $1.4\mu m$,这些带太弱,可以略去不计。CO_2 的 $2.7\mu m$ 带略强一些,但它与水汽的 $2.7\mu m$ 带重叠一起。

3.6.6 到达地面的太阳直接辐射和散射辐射

如果入射至大气顶的太阳辐照度为 $E_\lambda(\infty)$,则地面的分谱太阳直接辐照度为

$$E_{\lambda,\text{dir}} = E_\lambda(\infty)\mu_0 \exp\left(-\frac{\tau_{1\lambda}}{\mu_0}\right) = E_\lambda(\infty)\mu_0 \widetilde{T}_\lambda[\tau_{1\lambda}, \mu_0] \quad (3.161)$$

式中,μ_0 是太阳天顶角的余弦,$\widetilde{T}_\lambda[\tau_{1\lambda}, \mu_0]$ 是 μ_0 方向大气顶到地面的透过率。透过率为散射透过率 $\widetilde{T}_{\lambda,\text{dif}}[\tau_{1\lambda}, \mu_0]$ 和吸收透过率 $\widetilde{T}_{\lambda,\text{abs}}[\tau_{1\lambda}, \mu_0]$ 的乘积,即

$$\begin{aligned} E_{\lambda,\text{dir}} &= E_\lambda(\infty)\mu_0 \widetilde{T}_{\lambda,\text{dif}}[\tau_{1\lambda}, \mu_0] \cdot \widetilde{T}_{\lambda,\text{abs}}[\tau_{1\lambda}, \mu_0] \\ &= E_\lambda(\infty)\mu_0 \widetilde{T}_{\lambda,w} \cdot \widetilde{T}_{\lambda,R} \cdot \widetilde{T}_{\lambda,O_3} \cdot \widetilde{T}_{\lambda,mg} \cdot \widetilde{T}_{\lambda,da} \cdot \widetilde{T}_{\lambda,ds} \end{aligned} \quad (3.162)$$

式中,$\widetilde{T}_{\lambda,w}$、$\widetilde{T}_{\lambda,R}$、$\widetilde{T}_{\lambda,O_3}$、$\widetilde{T}_{\lambda,mg}$ 分别是水汽、分子(瑞利)散射、臭氧、混合气体的透过率;$\widetilde{T}_{\lambda,da}$、$\widetilde{T}_{\lambda,ds}$ 气溶胶的吸收和散射透过率。

地面的散射辐照度为分子散射、气溶胶粒子散射和地面与大气间多次散射之和,为

$$E_{\lambda,\text{dif}} = E_{R\lambda,\text{dif}} + E_{a\lambda,\text{dif}} + E_{g\lambda,\text{dif}} \quad (3.163)$$

式中,$E_{R\lambda,\text{dif}}$、$E_{a\lambda,\text{dif}}$、$E_{g\lambda,\text{dif}}$ 分别是分子散射、气溶液胶散射和地面与大气间的多次散射。它们可写为

$$E_{R\lambda,\text{dif}} = 0.5 E_\lambda(\infty)\mu_0 \widetilde{T}_{\lambda,O_3} \widetilde{T}_{\lambda,w} \widetilde{T}_{\lambda,mg} \widetilde{T}_{\lambda,da}(1-\widetilde{T}_{\lambda,R}) \quad (3.164)$$

$$E_{a\lambda,\text{dif}} = f_{da} E_\lambda(\infty)\mu_0 \widetilde{T}_{\lambda,O_3} \widetilde{T}_{\lambda,w} \widetilde{T}_{\lambda,mg} \widetilde{T}_{\lambda,da} \widetilde{T}_{\lambda,R}(1-\widetilde{T}_{\lambda,ds}) \quad (3.165)$$

$$E_{g\lambda,\text{dif}} = (E_{\lambda,\text{dir}}\mu_0 + E_{R\lambda,\text{dif}} + E_{a\lambda,\text{dif}})r_{sk,\lambda}r_{g\lambda} / (1-r_{sk,\lambda}r_{g\lambda}) \quad (3.166)$$

其中 0.5 是考虑分子散射的向下部分,f_{da} 是气溶胶散射辐射的向下部分,$(1-f_{da})$ 是气溶胶散射辐射的向上部分,$r_{sk,\lambda}$、$r_{g\lambda}$ 分别是天空反射率和地面反照率。

地面的总辐照度为

$$E_{\lambda,\text{tol}} = E_{\lambda,\text{dir}} + E_{R\lambda,\text{dif}} + E_{a\lambda,\text{dif}} + E_{g\lambda,\text{dif}} \quad (3.167)$$

对波长从 $0 \to \infty$ 积分,就得整个太阳光谱的太阳辐照度,为

$$E^\downarrow(z, \mu_0) = \mu_0 \int_0^\infty E_\lambda(\infty)\widetilde{T}_\lambda(0, \infty, \mu_0)\text{d}\lambda \quad (3.168)$$

式中

$$\widetilde{T}_\lambda(0, \infty, \mu_0) = \exp\left(-\frac{1}{\mu_0}\int_0^\infty k_\lambda \rho \text{d}z\right) \quad (3.169)$$

为大气顶与高度处之间气层的透过率。或者以辐射率表示,将太阳直接辐射写为

$$L^{\downarrow}(z,\mu_0) = \mu_0 \int_0^{\infty} L_\lambda(\infty) \exp\left(-\frac{\tau_\lambda}{\mu_0}\right) d\lambda \qquad (3.170)$$

式中
$$\tau_\lambda = \tau_\lambda(R) + \tau_\lambda(O_3) + \tau_\lambda(WV) + \tau_\lambda(D) \qquad (3.171)$$

是大气层中各成分的光学厚度,它分别为分子散射、臭氧、水汽和气溶胶光学厚度之和。

对于光谱间隔 $\Delta \nu$ 的大气的平均透过率

$$\widetilde{T}_\nu(z,\infty,\mu_0) = \frac{1}{\Delta \nu} \int_{\Delta \nu} \exp\left(-m_r(\mu_0)\int_0^{\infty} k_\nu dz\right) d\nu \qquad (3.172)$$

其中 m_r 相对大气质量因子,考虑地球大气曲率和大气折射的作用后,写成

$$m_r = \frac{35}{(1224\mu_0^2+1)^{1/2}} \qquad (3.173)$$

而对于无折射的平面平行大气时,则采用

$$m_r = \frac{1}{\mu_0} \qquad (3.174)$$

定义整个太阳光谱区的平均透过函数为

$$\overline{T}(z,\infty,\mu_0) = \frac{1}{F(\infty)} \int_0^{\infty} F_\lambda(\infty) \overline{T}_\lambda(z,\infty,\mu_0) d\lambda \qquad (3.175)$$

则向下的辐射率写为

$$L^{\downarrow}(z,\mu_0) = \mu_0 \int_0^{\infty} L_\nu(\infty) \widetilde{T}_\nu(R) \widetilde{T}_\nu(O_3) \widetilde{T}_\nu(WV) \widetilde{T}_\nu(D) d\nu \qquad (3.176)$$

如果用求和代替积分,则有

$$F^{\downarrow}(z,\mu_0) = \mu_0 \sum_{i=1}^{N} F_i(\infty) \overline{T}_{\Delta\nu_i}(\bar{u}) \qquad (3.177)$$

3.6.7 短波太阳辐射吸收参数

3.6.7.1 臭氧吸收

(1) Lacis 和 Hansen 方法

臭氧在大气中是一种微量气体,按照体积比,仅为大气平均浓度的百万分之三左右(3ppm),它的含量随季节和纬度而变。由于它主要集中在大气高层,密度低,臭氧的密度在 20~25km 高度处最大,它随高度的变化可写为

$$u(h) = \frac{a + a\exp(-b/c)}{1 + \exp[(h-b)/c]} \qquad (3.178)$$

式中,$u(h)$ 是在高度以上气柱的臭氧含量(cm,NPT),a 是臭氧总量,b 是 $(-du/dh)$ 为极大值所处的臭氧浓度高度,c 是一个控制臭氧密度随高度变化的参量。

臭氧对太阳辐射主要是吸收,散射通常不考虑。在不同的谱段,臭氧的吸收不

同,在可见光 Chappuis 谱带,是弱吸收带,吸收随臭氧含量成正比地增加;而在紫外吸收带,是强吸收带,吸收很快趋向饱和。据 Lacis 和 Hansen(1974)的工作,将吸收率与臭氧程长进行拟合,分别得到可见光和紫外谱段的吸收率的拟合公式,为

$$A_{O_3}^{vis} = 0.02118x/(1+0.042x+0.000323x^2) \tag{3.179}$$

和

$$A_{O_3}^{UV} = \frac{1.028x}{(1+138.6x)^{0.805}} + \frac{0.0658}{1+(103.6x)^3} \tag{3.180}$$

上两式的误差主要发生在第二项中,当 x 取值范围在 $10^{-4}\sim 1$cm 时,误差不超过 0.5%。从紫外到可见光谱段总的臭氧吸收为

$$A_{O_3} = A_{O_3}^{vis} + A_{O_3}^{UV} \tag{3.181}$$

如果在太阳直接辐射路径上第 i 层臭氧的含量为

$$x_i = u_i m_r \tag{3.182}$$

式中,u_i 是第 i 层之上垂直气柱内臭氧的含量,m_r 是相对大气质量放大因子。

根据(3.173)式,对于 8km 高度上,m_r 为

$$m_r = \frac{35\mu_0}{(1224\mu_0^2+1)^{1/2}} \tag{3.183}$$

而其光学厚度为

$$\tau_\lambda(O_3) = k_\lambda(O_3)O_3 M_0 \tag{3.184}$$

式中,$k_\lambda(O_3)$ 为臭氧吸收系数,O_3 是垂直气柱内总的臭氧含量(以 cm 为单位),M_0 是臭氧质量,表示为

$$M_0 = \frac{1+h_0/6370}{\sqrt{\mu_0^2+2h_0/6370}} \tag{3.185}$$

式中,h_0 为臭氧最大浓度高度。对不同高度臭氧的光学厚度写为

$$\tau_\lambda(O_3,z) = H(O_3)\times 0.03\exp[-277(\lambda-0.6)^2] \tag{3.186}$$

式中,z 为高度,$H(O_3)$ 写为

$$H(O_3) 1 - \frac{1.0183}{1+0.0813\exp(z/5)} \tag{3.187}$$

如若向上的漫辐射到达第 i 层的臭氧光程为

$$x_i^* = u_i m_r + \overline{m}_r(u_t - u_i) \tag{3.188}$$

式中,u_t 是反射层以上垂直气柱内的臭氧含量,$\overline{m}_r$ 是向上漫辐射的一个适当的和近似的平均放大因子。据 Lacis 和 Hansen(1974)计算,$\overline{m}_r = 1.9$。

第 i 层臭氧吸收表达式为

$$A_{O_3,i} = \mu_0\{A_{O_3}(x_{i+1}) - A_{O_3}(x_i) + \overline{r}(\mu_0)[A_{O_3}(x_{i+1}^*) - A_{O_3}(x_i^*)]\} \tag{3.189}$$

则由上式逐层向下计算,就得臭氧对辐射吸收的垂直廓线。

在考虑臭氧层以下大气和下垫面的贡献后,反照率写为

$$\overline{r}(\mu_0) = r_R(\mu_0) + [1 - r_R(\mu_0)](1 - r_R^*)r_g/(1 - r_R^* r_g) \tag{3.190}$$

式中，$r_R(\mu_0)$ 是臭氧层以下大气分子散射所产生的反照率，它与天顶角无关。r_R^* 是分子散射受地面反射所对应的反照率。为方便见，可认为 r_R^* 与天顶角无关，且令它等于 $r_R(\mu_0)$ 的平均值

$$r_R^* = 2\int_0^1 r_R(\mu_0)\mu_0 \mathrm{d}\mu_0 \tag{3.191}$$

对于晴空大气，据 Lacis 和 Hansen(1974) 的工作，$r_R(\mu_0)$ 表示为 μ_0 的函数，写为

$$r_R(\mu_0) = 0.219/(1+0.816\mu_0) \tag{3.192}$$

(2)臭氧对高层大气的加热率

紫外辐射在 Huggins 和 Hartley 带被臭氧吸收构成了平流层和中间层的主要热源。在平流层附近加热率高达 12K/d，而在极地夏季最大值大约为 18K/d。可见光区的 Huggins 带在平流层下部变得重要，其加热率差不多是 1K/d。臭氧密度的增加会导致平流层和中间层温度的增加以及平流层和中间层顶位置的明显变化。

3.6.7.2　水汽吸收

(1)晴天大气水汽的吸收

Roach(1961) 及 Yamamoto(1961) 根据 Howard 等(1956) 年的观测资料推导了总吸收与水汽总程长的关系，其中 Yamamoto 提出的最有权威其关系可以近似地表示为

$$A_{\mathrm{wv}} = 2.9y/[(1+141.5y)^{0.635}+5.925y] \tag{3.193}$$

其中水汽的吸收率是对整个太阳光谱而言的。对于单色吸收率或透过率是温度和气压的函数，其吸收形式取决于个别吸收线是弱线或强线。例如，在均匀介质中，在弱线情况下与气压的关系为零；而在强线情况下，则为平方根关系。温度影响线强和线宽，通常它与有效光程呈平方根关系。

由实际的一条大气廓线计算所有波长的积分吸收率是困难的，考虑到大气的不均匀性，常采用有效程长 y_e 代替实际水汽的程长 y，即为

$$y_e = y(p/p_s)^n \cdot (T_s/T)^{1/2} \tag{3.194}$$

式中，p_s，T_s 分别是标准状况下的气压和温度，n 是介于 0.5~1 之间的常数。

在晴空条件下，第 i 层对太阳辐射的吸收率为

$$A_{\mathrm{wv},i} = \mu_0\{A_{\mathrm{wv}}(y_{i+1}) - A_{\mathrm{wv}}(y_i) + r_g[A_{\mathrm{wv}}(y_i^*) - A_{\mathrm{wv}}(y_{i+1}^*)]\} \tag{3.195}$$

式中，y_i 和 y_i^* 分别用水汽垂直程长 u、气压 p、温度 T 和比湿 q 表示为

$$y_i = m_r u_i = \frac{m_r}{g}\int_0^{p_i} q\left(\frac{p}{p_g}\right)^n \left(\frac{T_g}{T}\right)^{1/2} \mathrm{d}p \tag{3.196}$$

和

$$y_i^* = \frac{m_r}{g}\int_0^{p_i} q\left(\frac{p}{p_g}\right)^n \left(\frac{T_g}{T}\right)^{1/2} \mathrm{d}p + \frac{\overline{m_r}}{g}\int_0^{p_i} q\left(\frac{p}{p_g}\right)^n \left(\frac{T_g}{T}\right)^{1/2} \mathrm{d}p \tag{3.197}$$

式中，p_i 是第 i 层顶的气压，p_{i+1} 是第 i 层底的气压，p_g 是地面气压。

Leckner(1978) 采用 McClatchey 等人的工作，提出一个简单又十分精确的计算

太阳直接光谱辐射的方法，其中对于水汽与波长有关的水汽光学厚度为

$$\tau_w(\lambda) = \frac{0.2385 k_w(\lambda) y}{[1+20.07 k_w(\lambda)]^{0.45}} \qquad (3.198)$$

式中，$k_w(\lambda)$是水汽吸收系数，y为可降水量，与露点温度的关系为

$$y = \exp(0.29 + 0.061 T_d) \qquad (3.199)$$

而各个高度上水汽的光学厚度为

$$\tau_w(\lambda, z) = H_w(z) \tau_w(\lambda) \qquad (3.200)$$

式中

$$H_w(z) = \exp(0.639 z) \qquad (3.201)$$

(2) 有云情况下水汽吸收的计算

水汽在波长 $0.7 \sim 0.40 \mu m$ 谱段区间存在着不同的吸收带，Lacis 和 Hansen (1974) 提出以水汽的吸收系数的概率分布。考虑多次散射，把水汽吸收系数的概率分布分为 8 个间距，若某一气层的可降水量为 $y(cm)$ 则水汽的吸收系数为

$$A(y) \cong 1 - \sum_{n=1}^{8} p(k_n) \exp(-k_n y') \qquad (3.202)$$

式中，k_n 为离散吸收系数，$p(k_n)$ 为离散吸收系数几率分布。y' 为有效水汽光程，由气层的可降水量 y 确定，即为

$$y' = y \left(\frac{P}{P_0}\right) \left(\frac{T_0}{T}\right)^{0.5} \qquad (3.203)$$

式中，P_0、T_0 和 P、T 分别为标准状况下和地面的气压、温度。表 3.11 为当 $n=8$ 时的水汽吸收系数的离散概率分布

表 3.11 当 $n=8$ 时的水汽吸收系数的离散概率分布

n	1	2	3	4	5	6	7	8
k_n	410	0.002	0.035	0.377	1.95	9.40	44.6	190
$p(k_n)$	0.6470	0.0698	0.1443	0.0584	0.0335	0.0225	0.0158	0.0087

3.6.7.3 气溶胶光学特性参数化

气溶胶对太阳光的散射起重要作用，据 Angstrom(1964)，气溶胶的光学厚度为

$$\tau_A(\lambda) = \alpha \lambda^{-\beta} \qquad (3.204)$$

式中，α 和 β 决定于粒子浓度和谱分布，总的气溶胶光学厚度 $\tau_A(\lambda)$ 为散射光学厚度 $\tau_{As}(\lambda)$ 与吸收光学厚度 $\tau_{Aa}(\lambda)$ 之和，即

$$\tau_A(\lambda) = \tau_{As}(\lambda) + \tau_{Aa}(\lambda) \qquad (3.205)$$

而气溶胶的单次反照率为

$$\omega_A(\lambda) = \tau_{As}(\lambda) / \tau_A(\lambda) \qquad (3.206)$$

故有

$$\tau_{As}(\lambda) = \omega_A(\lambda) \tau_A(\lambda) \qquad (3.207a)$$

$$\tau_{Aa}(\lambda) = [1 - \omega_A(\lambda)]\tau_A(\lambda) \tag{3.207b}$$

式中,单次反照率随波长的变化较小,从可见光到近红外谱段,其值由 0.6 到 1.0。

对大气高度 z 处的光学厚度为

$$\tau_A(\lambda, z) = H_A(z)\alpha\lambda^\beta \tag{3.208}$$

其中

$$H_A(z) = 1 - \exp\left(-\frac{z}{H_P}\right)$$

式中,H_P 为标高,取由 Penndorf(1954)[14] 给出的地面到 5km 高度为 0.97/1.4。

地面观测的能见度直接反映地表面处气溶胶的浓度,能见视距 R_v 与吸收系数 k_{aero} 的关系为

$$R_v = 3.912/k_{aero} \tag{3.209}$$

在有雾的情况下,如果 W、N、$\bar{r}$ 分别是雾的含水量、浓度和粒子平均半径,则近似有

$$R_v = 1.62 N^{-1/3} W^{-2/3} \tag{3.210}$$

鉴于大气中气溶胶的浓度、成分和谱分布随时空而变,一些地区的变化相当复杂,缺少详细的观测资料。因此在工作中常采用 Damell 和 Staylor(1988) 得到的气溶胶光学厚度和可降水的经验关系,为

$$\tau_A = 0.03 + 0.13y \tag{3.211}$$

式中,y 是可降水量。

3.6.7.4 分子散射的光学厚度

分子散射随波长的增加而急剧减小,总的垂直光学厚度从紫外线接近于 1 后随波长增大而速减小,根据 Marggraf 和 Griggs(1969) 给出的表示式为

$$\tau_R(\lambda) = 0.0088\lambda^{-4.15+0.2\lambda} \tag{3.212}$$

分子散射光学厚度随高度 z 的分布

$$\tau_R(\lambda, z) = H_R(z)\tau_R(\lambda) \tag{3.213}$$

其中

$$H_R(z) = \exp(-0.1188 - 0.00116z^2)$$

3.6.7.5 混合气体的光学厚度

混合气体主要是氧和二氧化碳在 $\lambda > 0.7\mu m$ 存在吸收。据 Leckners(1978) 提出的光学厚度写为

$$\tau_{mg}(\lambda) = 141 k_{g\lambda} m'/(1 + 1183 k_{g\lambda} m')^{0.45} \tag{3.214}$$

其中

$$m' = mP/P_0$$

$$m = [\mu_0 + 0.15(93.885 - \theta_0)^{-1.25}]^{-1}$$

式中,P 是气压,θ_0 为太阳天顶角,P_0 为标准气压,$k_{g\lambda}$ 是混合气体吸收系数。表 3.12 给出了大气顶处太阳的辐照度和水汽、臭氧、混合气体的吸收系数。

表 3.12 大气顶太阳辐照度和水汽、臭氧、混合气体的吸收系数 $k_\lambda(w)$

波长 (μm)	大气上界太阳辐照度 ($W \cdot m^{-2} \cdot \mu m^{-1}$)	水汽 $k_\lambda(w)$	臭氧 $k_\lambda(O_3)$	混合气体 $k_\lambda(m)$	波长 (μm)	大气上界太阳辐照度 ($W \cdot m^{-2} \cdot \mu m^{-1}$)	水汽 $k_\lambda(w)$	臭氧 $k_\lambda(O_3)$	混合气体 $k_\lambda(m)$
0.300	535.9	0.0	10.000	0.0	0.980	767.0	1.48	0.0	0.0
0.305	558.3	0.0	4.800	0.0	0.9935	757.6	0.1	0.0	0.0
0.310	622.0	0.0	2.700	0.0	1.04	688.1	0.00001	0.0	0.0
0.315	692.7	0.0	1.350	0.0	1.07	640.7	0.001	0.0	0.0
0.320	715.1	0.0	0.800	0.0	1.10	606.2	3.2	0.0	0.0
0.325	832.9	0.0	0.380	0.0	1.12	585.9	115.0	0.0	0.0
0.330	961.9	0.0	0.160	0.0	1.13	570.2	70.0	0.0	0.0
0.335	931.9	0.0	0.075	0.0	1.145	564.1	75.0	0.0	0.0
0.340	900.6	0.0	0.040	0.0	1.161	544.2	10.0	0.0	0.0
0.345	911.3	0.0	0.019	0.0	1.17	533.4	5.0	0.0	0.0
0.350	975.5	0.0	0.007	0.0	1.20	501.6	2.0	0.0	0.0
0.360	975.9	0.0	0.000	0.0	1.24	477.5	0.002	0.0	0.05
0.370	1119.9	0.0	0.000	0.0	1.27	442.7	0.002	0.0	0.30
0.380	1103.8	0.0	0.000	0.0	1.29	440.0	0.1	0.0	0.02
0.390	1033.8	0.0	0.000	0.0	1.32	416.8	4.0	0.0	0.0002
0.400	1479.1	0.0	0.0	0.0	1.35	391.4	200.0	0.0	0.00011
0.410	1701.3	0.0	0.0	0.0	1.395	358.9	1000.0	0.0	0.00001
0.420	1740.4	0.0	0.0	0.0	1.4425	327.5	185.080	0.0	0.05
0.430	1587.2	0.0	0.0	0.0	1.4625	317.5	80.0	0.0	0.011
0.440	1837.0	0.0	0.0	0.0	1.477	307.3	80.0	0.0	0.005
0.450	2005.0	0.0	0.003	0.0	1.495	300.4	12.0	0.0	0.0006
0.460	2043.0	0.0	0.006	0.0	1.520	292.8	0.16	0.0	0.0
0.470	1987.0	0.0	0.009	0.0	1.539	275.5	0.002	0.0	0.005
0.480	2027.0	0.0	0.014	0.0	1.558	272.1	0.0005	0.0	0.13
0.490	1896.0	0.0	0.021	0.0	1.578	259.3	0.0001	0.0	0.04
0.500	1909.0	0.0	0.030	0.0	1.592	246.9	0.00001	0.0	0.06
0.510	1927.0	0.0	0.040	0.0	1.610	244.0	0.0001	0.0	0.13
0.520	1831.0	0.0	0.048	0.0	1.630	243.5	0.001	0.0	0.001
0.530	1891.0	0.0	0.063	0.0	1.646	234.8	0.01	0.0	0.0014
0.540	1898.0	0.0	0.075	0.0	1.678	220.5	0.036	0.0	0.0001
0.550	1892.0	0.0	0.085	0.0	1.740	190.8	1.1	0.0	0.00001
0.570	1840.0	0.0	0.120	0.0	1.80	171.1	130.0	0.0	0.00001
0.593	1768.0	0.075	0.119	0.0	1.860	144.5	1000.0	0.0	0.0001
0.610	1728.0	0.0	0.120	0.0	1.920	135.7	500.0	0.0	0.001
0.630	1658.0	0.0	0.090	0.0	1.960	123.0	100.0	0.0	4.3
0.656	1524.0	0.0	0.065	0.0	1.985	123.8	4.0	0.0	0.20
0.6676	1531.0	0.0	0.051	0.0	2.005	113.0	2.9	0.0	21.0
0.690	1420.0	0.016	0.028	0.15	2.035	108.5	1.0	0.0	0.13
0.710	1399.0	0.0125	0.018	0.0	2.065	97.5	0.4	0.0	1.0
0.718	1374.0	1.80	0.015	0.0	2.10	92.4	0.22	0.0	0.08
0.7244	1373.0	2.5	0.012	0.0	2.148	82.4	0.25	0.0	0.001
0.740	1298.0	0.061	0.010	0.0	2.198	74.6	0.33	0.0	0.00038
0.7525	1269.0	0.0008	0.008	0.0	2.270	68.3	0.50	0.0	0.001
0.7575	1245.0	0.0001	0.007	0.0	2.360	63.8	4.0	0.0	0.0005
0.7625	1223.0	0.00001	0.006	4.0	2.450	49.5	80.0	0.0	0.00015
0.7675	1205.0	0.00001	0.005	0.35	2.5	48.5	310.0	0.0	0.00014
0.780	1183.0	0.0063	0.0	0.0	2.6	38.6	15000.0	0.0	0.00066
0.800	1148.0	0.0360	0.0	0.0	2.7	36.6	22000.0	0.0	100.0
0.816	1091.0	1.6	0.0	0.0	2.8	32.0	8000.0	0.0	150.0
0.8237	1062.0	2.5	0.0	0.0	2.9	28.1	650.0	0.0	0.13
0.8315	1038.0	0.500	0.0	0.0	3.0	24.8	240.0	0.0	0.0095
0.840	1022.0	0.155	0.0	0.0	3.1	22.1	230.0	0.0	0.001
0.860	998.0	0.0001	0.0	0.0	3.2	19.6	100.0	0.0	0.8
0.880	947.2	0.0026	0.0	0.0	3.3	17.5	120.0	0.0	1.9
0.905	893.2	7.0	0.0	0.0	3.4	15.7	19.5	0.0	1.3
0.915	868.2	5.0	0.0	0.0	3.5	14.1	3.6	0.0	0.075
0.925	829.7	5.0	0.0	0.0	3.6	12.7	3.1	0.0	0.01
0.930	830.3	27.5	0.0	0.0	3.7	11.5	2.5	0.0	0.00195
0.937	814.0	55.0	0.0	0.0	3.8	10.4	1.4	0.0	0.004
0.948	786.9	45.0	0.0	0.0	3.9	9.5	0.17	0.0	0.29
0.965	768.3	4.0	0.0	0.0	4.0	8.6	0.0045	0.0	0.025

3.7 地球大气辐射和大气吸收

3.7.1 地球大气平衡温度

地球一方面接收太阳辐射的同时以它自己的温度向宇宙空间发射辐射，根据辐射能守恒原理，地球接收到的太阳辐射能 $S_0 \cdot \pi r_e^2 (1-\bar{a})$ 与地球本身发射的红外辐射 $\sigma T_e^4 \cdot 4\pi r_e^2$ 相等，便有

$$S_0 \cdot \pi r_e^2 (1-\bar{a}) = \sigma T_e^4 \cdot 4\pi r_e^2 \tag{3.215}$$

式中，S_0 是太阳常数，r_e 是地球半径，$\bar{a}$ 是地球反照率，T_e 是地球平衡温度。由此得

$$T_e = [S_0 \cdot (1-\bar{a})/4\sigma]^{1/4} \tag{3.216}$$

将太阳常数值 $S_0 = 1367 \text{W} \cdot \text{m}^{-2}$ 和地球平均反照率 $\bar{a} = 0.24$ 代入，得 $T_e = 255\text{K}$。

图 3.16 显示了大气中辐射和能量转换过程，太阳入射至地球的辐射通量平均约为 $342 \text{W} \cdot \text{m}^{-2}$，其中地球大气系统将入射到地气系统的太阳辐射的 31% 反射回宇宙，而吸收余下的部分，其中大部分由地表所吸收（$235 \text{W} \cdot \text{m}^{-2}$）。在大气、陆地和海洋混合层，辐射能转变为化学能、热能（增加自身的温度）、动能，作为驱动天气和气候的能量。同时又以自身的温度向宇宙发射红外辐射。地气系统的平均温度为 250K 左右，发射的辐射光谱位于红外谱段。

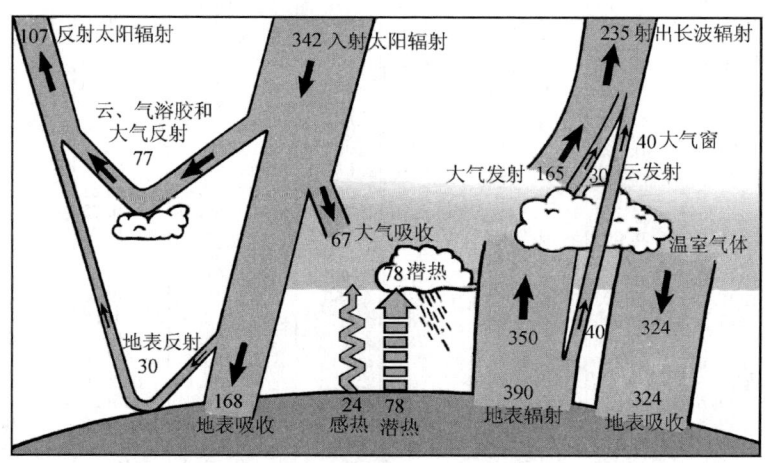

图 3.16 地气系统中辐射和能量转换过程

3.7.2 大气吸收气体成分和温室气体及其红外光谱

3.7.2.1 大气吸收气体成分和温室气体

辐射与地球大气的相互作用表现为大气中各种吸收气体对辐射的吸收、反射、透射和它自身发射辐射。这种相互作用与大气中气体成分的含量和分布有密切的关系。表 3.13 给出了大气中各气体成分的含量。从表中可以看出,大气中的氧、氮和氩等恒定气体的含量在 99.99% 以上,它们的体积比到 60km 以上没有变化。

表 3.13 大气各气体成分的含量

恒定大气成分		变化大气成分	
气体名称	体积百分比(%)	气体名称	体积百分比(%)
氮(N_2)	78.084	水汽(H_2O)	$0 \sim 0.04$
氧(O_2)	20.948	臭氧(O_3)	$0 \sim 12 \times 10^{-4}$
氖(Ne)	0.934	二氧化硫(SO_2)	0.001×10^{-4}
氩(Ar)	0.033	二氧化氮(NO_2)	0.001×10^{-4}
二氧化碳(CO_2)	18.18×10^{-4}	氨(NH_3)	0.004×10^{-4}
氦(He)	5.24×10^{-4}	一氧化氮(NO)	0.0005×10^{-4}
氪(Kr)	1.14×10^{-4}	硫化氢(H_2S)	0.00005×10^{-4}
氙(Xe)	0.089×10^{-4}	硝酸蒸气(HNO_3)	微量
氢(H_2)	0.5×10^{-4}		
甲烷(CH_4)	1.5×10^{-6}		
一氧化二氮(N_2O)	0.27×10^{-6}		
一氧化碳(CO)	0.19×10^{-6}		

图 3.17 为大气气体对地气辐射的吸收,图 3.17(a)为太阳和地球黑体发射光谱;图 3.17(b)为整层大气气体的吸收光谱;图 3.17(c)是 11km 以上大气的吸上光谱;图 3.17(d)主要是二氧化碳、水汽和臭氧;其次是一些微量气体,如一氧化碳、一氧化二氮、甲烷和一氧化氮等。二氧化碳在从大约 $600 \sim 800 cm^{-1}$ 的 $15 \mu m$ 谱带,有很强的吸收,此外在较短波长的 $4.3 \mu m$ 带有吸收。水汽在从大约 $12000 cm^{-1}$ 左右至 $2000 cm^{-1}$ 的 $6.3 \mu m$ 谱带及转动带吸收地气红外辐射。臭氧在 $9.6 \mu m$ 带有吸收。

表 3.14 给出了地球大气中一些重要吸收气体的位置和范围。

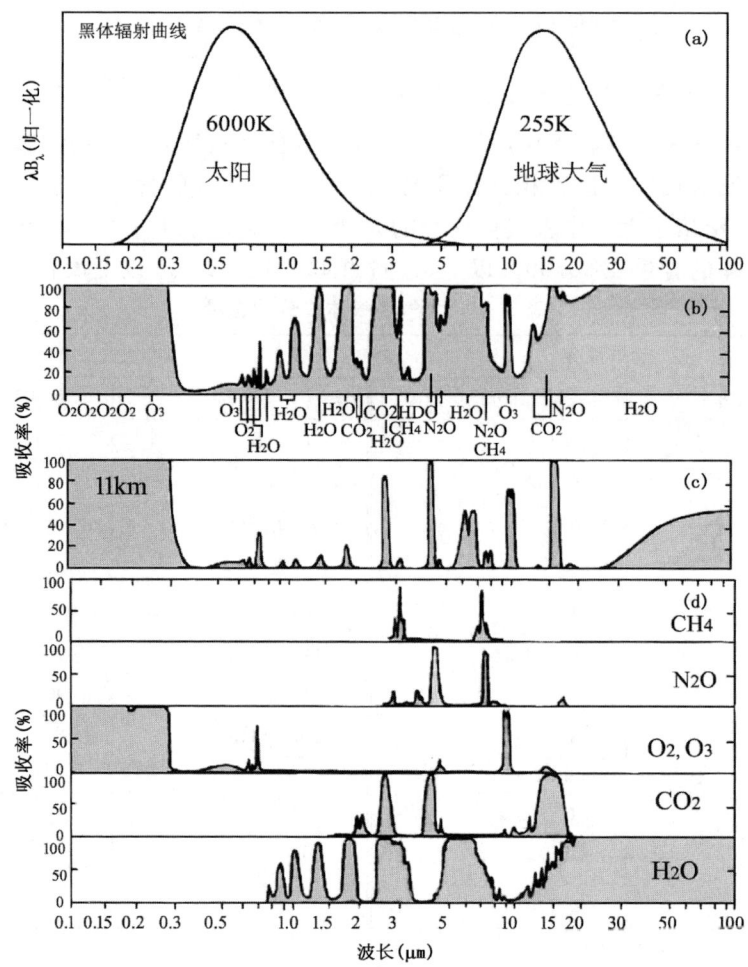

图 3.17 太阳和地球黑体辐射曲线与大气吸收光谱

表 3.14 地球大气中一些重要吸收气体的振-转动带

成分含量	带,μm (cm^{-1})	跃迁	谱带间隔 (cm^{-1})	p_I ($T=290K$)	$<\varepsilon_I^*>$ (u^*)	$P_i<\varepsilon_I^*>$ (u^*)	G_i
CO_2 356ppmv	15(667)	ν_2;P,Q,R	540~800	0.268	0.761	0.204	32
	10.4(961) 9.4(1064)	谐频	830~1250	0.250	0.0877	2.25×10^{-2}	

续表

成分含量	带,μm (cm^{-1})	跃迁	谱带间隔 (cm^{-1})	p_I ($T=290K$)	$<\varepsilon_I^*>$ (u^*)	$P_i<\varepsilon_I^*>$ (u^*)	G_i
H_2O $110^5 \sim 0.02$ $2 \sim 7ppmv$	57(175)	转,P,R	0～350	0.133	1	0.133	75
	24(425)	转,p-型	350～500	0.147	0.988	0.145	
	15(650)	转,e-型	500～800	0.311	0.611	0.190	
	8.5(1180)	e-型,p-型	1110～1250	0.062	0.238	1.47	
	7.4(1350)	e-型,p-型	1250～1450	0.0576	0.880	5.03	
	6.2(1595)	ν_2;P,R;p-型	1450～1880	0.051	1	0.0511	
O_3 $0.2 \sim 10ppmv$	9.6(1110)	ν_1;P,R	980～1100	0.058	0.441	2.37	10
CH_4 $1.714ppmv$	7.6(1306)	ν_4	950～1650	0.250	0.166	0.0420	8
N_2O $311ppbv$	7.9(1286)	ν_1	1200～1350	0.0522	0.319	0.0170	
	4.5(2224)	ν_3	2120～2270	0.003			

3.7.3 大气主要吸收气体红外光谱

3.7.3.1 氧分子 O_2 的吸收光谱

氧分子 O_2 是一个线性双原子分子,大气中氧的第二种同位素变态是 $^{16}O^{18}O$,其吸收带不仅相对于 $^{16}O^{16}O$ 分子的谱带有位移,而且由于这种对称性下降,有更多的谱线。

(1) 氧分子 O_2 的紫外、分子吸收谱带

氧分子的紫外吸收光谱始于 260nm 左右,一直延伸到更短的波长。氧分子 O_2 的紫外吸收带是电子跃迁形成的,从 260～200nm 处是 Herzberg 带;在 242nm 以下,电子跃迁成为离解,最终生成 $^{16}O(^3P)+^{16}O(^3P)$ 和一个弱的 Herzberg 连续吸收带。这带的分子吸收系数是很小的,仅为 $10^{-23} \sim 10^{-24} cm^2$,这对于能量吸收是不重要的,但是对于臭氧的形成是重要的。

在 195～175nm 处是 Schuma-Runge 带,在 175～130nm 处,该带合并成一个较强的连续带,生成 $^{16}O(^3P)+^{16}O(^1D)$ 谱带,是分子氧吸收光谱的最重要的特征。在 129.5nm、133.2nm、和 135.2nm 的特征表明有更强的离解。

在 106～128nm 间的还没有确认,但特别要注意的是太阳光谱中的 Lyman-α 线 (121.57nm),它出现于吸收系数最小的地方,在压力较低、具有自加宽系数为 $1.47 \times 10^{-23} cm^2/hPa$ 时,其吸收系数为 $1.00 \times 10^{-20} cm^2$,这个压力作用是不清楚的,但对我们的目的是不重要的。

在85～110nm的区域是一系列Rydberg带,如所知的Hopfield吸收带,于近95nm具有峰值截面$5\times10^{-17}\mathrm{cm}^{-1}$,在102.65nm(12.08),吸收部分是由束缚跃迁引起的。

在85nm以下,主要是电离吸收。在30nm以下,吸收如同二个原子氧一样。

(2)振转光谱带中的禁止带

氧是一个具有很大磁偶极距的超磁气体,在转动带的禁磁偶极跃迁的微波低J谱线已作了广泛的研究,其选择规则与电偶极跃迁相同。由已知的磁偶极距计算带强度。转动带的谱带强度为7.23×10^{-24} cm。电子基态的平衡转动常数为$1.4457\mathrm{cm}^{-1}$,相应O—O键长为120.74pm。在大气光谱中的振动基频带中的电子四偶极跃迁很难观测到。其基频为$1556.379\mathrm{cm}^{-1}$,带强度为6.15×10^{-27}cm。的平衡转动常数为$1.4457\mathrm{cm}^{-1}$,相应O—O键长为120.74pm。在大气光谱中的振动基频带中的电子四偶极跃迁很难观测到。其基频为$1556.379\mathrm{cm}^{-1}$,带强度为6.15×10^{-27}cm。

(3)碰撞感生谱带

已经在文献中报道了六个碰撞感生或二聚谱带。可见光谱带中的三个是液态氧的蓝色。在红外谱带,已观测到氧的基频、第一谐频和转动带。大气中,只有转动带和可见带中的一个观测到。三个可见光带的二个是很弱的,并相应于大气系统的红光的振动跃迁(2,0)和(3,0)。第三个带位于$21000\mathrm{cm}^{-1}$,在太阳天顶光谱中只有很小的吸收。

3.7.3.2 水汽H_2O的吸收光谱

水汽是大气中最重要的吸收成分,如图3.18所示,它是由三个原子组成一个不对称的三角形陀螺分子,钝项角为104.45°,氧与氢原子之间的距离为0.0958nm,振动模式如图3.18所示,水汽有$H^{16}OH$、$H^{18}OH$、$H^{17}OH$、$H^{16}OD$等四种同位素,它们在大气中的百分比为99.73%、0.2039%、0.0373%、0.0298%。这些同位素具有强的永久电偶极距,对于H_2O的电偶极距为:$M_B=1.94\mathrm{deb}$;对于D_2O:$M_B=1.87\mathrm{deb}$;对于HDO:$M_A=0.64\mathrm{deb}$,$M_B=1.70\mathrm{deb}$。由于水汽在大气中的含量很大,加上水汽分子的复杂结构,从电磁波谱的远紫外区到微波谱区,都存在有水汽吸收。其主要特点如下。

(1)水汽的电子谱带

水汽的电子吸收光谱位于波长小于186nm,在186～145nm水汽的连续吸收区,最大吸收在165nm附近;在145～98nm之间存在有明显的吸收带,低于93.6nm处出现连续吸收区。

(2)水汽的振-转光谱带

水汽的振动转动光谱带是十分复杂的,用高分辨率观测仪可观测到每个光谱带

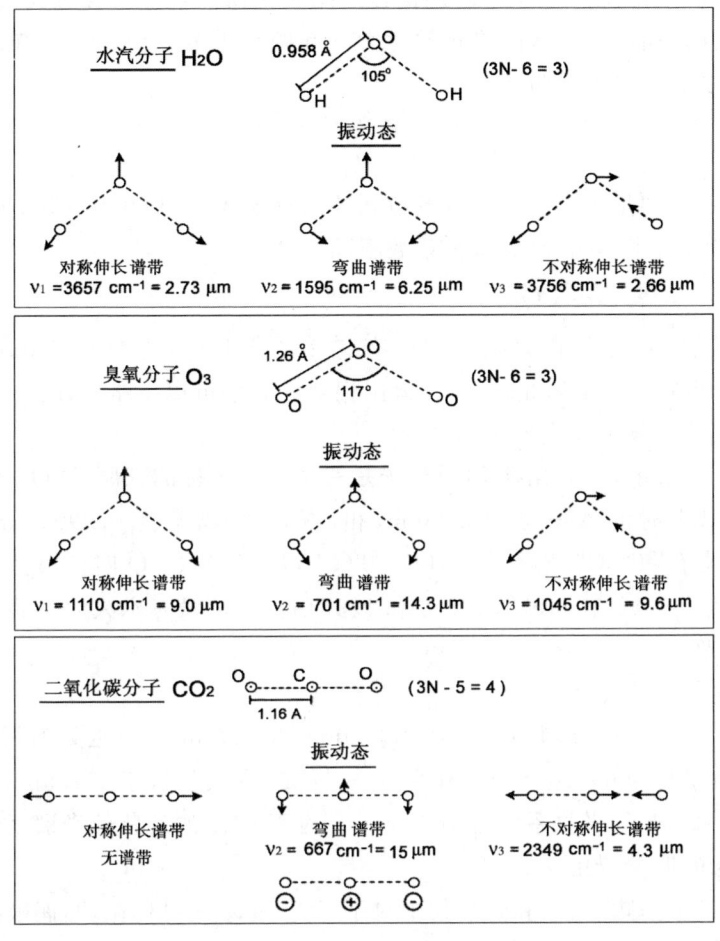

图 3.18 H_2O、O_3、CO_2 分子振动方式

内包含有几百条甚至数千条谱线。在这一谱段内,水汽有三个基频带,其位置见表 3.14,从表中看出,ν_2(6.3μm)是水汽最强和最宽的一条振转谱带,范围从 900～2400cm^{-1},它吸收了 5.5～7.5cm^{-1} 光谱段的地球辐射;ν_1(2.66μm)、ν_3(2.74μm)较弱,ν_1 又比 ν_3 弱。由于 ν_1、ν_3 和 $2\nu_3$ 相互重迭,构成了 2.7μm 谱带群,范围从 2800cm^{-1} 到 4400cm^{-1};表 3.14 给出了水汽的强红外吸收光谱带。在近红外谱带(4500～11000cm^{-1}),存在有 6 个可区分的谱线群(Ω、ψ、ϕ、τ^c、σ^c 和 ρ^c),其位置如表 3.14 所示,这些带对于水汽含量高的低层大气有重要意义。在可见光区有一些弱吸收带。

(3)水汽的连续吸收

在水汽 $6.3\mu m$ 吸收带和振-转动谱带之间大气窗区发生于接近大气温度普朗克函数峰值处并且通过这窗区的热辐射对大气问题是十分重要的。在红外窗区,水汽的连续吸收系数可以表示为

$$k_{H_2O} = \gamma_s \frac{p_{H_2O} + \gamma_F}{\gamma_s(p - p_{H_2O})}w \tag{3.217}$$

式中,γ_s 和 γ_F 分别是水汽的自加宽系数和外加宽系数,w 是水汽含量,p 和 p_{H_2O} 是总压和水汽分压,对于不同的窗区,其系数不同。

3.7.3.3 二氧化碳 CO_2

二氧化碳 CO_2 分子在太阳光谱中有许多弱吸收带,主要有 $2.0\mu m$、$1.6\mu m$ 和 $1.4\mu m$,但这些吸收带是如此之弱,在太阳辐射计算中可以忽略不计。$2.7\mu m$ 略强一些,它与水汽的吸收带相重合。

如图 3.18 所示,二氧化碳 CO_2 分子是一个线型对称的三原子(O—C—O)分子,它处于基振动态时的键长为 115.98pm,相应的转动常数为 $0.3906\ cm^{-1}$。大气中 CO_2 的同位素有 $^{16}O^{12}C^{16}O$、$^{16}O^{12}C^{18}O$、$^{16}O^{12}C^{16}O$ 和 $^{16}O^{13}C^{16}O$ 四种,它们在大气中的百分比分别为 98.420、0.4078、1.108 和 0.0646。CO_2 没有永久的电偶极距,因此它没有纯转动光谱。

(1)CO_2 的电子谱带

CO_2 电子谱带位于远紫外区,在 132.5nm 和 147.5nm 附近处有两个最大的吸收,相应吸收系数为 $6\times10^{-19}cm^2$ 和 $8\times10^{-19}cm^2$;在波长低于 117.5nm,吸收系数迅速增加;至 112.5nm,吸收系数达 $10^{-16}cm^2$。对于 CO_2 的远紫外光谱至今知之甚少。

(2)CO_2 的振-转光谱带

CO_2 有三个基频 ν_1、ν_2 和 ν_3。其中对于 CO_2 的 ν_1 是对称振动,偶极距保持不变,不存在光谱;CO_2 的 ν_2($15\mu m$)带是双重简并振动,是 CO_2 主要吸收带,其次是 $4.3\mu m$,其他还有谐频带、复合频带和热力频带。表 3.14 给出了二氧化碳的振转红外主要谱带。

(1)CO_2 的 ν_2($15\mu m$)范围为 $12\sim18\mu m$,是一个十分宽的光谱区域,中心区域为 $13.5\sim16.5\mu m$,对大气辐射交换有重要作用。

(2)CO_2 的 $4.3\mu m$ 吸收带有很强的吸收和复杂的结构,它由 $^{16}O^{12}C^{16}O$($2349.16cm^{-1}$)、$^{16}O^{13}C^{16}O$($2283.48cm^{-1}$)两个基频和 $^{16}O^{12}C^{16}O$($2429.37cm^{-1}$)的 $\nu_1 + \nu_3 - 2\nu_2$ 的联合带组成,其中 ν_3 振动带是一个十分窄的强吸收带。这些带都为平行带,没有 Q 支。

(3)CO_2 还有谐频带、复合频带和热频带。其中心为 $10.4\mu m$、$9.4\mu m$、$5.2\mu m$、$4.8\mu m$、$2.7\mu m$、$2.0\mu m$、$1.6\mu m$ 和 $1.4\mu m$,以及一系列弱带。

3.7.3.4 臭氧 O_3 吸收光谱

臭氧 O_3 是一个三原子非对称陀螺分子,顶角为 $116.45°$,键长 $0.126nm$,在大气中有三种变态同位素:$^{16}O^{16}O^{16}O$、$^{16}O^{18}O^{16}O$、$^{16}O^{16}O^{18}O$。

(1) 臭氧 O_3 的电子谱带

臭氧 O_3 分子的电子跃迁形成了位于紫外光谱区的哈特莱带(Hartley)和霍根斯带(Huggins)($\lambda<340nm$),以及夏皮尤(Chappuis)($450\sim470nm$)带。

对于中心在 $255.3nm$ 的哈特莱带是 O_3 的主要吸收光谱带,吸收截面 $1.08\times10^{-17}cm^2$,因此于 $255.3nm$ 处整层大气的透过率仅为 10^{-66}。哈特莱带是由许多弱线组成,其线距为 $1nm$ 左右,这些弱线构成了一个强的连续吸收带。哈脱莱的吸收与温度有密切的关系,如果与温度 $291K$ 相比较,对于波长为 $310nm$ 和 $250nm$,温度为 $227\sim201K$ 时,吸收系数比率 $k(T)/k(291K)$ 分别为 0.88 和 0.97;而温度为 $243K$ 时,其吸收系数比率为 0.92 和 0.98。

在哈特莱的长波翼区 $310\sim340nm$,具有明显的带结构,这些弱带也称为霍根斯带,这个带对温度很敏感,并且不同的波长随温度而不同。O_3 在 $340\sim450nm$ 区域较为透明;位于 $450\sim740nm$ 的夏皮尤带最大分子吸收系数为 $5\times10^{-21}cm^2$,这说明吸收很小。它的温度效应可以忽略,但对太阳的直接加热和曙暮光的研究有作用。

(2) 臭氧的振动-转动光谱带

臭氧的三个基本振动频率都是活性的,它构成了三个基本振转带,其中心频率为:$\nu_1=1103.14cm^{-1}$($9.0\mu m$),$\nu_2=700.93cm^{-1}$($14.1\mu m$),$\nu_3=1043cm^{-1}$($9.6\mu m$)。其中 ν_1、ν_2 相对 ν_3 是很弱的。ν_3 在三个基频中是吸收最强的带,它正好处在 $8\sim13\mu m$ 的红外大气窗区,这个带的中心部分宽度约为 $1.0\mu m$。在垂直气柱中大约有一半的太阳辐射被它吸收。

O_3 的谐频和复合频有:$5.75\mu m$、$4.75\mu m$、$3.59\mu m$、$3.27\mu m$、$2.7\mu m$ 吸收带。

3.7.4 大气窗区

太阳辐射和地球辐射通过大气时要被大气中的 O_2、N_2、NO、H_2O、CO_2、O_3 和 CH_4 等气体吸收,这些吸收表现为一系列分立离散的谱带和谱线,在谱带间或谱线之间存在有吸收相对弱的谱段,在这些谱段,太阳辐射和地球大气辐射可以像通过窗户那样透过大气,将这些谱段称之为大气窗区,大气窗区辐射的衰减最小,选择这些谱段观测云和地表,受大气的影响最小。

所谓大气窗是指大气气体吸收最弱的谱段区,在大气窗区的弱吸收,主要有以下几种因素确定:(1)大气窗两侧某些气体吸收带内的强线远翼连续吸收;(2)大气中水汽和其缔合分子的连续吸收;(3)大气中某些微量气体的选择性吸收和弱选择性吸

收;(4)某些压力诱导带的连续吸收。在红外谱段的大气窗区主要有:

(1) $2.0\sim2.4\mu m$ 大气窗区

这个窗区有短波端是水汽吸收带中心位于 $1.87\mu m$ 处,长波端是 H_2O 和 CO_2 在 $2.7\mu m$ 的联合强吸收带,这些强吸收带的远翼对窗区光谱有贡献。在这一窗区内,有选择吸收贡献的气体有: H_2O、CO_2 及其同位素、CH_4 和 N_2O。但是在窗区内的这些吸收带之间可以忽略大气分子的选择吸收。

(2) $3.4\sim4.1\mu m$ 大气窗区

这一窗区的两端分别是 $2.7\mu m$ 附近的 H_2O 和 CO_2 联合吸收带,以及中心位于 $4.3\mu m$ 的 CO_2 强吸收带。在这一窗区对选择吸收有贡献的气体是: H_2O($2.7\mu m$ 带内强线的远翼吸收,$3.2\mu m$ 弱带),CO_2($2.7\mu m$ 和 $4.3\mu m$ 带的远翼吸收),CH_4($3.3\mu m$ 吸收带和 $3.8\mu m$ 弱吸收带),N_2O($3.57\mu m$、$3.9\mu m$ 和 $4.05\mu m$ 处的弱带吸收)和 HDO(水的同位素)(中心在 $3.7\mu m$ 吸收带)。此外,还有 N_2 在 $4.3\mu m$ 附近的压力诱导连续吸收以及水汽连续吸收的贡献。这是一个比较透明的窗区,其中从 $360\sim385\mu m$ 范围内基本上没有大气吸收。

(3) $8\sim13\mu m$ 大气窗区

这一窗区位于 $H_2O 6.3\mu m$ 和 $15\mu m$ 之间,主要是这两吸收带内强线远翼贡献,还有 CO_2 在 $10.4\mu m$ 和 $9.4\mu m$ 及 O_3 在 $9.1\mu m$ 和 $9.65\mu m$ 选择性吸收以及水汽缔合分子的连续吸收。

3.8 地表和云特性

卫星探测云和地表特性是依据这些目标物的光谱特性实现的,为识别不同类别的云和将云与地表区别开,需要关于目标物的光谱知识。

3.8.1 地表分谱吸收率

设在 Ω' 方向上立体角为 $d\omega'$ 有一强度为 $L_\lambda^\downarrow(\hat{\Omega}')$ 以某一角度向下入射至地表,入射至地表面的辐射能为 $L_\lambda^\downarrow(\hat{\Omega}')\cos\theta'd\omega'$,地表面吸收的辐射能为 $L_{\lambda,a}^\downarrow(\hat{\Omega}')\cos\theta'd\omega'$,这里 θ' 是 Ω' 方向与地表面法向 $\vec{n}$,因此有 $\cos\theta'=|\hat{\Omega}'\cdot\vec{n}|$,$L_\lambda^\downarrow(\hat{\Omega}')$ 中的右上标"↓"表示射线向下。定义**方向分谱吸收率**为地表面吸收的辐射能与入射至地表面的辐射能之比,即为

$$\alpha(\lambda,-\Omega',T_s)\equiv\frac{L_{\lambda,a}^\downarrow(\Omega')\cos\theta'd\omega'}{L_\lambda^\downarrow(\Omega')\cos\theta'd\omega'}=\frac{L_{\lambda,a}^\downarrow(\Omega')}{L_\lambda^\downarrow(\Omega')} \tag{3.218}$$

另外,在 $-\hat{\Omega}'$ 中的"—"的减号表示入射方向为向下。定义**光谱通量吸收率**为辐射通量吸收入射辐射通量之比,写成

$$\alpha(\lambda,-2\pi,T_s) \equiv \frac{\int_- L_{\lambda,a}^{\downarrow}(\Omega')\cos\theta' d\omega'}{\int_- L_{\lambda}^{\downarrow}(\Omega')\cos\theta' d\omega'} = \frac{\int_- \alpha(\lambda,-\Omega',T_s)L_{\lambda,a}^{\downarrow}(\Omega')\cos\theta' d\omega'}{F_{\lambda}^{\downarrow}}$$

(3.219)

如果入射辐射来自各向同性的黑体，$L_{\lambda}^{\downarrow}(\hat{\Omega}') = B_{\lambda}(T_s)$，则表面的吸收率为

$$\alpha(\lambda,-2\pi,T_s) = \frac{1}{\pi}\int_- \alpha(\lambda,-\Omega',T_s)\cos\theta' d\omega'$$

(3.220)

3.8.2 地表的发射参数

由于实际表面发射的辐射与理想黑体发射的辐射是完全不同的。通常发射辐射强度与两个极化分量不同，但是通常不计这种考虑。若 $L_{\lambda,e}^{\uparrow}(\hat{\Omega})\cos\theta d\omega$ 是在 $\hat{\Omega}$ 方向、立体角 $d\omega$ 内由温度为 T_s 的平坦地面发射的辐射能，相应于具有同样温度 T_s 的黑体发射的辐射能为 $B_{\lambda}(T_s)\cos\theta d\omega$，这里 θ 是 $\hat{\Omega}$ 方向与地面法向 $\hat{n}$ 间的夹角，因此有 $\cos\theta = |\vec{\hat{\Omega} \cdot \hat{n}}|$。定义**分谱发射率**为具有同一波长和同一温度 T_s 的地表面发射的辐射与黑体发射的辐射能之比，即

$$\varepsilon(\lambda,\hat{\Omega},T_s) \equiv \frac{L_{\lambda,e}^{\uparrow}(\hat{\Omega})\cos\theta d\omega}{B_{\lambda}(T_s)\cos\theta d\omega} = \frac{L_{\lambda,e}^{\uparrow}(\hat{\Omega})}{B_{\lambda}(T_s)}$$

(3.221)

一般地，ε 取决于发射方向、地面温度、辐射波长和地表特性(折射指数、化学成分、纹理等)。对于黑体的表面发射率 $\varepsilon=1$。而对于灰体的表面发射率 $\varepsilon<1$。另一个表示地表发射辐射特性的量是**分谱辐射通量**，它定义为在同一波长和温度下地表发射的辐射通量与黑体发射的辐射通量之比值，写为

$$\varepsilon(\lambda,2\pi,T_s) \equiv \frac{\int_+ L_{\lambda,e}^{\uparrow}(\hat{\Omega})\cos\theta d\omega}{\int_+ B_{\lambda}(T_s)\cos\theta d\omega} = \frac{\int_+ \varepsilon(\lambda,\hat{\Omega}',T_s)B_{\lambda,e}^{\downarrow}(T_s)\cos\theta d\omega}{\pi B_{\lambda}(T_s)}$$

$$= \frac{1}{\pi}\int_+ \varepsilon(\lambda,\Omega',T_s)\cos\theta' d\omega'$$

(3.222)

分谱辐射通量发射率表示了在某一频率上由表面发出的辐射能进入半球(2π 立体角)范围相对于黑体的比值。

3.8.3 地表的反射(双向反射率)

如图 3.19 所示，现考虑方向 $\hat{\Omega}'$ 立体角 $d\omega'$、强度为 $L_{\lambda}^{\downarrow}(\hat{\Omega}')$ 投射至与 z 轴相一致的法向为 $\vec{n}$ 的平面，则入射到表面的辐射能为 $L_{\lambda}^{\downarrow}(\hat{\Omega}')\cos\theta' d\omega'$。以 $dL_{\lambda r}^{\uparrow}(\hat{\Omega})$ 表示在 $\hat{\Omega}$ 方向立体角 $d\omega$ 内的辐射率，则定义双向反射函数(BRDF)为反射辐射率与入射辐射能之比，即为

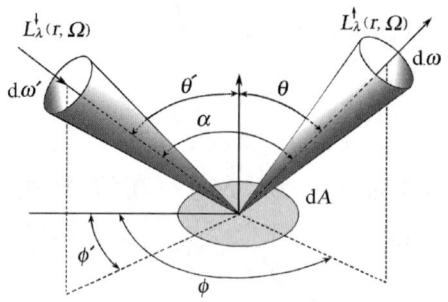

图 3.19 双向反射定义的几何图形

$$\rho(\lambda, -\hat{\Omega}', \hat{\Omega}) \equiv \frac{dL^{\uparrow}_{\lambda,r}(\Omega)}{L^{\downarrow}_{\lambda}(\Omega')\cos\theta' d\omega'} \tag{3.223}$$

则反射辐射率表示为

$$L^{\uparrow}_{\lambda r}(\hat{\Omega}) = \int_{-} dL^{\uparrow}_{\lambda r}(\hat{\Omega}) = \int_{-} L^{\downarrow}_{\lambda}(\hat{\Omega}')\rho(\lambda, -\hat{\Omega}', \hat{\Omega})\cos\theta' d\omega' \tag{3.224}$$

因此可看出,对于一定入射和观测角度的反射辐射强度是每一入射方向的 BRDF 的能量积分。

如果某一角度的反射强度来自于均匀的漫射面,即是朗伯面,对于朗伯面的 BRDF 与入射方向和观测方向无关,则反射率写为

$$\rho(\lambda, -\hat{\Omega}', \hat{\Omega}) = \rho_L(\lambda) \tag{3.225}$$

式中,ρ_L 是朗伯反射率,它与波长有关,这时反射辐射强度简化为

$$L^{\uparrow}_{\lambda r}(\hat{\Omega}) = \rho_L(\lambda) \int_{-} L^{\downarrow}_{\lambda}(\hat{\Omega}')\cos\theta' d\omega' = \rho_L(\lambda) F^{\downarrow}_{\lambda} \tag{3.226}$$

在这种理想情况下,反射辐射强度与入射通量 $F^{\downarrow}_{\lambda}$ 成正比,与观测方向 $\hat{\Omega}$ 无关。

图 3.20 表示了几类反射表面的反射情况,图 3.20a 中为镜面反射;图 3.20b 中,表示准镜面反射;图 3.20c 中为各向同性的朗伯面;图 3.20d 中为准朗伯表面;图 3.20e 中为复杂表面的反射;图中虚线的长度表示反射辐射的强度。

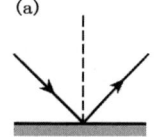 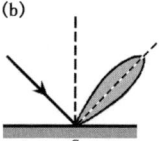 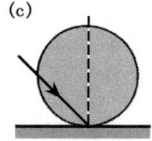 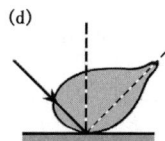 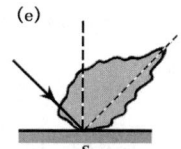

图 3.20 不同类型地表面的反射

3.8.4 对于平行入射射线朗伯面的镜面反射

假定入射光是直接太阳辐射,即

$$L^{\downarrow}(\hat{\Omega}') = F^s\delta(\hat{\Omega}' - \hat{\Omega}_0) = F^s\delta(\cos\theta' - \cos\theta_0)\delta(\phi' - \phi_0) \quad (3.227)$$

式中略去下标"λ"。对于朗伯面,$F^{\downarrow} = F^s\cos\theta_0$,则反射辐射率为 $L_r^{\uparrow}(\hat{\Omega}) = \rho_L\mu_0 F^s$,其中 $\mu_0 = \cos\theta_0$,因此对于平行入射辐射,反射辐射率正比于入射角 θ_0 的余弦。

特殊情况是镜面反射,反射辐射率指向沿反射角方向,它发生于如光滑无纹理的表面、平静的水面、干洁平滑的冰和蜡状光滑叶面等。镜面反射强度 $L_r^{\uparrow}$ 与入射强度成正比,且反射方向 $\theta = \theta'$,$\phi = \phi' + \pi$。比例常数是分谱反射函数 $\rho_s(\lambda, \theta)$。因此对于方向为 θ_0,ϕ_0 的平行入射线,镜面反射强度为

$$L_r^{\uparrow}(\hat{\Omega}) = \rho_s(\theta) F^s\delta(\cos\theta_0 - \cos\theta)\delta[\phi - (\phi_0 + \pi)] \quad (3.228)$$

相应的反射辐射通量为

$$F_r^{\uparrow} = \int_0^{2\pi}\int_0^{\pi/2} \mathrm{d}\phi \mathrm{d}\theta \sin\theta \cos\theta \rho_s(\theta) F^s\delta(\cos\theta_0 - \cos\theta)\delta[\phi - (\phi_0 + \pi)]$$
$$= \rho_s(\theta_0) F^s \cos\theta_0 \quad (3.229)$$

在实际中,没有理想光滑的表面,如果从 BRDF 体身的意义而言,(3.228)式中的 δ 函数以具有锐利峰一般函数代替。

一般地,一个表面显现出镜面和漫反射两个分量。以 ρ_d 表示 BRDF 的漫反射部分,以 ρ_s 表示 BRDF 的镜面反射部分,双向反射率写为镜面和漫反射两个分量,即

$$\rho(\lambda, -\hat{\Omega}', \hat{\Omega}) = \rho_s(\lambda, -\hat{\Omega}', \hat{\Omega}) + \rho_d(\lambda, -\hat{\Omega}', \hat{\Omega}) \quad (3.230)$$

因此反射辐射率为

$$L_{\lambda r}^{\uparrow}(\hat{\Omega}) = \int_- \mathrm{d}\omega' \cos\theta' \rho(\lambda, -\hat{\Omega}', \hat{\Omega}) L_\lambda^{\downarrow}(\hat{\Omega}')$$
$$= \rho_s(\lambda, \theta) L_\lambda^{\downarrow}(\theta, \phi' + \pi) + \int_- \mathrm{d}\omega' \cos\theta' \rho_d(\lambda, -\hat{\Omega}', \hat{\Omega}) L_\lambda^{\downarrow}(\hat{\Omega}') \quad (3.231)$$

对于光滑介电表面的反射可由 Fresnel yy 方程表示。

3.8.5 对于平行入射光的行星反照率和地面反照率

通常对太阳光的反射有兴趣。由上面的(3.228)、(3.231)式,可得漫反射辐射率写为

$$L_{\lambda r}^{\uparrow}(\hat{\Omega}) = F_\lambda^s \int_- \mathrm{d}\omega' \cos\theta' \rho_d(\lambda, -\hat{\Omega}', \hat{\Omega})\delta(\cos\theta' - \cos\theta_0)\delta(\phi' - \phi_0)$$
$$= F_\lambda^s \cos\theta_0 \rho_d(\lambda, -\hat{\Omega}_0, \hat{\Omega}) \quad (3.232)$$

漫反射通量为

$$F_{\lambda r}^{\uparrow}(\hat{\Omega}) = \int_+ \mathrm{d}\omega \cos\theta L_{\lambda r}^{\uparrow}(\hat{\Omega}) = F_\lambda^s \cos\theta_0 \int_+ \mathrm{d}\omega \cos\theta \rho_d(\lambda, -\hat{\Omega}_0, \hat{\Omega}) \quad (3.233)$$

将反射通量与入射太阳通量之比为**通量反射率**或**行星反照率**,写为

$$\rho(\lambda,-\hat{\Omega}_0,2\pi) \equiv \frac{F_{\lambda r}^{\uparrow}}{F_{\lambda}^{s}\cos\theta_0} = \int_{+} d\omega \cos\theta \rho(\lambda,-\hat{\Omega}_0,\hat{\Omega}) \quad (3.234)$$

式中,2π 表示的是对所有反射辐射方向积分,即反照率是总的反射辐射 $F_{\lambda r}^{\uparrow}$ 与入射辐射 $F_{\lambda}^{s}\cos\theta_0$ 的比值。在实际中,$\rho(\lambda,-\hat{\Omega}_0,2\pi)$ 是漫反射率与镜面反射率之和,即

$$\rho(\lambda,-\hat{\Omega}_0,2\pi) = \rho_s(\lambda,-\hat{\Omega}_0,2\pi) + \rho_d(\lambda,-\hat{\Omega}_0,2\pi)$$

$$= \int_{+} d\omega \cos\theta \rho_s(\lambda,-\hat{\Omega}_0,\hat{\Omega}) + \int_{+} d\omega \cos\theta \rho_d(\lambda,-\hat{\Omega}_0,\hat{\Omega}) \quad (3.235)$$

大多数自然表面,$\rho(\lambda,-\hat{\Omega}_0,2\pi)$ 只取决于入射射线方的极角 θ_0。

如果 BRDF 是朗伯面,则(3.235)式得

$$\rho(\lambda,-\hat{\Omega}_0,2\pi) = \rho_L(\lambda)\int_0^{2\pi}d\varphi\int_0^{\pi/2}d\theta \sin\theta \cos\theta = \pi\rho_L(\lambda) \quad (3.236)$$

这一结果与黑体辐射通量 F_{λ}^{BB} 与黑体辐射率 L_{λ}^{BB} 间的关系是类似的,就是 $F_{\lambda}^{BB} = \pi L_{\lambda}^{BB}$。

如果大气对太阳辐射的反照率为 $\rho_A(\lambda,-\hat{\Omega}_0)$,而对向上漫辐射的反射率为 $\rho_A^*(\lambda,-\hat{\Omega}_0)$,大气的吸收率为 $a_A(\lambda,-\hat{\Omega}_0)$,则

$$\rho(\lambda,-\hat{\Omega}_0) = \rho_A(\lambda,-\hat{\Omega}_0) + [1-\rho_A(\lambda,-\hat{\Omega}_0)-a_A(\lambda,-\hat{\Omega}_0)]\rho_g(\lambda,-\hat{\Omega}_0)$$
$$\times [1-\rho_A^*(\lambda,-\hat{\Omega}_0)] \quad (3.237)$$

则有

$$\rho_g(\lambda,-\hat{\Omega}_0) = [\rho(\lambda,-\hat{\Omega}_0) - \rho_A(\lambda,-\hat{\Omega}_0)]/\{[1-\rho_A(\lambda,-\hat{\Omega}_0)$$
$$-a_A(\lambda,-\hat{\Omega}_0)]\times[1-\rho_A^*(\lambda,-\hat{\Omega}_0)]\} \quad (3.238)$$

表 3.15 给出了某些地表物体可见光谱段的反照率。

表 3.15 一些物体于可见光谱段的反照率

地表类型	反照率	地表类型	反照率
地球大气	0.3	土壤	0.05~0.2
液态水	0.05~0.2	草地	0.16~0.26
新雪	0.75~0.95	沙漠	0.20~0.40
陈雪	0.4~0.7	森林	0.10~0.25
厚云	0.3~0.9	沥青	0.05~0.2
薄云	0.2~0.7	岩石	0.1~0.35
海冰	0.25~0.4	城市	0.1~0.27

3.8.6 反射率的解析表示

3.8.6.1 Minnacrt 双向反射率公式表示

为了方便地描述表面反射率,引入可调参数的光滑函数,利用这一函数可以在当反射率资料十分有限时进行内插求取。M. Minnacrt 提出了广泛用于行星天体的公

式,写为

$$\rho(\mu_0,\mu) = \rho_n \mu_0^{k-1} \mu^{k-1} \quad (3.239)$$

式中,k 是一个无量纲参数,用于调整与观测资料的拟合。当 $k=1$ 时,(3.239)式成为朗伯反射公式。对于暗黑表面,k 约等于 0.5,把 Minnacrt 公式用于求取较大观测角(天底角)、较亮表面的反射率,其结果与实验结果相一致。对于较亮的表面,k 值增加,而对于很亮的表面,$k \to 1$,同时反射率接近于朗伯面。

3.8.6.2 Lommel-Seeliger 双向反射率公式

Lommel-Seeliger 反射率公式表示为

$$\rho(\mu_0,\mu) = 2\rho_n/(\mu_0+\mu) \quad (3.240)$$

式中,$\rho_n \equiv \rho(1,1)$,在行星天体中称之为**法向反射率**。这个计算公式满足当法向观测时($\mu=1$),反射率最小;而当以掠角观测时($\mu \to 0$)最大。Lommel-Seeliger 反射率公式也可计算入射角 θ_0 从 0 增加到掠角($=90°$),ρ 随天底角 θ 的偏离,有大的增加。

3.8.7 来自水面的镜面反射

Cox 和 Munk 根据 Fresnels 方程和散射波浪面取向的概率分布,导得公式

$$\rho(\mu_0,\mu,\phi) = \frac{C}{\mu_0 \mu \mu_n^4} \rho_F(\alpha/2) g(\tan\theta_0) \quad (3.241)$$

式中,C 是一个经验常数,$\mu_n = \cos\theta_n$,$= \cos^{-1}[(\mu_0+\mu)/2\cos(\alpha/2)]$,$\theta_n$ 是散射波浪面法向与出现镜面反射的天顶角之间的特殊角。项 $\rho_F(\alpha/2)$ 是 Fresnel 反射率。$g(\tan\theta_0)$ 是在 (μ,ϕ) 方向镜面贡献的概率,写为

$$g(\tan\theta_0) = \frac{1}{\pi\sigma^2} e^{-\tan^2\theta_n/\sigma^2} \quad (3.242)$$

式中,σ 是表面倾斜分布的平方根;$\tan\theta_n$ 是波倾斜的正切,即其分量为 $\partial z/\partial x, \partial z/\partial y$。

3.8.8 地面覆盖物的反射特性谱分布

太阳光通过大气时,部分被吸收和散射后,余下的部分直接到达地面。到达地面的太阳辐射部分被地面吸收,部分又被地面反射透过大气返回宇宙空间。被地表反射的太阳辐射与物体的反照度和太阳高度角有关,而物体的反照度随波长、地面颜色、干湿度、粗糙度和太阳高度角而变。下面分析地表特征对反照度的影响。

3.8.8.1 裸地的反照率

(1)土壤粒子对反照率的影响

通常土壤颗粒的减小会导致地表反照率的增大,这是因为当土壤颗粒很小,彼此间的结合越紧,颗粒与颗粒间的空隙也越小,使得土壤有较少的吸收和较大的反射;同时还使得当太阳斜照时,颗粒间微阴影覆盖面积变小。

(2)土壤水分对反照率的影响

如图3.21中表示了不同含水量情况下的砂质土壤的典型反射光谱曲线。可以看到,干燥的砂质土具有较高的反照率,随土壤湿度增加,反照率明显减小。但当土壤湿度增加到一定值时,反照率将缓慢减小;而当土壤达到吸湿极限时,反照率几乎不变。同时可以看出,对于湿土壤,在 $1.4\sim1.5\mu m$ 和 $1.9\sim2.0\mu m$ 处因水吸收的作用,出现两个反射谷值,土壤的湿度越大,吸收也越明显。

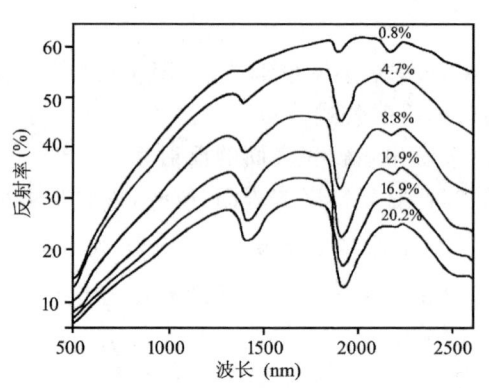

图3.21 不同含水量情况下的砂质土壤的典型反射光谱曲线

3.8.8.2 植被覆盖区的反射特性

(1)有植被覆盖的地表,其反照率与植物的种类、地面覆盖度、作物生长发育和颜色有关。对于绿色植物,叶吸收光进行光合作用,光主要被叶绿素吸收,叶绿素有a、b两种,所有的植物都含有叶绿素a。植物叶子由微小的细胞组织构成,入射光在细胞的边界面作多次反射和折射,部分被吸收,未被吸收的被散射或透射。绿色植物叶子吸收光进行光合作用,光主要被叶绿素吸收,叶绿素具有如图3.22所示的吸收特性,叶绿素吸收有叶绿素a和叶绿素b两个吸收带,吸收中心分别处于0.45和$0.67\mu m$两个强的吸收中心,大部分植物的有$0.67\mu m$吸收带。如图3.22中,给出作物叶子的光学特性。所有植物叶子的反射光谱都是类似的,不同的表现为反射率的大小,植物反射光谱分为三个谱段,下面加以说明。

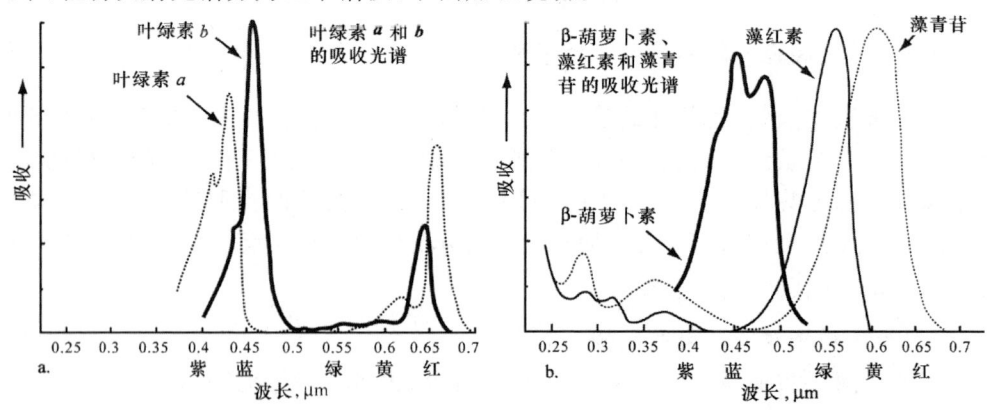

图3.22 叶绿素吸收光谱

① 可见光谱段 (400~700nm)

如图 3.23 所示，在这一谱段，叶子的反射率小于 15%，是很低的，而叶子透过率也很低，入射到叶子的太阳辐射的主要部分被叶子的色素（如叶绿素、叶黄素、类胡萝卜素、花青甘）吸收，对叶子吸收起主要作用的是叶绿素吸收（对较高的色素吸收为 65%），两个吸收带中心位于蓝 (4500nm) 和红 (670nm) 色，由于这个原因在 550nm 附近处（黄－绿区域）有一个最大的反射峰。

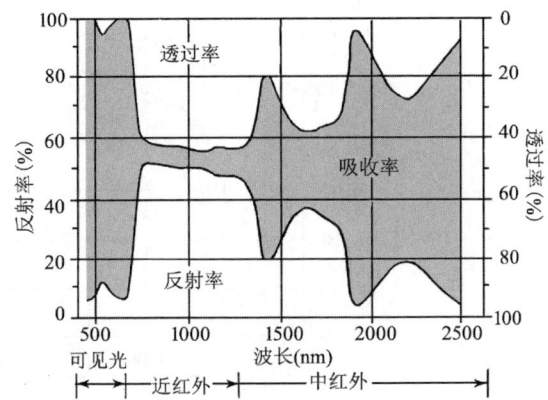

图 3.23 可见光到中红外小麦叶子的反射光谱

② 近红外谱段 (700~1300nm)

在这个谱段，叶子的色素和细胞壁的纤维素是透明的，故叶子吸收小于 10%，入射到叶子的辐射不是被反射就是被透过。反射率达到红外区的约 50%，主要决定于叶子结构的剖面；反射率随细胞的大小，细胞壁的取向，它内部的不均匀性而增大。

③ 中红外区 (1300~2500nm)

如图 3.24 所示，这一谱段，绿色植物的反照率决定于植物体内叶绿素和水的吸收叶子光学特性起主要作用。由于叶子中水的含量的作用，主要吸收带位 1450nm、1950nm 和 2500nm。在这些带处叶子的反射率最小，除此之外，叶子中水的吸收对叶子光学特性起重要作用。

(2) 不同生长期作物的反照率

叶子光学特性的改变主要发生在植物幼小期和成熟衰老期，周年生植物或落叶树叶的大部分时间保持

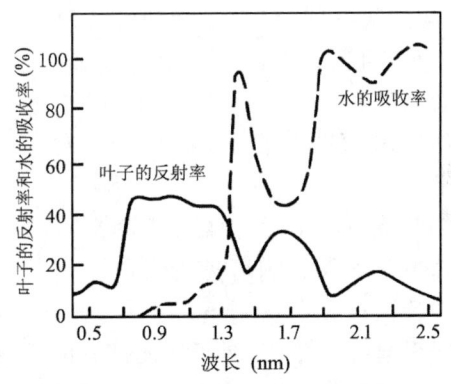

图 3.24 叶子的吸射率和吸收率间的反比关系

常定的光学特性，它是以叶绿体含量为时间的函数。如图 3.25 中在小麦成熟期叶子反射率的演变为叶绿素消失并由棕色素代替使黄绿和红反射率增加。在近红外波段，当叶子枯萎和内部结构变化时，仅反射率发生改变；在中红外波段，随叶子枯死，叶子反射率增加。但应注意到，当叶子呈黄色时，含水量的减小相对滞后。

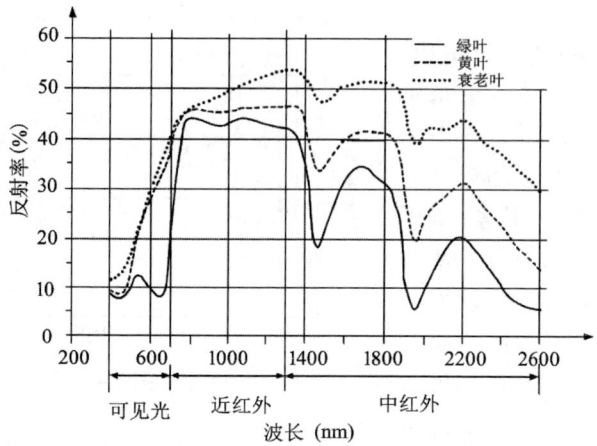

图 3.25 不同生长期小麦叶子的反射光谱

(3) 土壤对植物光谱的影响

植被的反射光谱是植被和下垫面土壤反射率的组合,在植物生长期间,土壤作用逐渐减小,裸露土壤光谱被植物的反射光谱代替,如图 3.26 所示,作物生长期间,可见光和中红外反射率减小,而近红外谱段反射率增加;作物衰老期间,便出现相反现象。

如果作物发生病害,则叶子会发生如下变化:

①改变叶子色素含量(黄色素),在这种情况下仅影响可见光谱段叶子的光学特性;

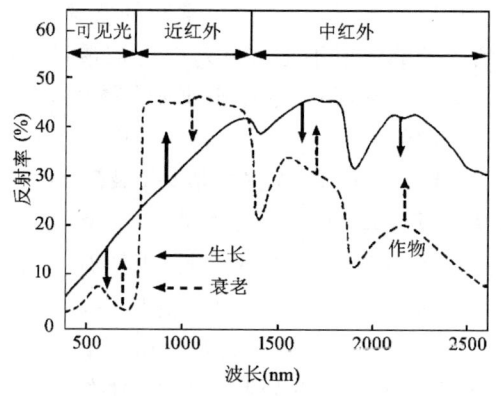

图 3.26 作物生长和衰老期光谱变化

②引起叶子坏死,叶子坏死部分的反射率可与衰老叶子的反射率相比较;

③产生另外色素,使叶子在光谱不同部分的反射率增加或减小;

④由于叶子的蒸腾率不会改变叶子的光学特性,但会改变叶子的辐射温度,故在红外波段可以检测作物的病害。

3.8.8.3 冰雪的反照率

积雪的反照率在可见光波段($0.0\sim0.7\mu m$)接近 100%,大约从 $0.8\mu m$ 开始直到红外波段($1.5\sim2.0\mu m$)降到几乎为 0。而新的雪要比旧的积雪有更大的反照率,因此在其他条件相同的情况下,可以由积雪的亮度估算积雪的时间。

图 3.27 给出了雪和云的反射率光谱特征,从雪的光谱曲线可见,在可见光 0.5μm 到近红外的 1.1μm 波段积雪的反照率与云的反照率十分相近,时常难以区分。但是谱段在 1.0μm、1.5μm 和 2.0μm 处雪有几个吸收区,其中在 1.5μm 和 2.0μm 处雪的反照率最低,云的反照率仍然很高,在此处雪比云的反照率小得多,因而是区别雪和云最理想的波段。同时在 1.8μm 和 2.2μm 处是积雪的反射峰,新雪与旧雪间反照率差异最大,是区分新雪和旧雪和雪龄的最佳波段。

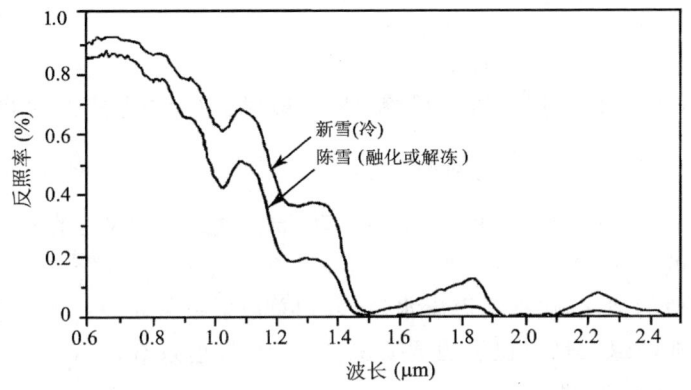

图 3.27 积雪的反射光谱

一般来说,雪盖下的地表对雪的反照率有明显的影响,对于深度小于 20cm 的积雪,地表降低雪的反照率,雪越薄,越明显。因此利用这一点可以区别积雪区的深度,研究表明雪深与可见光亮度的相关性很好。冬季在红外波段上,雪与地表的温度差异较小,不容易区别它们。但当雪融化时,雪表面的温度明显低于四周陆表的温度,这时由红外图上可以识别积雪。

3.8.8.4 水体的光谱特性

水体下的光谱辐射场取决于到达水表面的太阳辐射角分布和水体的光学特性。而水的光学特性决定于纯水分子的分子散射和吸收以及有机和无机悬浮粒子的吸收和散射。对于描述海—气系统的辐射传输,其界面的折射指数的改变是十分重要的。

(1)水的吸收光谱吸收系数计算

水的光学特性取决于水的混浊度(溶解的有机物质、非叶绿素粒子)、含盐量和叶绿素(浮游植物)的浓度有关。

对于第一类水区,晴天洋面的吸收系数 $\alpha_{case1}(\lambda)$ 表示为

$$\alpha_{case1}(\lambda) = [\alpha_w(\lambda) + 0.06\alpha_c^*(\lambda)C^{0.65}][1.0 + 0.2 * Y(\lambda)] \; [\mathrm{m}^{-1}] \quad (3.243)$$

式中,$\alpha_w(\lambda)$ 是纯海水的吸收系数;$\alpha_c^*(\lambda)$ 是叶绿素 a 的比吸收系数,单位:$\mathrm{m}^{-1} \cdot (\mathrm{mg} \cdot \mathrm{m}^{-3})^{0.65}$;$C$ 是色素浓度,单位:$\mathrm{mg} \cdot \mathrm{m}^{-3}$。在(3.243)式中第二项相应叶绿素 a 浓

度的黄物质形成的吸收,所具有光谱变化 $Y(\lambda)$ 写为

$$Y(\lambda) = e^{\Gamma(\lambda-\lambda_0)} \tag{3.244}$$

式中,$\lambda_0 = 440$nm,$\Gamma = -0.014$nm^{-1}。对于混浊水区,即对于第二例水体

$$\alpha(\lambda) = \alpha_{case1}(\lambda) + b_S(\lambda_S) a_S(\lambda) + \alpha_Y(\lambda_0) Y(\lambda) \tag{3.245}$$

式中,$\alpha_S(\lambda)$是悬浮物质的吸收系数,$b_S(\lambda_S)(\lambda_S = 550nm)$和$\alpha_Y(\lambda_0)$分别是悬浮物质和黄物质的浓度。

总的散射系数为

$$\sigma(\lambda) = \sigma_w(\lambda) + \sigma_C(\lambda) + \sigma_S(\lambda) \quad [\text{m}^{-1}] \tag{3.246}$$

式中,$\sigma_w(\lambda)$是纯海水的散射系数。浮游生物的散射$\sigma_C(\lambda)$由色素浓度C计算,即

$$\sigma_C(\lambda) = \Lambda C^{0.62} \frac{\lambda_S}{\lambda} \tag{3.247}$$

式中,$\Lambda = 0.3$m$^{-1} \cdot $(mg$\cdot$m$^{-3})^{-0.62}$;$\lambda_S = 550$nm。这经验关系是在近 UV 和可见光谱段测量得出的。

对于更一般的情况,包括沿海岸水,可以用总散射系数$\sigma(\lambda_S)$表示非叶绿素悬浮粒子的散射。非叶绿素悬浮粒子的贡献$\sigma_S(\lambda)$为总散射系数$\sigma(\lambda_S)$减去藻类$\sigma_C(\lambda_S)$和纯水$\sigma_W(\lambda_S)$的贡献,即

$$\sigma_S(\lambda_S) = \sigma(\lambda_S) - \sigma_C(\lambda_S) - \sigma_W(\lambda_S) \tag{3.248}$$

其中$\sigma_S(\lambda)$的光谱变化由下式给出

$$\sigma_S(\lambda) = \sigma_S(\lambda_S) \left(\frac{\lambda_S}{\lambda}\right)^{-n} \tag{3.249}$$

这里n是 0~2 之间的数,其取决于沉积物的类型。对于溶解的有机黄物质对总散射系数无贡献。

(2)纯水体的吸收光谱

对于清水体的吸收系数表示为

$$\alpha(\lambda) = 4\pi n_I/\lambda \tag{3.250}$$

式中,n_I为水的折射指数。由此计算出纯水吸收系数的光谱分布如图 3.28 所示,在可见光波段水体的吸收最小,透过率最大;计算表明,透过率在 0.48μm,在 $0.5\sim0.6\mu$m 内,光对清洁水的穿透深度约为 10m,在 $0.6\sim0.7\mu$m 波段约为 3m,$0.7\sim0.8\mu$m 波段为 1m,而在 $0.8\sim1.1\mu$m 波段只有 10cm。

(3)混浊水体的反照率

在自然界中的水不都是清澈的,常含有各种有机物或无机物等悬浮物质。悬浮泥沙是影响水体光谱响应的主要因素之一。对清水和浊水的测量表明,浊水的反照率比清水高得多,而且与清水相比,浊水的反射峰出现在更长的波长上。图 3.29 是 $0.5\sim1.0\mu$m 波段内天然清水和浊水的反射光谱特性曲线。测量表明,在 $0.6\sim0.7\mu$m

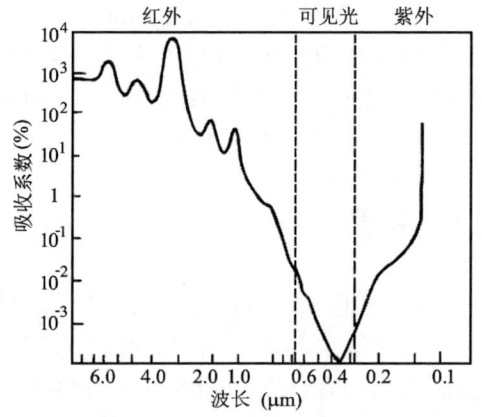

图 3.28　纯水的吸收系数

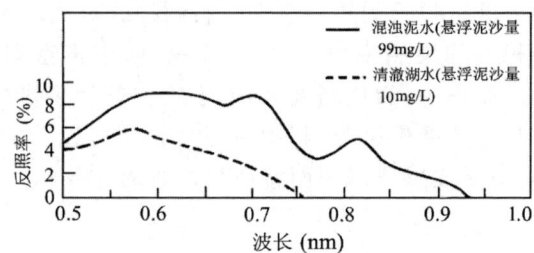

图 3.29　0.5~1.0μm 波段内天然清水和混浊水体的反射光谱曲线

波段内的反照率与水体的混浊度是线性相关的,由此可以推算水中的泥沙量。

(4) 叶绿素对水体的影响

海洋上的初级生产力起因于单细胞植物、浮游植物,利用太阳光借助于叶绿素,把营养物质转化为植物物质。每一种植物生活在一定深度,从表面向下到约 100m,有足够的光强进行光合作用的区域称作透光带,通常其辐照度为海面的 1/100。植物中的叶绿色素在吸收光的同时,还散射太阳光,其结果改变了海洋的水色。从卫星观测海洋的水色,可以研究大面积洋面上叶绿素浓度的分布状况。如图 3.30 中,在波长小于 0.5μm 范围,水体中叶绿素浓度很低的曲线反照率最大,

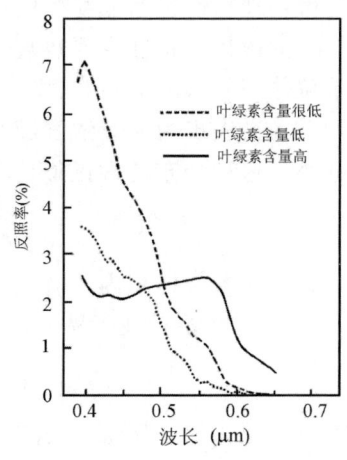

图 3.30　不同叶绿素浓度海水的光谱曲线

随叶绿素含量增加,反照率减小;而对于波长大于 $0.5\mu m$,可见光波段蓝光部分的反照率则上升,叶绿素含量高的水区的反照率较高,叶绿素含量低的则较小。水中叶绿素的含量,对于水体中的鱼类、生物的生长具有重要作用。叶绿素与光谱的这种关系对于卫星遥感叶绿素浓度有重要作用,从而衡量水体初级生产力和富营养化作用。

3.9 云特性及其参数

地球大气中发生的各种大气现象(雷电、冰雹、台风、暴雨和龙卷等)都是由云造成的。同时,云的形成和发展对降水和大气的凝结增热和辐射能量的控制起决定性的作用,这些作用的实现是与云的特性密切相关。在自然界中,云的时间变化最快、空间变化最大,为实现云的全方位的立体观测,只有采用高空间、时间分辨率的多通道静止卫星观测才能完成。表征云的参量主要有:(1)云的时间尺度;(2)云滴的尺度和谱分布;(3)云滴的浓度;(4)云的辐射特性。有两种云对地球大气辐射收支有重要作用,一是层积云,层积云的反照率大,云顶温度高,向宇宙空间反射和发射的辐射大;另一种是卷云,其反照率小,云顶温度低,向宇宙空间反射和发射的辐射小;云释放的潜热是大气的加热主要能量来源,利用由卫星云图可以分析推动大气运动的这种能量来源;云检测对卫星遥感地球表面特征是首要的任务,对地观测先要将云和地表区别开来。

3.9.1 水云的光学特性

3.9.1.1 云的微物理特性

云的微物理特性包括云粒子的成分、大小、形状和浓度等,对于不同的云类其各不相同。云的微物理特性主要表现为它的尺度谱分布,对于球形云滴半径 $r \to r+dr$ 间隔内单位体积的云滴数可以用 $n(r)dr$ 表示,$n(r)$ 是半径为的单位体积粒子的浓度。一般云滴谱表现为云滴浓度随半径迅速增加,到某个极大值后又随粒子半径较缓慢地减小。这种分布通常近似地用修正的珈玛函数表示,即为

$$n(r)\,dr = \frac{N_0}{\Gamma(\alpha)r_n}\left(\frac{r}{r_n}\right)^{\alpha-1}\exp\left(-\frac{r}{r_n}\right)dr \qquad (3.251)$$

式中,N_0 是对于单位体积内所有大小云滴总数,Γ 是珈玛函数,r_n 是表征分布的一种半径,α 是分布的方差。显而易见,云粒的截面积为

$$A = \int_0^\infty \pi r^2 n(r)\,dr = N_0 \pi r_n^2 F(2) \qquad (3.252)$$

式中,$F(j) = \Gamma(\alpha+j)/\Gamma(\alpha)$,云滴的体积为

$$V = \int_0^\infty \pi r^3 n(r)\,dr = \frac{4}{3}\pi N_0 r_n^3 F(3) \qquad (3.253)$$

则云滴的含水量为

$$W = \rho_w V \qquad (3.254)$$

式中,ρ_w 是水的密度。也可以写为

$$W = \frac{4\pi\rho_w}{3} \int_0^\infty n(r) r^3 \, dr \qquad (3.255)$$

表征云滴谱分布还可以用其他一些参数表示,如:

① 模式半径 $r_{max} = (\alpha - 1) r_n$,是指相应分布最大的半径;

② 平均半径 $r_m = (\alpha + 1) r_n$,是指所有粒子半径之和被总的云滴数除;

③ 有效粒子半径 $r_e = V/A = (\alpha + 3) r_n$,是指体积被面积除,或者定义为

$$r_e = \int_0^\infty n(r) r^3 \, dr \bigg/ \int_0^\infty n(r) r^2 \, dr \qquad (3.256)$$

表 3.16 各类云的参数

云 类	N_0 (cm^3)	r_m (μm)	r_{max} (μm)	r_e^+ (μm)	W (g·m^{-3})
层云(海洋)	50	10	15	17	0.1~0.5
层云(陆地)	300~400	6	15	10	0.1~0.5
晴天积云	300~400	4	15	6.7	0.3
海洋积云	50	15	20	25	0.5
积雨云	70	20	100	33	2.5
浓积云	60	24	40~80	40	2.0
高层云	200~400	5	15	8	0.6

表 3.16 给出了对于不同类型的云谱分布得出的 r_m、W 和 N_0,以及由此估计得到的 r_e 和 α 值。云滴的浓度 N_0 很大程度上依赖于无论是陆地(可以超过 1000cm^{-3})还是海洋上(可以小于 100cm^{-3})空气中凝结核的浓度。

3.9.1.2 单个水滴的散射和吸收

根据球形粒子对电磁辐射的散射和吸收的米氏理论,若定义粒子的吸收、散射和消光有效截面分别为 σ_{ab}、σ_{sc} 和 σ_{ex},它是粒子对入射辐射的吸收、散射或衰减功率 P_{ab}、P_{sc}、P_{ex} 与入射辐射通量密度 S_{in} 的比值,表示为

$$\sigma_{ab} = P_{ab}/S_{in}, \quad \sigma_{sc} = P_{sc}/S_{in}, \quad \sigma_{ex} = P_{ex}/S_{in} \qquad (3.57a)$$

以及

$$\sigma_{ex} = \sigma_{ab} + \sigma_{sc} \qquad (3.57b)$$

如将有效截面除以几何截面,就得单个粒子的米氏效率因子,表示为

$$Q_{ab} = \sigma_{ab}/\pi r^2, \quad Q_{sc} = \sigma_{sc}/\pi r^2, \quad Q_{ex} = \sigma_{ex}/\pi r^2 \qquad (3.258a)$$

以及

$$Q_{ex} = Q_{ab} + Q_{sc} \qquad (3.258b)$$

对于粒子半径为 a、折射指数 n_c 与电磁辐射相互作用的麦克斯韦方程可以求得

$$Q_{sc}(n_c,x) = \frac{2}{x^2}\sum_{l=1}^{\infty}(2l+1)[|a_l(n_c,x)|^2 + |b_l(n_c,x)|^2] \qquad (3.259a)$$

$$Q_{ex}(n_c,x) = \frac{2}{x^2}\sum_{l=1}^{\infty}(2l+1)\mathrm{Re}[a_l(n_c,x) + b_l(n_c,x)] \qquad (3.259b)$$

式中,$x = \frac{2\pi a}{\lambda}$ 为粒子的尺度参数,Re 表示取实部,a_l、b_l 是米氏系数。

如果 $x = \frac{2\pi a}{\lambda}$ 小于 0.1 或 $\ll 1$ 时,就是粒子很小,波长较粒子尺度大很多,这时米氏散射可用简单的瑞利近似表示为

$$Q_{ex} = 4x\,\mathrm{Im}|-K| + \frac{8}{3}x^4 \cdot |K|^2 + \cdots\cdots \qquad (3.260a)$$

$$Q_{sc} = \frac{8}{3}x^4 \cdot |K|^2 \qquad (3.260b)$$

$$Q_{ab} = 4x\,\mathrm{Im}|-K| = \frac{8\pi r}{\lambda}\mathrm{Im}|-K| \qquad (4.260c)$$

式中

$$K = (n_c^2 - 1)/(n_c^2 + 2) \qquad (3.261)$$

3.9.1.3 水云的吸收系数和光学厚度

通常对于球形水滴群组成云的吸收系数可以写为

$$k_c = \int_0^{\infty} n(r)Q_e(x,m_\lambda)\pi r^2\,\mathrm{d}r \qquad (3.262)$$

而光学厚度为

$$\tau_c = \int_0^z\int_0^{\infty} n(r)Q_e(x,m_\lambda)\pi r^2\,\mathrm{d}r\mathrm{d}z \qquad (3.263)$$

式中,$x = 2\pi r/\lambda_j$ 为云粒子的尺度参数,m_λ 是云粒子的折射指数,$Q_e(x,m_\lambda)$ 是米氏有效消光因子,为

$$Q_e(x,m_\lambda) = \frac{2}{x^2}\sum_{n=1}^{\infty}(2n+1)\mathrm{Re}(a_n+b_n) \qquad (3.264)$$

计算结果如图 3.31,可以看出,在可见光波段,对于 x 增大到一定值时,即云的半径大于 $4\mu m$ 的大云滴时,$Q_e(x,m_\lambda) \to 2$,这时吸收系数与波长无关,写成

$$k_{ac} = 2\pi\int_0^{\infty} n(r)r^2\,\mathrm{d}r \approx \frac{3}{2}\frac{LWC}{r_e} \qquad (3.265)$$

式中,LWC 是液态水含量,可以看到,吸收系数由云中的含水量和云的有效粒子半径决定。由(3.264)式,云粒子光学厚度又写为

$$\tau_{ac} = \frac{3W}{2r_e} \qquad (3.266)$$

其中

$$W = \int_0^{\infty}\rho_0 r_e\,\mathrm{d}z \qquad (3.267)$$

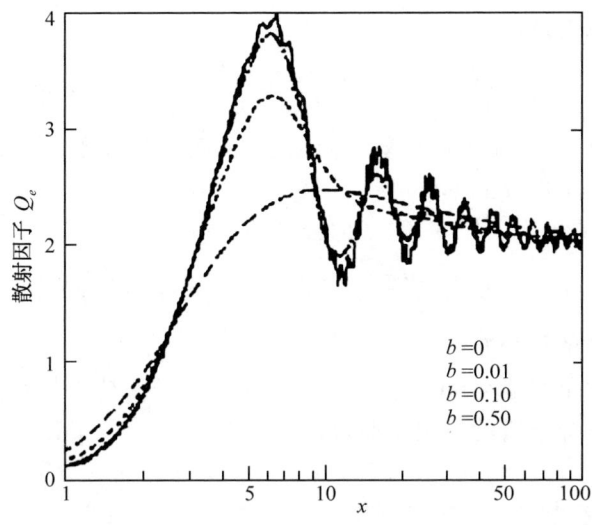

图 3.31 尺度参数与散射因子关系

式中,W 是单位体积液态水含量,单位:$g \cdot cm^{-3}$。如果云的厚度为 h,则光学厚度可以近似为

$$\tau_{ac} = 2\pi N_0 r_m^2 h \tag{3.268}$$

如果云的混合比 q_c 表示,则有

$$\tau_c = 2\pi (3\rho_0/\pi\rho_w)^{2/3} h N_c^{1/3} q_c^{2/3} \tag{3.269}$$

对于半径小于 $4\mu m$ 的云滴粒子,则与波长有关。对此,Stephens(1978)根据云粒子的特性,将太阳谱段分为两个光谱,得出云的光学厚度结果如下:

(1)$0.3\mu m < \lambda < 0.75\mu m$,在这一波段,云的吸收很小,可以略去云对太阳辐射的吸收,作为守恒散射($\omega_0 = 1$)处理,有

$$\lg(\tau_{N1}) = 0.2633 + 1.7095\ln[\lg(W)] \tag{3.270}$$

(2)$0.75\mu m < \lambda < 4.0\mu m$,在该波段云对太阳辐的吸收不能忽略,为非守恒散射($\omega_0 < 1$),有

$$\lg(\tau_{N2}) = 0.2633 + 1.7095\ln[\lg(W)] \tag{3.271}$$

Slingo 进一步分析云的光学厚度、云含水量与光谱的关系,将太阳辐射光谱分为 24 个波段,则其间的关系为

$$\tau_i = W(a_i + b_i/r_e) \tag{3.272}$$

式中,i 代表波段,a_i、b_i 是系数,W 是云滴含水量。

3.9.1.4 粒子的单次反照率

(1)粒子的单次反照率

$$\tilde{\omega}_{0c} = \frac{Q_{\text{sca}}}{Q_{\text{ext}}} = \frac{\tau_{\text{sca}}}{\tau_{\text{ext}}} = \frac{k_{\text{sca}}}{k_{\text{ext}}} = \int_0^{2\pi}\int_{-1}^{1} p(\cos\theta)\mathrm{d}\mu\mathrm{d}\phi \tag{3.273}$$

式中,Q_{ext}、τ_c 和 σ_{sca} 分别是云的有效散射因子、云滴的散射光学厚度和散射系数。

(2)粒子群的单次反照率

对于粒子群的单次反照率,需考虑云粒子的谱分布,写成

$$\tilde{\omega}_{0c} = \int_0^{\infty} a^2 Q_{\text{sca}}\left(\frac{2\pi a_{ef}}{\lambda}\right) n(a)\mathrm{d}a \bigg/ \int_0^{\infty} a^2 Q_{\text{ext}}\left(\frac{2\pi a_{ef}}{\lambda}\right) n(a)\mathrm{d}a \tag{3.274}$$

式中,$n(a)$是云粒的谱分布。

图 3.32 显示了对于 $LWC = 0.4\text{g}\cdot\text{m}^{-3}$ 时不同尺度粒子的水云滴的单次散射反照率,显然在近红外波段的单次反照率近似为 1。

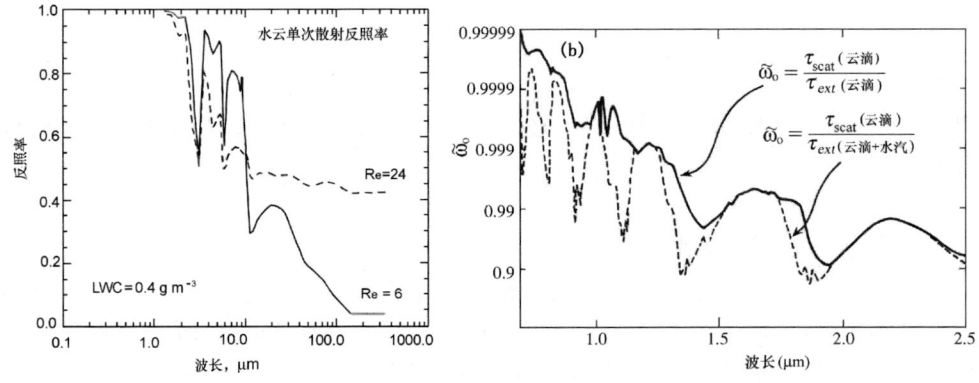

图 3.32 对于给定的有效粒子半径和液态水含量的水云的单次反照率

云粒的单次反照率 $\tilde{\omega}_{0c}$ 有以下特点:

(1)对于小于波长大约 $1.5\mu\text{m}$ 的典型 $\tilde{\omega}_{0c} \leqslant 0.99$。在近红外谱段,$\tilde{\omega}_{0c}$ 的谱分布是复杂的,包含有几个液态水和固态水的弱的吸收带。

(2)$\tilde{\omega}_{0c}$ 的最小表示冰和水云的吸收特征,与复折射指数的虚部 m_i 的最大值相一致。

(3)云粒的单次反照率 $\tilde{\omega}_{0c}$ 对云粒的尺度敏感,对于长波长区域,当 $\lambda\to\infty$ 时,$\tilde{\omega}_{0c}\to 0$,尺度参数 $x\to 0$,这就是与短波较小粒子($100\mu\text{m}$ 到 2mm)出现的蕾利散射的情形相近。球形冰和水云粒子在长波处不同,冰粒主要是以散射辐射为主($\tilde{\omega}_{0c}\to 1$),而水滴云则以强烈吸收辐射($\tilde{\omega}_{0c} < 0.5$)。这一特征对于被动微波遥感降水是很重要的。

(4)球形冰和水云粒子在其他若干谱段有明显的不同,这种差异主要发生在近红外谱段(1.6μm),另外在波长10μm处球形小冰粒的$\tilde{\omega}_{0c}$随波长λ的增加要比随球形水滴更急剧地减小。

单次反照率是一个体积的辐射特性量,定义为体积的散射特性与总的衰减特性比值,对于多数有遥感意义的波段,衰减是云粒子吸收和散射两者和其他次要气体(特别是水汽)的结果,水汽对$\tilde{\omega}_{0c}$的作用发生在0.5~2.5μm波长区间。

3.9.1.5 不同云滴半径的球反照率随波长的改变

如果水滴是球形,则取整个水滴反射的能量$f^\uparrow(a)$与入射水滴的能量$\pi a^2 F_{in}$之比的球反照率$\bar{r_c}$表示,为

$$\bar{r_c} = f^\uparrow(a)/\pi a^2 F_{in} = 2\int_0^1 r(\mu_0)d\mu_0 \tag{3.275}$$

式中,$r(\mu_0)$是球反照率,指反射通量密度与入射通量密度之比。

图 3.33 表示当云滴谱取修正 Γ 分布函数,饱和水汽为 0.45g/cm²,云的光学厚度$\tau_c(0.75\mu m)$不同有效粒子半径a_{ef}的球面反照率$\bar{r_c}$随波长的变化。从图中看到粒子的有效半径越小,球反照率越大。在 1.64μm、2.13μm、3.75 μm 处由于球反照率峰的水汽吸收很小,而对粒子的尺度的反应十分敏感。

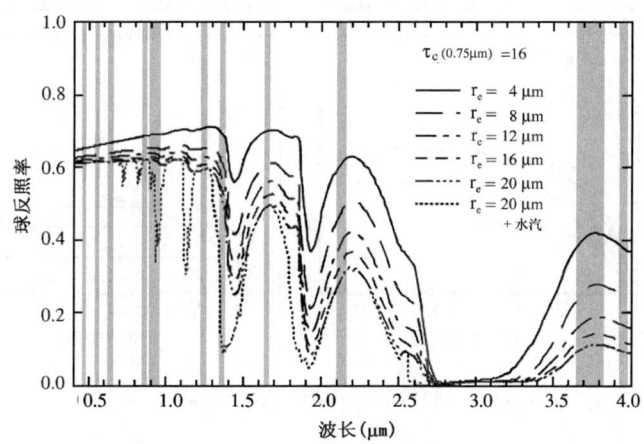

图 3.33 不同云滴半径的球反照率随波长的改变

3.9.1.6 云中不同粒子半径下的亮温随波长的改变

图 3.34 给出了对于 MODIS 机载模拟谱段为 0.65μm、1.62μm、2.14μm、3.72μm 四个波段云的有效光学厚度与反射函数间的关系,所进行的计算是使用由 Irvine 和 Pollack(1968)定的液态水的光学常数,并假定下垫地面的反射率 $A_g =$

0.0,如前所述云的光学厚度决定于波长以及云滴谱,对于与波长有关的 τ_c、s、g、τ'_c 的有效粒子半径的反射。为了比较图中不同谱段的曲线,光学厚度 τ_c 被 $2/Q_{ext}(r_e/\lambda)$ 除得到共同的横坐标[等效为 $\tau_c(\lambda_{vis})$]。从图 3.34 看到:(1)对于可见光波段(0.65μm),散射是守恒散射,因此由于不对称因子随云滴尺度($r_e \geq 4\mu m$)增加;(2)对于近红外谱段(1.62μm),相似参数(和由此的云吸收)随粒子尺度近似线性增加,由此云的渐近反射随粒子尺度增加而减小,图显示可见光谱带包含有云光学厚度的信息,鉴于吸收带主要取决于粒子尺度的光学厚度。因此可见光和近红外吸收带相结合提供光学厚度和有效粒子半径的信息。图 3.34 也揭示单个吸收波长的反射函数,一般不是唯一的。在所有近红外谱带中,在某些光学厚度和粒子半径处,1μm 有效粒子半径可看成同样的反射函数。

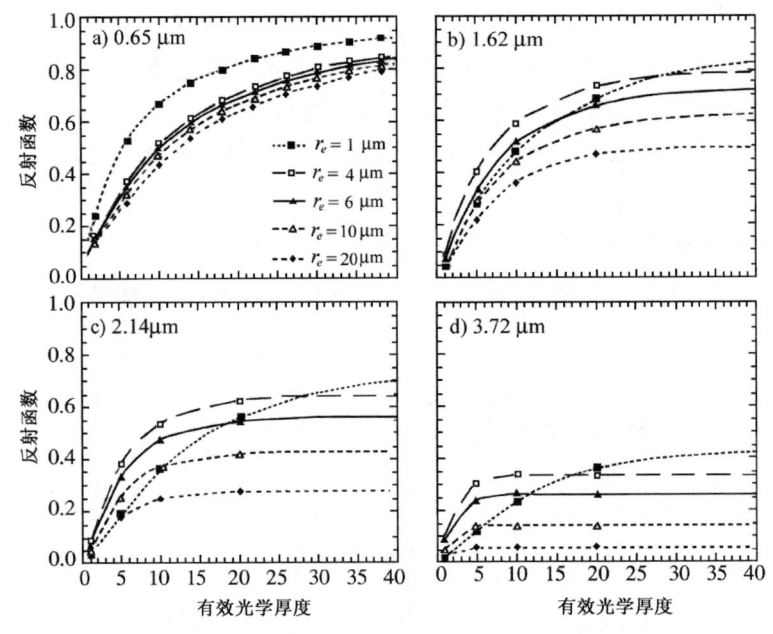

图 3.34 不同波长的反射函数与有效光学厚度

3.9.2 云对太阳辐射的反射和透射

3.9.2.1 云的反射和透射

如采用辐射传输的二流近似方程讨论,即

$$\mp \frac{dF^{\pm}}{d\tau} = -\left[D(1-\tilde{\omega}_0) + \frac{\tilde{\omega}_0}{2}(1-g)\right]F^{\pm} + \frac{\tilde{\omega}_0}{2}(1-g)F^{\mp}(+S^{\pm}) \quad (3.276)$$

式中,D 是辐射场的漫度,g 为不对称因子。如果对于垂直均匀的云层,在纯散射 $\tilde{\omega}_0$

$=1$($k_{ab}=0$)的情况,上式的解为

$$F^{\pm}(\tau) = m_+ \mp m_-(1-\tilde{\tau}) \tag{3.277}$$

式中,m_+和m_-是由边界条件决定的常数,而$\tilde{\tau}=(1-g)\tau$。这时云层的反照率为

$$R = F^+(0)/F_0 = \frac{\tilde{\tau}^*}{2+\tilde{\tau}^*} \tag{3.278}$$

$$\tilde{T} = F^-(\tau^*)/F_0 = 1-R = 2/(2+\tilde{\tau}^*) \tag{3.279}$$

式中,τ^*是云的光学厚度。

对于无源均匀非守恒散射云层,$\tilde{\omega}_0 < 1$($k_{ab}>0$),求得(3.276)式的解为

$$F^{\pm}(\tau) = m_+ \gamma_{\pm} e^{k\tau} + m_- \gamma_{\mp} e^{-k\tau} \tag{3.280}$$

式中

$$k = \{(1-\tilde{\omega}_0)D[(1-\tilde{\omega}_0)D+2\tilde{\omega}_0 b]\}^{1/2} \tag{3.281}$$

和

$$\gamma_{\pm} = 1 \pm (1-\tilde{\omega}_0)D/k \tag{3.282}$$

而$m_{\pm}$由边界条件确定,对于光学厚度为τ^*的边界通量为

$$F^+(\tau^*) = 0 \tag{3.283}$$

$$F^-(0) = F_0 \tag{3.284}$$

经某些数学运算,则云层的反照率和透射率为

$$R_c = \gamma_+ \gamma_- [e^{k\tau^*} - e^{-k\tau^*}]/\Delta(\tau^*) \tag{3.285}$$

$$T_c = (\gamma_+^2 - \gamma_-^2)/\Delta(\tau^*) \tag{3.286}$$

式中,

$$\Delta(\tau^*) = \gamma_+^2 e^{k\tau^*} - \gamma_-^2 e^{-k\tau^*} \tag{3.287}$$

当$\tau^* \to \infty$,就得$R_c \to R_c(\infty) = \gamma_+/\gamma_-$,作为半无限云层的反照率,即是云层上界的反照率。由于在云顶处透过率$T_c=0$,即有云的吸收率为$A_c=1-R_c$,通常表示为$A_c(\infty)$。对于云顶的$R_c(\infty)$可以由$\tilde{\omega}_0$、k、g和D确定,将(3.281)式代入(3.282)式和$R_c(\infty)$的定义,得出

$$R_c(\infty) = \frac{[1+1/s^2]^{1/2} - \sqrt{2}}{[1+1/s^2]^{1/2} + \sqrt{2}} \tag{3.288}$$

式中

$$s = \left(\frac{1-\tilde{\omega}_0}{1-\tilde{\omega}_0 g}\right)^{1/2} \tag{3.289}$$

s是一个相似参数。显而易见,当$\tilde{\omega}_0=1$,有$s=0$;而当$\tilde{\omega}_0=0$,有$s=1$。

3.9.2.2 云滴半径与反射阳光的关系

云滴有效半径、相似参数与波长的关系由图3.35a给出,相似参数s的变化范围由守恒散射时的0到全吸收时的1;图3.35b给出了云层反射率、粒子有效半径与波长的关系。由图中可以看出,由于r_e的改变而引起s的最大变化,及r_e与反射率的最敏感性的波长出现在$1.6\mu m$和$2.1\mu m$大气窗区处。在这些波长处,反射率同时随光学厚度和相似参数而变,这就提供一个在假定不对称因子g值由在可见光波段测量估计对于守恒散射云层的光学厚度反演有效粒子半径r_e的方法。

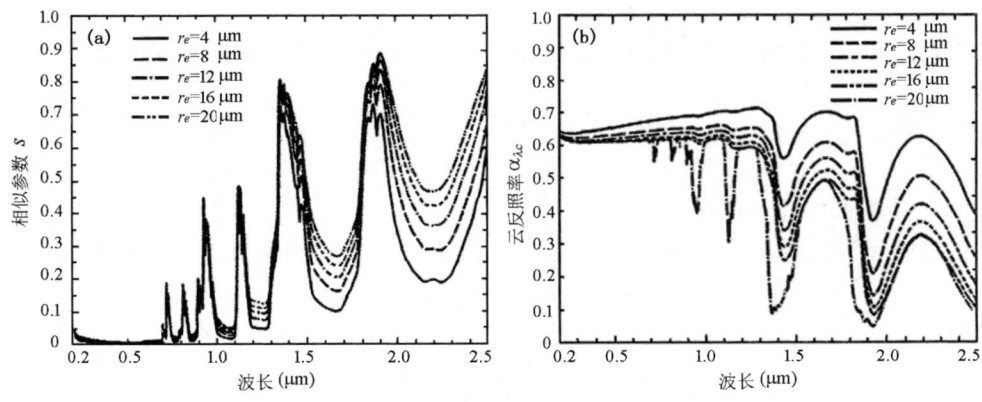

图 3.35 相似参数为波长的半径的函数

3.9.2.3 云的发射率和反射率间的关系

热发射的发射率与可见光之间的关系对于估算卷云的辐射对气候作用有重要意义,Spinhirne 和 Hart(1990)根据 Platt 提出的双向反射模式和在 FIRE 期限间的观测资料确定天底的 10.8μm 红外发射率 $\varepsilon_{10.8}^{\uparrow}$ 和 0.75μm 可见光的反照率 $a_{0.75}$ 的关系为三阶多项式

$$\varepsilon_{10.8}^{\uparrow}=0.1456a_{0.75}^{3}-2.677\ a_{0.75}^{2}+3.185\ a_{0.75}^{3} \qquad (3.290)$$

上式适用范围:$0\leqslant a_{0.75}\leqslant 0.45$。图 3.36 表示云的反照率与发射率间的关系,可以看到,云的反照率增大,其发射率增大。当反照率达到 0.5 时,发射率趋向于 1。也就是接近黑体。

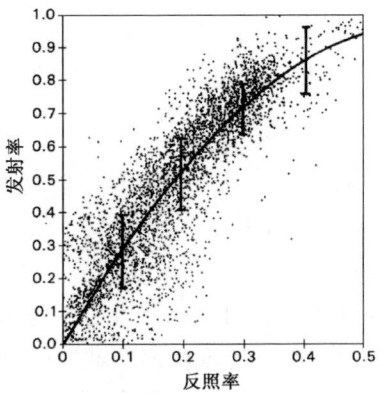

图 3.36 发射率和反照率间的关系

3.9.2.4 卷云和积云的反射波谱特性

在近红外波段,卷云和积云的表观反射率随波长而变,在某些波长,它们间有显著差异。

图 3.37 是 NASA/JPL 机载可见光红外图像光谱仪在 20km 高空在 ER-2 飞机测量在水面上空积云和卷云光谱。由图 3.37 可以看出,由于卷云比积云高很多,在波长 $0.94\mu m$ 处的水汽吸收峰值,卷云比积云小很多。卷云的表观反射率比积云要大。在 $1.05\mu m$、$1.60\mu m$、$2.20\mu m$ 出现几个反射峰值。

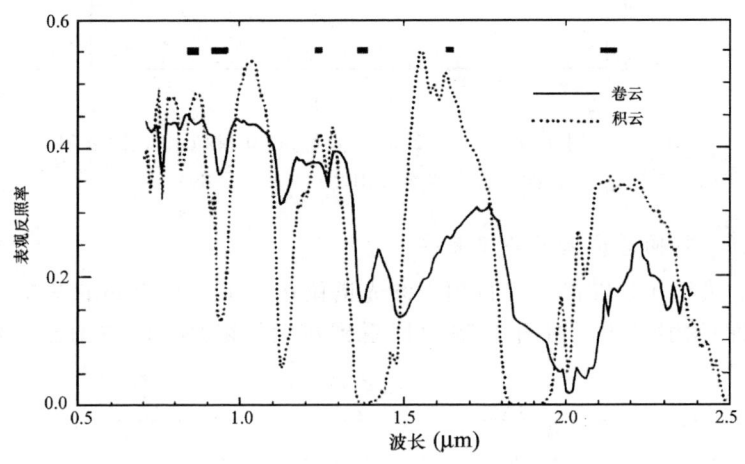

图 3.37　卷云和积云的反射波谱

3.9.2.5　水云、冰云和积雪的可见光到近红外谱段的反照率

云的类型不同,它的光谱特性也不相同,如在可见光谱段,若云是由冰晶组成的,则它的反照率要比同样厚度的水云要小,图 3.38 显示了水云、冰云和雪三种物象的光谱特性,从图 3.38 中可以看到,在可见光 0.5 到近红外的 $1.1\mu m$ 波段积雪的反照率与云的反照率十分相近,时常难以区分,冰云的反射率较水云和积雪要低,。但是在谱段在 $1.0\mu m$、$1.5\mu m$ 和 $2.0\mu m$ 处雪有几个吸收区,其中在 $1.5\mu m$ 和 $2.0\mu m$ 处雪的反照率最低,云的反照率仍然很高,在此处雪比云的反照率小得多,因而是区别雪和云最理想的波段。同时在 $1.8\mu m$ 和 $2.2\mu m$ 处是积雪的反射峰,新雪与旧雪间反照率差异最大,是区分新雪和旧雪和雪龄的最佳波段。在 $1.6\mu m$ 和 $2.0\mu m$ 处可以看到,水云、冰云与雪的反射率间有明显差别,如果选取这两波段进行观测可以区分水云、冰云与雪。

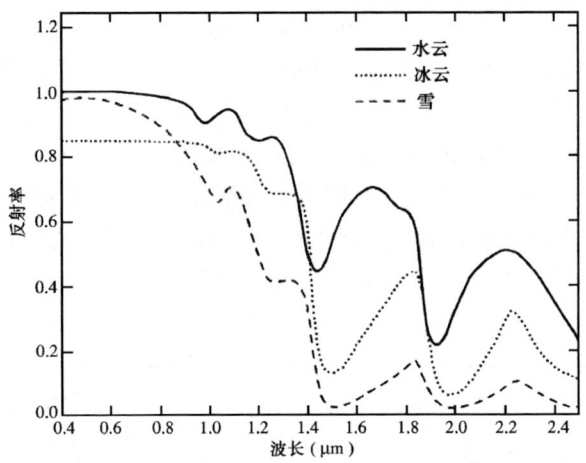

图 3.38 对于波长 0.4~2.5μm 入射角 60°模拟水云、冰云和雪面的方向半球反射率(Dozier,1989)

3.9.2.6 不同厚度云的亮温差异

图 3.39 表示飞机在高空飞行用干涉光谱仪在 9.1~16.7μm 谱段间测量到的不同厚度卷云的发射光谱。由图 3.39 可以看到在大气窗区从晴空到云区发射的变化

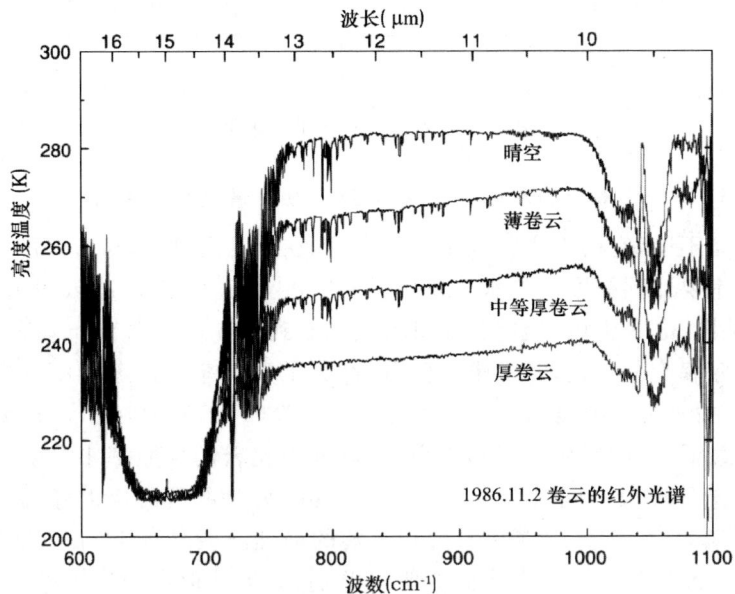

图 3.39 飞机在高空飞行用干涉光谱仪在 9.1~16.7μm 谱段间测量到的不同厚度卷云的发射光谱

状况。最明显的特点是随云的光学厚度增加,云的发射减小。特别是在 $10\sim13\mu m$,在薄云上空感应的辐射是由薄云下方的地表和大气及云本身发射的。在这种情况下,略去大气的散射,且云处于等温状态,可以写为

$$L_{obs}(0, \mu) = L_s e^{-\tau*/\mu} + B(T_c)[1 - e^{-\tau*/\mu}] \quad (3.291)$$

式中,$L_{obs}(0, \mu)$ 是在云顶观测的辐射强度,L_s 是云底的向上辐射,τ^* 是云的光学厚度,$e^{-\tau*/\mu} = \widetilde{T}(\tau^*, 0, \mu)$ 是通过云的透过率。由于可以略去散射,有关系

$$[1 - e^{-\tau*/\mu}] = A(\tau*, 0, \mu) = \varepsilon(\tau^*, \mu)$$

式中,A 是云的吸收率。对较强的吸收,有很大的 τ^*,此时 ε 接近为 1。地面对观测到的辐射贡献是很小的。

3.9.3 冰云的光学参数

卫星仪器自空间观测大气,当有云时首先观测到的是卷云。大气中的卷云是由冰晶组成,因此辐射在卷云的传输决定于组成卷云冰晶粒子的形状、浓度和尺度等。冰晶的形状十分复杂,有六角形、圆柱形和针状等,这对太阳和地球大气的辐射传输有重要影响。

3.9.3.1 冰晶的尺度和形状

(1)冰晶粒子的有效大小

冰晶是非球形粒子,基于冰晶的光散射正比于非球形粒子的截面积,类似非球形水滴平均有效半径的定义,定义冰晶的有效大小 D_e 为

$$D_e = \int_{L_{min}}^{L_{max}} D^2 L n(L) dL \bigg/ \int_{L_{min}}^{L_{max}} D L n(L) dL \quad (3.292)$$

式中,D 是冰晶的宽度,$n(L)$ 是冰晶尺度的谱分布,L_{max}、L_{min} 分别是冰晶最大和最小长度。

(2)冰晶粒子的含水量

冰晶的含水量可以写为

$$IWC = \frac{3\sqrt{3}}{8} \rho_{ice} \int_{L_{min}}^{L_{max}} D^2 L n(L) dL \quad (3.293)$$

式中,ρ_{ice} 是冰晶的密度,$3\sqrt{3} D^2 L/8$ 是六角形冰晶的体积。冰晶的尺度也可用相当于球形粒子的半径表示

$$r = (A/4\pi)^{0.5} \quad (3.294)$$

式中,A 是冰晶的表面积。

3.9.3.2 冰晶的衰减系数

冰晶的衰减系数定义为

$$\beta_{ic} = \int_{L_{min}}^{L_{max}} \sigma(D,L) n(L) \mathrm{d}L \tag{3.295}$$

式中,σ 是单个冰晶的衰减截面。在几何光学范围内,六角形冰晶在空间是随机取向的,这时衰减截面表示为

$$\beta(D,L) = \frac{3}{2} D \left[\frac{\sqrt{3}}{2} D + L \right] \tag{3.296}$$

这时冰晶的衰减系数表示为

$$\beta_{ic} = \mathrm{IWC} \left(\frac{1}{\rho_i} \int_{L_{min}}^{L_{max}} D^2 n(L) \mathrm{d}L \Big/ \int_{L_{min}}^{L_{max}} D^2 L n(L) \mathrm{d}L + \frac{4}{\sqrt{3}} \frac{1}{D_e} \right) \tag{3.297}$$

由于 $D < L$,上式中右边第一项比第二项小很多,根据 D 与 L 的关系,第一项用 $a + b'/D_e$ 近似,其中 $b' \ll 4/(\sqrt{3}\rho_{ice})$,$a$ 是确定的常数。则可得

$$\beta_{ic} \approx \mathrm{IWC}(a + b/D_e) \tag{3.298}$$

式中

$$b = b' + 4/(\sqrt{3}\rho_{ice})$$

3.9.3.3 冰晶的单次反照率

对于一定的冰晶谱分布,单次反照率可以写为

$$\tilde{\omega}_0(\tau) = 1 - \int_{L_{min}}^{L_{max}} \sigma_a n(L) \mathrm{d}L \Big/ \int_{L_{min}}^{L_{max}} \sigma n(L) \mathrm{d}L \tag{3.299}$$

式中,σ_a 是单个冰晶的吸收截面。当吸收很小时,吸收截面 σ_a 是折射指数虚部 m_i 和粒子体积 $D^2 L$ 的乘积,即是

$$\sigma_a = \frac{3\sqrt{3}\pi m_i(\lambda)}{2\lambda} D^2 L \tag{3.300}$$

上面定义的吸收截面与有关的符号 D 和 L 一起,单次散射反照率近似表示为

$$1 - a_c \approx c + d \tag{3.301}$$

式中,c 和 d 是最佳拟合常数。图 3.40 为水滴云和冰晶的单次反照率随波长的变化。

对冰晶的单次反照率可以采用高次展开表示为

$$k_c = \mathrm{IWC} \sum_{n=0}^{N} a_n / D_e^n \tag{3.302}$$

$$1 - a_c = \sum_{n=0}^{N} b_n / D_e^n \tag{3.303}$$

式中,a_n 和 b_n 通过与精确值拟合确定,N 是达到所要求精度的项数。对于相函数的一阶矩,即不对称因子表示为

$$g_c = \sum_{n=0}^{N} c_n / D_e^n \tag{3.304}$$

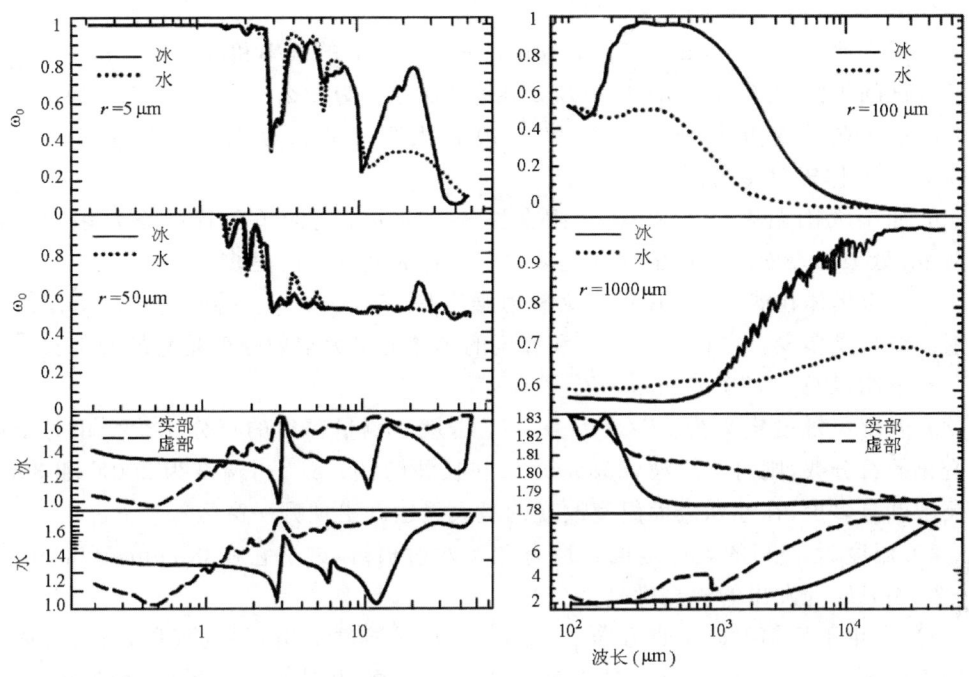

图 3.40 半径为 $5\mu m$、$50\mu m$、$100\mu m$ 和 2mm 水滴和冰晶球形粒子的单次反照率和折射指数

本章要点

1. 辐射基本量和重要辐射参数。
2. 辐射基本定理、辐射的吸收、透射和散射。
3. 辐射传输方程式和多次散射辐射传输方程的形式解。
4. 太阳辐射和地球辐射及其大气辐射光谱。
5. 云的光学特性和地表面的光学特性。

问题和习题

1. 名词术语:可见光、近红外、短波红外、红外谱段、卫星观测通道、辐射功率、辐照度、辐射率、立体角、黑体、选择性辐射体、普朗克黑体辐射、光学厚度、垂直光学厚度、吸收率、反射率、透过率、光学路径、质量吸收系数、体吸收系数、方向反射系数、体散射系数、衰减系数、单次反照率、相函数、反射函数、透射函数、行星反照率、球反照率、太阳常数、反照率、亮度温度、有效温度、色温度、反照率、天顶角、大气窗区、有效粒子半径、植被指数。写出有关术语的定量数学表示式?

2. 电磁波谱主要由那些波段组成,这些波段的范围是多少? 它们在遥感中的作用是什么？

3. 试求波长 $\lambda = 0.5\mu m, 1.0\mu m, 5\mu m, 10\mu m, 15\mu m$ 的频率和波数？

4. 试问等式 $B_f(T) = B_\lambda(T) = B_\nu(T)$ 是否成立？为什么？

5. 试求取温度为 300K（地球）和 6000K（太阳）、波长分别为 $0.5\mu m$、$10\mu m$ 和 20GHz 的黑体辐射率的比值？

6. 如果太阳温度是 5800K，太阳在波长 $0.50\mu m$ 处的单色辐射率是多少？在 $0.50\mu m$ 处太阳表面的单色辐射率是多少？地球表面的温度是多少？

7. 一个黑体在温度 300K 的最大辐射强度是 $153 mW \cdot m^2 \cdot sr^{-1} \cdot cm^{-1}$，发生这辐射的波长是多少？在什么这波长和温度的黑体的最大辐射强度是它的两倍？

8. 证明：$B(\nu_{max}, T) = \text{const} \cdot T^3$

9. 温度灵敏度定义为 $dB/B = a \cdot dT/T$，就是测量辐射的百分比改变相对于温度变化的百分数，则对于短波（$2500cm^{-1}$）和长波（$1000cm^{-1}$），温度为 200K 和 300K 的灵敏度是多少，在地球表面温度改变的最大灵敏度出现哪一窗区？

10. 温度为 15℃ 的黑体地面在所有频率发射辐射，试求它在 $0.7\mu m$，$1000cm^{-1}$，和 331.4GHz 处发出的辐亮度是多少？

11. 一束平行辐射以铅直方向交 60°角入射，并通过 100m 厚的气层，吸收气体的平均密度为 $0.1 kg \cdot m^{-3}$，该气层对波长 $\lambda_1, \lambda_2, \lambda_3$ 的辐射的吸收系数分别为 10^{-3}，10^{-1}，$1 m^2 \cdot kg^{-1}$ $10\mu m$，试求该气层对这三波长的光学厚度 τ，透过率和吸收率？

12. 考虑温度为 T 的等温无散射大气，地表温度为 T_s，试求光学厚度为 τ 的大气顶处射出的通量密度表达式？

13. 若假定地表为黑体，大气散射可以略去，又如果大气温度 T 和地面相同，试求大气顶发出的辐射，且问大气是否为黑体？

14. 如果大气的厚度为 12km，吸收系数 $k = 0.1 m^2$ 与高度无关，吸收气体的密度随高度的变化写为 $\rho(z) = 1.2 kg \cdot m^{-3}(12-z)$，则在 3km、5km 和 10km 高度处的光学厚度为多少？

15. 试述地表土壤、积雪和水体随光谱变化特征？重要吸收和反射中心位置？

16. 简述作物叶子的植物在可见光、近红外和中红外三个谱段反射光谱特性，主要吸收和反射中心位置？

17. 试问云的单次反照率特性有哪些？不同云粒半径的反照率是随波长如何变化的？

18. 水云、冰云和积雪的可见光到近红外谱段的反照率的主要特点有哪些？

第4章 卫星云图观测原理和资料获取处理

4.1 卫星接收的辐射

在地球大气系统中各自然表面以及大气本身的辐射过程是一个十分复杂的问题,它涉及各辐射源的特性和物体和气体的吸收、发射、透射、目标物反射、粒子散射和透射等诸多方面的特性。地球大气系统作为一个整体,它一方面要接受入射的太阳辐射,另一方面又要反射太阳辐射和以其自身的温度发射红外辐射。如图4.1所示,在它的视场范围内测量到辐射主要有:

(1)地表、云层发出的红外辐射,将卫星在大气窗通道测量的辐射转换成图像就得红外云图。

(2)大气中吸收气体发射的红外辐射,由卫星测量到的大气气体发射的辐射,就可反演获取大气的有关参数,如选取CO_2发射的辐射可以得到大气垂直温度,由H_2O发射的辐射可以得到水汽分布。

(3)地面、云面反射的大气向下的红外辐射,由于在红外波段卫星测量的地面反射大气辐射很小,可以忽略不计。

(4)地面和云面反射太阳辐射,卫星在可见光—近红外谱段测量的辐射就获取可见光云图。

(5)大气分子、气溶胶等对太阳辐射的散射辐射,根据卫星测量的大气分子、气溶胶的后向散射辐射可以获取大气分子、气溶胶的分布。

4.1.1 卫星观测到的地球大气系统的红外辐射

4.1.1.1 晴空大气的红外辐射遥感方程

图4.1中,在大气顶处($\tau=0$),由(3.113)式,卫星接收到的辐射可以写为

$$L(0;\mu,\phi) = L(\tau_1;\mu,\phi)e^{-\tau_1/\mu} + \int_0^{\tau_1} J(\tau';\mu,\phi) e^{-\tau'/\mu} \frac{d\tau'}{\mu} \tag{4.1}$$

当大气处于局地热力平衡无散射的情况下,源函数写为

$$J_\lambda(\tau';\mu,\phi) = B_\lambda[T(\tau')] = B_\lambda[T(z)] \tag{4.2}$$

以及有

$$L(\tau_1;\mu,\phi) = \varepsilon_s B[T(\tau_1)] = \varepsilon_s B[T_s] \tag{4.3}$$

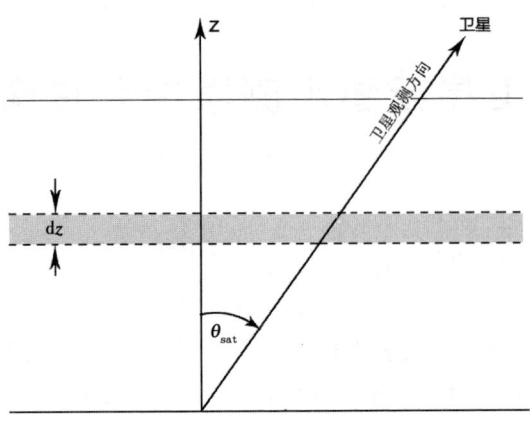

图 4.1 平面平行大气中红外辐射的传输

$$\frac{\mathrm{d}\tau_\lambda}{\mu} = -k_{a\lambda}\rho \frac{\mathrm{d}z}{\mu} \tag{4.4}$$

假定大气是水平均匀的,辐射 L 与 ϕ 无关,则(4.1)式写为

$$L_\lambda^{\mathrm{sat}}(\mu) = \varepsilon_{\lambda s}B_\lambda[T_s(z=0)]\widetilde{T}_{\lambda s}(\mu) + \int_0^\infty B_\lambda[T(z')]\frac{\partial \widetilde{T}_\lambda(z',\mu)}{\partial z'}\mathrm{d}z' \tag{4.5}$$

如果用气压坐标表示,可以通过静力方程

$$\frac{\mathrm{d}p}{\mathrm{d}z} = -\rho_d g \tag{4.6}$$

式中,ρ_d 是干空气的密度,g 是重力加速度,上式两边乘以 $\rho(z)^{-1}$,则有

$$\rho(z)\,\mathrm{d}z = -\left[\frac{\rho(z)}{\rho_d g}\right]\mathrm{d}p = -\frac{q(p)}{g}\mathrm{d}p \tag{4.7}$$

在 p 坐标系内透过率可以表示为

$$\widetilde{T}_\lambda(p,\mu) = \exp\left[-\frac{1}{\mu g}\int_0^p q(p')k_\lambda(p')\mathrm{d}p'\right] \tag{4.8}$$

和

$$\frac{\mathrm{d}\widetilde{T}_\lambda(p,\mu)}{\mathrm{d}p} = -\frac{1}{\mu g}q(p)k_\lambda(p)\widetilde{T}_\lambda(p,\mu) \tag{4.9}$$

则有

$$L_\lambda^{\mathrm{sat}}(\mu) = \varepsilon_{\lambda s}B_\lambda[T(p_s)]\widetilde{T}_{\lambda s}(p_s,\mu) + \int_{P_S}^0 B_\lambda[T(p')]\frac{\partial \widetilde{T}_\lambda(p',\mu)}{\partial p'}\mathrm{d}p' \tag{4.10}$$

式中,$\varepsilon_{\lambda s}$ 是地表面发射率,$T(p_s)$ 是地表面温度,$B_\lambda[T(p_s)]$ 是地表面的普朗克辐射,$\widetilde{T}_{\lambda s}(p_s,\mu)$ 是在卫星观测方向 θ 从地面到大气顶的透过率,$T(p)$ 是在 p 高度上的大气温度,$B_\lambda[T(p)]$ 是 p 高度上的普朗克辐射,$\widetilde{T}_\lambda(p,\mu)$ 是 p 高度 θ 方向到大气顶的透过率,$\partial \widetilde{T}_\lambda(p,\mu)/\partial p$ 是大气透过率随高度的改变。(4.10)式是**卫星遥感探测大气温度的基本方程**。在式中右边第一项是到达卫星的辐射,它由两部分组成,即

(1) 左边第一项是**地面辐射项**,为从地面发出后透过大气到达卫星的辐射,这项包含有地表面的温度和发射率信息,以及大气透过率特性。

(2) 左边第二项是**大气辐射项**,表示整层大气发出并到达卫星的辐射。从(4.10)式中可以看出,对于高度 p 处大气发射到达卫星的辐射为该高度上的大气辐射与该高度处大气透过率随高度的改变率的乘积,通常记为

$$K_\lambda(p,\mu) = \frac{\partial \widehat{T}_\lambda(p,\mu)}{\partial p} \qquad (4.11)$$

$K_\lambda(p,\mu)$ 称为**权重函数**,它表示高度 p 处大气发射的辐射到达卫星的权重。

图 4.2 表示了 CO_2 的透过率和权重函数。从图 4.2 中看出,透过率随高度的变化率越大,则权重越大,到达卫星上的辐射也就越大;由于不同波长 λ 的大气透过率不同,随高度的变化不同,因此对于权重也不同;对于吸收弱的波长,大气低层的权重大,卫星观测的辐射来自于大气低层;吸收强的波长,大气高层的权重大,卫星观测的辐射来自于大气高层。有关权重函数的特点在大气温度探测中讨论。

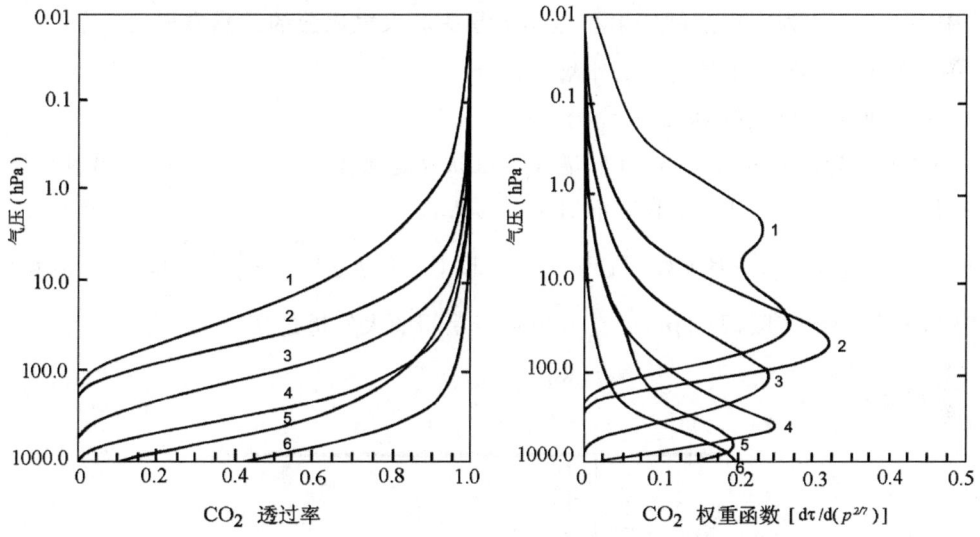

图 4.2 CO_2 透过率和权重函数

从卫星遥感方程(4.10),卫星测量值是已知量,而像地面温度、大气温度、表面反射率、大气透过率等都是未知量。从数学角度,一个方程只能求解一个未知量。为从遥感方程获取多个地面和大气参数,就必须增加方程数,增加方程的方法有:(1)增大卫星观测波段,一个波段就得到一个观测值,N 个波段,就有 n 个测量值,有 n 个已知数,就增加有 N 个方程式;(2)假定邻近观测视场表面目标特性相同,增加一个视场相当于增加一个方程。

由于 $B_\lambda[T(p')]$ 和 $\widetilde{T}_\lambda(p',\theta)$ 都是变量，所以运用分部积分可以得到(4.10)式的另一种形式。因为有

$$\frac{\mathrm{d}\{B_\lambda[T(p')]\widetilde{T}_\lambda(p',\mu)\}}{\mathrm{d}p'} = B_\lambda[T(p')]\frac{\mathrm{d}\widetilde{T}_\lambda(p',\mu)\}}{\mathrm{d}p'} + \widetilde{T}_\lambda(p',\mu)\frac{\mathrm{d}\{B_\lambda[T(p')]\}}{\mathrm{d}p'} \tag{4.12}$$

所以有

$$\int_{p_s}^{0} B_\lambda[T(p')]\frac{\partial \widetilde{T}_\lambda(p',\mu)}{\partial p'}\mathrm{d}p' = B_\lambda[T(p')]\widetilde{T}_\lambda(p',\mu)\mid_{p_s}^{p} - \int_{p_s}^{p}\widetilde{T}_\lambda(p',\mu)\frac{\partial B_\lambda[T(p')]}{\partial p'}\mathrm{d}p'$$

$$= B_\lambda[T(p)]\widetilde{T}_\lambda(p,\mu) - B_\lambda[T(p_s)]\widetilde{T}_\lambda(p_s,\mu)$$

$$- \int_{p_s}^{p}\widetilde{T}_\lambda(p',\mu)\frac{\partial B_\lambda[T(p')]}{\partial p'}\mathrm{d}p' \tag{4.13}$$

当 $p\to 0$，$\widetilde{T}_\lambda(p,\mu)\to 1$，则将(4.13)式代入(4.10)式，可以得

$$L_\lambda^{\mathrm{sat}}(\mu) = B_\lambda[T(0)] - \int_{p_s}^{p}\widetilde{T}_\lambda(p',\mu)\frac{\partial B_\lambda[T(p')]}{\partial p'}\mathrm{d}p' \tag{4.14}$$

式中 $B_\lambda[T(0)]$ 为宇宙空间辐射。这是**卫星探测大气成分的遥感方程**。

4.1.1.2 有云时大气的红外辐射传输

(1) 稠密云区的红外辐射

对于较为稠密的云系，在红外谱段可以认为是黑体，此时卫星接收的辐射来自云顶和云上大气，所以卫星接收的辐射可以写为

$$L_{\lambda c}^{\mathrm{sat}} = \varepsilon_{\lambda c}B_\lambda(T_c)\widetilde{T}_{\lambda c}(p_c,\mu) + \int_{p_c}^{0} B_\lambda[T(p')]\frac{\partial \widetilde{T}_\lambda(p',\mu)}{\partial p'}\mathrm{d}p' \tag{4.15}$$

式中，p_c 是云顶气压，$\widetilde{T}_{\lambda c}(p_c,\mu)$ 是云顶到卫星间的大气透过率。

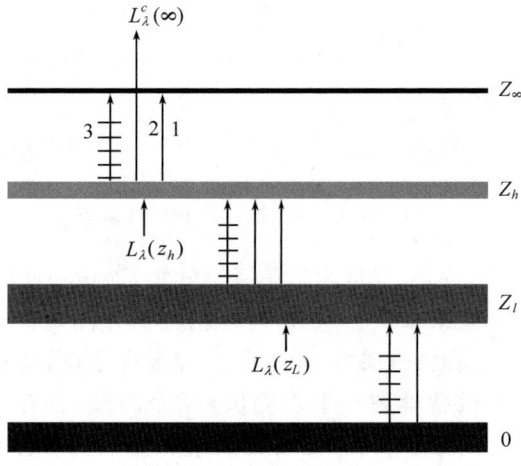

图 4.3 当存有两层云时到达卫星的辐射

(2) 半透明云层的红外辐射

对于较薄的卷云或中低云,红外辐射可以透过云系,这时卫星接收到的辐射来自于云上大气、云、云下大气和地表面。图 4.3 中,假定大气中有两层水平均匀的卷云和中云,则到达卫星的辐射由三部分组成:

① 来自高云下面的中云和大气发出并透过高云的辐射为

$$L_\lambda(z_h)\widetilde{T}_\lambda^{hc} \tag{4.16}$$

② 来自高云顶发出的辐射

$$B_\lambda[T(z_h)](1-\widetilde{T}_\lambda^{hc}) \tag{4.17}$$

③ 来自高云以上大气发出的辐射

$$\int_{z_h}^{\infty} B_\lambda[T(z)]K_\lambda(\infty,z)\mathrm{d}z \tag{4.18}$$

这三部分之和为

$$L_\lambda^c(\infty) = \{L_\lambda(z_h)\widetilde{T}_\lambda^{hc} + B_\lambda[T(z_h)](1-\widetilde{T}_\lambda^{hc})\} + \int_{z_h}^{\infty} B_\lambda[T(z)]K_\lambda(\infty,z)\mathrm{d}z \tag{4.19}$$

式中,$\widetilde{T}_\lambda^{hc}$ 是高云的透过率,为云厚和光学厚度的函数,$B_\lambda[T(z_h)]$ 是波长 λ、高度为 z_h 的高云的普朗克辐射率,$K_\lambda(\infty,z) = \dfrac{\mathrm{d}\widetilde{T}_\lambda(\infty,z)}{\mathrm{d}z}$ 是权重函数,$\widetilde{T}_\lambda(\infty,z_h)$ 是高云之上的大气透过率。透过高云的辐射 $L_\lambda(z_h)$ 用低云参数表示为

$$L_\lambda(z_h) = \{L_\lambda(z_l)T_\lambda^{lc} + B_\lambda[T(z_l)] \times (1-\widetilde{T}_\lambda^{lc})\}\widetilde{T}_\lambda(z_h,z_l) + \int_{z_l}^{z_h} B_\lambda[T(z)]K_\lambda(z_h,z)\mathrm{d}z \tag{4.20}$$

式中,$\widetilde{T}_\lambda^{lc}$ 是低云的透过率,z_l 是低云的高度。式中由地面和低云发出的辐射又可以写为

$$L_\lambda(z_l) = B_\lambda(T_s)\widetilde{T}_\lambda(z_l,0) + \int_0^{z_l} B_\lambda[T(z)]K_\lambda(z_h,z)\mathrm{d}z \tag{4.21}$$

式中 T_s 是地面温度,在上式中假定地面发射率等于 1,云的反射作用可以忽略。

若将大气的透过率和权重函数按下面关系式改写为

$$\widetilde{T}_\lambda(z_l,0) = \widetilde{T}_\lambda(\infty,0)/\widetilde{T}_\lambda(\infty,z_h)\widetilde{T}_\lambda(z_h,z_l) \tag{4.22}$$

$$K_\lambda(z_l,z) = K_\lambda(\infty,z)/\widetilde{T}_\lambda(\infty,z_h)\widetilde{T}_\lambda(z_h,z_l) \tag{4.23}$$

$$K_\lambda(z_h,z) = K_\lambda(\infty,z)/\widetilde{T}_\lambda(\infty,z_h) \tag{4.24}$$

再将(4.22)、(4.23) 和(4.24) 式代入 (4.21) 式,且令 $\widetilde{T}_\lambda(\infty,z) = \widetilde{T}_\lambda(z)$,$K_\lambda(\infty,z) = K_\lambda(z)$,则到达大气顶的辐射传输方程为

$$L_\lambda^c(\infty) = \widetilde{T}_\lambda^{hc}\widetilde{T}_\lambda^{lc}\left[B_\lambda(0)\widetilde{T}_\lambda(0) + \int_0^{z_l} B_\lambda(z)K_\lambda(z_h,z)\mathrm{d}z - B_\lambda(z_l)\widetilde{T}_\lambda(z_l)\right]$$

$$+ \widetilde{T}_\lambda^{hc} \left[\int_{z_l}^{x_h} B_\lambda(z) K_\lambda(z_h, z) \mathrm{d}z + B_\lambda(z_l) \widetilde{T}_\lambda(z_l) - B_\lambda(z_h) \widetilde{T}_\lambda(z_h) \right]$$

$$+ \left[B_\lambda(z_h) \widetilde{T}_\lambda(z_h) + \int_{z_h}^{\infty} B_\lambda(z) K_\lambda(z) \mathrm{d}z \right] \quad (4.25)$$

如果只有低云,而无高云,$\widetilde{T}_\lambda^{hc} = 1, z_h = z_l$,则(4.25)式简化为

$$L_\lambda^{lc}(\infty) = \widetilde{T}_\lambda^{lc} \left[B_\lambda(0) \widetilde{T}_\lambda(0) + \int_0^{x_l} B_\lambda(z) K_\lambda(z_h, z) \mathrm{d}z \right]$$

$$+ (1 - \widetilde{T}_\lambda^{lc}) B_\lambda(z_l) \widetilde{T}_\lambda(z_l) + \int_{z_l}^{\infty} B_\lambda[(z)] K_\lambda(z_h, z) \mathrm{d}z] \quad (4.26)$$

如果只有高云,无低云,则有

$$L_\lambda^{hc}(\infty) = \widetilde{T}_\lambda^{hc} \left[B_\lambda(0) \widetilde{T}_\lambda(0) + \int_0^{x_h} B_\lambda(z) K_\lambda(z_h, z) \mathrm{d}z \right]$$

$$+ (1 - \widetilde{T}_\lambda^{lc}) B_\lambda(z_h) \widetilde{T}_\lambda(z_h) + \int_{z_h}^{\infty} B_\lambda[T(z)] K_\lambda(z) \mathrm{d}z \quad (4.27)$$

晴空无云时,$\widetilde{T}_\lambda^{hc} = \widetilde{T}_\lambda^{lc} = 1$,则有

$$L_\lambda^{nc}(\infty) = B_\lambda(0) \widetilde{T}_\lambda(0) + \int_0^{\infty} B_\lambda(z) K_\lambda(z_h, z) \mathrm{d}z \quad (4.28)$$

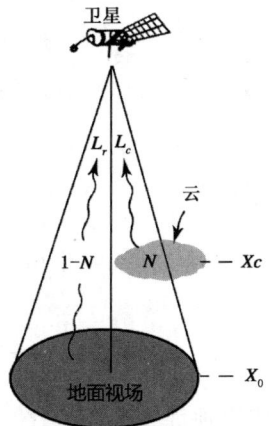

图 4.4 视场内部分有云时到达卫星的辐射

(3)卫星视场内部分有云时的红外辐射传输

图 4.4 中,若卫星观测视场内部分有云,云量为 N,则卫星接收到的辐射可以写为

$$L_\lambda^c(\infty) = N \left[B_{\lambda c} \widetilde{T}_{\lambda c} + \int_{\widetilde{T}_{\lambda c}}^{1} B_\lambda \mathrm{d} \widetilde{T}_\lambda \right]$$

$$+ (1 - N) \left[B_{\lambda s} \widetilde{T}_{\lambda s} + \int_{\widetilde{T}_{\lambda s}}^{1} B_\lambda \mathrm{d} \widetilde{T}_\lambda \right] \quad (4.29)$$

式中，$B_{\lambda c}$ 是云顶发出的黑体辐射，$\widetilde{T}_{\lambda c}(z_c)$ 是云顶以上大气的透过率，$B_{\lambda s}\widetilde{T}_{\lambda s}$ 是云顶表面发射到达卫星的辐射，$\int_{\widetilde{T}_{\lambda s}}^{1} B_\lambda \mathrm{d}\widetilde{T}_\lambda$ 是云上大气的辐射。(4.29)式中右边第一个中括号[ ]是卫星视场内有云部分的辐射，第二个中括号[ ]是卫星视场内无云部分的辐射。利用积分等式

$$\int_{\widetilde{T}_{\lambda c}}^{1} B_\lambda \mathrm{d}\widetilde{T}_\lambda = \int_{\widetilde{T}_{\lambda s}}^{1} B_\lambda \mathrm{d}\widetilde{T}_\lambda - \int_{\widetilde{T}_{\lambda s}}^{\widetilde{T}_{\lambda c}} B_\lambda \mathrm{d}\widetilde{T}_\lambda \tag{4.30}$$

则(4.29)式写为

$$L_\lambda^c(\infty) = \left[B_{\lambda s}\widetilde{T}_{\lambda s} + \int_{\widetilde{T}_{\lambda s}}^{1} B_\lambda \mathrm{d}\widetilde{T}_\lambda \right] \\ - N\left[B_{\lambda s}\widetilde{T}_{\lambda s} - B_{\lambda c}\widetilde{T}_{\lambda c} + \int_{\widetilde{T}_{\lambda s}}^{\widetilde{T}_{\lambda c}} B_\lambda \mathrm{d}\widetilde{T}_\lambda \right] \tag{4.31}$$

这时(4.31)式右边第一项是视场无云时的晴空气柱辐射，第二项是考虑有云时辐射的改变量。

4.1.2 到达卫星高度处的地面、云面反射的太阳辐射

4.1.2.1 卫星接收到的一次散射大气的太阳辐射

考虑一次散射大气，源函数表示为

$$J_\lambda^{\mathrm{direct}}(\tau,\mu,\phi) = \frac{\widetilde{\omega}_0}{4\pi} E_\lambda(\infty)\mu_0 P_\lambda(\mu,\phi;-\mu_0,\phi_0)\mathrm{e}^{-\tau/\mu_{\mathrm{sun}}} \tag{4.32}$$

则由(3.115)式，在 τ 处向上的辐射写为

$$L_\lambda(\tau,\mu,\phi) = L_\lambda^\uparrow(\tau_s,\mu,\phi)\mathrm{e}^{-(\tau_s-\tau)/\mu} + \frac{\widetilde{\omega}_0}{4\pi} E_\lambda(\infty) P_\lambda(\mu,\phi;-\mu_0,\phi_0) \\ \times \int_\tau^{\tau_1} \exp\{-\tau' - \tau/\mu + \tau'/\mu_{\mathrm{sun}}\}\frac{\mathrm{d}\tau'}{\mu} \tag{4.33}$$

假定大气的顶和底无向上和向下的散射，即是

$$L_\lambda(0,-\mu,\phi) = 0 \quad \text{和} \quad L_\lambda(\tau_s,\mu,\phi) = 0 \tag{4.34}$$

则在大气顶处，大气反射向上的辐射写为

$$L_\lambda^{\mathrm{sat}}(0,\mu,\phi) = \frac{\widetilde{\omega}_0}{4\pi(\mu+\mu_0)} E_\lambda(\infty)\mu_0 P_\lambda(\mu,\phi;-\mu_0,\phi_0) \\ \times \left\{ 1 - \exp\left[-\tau_{\lambda s}\left(\frac{1}{\mu}+\frac{1}{\mu_0}\right)\right] \right\} \tag{4.35}$$

式中，μ_0 是太阳天顶角余弦，$P_\lambda(\mu,\phi;-\mu_0,\phi_0)$ 是太阳光一次散射相函数。

4.1.2.2 卫星接收到包括有地表面的多次散射辐射

(1) 在 τ 高度处的向上辐射

$$L_\lambda^\uparrow(\tau,\mu,\phi) = L_\lambda^\uparrow(\tau_{\lambda s},\mu,\phi)\exp\left\{-\frac{\tau_{\lambda s}-\tau_\lambda}{\mu}\right\}$$
$$+\int_0^{2\pi}\int_{\tau_\lambda}^{\tau_{\lambda s}} J_\lambda^{\text{diff}}(\tau'_\lambda,\mu',\phi')\exp\left\{-\frac{\tau'_\lambda-\tau_\lambda}{\mu}\right\}\frac{\mathrm{d}\tau'_\lambda}{\mu}\mathrm{d}\mu'\mathrm{d}\phi' \qquad (4.36)$$

式中右边第一项是地面反射的辐射 $L_\lambda^\uparrow(\tau_{\lambda s},\mu,\phi)$ 透过大气到达 τ 高度的辐射；第二项是 τ 高度以下大气的漫辐射对 τ 高度处向上辐射的贡献。

(2) 考虑地面反射后卫星接收到的辐射

大气顶和地面的辐射边界条件：

① 大气顶的边界条件：在大气顶处，气体几乎为 0，没有散射。在白天，只有入射太阳辐射，因此大气顶的辐射边界为

$$L_{\lambda,\text{scat}}(0;-\mu,\phi) = 0 \quad \text{和} \quad L_\lambda(0;-\mu,\phi) = E_\lambda(\infty)\delta(-\mu,\mu_0)\delta(\phi-\phi_0)$$
$$(4.37)$$

② 地面边界条件：

到达地表面的辐射为

$$L_\lambda^-(\tau_{\lambda s}) = E_\lambda(\infty)\mu_0\exp\left\{-\frac{\tau_{\lambda s}}{\mu_0}\right\}+\int_0^{2\pi}\int_0^1 L_\lambda(\tau_{\lambda 1},-\mu',\phi')\mu'\mathrm{d}\mu'\mathrm{d}\phi' \qquad (4.38)$$

由此下表面的反射辐射为

$$L_\lambda^+(\tau_{\lambda s};\mu,\phi) = \rho_{\lambda s}(\mu,\phi;-\mu_0,\phi_0)E_\lambda(\infty)\mu_0\exp\left\{-\frac{\tau_{\lambda s}}{\mu_0}\right\}$$
$$+\int_0^{2\pi}\int_0^1 \rho_\lambda(\mu',\phi';\mu,\phi)L_\lambda(\tau_{\lambda 1}-\mu',\phi')\mu'\mathrm{d}\mu'\mathrm{d}\phi' \qquad (4.39)$$

式中 $\rho_{\lambda s}(\mu,\phi;-\mu_0,\phi_0)$ 是双向反射率，在(4.39)式中的右边第一项为地面对直接太阳辐射的双向反射，第二项是对向下的多次散射的反射。则卫星接收到的辐射为

$$L_\lambda^{\text{sat}}(0;\mu,\phi) = \frac{\tilde\omega_{\lambda 0}}{4\pi\mu}\int_0^{\tau_{\lambda 1}} E_\lambda(\infty)\exp\{-\tau'_\lambda/\mu_0\}P_\lambda(\mu,\phi;-\mu_0,\phi_0)\exp\left\{-\frac{\tau'_\lambda-\tau_\lambda}{\mu}\right\}\mathrm{d}\tau'_\lambda$$
$$+\frac{\tilde\omega_{\lambda 0}}{4\pi\mu}\int_0^{\tau_{\lambda 1}}\int_0^{2\pi}\int_{-1}^1 P_\lambda(\mu',\phi';\mu,\phi)L_\lambda(\tau_\lambda,-\mu',\phi')\mathrm{d}\mu'\mathrm{d}\phi'\exp\left\{-\frac{\tau'_\lambda-\tau_\lambda}{\mu}\right\}\mathrm{d}\tau'_\lambda$$
$$+\rho_\lambda(\mu,\phi;-\mu_0,\phi_0)E_\lambda(\infty)\mu_0\exp\left\{-\frac{\tau_{\lambda s}}{\mu_0}\right\}\exp\left\{-\frac{\tau_{\lambda s}}{\mu}\right\}$$
$$+\int_0^{2\pi}\int_{-1}^1\rho_\lambda(\mu',\phi';\mu,\phi)L_\lambda(\tau_{\lambda s},-\mu',\phi')\exp\left\{-\frac{\tau_{\lambda s}-\tau_\lambda}{\mu}\right\}\mu'\mathrm{d}\mu'\mathrm{d}\phi' \qquad (4.40)$$

(4.40)式中右边第一项是大气对一次散射辐射的反射；第二项是多次散射到达卫星的辐射；第三项是地面反射的太阳辐射透射大气到达卫星的辐射；第四项是地表面对大气中向下太阳散射辐射的反射透过大气到达卫星的太阳辐射。

4.1.2.3　对于忽略大气中散射的卫星接收到的辐射

当大气中的散射辐射很小时，特别是大气窗区，这时可以略去(4.40)式中第一、

二、四项,卫星接收到的辐射为

$$L_\lambda^{\text{sat}}(0;\mu,\phi) = \rho_\lambda(\mu,\phi;-\mu_0,\varphi_0)E_\lambda(\infty)\mu_0\exp\left\{-\frac{\tau_{\lambda s}}{\mu_0}\right\}\exp\left\{-\frac{\tau_{\lambda s}}{\mu}\right\} \quad (4.41)$$

如果地表面是朗伯面,则

$$L_\lambda^{\text{sat}}(0;\mu,\phi) = \frac{\rho_L(\lambda)}{\pi}E_\lambda(\infty)\mu_0\exp\left\{-\frac{\tau_{\lambda s}}{\mu_0}\right\}\exp\left\{-\frac{\tau_{\lambda s}}{\mu}\right\}$$

$$= \frac{\rho_L(\lambda)}{\pi}E_\lambda(\infty)\mu_0\widetilde{T}_\lambda(\tau_{\lambda s},\mu_0)\widetilde{T}_\lambda(\tau_{\lambda s},\mu) \quad (4.42)$$

式中 $\rho_L(\lambda)$ 是朗伯面反照率。$\widetilde{T}_\lambda(\tau_{\lambda s},\mu_0)$、$\widetilde{T}_\lambda(\tau_{\lambda s},\mu)$ 分别是太阳光入射方向和卫星观测方向的大气透过率。由于在大气窗区 $\widetilde{T}_\lambda(\tau_{\lambda s},\mu_0)\approx\widetilde{T}_\lambda(\tau_{\lambda s},\mu)\approx 1$,所以上式又可以写为

$$L_\lambda^{\text{sat}}(0;\mu,\phi) = \frac{\rho_L(\lambda)}{\pi}E_\lambda(\infty)\mu_0 \quad (4.43)$$

从(4.43)式可以看到,卫星观测到的辐射可以近似地认为与地面的反照率和太阳的天顶角有关。

4.1.2.4　有云时不考虑大气衰减到达卫星的辐射

图 4.5 中,如果云的反射率为 A_C,不考虑大气的衰减和云的吸收,则云的透过率为 $1-A_C$,图中的顶部为各次反射到达大气顶的反射太阳辐射,底部为到达地面的太阳辐射,可见到达卫星的辐射可以写为

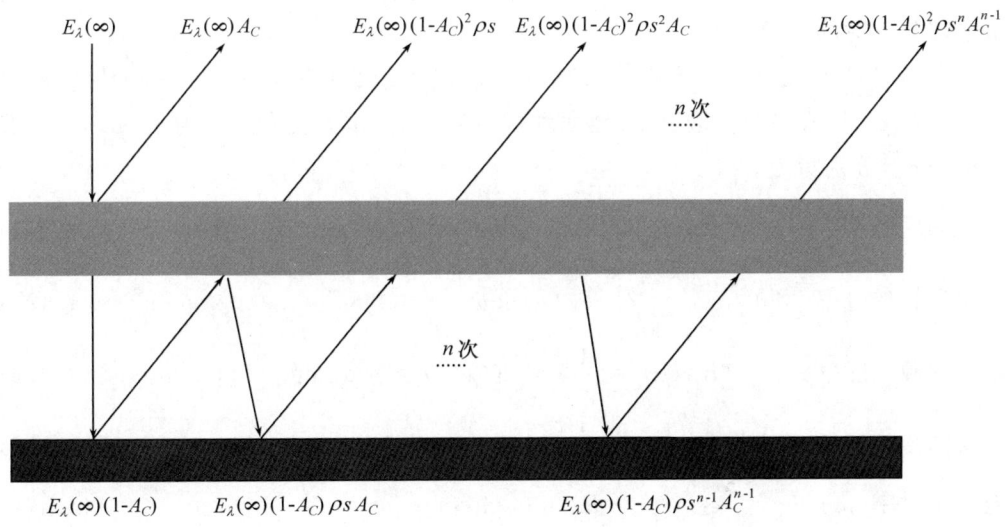

图 4.5　有云时不考虑大气衰减时到达卫星的辐射

$$F_\lambda^{\text{sat}}(0;\mu,\phi) = E_\lambda(\infty)A_C + E_\lambda(\infty)(1-A_C)^2\rho_S + E_\lambda(\infty)(1-A_C)^2\rho_S^2 A_C + \cdots$$
$$+ E_\lambda(\infty)(1-A_C)^2\rho_S^n A_C^{n-1} \qquad (4.44)$$

当 $n \to \infty$ 时，有

$$F_\lambda^{\text{sat}}(0;\mu,\phi) = E_\lambda(\infty)\left[A_C + (1-A_C)^2 \frac{\rho_S}{1-\rho_S A_C}\right] \qquad (4.45)$$

从(4.45)式可以看出，在不考虑大气衰减的情况下，卫星接收到的辐射为云的反射和地面与云间多次反射的结果。

4.1.3 在视场内部分有云考虑到可见光和红外辐射时卫星接收到的辐射

在白天的近红谱段，卫星接收到的辐射包括有目标物反射太阳辐射和自身发射的红外辐射两部分。对于部分有云的视场内，若不考虑大气的衰减，这时卫星接收到的辐射为

$$L_\lambda(\mu_0,\mu,\phi) = (1-N)\varepsilon_{\lambda s}B_\lambda(T_s) + N\varepsilon_{\lambda c}(\mu)B_\lambda(T_c)$$
$$+ N\frac{\widetilde{T}_{\lambda c}(\mu)}{1-R_{\lambda s}\widetilde{R}_{\lambda s}}[\varepsilon_{\lambda s}B_\lambda(T_s) + R_{\lambda s}\varepsilon_{\lambda c}B_\lambda(T_c)]$$
$$+ \frac{\mu_0 E_\lambda(\infty)}{\pi}\left[NR_{\lambda c}(\mu_0,\mu,\phi) + N\frac{\widetilde{T}_{\lambda s}(\mu)}{1-R_{\lambda s}R_{\lambda c}} + (1-N)R_{\lambda s}\right] \qquad (4.46)$$

式中右边第一项是视场内晴空部分地面发射的辐射，第二项是视场内云区部分发射的辐射，第三项是地面发射透过云的热辐射和云向下发射、并被地面反射透过云的辐射，第四项是太阳辐射，它包括三部分：云反射辐射、来自地面透过云的辐射和视场内晴空部分反射的太阳辐射。

在(4.46)式中，$\widetilde{R}_{\lambda c}$ 为云层的反照率，$\widetilde{T}_{\lambda c}$ 是云层通量透过率，$\hat{R}_{\lambda c}(\mu)$ 云层的漫反射率，$\hat{T}_{\lambda c}(\mu)$ 是云层的漫透射率，地面发射率为 $\varepsilon_{\lambda s}$，云层方向发射率为 $\varepsilon_{\lambda c}(\mu)$，云层发射率为 $\widetilde{\varepsilon}_{\lambda c}$，分别写为

云层的反照率 $\qquad \widetilde{R}_{\lambda c} = 2\int_0^1 \hat{R}_{\lambda c}(\mu)\mu \mathrm{d}\mu \qquad (4.47\text{a})$

云层通量透过率 $\qquad \widetilde{T}_{\lambda c} = 2\int_0^1 \hat{T}_{\lambda c}(\mu)\mu \mathrm{d}\mu \qquad (4.47\text{b})$

云层的漫反射率 $\qquad \hat{R}_{\lambda c}(\mu) = \frac{1}{\pi}\int_0^{2\pi}\int_0^1 R(\mu',\mu,\phi)\mu' \mathrm{d}\mu' \mathrm{d}\phi \qquad (4.47\text{c})$

云层的漫透射率 $\qquad \hat{T}_{\lambda c}(\mu) = \frac{1}{\pi}\int_0^{2\pi}\int_0^1 T(\mu',\mu,\phi)\mu' \mathrm{d}\mu' \mathrm{d}\phi \qquad (4.47\text{d})$

地面发射率 $\qquad \varepsilon_{\lambda c} = 1 - R_{\lambda s} \qquad (4.47\text{e})$

云层方向发射率 $\qquad \varepsilon_{\lambda c}(\mu) = 1 - \hat{T}_{\lambda c}(\mu) - \hat{R}_{\lambda c}(\mu) \qquad (4.47\text{f})$

云层发射率 $\qquad \widetilde{\varepsilon}_{\lambda c} = 1 - \widetilde{T}_{\lambda c}(\mu) - \widetilde{R}_{\lambda c}(\mu) \qquad (4.47\text{g})$

4.1.4 卫星感应器感应的辐射

如果卫星观测仪器的光学口径为 ΔA,则卫星仪器对观测点张的立体角近似写为

$$\Delta \Omega \cong \frac{\Delta A}{l^2} \tag{4.48}$$

式中,l 是卫星观测仪器到目标物间的距离。如卫星观测面积为 ΔS,星下点处卫星观测面积为 ΔS_0,卫星天顶角为 θ_s,则 ΔS 与 ΔS_0 的关系为

$$\Delta S = \frac{1}{\cos\theta_s} \cdot \frac{l^2}{h^2} \cdot \Delta S_0 = \frac{1}{\mu_s} \cdot \frac{l^2}{h^2} \cdot \Delta S_0 \tag{4.49}$$

式中,h 是卫星高度。则由(4.49)式可知,进入卫星仪器的辐射通量为

$$\Phi_\lambda = \frac{\Delta S \cdot \Delta A \eta \widetilde{T}}{l^2} L_\lambda(\mu_s) \cdot \mu_s = \frac{\Delta S_0 \cdot \Delta A \eta \widetilde{T}}{l^2} L_\lambda(\mu_s) \tag{4.50}$$

式中 $L_\lambda(\mu_s)$ 是卫星接收到的辐射,η 是卫星仪器的效率,$\widetilde{T}$ 是大气透过率。

4.2 卫星云图观测原理

4.2.1 卫星在反射太阳光谱段接收到的辐射

4.2.1.1 反射太阳光谱段云图观测原理

卫星在反射太阳光谱段接收的主要是地面或云面反射的太阳辐射,在大气窗区,如果略去大气的作用,卫星接收的辐射与地面和云面的反照率成正比,地面的反照率越大,反射太阳辐射越大,所谓反照率,它是地面总的反射太阳辐射与入射到地面太阳辐射的比值;同时与入射到地面的太阳辐射有关,早晨由于太阳高度角小,到达地面的太阳辐射小,地面反射太阳辐射也小,卫星接收的辐射也小。因此 $L_\lambda^{\text{sat}}(0;\mu,\phi)$ 可以表示为

$$L_\lambda^{\text{sat}}(0;\mu,\phi) = \frac{\rho_L(\lambda)}{\pi} E(\lambda,\infty)\mu_0 \tag{4.51}$$

式中,$\rho_L(\lambda)$ 是地面反照率,$E(\lambda,\infty)$ 是入射到大气顶的太阳辐射,$\mu_0 = \cos\theta_0$,θ_0 是太阳天顶角。从(4.51)式中可以看到,如果不计大气的影响,卫星可见光谱段测量的辐射,主要取决于:(1)地面反照率 $\rho_L(\lambda)$,地面反照率越大,卫星接收的辐射越大;(2)太阳天顶角 θ_0,θ_0 越小,入射太阳辐射越大,目标物反射的太阳辐射就越大。

4.2.1.2 反射太阳光谱段云图通道的选取

反射太阳光谱段为 $0.3\sim 3\mu m$,其中 $0.3\sim 0.76\mu m$ 为可见光谱段,$0.76\sim 3\mu m$ 是

近红外谱段。谱段的选择主要考虑到云图的应用目的。在可见光云图或红外云图都能进行云的判别,但是随卫星云图应用范围愈来愈广泛,卫星资料用于农业和大气环境监测。图 4.6 标出了 MSG、VIIRS、MODIS、FY-C、AVHRR 仪器在反射光谱通道的位置。如果要探测云,可取可见光、近红外等谱段;如要将积雪、冰云、水云区分开,可选择近红外 1.6μm 和 2.2μm 谱段。如果探测植被分布,则选择可见光红波段与近红外波段的组合,如此等等。

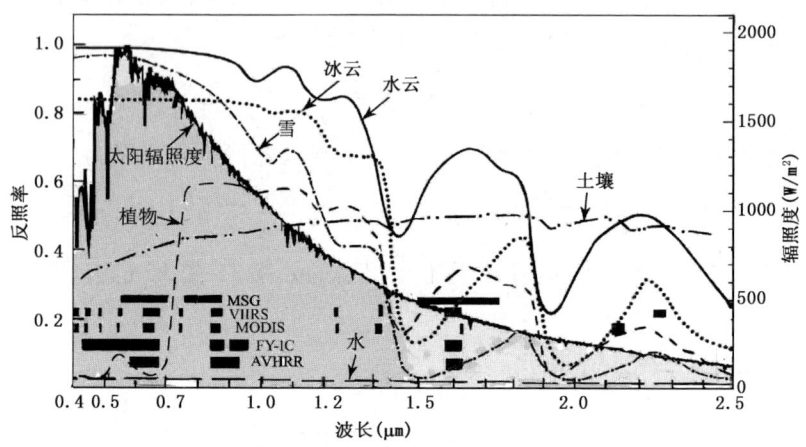

图 4.6 太阳光谱曲线、目标物光谱特性和通道选择

4.2.2 卫星在地球大气发射谱段接收到的辐射

4.2.2.1 卫星遥感探测大气的基本方程

由(4.15)式,卫星在红外波段接收的主要是地面、云面和大气发射的红外辐射,接收的辐射 $L_\lambda^{sat}(\mu)$ 可以表示为

$$L_\lambda^{sat}(\mu) = \varepsilon_{\lambda s} B_\lambda [T(p_s)] \widetilde{T}_{\lambda s}(p_s, \mu) + \int_{p_S}^{0} B_\lambda [T(p')] \frac{\partial \widetilde{T}_\lambda(p', \mu)}{\partial p'} dp' \quad (4.52)$$

式中,$\varepsilon_{\lambda s}$ 是地表面发射率,p_s 是地面气压,$T(p_s)$ 是地表面温度,$B_\lambda[T(p_s)]$ 是地表面的普朗克辐射,$\widetilde{T}_{\lambda s}(p_s, \mu)$ 是在卫星观测方向 θ 从地面到大气顶的透过率,$T(p)$ 是在 p 高度上的大气温度,$B_\lambda[T(p)]$ 是 p 高度上的普朗克辐射,$\widetilde{T}_\lambda(p, \mu)$ 是 p 高度 θ 方向到大气顶的透过率,$\partial \widetilde{T}_\lambda(p, \mu)/\partial p$ 是大气透过率随高度的改变。(4.52)式是**卫星遥感探测大气的基本方程**。

卫星在红外谱段 $\lambda_1 \to \lambda_2$ 接收到的辐射可以写为

$$L(\theta) = \int_{\lambda_1}^{\lambda_2} L_\lambda(\theta) d\lambda = \int_{\lambda_1}^{\lambda_2} \left\{ \varepsilon_{\lambda s} B_\lambda(T_s) \widetilde{T}_{\lambda, s}(\theta) + \int_{P_S}^{0} B_\lambda[T(p)] \frac{\partial \widetilde{T}_\lambda(p, \theta)}{\partial p} dp \right\} d\lambda \quad (4.53)$$

卫星在红外大气窗区观测，$\widetilde{T}_{\lambda,s}=1$，则如果略去大气效应，即(4.53)式中右边的第二项大气辐射项可以略去，这时方程简化为

$$L(\theta) = \int_{\lambda_1}^{\lambda_2} L_\lambda(\theta) d\lambda = \int_{\lambda_1}^{\lambda_2} \varepsilon_{\lambda,s} B_\lambda(T_s) \widetilde{T}_{\lambda,s}(\theta) d\lambda \qquad (4.54)$$

又如红波段 10.5～12.5μm 范围内，$\varepsilon_{\lambda,s} \cong 1$，及 $\widetilde{T}_{\lambda,s}(\theta) \cong 1$，则上式又写为

$$L(\theta) = \int_{10.5}^{12.5} B_\lambda(T_s) d\lambda \qquad (4.55)$$

或以辐射通量表示为

$$\Phi(\theta_{sat}) = \int_{10.5}^{12.5} B_\lambda(T_s) \cos\theta \Delta\Omega \Delta S d\lambda \qquad (4.56)$$

式中，T_s 是表面温度，$\Delta\Omega$ 是卫星仪器观测立体角，ΔS 是卫星观测地表面积。从(4.56)式可见，在 10.5～12.5μm 红外谱段，卫星接收到辐射仅与温度有关，物体的温度越高，卫星接收到的辐射就越大；温度越低，辐射越小。如果将卫星在红外谱段接收到的辐射转换为图像，辐射大用暗的色调表示，辐射越小，色调越白。这样就得到红外云图。因此在红外图上的色调表示了物象的温度分布。由红外云图上的色调可以推算地表面的温度。

4.2.2.2 中红外光谱段云图通道的选取

中红外光谱段是一个较宽的谱段，在这谱段内有水汽、二氧化碳、臭氧等吸收气体的吸收谱线和带，强度分布相差很大，对吸收很小的一些谱段表现为大气窗区。卫星在这些谱段接收的辐射表示的不同的大气状态。图 4.7 给出欧洲空间局气象卫星 MGS 仪器使用的谱带的权重函数，从图中可以看到：3.9μm、8.7μm、9.7μm、10.8μm、12.0μm 等大气窗区或大气吸收小的通道的权重函数高度较低，卫星接收来

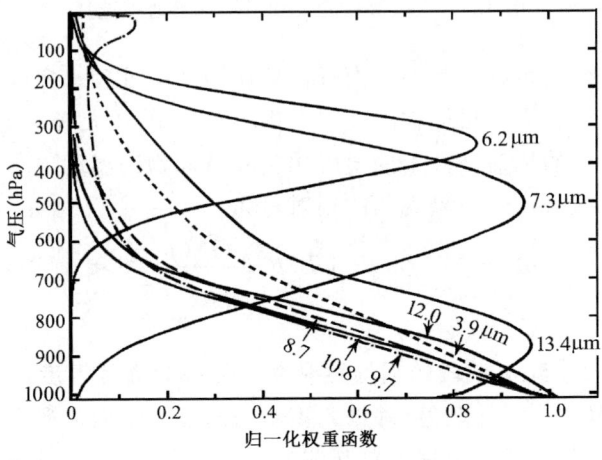

图 4.7　MGS 仪器通道的权重函数

自低层的辐射,可以获取低层大气或地表面介质的特性;13.4μm 接近 CO_2 强吸收带 15.0μm,有一定大气吸收,权重函数高度处在 900~800hPa 附近,可获取这高度的大气状态。7.3μm 和 6.2μm 都是水汽吸收带,但吸收强度不同,对于 7.3μm 通道权重函数处在 500~400hPa 附近高度,一方面可反映这高度水汽状况,另可获取这高度的大气环流。6.2μm 是强吸收带区,MGS 仪器取的谱段较宽,所以权重函数位置最高,在 300hPa 附近,能取得最高层大气的信息。图 4.8 是 HIMAWARI 和 MGS 器的通道与大气吸收光谱间的关系。两个仪器取的谱段的范围和宽度都不相同,卫星获得的信息也不会完全一致。所以在利用卫星资料时要对每个卫星仪器有所了解。

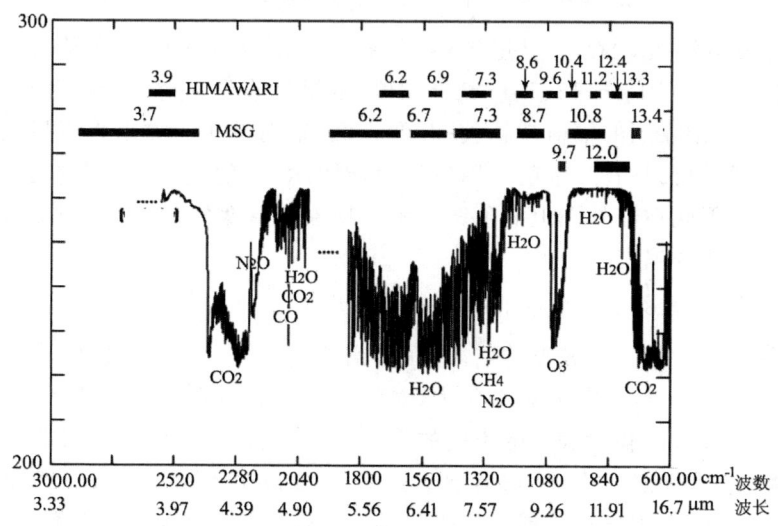

图 4.8　大气吸收光谱和卫星观测通道选择

在上面,将红外谱段的云和地表面近似地作为黑体处理。实际上,云和地表不是真正的黑体,由于所有实际目标物的发射率都小于 1,以及大气对地表(云)辐射的吸收,因此卫星接收到的辐射推算出的温度比实际目标物的温度要小,由此估算的云顶高度偏高。对于实际情况,卫星观测的辐射写为

$$L(\theta_{sat}) = \bar{\varepsilon}\int_{10.5}^{12.5} B_\lambda(T_s)d\lambda + \int_{10.5}^{12.5}\left\{\int_{p_s}^{0} B_\lambda[T(p)]\frac{\partial \widetilde{T}_\lambda(p,\theta_{sat})}{\partial p}dp\right\}d\lambda = \bar{\varepsilon}L_b = B(T_{BB})$$
(4.57)

式中,$\bar{\varepsilon}$ 是 10.5~12.5μm 波段的平均发射率,T_{BB} 称为**亮度温度**,它是指将卫星观测到的辐射看成是普朗克黑体辐射,并据此算出的温度。因而从严格意义上说,红外云图是一幅亮度温度分布图。根据卫星观测表明,大多数云的发射率为 0.75 左右,由卫星观测值按普朗克公式算出的温度,考虑到温度高低和视角的大小需加 5~10K

的订正，计算的云顶高度比实际的高 1km。实际的表面温度与亮度温度间关系为

$$T_s = T_{BB} + \Delta T \tag{4.58}$$

式中，T_s 是实际的表面温度，ΔT 是大气订正温度。

对于计算地面温度，必须要考虑到地表发射率。图 4.9 给出地表发射率的光谱分布，可以看到沙漠在 $4.0\mu m$、$8.7\mu m$ 发射率的表现谷值，在大于 $10.5\mu m$，所有物体表面发射率大于 0.95，一般情况下，物体可以作为黑体，但计算真实表面温度时，发射率会引起一定误差。

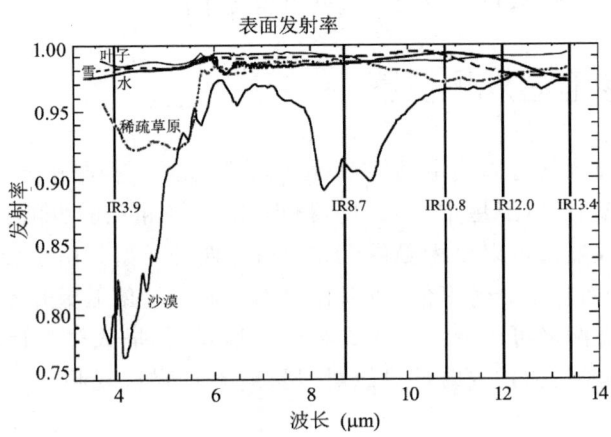

图 4.9 地面物体表面发射率的光谱曲线

4.2.3 卫星接收到的短波红外辐射

通常将 $3.0\sim 4.0\mu m$ 谱段称为短波红外谱段，白天卫星感应器在短波红外通道接收到的辐射为

$$L^{\text{sat}}(0;\mu,\phi) = \int_{3.55}^{3.93} \frac{\rho_L(\lambda)}{\pi} E_\lambda(\infty)\mu_0 \text{d}\lambda + \int_{3.55}^{3.93} \varepsilon_{\lambda,s} B_\lambda(T_s) \text{d}\lambda \tag{4.59}$$

式中右边第一项是地(云)面反射的太阳辐射，第二项是地(云)面自身发射的辐射。从(4.59)式可见，卫星白天接收的辐射决定于地(云)面反照率及其发射率和温度，温度越高、反照率和发射率越大，卫星接收的辐射越大，反之则越小。如果将卫星在短波红外谱段接收到的辐射转换为图像，辐射大用暗的色调表示，辐射越小，色调越白。这样就得到短波红外云图。

4.2.4 卫星在水汽通道接收的辐射

在水汽通道卫星接收到的辐射为

$$L^{sat}(\theta) = \int_{5.7}^{7.3} L_\lambda(\theta) d\lambda = \int_{5.7}^{7.3} \left\{ \varepsilon_{\lambda s} B_\lambda(T_s) \widetilde{T}_{\lambda,s}(\theta) + \int_0^\infty B_\lambda[T(z)] \frac{\partial \widetilde{T}_\lambda(z,\theta)}{\partial z} dz \right\} d\lambda$$
(4.60)

式中右边第一项为地(云)面发射的辐射;第二项是水汽发射的辐射;$B_\lambda[T(z)]$ 是 z 高度处水汽发出的红外辐射;$B_\lambda[T_s]$ 是地面的普朗克辐射;$\varepsilon_{\lambda s}$ 是地面发射率;$\widetilde{T}_{\lambda,s}(\theta)$ 是地面到大气顶的水汽透过率;$\widetilde{T}_\lambda(z,\theta)$ 是 z 到大气顶的透过率;$\partial \widetilde{T}_\lambda(z,\theta)/\partial z$ 是水汽透过率,随高度变化。如果将卫星在水汽谱段接收到的辐射转换为图像,辐射大用暗的色调表示,辐射越小,色调越白。这样就得到水汽图。

4.3 气象卫星观测仪器

卫星观测地球大气可以是主动式,也可以的被动式。但是由于主动式体积大、重量重及消耗能源多,所以卫星主要采用体积小、重量轻和耗能少的被动式遥感仪器。卫星被动式观测仪器又可以分为摄像机和辐射计两种类型。由于摄像方式只能取得白天的云图资料,而且其分辨率低,所以自第二代业务气象卫星开始都采用辐射计进行观测。辐射计观测又可以分为扫描式和非扫描式,扫描式辐射计可以获取较大范围的观测资料,而非扫描式辐射计只能对卫星星下点附近观测,覆盖面积较小,但空间分辨率高。

如果按卫星获得的资料产品来分,辐射计还可以分成:①成像型辐射计(或称图像仪),这类辐射计主要是将辐射计测量到的值转换成图像,通常具有较高的地面分辨率和大的观测范围,所以成像素型辐射计大多是扫描型的,并使用较宽的波长间隔,以得到更多的辐射能,现在的卫星云图都是由这种辐射计取得的;②非成像素型辐射计(光谱辐射计),这种辐射计主要是获取探测数据,如测量大气温度、成分等,这种辐射计的地面分辨率较低,可以是扫描型,也可以是非扫描型,所用的光谱通道较多,每个通道的波长间隔很窄,具有高的光谱分辨率;③成像素和非成像素混合型辐射计,这是美国静止卫星上曾用过的辐射计,其采用的光谱通道较多,其中一些用于成像素,另一些用于如想获取大气温度等目的。

4.3.1 卫星仪器的组成

卫星仪器在空间接收来自地球大气系统自身发射或反射太阳的辐射,这种测量辐射的仪器称作**辐射计**。如图 4.10 中,一个辐射计由扫描仪、光学系统、探测器、信号处理和信号输出四部分组成,这四部分的功能如下。

4.3.1.1 光学系统

光学系统的作用是收集目标物发出的辐射能,并将其传给探测器。光学系统包

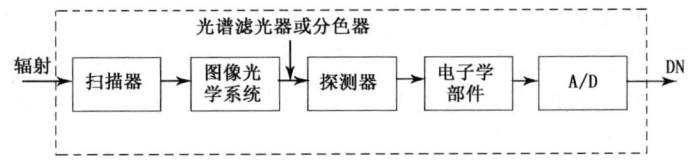

图 4.10　卫星遥感辐射计的组成部分

括光栅、集光口径和聚焦系统。仪器的视场由光栅和集光口径决定,所谓仪器的视场是指仪器对一个目标物的存在而引起响应的空间立体角。图 4.11 是卫星对地观测的基本组成图,光学系统包括由马达带动的旋转扫描镜、光学聚焦系统。图 4.12 是卫星仪器光学系统结构图。

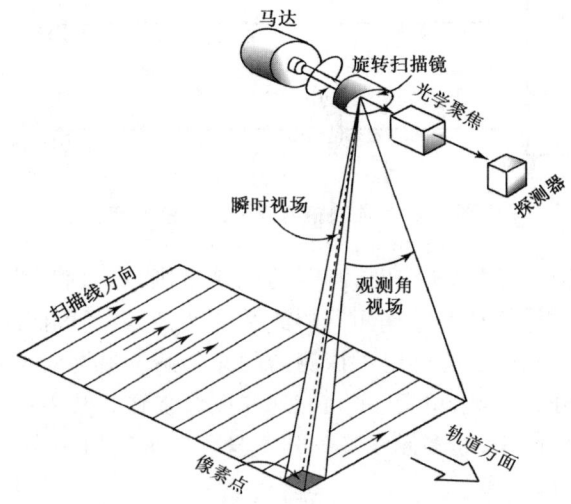

图 4.11　卫星观测仪器主要部件和对地观测

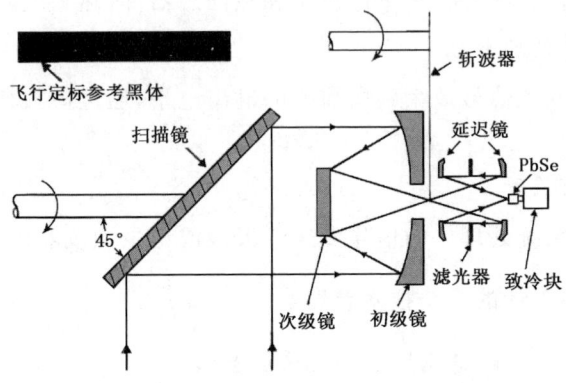

图 4.12　扫描辐射仪光学系统结构

4.3.1.2 探测器

它是将仪器接收到的辐射能转换为电信号。在辐射投射到探测器之前,还需按探测通道将进行分色处理,图 4.13 给出了辐射通道的分色处理示意图。

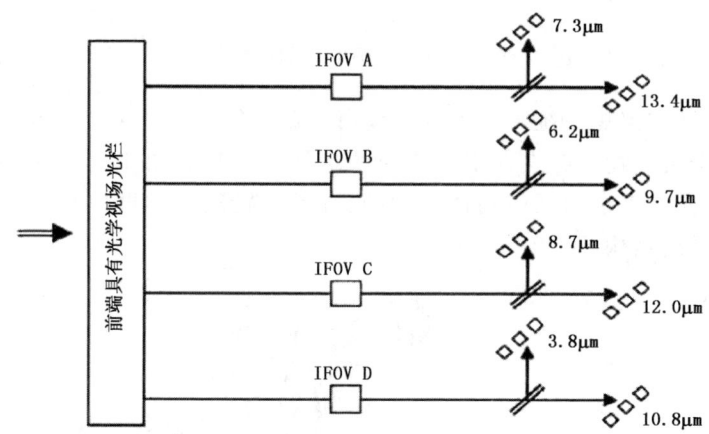

图 4.13 探测辐射通道的分色处理

表征探测器特征的参数有:(1)探测器的光谱范围;(2)时间常数,它确定探测器的信息速率;(3)噪声等效功率或探测器的灵敏度,它确定了可探测的最低信号电平;(4)探测器的实际物理尺寸,它确定了探测器的光学系统最终的灵敏度。

探测器还可以分为三类:单元、多元阵列和成像装置。其中单元探测器对景物进行二维扫描形成一幅图像;而多元线阵阵列本身覆盖景物的一维,另一维则依靠光学系统的机械扫描完成。

在紫外、可见光和近红外谱段,通常采用光电发射器件(如光电倍增管)和固态器件(如光敏二极管);在红外波段,采用量子和热固态器件(热敏电阻)。

4.3.1.3 信号处理系统

将来自探测器的电信号放大到所需要的输出电平,通过模数转换,并将其处理为所要求的格式流。

4.3.1.4 输出装置

将由信号处理系统处理好的信号发送给天线或记录到仪器内部的有关介质上。

4.3.2 表征辐射计的几个技术参数

为确定辐射计的特性,通常用以下几个参数表示:

4.3.2.1 响应度 R 和光谱响应函数 Φ

所谓**响应度** R 是指每单位输入功率的探测器输出大小,即为输出信号电压(或电流)与入射功率之比,写为

$$R = \frac{V_s}{EA_d} \tag{4.61}$$

式中,V_s 是输出信号电压,E 是辐照度,A_d 探测器的面积。由于卫星是在一定波长间隔内进行测量,在这波长间隔内,响应度以随波长而变,这种以随波长 λ 为函数的辐射响应称为**光谱响应函数** Φ。响应函数通常以波长 λ 和与响应函数峰值相应的波长 λ^* 来表示,即 $\Phi = \Phi(\lambda, \lambda^*)$,它一般是归一化的,即

$$\int_0^\infty \Phi(\lambda, \lambda^*) \mathrm{d}\lambda = 1 \tag{4.62}$$

如果入射到卫星仪器的辐射为 $L(\lambda)$,考虑到仪器的光谱响应,则对卫星仪器的探测器有响应的辐射为

$$L(\lambda^*) = \int_0^\infty \Phi(\lambda, \lambda^*) L(\lambda) \mathrm{d}\lambda \tag{4.63}$$

式中,$L(\lambda^*)$ 是仪器的探测器对入射辐射的响应辐射。

定义通道有效带宽

$$\omega = \int_{\lambda_1}^{\lambda_2} R_\lambda \mathrm{d}\lambda \tag{4.64}$$

定义通道有效波长

$$\lambda_e = \left[\int_{\lambda_1}^{\lambda_2} \lambda R_\lambda F_\lambda \mathrm{d}\lambda \right] / F_\lambda \tag{4.65}$$

4.3.2.2 等效噪声功率 NEP

这是指探测器产生信噪比为 1 所需的辐射功率,或是投射到探测器上,使产生的均方根电压等于探测器本身均方根噪声电压时的辐射功率,即

$$\frac{NEP}{V_n} = \frac{EA_d}{V_s} \tag{4.66}$$

或

$$NEP = \frac{EA_d V_n}{V_s} \tag{4.67}$$

式中,V_n 是探测器输出的噪声电压的均方根值。它表示了信号与噪声的关系,当 $NEP > 1$ 时,表示信号大于噪声。

4.3.2.3 等效噪声温度差 $NE\Delta T$

等效噪声温度差是指目标物温度的改变而引起投射到探测器的辐射功率的改变正好等于等效噪声功率时的温度差。或者是目标物温度的改变引起的响应正好等于仪器输出端的均方根噪声电压。

4.3.2.4 探测度 D 和探测灵敏度 D^*

探测度表示每瓦辐射功率所能获得的均方根信号噪声电压比,它是 NEP 的倒数

$$D=1/NEP \quad (4.68)$$

而探测灵敏度 D^* 表示探测单位面积为 $1cm^2$、带宽为 $1Hz$ 时的探测度,即

$$D^* = D(A_d \Delta f)^{1/2} = \frac{V_s \sqrt{A_d \Delta f}}{V_n E A_d} \quad (4.69)$$

4.3.2.5 信噪比

所谓**信噪比**是信号 S 与噪声 N 之比,定义为

$$SNE = \frac{S}{N} = \int_0^\infty \frac{E(\lambda)d\lambda}{NEI(\lambda)} \quad (4.70)$$

式中,$E(\lambda)$ 是入射至接收孔径处的光谱辐照度;$NEI(\lambda)$ 是**等效噪声照度**。

4.3.3 卫星探测的分辨率

卫星仪器探测的分辨率是指从卫星上能区别两个相邻物体的能力,或者是能分清两个物体的最短距离。如果两个物体间距离小于卫星探测的分辨率,则这两个物体不能分辨。表示卫星探测分辨率的参数有三个:空间分辨率、灰度分辨率和时间分辨率。

4.3.3.1 空间分辨率

这是指卫星在某一时刻观测地球的最小面积。从卫星到观测地表面积之间构成的空间立体角称作**瞬时视场**(instantaneous field of view,IFOV)。卫星从某时刻观测到的辐射就是与瞬时视场相应的地表小块面积内所有物体反射或发射的辐射的总和,这小块面积称作**像素**,像素是构成云图的最小单位。卫星的瞬时视场决定了卫星的空间分辨率。空间分辨率以由卫星观测到的最小面积的直径表示,单位 km。也可以用卫星的瞬时视场角表示,单位 mrad,$1mrad=10^{-3}rad=57.29\times10^{-3}(°)$。由于卫星的瞬时视场角很小,所以在星下点处地面可分辨面积的直径与瞬时视场间的关系可近似写为

$$d_0 = h \times L \quad (4.71)$$

式中,d_0 是卫星星下点地面面积直径,h 是卫星高度,L 是瞬时视场角弧度。

如图 4.14 所示,相邻像素点之间的间隔称之为地面取样间隔(GIS),它取决于仪器在轨道方向和垂直轨道方向扫描的速率,通常它又等于地面瞬时视场。地面取样间隔由卫星感应器的高度、感应器的焦距和感应器之间的间隔。如果每一像点取样速率等于感应器间隔,则取样间隔简单地写为

$$GIS = 感应器间隔 \times h/f = 感应器间隔/m \quad (4.72)$$

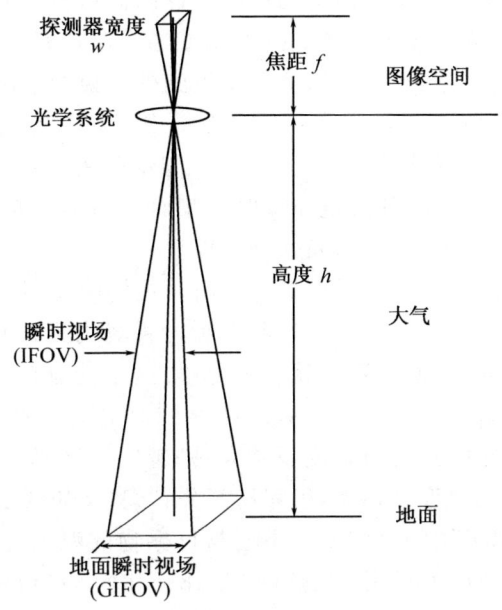

图 4.14 卫星取样间隔与瞬时视场

式中,f/h 是放大倍数 m。对于单个探测器的瞬时视场可表示为

$$瞬时视场(IFOV) = 2\tan^{-1}\{w/(2f)\} \cong w/f \tag{4.73}$$

则地面瞬时视场为

$$GIFOV = 2h\tan[IFOV/2] = w \times h/f = w/m \tag{4.74}$$

由(4.74)式,根据探测器的宽度和放大倍数就可以分别求出地面取样间隔和地面瞬时视场。

为了识别地面目标物和云系的细微特征,要求瞬时视场尽可能小,但是瞬时视场减小,进入仪器的辐射能减小,以致仪器的探测器没有响应。因此为了提高空间分辨率,必须提高仪器的灵敏度。对于一定灵敏度的探测器瞬时视场不能任意地小。由于可见光波段的辐射能远较红外要大,所以其瞬时视场可以取得小一些,其空间分辨率也就较红外要大。

卫星的空间分辨率与卫星的高度有关,卫星的高度越高,在同样的瞬时视场下,观测面积增大,空间分辨率下降。此外它还与卫星的视角有关,视角倾斜,观测面积增大,分辨率下降。

4.3.3.2 辐射计分辨率——灰度分辨率或温度分辨率

辐射计分辨率是指投射到探测器上辐射的响应,如果探测器对入射的辐照度的响应度为零,说明仪器对该辐射不能分辨。卫星在瞬时视场接收到的辐射进入光学系统后到达探测器,能否检测到目标物取决于探测器对该辐射的响应,这响应可通过探测器(量子探测器)内电子能级的直接作用或通过吸收辐射加热探测器,从而改变如电阻(热探测器)的特性,也就是探测器检测到外部源的电压变化。这些包括:①在探测器内电子热运动(Johnson 噪声);②表面不规则和电常用数;③电流的量子特性(发射噪声)。为提高信噪比,可采用大的光学能量收集系统,对探测器实行致冷,增大探测器探测时间。信号与噪声电压按时间集合为一数字值,然后将相应于背景的每一条扫描线的数字值实行编码,发送到地面。

在红外或可见光云图上,如果两个邻接瞬时视场的反照率或温度相同,则其色调也相同,这就无法区分它们。但是当这两个瞬时视场内目标物的温度或反照率有差异,并达到一定数值时,这两个视场就能被分辨,这个能分辨的最小温度差或反照率差值称之温度分辨率或灰度分辨率。对于红外谱段,通常用噪声等效温度差($NE\Delta T$)表示,如果邻接视场的温度差越大,则越容易区别它们。如在红外云图上,卷云、积雨云与地面的温度差很大,很容易区分它们,又如低云与地面的温差较小,就不易区别它们。卫星云图的分辨率大小还与目标物的温度有关,如目标物的温度为 300K 时,$NE\Delta T \approx 0.3K$,而当目标物温度为 185K 时,$NE\Delta T \approx 1.4K$。

4.3.3.3 时间分辨率

时间分辨率是指卫星对同一地区观测的时间间隔。其与卫星的扫描速率、扫描区域和选用的卫星轨道等有关。例如,极轨气象卫星每 12 小时对全球进行一次观测,静止气象卫星每隔半小时对某一固定区域进行一次观测。高的时间分辨率可以观测变化快、生命短的目标物。表 4.1 给出了某些应用卫星的时间分辨率。

表 4.1 几类常用卫星观测时刻和的时间分辨率

项目	AVHRR MVIRR	陆地卫星 1,2,3	陆地卫星 4,5	SPOT 卫星	IRS-1A IRS-1B	MODIS (EOS)	FY-2 GMS GOES
观测时间间隔(d)	1 7h(两星系统)	18	16	26(天底) 1 或 4~5 (定点)	22	2	30 分钟
白天过赤道时间	07:30 上午 或 13:00 下午	09:30~10:00 上午	09:45 上午	10:30 上午	10:30 上午	10:30 上午 或 13:30 下午	

4.3.3.4 光谱分辨率

光谱分辨率是指卫星探测通道取的波长间隔,对于不同的探测目的光谱分辨率不同。卫星探测的空间分辨率、温度分辨率和时间分辨率是相互制约的。低的空间分辨率,即较大的瞬时视场可以换取较好的分辨率和时间分辨率。当仪器的瞬时视场和灵敏度一定时,温度分辨率与仪器扫描速度有关。仪器的扫描速度慢时,对目标物停留的时间较长,就能接收到更多的辐射能,从而具有较高的温度分辨率。反之若要提高卫星的观测速度,必然会牺牲温度分辨率。

4.3.4 卫星探测仪器的标定

卫星资料的定量应用必须要对仪器进行标定。所谓标定就是将卫星观测到的辐射值与仪器输出建立对应关系。卫星仪器的标定有发射前地面标定和卫星发射后轨道上的标定两种方式,在卫星发射前,以不同的辐射参考源,在各种环境下对卫星仪器标定。在卫星发射以后,仪器的性能还会随时间改变,所以还要进行轨道上仪器标定,此时是以内部黑体和宇宙空间作为标定的参考源。

标定过程是通过一定手段测量参考源黑体温度、黑体辐射的电信号计数值,以及宇宙空间电信号计数值,并由此得到一条校正曲线。包括以下内容。

4.3.4.1 红外校正

卫星仪器红外通道的校正是按以下几步进行的:

(1) 建立电压与灰度关系。为方便起见电压与灰度之间一般取线性关系

$$C = \alpha_1 + \alpha_2 V \tag{4.75}$$

式中,α_1、α_2 是回归系数,由最小二乘法确定,C、V 分别是测得的灰度和电压。

(2) 建立电压与辐射量间的关系:如果相应仪器内的暖黑体参考源和宇宙空间的灰度分别为 C_{sh}、C_{sp},其电压值是 V_{sh}、V_{sp},T_e 和 $L(T_e)$ 是暖黑体的温度和辐射率,则对辐射 R 的电压为

$$V = \frac{V_{sh} - V_{sp}}{L(T_e)} R + V_{sp} = GR + V_{sp} \tag{4.76}$$

式中

$$L(T_e) = \varepsilon \int_{\lambda_1}^{\lambda_2} B(\lambda, T_e) \phi(\lambda) d\lambda \Big/ \int_{\lambda_1}^{\lambda_2} \phi(\lambda) d\lambda$$

$$G = (V_{sh} - V_{sp})/L(T_e)$$

式中,ε 是比辐射率,$\phi(\lambda)$ 是仪器响应函数。

(3) 建立辐射与灰度间关系:根据(4.75)和(4.76)式就得

$$R = \left(\frac{C - \alpha_1}{\alpha_2} - V_{sp}\right) \cdot \frac{1}{G} \tag{4.77}$$

辐射与温度的关系由普朗克公式确定。图 4.15 是 VISSR 仪器灰度、温度、电压和能量间的转换关系曲线。其中 V-C 由(4.75)式确定,V-E 由(4.76)式确定,E-T 由(4.77)式确定。α_1、α_2 可以由(4.75)和(4.77)式确定。G V_{sp} 可以取卫星每日观测时的平均值 $\overline{G}$ 和 $\overline{V}_{sp}$。

4.3.4.2 可见光校正

对于可见光通道的定标有以下几步:

(1)建立灰度与电压的关系:在可见光区,灰度与电压的平方根成正比,即

$$C = \beta_1 + \beta_2 \sqrt{V} \tag{4.78}$$

式中,β_1、β_2 是由最小二乘法确定的系数。

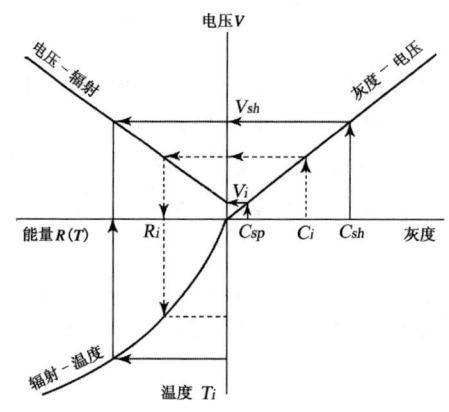

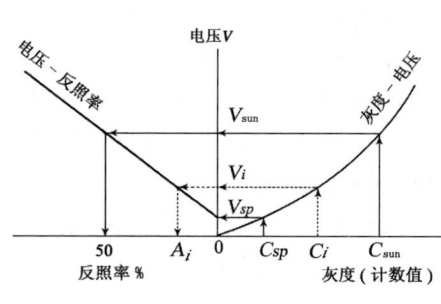

图 4.15　VISSR 红外定标曲线　　　图 4.16　VISSR 可见光定标曲线

(2)建立反照率和电压之间的关系:若 C_{sp}、C_{sun} 是卫星观测宇宙空间和太阳时的灰度,对应的电压为 V_{sp}、V_{sun},由于仪器设计时只允许 50% 的反射太阳辐射进入卫星仪器,故反照率与电压的关系为

$$V = 0.5(V_{sun} - V_{sp})A + V_{sp} \tag{4.79}$$

式中,A 是反照率。

(3)建立反照率与灰度间的关系:由(4.78)和(4.79)式消去 V 得

$$A = \left(\frac{(C - \beta_1)^2}{\beta_2^2} - V_{sp} \right) \cdot \left(\frac{0.5}{V_{sun} - V_{sp}} \right) \tag{4.80}$$

图 4.16 给出了 VISSR 可见光通道电压、灰度和反照率间的关系曲线,显然灰度与电压间呈二次曲线关系。

4.3.5　卫星的空间扫描方式

卫星在空间对地观测主要依靠扫描镜或探测器阵列在一维或二维方向上扫描景物。如图 4.17 中,卫星对地扫描的方式大致有以下四种:(1)单个探测器线扫描(图 4.17a):扫描的方向通常为轨道方向和垂直于轨道方向进行扫描。垂直于轨道的扫描由一马达带动并 与其成 45° 角的旋转扫描镜实现,另在旋转镜扫描的同时依靠卫星在轨道上运动实现轨道方向的扫描。卫星的分辨率与卫星的运动速度和旋转镜的转速有关,通常扫描镜速度越大,扫描线密度越大,其空间分辨率就越高。另有一种是由摆动镜代替旋转镜,垂直轨道方向的扫描由摆动镜来回摆动完成。(2)多探测器

扫描(图 4.17b):这是在轨道方向并列若干探测器,当旋转镜在垂直轨道方向扫描,每扫描一次可得多条扫描线,从而提高空间分辨率。(3)线性阵列探测器前推式扫描(图 4.17c):这是在垂直轨道方向上放置一系列探测器,构成探测器阵列,依靠卫星向前运动,这种方式不需要扫描镜及驱动装置,能使探测器始终面向地球,提高空间分辨率。(4)圆锥扫描(图 4.17d):扫描镜绕垂直轴旋转,在地面形成圆锥与地球相截的扫描线。这种扫描的特点是观测方向与目标物天顶方向之间的角度始终为常数。

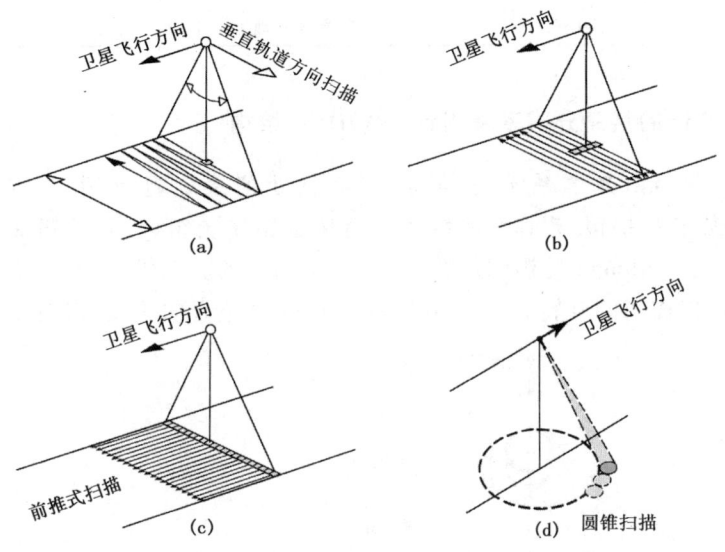

图 4.17 卫星的扫描方式

4.4 极轨气象卫星观测仪器

4.4.1 改进的甚高分辨率辐射计(AVHRR)通道和用途

改进的甚高分辨率辐射计(AVHRR)是对第二代业务卫星携带的甚高分辨率辐射计(VHRR)作较大的改进,装载在美国第三代业务气象卫星 TIROS-N/NOAA 系列卫星上的图像观测仪器。随卫星探测技术的提高和大气观测及其他领域的需要,AVHRR 的发展由最初的四通道辐射计(AVHRR-1)发展为五通道和六通道(AVHRR-2、AVHRR-3、AVHRR-4)辐射计,其目的是通过增加卫星观测通道获取更多的陆地表、海洋、云和气溶胶等信息,扩大卫星资料的应用范围。表 4.2 给出了

AVHRR 各个通道的用途。

表 4.2 AVHRR 各通道的用途

通道序号	波长范围(μm)	主要用途
1	0.58~0.68	云分布、气溶胶、沙尘暴、冰雪、气候、植被等
2	0.725~1.00	云分布、水陆边界、植被、土地湿度等
3a	1.58~1.64	云分布、云雪判识、云的相态、土壤湿度等
3b	3.55~3.93	云分布、海表和地表温度、森林、火灾、火山活动等
4	10.30~11.30	云分布、海表和地表温度、土壤湿度等
5	11.50~12.50	云分布、海表和地表温度、土壤湿度等

4.4.2 改进的甚高分辨率辐射计(AVHRR)结构

AVHRR 仪器由光学系统、探测器和信息处理系统组成,其中光学系统(图 4.18)由一个旋转扫描镜、望远镜系统和后继望远镜系统组成;旋转扫描镜是长轴为 29.6cm、短轴为 20.96cm 的椭圆形镜子,固定于马达的转动轴上,它与卫星的前进方向成 45°交角,扫描镜的旋转方向与卫星星下点的轨迹方向垂直,转速为每分钟 360

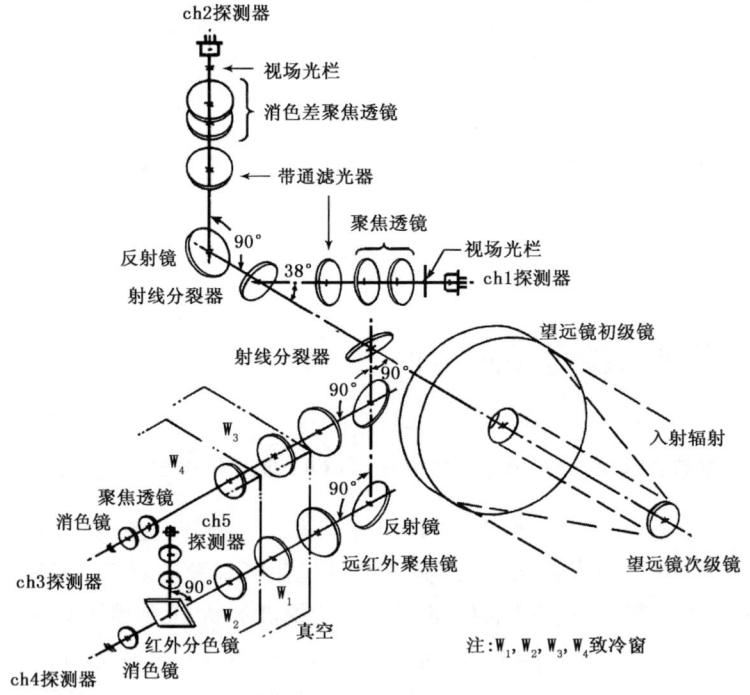

图 4.18 AVHRR/2 光学系统

转,其作用是实现卫星对地球扫描观测的同时,将卫星接收到的辐射反射到卫星仪器内的望远镜系统;其望远镜系统是一个 Afocal-Mersenne 系统,它由初级镜(直径 20.32cm)和次级镜(直径 5.08cm)进行二次反射成一束平行光(不是聚焦),然后通过小孔(直径 5.08cm)进入后继光学系统和探测器;后继光学系统由射线分裂器、反射镜、透镜和滤光器等组成,其作用是将滤光后的各通道辐射分别到达各个探测器。所设计的该光学系统使杂散辐射和极化效应最小。光学系统经仔细校准,使得仪器观测同一步点时各通道的偏差在 0.1mrad 之内。

对于不同的通道采用不同的探测器,通道 1(0.6μm)和通道 2(1.1μm)的探测器是硅探测器(每一面是 2.54mm),在探测器的前面是一个 0.6mm 正方形的光栅,以遮挡仪器支撑物的辐射;通道 3(3.7μm)的探测器(边长为 0.173mm 的正方形)是锑化铟(InSb);通道 4(11μm)和通道 5(12μm)是碲镉汞(HgCdTe);为了降低通道 3、4、5 的热力噪声,将探测器暴露于 2.7K 的宇宙空间实行辐射致冷到 105K。

4.4.3 改进的甚高分辨率辐射计(AVHRR)光谱特征

每个通道的光学系统和探测器决定了每个通道的光谱响应,图 4.19 给出了 AVHRR-2 五个通道的光谱响应,对于不同的卫星,光谱响应略有不同。仪器的辐射计的通道一般用一个波长或两个波长来说明,对于用一个波长说明指的是中心波长或频率,通常是峰值响应波长。两波长描述的是辐射计感

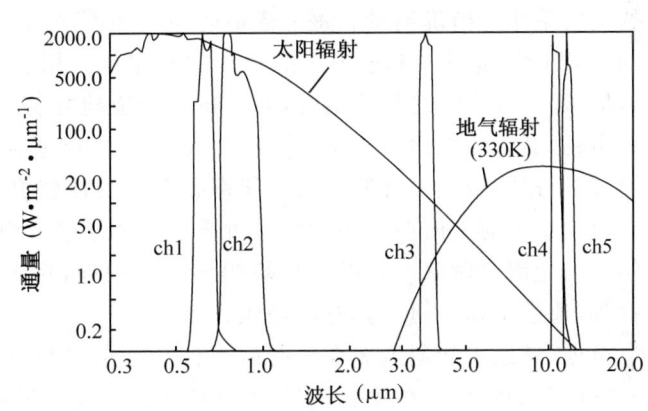

图 4.19 AVHRR 光谱响应曲线

应辐射的波长范围。通常这个波长由响应函数的半功率点确定。正如卫星仪器测量的辐射不是某一波长的辐射一样,卫星测量的辐射也不是来自一个方向,而是来自一定方向范围。图 4.20 显示了 AVHRR 两个通道的角响应函数,在卫星发射前,测量了所有 AVHRR 仪器的光谱响应和角响应函数。与光谱响应一样,卫星辐射计的视场由给定角响应曲线最大值的一半的全宽度:对于通道 1 为 1.40mrad,对于通道 5 为 1.35mrad。对于可见光通道,角响应曲线的半功率点间是陡削的,只有 7% 处在半功率点曲线外部。AVHRR 红外通道角响应曲线是较宽的,大约有 16% 在半功率曲线的外部。角响应曲线也揭示了瞬时视场形状的某些特点,探测器本身是正方形

的。因为可见光通道的角响应函数是陡削形的,瞬时视场也是近正方形的;另外红外通道的响应曲线表明其瞬时视场是圆角形的。圆是红外瞬时视场形状的最好近似。每一探测器输出的是电压,它与探测器在单位时间内接收的能量成正比。当考虑探测器的面积、光谱响应函数和仪器的视场,则输出电压与仪器观测到的背景辐射率(光谱响应函数加权)成正比。为了把卫星观测数据传送到地面,将模拟电压数码化为计数值。在AVHRR 中,数码化为 10bit,就是将 0—1023 之间的一个数发送到地面,表示每一像点的辐射率作为精确测量。每一通道的输出必须定标,就是发射前在实验室中,与已知的 AVHRR 通道 1 和通道 2 的输入比较定标。用已知发出辐射的十二个石英碘灯匹配,通过灯之间的轮流组合,对于每一通道建立辐射与输出计数值的关系图表。在图中,由通道的光谱响应函数加权的大气顶的平均年太阳辐射率的百分数表示辐射率,使用这图最佳拟合的直线的斜率和截距线性变换的计数值通过卫星再变换为大气顶的年平均光谱加权辐射率。对于某一个分谱平均辐射率可以由这一百分数乘以年平均光谱辐射率再除以 π 计算得出。一般地,对于反射太阳辐射的 0.3%很暗的背景,通道 1 和通道 2 具有信噪比为 10∶1。

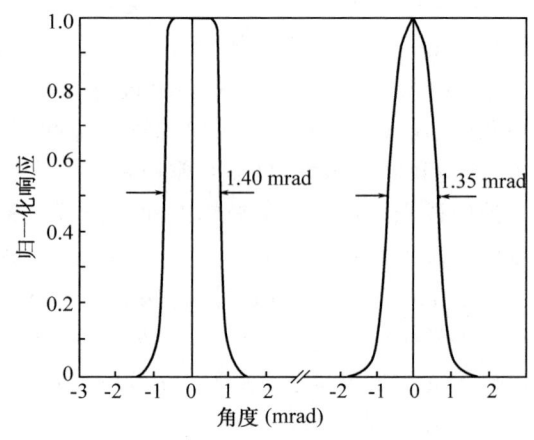

图 4.20　AVHRR 角应曲线

至今,通道 1 和通道 2 在发射后一直没有作定标;在整个仪器工作期间,使用由实验室得到的斜率和截距。不过,NESDIS 打算建立每隔几周用 AVHRR 观测已知的如像白沙等地球目标物,或独立测量的反射率更新由实验室得到的斜率和截距的系统。这系统将会减缓发射后探测系统不可避免的衰退,并改进如辐射收支的估计。

4.4.4　改进的甚高分辨率辐射计(AVHRR)参数

在发射后,通过观测暖和冷的目标对 AVHRR 的通道 3、4 和 5 定标。在扫描镜每旋转一周期间,望远镜观测冷空间和仪器内的暖黑体,并装有用于精确测量暖黑体温度(290K)的铂电阻温度计。由测量仪器内暖黑体温度计算其辐射率加上暖黑体的计数值和空间的计数值(零辐射率)能将地球背景的计数值线性地变换为辐射率。则地球背景的等效黑体温度可用普朗克公式确定。

对于 AVHRR 通道 3—5,NOAA 规定等效黑体温度为 300K 的目标物温度误差

在 ±0.12K 之内，就是通道 3.7μm、11μm 和 12μm 等效辐射误差分别为 2.1、16.9 和 14.6 mW·m^{-2}·sr^{-1}·μm^{-1}。因为探测器基本测量的是辐射，所以每一通道的辐射率误差近似为常数。但是温度误差随由普朗克函数确定的背景温度变化。如温度为 250K 时，通道 3.7μm、11μm 和 12μm 的温度误差大约为 1.1K、0.20K、0.18K。

由于每个探测器的输出是连续的，在任一时间可以测到一个电压值。这个连续输出通过以 40kHz（每 25ms 一次）速率对电压离散地电子取样。在数据流中的每个像点表示这样的一个取样。由于扫描镜以 12πrad/s 速率旋转，取样之间间隔约为 942μrad。对于高度为 850km 的卫星，取样之间星下点处扫描步点移动大约为 0.80km。相邻扫描步点间的距离是描述卫星星下点空间分辨率的一个参数。AVHRR 扫描镜每旋转一次，记录了以星下点为中心的 2048 个样品。这就是对地球的扫描角为离天底 ±55.3°。对于高度为 850 km 的卫星，离星下点扫描距离为 1400 km。所有五个通道同时测量。

对于 AVHRR 的空间分辨率决定于探测器前的前场光栅或探测器本身的敏感面积确定了 FOV。AVHRR 的所有通道具有视场为 1.3±0.1mrad。对于 850km 高度的卫星，星下点扫描点为 1.1km。扫描线端点每一像点在轨道方向为 2.3 km，在垂直轨道方向为 6.4km。表 4.3 给出了 AVHRR/1、AVHRR/2 和 AVHRR/3 仪器的技术参数。

表 4.3　AVHRR/1,AVHRR/2,AVHRR/3 仪器参数

参数	AVHRR/1	AVHRR/2	AVHRR/3
望远镜：类型 　　　　直径	Afocal Mersenne 20.32cm	Afocal Mersenne 20.32cm	Afocal Mersenne 20.32cm
视场	1.3mrad	1.3mrad	1.3mrad
地面分辨率：星下点 　　　　　扫描线末端	1.1km 2.3×6.4km	1.1km 2.3×6.4km	1.08km 2.27×6.15km
扫描镜转速	12πrad·s^{-1}	12πrad·s^{-1}	
资料取样速率	40kHz	40kHz	
扫描线：天底角 　　　　距天底距离 　　　　扫描步点	±55.3° ±1500km 2048	±55.3° ±1500km 2048	±55.37° ±1446.58km 2048
通道：1 　　　2 　　　3a 　　　3b 　　　4 　　　5	0.55~0.68μm 0.75~1.10μm 3.55~3.93μm 10.50~11.50μm 	0.58~0.68μm 0.725~1.10μm 3.55~3.93μm 10.3~11.3μm 11.5~12.5μm	0.58~0.68μm 0.85~0.88μm 1.58~1.64μm 3.55~3.93μm 10.3~11.3μm 11.5~12.5μm
资料速率	750kbps	750kbp	
仪器尺寸	27×27×79cm	27×27×79cm	
仪器质量	30kg	30kg	
消耗功率	29W	29W	

4.4.5 高分辨率红外探测器

高分辨率红外探测器（HIRS/2）是装载于雨云 6 号卫星上的 HIRS/1 发展而来，它与 AVHRR 很多方面是相类似的。但是也有许多不同之处，主要有：(1) HIRS/2 有 20 个观测通道，比 AVHRR 有更加多的观测通道；(2) HIRS/2 的空间分辨率很低，为 42km（星下点），比 AVHRR 的 1.1km 要低；(3) AVHRR 用于获得图像，大气的水平结构是重要的，而 HIRS/2 用于大气垂直探测，大气的垂直结构是最重要的；(4) AVHRR 光谱分辨率低，HIRS/2 光谱分辨率很高。

4.4.5.1 仪器的结构

如图 4.21 中，高分辨率红外探测器（HIRS/2）它主要有以下几部分组成：(1) 扫描系统和光学系统；(2) 探测器；(3) 辐射致冷；(4) 电路和资料处理系统。光学系统包括卡塞格伦望远镜、双色射线分裂器、反射镜、光调制盘、光栅和滤光片轮等部件组成。地气辐射经扫描镜反射进入卡塞格伦光学系统后进入第一个双色射线分裂器，该部件将小于 $6.4\mu m$ 的短波（包括可见光）辐射反射，大于 $6.4\mu m$ 的长波辐射透过。对于短波辐射通过调制器、光栅和短波滤光片轮，又经第二个双色射线分裂器，将短波与可见光辐射分离，后经透镜等由探测器感应。对于长波辐射经反射、通过光栏至滤光片轮等部件后到达长波探测器。光调制器是被涂黑和温控的，以提高辐射参考基准。光栅的作用是确定视场，其中可见光与短波红外共用一个光栏。

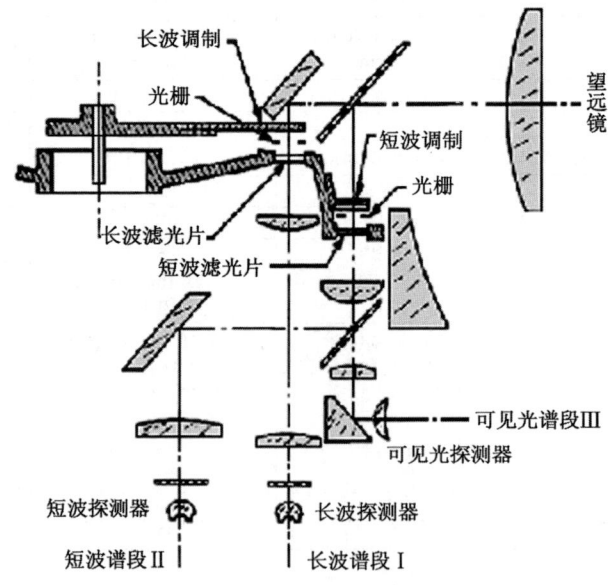

图 4.21 高分辨红外探测器 HIRS2 光学系统

滤光片轮安装有相应 20 个通道的滤光片,以圆环状排列;滤光片轮的旋转与步进扫描镜保持顺序同步,使所有通道几乎在同一时刻观测同一步点。

4.4.5.2 HIRS/2 观测通道和探测器

表 4.4 为高分辨率红外探测器(HIRS/2)参数,表 4.5 为高分辨率红外探测器(HIRS/2)通道位置和特性。为了大气温度探测,HIRS/2 利用两个二氧化碳(CO_2)吸收带,其中有七个位于 $15\mu m$ CO_2 吸收带,六个位于 $4.3\mu m$ CO_2 吸收带,在第二代业务卫星上的 VTPR 仪器只有 $15\mu m$ CO_2 吸收带温度探测通道,HIRS/2 增加 $4.3\mu m$ CO_2 吸收带的目的是提高在探测较暖大气时的灵敏度。为了探测水汽,HIRS/2 利用 $6.3\mu m$ 水汽(H_2O)吸收带的三个通道。为探测臭氧,HIRS/2 利用 $9.7\mu m$ 臭氧(O_3)通道。为了探测表面温度,HIRS/2 利用 $11.11\mu m$ 和 $3.76\mu m$ 两个大气窗通道。为检测云,使用 $0.69\mu m$ 可见光通道。图 4.22 给出了 HIRS/2 的权重函数。

表 4.4 高分辨率红外探测器(HIRS/2)参数

参数	数值	参数	数值
望远镜		每一步扫描	
类型	卡塞格伦光学系统	时间	100ms
直径	15.24cm	角度	1.8°
视场	21.8mrad(1.25°)	两扫描步点间距离	
地面视场		卫星轨道方向	41.8km
星下点处	18.5km(直径)	垂直于轨道方向	26.4km
扫描线末端	31.8(轨道方向)	过赤道时相邻轨道的间隙	540km
	62.8(扫描线方向)	通道数	20
卫星轨道方向	31.85km	校正	2 个稳定的黑体和空间
垂直于轨道方向	62.8km	资料速率	2880bps
扫描线	6.4s	仪器重量	20.4kg
每条扫描线的时间	±49.5°	仪器体积	0.040m³
与天底间的角度	±1115km	平均消耗功率	20W
与星下点的距离			
扫描步数	56 步		

表 4.5 高分辨率红外探测器(HIRS/2)通道位置和特性性

通道序号	吸收气体和窗区	中心波数 (cm^{-1})	中心波长 (μm)	半功率带宽 (cm^{-1})	$NE\Delta L^b$ ($mW \cdot sr^{-1} \cdot m^{-2} \cdot cm$)	平均背景温度 (K)	$NE\Delta T$
1	$15\mu m CO_2$	669	14.95	3	3.00	235	2.77
2	$15\mu m CO_2$	680	14.71	10	0.67	220	0.74
3	$15\mu m CO_2$	690	14.49	12	0.50	220	0.55
4	$15\mu m CO_2$	703	14.22	16	0.31	250	0.31
5	$15\mu m CO_2$	716	13.97	16	0.21	245	0.18
6	$15\mu m CO_2$	733	13.64	16	0.24	260	0.18
7	$15\mu m CO_2$	749	13.35	16	0.20	275	0.14
8	红外大气窗	900	11.11	35	0.10	290	0.06
9	O_3	1030	9.71	25	0.15	270	0.13

续表

通道序号	吸收气体和窗区	中心波数 (cm^{-1})	中心波长 (μm)	半功率带宽 (cm^{-1})	$NE\Delta L^b$ ($mW \cdot sr^{-1} \cdot m^{-2} \cdot cm$)	平均背景温度 (K)	$NE\Delta T$
10	H_2O	1225	8.16	60	0.16	290	0.17
11	H_2O	1365	7.33	40	0.20	260	0.44
12	H_2O	1488	6.72	80	0.19	245	0.96
13	$4.3\mu m CO_2$	2190	4.57	23	0.006	280	0.10
14	$4.3\mu m CO_2$	2210	4.52	23	0.003	265	0.10
15	$4.3\mu m CO_2$	2240	4.46	23	0.004	250	0.24
16	$4.3\mu m CO_2$	2270	4.40	23	0.002	230	0.31
17	$4.3\mu m CO_2$	2360	4.24	23	0.002	250	0.15
18	$4.3\mu m CO_2$	2515	4.00	35	0.002	300	0.04
19	短波红外窗	2660	3.76	100	0.001	300	0.02
20	可见光窗	14500	0.69	1000			

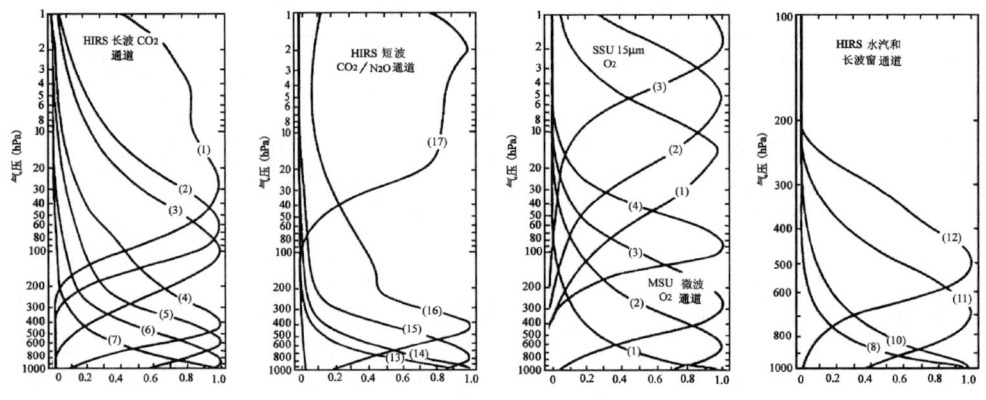

图 4.22 高分辨红外探测器 HIRS-2 的权重函数

HIRS/2 只采用三个探测器，可见光通道（20）用硅探测器取样，长波通道（1—12）用一个致冷到 105K 的碲镉汞探测器，短波通道（13—19）用一个致冷到 105K 的锑化铟探测器。使用一个探测器通过滤光片轮的旋转完成多通道的取样观测。

4.4.5.3 HIRS/2 的工作方式和定标

AVHRR 是连续扫描，而 HIRS/2 采用步进扫描，每一步扫描镜移动 1.8°，当全部 20 个通道取样时，对一个位置凝视的时间为 65ms，在接下来 35ms，扫描镜步进到下一个位置，则对一个扫描点的全部时间为 100ms。在天底角±49.5°范围的一条扫描线上，卫星取样的扫描步点为 56 个，包括扫描镜返回到初始位置在内对一条扫描线取样的总时间为 6.4s。辐射计的瞬时视场为 1.25°。

与 AVHRR 不同，HIRS/2 不是对每一条扫描线定标，而是每隔 256s（40 条扫描线），仪器进入定标状态，先是对空间观测，然后是对仪器内部的暖和冷定标源观测，在某时间观测这些定标源的每一个相当于一条完整的扫描线。在定标期间,停止对地观测,出现三条扫描线的空白间隙。仪器定标程序为:第一条线是对宇宙空间扫描,第二条线是对仪器内的冷黑体扫描,第三条线是对暖黑体扫描。

4.4.5.4 HIRS/2 资料的发送

HIRS/2 每一通道的电信号以 13 比特计数值数码化,并通过 TIROS 信息处理器(TIP),处理编排 HIRS/2、SEM、DCS、SBU/2 和 EBRS 等低比特速率仪器数据,这些数据以信标频率 136.77 或 137.77MHz 向地面发送。

4.4.5.5 HIRS/3 仪器特征

HIRS/3 是 NOAA-K 卫星上的 ATOVS 系统的一个部分,它替代 TOVS 中的 HIRS/2。HIRS/3 与 HIRS/2 基本相似,不同的是提高了空间分辨率,其瞬时视场为 0.68°(圆形),星下点处的空间分辨率为 10km,扫描线末端处为 33.27km(扫描线方向)×17.03km(轨道方向),灵敏度也提高了一个量级;另一个是 HIRS/3 通道 10、12、15、16 和 17 的中心波数与相应 HIRS/2 的这几个通道的波长不同,具体见表 4.6,目的是为了更好地遥感对流层的大气温度和湿度。

表 4.6　高分辨率红外探测器(HIRS/3)通道位置和特性

通道	谱带和吸收气体	中心波数 (cm^{-1})	中心波长 (μm)	半功率带宽 (cm^{-1})	$NE\Delta L^b$ ($mW \cdot sr^{-1} \cdot m^{-2} \cdot cm$)	最大背景温度 (K)
10	H_2O	1030.0±4.0	12.47	16	0.15	270
12	H_2O	1533.0±2/−6	6.52	55	0.20	255
15	$4.3\mu m CO_2$	2235.0±4.4	4.47	23	0.004	280
16	$4.3\mu m CO_2$	2245.0±4.44	4.45	23	0.004	270
17	$4.3\mu m CO_2$	2420.0±4.0	4.13	28	0.002	330

4.4.6 改进的微波探测单元(AMSU)

NOAA-K、L、M……是美国第四代极轨业务气象卫星,它携带新的微波探测仪器 AMSU,替代第三代业务卫星上的 MSU 和 SSU。AMSU 有 AMSU-A 和 AMSU-B 两个探测单元。

4.4.6.1 AMSU-A

AMSU 的通道位置如图 4.23,它是一个 Dick 全功率微波辐射计,它由 2 个分离部件 AMSU-A1 和 AMSU-A2 组成,共有 15 个观测通道,其中 AMSU-A1 为 AMSU-A 的 3—14 通道,是氧分子 50～60GHz 微波吸收带,加上 89GHz 大气窗通道,用于反演从地表到约 40 km(1000～2hPa)的大气垂直温度廓线;AMSU-A2 是 AMSU-A 的第 1、2 通道,是大气窗 23.8 和 31.4GHz,用作反演洋面上云中液态水、大气可降水,结合 AMSU-A1 的 89GHz 可以获取降水率、冰雪覆盖、海冰浓度等,并辅助

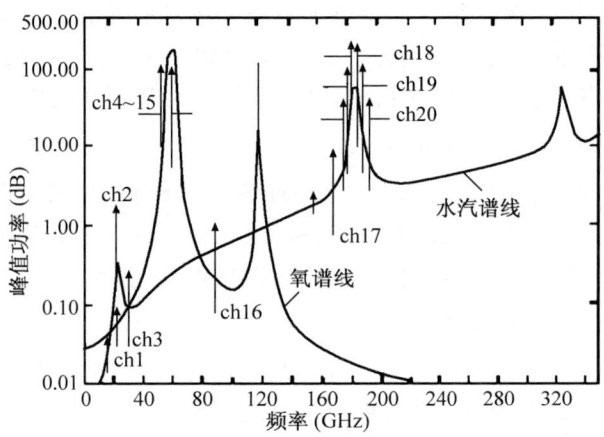

图 4.23 AMSU-A 通道位置

大气垂直温度探测,作表面发射率、云液态水和降水的吸收订正。AMSU-A 通道的主要特征如表 4.7 所示,AMSU-A 的瞬时视场,即天线的波瓣的半功率点为 3.3°,天底方向的扫描天底角为 ±48°20′,整条扫描线有 30 个扫描点(对地球的观测视场),扫描线每隔 8 分钟作一次对星载黑体和宇宙冷空间观测定标。

表 4.7 AMSU-A 通道的特征

通道	吸收气体	中心频率 (GHz)	带宽 (MHz)	中心频率 稳定度	温度灵敏度 (K)	定标精度 (K)	角 θ_p
1	大气窗	23.8	±135	10	0.30	2.0	V
2	大气窗	31.4	±90	10	0.30	2.0	V
3	O_3	50.3	±90	10	0.40	1.5	V
4	O_3	52.8	±200	5	0.25	1.5	V
5	O_3	53.596±115	±85	5	0.25	1.5	H
6	O_3	54.4	±200	5	0.25	1.5	H
7	O_3	54.94	±200	5	0.25	1.5	V
8	O_3	55.5	±165	10	0.25	1.5	H
9	O_3	57.290344	±165	0.5	0.25	1.5	H
10	O_3	±0.217	±39	0.5	0.40	1.5	H
11	O_3	±0.3222±048	±18	1.2	0.40	1.5	H
12	O_3	±0.3222±022	±8	1.2	0.60	1.5	H
13	O_3	±0.3222±011	±4	0.5	0.80	1.5	H
14	O_3	±0.3222±0045	±1.5	0.5	1.20	1.5	H
15	大气窗	89.0	±3000	50	0.50	2.0	V

表 4.8 AMSU-B 通道特征

通道	吸收气体	中心频率 (GHz)	带宽 (MHz)	温度灵敏度 (K)	定标准度 (K)
1		89.0	±1400	1.00	1.0
2		157.0	±1400	1.00	1.0
3	H_2O	183.311±1.00	±250	1.00	1.0
4	H_2O	183.311±3.00	±500	1.00	1.0
5	H_2O	183.311±7.00	±1100	1.00	1.0

4.4.6.2 AMSU-B

AMSU-B 通道特征如表 4.8 所示,这是个 5 通道全通道功率微波辐射计,其中有两个标称中心频率为 89GHz、150GHz 的微波窗区,及三个中心频率为 183.311GHz 的水汽吸收谱线:183.311±1GHz、183.311±3GHz、183.311±7 GHz 的三条谱线。AMSU-B 在 2.66667 秒的扫描时间内,对地球有 90 个扫描视场点、对宇宙和仪器内部黑体扫描分别有 4 个观测数据,还留有 4 个可选择的空间视点,当卫星待命时,作出确定 4 种可能的空间视点选择,以获得最佳的稳定辐射率,从而有精确的定标。卫星观测天底角为 ±48.95°,天线波束宽为 1.1°±0.11°,增益 3dB。第 45、46 个扫描点边处在卫星天底 0.55°处。

4.4.7 中分辨率图像光谱仪(MODIS)

中分辨率图像光谱仪(MODIS)是为地球观测系统(EOS)而制造的仪器,装载于美国 NASA 的 EOS Terra 卫星上,Terra 卫星是高度 705km 太阳同步轨道上,它的目的是监视全球大气水汽、气溶胶粒子和云特性,探索地-气和海-气之间的相互作用,MODIS 分为天底(指向星下点)观测 MODIS-N 和可倾斜观测的 MODIS-T 两种结构。其中 MODIS-N 是在光谱范围(0.42~14.24μm)的 36 通道的扫描辐射计,通道中心波长和带宽由表 4.9 给出。

表 4.9 MODIS-N 主要性能参数(在太阳天顶角为 $\theta_0=22.5°$ 时)

通道	中心波长 $\lambda(\mu m)$	通道带宽 $\Delta\lambda(\mu m)$	地面分辨率 (m)	最大 反射函数	最大亮温	主要用途
1	0.659	0.050	250	1.49		气溶胶特性和云的光学厚度
2	0.865	0.040	250	1.00		气溶胶特性和云的光学厚度
3	0.470	0.020	500	1.04		气溶胶含量与光学厚度
4	0.555	0.020	500	0.93		气溶胶光学厚度
5	1.240	0.020	500	0.51		气溶胶光学厚度

续表

通道	中心波长 $\lambda(\mu m)$	通道带宽 $\Delta\lambda(\mu m)$	地面分辨率 (m)	最大反射函数	最大亮温	主要用途
6	1.640	0.020	500	1.02		
7	2.100	0.050	500	0.81		雪/云判别,云相态;气溶胶光学厚度
8	0.415	0.015	1000	0.33		云有效粒子半径;气溶胶光学厚度
9	0.443	0.010	1000	0.23		气溶胶光学厚度
10	0.490	0.010	1000	0.17		
11	0.531	0.010	1000	0.15		
12	0.565	0.010	1000	0.12		
13	0.653	0.015	1000	0.08		
14	0.681	0.010	1000	0.07		
15	0.750	0.010	1000	0.07		
16	0.865	0.015	1000	0.06		
17	0.905	0.030	1000	0.67		可降水总量
18	0.936	0.010	1000	1.00		可降水总量和云量
19	0.940	0.050	1000	0.74		可降水总量和云量
20	3.750	0.180	1000		335	云有效粒子半径;云和地表温度
21	3.750	0.050	1000		700	火况与火山温度
22	3.959	0.050	1000		328	云和地表温度
23	4.050	0.050	1000		328	云和地表温度
24	4.465	0.050	1000		264	温度廓线
25	4.515	0.050	1000		285	温度廓线
26	4.565	0.050	1000		302	温度廓线
27	6.715	0.360	1000		271	对流层中层水汽
28	7.325	0.300	1000		275	对流层上部水汽
29	8.550	0.300	1000		324	地表温度;云的有效粒子半径,卷云
30	9.730	0.300	1000		275	臭氧总量
31	11.030	0.300	1000		400	云和地表温度;火况与火山温度
32	12.020	0.500	1000		400	云和地表温度;火况与火山温度
33	13.335	0.300	1000		285	云顶气压和温度;温度廓线
34	13.635	0.300	1000		268	云顶气压和温度;温度廓线
35	13.935	0.300	1000		261	云顶气压和温度;温度廓线
36	14.235	0.300	1000		238	云顶气压和温度;温度廓线

MODIS-N 仪器设计成垂直于平台飞行速度方向的平面内扫描，最大扫描范围在天底一侧 55°（即两侧为 110°），可得到扫描带宽 2330km。扫描镜是一望远镜并且设置有三个双向射线分裂器，由此得到地面分辨率为 250m、500m 和 1000m 三种，其中：对于 8—36 光谱通道，分辨率为 1000m，每个谱带置有 10 个线性阵列探测器；对于通道 3—7，分辨率为 500m，每个谱带置有 20 个线性阵列探测器；对于通道 1—2 分辨率为 250m，每个谱带置有 40 个线性阵列探测器，彼此平行排成一列。这样每次扫描成像素于同一平面上，由此得每次图幅在轨道方向为 10km、垂直轨道方向为 2330km。对这种方式所有的通道（$0.42\sim0.57\mu m$，$0.65\sim0.94\mu m$，$1.24\sim4.57\mu m$，$6.72\sim14.24\mu m$）同时在一焦平面上取样和配准，在焦平面间的记录误差小于 100m。对于太阳天顶角为 $\theta_0=70°$，SNR 为 57～1100，其主要决定于通道。

MODIS-T（倾斜）是一个沿轨道方向和垂直轨道方向扫描的具有在 $0.410\sim0.875\mu m$ 之间间隔均匀的 32 个通道的扫描式光谱仪，其带宽范围在 $0.011\sim0.014\mu m$，仪器使用固态荷电耦合装置（CCD）向前推进扫描的阵列探测器，在天底一侧的扫描角幅宽为 45°，对天底两侧为 90°，在沿轨道方向每一扫描由 30 个点组成，因此对于 705km 的轨道高度，在垂直于轨道方向光谱仪每一次扫描可得 1500km 幅宽，和沿轨道方向为 33km 的图幅，由此在天底方向，每一像点的地面空间分辨率为 1.1km。这一光谱仪的独特的特点是能向前倾斜 67.5°、向后倾斜 50°，因此在对海洋观测时，可用于消除海洋太阳耀斑对测量的影响；对于陆地观测，可以确定植冠的双向反射分布函数。

4.4.8 大气红外探测器（AIRS）

AIRS 是装载在 EOS-Aqua（EOSPM S/C）卫星上的一个观测仪器，它与另两个业务探测器 AMSU 和 HSB 一起成一新的 NOAA 先进的大气探测系统，是继 HIRS 和 MSU 之后双一个参照 NOAA 系列卫星上装载的 AMSU 和 HSB 仪器而制造的仪器，其目的是采用高光谱分辨率测量地球大气在光谱范围 $3.74\sim15.4\mu m$ 内，2378 个频率（谱带）向上发射的红外辐射，获取全球大气温度和湿度廓线，仪器还有有限个可见光波通道，它是一阵列光栅型光谱仪，其光谱分辨率为 1200（$\lambda/\Delta\lambda$），光谱覆盖范围为：$3.74\sim15.4\mu m$，其又分为三个谱段：$3.74\sim4.61\mu m$，$6.20\sim8.22\mu m$，$8.80\sim15.4\mu m$。

高光谱分辨率可以分离不需要的发射光谱，特别是可提供光谱很清洁的"特洁窗区"，对表面观测十分理想。在光谱 $0.4\sim1.0\mu m$ 范围内，4 谱段的可见光近红外光度计对此作了补充，使用可见光近红外通道可以区分低云和复杂地形和地面覆盖物包括冰和雪。

AIRS 的红外谱带具有瞬时视场（IFOV）为 1.1°和垂直于轨道方向的最大扫描

角(总视场 FOV)为 49°,扫描带宽为 1650km,星下点水平分辨率为 13.5km,垂直分辨率为 1km。对每个 IFOV=1.1°(直径=13.5km)观测的时间为 22.41ms,每次扫描可得 90 个视场所数据,所需时间为 2.67s,可见光近红外(VNIR)的瞬时视场(IFOV)为 0.185°,星下点水平分辨率为 2.3km,在 40km 带内有 9 个 VNIR 观测,带孔的 VNIR 光度计可与光谱仪同时进行观测。

探测器阵列(HgCdTe)放置于焦平面上,它通过富有激励的循环触发致冷器将探测器温度降至 60K,IR 光谱仪也由一个两级辐射致冷到 150K,VNIR 光度计使用光纤维确定四个谱带。

4.4.9 当前一些主要卫星仪器的光谱通道

目前美国、欧洲、中国、日本等国家气象卫星携带的卫星图像仪器分别是:VIIRS、MSG、CVIIRS、HIMAWARI 等,它们的观测通道位置如表 4.10。

表 4.10 卫星仪器采用的观测谱段

谱带序号	VIIRS (NPOESS)	MSG Meteosat-8	C MODIS (FY-3)	CVIIRS (FY-3)	HIMAWARI -8,9(μm)	
1	0.7	0.56~0.71	0.470	0.58~0.68	0.43~0.48	1
2	0.412	0.74~0.88	0.550	0.84~0.89	0.50~0.52	1
3	0.445	1.50~1.78	0.650	3.55~3.93	0.63~0.66	0.5
4	0.488	3.48~4.36	0.865	10.3~11.3	0.85~0.87	1
5	0.555	5.35~7.15	11.25	11.5~12.5	1.60~1.62	2
6	0.640	6.85~7.85	0.412	1.55~1.64	2.25~2.27	2
7	0.672	8.30~9.10	0.443	0.43~0.48	3.74~3.96	2
8	0.746	9.38~9.94	0.490	0.48~0.53	6.06~6.43	2
9	0.865	9.80~11.89	0.520	0.53~0.58	6.89~7.01	2
10	0.865	11.00~13.00	0.565	1.325~1.395	7.26~7.43	2
11	1.240	12.40~14.40	0.650		8.44~8.76	2
12	1.378	0.40~1.10	0.685		9.54~9.72	2
13	1.610		0.765		10.3~10.6	2
14	1.610		0.865		11.1~11.3	2
15	2.250		0.905		12.2~12.5	2
16	3.740		0.940		13.2~13.4	2
17	3.700		0.980			
18	4.050		1.030			
19	8.550		1.640			
20	10.763		2.130			
21	11.450					
22	12.013					

4.5 静止卫星观测仪器

在静止气象卫星上携带的主要仪器是图像仪和探测仪两种,由图像仪可以获取多通道光谱图像;探测仪获取大气垂直廓线参数。

4.5.1 图像仪

4.5.1.1 基本结构

图 4.24 给出了 GOES-I 图像仪各部件和位置,图像仪由电子电路、能源、感应器三个模块组成。其中感应器模块包括望远镜、扫描组件和探测器,安置在具有屏蔽板、辐射和加热控制窗的卫星基座外部上;电子模块提供电路,指令操作、控制和信号处理功能,它也为固定结构和热扩散的电路间相互连接服务;电源供给模块包括变压器、燃料和对于卫星电子电源子系统面板电源控制。电路和电源供给模块安置于卫星内部设备板上。

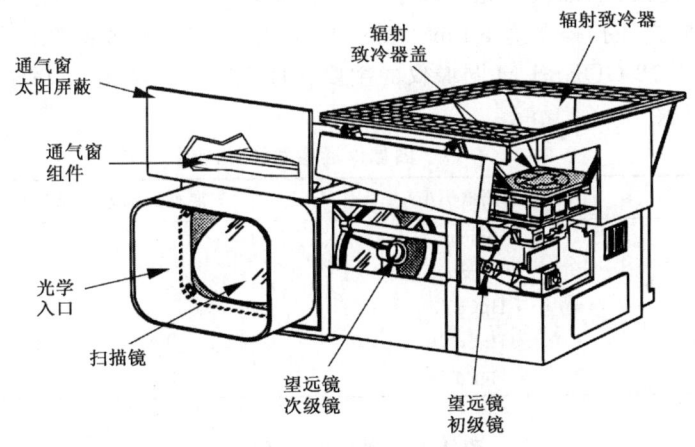

图 4.24　GOES-I 图像仪各部件和位置

通过保持图像仪的光学仪器、探测器和电子子系统每部分的最大性能来维持感应信息信号流的特性和精确度。图像器光学系统收集的景象辐射,通过光束分裂器获取所需的通道,然后将各通道的信号进入各自的探测器组,即是将每个通道的成像探测器上的景象辐射转换为电信号、然后放大、滤波和数字化;合成的数字信号到感应数据发送器,然后到达多路调制器向下到地面站。

用户可以请求获取一张或一系列图像,以选定的经纬度(行和列)开始并以另一个经纬度结束(行和列)。图像仪对和输入命令相对应的扫描位置作出响应。图像帧可以包括整个地球的圆盘或它的任何一部分且可以在任一时刻开始。扫描控制不只局限在扫描尺度和时间上;21°N/S 且 23°E/W 的一整个观测角可以获得来用于星背景,但是获得 19°N/S 且 20.8°E/W 的图像受到限制。通过地面指令可以对给定的图像给与 63 次以上重复的请求。一帧序列会被优先扫描所中断;系统会扫描一个优先帧集合或者星景象,然后自动返回到原始集中。

红外辐射计质量是通过作为参考的空间观测的次数和时间间隔(2.2s,9.2s 或 36.6s,由地面指令选择)保证,为在轨定标,对全孔径内部黑体较少次数的观测建立高温度基线。每 10 分钟通过地面指令或自动地重复这个定标,在时间和温度差的条件下,进行更多的定标以保持有输出资料的精度。另外对于辐射计的定标,放大和通过内部阶梯信号有规则地检验数据流决定稳定性和输出数据的线性度。

4.5.1.2 图像仪光谱通道

GOES I-M 图像仪是五通道(一个可见光、四个红外)成像素辐射计,接收地球取样表面的辐射和反射太阳辐射,用一个伺服-驱动、两-轴换向镜扫描系统与卡塞格林望远镜系统相连接,图像仪多光谱以东—西方向每秒 20°速率,从北到南同时按东—西/西—东方向路径扫描幅宽 8 km。表 4.11 给出 GOES I-M 图像仪的通道及相应的探测器,表 4.12 GOES I-M 图像仪的主要特性,表 4.13 给出 GOES I-M 图像仪各通道范围和用途。

表 4.11 图像仪通道路和探测器

通道	探测器类型	天底处标称方形 IGFOV (km)
可见光	Silicon	1
短波红外	InSb	4
水汽	HgCdTe	8
长波红外 1	HgCdTe	4
长波红外 2	HgCdTe	4

表 4.12 图像仪主要特性

参数	特征
FOV 确定的单元	探测器
通道到通道配准	在天底处 28 μrad (1.0 km)
辐射计定标	300 K 内部黑体和空间观测
信号量化	10 bits,全通道
扫描能力	全球,扇区,面积
输出数据速率	2 620 800 bps
成图区域	20.8° E/W,19° N/S

表 4.13 GOES I-M 图像仪通道

通道序号	图像仪	波长范围（μm）	最大测量范围	气象目标温度范围
1		0.55～0.75	1.6%～100%	云盖反照率
2	GOES-I/J/K	3.80～4.00	4～320 K	夜间云（space-340 K）
2	GOES-L/Ivl	3.80～4.00	4～335 K	夜间云（space-340 K）
3	GOES-I/J/K/L	6.50～7.00	4～320 K	水汽(space-290 K)
3	GOES-M	13.0～13.7	4～320 K	云盖和高度
4		10.20～11.20	4～320 K	海面温度和水汽(space-335 K)
5	GOES-I/J/K/L	11.50～12.50	4～320 K	海面温度和水汽(space-335 K)
5	GOES-M	5.8～7.3	4～320 K	水汽

4.5.1.3 仪器的工作过程

图像仪通过一组输入的地面指令控制，由指令控制扫描的位置和面积，这样仪器具有对整个地球观测功能，分区图包含有地球圆盘边界和在地球景象内所包围的不同面积。但是最大扫描宽度由地面操作完成，是 19.2°，对于精确决定风和监视中尺度现象，面积扫描选择能快速连续局地观测。扫描面积大小和位置能确定在小于 1 个可见光像点内，得到完全的可调性。

图像仪也提供地球背景的可调节功能（模糊度为 B0 阶第四量级），一旦预测到地球的时间和位置，图像仪就指向 21°N/S×23°E/W 视场（FOV）并扫描停止。当地球图像通过 1km×28km 可见光阵列，它的取样速率是 21817 个样本/秒，提高地球背景的灵敏度通过增加电子增益和降低可见光预放大的噪声实现，对于图像导航和配准需足够的星次数景象。

通过数字扫描控制器，图像仪可提供对全球扫描到中尺度面积区域扫描的业务图像，位置的精度通过绝对位置控制系统提供（位置误差是不累积的）。在仪器内，每个位置可精确确定和可选取任一位置和高的精度。在整个图像和整个时间，保持有每一扫描线的配准精度。总的系统精度与卫星的运动的姿态确定有关，也包括位置误差。图像和探测器的运动引起小的完全确定的卫星姿态的干扰，它通过卫星控制逐步减小但是总的补偿速率太慢。由于所有扫描器和卫星的物理因子是已知的，扫描位置通过图像仪和探测器连续提供。

卫星的每次扫描运动引起的扰动，可以容易的通过姿态和轨道控制的子系统（AOCS）计算得到。据此可以制造一个的补偿信号，应用于扫描伺服一控制环来偏差扫描，抵消干扰。这种简单的信号和控制界面提供校正，使各种组合效应最小。使用这种技术,忽略其他单元的业务化地位,成像仪和探测仪是相互完全独立,确保图像的定位精确度。如有需要,扫描镜移动的补偿方法可通过指令而取消。

在卫星仪器的组合中,姿态和轨道控制的子系统(AOCS)还提供补偿信号,平衡卫星姿态与轨道之间的效应,和可以预测结构—热效应。将这些效应与 24 小时的周期参数拟合,由此预测这期间的干扰。通过 AOCS,将成熟的地面校正算法应用到仪器中,作为一个总的图像运动补偿(IMC)信号,包括上面描述的扫描镜移动补偿。

4.5.1.4 探测器模块

探测器模块由百叶窗致冷组件、望远镜,AFT 光学镜头,前置放大、扫描孔径太阳屏蔽、扫描组件底板、扫描电路和散热器组件。底板是光学支架,扫描组件和望远镜组件安置在底板上,底板上的被动散热组件和电加热器支持望远镜和主要部件的热稳定性。一个被动辐射冷却器用一个恒温器控制加热,在冬半年的 6 个月内,使 IR 探测器的温度维持在 94K,而对有效工作期间的一年中的其余时间温度为 101K。还提供 104K 的备份温度。可见光探测器仪器的工作温度在 13~30℃。通过电缆将前置放大的信号输送到电子模块。

图 4.25 给出了图像仪的光学系统。为收集发射和反射辐射能,扫描器移动平镜产生双向反射光栅扫描,来自背景的热辐射和反射太阳光通过太阳屏蔽进入扫描孔径,然后精密的平镜将它们折射至称之为卡塞格仑反射望远镜,直径 31.1cm 的初级

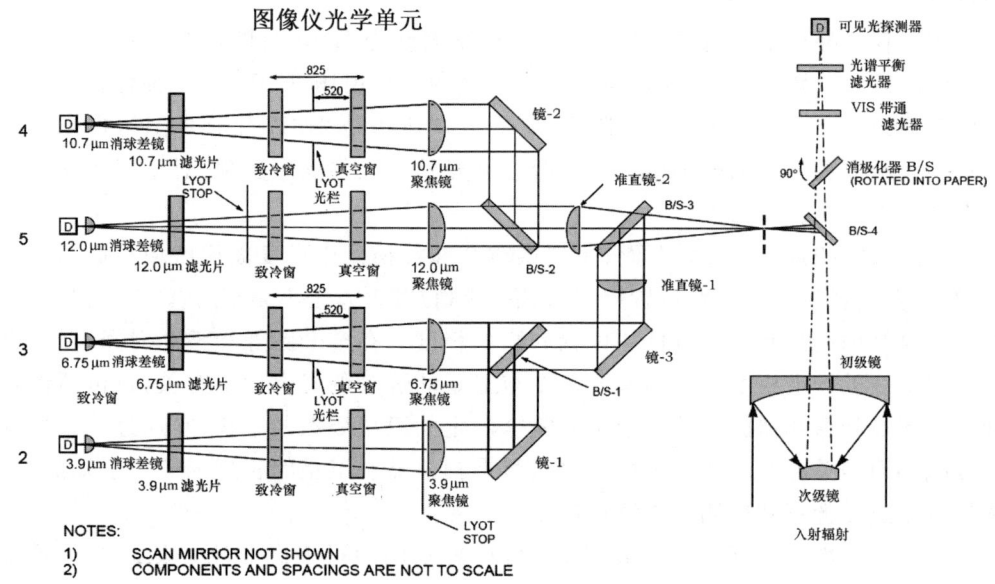

图 4.25 GOES I-M 图像仪光学系统

镜,将能量集中到直径 5.3cm 的次级镜,镜子的表面形状形成一个长的聚焦射线束,通过中继光学,将辐射能送到探测器上。

双色射束分裂器(B/S_s)将景象辐射分成若干谱带,在辐射致冷器内,把 IR 辐射能折射到探测器,而可见光辐射通过双色射束分裂器,并聚焦在可见光探测器单元上。红外辐射能分成 $3.9\mu m$、$6.75\mu m$、$10.7\mu m$、$12\mu m$ 通道,这四个射束直接进入辐射致冷器,光谱通道由致冷的滤光器确定。四个红外通道的每一个具有一组确定视场尺度和形状的探测器。

通过限制探测器总的模块温度范围,维持光学功能。同时辐射性能也可以通过限制冷空间观测间的温度变化(温度变化率)得到保持。热控制也有助于通道定标和聚焦的稳定度。热控制设计包括:

(1)图像仪尽可能与卫星星体保持绝热(热隔离)。

(2)在太阳同步轨道白天部分加热期间(直接太阳加热进入扫描仪孔径),用一个向北的辐射致冷器控制温度,通过百叶窗系统控制净能量进入。

(3)在仪器中装配一个加热器,由此来补偿因红外能量在夜间冷却时,通过扫描口径到达空间的热损失。

(4)在扫描口径(在视场仪器外)安装一个太阳光屏蔽罩,阻挡入射太阳辐射进入仪器,可以因此限制口径接收直接太阳能量的时间。

4.5.1.5　图像仪的探测器

图像仪同时获取 5 个不同波长或者通道的辐射数据,其中辐射通道的每一个由波长所代表的主要光谱敏感度而得以区分。将这 5 个通道分为两类:可见光(1 通道)和红外(2—5 通道)。对于这 5 个通道,图像仪总计包含有 22 个探测器。

(1)可见光通道:可见光硅探测器阵列(1 通道)包括 8 个探测器(V1—V8)。每个探测器产生一个 $28\mu rad$ 的瞬时几何视场(IGFOV)。在卫星轨道的星下点处,$28\mu rad$ 对应于在地表上一个 1km 的正方形象元。

(2)红外通道:对于通道 $2(3.9\mu m)$,红外通道使用 4 单元锑化铟(lnSb)探测器,对于通道 $3(6.75\mu m)$,使用 2 - 单元的 HgCdTe(碲镉汞)探测器;对于通道 4 $(10.7\mu m)$ 和 $2(12\mu m)$,采用四单元 HgCdTe(碲镉汞)探测器;由两扫描线成对组成的四个单元组提供沿扫描线的重叠。在通道 2,4 和 5 的每个探测器是具有 $112\mu rad$ 正方形的 IGFOV,相应于在星下点每边长为 4km 的正方形象元。通道 3 包含两个正方形探测器,每个探测器为 $224\mu rad$ 的 IGFOV,星下点像素每边长为 8km。

4.5.1.6　探测器的配置

5 个探测器阵列可选取"侧偏 1"或者"侧偏 2"的模式进行配置的,通过选择"侧偏 1"或者"侧偏 2"的电子设备都会造成另一侧成为备用集。对于整个可见光通道阵列(V1 到 V8),两种模式都得到保证。在侧偏 1 模式中,红外通道只能使其上部的探测器(1—1 到 1—7)得到保证,而侧偏 2 模式中只能确保其下部的探测器(2—1 到 2—7)。像元的 GVAR 编号如图 4.26 所示。

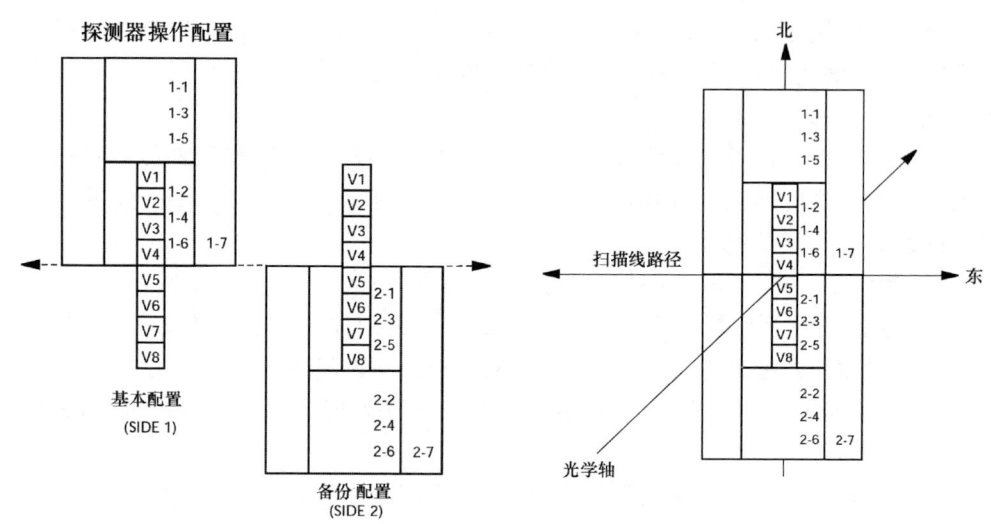

图 4.26 探测器组合配置图

虽然仪器物理分立,探测器阵列进行了光学上的配准。这个光学配准中的小偏差取决于在仪器构造和组装过程中的物理不同轴性以及探测器元件的尺寸。这些偏差是由固定偏差造成的,它可以通过仪器取样的电子方法和地面上地表通过设备的操作过程(在星感应时没有订正)两个方面订正。

4.5.2 可见光红外自旋扫描辐射仪(VISSR)

4.5.2.1 可见光红外自旋扫描辐射仪

可见光红外自旋扫描辐射仪的光学系统与扫描辐射仪相似,它由旋转-步进扫描镜、光学口径 40.6cm 的 Richey-chretien 聚光系统、探测器、辐射致冷和多路调制信号处理系统组成。

该仪器具有可见光通道 $0.50 \sim 0.75 \mu m$ 和红外通道 $10.5 \sim 12.5 \mu m$。扫描镜接收来自地气系统反射太阳辐射和发射的红外辐射并反射至仪器内部,然后聚焦于探测器上。可见光通道辐射由 8 个光导纤维收集,之后送到具有 $0.50 \sim 0.75 \mu m$ 光谱响应的 8 个光电倍增(PTMS)。红外通道辐射能由具有辐射致冷的两个碲镉汞(HgCdTe)的红外探测器感应。

可见光通道的瞬时视场为 0.025mrad×0.021mrad,星下点分辨率为 1.25km;红外通道瞬时视场为 0.2 mrad×0.2mrad,星下点分辨率为 5km。

该仪器对整幅地球圆面的扫描是东西和南北两个方向扫描的合成,自西向东的扫描是靠卫星绕其本身的自旋轴自旋(100 转/分钟)完成的,而由北向南扫描则靠扫描镜的步进运动(分成 2500 步)来完成的,卫星每自旋一周,扫描镜步进一步。卫星对地球扫描的总张角约为 20°,对整个地球圆面进行一次扫描需时 25min,扫描完后扫描镜以 10.67 倍的步进速度复位,需时 2.5min,姿态校正需时 2.5min,所以完成一幅整个圆面图需时半小时。即每隔半小时对整个地球圆面进行一次观测。

图 4.27 为静止卫星对地观测的示意图。由图可见,由于在聚焦平面上安放 4×2 个纵向排列的可见光探测器,所以卫星每自旋一周可得 4 条扫描线,因而可见光通道的分辨率为红外的 4 倍。

一幅可见光云图含有 10000 条扫描线,每条扫描线上有 13376 个像素,一幅红外云图含有 2500 条扫描线,每条线上有 6688 个像素。

4.5.2.2 VISSR 观测种类及资料处理

(1)观测方式

①定时观测:每隔一定时间按规定的时刻观测(如 3 小时、1 小时一次等),这就是定时观测,预报员可以在固定的时刻获取卫星云图资料。

②连续观测:为获取卫星云风矢量,需要短间隔的卫星云图资料,如为得到上午 08:00 时和晚间 20:00 的云风矢量,静止卫星作 4 次间隔为半小时的连续观测,由此能追踪云的移动,获取风矢量。

③特殊观测:当有台风、冰雹、龙卷风、暴雨等灾害性天气系统发生发展时,需要局部地区的连续监观测,这就是特殊观测。

(2)扫描方式①全帧扫描:卫星在其总视场±10°(2500 条扫描线)范围内对整个地球圆面扫描,取得整个全景圆面图;②可变帧扫描:在全帧扫描范围内,根据天气预报的需要,选择局部区域进行步进扫描,以便连续监视灾害性天气的发生发展的演变特征;③单线帧扫描:挑选某个南北位置,控制作单线重复扫描;④快速正扫描:以 10.667 倍全帧扫描速度对地球圆面作快速扫描。

VISSR 接收地球大气系统的反射太阳辐射和红外辐射,经光学系统后,为光电倍增管和碲镉汞探测器感应,并将其变为电信号,再经电子电路放大,进行多重调制量化,可见光通道为 6bit,红外通道为 8bit,再将这两种信号编排为一定的格式,进行分相调制,最后由 S 带天线以 2kGHz 发送给地面指令和资料接收站。

地面指令站以直径为 18m 天线接收卫星发射的 2kGHz 信号,然后由接收机将 2kGHz 载频变换为 70GHz 中频信号,接着通过解调系统,由 VISSR 多路解调器对 4 相分相调制的 70 兆赫解调和分路,并以并行的数字信号形式传到同步/资料缓冲器

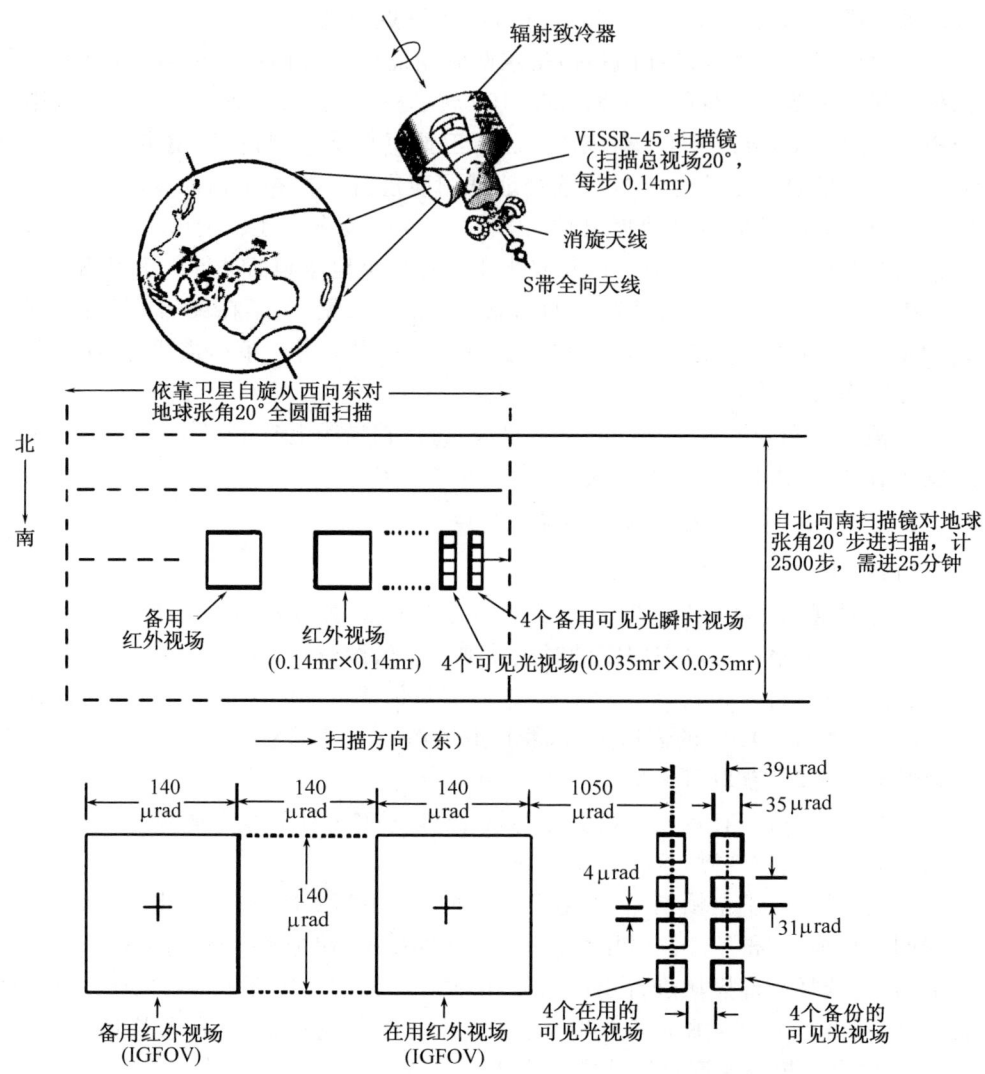

图 4.27 可见光红外自旋扫描辐射计(VISSR)扫描和视场配置

(S/DB)。

同步/资料缓冲器的功能是对 VISSR 信号进行比特同步帧同步,同时从时间上展宽信号以降低信息率。此外还利用遥测信号的太阳同步脉冲消除扫描线间的跳动,进行灰度修正后,再将存贮的资料和相应的同步信号和资料重新编排格式,并把资料展宽到一个自旋周期,最后通过微波终端,传送给资料中心。

4.5.2.3 静止卫星资料的一次处理

(1)VISSR 资料的一次处理过程:这是资料处理中心(DPC)将资料同步缓冲器(S/DB)输出的图像数字资料流,按图像参数等文件处理得到各种类型的传真云图。一次处理的内容有:①编制各种文件;②对 VISSR 校正;③进行图像变换、图像参数。

(2)图像预处理:内容有消除畸变、加网格、坐标变换。

4.5.3 GOES I—M 探测仪

如图 4.28,GOES I—M 探测仪用滤光片轮进行选择通道。滤光片轮每旋转一次期间内对依次的四条扫描线的 4 个扫描点同时取样。在滤光片轮每旋转一次后,扫描镜在东西方向上步进 $280\mu rad$(天底处为 10km)。在扫描镜扫到一条扫描线的末端处,扫描镜在南北方向上向南移动 $1120\mu rad$(天底处为 40km)开始下一次扫描,扫描在东西方向和西东方向轮流交替进行。

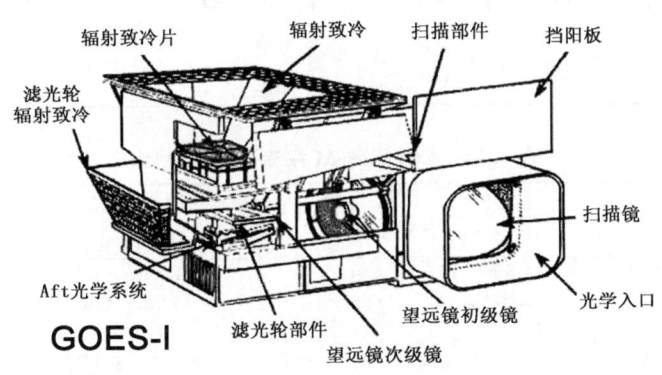

图 4.28 GOES-I 探测仪

GOES I—M 探测仪与 VAS 具有同样的精度,但是 GOES I—M 探测仪不必像 VAS 那样对一个扫描点停住(顿)观测以减小噪声,这就改进了扫描的灵活性。每一通道的数字化由 10bit 增加到 13bit。

GOES I—M 探测仪的重要改进是它以更多的观测通道(19 个)反演大气参数。另外它也以更加多的地面遥感通道(6 个)和对水汽不灵敏的小于 $6\mu m$ 的短波红外通道(6 个)。这些改进将使 GOES I—M 探测仪能更好地区分地表、水汽、温度的影响。GOES I—M 探测仪的特征和通道特性见表 4.14 和表 4.15。

表 4.14 GOES I—M 探测仪特征

参数名称	数值	参数名称	数值
光学系统	Cassegrainian 望远镜	3000×3000km	42min
	初级镜直径 31.1cm	1000×1000km	5.3min
	焦距 381.2cm	通道数	19
瞬时视场(IFOV)	242μrad(对所有通道)	数字化	13bit
地面分辨率(天底直径)	8.7km	资料速率	40kbps
扫描点之间距离 天底 E-W 和 N-S	10km	在轨校正	
		红外(通道 1—18)	对空间和内部 290K 黑体
取样速率	在 100ms 时间内对 4 个扫描点同时取样	可见光(通道 19)	无
		尺寸	
对地定位精度	±42μrad (3σ)	感应器模块	137cm×80cm×75cm
像点到像点配准	29.72μrad (3σ)	电子模块	67cm×43cm×19cm
通道间互配准	8 通道 16μrad 以内	能源装置	29cm×20cm×16cm
扫描速率		重量	126kg
整个圆盘	4.54min	能耗	106W/d

表 4.15 GOES I—M 探测仪通道特性

通道序号	探测器	中心波长 (μm)	中心波数 (cm^{-1})	发射前 $NE\Delta L$ ($mW \cdot m^{-2} \cdot sr^{-1} \cdot cm$)	带宽 (μrad)
1	HgCdTe	14.71	680	1.44~2.42	13
2	HgCdTe	14.37	696	1.23~1.6	13
3	HgCdTe	14.06	711	0.88~1.13	13
4	HgCdTe	13.64	733	0.75~0.92	16
5	HgCdTe	13.37	748	0.74~0.77	16
6	HgCdTe	12.66	790	0.27~0.39	30
7	HgCdTe	12.02	832	0.16~0.23	50
8	HgCdTe	11.03	907	0.10~0.15	50
9	HgCdTe	9.71	1030	0.13~0.24	25
10	HgCdTe	7.43	1345	0.09~0.18	55
11	HgCdTe	7.02	1425	0.06~0.12	80
12	HgCdTe	6.51	1535	0.08~0.13	60
13	InSb	4.57	2188	0.005~0.008	23
14	InSb	4.52	2210	0.004~0.006	23
15	InSb	4.45	2245	0.004~0.007	23
16	InSb	4.13	2420	0.002~0.003	40
17	InSb	3.98	2513	0.002~0.004	40
18	InSb	3.74	2671	0.001~0.004	100
19	SiLicom	0.696	14367		

4.6 卫星资料的发送和接收

4.6.1 卫星资料的发送和接收

气象卫星在空间获取资料以后可以几种方式向地面发送：一种是卫星将观测到的资料贮存在卫星内部的磁带上，当其经过地面指令站上空时，卫星根据地面指令站发出的指令，将贮存在卫星磁带上的资料迅速发送给指令站，对于这种方式，一般地面站是无法接收的，具有相当高的保密性。另一种是卫星在获得观测资料以后，并不贮存于卫星上，而是直接向地面发送，卫星一面运行一面向地面发送资料，这种发送方式称作实时发送或自动图片发送，简称 APT 或 HRPT。还有一种是卫星一面观测一面发送资料，但是由于采用软件或硬件对卫星发送资料进行加密，一般的地面卫星接收站也无法收到卫星资料，只有那些具有解密功能的卫星接收站能接收。

对应卫星的发送方式，地面接收站也分成两种：一种是指令接收站，它具有庞大的根据卫星信标信号的跟踪天线，能发指令给卫星，控制卫星的工作状态和向地面发送资料；还具有高性能的大型计算机，对卫星资料进行各种加工处理，制作各种业务使用产品。另一种是自动图片接收站，称 APT 接收站，它具有接收卫星实时向地面发送的各种资料的功能。APT 地面接收站的设备分成高分辨率 APT 站（又称 HRPT 站）和低分辨率 APT 接收站。

4.6.2 卫星云图接收原理和设备

卫星上的扫描辐射仪对地球进行扫描，每对地球扫描一次就得一条扫描线，每一条扫描线包含有一系列地面目标物发出的辐射信号，这些辐射信号经过处理后以超高频信号向地面发送。卫星云图的接收过程则是卫星观测和资料发送的逆过程，就是把接收到的超高频信号还原成图像电信号，然后将电信号变成光信号，再用计算机显示器或者用相纸（胶片）显示出来。卫星接收机主要由下面几部分组成：

(1) 天线：HRPT 地面接收天线为焦距 $f=1080mm$，口面直径为 3m 的旋转抛物面，它接收卫星发送来的右旋圆极化波，反射会聚成左旋圆极化波，为置放在焦点上的螺旋天线头所接收，然后经阻抗变换，通过主馈线送至高频放大器。由天线头和抛物面反射体所形成的波束宽度为 $4°\sim5°$。天线系统包括：①天线控制系统，天线控制系统有手动和自动跟踪两种；手动跟踪是根据事先计算好的卫星方位角和仰角，通过按键控制马达转动，将天线头对准卫星。自动控制可以通过两种方式实现，一是采用步进跟踪体制，比较天线前后跟踪时刻的信号大小，确定天线是否向前步进，如果走步后的信号大于前一步的信号，天线继续向前，否则后退一步。另一种是由计算机根据卫星轨道报计算出所能接收的轨道,算出卫星每一时刻卫星位置,并据此发出信号控制天线系统。②前置高频放大:位于天线底部,它的目的是将天线接收到的信号放大,不致使卫星电信号在电缆传输过程中损耗。同时通过变频等处理,将甚高频信号变为中频信号。

(2)高频分机:包括高频放大机和下变频器。

(3)一体化板:包括以下几部分:①解调器;②比特同步器;③帧同步器;④缓冲器;⑤DMA方式进机接口等。

(4)计算机卫星处理系统。

4.6.3 卫星资料的处理系统

卫星数据处理系统包括数据收集、管理、定位、定标、数据格式编排和压缩、质量控制、数据订正等。

4.6.3.1 卫星资料的预处理

地面卫星接收站接收到的是卫星将不同观测速率和不同观测通道的数据,按一定格式复合成的比特数据流,这种数据称为原始数据,它不能直接在业务中应用,还必须进行定标和定位,并转换为更易处理和使用的格式,这种从原始数据到能直接可以使用的转换过程称作预处理。预处理现都由各编制的程序通过计算机完成,为将数据输入计算机,须考虑卫星数据的格式和数据量。进入计算机的卫星资料,首先要按原仪器和卫星进行数据分离、质量检验并以原始数据存贮,其次是附加定标和地球定位信息。卫星资料预处理是编辑从卫星发送的图像数据和卫星轨道、姿态参数、灰度-温度或反照率间变换关系形成如像网格文件、坐标变换文件、注释文件、灰度表等有关图文件,它的工作有:

(1)卫星资料的定位:①图像资料可以加网格;②定量使用的资料需要定出每一扫描点的位置;③卫星资料场可以用投影方式做投影计算。

(2)卫星资料数据定标和灰度变换;

(3)卫星资料的格式变换;

(4)卫星资料的质量控制;

(5)按卫星轨道形成数据集。

4.6.3.2 卫星资料的数据量

卫星资料处理的速率、内容和范围,数据的贮存量和采用格式、数据集的形成等都要考虑卫星资料的数据量的大小。因此无论在资料的预处理和由卫星提取气象参数都首先要对卫星数据量有认识。

(1)数据量:卫星数据量=扫描线数×每条线包含的像点数×比特数。

①AVHRR 数据量:改进的甚高分辨率辐射计用五个通道观测地球大气,每个采样点的地面分辨率为 1.1km,每条扫描线为 2048 个采样点(星下点两侧 55.3°范围内),对于每一个采样点的量化等级为 10 比特,这样对于每条扫描线的五个通道的数据量共有 102400bit。由于卫星扫描镜每分钟旋转 360 转,每秒为 6 转,即 6 条扫描线,每秒钟在轨道上移动 7km,这样卫星每秒钟产生的数据量为 614400bit,卫星轨道周期约为 100 分钟,则一条轨道的数据量为 368640000bit。加上时间标记、定标和定位信息全分辨率的一条扫描线的数据量为 118400bits。

②VISSR 数据量:静止气象卫星 GMS 红外段每条扫描线包含有 2291 个采样点,每一个采样点用 8 个比特表示,则每条扫描线的数据量(加上标记)为 18344 比特,一幅红外云图有 2500 条扫描线,数据量为 45860000bit;红外有三个观测通道,所以红外数据量为 137580000bit。可见光的扫描线数目是红外的四倍,每条线包含有 9164 个采样点,每个采样点用 6 比特表示,加上标记后每条扫描线的数据量为 54996bit,一幅云图为 10000 条扫描线,全幅图的数据量为 549960000bit。

4.6.3.3 数据格式

(1)AVHRR 数据格式(图 4.29),它分为主帧和副帧,其中副帧头包括有帧同步、标识码、时间码、遥测数据、回扫(壳体)数据,空间取样数据和同步码等,图中给出了主帧和副帧"字"的分配情况,每一帧有 11090 字。AVHRR 视频资料信号按通道 1—5 次序码编排。

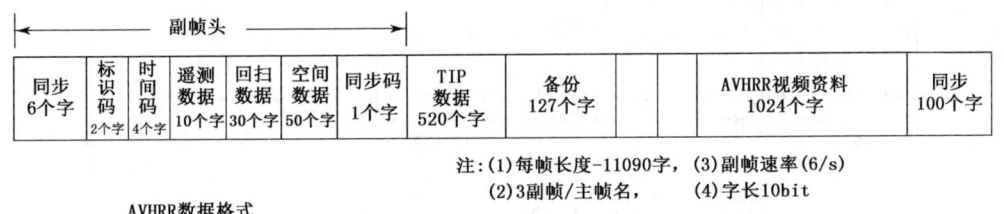

图 4.29 AVHRR 数据格式

(2)VISSR 数据格式

GMS—5 号卫星的 S—VISSR 为具有四个通道的探测仪器,它们分别为:0.5～0.9μm、6.5～7.0μm、10.5～11.5μm、11.5～12.5μm。由 GMS 卫星向地面发送的数据格式有同步码、信息段和填充数据组成。各部分的说明如下(图 4.30):①同步码:同步码有 20000 位,它是由一个 15 位数字串行移位寄存器生成的最长序列(MLS)伪随机码(PN),在每一次卫星自旋中,伪随机码序列的初始码具有固定码型(010001001100001)。在地面接收中,为了与输入的 S—VISSR 数据流同步,也必须有一个 15 位数字串行移位寄存器。当任一 15 位比特流连续输入到本地移位寄存器,其便开始生成 MLSPN 码,并与输入的 S—VISSR 同步码比特数据流进行比较,当两个比特流一致时,则意味实现了同步。接着便是信息段的起始点。②信息段:信息段由 8 段组成,它们是:文件(DOC)段、三个红外图像(IR)数据段、四个可见光图像(VIS)数据段。图 4.31 给出了 DOC 文件段块格式,它主要包括定标、定位、卫星姿态等内容。

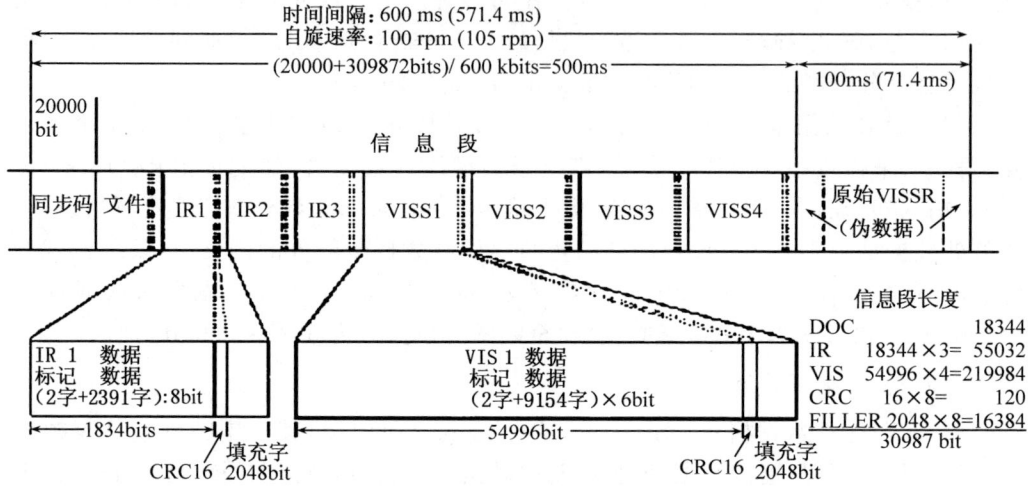

图 4.30 VISSR 数据格式

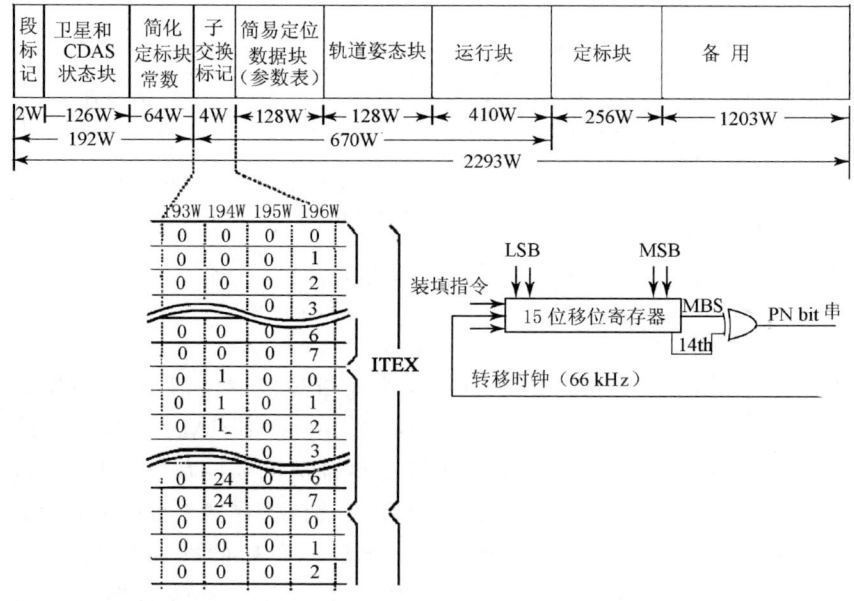

图 4.31 DOC 文件段块格式

4.6.3.4 卫星数据库的建立

在卫星数据库的设计和结构时考虑几个因素：

(1)数据库是区域还是全球的？全球数据库的卫星资料经过投影,按经纬度排列；而区域数据库一般按卫星数据的原格式存放。

(2)数据是实时使用、存档、存贮？一般极轨卫星资料在加工成全球数据库之前可以变换为中间数据库；而静止卫星数据则是接收后立刻使用。

(3)多通道数据是按通道分离还是将每一通道的数据按每一扫描点位置排列在一起。如果是图像产品,则按通道分离可以简化产品格式；如果需将各通道数据作定量比较,则将各通道数据按各扫描点排列在一起更有利。

(4)必须保持什么样的精度？

(5)什么样的资料存贮方式最合适。

4.6.3.5 卫星资料数据定标和灰度变换

进行卫星数据的定标和灰度变换,通常在卫星发射前制作电平～反照率～灰度,灰度～电平～温度的关系曲线或列表数据,由于卫星上的校正黑体随时间的衰变和探测器特性的改变,还必须作小的修正。对此可以参照各卫星给出的使用手册。

卫星资料的订正包括辐射订正和几何订正两种：

(1)辐射订正：根据参考物体对获得的影像色调或彩色电信号或数字信号进行校正、订正、增强或提高反差。

①增强处理：可以为密度分割、反差增强、等密度分割、彩色合成、平滑化、微分和滤波等。

②像质订正：分为面订正和点订正。点订正又分为系统订正和非系统订正。系统订正有阴影、太阳高度角和视场角；非系统订正有高度云影和地形起伏等。

(2)几何订正：卫星云图的几何畸变时常影响资料的实际应用,它一般是因下面诸原因引起的：

①内部畸变：由探测仪器引起的畸变有：比例尺畸变；歪斜畸变；中心移动畸变；扫描非线性畸变,辐射状畸变等。

②外部畸变：由于卫星姿态和目标物引起的畸变。由卫星引起的畸变有卫星的倾斜或高度引起的畸变。由目标物引起的畸变有地形起伏和地球曲率引起的畸变。

4.6.3.6 卫星资料的放大和缩小,压缩处理

(1)卫星资料的放大和缩小：一般气象台站使用的卫星图像是原始云图的分割部分或是放大或缩小的云图。云图的放大或缩小的比例是东西、南北方向以同样的比例进行的,以保持图像不发生畸变。对于卫星云图的缩小是将几条扫描线采样为一条扫描线和几个像点采样为一个像点,而卫星云图的放大则为对一条扫描线变成几

条扫描线线的连续采样,或将一个像素点连续几次输出。

(2)数据的压缩处理:卫星数据的量一般很大,因此在卫星数据的保存和提取需要很大的存贮容量、处理数据耗费很多时间,为此在满足使用要求和目的后,应尽可能减少数据量,采用数据压缩技术可以实现上述目的。一般可以使用压缩软件,除此之外还可用以下方法:

①削减:把不必要的数据削减,或削去的数据用外推或内插法推算出来。

②参数抽出:仅保留目标物特征参数和数据。

③等间隔采样:连续输入数据按等间隔时间采样。

④编码变换:将数据简化为代码。如果把卫星数据块作编码变换,则数据压缩更有效。

⑤函数应用:根据最少的采样点,应用函数求出削减数据。

4.6.3.7 卫星产品的处理

在原始卫星资料经过处理后得到经定标和定位的更易管理和使用的格式,接着是进一步处理得到各类业务产品。产品分成两类:一种是图像产品,另一种是数字产品。各种卫星资料产品的获取需用计算机获取。目前卫星的图像产品有:可见光、红外、水汽图三种基本资料,另外还有对这三种基本资料处理的产品,如增强云图、云分析图、海面温度图等。而数字产品资料有:大气垂直温度探测、水汽、云风矢、臭氧、辐射等。有关这些产品获取的原理将在后面介绍。现以静止卫星资料处理系统作为例子说明卫星资料的处理。如图 4.32 给出了 S-VISSR 数据流程。它包括以下几部分:

(1)S-VISSR 数据的摄入

S-VISSR 数据可以根据需要以全圆盘方式或者是以分区圆盘两种方式实时摄入。其中全圆盘方式中,可见光数据以 4 比 1 抽样,红外数据以原分辨率摄入;在部分圆盘方式中,各通道数据以原分辨率、只摄入一条扫描线的 1792 个像素(一条红外扫描线有 2291 个像素点),所取范围由用户确定。数据进入后是否由硬盘保存,也由用户决定。

在数据进入系统时,有两种工作方式:一种是实时显示,并加上网格和地形,显示的通道由用户选择、切换,将这种方式称为前台方式;另一种是在接收过程中不实时显示,称之后台方式。在数据摄入过程中,这两种方式可以由用户任意切换。

(2)原始图像文件和参数文件的提取

在数据摄入过程中,可以由用户事先定义,自动生成原始图像文件(最多五个),并存硬盘。同时生成多种参数文件,如网格文件、轨道、姿态文件、常数文件及时刻表,以及定标系数、定标表文件。在生成过程中进行第一次质量检验。还生成丢线文件,在原始图像文件存盘前进行丢线检测和处理,确保云图质量。

关于原始图像文件除在收图过程中自动生成外。如原始 S-VISSR 数据已存硬

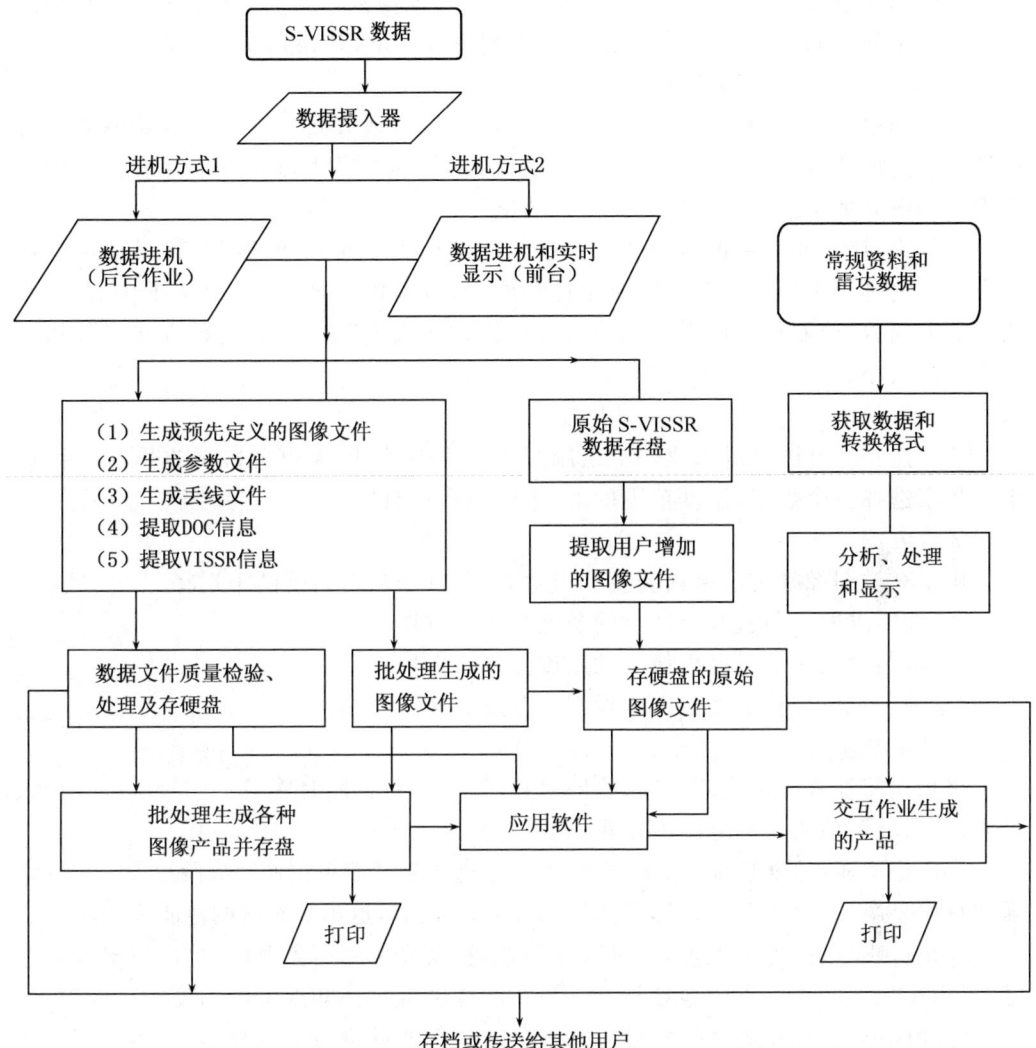

图 4.32 数据处理流程

盘,也可在批作业处理中由用户事先定义提取附加图像文件,每个通道最多提取一个。此外用户也可用人机对话方式,用菜单提取图像文件。

(3)参数文件处理和存档

这一步是系统对有关定位参数文件进行第二次质量检验和存档(硬盘)。然后对有关定位参数文件进行处理供生成图像产品使用。

(4)生成各类图像产品

根据用户事先定义的产品内容以及定义的处理参数,在批处理作业中将自动生成用户指定的产品,在各类图像产品上加上网格和地形,并存到硬盘相应的目录中。

(5) 卫星资料计算机处理和功能

用户利用菜单上列出的各种处理功能,以人机对话方式对提取的原始图像文件和批作业生成的各类图像产品进行事后处理,生成的产品也可存硬盘保存。目前静止卫星云图处理系统一般可以完成以下功能:

①放大:该功能对主窗口中的图像进行局部放大或对图像的指定区域放大。放大方式有两种:"选择区域"方式,对于这种放大方式,必须指定放大区域的中心位置;改变放大倍数;选取指定放大区域的中心位置;"放大镜"方式,对这种方式只要指定放大窗的大小。

②画等值线

该功能在红外图上或水汽图上绘制亮度温度等值线,温度间隔的选取从对话框中的数字选择一个数字,温度范围的上、下限值由键盘输入。

③直方图

用于获取图像指定区域内灰度分布直方图,其中从对话框图中选择:

"直线":求取一条直线上像点的灰度分布直方图;

"方块":求取一矩形区内像点的灰度分布直方图;

"整屏":求取屏幕上整幅度内像点的灰度分布直方图。

④分窗显示

该功能将屏幕分割为四个窗区,同时显示不同通道、同时次或不同时次,同时次、不同通道,及其他类型图之间的比较。

⑤图像增强:对图像的灰度作变换,有以下选择项:"简单拉伸""分段拉伸""指数增强""对数增强""均衡化""确认",开始显示云图;"退出",退出分裂窗调色曲线生成。

⑥定位:获取图像地理坐标:进入该功能,移动光标到所需要的位置,单击鼠标左键,可得图像上所需一点的地理经、纬度;在图像上标出已知地理经纬度的点的位置。

⑦动画显示:从动画文件目录挑选部分或全部文件进行动画显示。

4.7 地面接收卫星资料范围的确定

4.7.1 卫星接收前的准备工作

4.7.1.1 确定接收范围

图 4.33 表示地面卫星接收卫星信号的接收范围,由于无线电波在空间是直线传播的,所以只有当卫星处在地平线以上时,地面卫星接收站才能接收到卫星发射的信

号。而在地平线以下时,地面卫星接收站是无法收到卫星信号的。这就是说地面卫星接收站接收卫星信号是有一定范围的,这个范围取决于卫星的高度和地理位置。

4.7.1.2 确定接收轨道

卫星绕地球运行,只有当其进入接收站的接收范围内时,才能被接收到。每天能进入接收范围的只有几条。例如泰罗斯-N/诺阿系列卫星每天绕地球运行有14圈,每次进入接收范围的只有其中的2~3条。所以在接收之前要把那几条轨道能被接收的要确定下来。

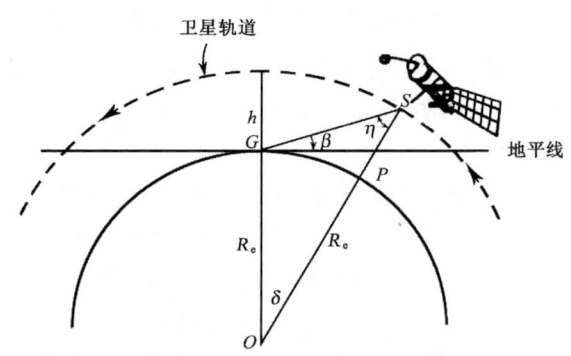

图4.33 卫星地观测(接收)范围和仰角

4.7.1.3 确定卫星的位置

卫星进入接收范围之后,只有当接收天线对准卫星时,才能收到最强的卫星信号,要使天线对准卫星,需要确定卫星在接收范围内的位置。即要确定卫星在每一时刻的方位角和仰角。

4.7.2 方位-仰角-大圆盘制作原理

4.7.2.1 大圆弧的求取

为确定卫星接收范围,首要的是确定卫星接收站与卫星星下点之间的大圆弧长,由此可以求出卫星的方位角和仰角。在图4.34中,若Q是北极点,P是卫星S的星下点,其纬度为φ_s、经度为λ_s,O是地面接收站,其纬度为φ_0、经度为λ_0;OP、OQ分别是过O点和P点的经度线,两经度线差$\Delta\lambda=\lambda_s-\lambda_0$,即是卫星星下点与接收站点间的经度差。又$\alpha$是卫星相对于接收站点的方位角,其以正北方向为$0°$,并作为起点按顺时针方向计算。$OP$和$OS$之间的夹角为$\beta$,为卫星相对于接收站点的仰角,以地平线为$0°$,指向天顶为$90°$。这里$\alpha$、$\beta$是地面卫星接收天线对准卫星时的方位角和仰角。

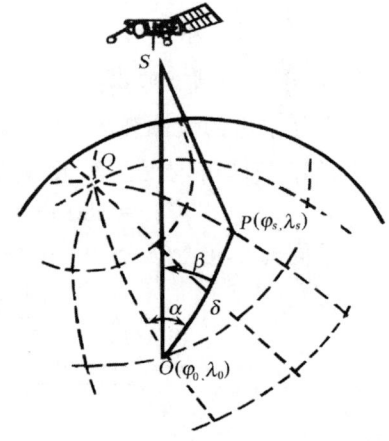

图4.34 卫星方位角角和大圆弧

4.7.2.2 卫星方位角—仰角和大圆弧

OP 是 O、P 两点在地球表面的连线,称为大圆弧 δ,它是地球表面的一段弧长,即 $OP=\delta$。由图 4.34 也可看到,大圆弧 δ 也是 O 点和 P 点对地心的夹角,以度数表示。

在图 4.34 中,对于球面三角形 QOP,由边的余弦定理

$$\cos a = \cos b \cos c + \sin b \sin c \cos A \tag{4.81}$$

若 $a=\delta, b=90°-\varphi_0, c=90°-\varphi_s, A=\Delta\lambda$ 代入上式

$$\cos\delta = \sin\varphi_0 \sin\varphi_s + \cos\varphi_0 \cos\varphi_s \cos\Delta\lambda \tag{4.82}$$

由此可见,只要 φ_0、φ_s 和 $\Delta\lambda$ 已知,则就可求得接收站 O 与卫星星下点之 P 间的大圆弧长 δ。

4.7.2.3 方位角 α 的求取

在求出大圆弧 δ 后,就能确定方位角 α,由球面三角的正弦定理

$$\frac{\sin a}{\sin A} = \frac{\sin b}{\sin B} = \frac{\sin c}{\sin C} \tag{4.83}$$

以 $A=\Delta\lambda$、$a=\delta$、$C=\alpha$ 和 $c=90°-\varphi_s$ 代入上式得

$$\frac{\sin\Delta\lambda}{\sin\delta} = \frac{\sin\alpha}{\sin(90°-\varphi_s)} \tag{4.84}$$

即得

$$\sin\alpha = \frac{\sin\Delta\lambda \cos\varphi_s}{\sin\delta} \tag{4.85}$$

或是

$$\alpha = \sin^{-1}\left[\frac{\sin\Delta\lambda \cos\varphi_s}{\sin\delta}\right] \tag{4.86}$$

由 (4.86) 式,如已知 δ、φ_s、$\Delta\lambda$ 值就可以计算卫星所处的方位角。

4.7.2.4 仰角 β 的求取

由上面求出的大圆弧 δ,就可以求出仰角 β。在图 4.33 中,h 是卫星高度,R_e 是地球半径,β 是仰角,η 是卫星天顶角,且有

$$\eta = 180° - \delta - (90°\theta + \beta) = 90° - (\alpha + \beta) \tag{4.87}$$

其他符号同前。在 $\triangle OO'S$ 中,按平面三角的正弦公式

$$\frac{\sin\eta}{R_e} = \frac{\sin(90°+\beta)}{R_e+h} \tag{4.88}$$

即为

$$\frac{\sin[90°-(\delta+\beta)]}{R_e} = \frac{\sin(90°+\beta)}{R_e+h} \tag{4.89}$$

也就是

$$\frac{\cos(\delta+\beta)]}{\cos\beta} = \frac{R_e}{R_e+h} \tag{4.90}$$

$$\frac{\cos\delta\cos\beta - \sin\delta\sin\beta}{\cos\beta} = \frac{R_e}{R_e+h}$$

$$\cos\delta - \sin\delta\tan\beta = \frac{R_e}{R_e + h} \quad (4.91)$$

最后得

$$\tan\beta = \frac{\cos\delta - \dfrac{R_e + h}{R_e}}{\sin\delta} \quad (4.92)$$

或

$$\beta = \tan^{-1}\left[\frac{\cos\delta - \dfrac{R_e + h}{R_e}}{\sin\delta}\right] \quad (4.93)$$

由(4.82)、(4.86)、(4.90)式就可以算出 δ, α, β，制作方位-仰角-大圆盘。图 4.35 是大圆盘实例。

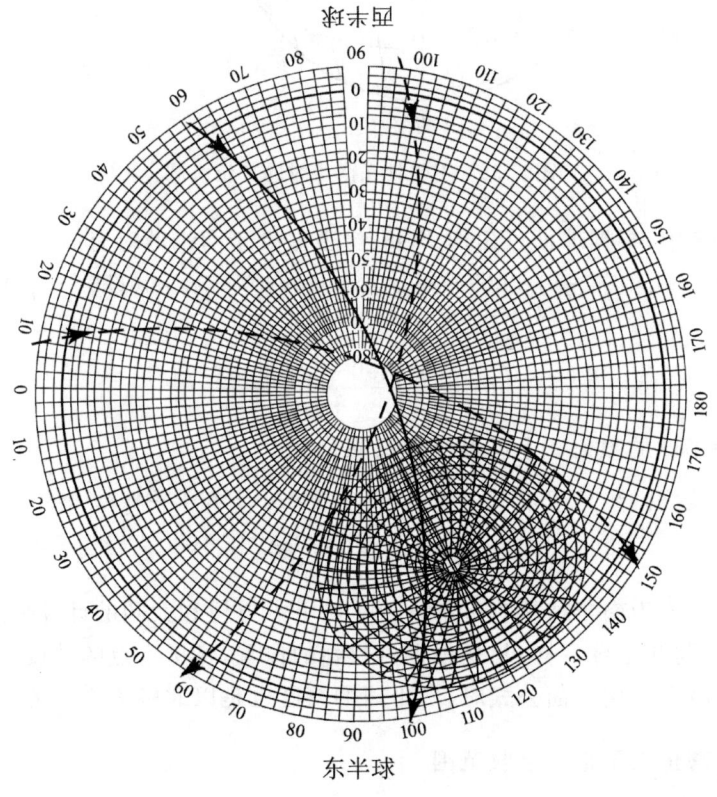

图 4.35　方位-仰角-大圆盘

4.7.3　接收范围的一部分处在南半球时方位大圆盘的制作

对于处在北半球而纬度较低的接收站，有部分接收范围处于南半球，接收站的纬度越低，处在南半球的接收范围就越多。地跨南北半球方位大圆盘的制作与接收范围完全处于北半球的稍有不同。

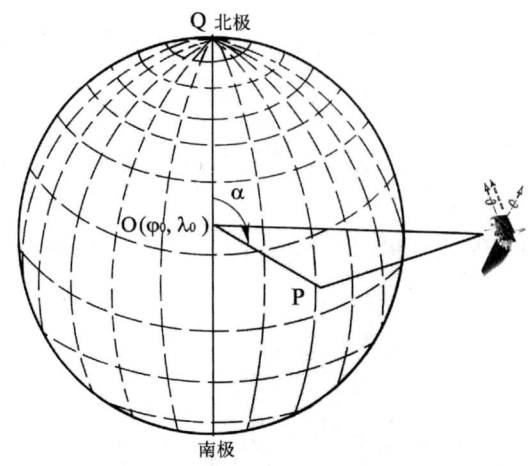

图 4.36　卫星处在南半时的方位大圆

在图 4.36 中,根据球面三角形 POS,当卫星处于南半球时有

$$\cos\delta = \cos(90^0 - \varphi_0)\cos(90^0 + \varphi_s) + \sin(90^0 - \varphi_0)\sin(90^0 + \varphi_s)\cos\Delta\lambda \tag{4.94}$$

$$\sin\alpha = \frac{\sin(90 + \varphi_s)\sin\Delta\lambda}{\sin\delta} \tag{4.95}$$

式中,φ_s 取南半球的数值。上式经整理又简化为

$$\cos\delta = -\sin\varphi_0\sin\varphi_s + \cos\varphi_0\cos\varphi_s\cos\Delta\lambda \tag{4.96}$$

$$\sin\alpha = \frac{\cos\varphi_s\sin\Delta\lambda}{\sin\delta} \tag{4.97}$$

(4.96)、(4.97)式为南半球接收区部分卫星星下点方位和大圆的计算公式。

制作方法与北半球一样,只是根据接收站的位置,将星下点的纬度伸到南半球的纬度线上,这时在运用上面公式时,南半球的纬度也是以北极为中心的。

4.7.4　静止卫星地面接收范围

4.7.4.1　静止卫星的方位角和仰角的计算

由于静止卫星位于赤道上空,固定在某一经度位置上,所以地面接收天线以固定的方位角和仰角指向卫星。仅当卫星发生严重漂移时,需对地面接收天线作小的调整。静止卫星地面接收天线的方位角和仰角可以这样求得,因卫星星下点的纬度 φ_s = 0,所以(4.82)式可简化为

$$\cos\delta = \cos\varphi_0 \cos\Delta\lambda \qquad (4.98)$$

则方位角和仰角为

$$\alpha = \sin^{-1}\left[\frac{\sin\Delta\lambda}{\sin\delta}\right] \qquad (4.99)$$

$$\beta = \tan^{-1}\left(\frac{\cos\delta - \dfrac{R_e + h}{R_e}}{\sin\delta}\right) \qquad (4.100)$$

式中，$\Delta\lambda$ 是卫星星下点现接收站间的经度差。

4.7.4.2 静止卫星的覆盖范围

如以卫星为顶点向地球作一个锥面与地球球体相切，该圆锥体所覆盖的地球表面就是静止卫星的观测范围。凡是在这范围内的地面接收站都能接收到静止卫星发送的资料。

(1) 静止卫星覆盖区边线的夹角：静止卫星指向地平的两边线之间的夹角为 2η，由于边线与切线相重合，所以也称切线夹角。由 $Rt\triangle OST$，有

$$\sin\eta = \frac{R_e}{R_e + h} \qquad (4.101)$$

也就是 $\eta = \sin^{-1}(R_e/(R_e + h)) = \sin^{-1}[6370/(6370 + 35860)] = 8.765°$
因此静止卫星的总视场角（边线夹角）为

$$2\eta = 2 \times 8.675° = 17.35°$$

(2) 静止卫星覆盖面积：由图 4.37 中可见，$\theta_0 = 90° - 8.675° = 81.325°$，则覆盖面积为

$$S = 2\pi R(R_e - R_e\cos\theta_0)$$
$$= 2\pi R_e^2(1 - \cos\theta_0)$$
$$= 2 \times 3.1416 \times (6370)^2(1 - 0.1508) = 2165 \times 10^5 \text{（km}^2\text{)}$$

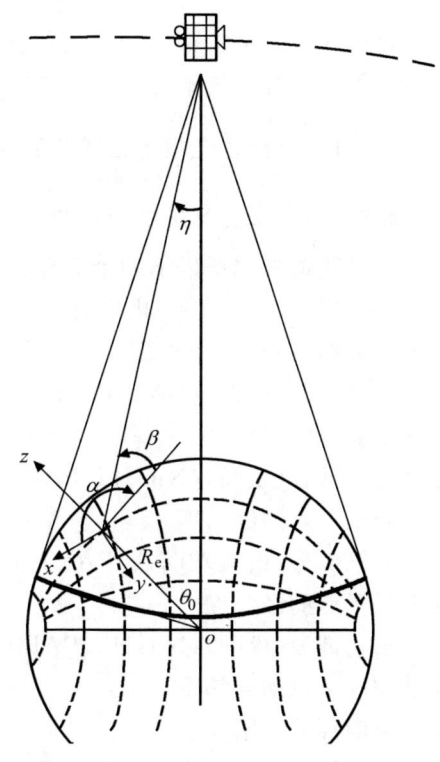

图 4.37 静止卫星覆盖范围计算

(3) 静止卫星覆盖区最大弧距：根据静止卫星的最大圆弧距与覆盖中心角 $2\theta_0$ 之比为

$$x : 2\theta_0 = 2\pi R_e : 360$$

$$x = \frac{\pi R_e \theta_0}{90°} = \frac{3.1416 \times 6370 \times 81.325}{90°} = 18074\text{（km)}$$

式中，x 是最大弧距。

(4)静止卫星至接收站点的距离 l：如图 4.37 中，由正弦定理

$$\frac{\sin[90°-(\eta+\beta)]}{l} = \frac{\sin(90°+\beta)}{R_e+h}$$

则有

$$l = \frac{(R_e+h)\cos(\eta+\beta)}{\cos\beta} \tag{4.102}$$

4.8 卫星轨道报格式

目前气象卫星轨道的计算是依据 APT 每日预告报（简称卫星轨道报），它通过世界气象网与常规气象资料一起发送给世界各地用户。其格式和意义如下。

4.8.1 卫星轨道报的格式和意义

4.8.1.1 卫星轨道报的结构

卫星轨道报包括以下四个部分：

第一部分（PART Ⅰ）内容有：(1)一天中每隔四条轨道升交点的经度和时间；(2)卫星的周期；(3)卫星的截距。

第二部分（白天）（DAY PART Ⅱ）：表示赤道以北白天部分每隔 2 分钟卫星高度和星下点的经纬度。

第二部分（夜间）（NIGHT PART Ⅲ）：表示赤道以北夜间部分每隔 2 分钟卫星高度和星下点的经纬度。

第三部分（白天）（DAY PART Ⅲ）：表示赤道以南白天部分每隔 2 分钟卫星高度和星下点的经纬度。

第三部分（夜间）（NIGHT PART Ⅲ）：表示赤道以南夜间部分每隔 2 分钟卫星高度和星下点的经纬度。

第四部分是附注。

卫星轨道报的报头有下面四种：

TBUS-1 是指白天卫星由北向南运行的卫星；

TBUS-2 是指白天卫星由南向北运行的卫星；

TBUS-3 和 TBUS-4 是指静止卫星的报头。

在卫星报中，白天和夜间是分开编排的，所以在卫星报中有两个第二部分和第三部分。

星下点的位置是每隔 2 分钟给出一个点，时间以升交点为基准，向前或向后推算。TBUS-1 和 TBUS-2 的电码格式相同，只是白天部分和夜间部分相反。

在卫星轨道报中,将全球分为8个区来编排卫星星下点的位置,这8个区的划分见图4.38所示。

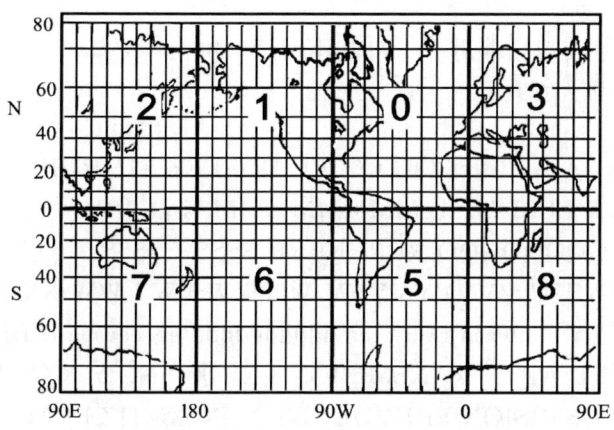

图4.38 卫星轨道报全球分区图

4.8.1.2 卫星轨道报的电码格式

以 TBUS-1 为例,卫星报的电码格式如下:

TBUS-1 KWBC N———
APT PREDICT
MMYYSS
PART Ⅰ
$ON_rN_rN_rN_r$ $OY_rY_rG_rG_r$ $Og_rg_rs_rs_r$ $Q_rL_0L_0I_0I_0$ $Tggss$ $LL_0L_0I_0I_0$
$N_4N_4N_4N_4G_4$ $G_4g_4g_4s_4s_4$ $Q_4L_0L_0I_0I_0$
$N_8N_8N_8N_8G_8$ $G_8g_8g_8s_8s_8$ $Q_8L_0L_0I_0I_0$
$N_{12}N_{12}N_{12}N_{12}G_{12}$ $G_{12}g_{12}g_{12}s_{12}s_{12}$ $Q_{12}L_0L_0I_0I_0$
NIGHT PART Ⅱ
$02Z_{02}Z_{02}Q_{02}$ $L_aL_aI_aL_0L_0I_0$ $04Z_{02}Z_{02}Q_{02}$ $L_aL_aI_aL_0L_0I_0$ $06Z_{02}Z_{02}Q_{02}$
$L_aL_aI_aL_0L_0I_0$ $08Z_{02}Z_{02}Q_{02}$ $L_aL_aI_aL_0L_0I_0$
……到晨昏线(北极附近)
NIGHT PART Ⅲ
$02Z_{02}Z_{02}Q_{02}$ $L_aL_aI_aL_0L_0I_0$ $04Z_{02}Z_{02}Q_{02}$ $L_aL_aI_aL_0L_0I_0$ $06Z_{02}Z_{02}Q_{02}$
$L_aL_aI_aL_0L_0I_0$ $08Z_{02}Z_{02}Q_{02}$ $L_aL_aI_aL_0L_0I_0$
……到晨昏线(南极附近)
DAY PART Ⅱ

北极附近晨昏线开始……$gg Z_{gg} Z_{gg} Q_{gg}$　　$L_a L_a I_a L_0 L_0 I_0$
……直到赤道以北最后一点。

DAY PART Ⅲ
白天第三部分赤道以北最北一点开始向南　　$gg Z_{gg} Z_{gg} Q_{gg}$　　$L_a L_a I_a L_0 L_0 I_0$
……直到赤道以南最后一点。

PART Ⅳ
AAAAAAAA BBBBB CCCCCCCC DDEEFFGGHHIIIII JJJJJJJ
KKKKKKKK LLLLLLLL MMMMMMMM NNNNNNNN OOOOOOO
PPPPPPPP QQQQQQQQ RRRRRRRR SSSSSSSSS TTTTTTTTT
UUUUUUUUU VVVVVVVV WWWWWWWW XXXXXXXX
YYYYYYYY ZZZ aaa bbb cccc ddddddddd eeeeeeee ffffffff gggggggg
SPARESPARE APT TRANSMISION FREQUENC Y XXX. XMHZ
HRPT TRANSMISION FREQUENCY XXX. XMHZ BEACON(DSB)
TRANSMISION FREQUENCY XXX. XMHZ APT DAY X/X APT NIGHT
X/X DCS CLOCK TIME DAY XXX XXXXX. X
(ADDITIONAL PLAIN LANGUAGE REMARKS WHEN NEEDED)

4.8.1.3　卫星轨道报解释

MM:月　　　　YY:日　　　　SS:卫星名称　　NNNN:轨道数　　GG:小时
gg:分钟　　　　ss:秒　　　　Q:区号　　　　$L_0 L_0$:经度整数　　I_0:经度小数
T:周期指示码　L:截距指示码　ZZ:卫星高度　$L_a L_a$:纬度整数　　I_a:纬度小数
KWBC:美国通信中心代号;
N:轨道制作日期;
APT PREDICT:图片自动传送报告;
MMYYSS:预告轨道日期,MM(月)YY(日)SS(卫星编号)

10—19

PART Ⅰ(轨道第一部分)

ON$_r$N$_r$N$_r$N$_r$　　　　　　O 是指示码,N$_r$N$_r$N$_r$N$_r$ 是参考轨道数(第二、三部分
　　　　　　　　　　　的轨道参数是属于这一条轨道的);

OY$_r$Y$_r$G$_r$G$_r$　Og$_r$g$_r$s$_r$s$_r$　　O 是指示码,Y$_r$Y$_r$(日),G$_r$G$_r$(时),g$_r$g$_r$(分),s$_r$s$_r$(秒);

Q$_r$L$_0$L$_0$I$_0$I$_0$　　　　　　Q$_r$ 是参考轨道升交点经度的区号,L$_0$L$_0$ 是参考轨道
　　　　　　　　　　　升交点经度的整数部分,I$_0$I$_0$ 是参考轨道升交点经度
　　　　　　　　　　　的小数部分;

Tggss　　　　　　　　T 是周期指示码,gg 是周期分钟数(省去 100 分钟),
　　　　　　　　　　　ss 是秒数;

第 4 章 卫星云图观测原理和资料获取处理

$LL_0L_0I_0I_0$	L 是截距指示码，L_0L_0 是截距的经度的整数值，I_0I_0 是经度小数值；
$N_4N_4N_4N_4$	是参考轨道后的第四条轨道数；
$G_4G_4g_4g_4s_4s_4$	是 $N_4N_4N_4N_4$ 轨道过赤道时间；
$Q_4L_0L_0I_0I_0$	是 $N_4N_4N_4N_4$ 轨道过赤道后所在区号、和过赤道经度；
	以下类同。

NIGHT PART Ⅱ：是夜间第二部分（北半球）

$02Z_{02}Z_{02}Q_{02}$	是参考轨道 $N_rN_rN_rN_r$ 过赤道后 02 分钟时卫星的高度（$Z_{02}Z_{02}$），省去个位数，单位千米，Q_{02} 是卫星 02 分钟时所在的区号；
$L_aL_aI_aL_0L_0I_0$	是卫星 02 分钟时卫星星下点的纬度和经度值，其中 L_aL_a 是纬度整数部分，I_a 是纬度小数部分，L_0L_0 是经度整数值，I_0 是经度小数值；
	其余与上类似。

NIGHT PART Ⅲ：是夜间第三部分（南半球），内容同上；
DAY PART Ⅱ：是白天第二部分（北半球），内容同上；
DAY PART Ⅲ：是夜间第三部分（南半球），内容同上；
PART Ⅳ：是第四部分

AAAAAAAA	卫星识别码，发射年份（国际标号）；
BBBBB	初始纪元轨道数，以下轨道参数（以天球坐标系表示）是属于这一条的；
CCCCCCCC	升交点日数（从每年 1 月 1 日起算），小数九位；
DDEEFFGGHHIIII	升交点时间，DD（年），EE（月），FF（日），GG（时），HH（分钟），IIII（秒，小数三位）；
JJJJJJJ	升交点经度，格林威治时角，单位度，小数四位；
KKKKKKKK	升交点经度，格林威治时角，单位度，小数四位；
LLLLLLLL	升交点周期，单位 min，小数四位；
MMMMMMMM	轨道偏心率，小数八位；
NNNNNNNN	近地点角，单位度，小数五位；
OOOOOOOO	升交点赤经，单位度，小数五位；
PPPPPPPP	轨道倾角，单位度，小数五位；
QQQQQQQQ	平均近点角，单位度，小数五位；
RRRRRRRR	轨道半长轴，单位 km，小数三位；

SSSSSSSSS	第一个字母是正负号,(p 为正,m 为负),其后表示初始时刻卫星位置的 x 分量,单位 km,小数四位;
TTTTTTTTT	第一个字母是正负号(p 为正,m 为负),其后表示初始时刻卫星位置的 y 分量,单位 km,小数四位;
UUUUUUUUU	第一个字母是正负号(p 为正,m 为负),其后表示初始时刻卫星的 z 分量,单位 km,小数四位;
VVVVVVVV	第一个字母是正负号,(p 为正,m 为负),其后表示初始时刻卫星 x 方向速度分量,单位 $km \cdot s^{-1}$,小数六位;
WWWWWWWW	第一个字母是正负号,(p 为正,m 为负),其后表示初始时刻卫星 y 方向速度分量,单位 $km \cdot s^{-1}$,小数六位;
XXXXXXXX	第一个字母是正负号(p 为正,m 为负),其后表示初始时刻卫星 z 方向速度分量,单位 $km \cdot s^{-1}$,小数六位;
YYYYYYYY	轨道冲击系数(CD-A/M),单位 $m^2 \cdot kg^{-1}$,小数六位;
ZZZaaabbb	ZZZ 每日太阳辐射通量,单位 $W \cdot m^{-2}$,aaa 是 90 天滑动平均日太阳辐射通量,bbb 是行星磁指数,单位高斯;
cccc	拖曳调制系数,小数四位;
ddddddddd	辐射压力系数,单位 $m^2 \cdot kg^{-1}$,小数十位;
eeeeeeee	第一个字母是正负号(p 为正,m 为负),近地点角速度,单位 $rad \cdot d^{-1}$,小数五位;
fffffffff	第一个字母是正负号(p 为正,m 为负),升交点赤经速度,单位度·天$^{-1}$,小数五位;
ggggggggg	第一个字母是正负号(p 为正,m 为负),表示平均近点角变化率平均值,单位度·天$^{-1}$,小数二位;

SPARESPARE 不代表任何有用信息;

APT TRANSMISION FREQUENCY XXX.XXMHZ:APT 发送信号频率,单位 MHz 兆周;

HRPT TRANSMISION FREQUENCY XXX.XXMHZ:HRPT 发送信号频率,单位 MHz;

BEACON(DSB) TRANSMISION FREQUENCY XXX.XMHZ:信标频率,单位 MHz;

APT DAY X/X APT NIGHT X/X:APT 白天、夜间使用通道,X 表示通道波长;
DCS CLOCK TIME DAY XXX XXXXX.X:资料收集系统,时间校正。
(ADDITIONAL PLAIN LANGUAGE REMARKS WHEN NEEDED)

4.9 卫星云图的图像表示和增强处理

4.9.1 图像的数学表示

4.9.1.1 图像的辐射表示

卫星云图是一幅二维的辐射分布的平面图像,辐射是图像的基本要素,设图像平面上任一点的坐标是 x,y,且 $B_i(x,y)=L(x,y,\Delta\lambda_j,t_m,P_n)$,是给定光谱间隔 $\Delta\lambda_j(j=1,2,\cdots,P_1)$,给定时刻 $t_m(m=1,2,\cdots,P_2)$,给定极化 $P_n(n=1,2,3)$ 的辐射空间分布,则可把 $P=P_1+P_2+P_3$ 的函数 $B(x,y)$ 写为实函数

$$B(x,y)=\begin{pmatrix}B_1(x,y)\\B_2(x,y)\\\vdots\\B_P(x,y)\end{pmatrix} \quad (4.103)$$

并把这种函数称为多重图像函数。若 y_m 是卫星横向(与轨道垂直)扫描方向,x_m 是扫描线增加方向(卫星轨道运动方向),在这样的矩形区域内 $Q\{(x,y)0\leqslant x\leqslant x_m,0\leqslant y\leqslant y_m\}$,辐射能是有界的,且是正的,即图像函数总是正的和有界的,写为

$$0\leqslant B_i(x,y)\leqslant F_I \quad i=1,2\cdots,P \quad (4.104)$$

4.9.1.2 图像的灰度表示

如果将图像 x,y 处的辐射值 $B(x,y)$ 以灰度 l 来表示,则有

$$L_{\min}\leqslant l\leqslant L_{\max} \quad (4.105)$$

式中,$[L_{\min},L_{\max}]$ 称为图像的灰度范围,其 $\Delta L=L_{\min}-L_{\max}$ 值愈大,表示图像的反差愈大。为方便起见,令 $L_{\min}=0,L_{\max}=L$,则图像的灰度范围为 $[0,L]$,其 $l=0$ 为黑色,$l=L$ 为白色。

如果图像灰度的空间分布以 g 来表示,它是坐标的函数,为 $g(x,y)$,且可以写成

$$g(x,y)=\iint G(u,v)\exp[i2\pi(ux+vy)]dudv \quad (4.106)$$

式中,$G(u,v)$ 是 $g(x,y)$ 的傅里叶变换,是个权重因子,它是灰度的频谱函数

$$G(u,v)=\iint g(x,y)\exp[-i2\pi(ux+vy)]dxdy \quad (4.107)$$

式中 $\exp[-i2\pi(ux+vy)]=\cos2\pi(ux+vy)-i\sin2\pi(ux+vy)$。

4.9.1.3 图像的数字化

卫星云图是由许多像素组成的,所以其可以转换为数字化云图。云图的空间位置数字化可看作对地表的采样,而强度(色调)的数字化可看成灰度的量化,分成若干等级。云图的采样和量化有以下两种方式。

(1)均匀采样和量化

均匀采样就是按空间坐标等间隔采样,如果采样间隔为 $\Delta x,\Delta y$,则灰度空间分布函数可以排列成 $N\times M$ 的矩阵,即

$$\boldsymbol{g}(x,y)=\begin{bmatrix} g(0,0) & g(0,\Delta y) & \cdots & g(0,(M-1)\Delta y) \\ g(\Delta x,0) & g(\Delta x,\Delta y) & \cdots & g(\Delta x,(M-1)\Delta y) \\ \vdots & \vdots & \vdots & \vdots \\ g((N-1)\Delta x,0) & \cdots & \cdots & g((N-1)\Delta x,(M-1)\Delta y) \end{bmatrix} \tag{4.108}$$

或者写成

$$\boldsymbol{g}(x,y)=\sum_{n=0}^{N-1}\sum_{m=0}^{M-1}G(\Delta u,\Delta v)\mathrm{e}^{i2\pi(\Delta u\Delta x+\Delta v\Delta y)\Delta u\Delta v}\Delta u\Delta v \tag{4.109}$$

式中,矩阵的每一个元素都是离散量,为像素或象元。由此,一幅卫星云图可看成是一组数据阵列。通常取样数 $N\times M$ 和每一点的灰度级数 g 是 2 的整数幂,即

$$\begin{cases} N\times M=2^n \\ g=2^m \end{cases} \tag{4.110}$$

如果灰度级在 $[0,L]$ 范围内是等间隔划分的,则贮存数字化图像需要的位数为

$$b=N\times M\times m \tag{4.111}$$

例如灰度级为 64 级的 128×128 的图像需 98304 个贮存位。究竟采多少样和多少灰度等级决定于使用权用者的要求。一般地说,图片的清晰度决定于 $N\times M$ 和 m,其值愈大,清晰度愈高。但是 $N\times M$ 和 m 的增大,数据量迅速增加,从而增加数据计算的复杂性。然而采样间隔过大、灰度级太少,会使图像失真和产生假象,因而采样间隔和灰度级要适当地选取。

(2)非均匀化采样和量化

在许多情况下,空间取样是非均匀的,这是因为灰度在空间的变化是非均匀的。例如为消除卫星斜视造成图片的边缘畸变,真实地反映物体本身,采样间隔是非均匀的。一般地说,对于灰度变化剧烈的地方,采样间隔要小一些;灰度变化平缓的地方,采样间隔要大一些。

在灰度级较小的情况下,在量化过程中使用非等间隔量化。在灰度变化剧烈的地方,人眼对灰度变化的判断能力差,故在边界用较少的灰度级,而在灰度变化平缓的地方,用较多的灰度级。

4.9.1.4 灰度的电压表示

在地面接收机输出的是电压信号,因而灰度用电压代替,为此设

$$V_1 = g(0,0)，V_2 = g(\Delta x,0)，\cdots，V_N = g((N-1)\Delta x,0) \quad (4.112)$$
$$V_{N+1} = g(0,\Delta y)，\cdots\cdots，V_{N+m} = g((N-1)\Delta x,(M-1)\Delta y)$$

对电压的量化是将最大的 $V_{\max}$ 与最小的 $V_{\min}$ 值取出,在 $[V_{\min}, V_{\max}]$ 区域内均匀等分为 $L=2^n$ 个小区间,并从小到大编者按为 $0,1,2,\cdots\cdots,2^n-1$,当 V 在第 i 个小区域时,对应的电压为

$$V_i = V_{\min} + i\frac{V_{\max} - V_{\min}}{L} \quad (4.113)$$

卫星资料的数字化处理有以下优点:(1)有利于处理信息量大的数据,其精度高,灵活性好;(2)便于资料的订正处理,如消除临边昏暗、几何畸变等;(3)便于资料的定标处理和坐标变换。

4.9.2 卫星云图的增强处理

卫星云图的增强处理是对灰度或辐射值进行处理,通过灰度变换,将人眼不能发现的目标物细节结构清楚地表示出来。例如对于积雨云团,在一般的云图上只表现为白亮的一片,通过增强处理后可将云顶的结构显示出来,从而进一步判断积雨云的活动状况。图像的增强分为反差增强和分层增强。

4.9.2.1 反差增强

反差增强又称为对比度增强,它是使原来两个灰度差异很小的像素点,扩大其灰度范围,也就是突出像点间的灰度差异,使黑的更黑,白的更白,从而区别它们。灰度反差增强可以有以下几种方式:

(1)灰度的线性扩展

若一幅图样的灰度范围为 $[a,b]$,且 $a<b$,则 $[a,b]$ 愈小,反差愈小。如果将灰度扩展到 $Z_i - Z_k$,图像对比度得到增强。原来的灰度 Z 变换为新的灰度 Z',即

$$Z' = \frac{Z_k - Z_i}{b - a}(Z - a) + Z_i \quad (4.114)$$

如果 $Z_i = 0, Z_k = 255$,上式就为

$$Z' = \frac{Z - a}{b - a} \times 255 \quad (4.115)$$

灰度的扩展还可以分段处理,使部分扩展,部分压缩。例如把灰度范围 $[0,10]$ 伸展为 $[0,15]$,把 $[10,20]$ 变换为 $[15,25]$,把 $[20,30]$ 压缩为 $[25,30]$,则灰度的变换方程为

$$Z' = \begin{cases} 3Z/2 & 0 \leqslant Z \leqslant 10 \\ (Z-10)+15 & 10 \leqslant Z \leqslant 20 \\ (Z-20)/2+25 & 20 \leqslant Z \leqslant 30 \end{cases} \quad (4.116)$$

(2)灰度的线性扩展、指数扩展和非线性扩展

有时灰度的扩展并不按线性方式,而是按以下方式扩展

$$Z' = b\log(aZ) \tag{4.117a}$$

$$Z' = b\exp(aZ) \tag{4.117b}$$

$$Z' = f(Z) \tag{4.117c}$$

式中,a,b 是常数,其中(4.117a)式是对数扩展,(4.117b)式是指数扩展,(4.117c)式是非线性扩展。

4.9.2.2 分层增强

分层增强是将图像上的各灰度值,按其需要将其合并或分解为若干等级间隔,对每一间隔赋于一个灰度值,这样每一个像素的灰度由其本身落入那个间隔所给定的灰度值来确定。例如,从 0　 n 的灰度划分为间隔 $0,a,b,\cdots,(n-1)$,即

$$\begin{aligned} 0 \leqslant g(x,y) \leqslant a, &\quad 则\ g'(x,y) = 0 \\ a \leqslant g(x,y) \leqslant b, &\quad g'(x,y) = a \\ &\cdots \qquad \cdots \\ (n-1) \leqslant g(x,y) \leqslant n &\quad g'(x,y) = n-1 \end{aligned} \tag{4.118}$$

式中,$g(x,y)$ 是像点的灰度值。$g'(x,y)$ 是经分割后给定的灰度值。

4.9.3　增强红外云图

增强红外云图已广泛应用于卫星云图分析业务中,它是一种半定量资料,极大地提高了卫星云图的使用价值,尤其在强雷暴、暴雨和台风的分析中更是显示了它的优越性。

卫星云图的增强处理是对灰度或辐射值进行处理,通过灰度变换,将人眼不能发现的目标物细节结构清楚地表示出来。例如对于积雨云团,在一般的云图上只表现为白亮的一片,通过增强处理后可将云顶的结构显示出来,从而进一步判断积雨云的活动状况。在图 4.39a 红外定标曲线中,温度值与灰度值呈线性关系,温度低,色调越白,由于人的眼睛一般只能识别 7 到 8 个灰度等级,而目前实际卫星云图的等级有 $2^{10} = 1024\text{bit}$(等级),实际的云图上的灰度等级无法完全由人眼识别。在积雨顶部云顶高度是有起伏的,强对流云顶高度高,温度低,与相对弱一点的云顶高度低邻近对流云,温度的差异小,无法由人眼识别,为此调整温度值与灰度值关系曲线,如图 4.39b 中的曲线调整为两部分:一部分以等灰度方式显示,将图像上的各灰度值,按其需要将其合并或分解为若干等级间隔,对每一间隔赋予一个灰度值,这样每一个像素的灰度由其本身落入那个间隔所给定的灰度值来确定,称为分层增强或称等灰度增强;另一部分采用分段线性变换增强,将灰度曲线分面几段,对每一间隔灰度采用线性变换,变换后各段直线的斜率不同,称为线性增强,用于目标物间的对比度,如冬

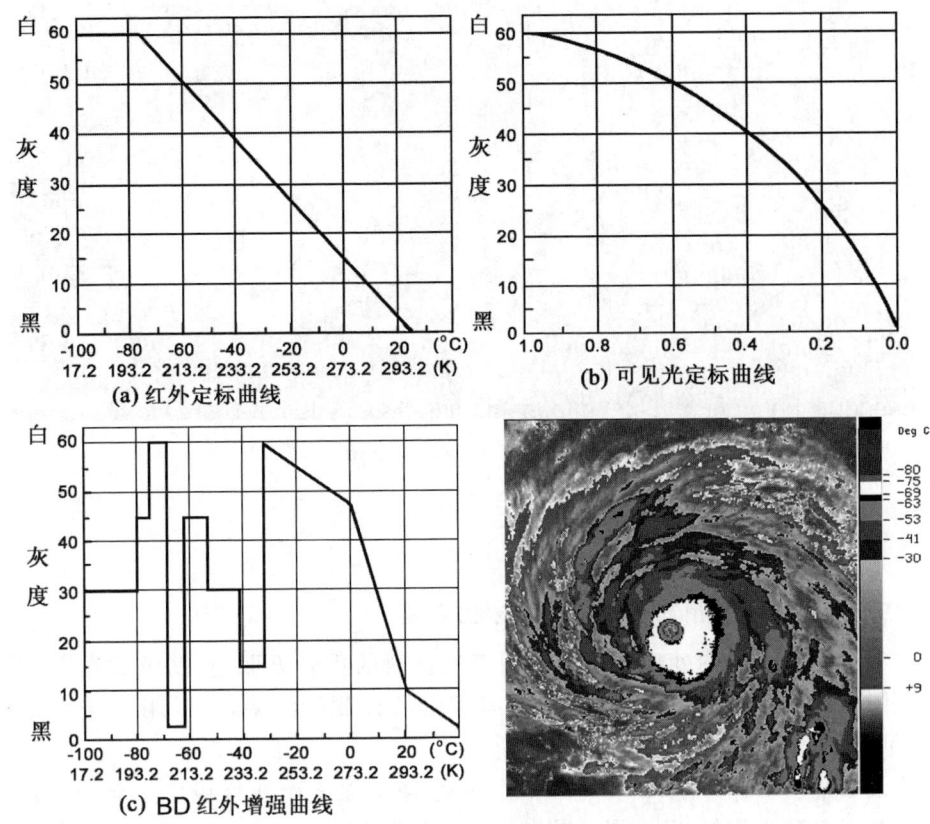

图 4.39　BD 增强曲线和红外增强图

季高纬度度地区,地表温度很低,云的温度也很低两者间差别小,为了区分他们而采用线性增强方法,提高云与地表的灰度差。BD 增强曲线温度与灰度值见表 4.17。

表 4.17　BD 增强曲线温度与灰度值

灰度等级	温度（℃）	灰度等级	温度（℃）	灰度等级	温度（℃）
暖中灰	＞＋9	灰	－41～－53	白	－69～－75
灰白	＋9～－30	浅灰	－53～－63	冷中灰	－75～－80
深灰	－30～－41	黑	－63～－69	冷暗灰	＜－8

如图 4.40 中,积雨云 A、B 和 C 在红外上呈现白色一片,但通过增强处理可以分析云区内的温度层次,云顶高度,云内的冷云区（白色）是云顶最高的地方,通常也是对流最活跃的地方。

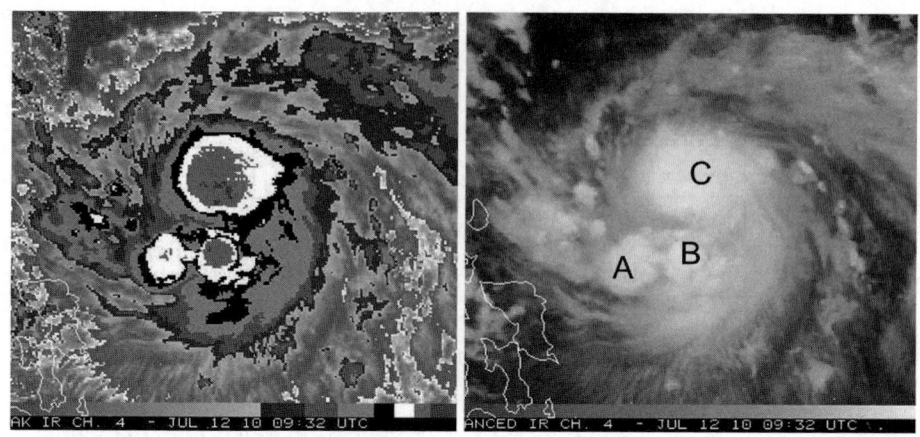

图 4.40 增强红外云图

4.9.4 卫星云图的其他处理方法

4.9.4.1 卫星云图的谱分布—直方图表示

卫星资料的直方图处理是分析使用卫星资料的重要方面,灰度级的直方图给出了一幅图像的概貌总的描写,它是一种有用的统计测量结果,可以用来计算海面温度、云量、云区增长率等。

假设图片 $g(x,y)$ 有 $N\times N$ 个像素,每个像素取 k 个灰度级($g_1,g_2,\cdots,g_k$)的一个。若以灰度为横轴,像点数为纵轴,以每个灰度间隔内出现像素数目作图,便得描述每个等级 g_i 中的像素数目 $h(i)$ 的阶梯状分布叫做图像的灰度直方图。用数学语言写为

$$h(i)=\sum_{y=1}^{N}\sum_{x=1}^{N}\lambda_i[g(x,y)] \qquad i=1,2,3,\cdots k \qquad (4.119)$$

式中,$h(i)$ 是直方图分布函数,其中 $g(x,y)$ 是第 (x,y) 个像点的灰度级,$\lambda_i[f(x,y)]$ 的值取作

当　　　$g_{i-1}\leqslant g<g_i$,　　则　$\lambda_i(g)=1$

当　　　$g<g_{i-1}$ 或 $g\geqslant g_i$,　则　$\lambda_i(g)=0$

若以 g_i 为横坐标,$h(i)$ 为纵坐标,就得 $g(x,y)$ 的直方图。在每个灰度间隔的数目 $h(i)/\lambda^2=f_i$ 称为相对频率。当 N 足够大时,各像素取灰度 $g(x,y)$ 的相对频率 f_i 的几率为 P_i,这时直方图为概率图,常写为

4.9.4.2 灰度的门限化

当目标物表现为一定范围的灰度级时,灰度级门限化是区分物象最有效和最简

单的方法。如果 $g(x,y)$ 是具有灰度范围 $[g_1,g_k]$ 的单通道图像,其灰度范围包含有非重迭灰度级 $G_i \subset [g_1,g_k]$ ($i=1,2,\cdots,I$) 的灰度范围 I,则图像的门限值 g_t 由下式确定

$$g_t(i,k) = \begin{cases} 1 & g(i,k) \in G_i \\ 0 & 其他 \end{cases} \tag{4.120}$$

4.9.4.3 边界检测

为把研究的目标突出出来,可以采用边界增强的方法,通常以被测物体的灰度梯度值来实现边界检测。对于给定函数 $g(x,y)$ 在坐标 (x,y) 的梯度定义一个矢量

$$\vec{G}[g(x,y)] = \begin{pmatrix} \dfrac{\partial g}{\partial x} \\ \dfrac{\partial g}{\partial y} \end{pmatrix} \tag{4.121}$$

其幅度为

$$|\vec{G}[g(x,y)]| = \left[\left(\dfrac{\partial g}{\partial x}\right)^2 + \left(\dfrac{\partial g}{\partial y}\right)^2\right]^{1/2} \tag{4.122}$$

对于数字图像,则采用差分近似表示,x,y 方向的一级差分近似为

$$\begin{cases} \Delta_x g(i,j) = g(i,j) - g(i-1,j) \\ \Delta_y g(i,j) = g(i,j) - g(i,j-1) \end{cases} \tag{4.123}$$

对于任一 θ 方向的差分可以表示为 x,y 方向差分的线性组合

$$\Delta_\theta g(i,j) = \Delta_x g(i,j)\cos\theta + \Delta_y g(i,j)\sin\theta \tag{4.124}$$

其边界增强的梯度值为

$$G_e(i,j) = \{[\Delta_x g(i,j)]^2 + [\Delta_y g(i,j)]^2\}^{1/2} \tag{4.125}$$

4.9.4.4 纹理特征

纹理是表达物象表面光滑程度的判据,是检测物象的一个重要判据,表示目标物纹理特征的参数很多,主要有以下几种:

(1) 像点灰度平均

$$\mu_{d,\varphi} = \sum_m m P(m)_{d,\varphi} \tag{4.126}$$

式中,m 是方向 φ 距离为 d 的一对灰度 g_i 与 g_k 间的差,$m = g_i - g_k$,$P(m)$ 是对于 $m = g_i - g_k$ 的差分矢量几率密度函数。

(2) 像点灰度标准偏差为

$$\sigma_{d,\varphi} = \left[\sum_m (m - \mu_{d,\varphi})^2 P(m)_{d,\varphi}\right]^{1/2} \tag{4.127}$$

(3) 反差是最亮与最暗灰度的比,可表示为

$$CON_{d,\varphi} = \sum_m m^2 P(m)_{d,\varphi} \tag{4.128}$$

(4) 角二阶距

$$ASM_{d,\varphi} = \sum_m [P(m)_{d,\varphi}]^2 \qquad (4.129)$$

(5) 熵

$$ENT_{d,\varphi} = -\sum_m P(m)_{d,\varphi} \log P(m)_{d,\varphi} \qquad (4.130)$$

(6) 局地均匀性

$$HOM_{d,\varphi} = \sum_m \frac{P(m)_{d,\varphi}}{(1+m^2)} \qquad (4.131)$$

本章要点

1. 卫星在不同谱段接收到的辐射的定量表示式和物理意义。
2. 卫星在不同谱段接收辐射依赖于哪些因素,不同谱段辐射转换成图像。
3. 卫星观测仪器的基本参数,卫星观测仪器的组成部分和功能。
4. AVHRR、HIRS、GOES-I 图像仪的结构、功能、工作方式和主要用途。
5. 卫星资料的接收工作内容。
6. 卫星资料处理主要内容。

问题和习题

1. 名词术语

权重函数,响应度,光谱响应函数,空间分辨率,等效噪声功率、等效噪声温度,卫星探测的空间分辨率,灰度分辨率和时间分辨率。

2. 试述卫星能接收哪几种辐射,写出这几种辐射的表达式,并解释各项的物理意义?

3. 写出有云时卫星在反射太阳光谱和和发射光谱接收辐射的表示式,说明其意义?

4. 说明如何根据探测目的选择卫星通道?

5. 卫星仪器由哪几部分组成?每部分的作用是什么?什么是卫星数据定标?如何进行卫星数据的定标?

6. 试述 AVHRR 的结构、功能、工作方式和主要用途?试述 HIRS 的结构、功能、工作方式和主要用途?

7. 卫星高度为 800km,观测地球的视场直径为 20km,假定地面温度为 300K,在光谱区 820 cm^{-1} 和 970 cm^{-1} 的全部辐射传输到达探测器,确定探测器测量的光谱照度?如果观测视场直径是 1km,且只在 880 cm^{-1} 和 930 cm^{-1} 传输辐射,这照度改变是多少?

8. Meteosat 卫星的红外窗区覆盖 $790\sim940\text{cm}^{-1}$，GOES 卫星的红外窗区覆盖 $890\sim980\text{ cm}^{-1}$，两感应器测量 300K 的表面，探测到的辐射差是多少？

9. 一静止卫星的水汽谱带覆盖 $1400\sim1490\text{ cm}^{-1}$，考虑到谱带宽度，用 $a+bT$ 替代 T 调整普朗克函数，这里需要对整个地球温度范围 $180\sim300\text{K}$ 通过最小二乘法拟合确定 a 和 b

$$B_{adj}(\nu,T) = B(\nu_C, a+bT) = \int B(\nu,T)S(\nu)\mathrm{d}\nu / \int S(\nu)\mathrm{d}\nu$$

假定光谱响应 $S(\nu)$ 在这光谱范围内侧是 1，外侧是 0，中心波数是 $\nu_C = 1445\text{cm}^{-1}$，如果假定 $a=0$ 和 $b=1$，则在地球范围内的亮度温度最大主差是多少？

10. 地球静止卫星接收可见光（$0.45\mu m\sim0.55\mu m$）和红外（$9.95\sim10.05\mu m$）辐射；(a)确定在可见光和红外测量的辐射率比值？(b)可见光和红外测量的能量比值是多少？

（注：可见光谱带宽度等于红外谱带宽度$=0.1\mu m$，可见光探测器面积$=$红外探测器面积$=0.5\times10^{-4}\text{m}^{-2}$；可见光瞬时视场$=$红外瞬时视场$=4\times4\text{km}^{-2}$；地球表面可见光反射率 $r=0.5$，T(太阳)$=6000\text{K}$，T(地球)$=300\text{K}$，R(太阳)$=7\times10^8\text{m}$，R(地球到卫星)$=3.6\times10^7\text{m}$。

11. 自旋圆柱状地球静止卫星与地球之间的距离约是地球半径的 6 倍，卫星自旋轴与地球自旋轴一致，圆柱形卫星高度是与它的半径相等，假定地球的有效平衡温度为 255K，卫星是黑体，计算地球卫星系统中卫星的平衡温度（不考虑太阳）。

12. 卫星上的红外扫描辐射仪测量地表 $10\mu m$ 大气窗区发射的红外辐射，假定卫星和地表之间大气效应可忽略不计，问当在波长 $10\mu m$ 处观测到的辐亮度为 $0.98\times10^4\text{erg}\cdot\text{s}^{-1}\cdot\text{cm}^{-2}\cdot\mu m^{-1}\cdot\text{sr}^{-1}$ 时，地表的温度是多少？

13. 若有一块云层为黑体，其云顶和云底温度分别为 T_t 和 T_b，试写出地对空和空对地的遥感方程？

14. 试用气压对数压力坐标 $\zeta=\ln(P_m/P)$ 表达红外辐射传输方程，假如吸收系数不随高度变化，试证此时的权重函数为

$$K(\nu,\zeta) = P/P_m \exp(-P/P_m)$$

15. 考虑大气中从气压 $P_1/P_2(P_1>P_2)$ 到之间的吸收气体，假定温度变化忽略不计，吸收气体混合比 q 为常数，则证明

(a) P_1 到 $P_2(P_1>P_2)$ 之间的吸收气体含量为 $u=q(P_1-P_2)/g$

(b) $\widetilde{T}_\nu = 1-\dfrac{1}{\Delta\nu}$

16. 若卫星在大气窗区观测视场内有云，云量为，不计大气效应，地表和云为黑体，则卫星测量到的辐射率为

$$L_\lambda = N_C B_\lambda(T_C) + (1-N_C) B_\lambda(T_S)$$

式中,T_S 和 T_C 分别为地面和云顶温度,设有个窗区 $\lambda_1 = 3.7\mu m$, $\lambda_2 = 11\mu m$, 且令 $T_C = 260K$, $T_S = 300K$, $N_C = 0.5$, 试求出这两个通道的亮温,哪个通道受云的影响大?

17. 在无云的夜间,卫星在窗区测到的辐射为
$$L_\lambda = \varepsilon_{\lambda s} B_\lambda(T_S)$$
若地面温度 $T_S = 300K$, 地面发射率为 $\varepsilon_{\lambda s} = 0.5$, 试求出这两个通道的亮温,哪个通道受地面发射率的影响大?

18. 卫星用 $3.7\mu m$ 和 $11\mu m$ 窗区测量地面温度为 $300K$ 的地表,则辐射率的测量的准确度为百分之几时,温度的测量精度才能达到 $1K$?(提示:由 $L_\lambda = B_\lambda(T)$, 计算 $\delta L_\lambda / L_\lambda$, 令 $\delta T = 1K$, $T_S = 300K$)

19. 如果卫星观测到的红外辐射传输方程为
$$L_\lambda = B_\lambda(T_S)\widetilde{T}_{\lambda S} + \int_{\widetilde{t}_{\lambda s}}^1 B_\lambda(T(z))d\widetilde{T}_\lambda$$
利用中值定理写为
$$L_\lambda = B_\lambda(T_S)\widetilde{T}_{\lambda S} + B_\lambda(T)(1 - \widetilde{T}_{\lambda S})$$
式中, $T = T(z)$ 为大气的有效辐射温度,若 $T = 270K$, $\widetilde{T}_{\lambda S} = 0.8$, $T_S = 300K$ 试求出 $3.7\mu m$ 和 $11\mu m$ 亮度温度?哪个通道受水汽影响大?

20. 卫星在红外大气窗区测量到的地表温度为 T_S, 在 CO_2 的 λ_1 通道测量的辐射率为 L_{λ_1}, 则卫星在波长 λ_1 测到的大气辐射为多少?

21. 若地球大气系统的反照率为 A, 大气的反照率为 A_a, 地面反照率为 A_S, 证明
$$A = A_a + \frac{A_a \widetilde{T}_1 \widetilde{T}_2}{(1 - A_a A_S)}$$
式中, $\widetilde{T}_1$ 和 $\widetilde{T}_2$ 分别为入射和反射的透射函数。

22. 如下表具有 4 个通道的红外辐射计,观测晴空场(fov),表中给出波长和相应的等效噪声辐射,地表面温度是 $300K$, 在 $230K$ 处有些不透明的高云,试问在 fov 出现的云(百分比)是多少?对每个通道(在仪器等效噪声内)没有检测到?使用 B 正比于 T^x, 式中 $x = c_2 \times \nu / T$。

通道	波数(cm^{-1})	NEDR($mW \cdot m^{-2} \cdot sr^{-1} \cdot cm^{-1}$)
1	2500	0.004
2	1450	0.1
3	900	0.1
4	700	0.8

23. 计算对于 $300K$ 晴空背景,在 $8\mu m$、$11\mu m$、$12\mu m$ 的辐射率随云量变化。设云

量变化为 $N=0.0$、0.2、0.4、0.6、0.8、1.0。云部分变化将辐射变换为亮度温度，画对于 6 个不同的云量 $8\sim11\mu m$ 对于 $11\sim12\mu m$ 的亮温差。

24. 方位大圆盘是如何制作的，它的作用有哪些？
25. 卫星轨道报有几部分，主要内容有哪些？
26. 试述卫星图像的数字表示、图像的采样和增强处理。

第 5 章 卫星图像分析基础

卫星云图是各类气象卫星资料中最早直接在气象业务中发挥作用的资料。早期气象卫星采用电视摄像机对地球大气系统进行观测,得到反映云分布的电视云图,但是用这种仪器得到的云图只限于白天,无法得到夜间的云图,到 20 世纪 70 年代,美国第二代业务气象卫星的姿态为三轴定向稳定,观测仪器采用扫描辐射仪,可以根据需要选择两个或以上的波长间隔(通道)对地球大气系统进行观测,可以得到白天的可见光云图,还可以得到红外或其他类型的云图。卫星云图主要表示地面、云面的特性,所以卫星观测仪器在选取波长时应选取:(1)减少大气对观测的影响:选用透明的大气窗区,尽可能避免存有气体吸收和散射的波段,以达到清楚地观测地表或云分布;(2)根据观测对象确定选用的波段:根据目标物光学特性,观测对象与其他目标物间特征差异最大的波段;(3)根据卫星观测的目标特性确定观测波段。

对天气预报来说,卫星云图分析的主要内容有:

(1)区分不同通道的云图,即这是一张可见光云图还是红外云图?对于分裂窗的红外云图又是哪个通道的等等;

(2)把云和地表区别开来,尤其是将云和雪区别开来;

(3)识别不同种类的云,是中云还是高云?是积雨云还是层状云?它们之间有哪些相同之处?有哪些不同的地方?识别不同类型的地表,是陆地还是水体?如果是积雪,是新雪还是旧雪?等等;

(4)分析大范围云的分布,及其对应的天气系统,根据天气尺度云系特点确定天气系统发展的阶段,预告其未来变化;

(5)从卫星云图估计气象要素,如风、温度、湿度、大气稳定度、垂直运动、涡度、云参数(云量、云顶温度(高度)和光学特性)和降水等。

(6)将卫星资料与常规天气资料、雷达等探测资料结合一起,进行综合分析,为天气预报提供依据。

卫星携带的成像仪在不同谱段测量的辐射转换成不同色调的图像就得到卫星图像,当前卫星图像有二种,一种是卫星云图,它主要反映大气中云系分布;另一种是水汽图,其主要表示大气中水汽分布。

在分析卫星云图时,仅停留在云系的识别和天气系统的分析是很不够的,应有形象思维方式,云图上出现的现象要联想大气物理过程,如为什么会出现晴空区,就要联想到西北冷平流下沉运动,又如急流左界为什么整齐光滑,就要联想到风切变引起的环流,为什么产生急流,就要联想温度梯度加大,就要想到斜压性、冷暖平流增强等。进一步弄清楚分布于云图上各地的局地云系,天气尺度云系任一处的云,这些云系为什么是这样分布的,卫星云图上云系形成和分布及演变的物理原因,只有对卫星云图上的云系的形成、演变的物理原因了解清楚,才能更好地用于天气预报。卫星云图资料谱段多,时间空间分辨率高,要用好卫星资料必须对每一时刻的云图仔细分析,每日的卫星资料数量多,提供的信息比任何一种资料要多很多,仅根据常规气象资料是难以对快速变化的灾害性天气做出预报的。

5.1 卫星图像的基本特征

5.1.1 反射太阳辐射光谱卫星云图

大约从 $0.3 \sim 4.0 \mu m$ 是太阳反射光谱谱段,在这谱段又划分为可见光($0.3 \sim 0.76 \mu m$)和近红外($0.76 \sim 3.0 \mu m$)两谱段。卫星扫描辐射仪在可见光谱段,测量来自地面和云面反射的太阳辐射,如果将卫星接收到的地面目标物反射太阳辐射转换为图像,如果卫星接收到的辐射越大,用越白的色调表示;而对接收到的辐射越小,则用越暗的色调表示,这就得到可见光云图。在可见光云图上,物象的色调决定于反射太阳辐射的强度。而卫星接收到的反射太阳辐射决定于入射到目标物上的太阳辐射,及目标物的反照率。入射至目标物的太阳辐射又与太阳高度角有关。因此,在可见光云图上物象的色调与其本身的反照率和太阳高度角有关。同理,在近红外谱段测量来自地面和云面反射的太阳辐射,由此转换为图像,就得到近红外云图,其原理与可见光相同。下面对此进一步说明。

5.1.1.1 反照率对太阳反射光谱云图上色调的影响

从(4.51)式可以看到,在一定的太阳高度角下,卫星接收到的辐射仅决定于物体的双向反射率,如果将地面看成朗伯面,则卫星接收的辐射仅取决于物体的反照率,物体的反照率愈大,它的色调愈白;反照率愈小,色调愈暗;表 5.1 给出了各种云和地面目标物的反照率,从表中可以看出:(1)水面的反照率最低,厚的积雨云最大;(2)积雪与云的反照率十分接近,所以仅从可见光云图上的色调难以区别云和积雪;(3)薄卷云与晴天积云、沙地的反照率也很接近,也不易区别它们。表 5.2 给出了各类地面目标物在可见光云图上的色调。

表 5.1　一些主要云和地面目标物的反照率(%)

云和地面目标物	主要特征	反照率	云和地面目标物	主要特征	反照率
积雨云	大而厚	92	层云	薄,洋面上	42
积雨云	小,云顶在6km左右	86	卷云	薄,单独出在陆地上	36
卷层云	厚,下面有中低云和降水	74	卷层云	单独在陆地上	32
积云,层积云	陆地上,云量>80%	69	晴天积云	陆地上云量,云量>80%	29
层积云	陆地上,云量>80%	68	中云(高层高积云)	中等厚度	68
层云	厚,出现在洋面上,云厚约0.5km	64	沙地	谷地、平原、坡地	77
沙漠	白沙	60	沙地和矮树林		17
层积云	洋面成片	60	植被		18
积雪	旧雪,已有3~7天,大部分在森林地区	59	针叶林		12
积雪	新雪	80	海洋,湖泊,河流		9(7)

表 5.2　太阳反射光谱云图上主要目标物的色调

序号	色调	目标物
1	黑 色	海洋、湖泊、大的河流
2	深灰色	陆地上大面积森林覆盖区、牧场、草地、耕地
3	灰 色	陆地上晴天积云、塔里木沙漠、陆地上单独出现的卷云
4	灰白色	大陆上的中高云
5	白 色	积雪、冰冻的湖泊和海洋、中等厚度的云(中云、积云和层积云)
6	浓白色	大块厚云、积雨云团

　　反过来,可以根据卫星云图上的色调估算入射到地表面的太阳辐射、物象的反照率和双向反射率。

5.1.1.2　太阳高度角对太阳反射光谱云图上色调的影响

　　太阳高度角决定了卫星观测地面时的照明条件,太阳高度角愈大,光照条件愈好,卫星接收到的反射太阳辐射也愈大,否则愈小。这就是目标物的色调还与每天卫星观测的时刻和季节有关,如在北半球冬季中高纬度地区,太阳高度角很低,照明差,图片色调十分灰暗。又如卫星在早晨或傍晚观测,太阳高度角也很低,图片色调也很暗。对于同一图片上的各个点的太阳高度角也不同,如是上午的云图,图片右半侧(东面一侧)的太阳高度角较高,色调明亮,而左半侧,太阳高度角低,色调较暗。反之也可以根据这一特点判断云图的观测时刻,是否是可见光云图。对于静止卫星中午的云图,整个观测区的光照条件较好,物象间的反差明显,图片明亮。图5.1是上午09:00(北京时)和下午的可见光卫星云图,从图5.1中可以看到:(1)对于上午云图,东部地区太阳高度角高,西部低,因此图片的西北侧F处太阳光还没有照射到,呈暗黑色,中东部地区A以白色的层状云为主,最东面一侧D处为较白亮的细胞云;另外海面C呈黑色,陆地B呈灰色;(2)在下午16:00的卫星云图上,太阳光的方向从西向东照射,云与地表的色调明显改变与上午相反,A处的云表现为较白的色调,西北侧卷云B表现为灰色到灰白,E—F阳光照射不足,呈现较深的色调。

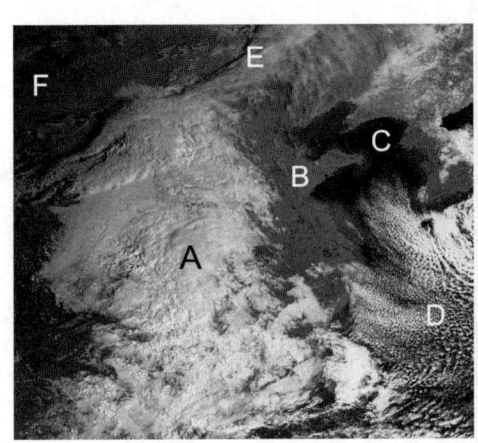
(a) 上午(2015-02-19 09:00,VIS)

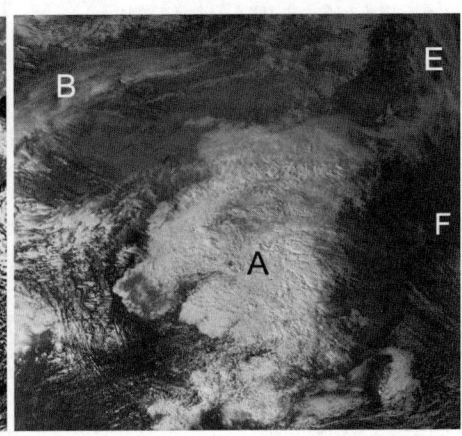
(b) 下午(2015-02-19 16:00,VIS)

图5.1 上午和下午的可见光云图

5.1.1.3 可见光通道云图特征

目标物在可见光谱段的不同波长处,其反射特性也不同,云图上的表现也不相同。图5.2表示了几类主要地面目标物的反照率随波长的变化,从图5.2中可见,从可见光波段到近红外波段,对于水面的反照率随波长的增加明显减小;对于陆地或干燥的土壤的反照率,随波长的增加而增加,这样在近红外波段,水面与陆面间反照率差异加大;对于植被,在可见光区的红波段是叶绿素吸收带,植被长势越好,反照率越小,到近红外波段,植被的反照率显著增加;对于积雪,在可见光谱段的反射率很高,随波长增大,反射率下降。因此利用该通道与第一通道综合应用可以监测植被生长状况、水陆界面、土壤湿度、冰雪融化情况、大气污染等。

气象卫星根据目标物在可见光的反照率特性和使用目的,选取通道的中心波长有:$0.47\mu m$、$0.52\mu m$、$0.64\mu m$。这些通道有如下特点:

(1)$0.47\mu m$(蓝青光),这是可见光通道波长最短的通道,大气分子散射和粒子对云图有影响。从图5.2看到,地表目标物(水面和陆面)的反照率都很低,而雪和云的反照率较高,因此对于区分云与地表十分有用。其次光在这通道的透射率高,而叶绿素的反射率是很强的,通道对于提取海洋表层叶绿素的含量有用。

(2) 0.52μm(绿光),从图5.2看到,地表目标物(水面和陆面)的反照率出现一个反射峰,随可见光波长增加,较分子大的粒子散射增强,像霾和气溶胶粒子散射加强。在这通道,植物叶子大的反射率,使叶子表现为绿色。

(3) 0.64μm(红光),从图5.2看到,地表目标物(水面和陆面)的反照率出现谷区,特别是绿色植物叶子,对红光有强的吸收而完成光合作用。

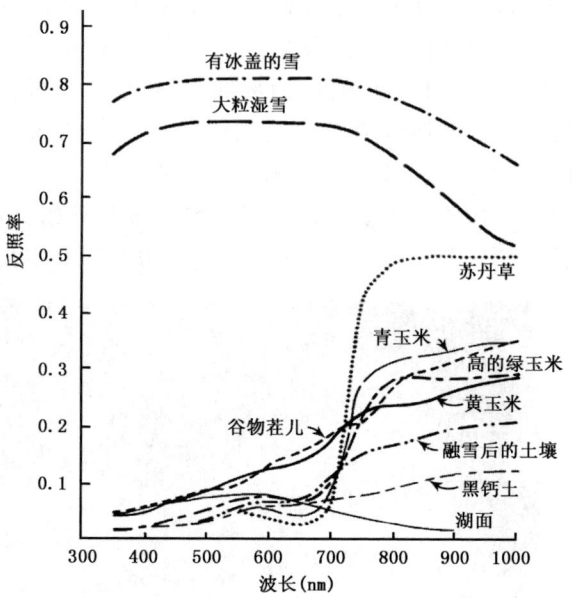

图 5.2 地面目标物的光谱特性

5.1.1.4 近红外多光谱云图解析

0.76~2.5μm 是反射太阳辐射的近红外光谱区,在这区域云或地表的反照率有显著的变化,根据这些变化用来识别其他光谱区无法识别的目标物。在这谱段选择的通道有:

(1) 0.86μm,从图5.2看到,在这一波段由于水面反照率降低,色调更暗黑,而陆面和干燥地区反照率增加使色调更加浅,这样在云图上水陆界面更加清晰,然而由于陆面,特别干燥地区反照率的增加,与云的反照率更加接近,使一些特别的薄的云和霾的识别变得困难。

(2) 1.6μm,增加了一个1.6μm近红外通道,增加这一观测通道的目的有:①可用于区分雪和云,由于在可见光谱段雪和云的反照率相近一般很难区别,而1.6μm近红外通道与可见光通道相比较,两者间有明显的差别,雪在1.6μm近红外通道上的反照率明显高于由水滴组成的低云反照率,因此利用这一通道可以区分积雪和云;②区分云的相态,是由冰晶还是水滴组成的云;③与可见光通道结合,获取气溶胶的光学厚度。

(3) 2.3μm,与1.6μm类似,是一个大气窗区谱带,由这一谱带冰云、水云和雪的反照率不同,可以检测冰云、水云和雪。

5.1.1.5 可见光-近红外通道云图的比较

现在 AVHRR、FY-1C、MODIS、GOES、VIIRS、MSG 等卫星仪器使用可见光-近红外通道。图 5.3 给出了 $0.47\mu m$、$0.51\mu m$、$0.64\mu m$、$0.86\mu m$、$1.6\mu m$、$2.3\mu m$ 三个可见光和三个近红外通道云图。

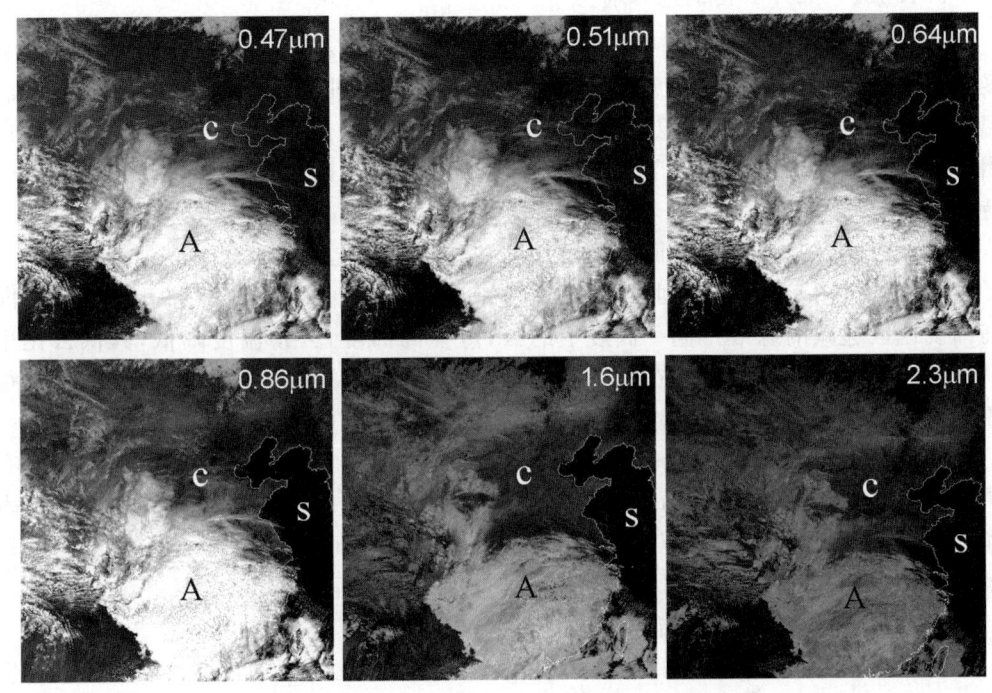

图 5.3 可见光-近红外通道云图云特征比较

从图 5.3 中看到,海面 S 随波长的变化,通道波长越长,色调越暗黑,而陆地的色调随通道波长增加变得越浅,使海陆边界更清楚;C 处是卷云,呈现纤维状特征,它随通道波长变化为通道波长越长,色调越暗,以至于无法识别。A 处是我国南方地区的大片云区,在可见光通道和 $0.86\mu m$ 通道色调很白,但在 $1.6\mu m$ 通道开始变暗,到 $2.3\mu m$ 通道变得较暗。

5.1.2 地球大气发射光谱卫星云图

地球大气发射红外光谱段范围约为 $3\sim 120\mu m$,卫星仪器在这谱带接收的是地球大气发射的辐射,由于在红外谱段地表目标物近似为黑体,所以地球大气发射的辐射主要取决于目标物的表面温度和吸收气体。如果卫星仪器选择大气窗区,接收的辐射主要来自于地面或云面;如果卫星观测谱段选择是吸收气体,则接收的辐射主要是由大气中的吸收气体发出的。卫星仪器根据使用目的,在大气窗区有很多种波长选择,但一般有这几种:8.6μm、10.5～12.5μm;与大气吸收气体有关的波长有:水吸收带:6.2μm、6.9μm、7.3μm,臭氧吸收带:9.6μm 和二氧化碳有关的 13.3μm 等。不管哪种选择,其基本特点都差别不大。

5.1.2.1 红外云图的基本特点

如上所述,在红外云图上的色调分布反映的是地面或云面的红外辐射或亮度温度分布,在这种云图上,色调愈暗,温度愈高,卫星接收到的红外辐射愈大;色调愈浅,温度愈低,辐射愈小。根据卫星云图上的色调差异可以估计地面、云面的温度分布。由于地表和大气的温度随季节和纬度而变,所以红外云图上的色调表现有以下几个特点:

(1)红外云图上地面、云面色调随纬度和季度而变化

在红外云图上,从赤道到极地,色调愈来愈变白,这是由于地面和云面的温度向高纬度地区递减的缘故。同一高度上的云,愈往高纬度,云顶温度降低,其低云比中高云尤为明显。这就造成了在高纬度地区,低云和地表面的色调同中高云的色调很相近,这种现象在冬季最明显,而且尤其是在夜间,最不容易区分出冷的地表面上空的云。在冬季热带和副热带地区,地表面和高云的温度差达 100℃ 以上,在云图上有明显的反差;但是大陆极地区域,这种温度差不到 20℃,这就是说在高纬度地区地表和云之间的温度差很小,所以在红外云图上只有很小的色调反差,不容易将云与冷地表区别开,云的类型也难以区别。

(2)红外云图上水面与陆地色调的变化

在冬季中高纬度地区,海面温度高于陆地温度,因此海面的色调比陆面要暗。但是到夏季,陆面的温度要高于海面温度,特别是在我国北方沿海地区,还不到夏季白天陆地增温较快,如山东半岛地区就表现为较暗的色调。

如果陆地与水面的温度相近,则它们的色调相近,水陆界线也不清楚。在白天的陆地上,干燥地表的温度变化较大,其色调变化也大;潮湿或有植被覆盖的地区,温度变化较干燥的地区小,其色调变化也较小。

图 5.4a、b 分别显示冬季和夏季白天红外云图的实例,可以看到:①冬季高纬地区地表面温度从南向北递减,高纬度和高原 E 温度很低、色调浅,以致云与地表难以区分,从南向北,色调由暗变浅;②冬季海温 D 高于陆面温度 A,海温 D 呈现深色,陆面 A 呈现灰白色;③由于冬季海温高于陆地,冷平流由陆地吹到海面,造成海面布满积云线 B;云系大都为稳定性层状云 F、M;④夏天白天陆温度大于海面,陆地 A 呈现深暗色,海面呈现浅灰色,同时陆面 A 与云的 D、C 温度的差增大,云 B 与地表间差别明显;但是在夜间的云图上,地表冷却比云顶要快,云与地面间的温度差减小,由此它们间差异减小,不容易区分它们。

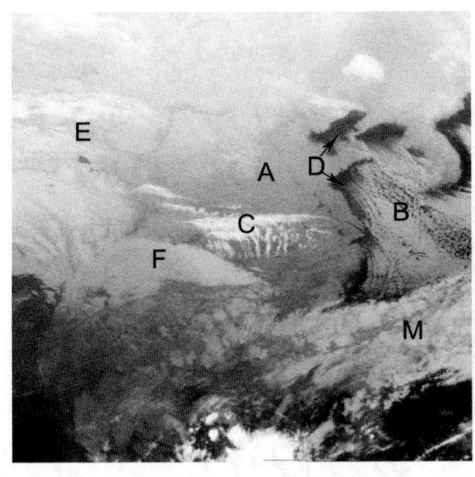 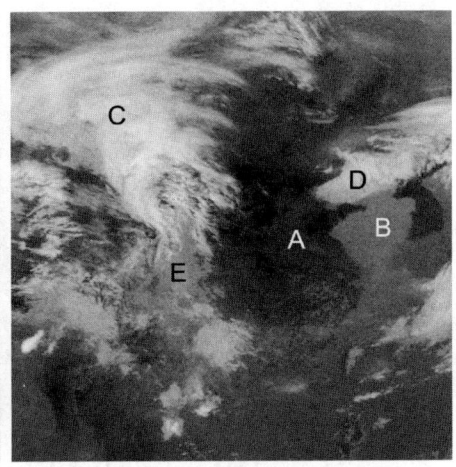

(a) 冬季(2014-12-12 02:00,IR)　　　　(b) 夏季(2014-04-09 13:00,IR)

图 5.4　白天、夜间红外云图的比较

5.1.2.2　使用红外云图的注意点

利用红外云图可以估算地面或云顶表面的温度,但是由于云体分布差异、卫星视线、卫星观测的分辨率和大气存在有吸收等原因,造成在卫星云图上云的识别和云顶温度估算误差。主要有:

(1)在夜间很难观测到低云和雾,这是因为低云和雾的温度与地表温度十分相近;

(2)对于超过几百米厚而密实的云层,可以看成是黑体,卫星测量辐射主要来自云顶表面,由此可以直接估算云顶温度或高度。但是对于薄云或未能充满视场的云单体,卫星测量的辐射是云体与地表面发射辐射的总和。由此辐射推算的云顶温度比实际的要暖,估算的云顶高度比实际的要低。图 5.5 表示了不同云单体稀密情况、卫星视场大小、视角下对由卫星测量到的辐射估算云顶温度的影响,从图可以看出,卫星估算的云顶温度与实际云顶温度间的误差决定于瞬时视场内:①云层中各云单体的大小(或云区中晴空区大小);②总云量的多寡;③仪器对云区视角的大小;④云层的厚度,即是云的透过特性。在图中,水平粗线 A、B、C、D 代表两种不同云分布和不同视角所测量到的云顶高度,在左边和右边云分布相同,只是卫星的视场(或视角)不同。在图上面部分表示云的单体分布比较稀密;若卫星以垂直向下观测(天顶角等于 0)时,则卫星测量的辐射同时来自云顶和地表面,这时得到的云顶高度 A 就比实际的低一些,但是如果卫星的视角是倾斜的(图 5.5 右侧图),则卫星观测不到来自地面的辐射,这时云顶高度就表现比较高一些 B。在图的下面部分表示云单体分布比

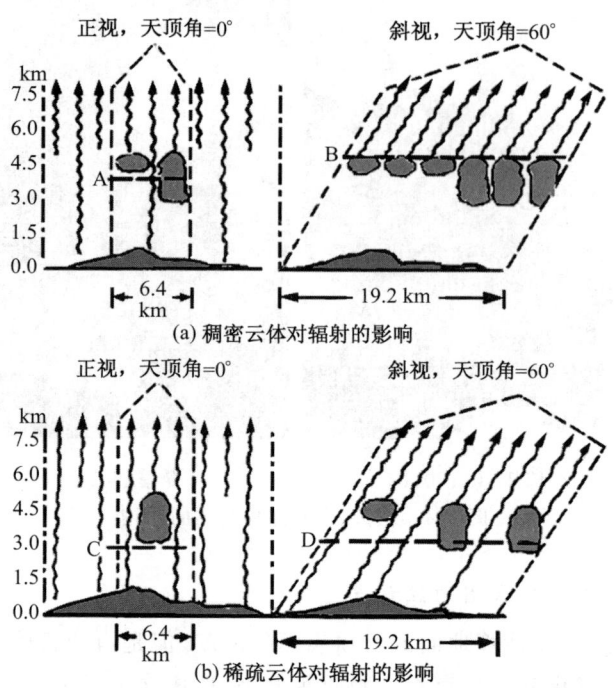

图 5.5 空间分辨率对卫星观测云的影响

较稀疏的情况,这时卫星观测到的辐射大部分来自地面,估计的云顶温度就较暖,相应的云顶高度 C 和 D 就比较低。这些在红外云图上表现为:当云顶高度较高时,其色调较白,而云顶高度较低时,色调较深。

5.1.2.3 大气吸收对估算云顶温度和地面温度的影响

在 $10.5\sim12.5\mu m$ 的大气窗通道内,存在有少量的二氧化碳和水汽对红外辐射的少量吸收,这些气体吸收了地面、云面发射的辐射后,又以自身的温度再发射红外辐射,但这些发射体的温度比原先发射的红外辐射的物体温度要低,这使得卫星测到的辐射比实际的要小,这种现象在下面三种情况下特别明显:①在红外云图的两边部分较明显,因为该处辐射路径较长,所包含的吸收气体含量就加大,大气吸收增加;②在热带地区大气中水汽含量大,吸收也强,对估算云顶温度和地面温度的影响较大;③从垂直方向而言,大气中的水汽主要集中于底层,低空的水汽吸收较大气高层要大得多,对卫星估计云面温度要大。

图 5.6 说明水汽吸收对卫星观测云顶温度的误差。图中两条曲线分别代表热带和中纬度的情况,当卫星向下正视、云高在 300 hPa 高度或以上时,卫星测量到的云

顶高度就没有什么误差，但在同样正视条件下，若云顶高度只有 1000hPa 时，在中纬度地区卫星测量到的温度要比实际温度低 4℃，而热带低 6℃，且卫星的视角愈大，这种误差愈大。

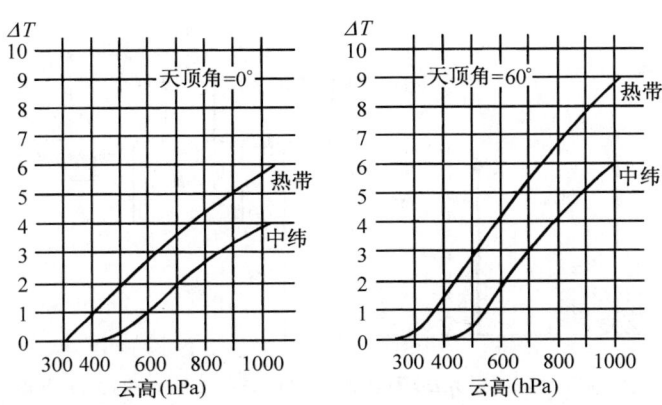

图 5.6　辐射路径增长和水汽对仪器观测云顶温度的影响

5.1.2.4　几种红外云图特点说明

(1) 8.6μm 通道，这是强水汽吸收带与臭氧吸收带间的大气窗区，虽然是大气窗区但有弱的水汽吸收，由这通道可分析大气低层水汽。

(2) 9.6μm 通道、这是一个有臭氧吸收的通道，由于有臭氧吸收，图片的色调较浅。

(3) 10.4μm 通道、这是一般的红外云图，大气窗较明。

(4) 11.2μm 通道、10.4μm 通道、12.4μm 通道是大气窗区，由于 12.4μm 存在有水汽吸收，但十分弱，一般人眼不容易发现其有什么差别。

(5) 13.3μm 通道，在这种云图上，由于大气有吸收，其图片色调较浅。

5.1.2.5　红外分裂窗(10.3～11.3μm 和 11.5～12.5μm)云图特点

从上面分析知，大气中的水汽是影响卫星推算表面温度的最重要的因子，要精确推算表面温度，必须消除大气中水汽和影响。为此将卫星红外观测通道 10.5～12.5μm 分裂为：10.3～11.3 和 11.5～12.5μm 两个通道，称为红外分裂窗通道。在这两个窗区通道中，主要是水汽对红外辐射的吸收，且是不同的，利用这种差异可以估算大气中的水汽含量。从而用于估算海面温度。

图 5.7 表示对于各种云类 10.3～11.3 和 11.5～12.5μm 两个通道发射辐射的比较，图中向上实箭头表示红外通道 1(10.3～11.3μm)向上辐射的大小，虚箭头是红外通道 2(11.5～12.5μm)向上辐射大小，可以看出：对于低云、厚云、厚的高云在

这两个通道的向上辐射几乎是相同的,但是对于湿云(水)和干云(冰)不一样,对于湿云,由于红外通道 2 受水汽的吸收要比红外通道 1 大,红外通道 2 发出的辐射比红外通道 1 的要小。

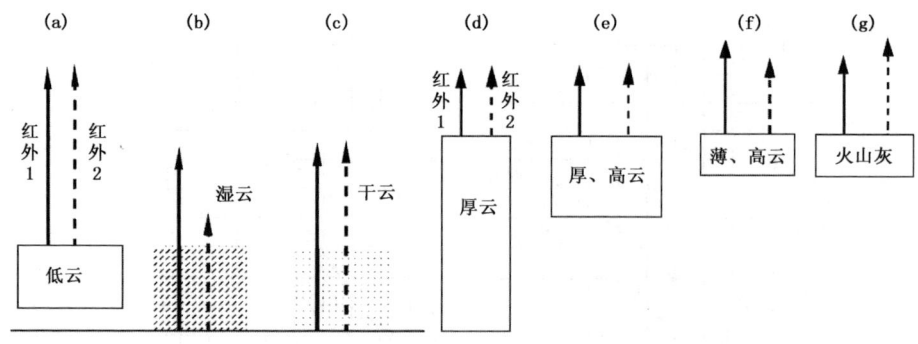

图 5.7　红外 1(10.3～11.3μm)和红外 2 (11.5～12.5μm)两个通道辐射的比较

5.1.3　可见光云图与红外云图的比较

可见光云图上物象的色调决定于其反照率和太阳高度角,红外云图上物象的色调决定于它的温度,所以比较这两种云图,有一些外貌上相差很大,但也有些是十分相似的。表 5.3 给出了这两种云图上云和地表色调的特征比较。该表中各物象所对应的色调,只是概念性的,由于决定物象的因素很多,所以如仅按表 5.3 中所示的色调判别是不够的。

表 5.3　可见光云图与红外云图的比较

		黑	太阳耀斑		夏季沙漠(白)	干土壤	暖湿地	暖海洋
红外云图	深灰			层积云	沙漠(白)	晴天积云 沙漠(夜间)	湿土壤	
	灰		层云(厚) 雾(厚)		晴天积云 卷层云(薄)	纤维状卷云	青藏高原	高山森林
	淡灰		高层云(厚) 浓积云		纤维状卷云	高层高积云(薄)		冷海洋
	白		密卷云,多层云 积雨云,卷云砧 高山积雪,极地冰雪		单独厚卷云 卷层云	卷云 消失中的卷云砧	单独薄卷云	宇宙空间
		白			淡灰	灰	深灰	黑
		可　见　光　云　图						

图 5.8 给出了同时刻的可见光与红外云图,可见到 C 处在两种云图上都很白亮,表明云顶温度低和反照率大,但是在图上 D 处是低云区,由于太阳高度角低,可见光云图上呈现灰暗色,低云顶温度较暖,呈现出灰色;A 处红外图上呈白色,可见光云图因该处太阳高度角低,光照不足,呈深灰色;B 处红外云图上较白,可见光也较白,是多层云区。

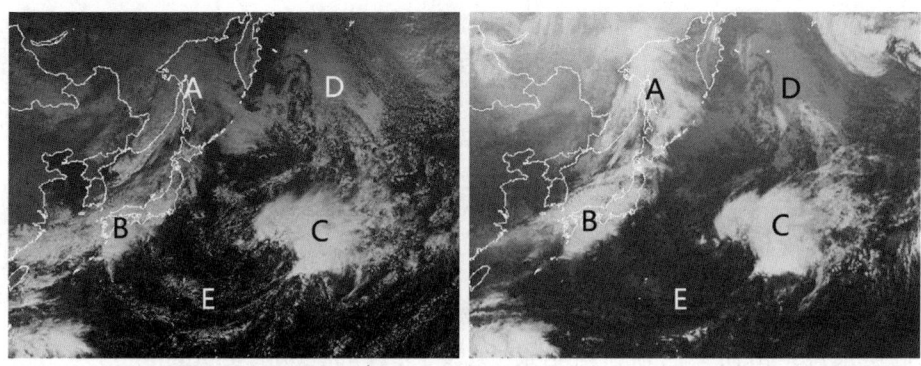

图 5.8　可见光云图与红外云图的比较之一(2010-11-22 09:32)

图 5.9 显示早晨的可见光与红外图的比较,由于太阳高度角的原因新疆地区 W 和青藏高原 Q 西部地区可见光图上呈黑色、红外图上由于温度较低,地表呈浅灰色,中云 A-B 在可见光图上较白、红外图上呈中等程度灰色,E 是高原东部云系,可见光图由于太阳高度角低,呈灰色,而红外图上呈白色,海南岛 C 处有积雨云,在红外图上呈白色,可见光图上呈灰色。L 是晴空地表,S 是黄海海面。

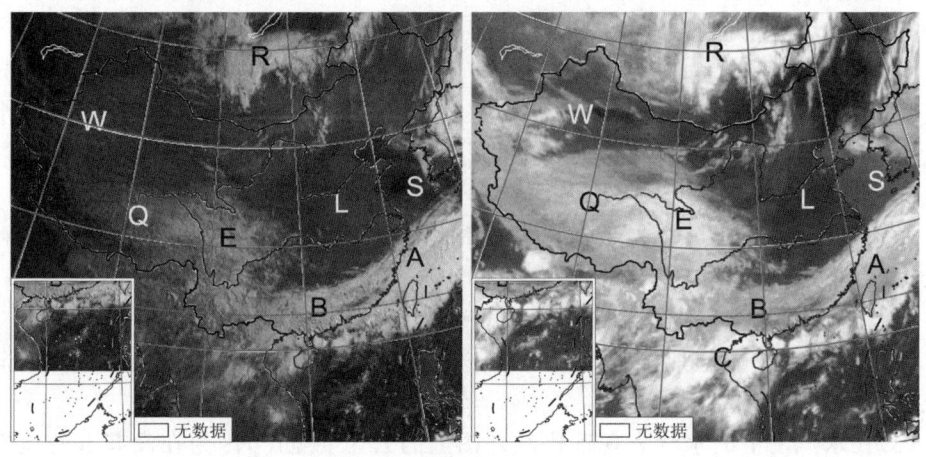

图 5.9　可见光云图与红外云图的比较之二(2006-05-29 08:00)

5.1.4 水汽图

5.1.4.1 水汽图的基本特点

以 $6.7\mu m$ 为中心的吸收带是水汽强吸收带,在这一带内,卫星接收的是水汽发出的辐射,水汽一面吸收来自下面的辐射,同时又以自身温度发射红外辐射。如果大气中水汽含量愈多,吸收来自下面的红外辐射愈多,到达卫星的辐射就愈少。所以由卫星测量这一吸收带的辐射就能推测大气中水汽含量。由这一吸收带得出的图像称为**水汽图**。

图 5.10 说明大气中的水汽发出的向上辐射过程,图中垂直线的宽度表示不同高度水汽辐射到达卫星的量值,图 5.10a 表示地面辐射由于水汽的吸收,到达卫星的辐射很小;图 5.10b 表示低层水汽发出向上的辐射由于水汽吸收到达卫星辐射的减小,要比地面发出的大;图 5.10c 表示中层大气水汽发射向上的辐射最大;图 5.10d 表示由于大气上层水汽减小,水汽发出的向上辐射比中层的要小。

图 5.11 表示了 $5.7\sim7.3\mu m$ 通道水汽的透过率、权重函数和贡献函数。从图 5.11 中可见,大约 80% 的辐射能

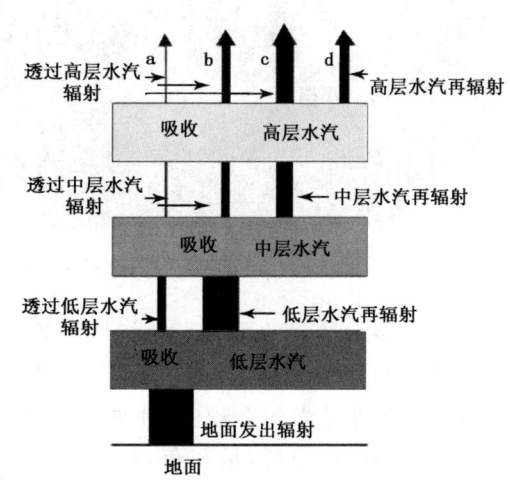

图 5.10 大气中的水汽辐射

来自 $620\sim240hPa$ 气层,而最大辐射贡献大约在 $400hPa$ 高度处。同时,从图 5.11 中可见,对一定的温度廓线,大气透过率随水汽含量增加而减小。因此当大气中水汽含量大时,卫星测量的辐射来自大气上层;而大气水汽含量较少时,卫星测量的辐射来自大气低层。

在水汽图上,色调愈白表示大气中水汽含量愈多,反之就愈少。比较水汽图和红外云图,发现水汽图有以下特点:

(1)在水汽图上,积雨云和卷云的表现十分清楚,其特征与红外云图类同;

(2)难以在水汽图上见到地表和低云(低于 $850hPa$),其发射的辐射被大气全部吸收而不能到达卫星;

(3)在水汽图上的水汽表现远比红外图上的云区要宽广,因为在没有云的地方仍然有水汽存在;因此在水汽图上水汽区比云区要连续完整;

(4)在水汽图上色调浅白的地区是对流层上部的湿区,一般与上升运动相联系;

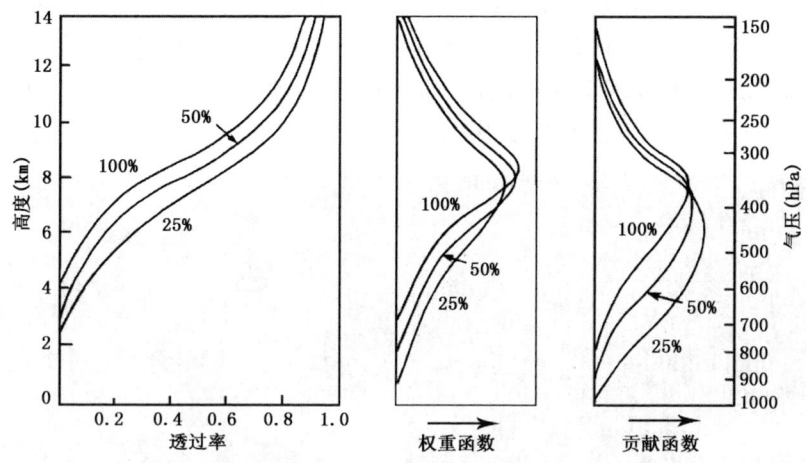

图 5.11 水汽通道的透过率、权重函数和贡献函数

色调为黑区是大汽中的干区,相应大气中的下沉运动。

图 5.12 是 2016 年 6 月 10 日 08 时水汽图(a)和红外云图(b),从图中看到,A—B—C 是急流云系,水汽图较红外图连续完整;内蒙古西部 W 处水汽图分布连续成片水汽,红外图上无表现;从 D—E 在水汽图上表现为暗黑的干带,红外上只见到灰暗色的中低云。

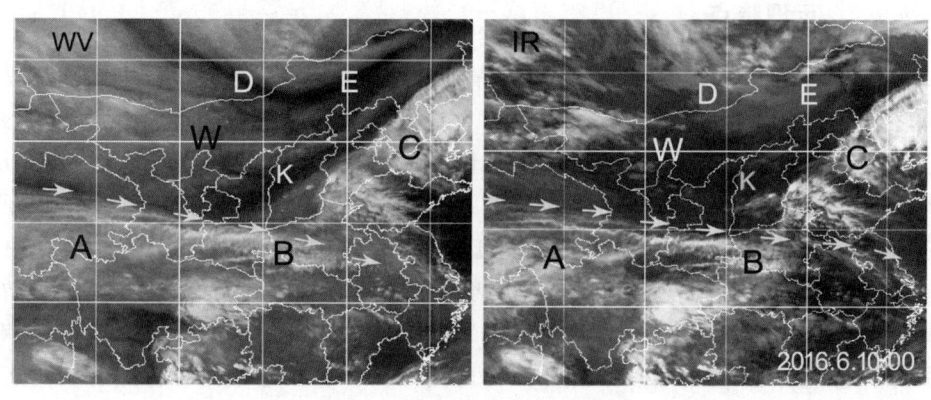

图 5.12 水汽图与红外图的比较

5.1.4.2 6.2μm 与 7.3μm 水汽通道比较

随卫星探测技术发展,按水汽吸收带中各波段吸收的差异,常选择 6.2μm、6.9μm 与 7.3μm 多个观测通道,图 5.13 是 MGS 在 6.2μm 与 7.3μm 通道观测的水汽分布图,从图上看到 6.2μm 明显较 7.3μm 水汽图要浅,这是由于 6.2μm 水汽吸收

较 7.3μm 要强,卫星接收的辐射主要来自大气上层,而 7.3μm 水汽通道吸收弱,卫星收到较低层大气水汽辐射。在图中 A 在 7.3μm 上呈较暗色调,6.2μm 呈浅色,E—F 在 6.2μm 上的表现更加浅色,7.3μm 较暗;从两图可发现,6.2μm 水汽图更加反映高层,7.3μm 则反映大气低层状态。

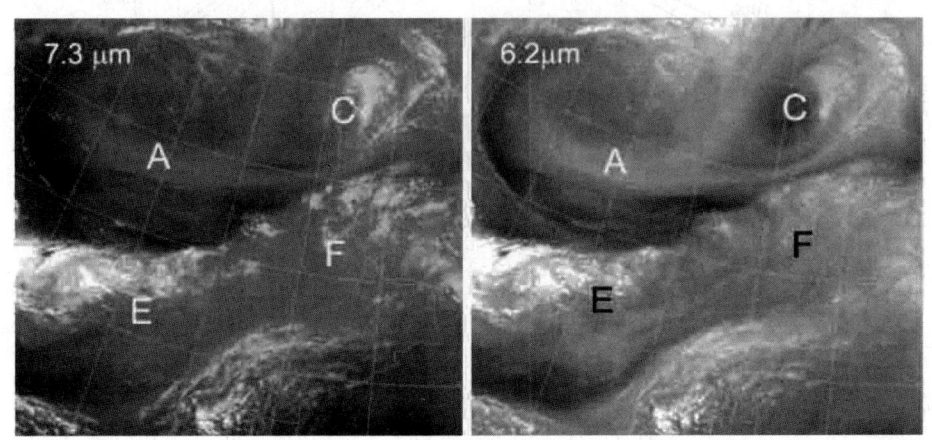

图 5.13　6.2μm 与 7.3μm 通道观测的水汽分布图比较

5.1.5　太阳反射辐射和地球大气发射辐射重叠光谱区(3.7μm)短波(中)红外云图特点

对于 3.7μm 谱段是电磁波谱的中红外波段,它相对于 10μm 谱段,波长要短,所常称之为短波红外云图(或中红外云图)。在这一谱段,由于大气的透明度很高,大气吸收对卫星估算表面温度的影响小,能较精确地测量表面温度,所以其最初目的是用于探测海面温度,而后发现这一波段处在森林火温(800℃)的最大辐射波长处,所以用它监测森林火灾很有用。此外用它对于监测夜间的雾区特别有用。但是,在白天,这一通道接收到的辐射有地面和云面反射太阳辐射及地面云面发射的短波红外辐射,由于来自这两种不同辐射源的辐射分别反映物体的反照率和发射辐射特性,对于识别物象造成困难,但是短波红外云图在监测低云和卷云等方面有它独有的功能。

5.1.5.1　基本原理

3.55~3.93μm 通道位于太阳光谱曲线与地球大气辐射光谱曲线相交重叠的地方,所以在白天由这一通道测量的辐射既有地(云)面发射的辐射,还有地(云)面反射的太阳辐射,略去大气的作用,卫星接收到的辐射写为

$$L^{sat}(0;\mu,\phi) = \int_{3.55}^{3.93} \frac{\rho_L(\lambda)}{\pi} E_\lambda(\infty)\mu_0 d\lambda + \int_{3.55}^{3.93} \varepsilon_{\lambda,s} B_\lambda(T_s) d\lambda \qquad (5.1)$$

式中,右边第一项是地(云)面反射的太阳辐射,第二项是地(云)面自身发射的辐射。从上式可见卫星白天接收的辐射决定于地(云)面反照率及其发射率和温度,温度越高、反照率和发射率越大,卫星接收的辐射越大,反之则越小。图 5.14 表示 $3.7\mu m$ 和 $11\mu m$、$12\mu m$ 通道相对于太阳辐射的地球辐射的谱段位置,可以看到,$3.7\mu m$ 通道位于太阳和地球辐射曲线相交处,而 $11\mu m$、$12\mu m$ 通道主要是由地球发射的辐射。

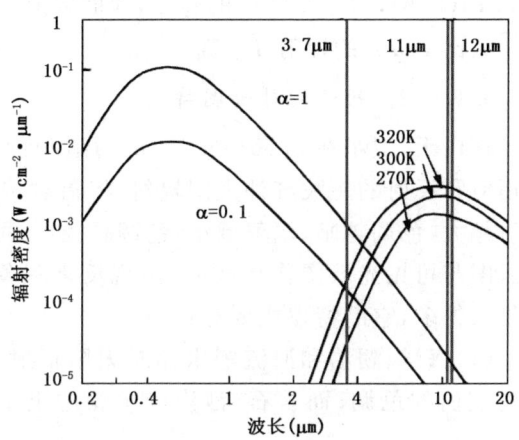

图 5.14 $3.7\mu m$ 和 $11\mu m$、$1\mu m$ 通道位置

图 5.15(a)给出了有云时不同发射率对于卫星接收到的辐射的影响,卫星接收到的辐射为

$$B_{sat} = \varepsilon B(T_s)$$

式中,ε 是发射率,B 是黑体辐射,T_s 是表面温度。如果对于低云和雾的发射率分别为 $\varepsilon_{1\mu m} = 1.0$, $\varepsilon_{3.7\mu m} = 0.85$,则卫星在 $11\mu m$ 测量的辐射 $\varepsilon B(T_s)$ 比 $3.7\mu m$ 的要高。在

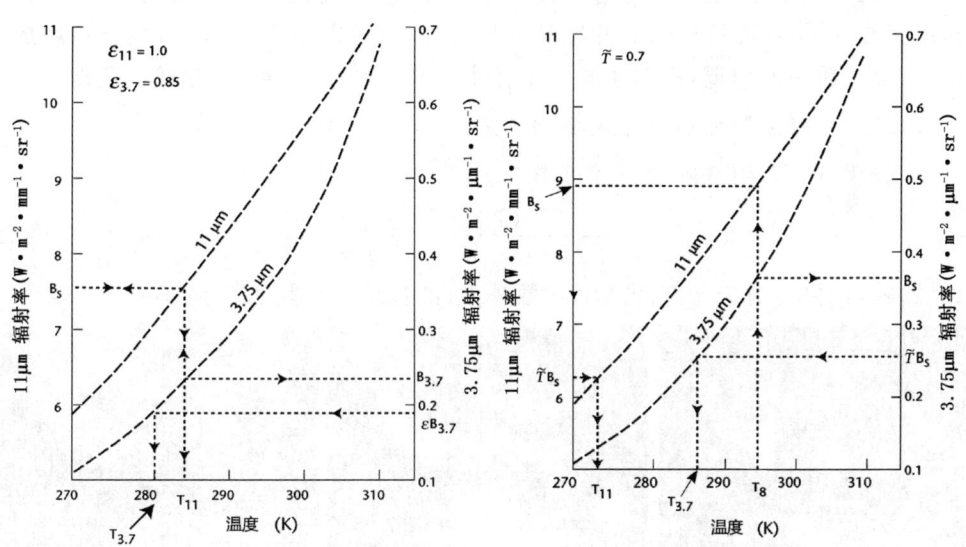

(a)发射率的不同对辐射的影响 　　　　(b)透过率对辐射的影响

图 5.15 有云时温度的计算

图 5.15(b)中,由于半透明的卷云,地面辐射 B_s 降低为 $\widetilde{T}_{Bs}$,卫星在 3.7μm 测量的辐射 $\widetilde{T}_{Bs}$ 比 11μm 的辐射 $\widetilde{T}_{Bs}$ 高。

5.1.5.2 短波红外云图特点

在白天,卫星在 3.55~3.93μm 通道测量的辐射包含有物体自身发射的短波红外辐射和反射的短波红外太阳辐射,将辐射转换成云图时,一般按红外通道的方法,辐射越大,色调越暗,辐射越小,色调越浅,与可见光云图相反,所以将 3.7μm 短波红外云图与可见光云图作比较时,出现反常现象,3.7μm 短波红外云图比可见光云图要复杂得多,它的特点主要有:

(1)海洋、湖泊和河流等水面对太阳辐射的反射小,3.55~3.93μm 通道云图上呈现较白的色调;而岩石、沙漠和干燥的土壤地区反射太阳辐射较大,呈现较暗的色调;

(2)层云(雾)、层积云等反照率较大的中低云表现为较暗的色调,比陆面的色调还要暗;

(3)对于上午的短波红外云图,由于东半面扫射太阳辐射较西半面大,所以图像东半面的色调要比西半面的暗。

(4)积雪、海冰都有表现为暗黑色;

(5)在白天短波红外图上的景象丰富,海陆界线清楚。

在白天 3.7μm 的短波红外通道云图上,云的色调变化范围可以从黑色到白色,这是由于在 3.7μm 波段处水滴和冰晶有强的吸收,特别是大于 10μm 的云滴组成的积雨云,都呈较白的色调,而对于粒子半径小的雾,吸收小反射大,呈暗的色调。

5.1.5.3 短波红外通道的主要优点是

①测温精度高,由普朗克公式可得

$$\Delta T = \left[\frac{T_s^2(1-e^{-bv/T})}{bv}\right]\frac{\Delta B}{B} \tag{5.2}$$

从(5.2)式可看出,对于一定的 ΔB,波数越大(波长越短),其 ΔT_s 越小。

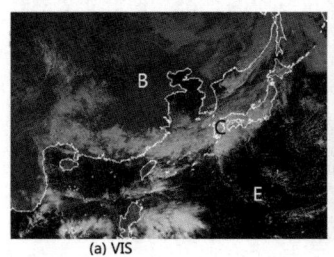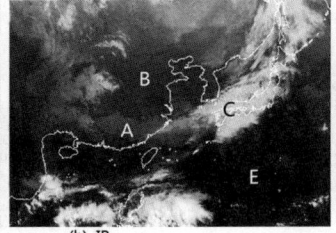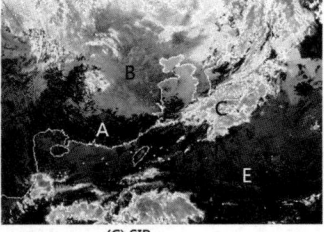

时间:2010.11.22.9:30

图 5.16 可见光(a)、红外(b)与短波红外(c)图的比较

图 5.16 给出白天可见光、短波红外云图与红外图的比较,图中 B 处是我国陆地:在可见红外上呈灰暗色,短波红外上呈浅灰色;A 处是中低云区:可见光图白色,红外图呈暗色,短波红外呈黑色;在 C 处及以南处是由较大粒子组成的积雨云,吸收大反射小,短波红外和可见光云图上都呈较白色调;E 处是洋面,可见光呈暗黑色,短波红外上呈灰色。

②在短波红外通道,大气的透过率近似为 0.90,大气辐射与地面辐射之比为 10%。另外在这一通道的吸收气体是些混合比为常数的 CO_2、N_2 和 N_2O 等气体,这些气体随季节、地理位置的变化较小,这对提高测温精度是有利的。而长波红外通道内的吸收气体主要是可变的 H_2O,这不利于因湿度对测温的订正。

③如图 5.17 所示,$3.9\mu m$ 和 $10.5\mu m$ 处,温度的改变率明显不同,$3.9\mu m$ 处辐射随温度非线性增加,$10.5\mu m$ 处温度随辐射线性增加,在 $3.9\mu m$ 处的温度响应的变化要比 $10.5\mu m$ 大 3 倍多,就是 $3.9\mu m$ 通道测表面温度比在 $10.5\mu m$ 通道处更加有利。

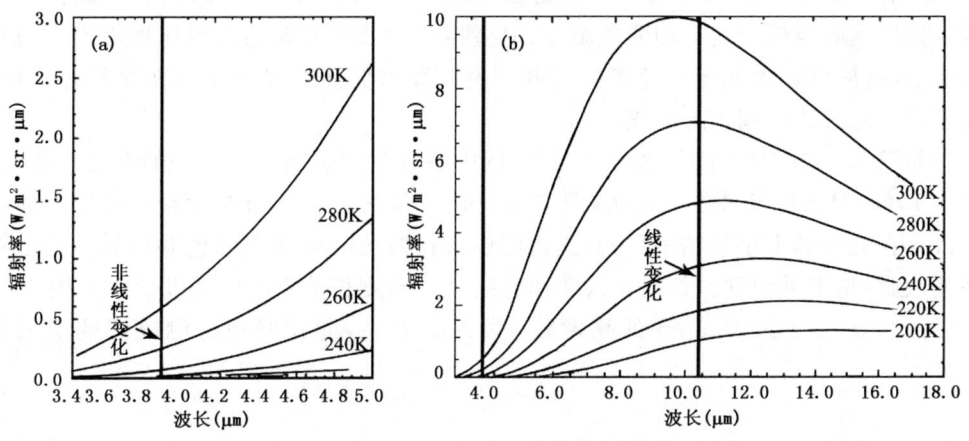

图 5.17 $3.9\mu m$ 和 $10.5\mu m$ 背景温度的变化率

5.1.5.4 利用短波红外图识别夜间雾和层云

与红外云图一样,卫星在 $3.55\sim3.93\mu m$(中心波长 $3.7\mu m$)通道测得的辐射愈大,色调愈暗,辐射愈小,色调愈浅,所以在夜间的短波红外云图特征与长波红外云图是一样的。但是如果采用增强方法,提高暖端的分辨率,就能识别低云(层云和雾),实现红外云图难以完成的工作。

图 5.18 说明夜间 $3.7\mu m$ 和 $11\mu m$ 两通道接收辐射的相对大小,可以看到晴空地表的辐射两者差异不大,但是由于 $11\mu m$ 位于地球温度辐射峰值波长处,而 $3.7\mu m$ 则远离地球温度辐射峰值波长,因此对于水云(雾)$11\mu m$ 比 $3.7\mu m$ 通道要大很多。

在中心波长 $3.7\mu m$ 的短波红外通道,地面的发射率近似为 1,可以当作黑体,而

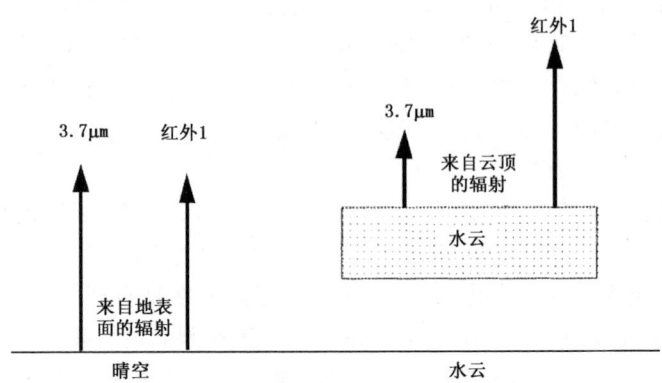

图 5.18 红外和短波红外发射辐射的概念图

对于云的发射率小于1,即使是很厚的云,其发射率也只有0.9,因此云不能作为黑体。如果地面与低云具有相同的温度,卫星接收的低云发射的辐射比地面发出的辐射要小,这样可以把低云与地表区别开。由此算出低云的温度比地面要低好几度。在云图上低云的色调比地面浅。

如图 5.19(a)是夜间短波红外云图,图中 S 处是北美洲西海岸处的雾或层状云;图 5.19(b)是夜间长波红外云图,图中 C 处是呈白色的卷云,相应短波红外图上的层状云 S 在红外图上呈较暗的色调,这说明层云在短波红外图上的色调比红外图上更亮些,也就是更易识别。如果在云图作直线 A—B,则得该直线的亮度分布如图 5.19(c)所示,在层云区,$3.9\mu m$ 的亮度较 $11.2\mu m$ 要亮,能较好地监测夜间的层云和雾区。

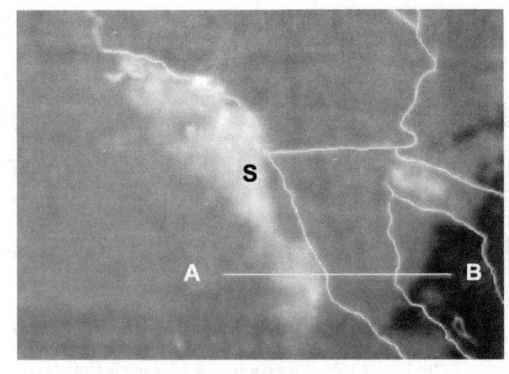

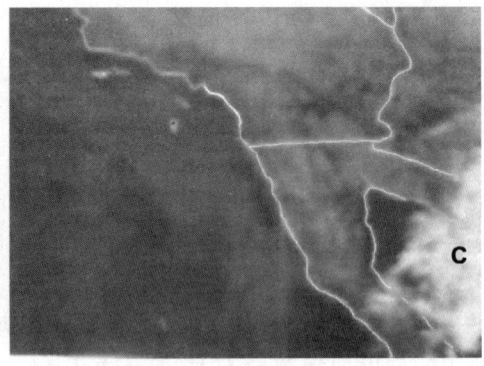

(a) 1991-02-04 09:00,GOES-7 3.9 μm　　(b) 1991-02-04 09:00,GOES-7 11μm

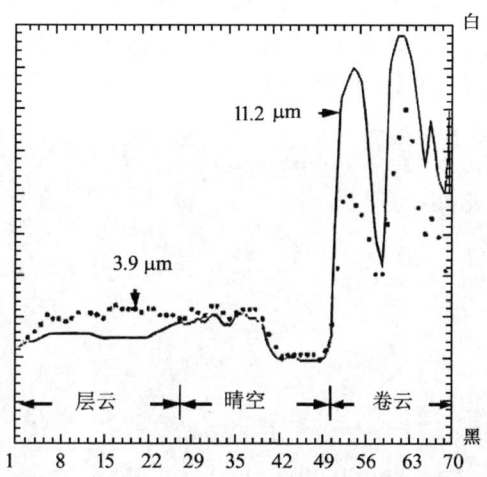

(c) A－B 直线上 3.9μm 与 11.2μm 的亮度计数值

图 5.19　3.9μm 与 11.2μm 低云与卷云的比较

5.1.5.5　利用短波红外云图监测卷云和冰粒子尺度

(1) 由短波红外图探测卷云粒子大小

图 5.20 显示了 3.9μm 和 10.8μm 图像上卷云冰粒大小识别，图中 a 处在 3.9μm 呈暗色，10.8μm 呈白色，是很小的冰粒云；b 处在 3.9μm 呈灰色，10.8μm 呈白色，是较小的冰粒云；c 处在 3.9μm 呈白色，10.8μm 呈白色，表示大粒子冰粒云；将 IR 与 STR 比较可以识别冰云中粒子的尺度。

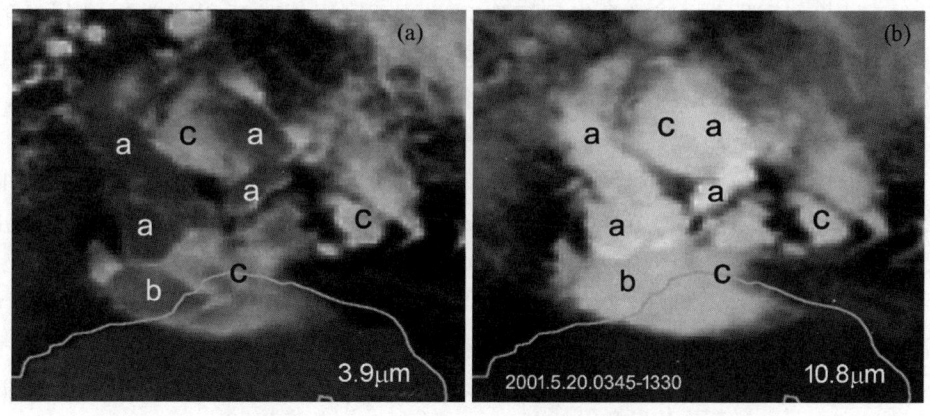

图 5.20　3.9μm 与 11.8μm 图像检测冰粒大小

(2) 利用 3.9μm 与 11.8μm 图像差监测薄卷云和层云或雾

如图 5.21 是 3.9μm 与 11.8μm 云图和这两种云图的差,图中 a 处是冷晴空冷地表,b 处是暖的晴空地表,c 处是薄卷云,d 处是地表的层云或雾。可以看到,将 3.9μm 与 11.8μm 两图像相减,薄卷云和地表的层云或雾显示更加清楚。

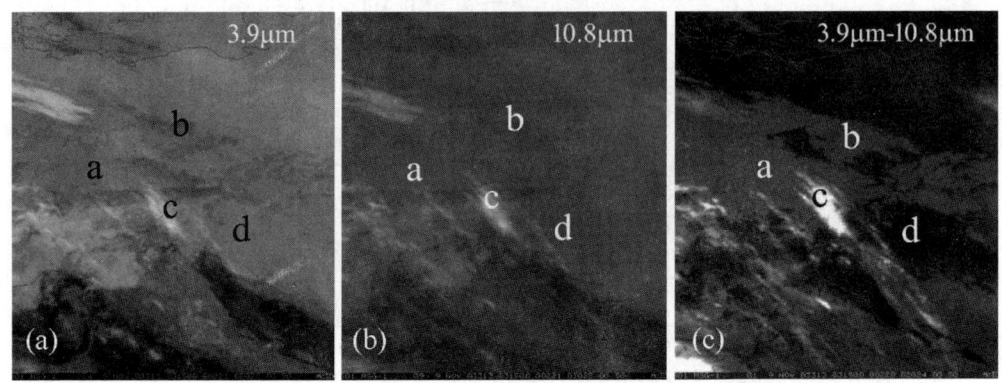

图 5.21　3.9μm 与 11.8μm 图像检测薄卷云和层云或雾

5.2　识别云的判据

在卫星云图上,可以根据以下六个判据识别云的类型:结构型式、范围大小、边界形状、色调、暗影和纹理,下面分别叙述。

5.2.1　结构型式

在云图上,所谓结构型式是指目标物对光的不同强弱的反射或其辐射的发射所形成的不同明暗程度物象点的分布式样,这些物象点的分布可以是有组织的,也可以是散乱的,即表现为一定的结构型式。卫星云图上云的结构型式有带状、涡旋状、团状(块)、细胞状和波状等。

由云的结构型式有助于识别云的种类和云的形成过程,如:冬季洋面的开口细胞状云系,是由积云或浓积云组成,它是冷空气到达洋面受暖海面加热变性而形成的;大尺度的带状云系主要是由高层云和高积云组成的;团状云块一般是积雨云等。

由云的分布型式有助于识别天气系统,如锋面、急流呈带状云系,台风、气旋(低压、冷涡)具有涡旋结构等。

在一张云图上,常包含有许多复杂型式,并且有些型式是相互重叠的,这种重叠型式常是由于陆地地貌、水、冰雪和云同时存在引起的,或者是由于高、中、低云同时造成的,这种复杂型式的分析要很仔细,可借助不同时相和多通道云图相互比较,以及对物象的认识,判别结构型式和形成原因。

如图 5.22a 中，A—B 冷锋表现为云带，由与天气系统相关联的中云（高层高积云）组成；C 处是洋面冷锋后的开口细胞状云系，由积云、浓积云组成；L、N 处表现为积云线，云线走向与低空热成风方向相一致，云线越清楚，风速越大。E 处是积云变稠密区，它是由开口细胞状云系发展而成。

图 5.22b 是黄海面上的积云线 A 和 B，由于黄海面上吹偏北冷风，云线呈近南北方向走向。凡是这种积云线就判定一定是积云和浓积云。

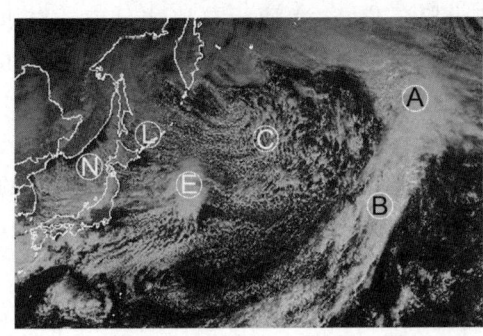 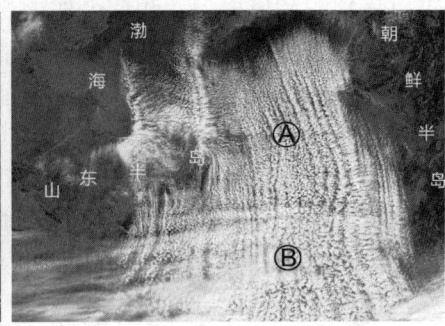

(a) 2011-01-09 09:32　　　　　　(b) 2006-12-27 09:30

图 5.22　云的结构型式与云类

5.2.2　范围大小

在卫星云图上，云的类型不同，其范围也不同。如与气旋、锋面相连的高层高积云和卷云的分布范围很广，可达上千千米；而与中小尺度天气系统相联的积云、浓积云和积雨云的范围很小。因此从云的范围可以识别云的类型、天气系统的尺度和大气物理过程。如在山脉背风坡一侧出现的排列相互平行的细云线，就能知道这是山脉背风坡一侧重力波形成的。

5.2.3　边界形状

在卫星云图上，各类物象都有自己的边界形状，所以根据不同的边界可以判别各类物象。各种云的边界形状有直线的、圆形的、扇形的，有呈气旋性弯曲的、也有呈反气旋性弯曲的，有的云（如层云和雾）的边界十分整齐光滑，有的云（积云和浓积云）的边界则很不整齐。

云的边界还是判断天气系统的重要依据，如急流云系的左界整齐光滑，冷锋云带呈气旋性弯曲等。

5.2.4 色调

色调有时也称亮度或灰度,它是指卫星云图上物象的明暗程度。不同通道图像上的色调代表的意义也不同。如可见光云图上的色调与物象的反照率、太阳高度角有关。对云而言,其色调与它的厚度、成分(水滴或冰粒子性质)和表面的光滑程度有关。云的厚度越厚,反照率越大,色调越白,大而厚的积雨云的色调最白,因此由云的色调可以推算云的厚度。在相同的照明和云厚条件下,水滴云要比冰云白。对水面的色调取决于水面的光滑程度、含盐量、混浊度和水层的深浅,一般地说,光滑的水面(风很小)表现为黑色;水层越浅,水越混浊,则其色调越浅。

在红外云图上,物象的色调决定于其本身的温度,温度越高色调越黑。由于云顶温度随大气高度增加而降低,云顶越高,其温度越低,色调就越白;因此根据物象的温度能判别云属于哪一种类型和地表。积雨云和卷云的色调最白,夏季白天沙漠地区,温度高,色调很黑。

在短波红外云图上,白天物象一方面反射太阳辐射的同时,其以自身的温度发出短波红外辐射,所以图像上的色调不仅取决于反照率,还决定于温度,造成图像十分复杂,根据色调识别物象很困难。

在水汽图上,根据色调可以识别水汽分布,但是由水汽图也能判别积雨云和卷云。

5.2.5 暗影

暗影是在一定太阳高度角有之下,高的目标物在低的目标物上的投影。所以暗影都有出现于目标物的背光一侧边界处。暗影只能出现于可见光云图上,它反映了云的垂直分布状况。由暗影可以识别云的类别。在分析暗影时要注意以下几点:

(1)暗影的宽度与云顶高度有关,云顶越高,暗影越宽。

(2)暗影的宽度与太阳高度角有关,太阳高度角越低,迎太阳一侧云的色调越明亮,背太阳光一侧出现暗影。所以冬季中高纬度地区或早晨的卫星云图上,一些较高云的暗影较明显。而太阳高度角较高时,如低纬度地区或中午前后期间,即使是卷云或积雨云也难以从云图上见到卷云。

(3)在上午的卫星云图上,暗影出现于云的西边界一侧;如若是下午的云图上,则暗影出现于云区的东边界一侧。

(4)暗影只能出现于色调较浅的下表面上,如低云、积雪或太阳耀斑区内容易见到暗影。

在分析暗影时要将裂缝与暗影区分开。

图 5.23a 是上午的云图,A、B、C 是卫星在可见光云图上出现的暗影,考虑阳光

的来向，图中 A、B、C 箭头所指示的就是暗影，出现在卷云的西北侧的左边界处，表现为东北—西南走向的暗影，云的迎太阳一侧显得较明亮。图 5.23b 是内蒙古地区下午的云图，S 是均匀的积雪区，A 和 B 是在积雪区上空有两块云区投影到雪面上的暗影，出现在云的东北一侧。

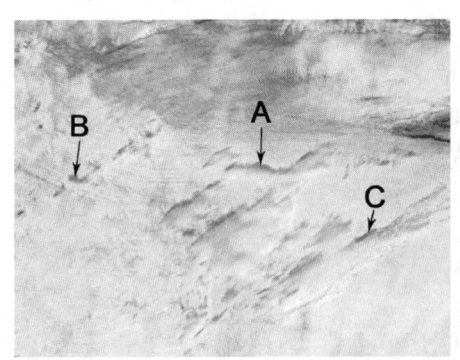 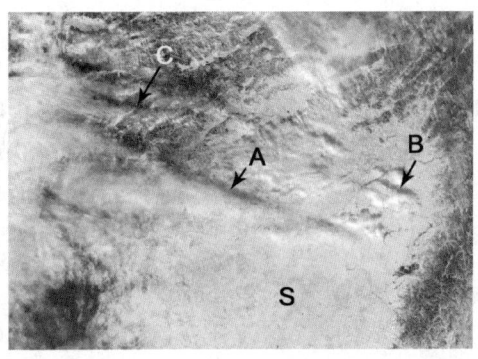

图 5.23a　上午云图暗影（2007-10-31 09:30MODIS）　图 5.23b　下午云图暗影 MODIS

5.2.6　纹理

纹理是指云顶表面或其他物象表面光滑程度的判据。云的类型不同或云的厚度不一，使云顶表面很光滑或者呈现多起伏、多斑点和皱纹，或者是纤维状。由云的纹理能识别不同种类的云。如果云顶表面很光滑和均匀，表示云顶高度和厚度相差很小，层云和雾具有这种特征；如果云的纹理多皱纹和斑点，就明云顶表面多起伏，云顶高度不一，积状云具有这种特征；如果云的纹理是纤维状，则这种云一定是卷状云。

有时候在大片云区中出现有一条条很亮的或暗的条纹，其可以是直线或弯曲的，这些条纹称"纹路"或"纹线"。这种纹线与云的走向有关，指示 1000～500hPa 间等厚度线的走向。

5.3　卫星云图上各类云的识别

由以上识别云的六个判据，能识别三大类：卷状云、对流性云和层状云，其中包括九种云：卷状云、积雨云、中云（高层高积云）、积云浓积云、层积云、层云或雾等。在卫星云图上显示的云是地面观测到云的集合体，如果地面观测到的云小于卫星探测的分辨率，则这种云在卫星云图上难以判别。

5.3.1 卷状云的基本特征

5.3.1.1 卷云的色调

卷云的高度高,温度低,它由冰晶组成,反照率低,对可见光具有透明性。所以其色调为:

(1)在红外云图上,通常表现成白色,与地表、中低云间有强的对比度,很容易将它们区分开。只有十分稀薄的卷云,色调较暗。

(2)在可见光云图上,卷云的色调变化范围很大,由深灰到浅白色,这决定于卷云的厚度,有时能透过卷云看到其下面的地面目标物。

(3)在水汽图上,卷云的色调呈白色。

5.3.1.2 卷状云的识别

在卫星云图上,卷云分为:卷层云、纤维(羽毛)状卷云、卷云砧和密卷云。它们的特点有:

(1)卷层云

①结构型式:卷层云与高空槽、急流、锋面和气旋等天气尺度系统相联,可以表现为盾状、带状和涡旋状;②范围大小:卷层云常表现为范围很大云区或云带,可达千余千米;③边界和暗影:与急流相联的卷云,左界整齐光滑,在可见光云图上时常有暗影出现;④纹理:卷层云云区均匀而光滑,只有在其边界处出现一些短的纤维状卷云。

(2)纤维状卷云

纤维状卷云在我国西部青藏高原地区很多见,原因是高原上中低云系比东部地区少,而东部地区的纤维状卷云多出现于卷层云的边界处,纤维状卷云的特点有:①结构型式:纤维状卷云可以呈带状;此外在涡旋状云区中也可见到纤维状卷云。②纹理:这种卷云的主要特征是纹理为纤维状。③范围大小:有的宽度可达 50~100km、长达千余千米,也有的仅表现为很短的卷云羽。

(3)卷云砧

卷云砧是积雨云顶部的伪卷云,它的特点有:①结构型式:在卫星云图上呈砧状。②边界形状和纹理:上风方向一侧边界整齐光滑,下风一侧边界出现纤维状或羽状纹理,且越往下风方向去色调越变暗;在积雨云顶母体处,纹理均匀光滑。③暗影:在可见光云图上常可见到卷云砧的暗影。

(4)密卷云

密卷云是指冰晶很稠密,反照率很强的卷云,它的特点是:①结构型式:密卷云常成一团团稠密的球状或长条状;②每一个密卷云都有暗影出现;③无论在红外或是可见光图上都有表现,最后要注意的是:凡是呈纤维状或羽状的云一定是卷云。

5.3.1.3 可见光、红外和水汽图上卷云特征的比较

图 5.24 显示了同时刻的可见光和红外云图，图中看到我国中部地区为大范围的中高云区覆盖，红外上卷云 A、B、C 表现为纤维状的白色，在可见光图上呈现灰暗的色调。F、E 处云层厚，上层为卷云、下层有中低云，呈白色；而 M、N 在红外上色调较暗、可见光图上呈白色，主要是由水滴组成的中低云区。

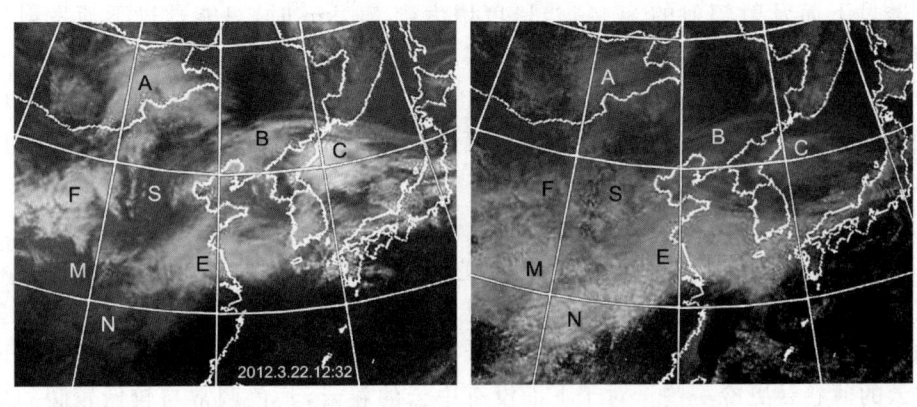

(a)红外　　　　　　　　　　　　(b)可见光

图 5.24　可见光、红外云图上的卷云比较

5.3.1.4 可见光、红外和水汽图上卷云的特征比较

卷云在不同通道的图像上也明显不同，如图 5.25 显示了可见光、红外和水汽图上卷云的特征，A 在红外和水汽图上显示白的色调，可见光图上显示灰色，是与急流相联系的卷云，B 处在三种云图上都显示很白的色调，是顶部具有卷云砧的成熟积雨云团，D 在可见光云图上很白，红外图上呈灰色，水汽图上较暗的色调，是一片低云区；S 在可见光图上呈多起伏不均匀的纹理。

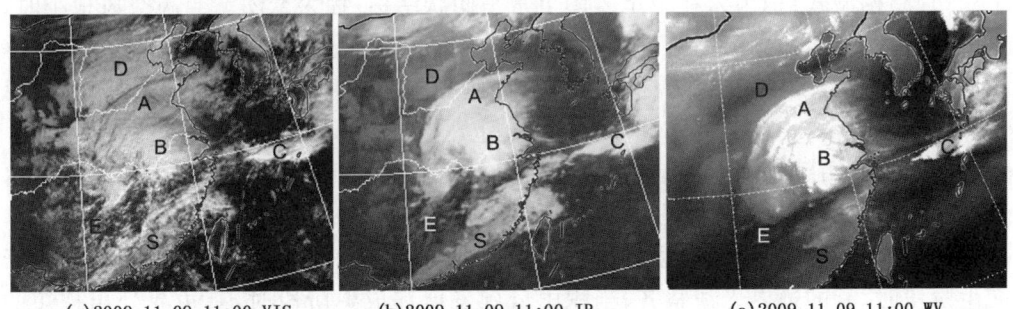

(a)2009.11.09.11:00 VIS　　(b)2009.11.09.11:00 IR　　(c)2009.11.09.11:00 WV

图 5.25　可见光、红外云图和水汽图上江淮上空的卷云

5.3.1.5 薄卷云在红外云图上的表现

(1)薄卷云的透过特性

卷云是由冰晶组成的,而冰晶具有透过红外辐射的特性,对于 $11\mu m$ 红外通道,卷云对红外辐射是半透明的,其透过率与云的垂直厚度及云内冰晶含量有关。薄卷云比厚卷云更透明,如对于一定冰晶浓度和粒子大小,厚度为 $0.5km$ 的一层薄卷云,可以透过下面发射辐射的 80%,当厚度增大到 $5.0km$ 时,只能透过下面发射辐射的 20%。

由于卷云对红外辐射是半透明的,所以卫星测量到的辐射来自卷云顶较小(冷)辐射和由卷云下面向上传输较暖的辐射两部分之和,由这辐射推算的卷云顶温度比实际的要高,而估计的云顶高度过低。

(2)薄卷云在红外图上的色调变化

在红外云图上卷云的色调变化很大,它与卷云的厚度、卷云下面辐射面温度和大气层结有关。卷云下面有中云存在时的色调:如在一层薄卷云下面有中云,则卫星测量的辐射一部分来自温度比地表冷的中云,另一部分来自卷云,则这种卷云比下面没有中云的薄卷云更冷一些。对于下面没有中云的卷云,其色调常与较低较暖的中云色调相近。

5.3.2 积雨云

积云、浓积云强烈进一步发展,就成为积雨云,积雨云也称雷暴云,它带来暴雨、大风、冰雹、闪电等强烈的天气现象,因此积雨云的识别对于灾害性天气预报十分重要。

5.3.2.1 积雨云的主要特点

卫星云图上的积雨云时常是几个雷暴单体的集合,它的主要特点有:

(1)结构型式:积雨云在卫星云图上常呈团状结构,称为云团。当高空风很小时,风的垂直切变小,积雨云呈近乎圆型的云团;当高空风很大时,风速的垂直切变很大,积雨云呈椭圆型云团,长轴方向与风的垂直切变方向一致;积雨云团到成熟时,下风一侧出现卷云砧。

(2)色调:由于积雨云顶最高最冷,所以无论是红外云图,还是可见光云图或者水汽图上,其色调最白。

(3)边界形状:积雨云的边界与其发展阶段、风速垂直切变有关。当积雨云处于初生阶段时,云的边界光滑整齐;当积雨云到发展和成熟阶段时,其边界处出现短的卷云羽。当风的垂直切变很大时,积雨云出现卷云砧的边界特征。

(4)范围大小:积雨云是一种与中小尺度天气系统有关的云系,其尺度相差很大,小的只有十几千米,大的可达几百千米;一般说来,初生的积雨云尺度小,呈小颗粒状;成熟的积雨云云体较大。有些积雨云相互合并,连成一片,形成尺度达数百千米的云区,这种云系称为对流复合体。

(5)纹理:积雨云云顶达对流层顶,所以一般地说,积雨云的纹理较为光滑均匀,尤其是在红外云图上。但是当出现穿透性强对流云时,云顶呈多起伏,在可见光云图上呈多皱纹和斑点的纹理特征。

(6)暗影:一般地说,积雨云云顶高,有暗影。但是积雨云在夏季最活跃,这时除早晚时刻,太阳高度角大,暗影不是很明显。分析时要注意。

5.3.2.2 由积雨云形状判断风速垂直切变

图 5.26a 是高空风小时的积雨云呈现圆形型式,云团向四周伸出的短的卷云羽,气流向四周流出,高层存在辐散,表示积雨云到成熟阶段。图中积雨云 A、B、C、D 呈圆型,边界处出现向外伸出短的卷云羽,E、F、M 为积云、浓积云,呈小粒状。图 5.26b 中 H 是位于急流 A—B 左侧、高空风速垂直切变很大时的积雨云,呈现扁长的椭圆形型式,图中云团 H、E 有明显的长轴,在它的下风一侧出现明显的羽状卷云砧,而上风一端整齐光滑,常伴随有冰雹、大风等强对流灾害天气。

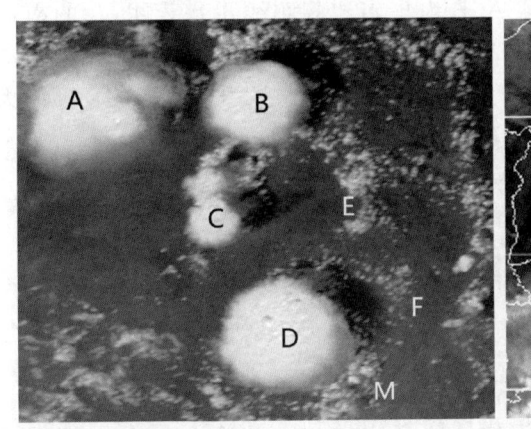 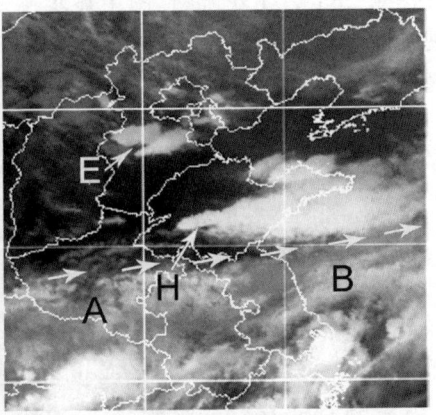

(a)高空风小时的积雨云(2010-07-22)　　(b)强风速垂直切变下的积雨云(2007-08-05)

图 5.26　两种型式的积雨云团

图 5.27a 显示我国华南地区的积雨云 B、D,A 处是积雨云产生的暗影,在高空有中度风速垂直切变下的云型,由于高空有弱的偏北气流,云团 B 的南端有卷云羽向南伸展。云团 C、F 表现为云顶多起伏的皱纹,表明顶部卷云较少,正处于初生发展阶段。E 处是云团 D 顶部向南平流的卷云。图 5.27b 显示我国西北地区的积雨云 A、B、C,在高空强风速垂直切变下的偏西气流作用下,积雨云有显著的卷云砧,云团

的西侧的上风方向边界整齐光滑,下风方向有卷云砧;图中云团 a、b、c、d 处于青藏高原东部地势高的山脉区域,水汽较少,云团单体较小,而东部云团 A、B、C 较大,该处地势必相对低,大气中的水汽较充分,高空气流由西北转为西南。

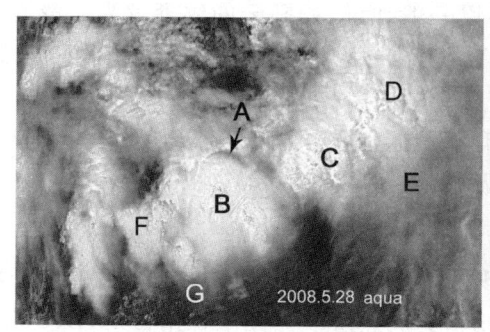
(a)华南地区积雨云团(2008-05-28)

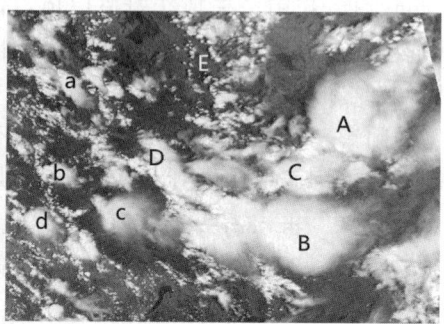
(b)西北地区积雨云团(2010-07-18)

图 5.27 华南和西北地区的积雨云团

5.3.2.3 红外云图与可见光云图上积雨云的特点

图 5.28a 是红外云图,图中显示了 A、B 为华南地区飑线雷暴云团,A 的南边界呈现为向南凸出的弧形边界,B 是几个尺度不大的积雨云群。E 是色调较暗的雷暴云区后部云系;图 5.28b 中,A、B、E、D 的色调都呈白色,这是由于水云的反照率大。

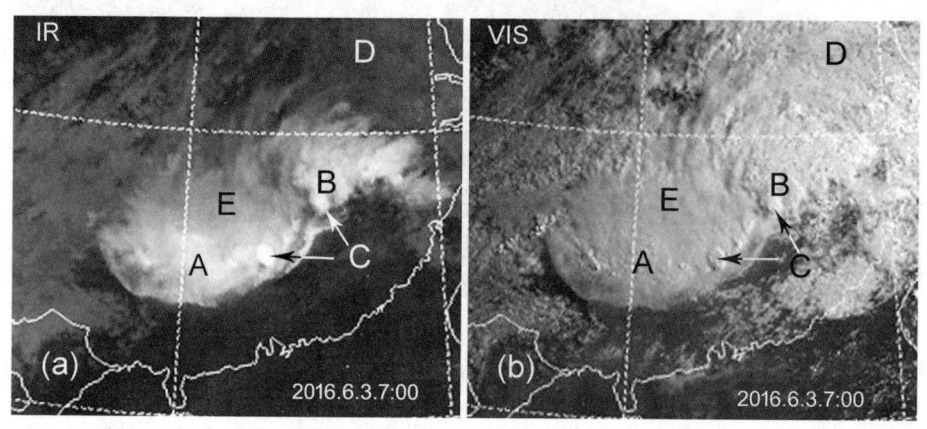

(a)2016-06-03 07:00,IR   (b)2016-06-03 07:00,VIS

图 5.28 华南地区一次飑线雷暴云团

5.3.2.4 积雨云与大气气流

图 5.29a 是华南暴雨云团,初夏季节出现于华南地区的暴雨云团 A、B、C,可以看出云团的北界很清楚,南边界出现卷云羽,说明云团顶部盛吹偏北冷平流,由于冷

平流来自北方,触发的新生对流云出现于云团的北部边界处。图 5.29b 表示当夏季在南亚地区高空为强的东风气流控制,因此当有积雨云出现时,它的顶部有向西方伸出的卷云羽,卷云羽越长意示高空风速越大,而在低层,这些积雨云群出现在地面低压的东南象限的西南气流中,与夏季西南季风相联系,多数云团的云体呈狭长的东北—西南走向。从图中看到,从印度经孟加拉湾直到中印半岛的南部是带状分布的西南季风云团。

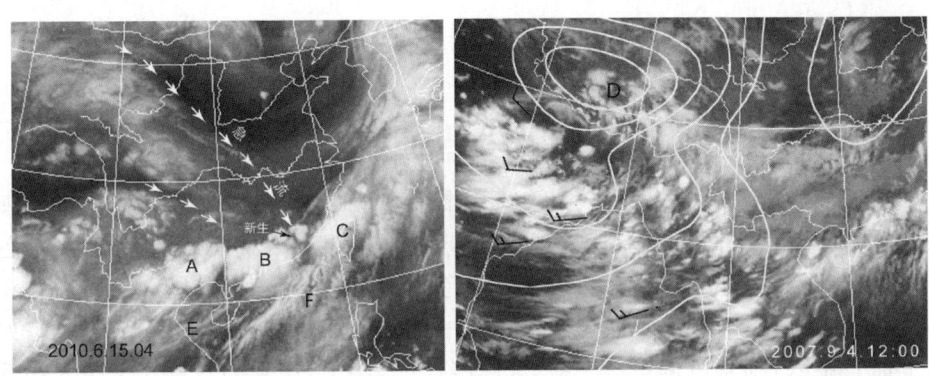

(a)华南静止锋云带上积雨云(2010-06-15 04:00)　(b)西南季风云团(2007-09-04 12:00)

图 5.29　华南暴雨云团和南亚上空的西南季风云团

5.3.2.5　红外与增强红外图上积雨云比较

在红外云图上,积雨云表现为白色云团,由于其云顶表面温度差异小,人眼无法辨别云区内的精细结构,对流强度分布和强对流中心位置等。通过增强显示,能识别积雨云区内温度分布和对流强度。如图 5.30a 中,是夏季南方地区的一个积雨云团 A,图 5.30b 中,通过增强显示,可以看到云中结构和强对流中心 A,图中 A 处色调最白的地方,表示云顶最冷、高度最高,该处对流强度最大。

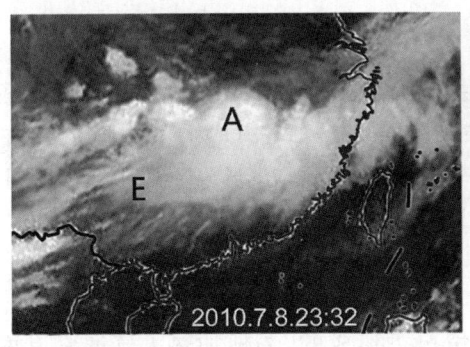 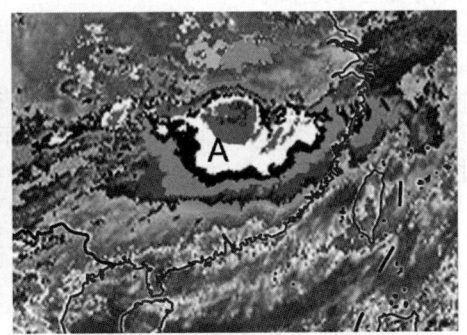

图 5.30　红外(a)与增强红外(b)显示的积雨云比较(2010-07-08 23:32)

5.3.3 高层、高积云

在卫星云图上,由于高积云单体远小于卫星仪器的分辨率,无法将高积云与高层云区别开来,只能将高积云和高层云统称为中云。中云是由天气尺度大气上升运动形成的。

5.3.3.1 中云(高层、高积云)特点

中云是与天气尺度系统相联的一种云系,它的一些特点与大尺度天气系统有关。主要表现为:

(1)结构型式和范围大小:中云在卫星云图上表现为一大片,范围可达 2 万～20 万 km^2。其型式可以是涡旋状、带状、线状和逗点状。

(2)色调和纹理:①在可见光云图上,与锋面、气旋相连的中云色调很白,纹理均匀,常常伴随有低云(雨层云)和降水同时出现。②如果中云下面没有低云,则其色调从灰色到白色不等;如果只有一层中云,其色调为灰色。③如果中云区多斑点和皱纹,则说明云区内有对流出现或云层厚度不一。④大多数中云出现在卷云下面,如果卷云下面有中云,则其色调更白一些。⑤在红外云图上,中云的色调介于高云和低云之间的中等程度灰色,对于较厚的中云色调呈浅灰色。

(3)暗影和边界:中云不一定有暗影和确定的边界形状,所以根据暗影和边界不能识别中云。

5.3.3.2 大范围的中云区

我国南方到北方地区时常出现大范围的中云区,云区范围很宽广,这些大范围的中云区时常与静止锋云系联系在一起。如图 5.31 中,可见光云图上整个云区的色调较白,但在红外图上,云的色调差异较大,自南往北云的色调越来越浅,就是云顶高度越往北越高,原因是云区与偏南气流相联系,暖湿气流沿静止锋坡面从南向北输送时,其高度越来越高。

5.3.3.3 冷锋相联的中云

中云与冷锋相联系,多数锋面云系由中云所组成,与冷锋相联的中云表现成带状,图 5.32 显示了与冷锋相联的中云分布,在图中 M—N—H 为一条中云带,在 M 处红外图上呈中等程度灰色,可见光图上呈较白的色调,在 H—N 处由于中云上有卷云,表现为多层云系,无论在红外还是可见光图上色调较白。

5.3.4 积云浓积云

积云和浓积云是由于局地加热大气的情况下形成的,局地加热大气通常有两种情况,一种太阳辐射对地表面的加热,促使局地大气层结不稳定,在水汽充分的情况

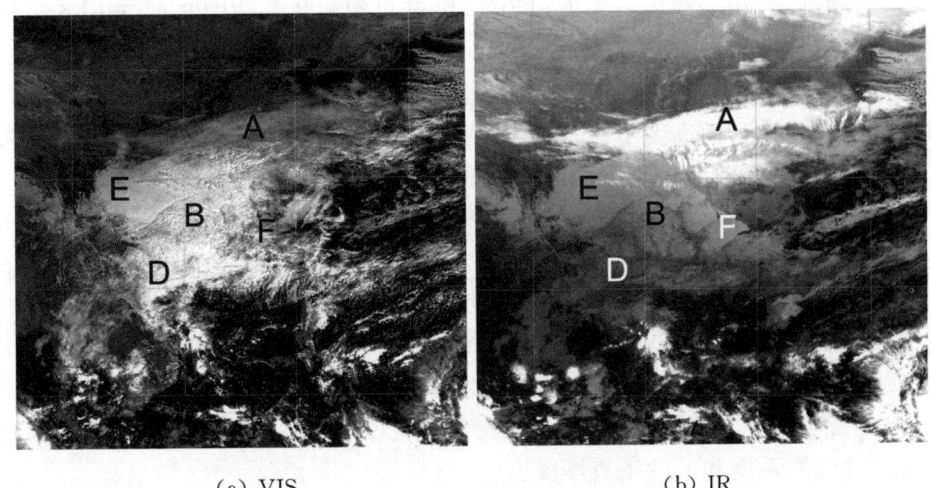

(a) VIS　　　　　　　　　(b) IR

图 5.31　大范围中云区(2014-12-03 10:00)

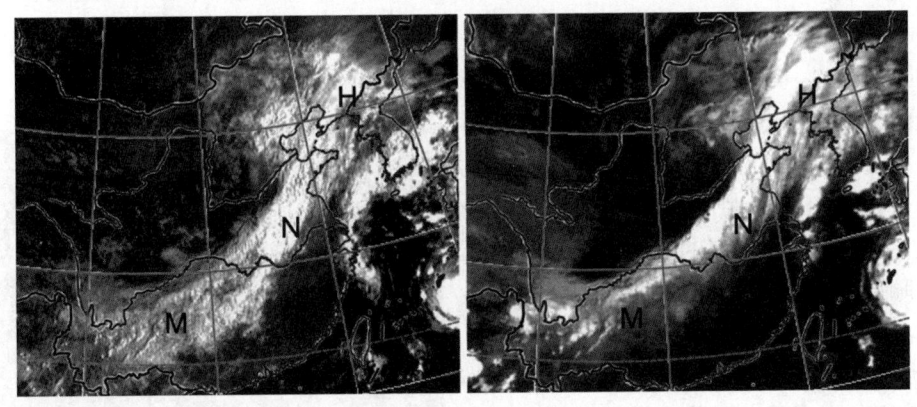

(a) VIS　　　　　　　　　(b) IR

图 5.32　与冷锋相联的中云(2007-09-14 09:00)

下,这种加热是由太阳引起的,所以使得积云和浓积云有明显的日变化,夏季陆地和青藏高原上最明显;另一种是冷空气平流到暖的下垫面上空,暖的下垫面对其上的冷空气进行加热,冷空气受到加热抬升到凝结高度之上就形成云,常发生在冬季的洋面或夏季的陆地上,特别是青藏高原上空。在卫星云图上的积云、浓积云实际上是积云群,卫星云图上的积云群在地面观测中不容易观测到。

5.3.4.1　积云、浓积云特点

在卫星云图上判别积云和浓积云的依据有:

(1)结构型式:积云浓积云常表现为线状、开口细胞状等结构型式;有时积云浓积云呈离散分布型式。

(2)纹理:积云浓积云是由于下垫面加热形成的,加热的差异和大气稳定度不同,使得积云区内对流云顶高度不一,厚度有参差,云顶温度不一致,无论在可见光云图还是红外云图上,表现为多斑点、皱纹,为不均匀的纹理。

(3)边界:由于局地加热的不均匀性,积云浓积云的边界不整齐不光滑。

(4)色调和暗影:由于积云浓积云主要由水滴所组成,所以在可见光云图上呈白色。在红外云图上由于积云浓积云的高度参差不齐,云顶温度有差异,色调也不一致,对流较强的积云浓积云云顶较冷,色调较白;对流弱的积云浓积云顶较暖,色调较暗,因此红外图上云的色调差异可以判断对流的强度。如果在一片层状云区内出现对流,则在云区内会有暗影出现,在可见光云图上可以根据暗影的宽度和积云的相对亮度确定对流的强度和云的垂直厚度。

(5)晴天积云:一般分布很稀疏,不能为仪器所分辨,在云图上不能识别。但是当这类积云越来越多,云区范围扩大,这时云图上表现为淡灰色,与地面的色调差异很小,云的单体无法分辨,所以不容易识别。

5.3.4.2 夏季黄土高原上积云与浓积云的分布

图 5.33 显示了夏季黄土高原上积云与浓积云的分布,可以看到多起伏的积云浓积云几乎出现于整个黄土高原B,高原东部主要出现于山脉向阳坡区域C,太阳对山脉向阳坡上的加热大,升温快,有利于对流的发展,而谷地平原和山背阳一侧,地表面升温慢,积云浓积云很少。图中太行山、中条山、吕梁山脉布满了积云和浓积云群。A 是高原南部的积雨云团。

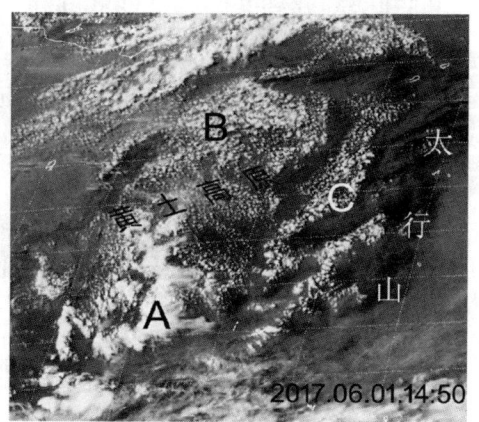

图 5.33 黄土高原上的积云浓积云

5.3.4.3 长江中下游地区积云浓积云区

在白天,山地受太阳辐射加热增温比平原快,山脉向阳坡的温度要高于平原,因此山地区域时常分布有大片积云浓积云,而平原上空表现为晴空区。如图 5.34 是 2017 年 4 月 1 日下午 14 时的可见光卫星云图,显示了长江中下游地区的大别山、武陵山、罗霄山、长江三峡、武夷山等山脉地区的积云和浓积云分布,图中 A、B、C 为多起伏的积云浓积云沿山脉地区分布,显示出南方丘陵地形外貌的特征,E、F 是湘中和赣中盆地区域,为无云或少云区,图中显示出山地的积云和浓积云明显地要比平原多。

5.3.4.4 副热带高压内部积云和浓积云

夏季我国华南地区常为副热带高压控制,通常副高表现为一片无云区,但是在下午由于太阳的强烈加热,副高内部会出现大量积云浓积云线,云线呈反气旋弯曲,与副高内反气旋的热成风的走向一致,实际上由于热成风的方向随高度变化很小,因此积云线与副高内风的方向一致。图 5.35 显示了华南地区副热带高压内部积云和浓积云的分

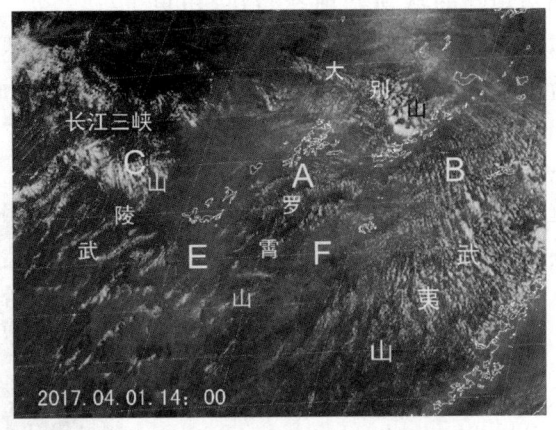

图 5.34 长江中下游地区晴天积云和浓积云分布
(2017-04-01 14:00,VIS)

布特点,对于一定强度的副热带高压,早晨的卫星云图上常表现为一片无云区,但随太阳的加热,南方丘陵地区形成积云浓积云,并按副高内的低层气流排列,表现为反气旋弯曲的积云线,图中 A 及周围是副热带高压内的积云线。从 C—B 可看到云线与低空风向一致。

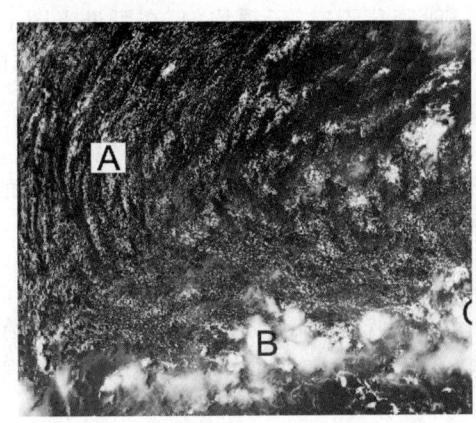 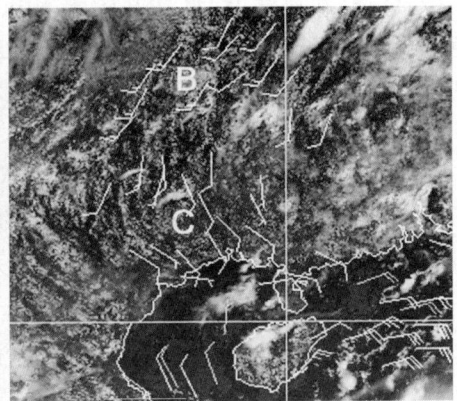

图 5.35 华南副高内部的积云线(2007-08-05,VIS)

5.3.4.5 青藏高原积云浓积云

在青藏高原上,高山起伏,河谷与山脉交织一起,由于山地不均匀性造成太阳辐射对地表的加热不均匀性,在向阳坡上表面温度上升较快,由此为积云、浓积云的发生发展提供了有利的地形条件。图 5.36 中显示了青藏高原上中部地区 B—C 积云

和浓积云的呈现纹理多起伏、边界不整齐的分布特征,在昆仑山、唐古拉山、巴颜喀拉山、喜马拉雅山 E—F 都分布着积云浓积云,由于云的出现掩盖了山脉地区积雪特征。A 是高原北部的多层云区,云区东侧边缘羽毛状卷云清晰可见。

5.3.5 层积云、层云、雾和霾

5.3.5.1 层积云特点

层积云是行星边界层内空气的乱流混合造成的,通常出现于低层不稳定、高层稳定的大气条件下,也就是低空有对流,高空为下沉气流

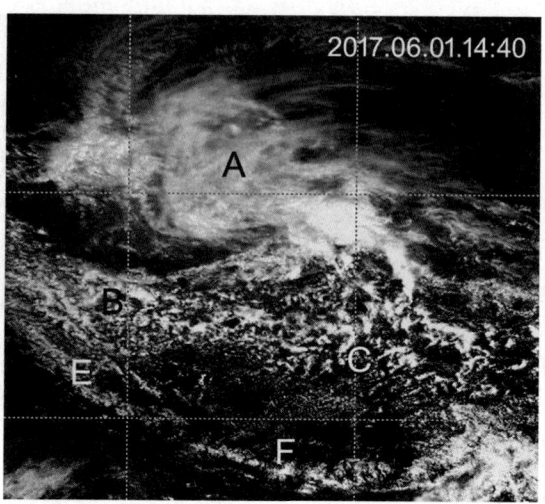

图 5.36 青藏高原积云浓积云(2017-06-01 14:40)

的情况下,它依据下面特点从卫星云图上识别:

(1)结构型式:在冬季洋面冷锋后或副热带高压的东南象限处,层积云常表现为球状的闭合细胞状云系。在锋面云带附近,层积云表现为一大片或带状。

(2)色调:在海洋上,水汽丰富,层积云一般密蔽天空,云顶均匀,在可见光图上呈白色,类似于中云的色调;在大陆上,层积云反照率低,层积云是断裂的、稀疏分布的,表现为灰色。在红外云图上,层积云表现为深灰到灰色,可与中云区分开。

(3)范围大小:层积云的范围相差很大,大体上与弱风到中度风区域相一致。

层积云可出现于冬季冷锋后高压的东南象限,也出现于副高的东南象限,锋面云带附近,还出现于山脉背风坡一侧稳定大气中。

5.3.5.2 华东及邻近海域上的层积云

冬季东海海面常处于大陆冷高压的东南象限,冷气流从黄海经东海吹向台湾海峡地区,由于暖海面对冷平流加热产生对流,但由于对流发生在高压内,对流的发展受到高压内下沉气流的抑制,形成层积云。

图 5.37 显示冬季在浙江东部海面上的层积云区 A,表现为球状闭合细胞状云系,可以看到细胞状云单体越往下风方向(从北向南),单体变得越来越大。

5.3.5.3 层云、雾

层云和雾对交通运输的影响特别大,所以对层云和雾的监测特别重要。由于卫星观测无法判断云底是否到达地面,所以不能从卫星云图上区别层云与雾。层云与雾在卫星云图上判别的依据有:

(1) 纹理：由于大多数层云与雾是在稳定大气（逆温）条件下，暖湿空气平流到冷的表面上形成的，层云与雾的云顶高度均匀，所以其纹理光滑均匀。

(2) 色调：在可见光云图上层云（雾）的色调从灰色到白色，这决定于云的厚度和稠密密程度，雾越厚、越浓，色调越白。如果层云（雾）超过 300m，则层云（雾）表现为很白的色调。

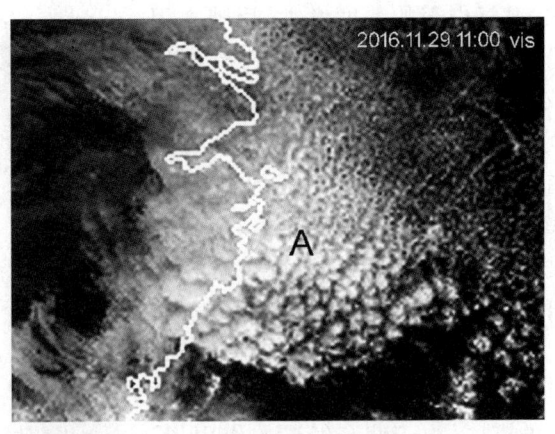

图 5.37　东海洋面上的层积云

在红外云图上，层云（雾）表现成色调较暗的均匀云区。由于层云（雾）的高度低，其色调随季节和纬度而变。如果层云（雾）顶的温度与地面温度相近，则在红外图上就无法辨别层云和雾，这时要区别是否有层云（雾），则看其是否出现像河流、山脉等地表特征。有时白天的红外云图上，层云边界比较清楚；但是到夜间，近地面的辐射逆温，层云（雾）的顶部温度反而比四周无云地表要暖，云区的色调比四周晴空地表的要黑，称之"黑层云（雾）"。如果夜间层云（雾）比四周地表亮，则层云（雾）一定很厚，有时还会出现毛毛雨。

(3) 边界：层云（雾）的边界光滑整齐清楚，受地表的影响大，它常常沿着山脉、河流、海岸线或一条低空切变线突然结束。

(4) 范围大小：层云（雾）的范围相差很大，所以不能根据层云（雾）的范围判别它。

层云（雾）一般出现于冷高压后部，或低压前部，或冷锋前方等天气系统的有关处，这些地方存有暖湿空气在冷表面上平流。此外，冬季中高纬地区地表的辐射冷却也有助于层云（雾）的形成。

5.3.5.4　华北、四川、鄂西北和闽河谷雾

图 5.38 给出了我国东部地区层云或雾的分布状况，图中 A 处是华北浓雾区，在弱偏东南风气流作用下沿太行山东侧的华北平原分布，西侧 D 处受太行地形阻挡，边界光滑整齐、纹理均匀，B 处是四川盆地的雾区，其西边界 G 沿青藏高原东边界分布，东边界受大巴山地 F 阻挡，北侧由于偏南气流，于青藏高原与秦岭之间向北推进到甘肃省南部地区 E，云区南半部 C，叠加有高空卷云，呈现纹理不均有多起伏 M。K 是大巴山与伏牛山间的雾区。H 是武夷山脉的山谷雾。

5.3.5.5　华北雾和霾

冬季华北到中原地区大气十分稳定，低层大气处于逆温状态之中，空气质量恶

化,大气中霾的浓度增大,反映在卫星云图上表现为大片灰色模糊区域。华北的冬季是雾和霾出现最频繁的时间,由于雾多出现在低层偏南气流里的原因,水汽向北平流到华北北部,受燕山脉的阻挡,使华北北部平原与燕山山脉以南地区是雾出现最多的地方。图 5.39a 显示华北雾和霾混合分布,A、B、C 是分布于沿太行山脉东面的平原上色调较白的雾区,由于偏东气流的作用,雾沿太行山脉堆积,雾的西边界与太行山脉走向相一致,而山西高原上没的任何雾出现。在雾的周边地区灰色朦胧区是霾;图 5.39b 显示了

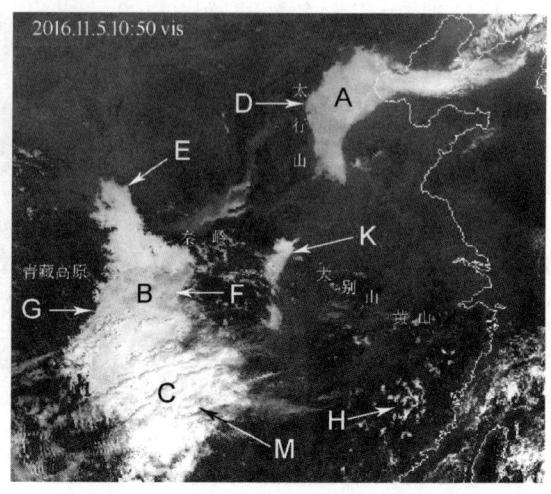

图 5.38 我国东部地区层云或雾的分布状况
(2016-11-05 10:50,VIS)

华北地区霾分布,在太行山东坡侧最为严重,表明大气重度污染,另外山西汾河流域谷地霾也很明显。

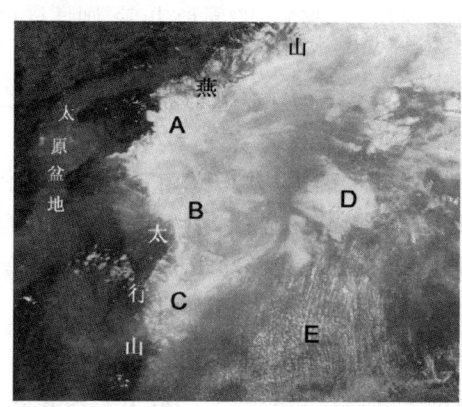 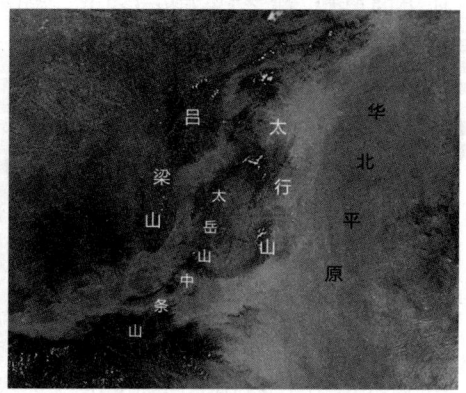

图 5.39 (a)华北雾和霾(2007-12-19)　　　　(b)华北地区霾分布(2010-10-08)

5.3.5.6　华北冷锋前雾的演变

当华北地区出现冷锋时,在冷锋前方为弱的西南暖湿气流向北平流到冷的地表上面,形成层云或雾.如图 5.40 中是 2009 年 11 月 8 日华北地区冷锋前方出现的一次雾过程,图 5.40a 中,F—F1 是位于我国内蒙古的冷锋云带,A 处是位于冷锋前的一片层云和雾区,从河南北部向东北伸至河北北部;在图 5.40b 中,随冷锋的南移,雾

区 A 的范围扩大,浓度加大,色调变白,并向北伸展;图 5.40c 雾区 A 在锋前气流作用下进一步向东北方向平流;图 5.40d 冷锋 F1—F 南压与雾区 A 靠近。

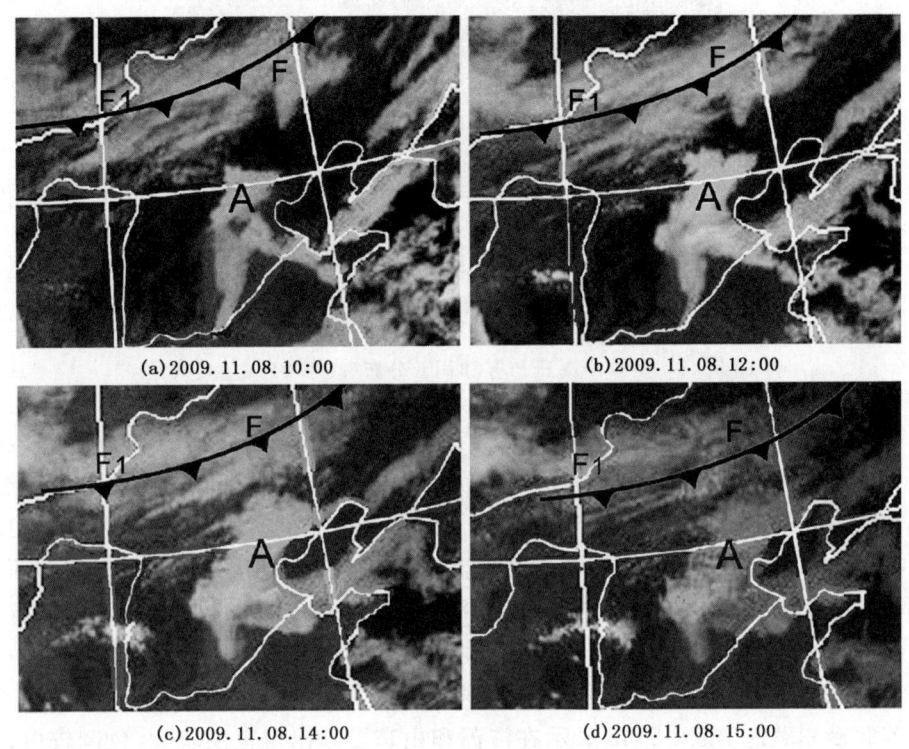

图 5.40 华北冷锋前雾的活动

5.3.5.7 冬季层积云、层云或雾与冷高压间分布关系

当一次强冷空气爆发后,我国大陆为冷高压控制,这时沿海地区处于冷高压的前方,为偏北冷平流控制,而我国西南地区处于冷向压后部,为暖而湿的偏南气流控制,暖气流平流到冷的表面形成层云和雾。图 5.41 显示了这种情形,图中我国东部地区为冷高压控制,沿海地区是偏北冷平流,在台湾岛东面的洋面 B 处于冷高压的东南象限,该地分布有由层积云组成的、呈球状的闭合细胞状云系,黄海到东海面上 V 为由积云和浓积云组成的积云线,云线的走向与低空风的垂直切变走向相一致。D 处是西南地区的雾区。它处于冷高西侧的偏南气流中。

5.3.5.8 我国沿海海面雾

每年春末夏初之交,海面温度相对于大气温度有很大改变,海面温度常低于大气的温度,此时对流云很少出现,在我国沿海地区雾发生的概率大大提高,而陆地表面

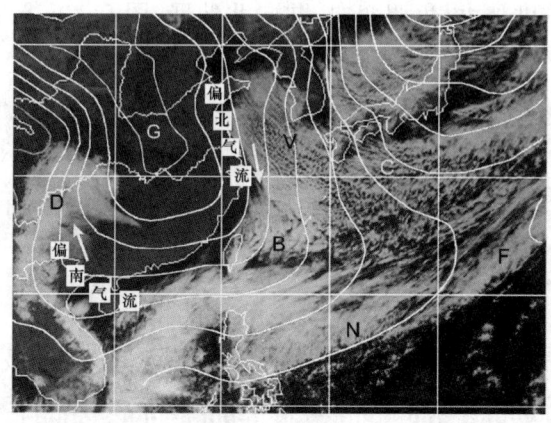

图 5.41　冬季冷高压与雾和积云分布(2008-01-01 14:00)

的温度提高,出现雾的概率大大地降低;当暖而湿的大气平流到冷的海面上时,就会形成大范围的层云和雾。在黄海海面常为一冷水区,黄海面上雾区与这冷水区有关。图 5.42 显示了在黄海中北部出现的雾区 E—B,可以见到雾表现为纹理均匀、色调明亮的雾区,由于低层弱气流由西南向东北方向平流,其东边界与朝鲜半岛屿的西海岸线的走向基本一致,北界与辽东半岛的东海岸边界一致,所以越往东到北方向,雾的浓度越大,由于弱的西南气流由暖的陆地吹向海洋,因此在我国沿海岸地区是一片晴空区;雾区的东边界与朝鲜的西海岸边界相一致。

苏北沿岸黄海雾:图 5.43 显示在江苏和山东沿岸出现范围较大、色调较白、纹理均匀的雾区 S—J,可看到由于弱的东风气流,雾向西漂移,它的西边界与苏北边界一致,并与山东半岛南海岸线相一致。

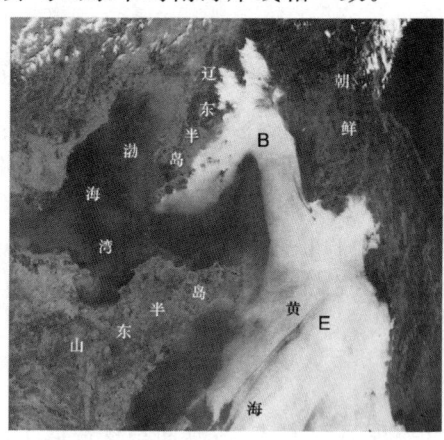

图 5.42　山东沿海黄海雾(2009-05-04)

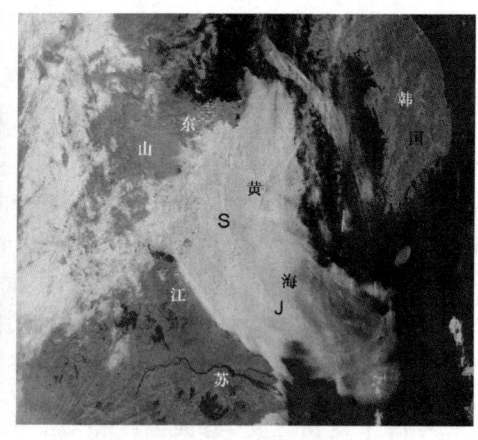

图 5.43　苏北沿岸黄海雾(2009-04-11)

5.4 卫星云图上各类云的共存及区分

卫星观测云系是大面积的,难以分析云的细微结构。有时各类云常常同时出现在一个地区,使云分析十分困难,下面就这些问题进行简要说明

5.4.1 各类云的共存分析

在许多情况下,卫星观测到的不是单独的一种云,而是多种云类共存的情况。通常有以下几种情形:

5.4.1.1 锋面气旋、高空槽云系重叠

在卫星云图上经常见到一种最上面是卷云,其下是中云(高层、高积云),最下面的低云(层云、雨层云),有时还伴有积雨云,这几种云互相重叠在一起,难以分开区别,我们把这几层相互重叠组成的云层称作多层云。多层云云层很厚,反照率大,云顶温度低,所以无论在可见光还是红外云图上,呈白色,纹理均匀。多层云与锋面、气旋和高空槽等天气系统相联,范围很广。多层云结构型式可以为带状、涡旋状、逗点状和盾状等,它所具有哪种型式主要取决于其所处的天气系统。多层云一般都具有较稳定的连续性降水。

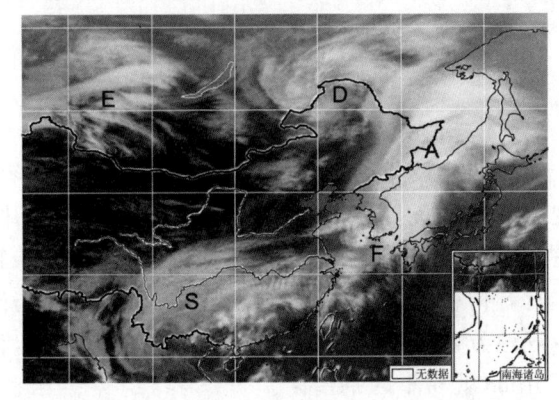

图 5.44 锋面、气旋、高空槽云系重叠(2008-05-4 12:00)

图 5.44 是红外云图,显示我国西南到东北地区上空与高空槽相联的卷云 A、S,D 处是气旋云系,F 是锋面云系,这几种云系相互联结,相互重叠,E 是新疆地区的低槽冷锋云系。

5.4.1.2 积云、浓积云、积雨云和卷云

积云、浓积云、积雨云和卷云经常同时出现。这是由于积云、浓积云、积雨云都是对流性云系,只不过是它们的强度和发展阶段的不同。当对流开始发展时形成积云、浓积云,如果对流发展很旺盛便形成积雨云和卷云,由于大气稳定度的差异和对流强度的不同,造成积云、浓积云、积雨云和卷云同时出现。

图 5.45 显示了有多种对流云同时出现的云系特征,图中 A、B 是成熟的积雨云

系,表现为云体四周有短的卷云出现。

5.4.1.3 积云和层积云

在卫星云图上,积云和层积云会同时出现。由于积云是对流相对弱的对流云,而层积云是积云进一步发展,但受到高空下沉气流的作用,抑制其发展的结果。

5.4.1.4 层积云和层云

在可见光云图上,经常可以见到层积云逐渐向层云过渡的情况,

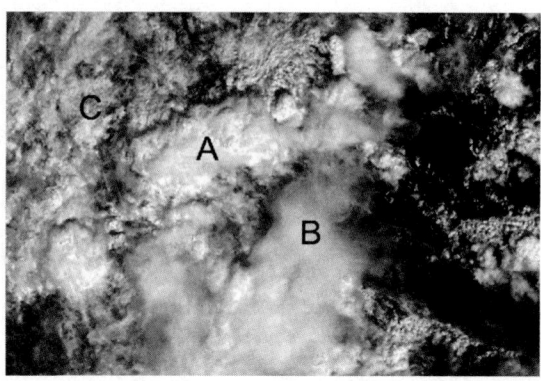

图 5.45 积云、浓积云、积雨云和卷云(2008-10-11)

也就是层积云单体越来变小,然后连成一片,呈现层云的特征。

5.4.2 卫星云图上几类云的区别

5.4.2.1 云与积雪的区分

积雪与云在可见光云图上都有表现为白色,容易将它们混淆,但是:①云随时间的变化很快,而积雪随时间的变化较慢,所以用不同时刻的卫星云图比较分析可以区分它们;②积雪分布于地表,它的型式具有与地貌特征有关的某些固有特征,如山脉地区具有树枝状结构,而云则没有;③在有水面与陆地共存的地区,如湖泊、河流、海岸线等地方,非冻结的水面上一般没有积雪堆积,而陆地上常有积雪,因此只要熟知水面分布,就易于区别雪区。

利用 $1.6\mu m$ 通道容易区分云和积雪。在近红外波段,雪的反射率随波长显著减小,而云的反射率只有很少减小,在 $1.6\mu m$ 波长处两者的反射率有明显差异,因此将可见光云图与近红外 $1.6\mu m$ 结合分析,容易区分雪和云。

5.4.2.2 单独的卷云与积雨云的区分

在红外图上,积雨云与单独的卷云都呈白色,容易混淆。但是单独的卷云通常有纤维状结构特征,而积雨云表现为块状的稠密云区,顶部则没有纤维状结构,如果出现,说明积雨云顶部也出现了卷云。

5.4.2.3 多层云与积雨云的区分

在可见光和红外云图上,多层云和积雨云都表现成白色,它们的不同之处是多层云与天气尺度系统相联,所以其范围广,尺度大,呈片状结构;积雨云是中小尺度系统,其尺度相对要小,块状特征,而且色调更白一点。

5.4.2.4 密卷云与积云、浓积云的区别

密卷云和浓积云在可见光云图上都呈白色一团,但密卷云的云顶高度一致,在红外图上都呈白色,而积云、浓积云在红外图上的色调相差较大,纹理不均匀,可见光上多皱纹。

5.4.2.5 中云与层云(雾)的区别

在可见光图上中云与层云(雾)都呈片状的白色,但是中云与高空槽、锋面、气旋相联,范围大;层云(雾)的尺度要小,而且其边界光滑整齐。

5.4.2.6 可见光云图上层积云与积雨云团的区分

在可见光图上,层积云与发展中的积云团都表现为白色的球状,但是层积云通常中间白色,向四周变暗,而积云团整个云区都很白。

5.4.3 夜间层云和雾与地表的区分

夜间层云和雾与地表的区分有以下几种方法:

(1)晴空夜间地表的一些固定参照物,如河流、湖泊、海岸线和山脉等地理目标物都较清楚,当有层云(雾)覆盖时,则没有固定地面目标物出现。

(2)利用通道之间差值的识别雾和地表特性。

图 5.46 显示利用 $CH4(10.7\mu m) - CH2(3.7\mu m)$ 的差值区分层云和雾区,左图分别是 $CH4(10.7\mu m)$ 和 $CH2(3.7\mu m)$ 亮度温度分布,右图分别是 $CH4(10.7\mu m)$、$CH2(3.7\mu m)$ 和 $CH4(10.7\mu m) - CH2(3.7\mu m)$ 的图像,可以看出在 $CH4(10.7\mu m) - CH2(3.7\mu m)$ 的图像上雾的表现十分清楚。

5.5 地表特征分析

为分析地形对云系分布和发生发展的影响,必须识别和熟悉各地区的地表特点。地表特征的识别一方面有助于定位,有助于分析地形对云的分布作用。另一方面地表特征分析对于洪涝、干旱灾害预报、环境监测、农业、林业、海洋、地理和地质等学科提供有价值的情报资料。

5.5.1 陆地地表特征分析

5.5.1.1 可见光云图上陆地表面特征

在可见光云图上,地表的色调取决于地表的反照率和太阳高度角,其中太阳高度角可以通过太阳高度角订正消除。这样地表的色调主要取决于反照率,而反照率又与土壤湿度、粗糙度、土壤类型及粒子大小和覆盖于地表上的植被等。通常土壤湿度

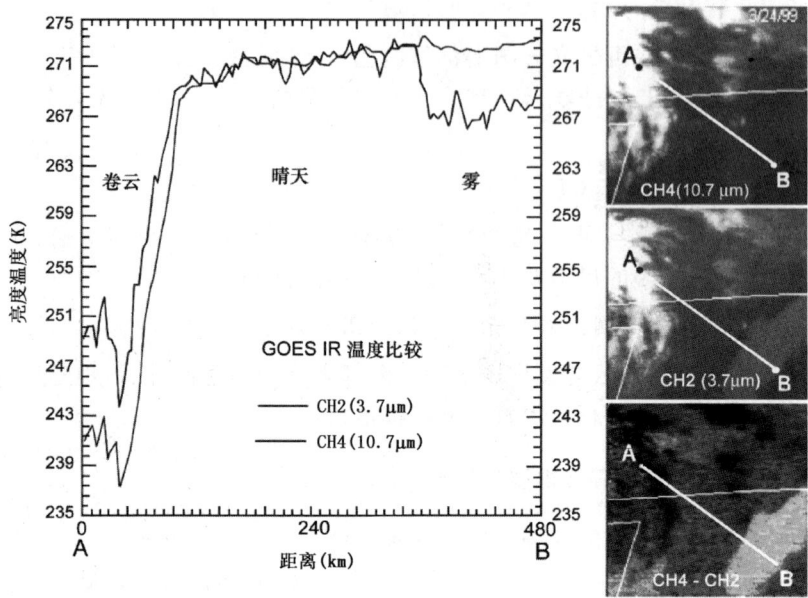

图 5.46 CH4(10.7μm)－CH2(3.7μm)通道差值识别雾区

越大,反照率越小;土壤粒子越大,反照率越小;有植被覆盖的地区,比无植被的反照率要小,植被越茂密,反照率越小。

地表的色调随季节而变,如在夏季植被最茂盛,春秋次之,冬季植被的枝叶最稀少,所以地表色调受植被的影响在夏季最大,冬季最小。对中国大部分地区,夏季普遍降雨,地表受降水的影响最大,冬季降水较少,地表色调受降水影响较小。在春秋季节里,地表色调受地下水和植被的影响比较大。

另外,在一般情况下,陆地表面呈现淡灰到深灰色。陆地表面是由不同类型的覆盖物所组成,这些覆盖物表现的色调也不同,其中:①耕田、草地和牧场为中等程度的灰色;②有森林覆盖的地表或潮湿地区呈现深灰色;③沙漠、干旱等干燥地区,植被稀少和红或黄土壤地区,反射作用很强,表现为浅灰到灰白色;④小而薄卷云和晴天积云的地表,呈灰白色;⑤干燥的盐湖、冰冻的湖泊和河流,色调很白,与云的色调相同,两者容易相混。

5.5.1.2 红外云图上的地表特征

在红外云图上,陆面的色调决定于地表的温度分布,地表温度不同,其色调也不同,地表温度越高,色调越暗,否则其越浅。一般而言,目标物间的温度差异越大,目标物边界处的温度梯度很陡,则越容易区别它们。如山脉、河流、湖泊、海岸线等目标物在红外云图上都有清楚的表现。由于地表的温度随纬度、季节和昼夜变化,陆面的色调也随之变化。例如在夏季白天或寒冬季节,海陆间的温度差异最大,海岸线最清楚;在夏季晚间,由于陆地冷却较快,海陆间温度差减小,这时海岸线往往不很清楚。

一般地说,高的山脉山顶与邻近地面、山脉坡度很陡的地方以及河谷地带有很大的温度梯度,山脉的特征十分清楚。如我国的一些主要山脉:喜马拉雅山、天山、昆仑山、横断山脉、大别山等在红外云图上很容易识别出来。

5.5.1.3 我国某些地区地表特征

(1)长江下游地表特征:如图5.47中,夏季平原地区为农作物覆盖,呈较深的灰色,山脉地区由于森林覆盖,天目山、黄山、大别山等山脉呈暗黑的色调,在夏季,这些山脉地表对云的发展有重要影响,在有山脉的地方对流云系十分活跃,而长江、太湖和黄海、杭州湾等水体较混浊,混浊水的反照率比清水高,呈现浅灰色,夏季水面的温度低于陆地,抑制对流云系的发生和发展,呈现一片无云区。

图 5.47 长江下游地区地表特征(2007-01-08)

(2)秦岭—渭水流域地貌特征:
如图5.48,秦岭、子午岭、黄龙山等山脉地区因稠密的植被覆盖,反照率很低,呈暗黑色,渭河平原地区植被不如秦岭山脉稠密,且大气中出现霾呈灰色。黄土高原土壤干燥,反照率较湿地高,呈现浅灰色。

 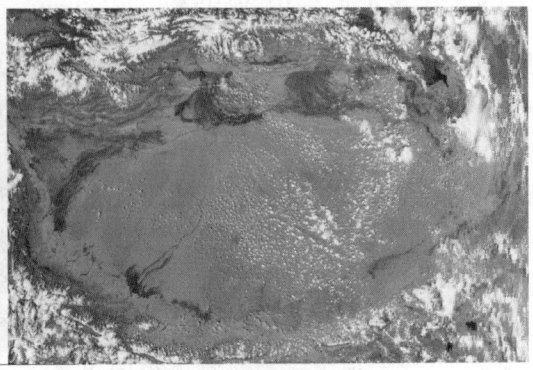

图 5.48 秦岭-渭水流域地貌(2007-11-08)　　图 5.49 塔里木盆地地貌(2007-07-11)

(3)塔里木盆地:如图 5.49,在可见光图上由沙漠覆盖的反照率较高,呈浅灰色,四周暗色区是沙漠绿洲,沙漠东部分布的白色颗粒是积云和浓积云,盆地北侧白色枝状结构是天山脉的积雪。

(4)青藏高原地貌,图 5.50 青藏高原的重要特点是最南面的喜马拉雅山山脉基本上终年有积雪表现,高原中部地区分布有呈现黑色大小不等的湖泊,由于青藏高原热惯量小,受太阳照射后升温快,导致高原地区的热力不稳定,所以从春季开始青藏高原上就有对流云出现,对大气环流产生影响,青藏高原是改变云分布的重要地形。

图 5.50 青藏高原地形

5.6 风沙、浮尘、沙尘暴和烟雾

5.6.1 风沙、浮尘、沙尘暴

利用卫星云图研究风沙地貌有许多优点,尤其是人迹难以到达的沙漠中心地区。活动的风沙具有很高的反照率,其色调很浅;而相对稳定,又分布有植被的风沙地区,则具有较暗的色调;沙丘中的暗斑,可能是接近地下水位的地面,那里有植被生长,植被稀疏的程度,指示了地面风沙的活动性。用不同时刻的卫星图片作对比分析可以估计风沙的移速、移向,根据色调差异可以判断砂粒的粗细及其成分。

沙尘现象包括扬沙、沙尘(暴)、浮尘等,当瞬时风沙≥25m/s,最小能见度≤50m的特大沙暴称之为黑风暴。近年来,由于环境的恶化,沙尘暴的活动越来越多,强度越来越大,已经成为一种影响人类的灾害,因此对浮尘和沙尘暴的监视具有重要意义。用可见光云图可以分析浮尘和沙尘暴的起源和移动,影响的范围和强度。在出现浮尘和沙尘暴的地方,呈现边界模糊和较浅的色调,色调越浅,大气中的浮尘和沙粒浓度越大,沙尘暴越强烈,地面能见度越差。通常浮尘的强度较小,色调不如沙尘暴那么白。卫星观测表明,我国的浮尘和沙尘暴起源于西北沙漠和黄土高原地区,在冬春季节,当一次冷锋过境,伴随着地面大风,强冷空气入侵到干而暖的裸露土地上空,便引起大气不稳定,通过近地面的湍流交换,将干燥地表面处的细砂和黄土刮到空中,形成浮尘和沙尘暴。浮尘和沙尘暴一旦形成,便随高空气流吹送到很遥远的地方。我国西北地区形成的浮尘和沙尘暴不仅可以影响长江以北的广大地区,还可以远涉重洋影响日本,甚至太平洋中部的檀香山地区。

由卫星云图可以计算出沙暴影响的范围和面积、沙尘暴影响的高度、沙尘暴的浓度、沙尘暴的输送速度、强度和范围。

塔里木盆地气候干燥,本身又是沙漠覆盖,因此该地区是我国沙尘暴频繁发生的地区。图 5.51a 显示了新疆塔里木盆地内的一次中度沙尘暴天气,从图中看到,盆地中部沙尘暴从东北向西南方向推进,沙尘暴前边界表现成弧状(如图中箭头所示),沙尘表现为较浅的棕黄色。

图 5.51b 显示了塔里木盆地一次重度沙尘暴天气,图中沙尘覆盖了整个盆地区域,地面特征已经不清楚,盆地北有白色的云出现。

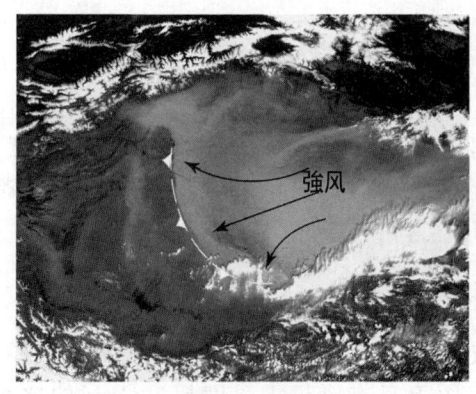 

图 5.51a 塔里木盆地中度沙尘　　图 5.51b 塔里木盆地一次重度沙尘暴天气
　　　　(2008-05-03)　　　　　　　　　　　　(2003-04-17)

5.6.2　烟雾、林火

5.6.2.1　华北到江淮地区烟雾

每年夏收季节,由于小麦秸杆的燃烧发出大量的烟雾,图 5.52 中密集小点是燃烧点,弥漫的灰色烟雾覆盖从华北到江淮大地,给该地区环境造成严重的污染。

5.6.2.2 贝加尔湖东南山地林火

图 5.53 显示贝加尔湖东南山地林火,在偏北气流作用下,这一股股浓烈的烟雾呈亮灰色羽状向南方伸展,进入我国黑龙江大部地区,其范围之广,浓度之大是很少见到的,对我国大气造成严重的污染。

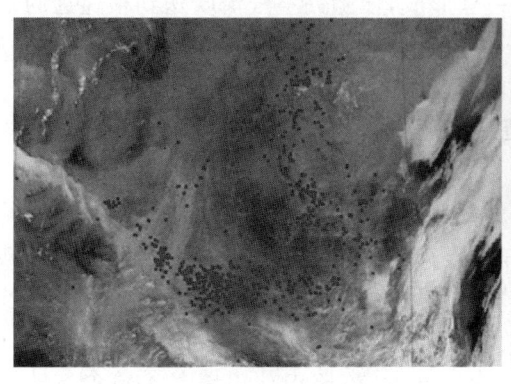 

图 5.52 江淮地区烟雾(2007-06-05)　　图 5.53 贝加尔湖东南山地林火(2007-06-05)

5.7 陆地冰雪覆盖区

冰雪覆盖在气候过程和天气预报中起重要作用。它影响着地表和空气温度、大气环流模式、风暴路径、云量、地面反照率、蒸发、降水、蓄洪和土壤湿度以及能源需求、运输系统、食品供应和冬季娱乐活动。

5.7.1 可见光云图上冰雪覆盖区的识别

冰雪覆盖区在可见光云图上表现为灰白到白色不等,这决定于冰雪覆盖的厚度,冰雪厚度越厚,色调越白。但是,在卫星云图上只有对积雪深度超过 3cm 的冰雪覆盖区才能清楚地表现出来。

地貌和植被覆盖是确定冰雪覆盖区形状的两个重要因子,在有雪覆盖的草原或森林地区,若积雪相等,则前者更白一些;在有雪覆盖的山脉,常表现出树枝状的外形,其明亮区域是山脊,树枝状的黑线是山谷。由于地球各地区的地貌和植被覆盖不同,所以积雪覆盖区都有它自己特有的形状,如喜马拉雅山积雪分布不仅有树枝状的结构,而且呈东西向的弧状,终年不消,是从云图上识别青藏高原的极好参照物;横断山脉积雪呈南北走向,其间河谷和山脊都十分清楚;天山和祁连山和兴安岭等地区的山地积雪特征为冬半年积雪区明显扩大,积雪深度加大,夏半年积雪区明显缩小,积雪都表现有与地形有关的特殊形状。在平原地区,积雪的色调均匀,呈白色,与山地积雪不同的是积雪时间与纬度有关,纬度越低,积雪时间越短,由于这原因,平原地区的积雪与云的区分的难度加大。

当积雪面上有云时,两者的色调差异较小,难以区别开来。这时可以用不同时刻的云图区分,因云随时间变化较雪快;另外可以用 $1.6\mu m$ 通道区别,在这一波段,云和雪有明显不同。

5.7.1.1 东北平原和内蒙古地区积雪

图 5.54 显示了东北地区积雪分布特征,积雪分布与当地地形有着十分密切的关系,大兴安岭植被覆盖,积雪相对于东部东北平原和蒙古高原要少,东北的这种积雪特征,几乎每年保持不变。

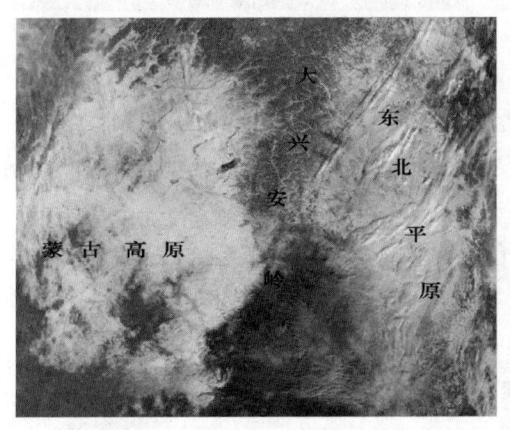 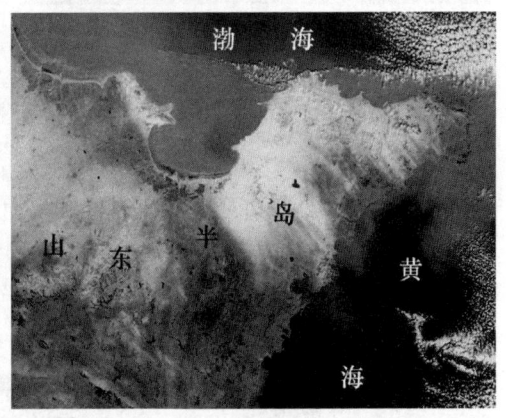

图 5.54　东北地区积雪(2005-05-30)　　　图 5.55　山东半岛积雪(2005-01-01)

5.7.1.2 山东半岛积雪

图 5.55 中显示了山东半岛东部出现的积雪,每年冬天,一次强冷空气侵入渤海湾,产生由积云和浓积云组成的积云线,这些云线随西北气流通过山东半岛东半部,产生暴雪天气,这种积雪仅出现于山东半岛的东半部。

5.7.1.3 华北和苏北平原积雪

图 5.56 显示华北平原西部太行山东部地区的积雪分布,由于城市和城镇的温度相对周边农田的温度高,图中表现为暗区(点)。

图 5.57 显示山东南部和苏北地区大范围积雪分布,在苏北平原地区积雪分布均匀,由于冬季水面温度相对陆地较高和雪进入水中溶化,积雪区中的河流和湖泊表现十分清楚。

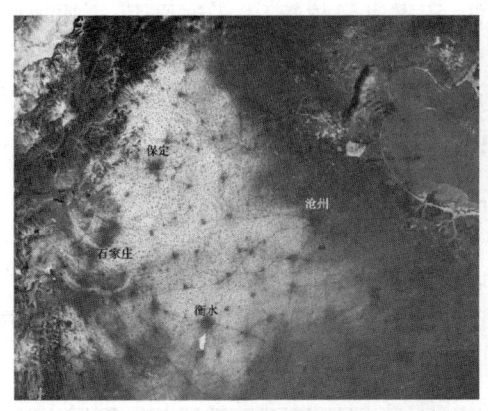 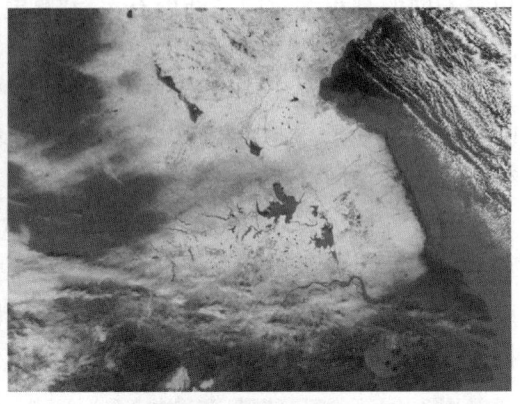

图 5.56　华北平原积雪(2005-01-15)　　图 5.57　鲁南苏北地区积雪(2006-02-04)

5.7.1.4　天山地区和塔里木盆地周边积雪

图 5.58 显示天山地区积雪分布,积雪与天山走向相一致,山地中积雪的枝状结构清楚,天山以北是准噶尔盆地,其东部有积雪,表现为均匀的色调。

图 5.59 显示在塔里木盆地周边的白色积雪分布区,对于塔克拉马干大沙漠,积雪主要分布在盆地周围,北侧多于南边,盆地中央积雪很少,图中天山和准噶尔盆地为浓厚的积雪覆盖。

 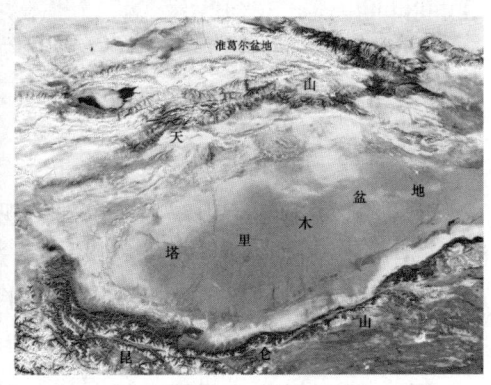

图 5.58　天山地区积雪(2007-03-01)　　图 5.59　塔里木盆地周边积雪(2003-01-02)

5.7.1.5　唐古拉山脉积雪

图 5.60 显示了青藏高原东南部地区唐古拉山脉的积雪,树枝状结构清楚,东连横断山脉、西连接喜马拉雅山地积雪区。

图 5.60　唐古拉山脉积雪(2008-01-03)

5.7.2　红外云图上冰雪覆盖区的识别

在红外云图上，有雪覆盖的地区的色调比四周地区更白一些。积雪区的亮度决定于积雪区内是否有植被、植被的种类以及有多少植被为积雪所覆盖。如果积雪很浅，那么在可见光云图上容易看出，在红外云图上不容易看出，这因为雪面与四周地表的色调相差很小，而雪面的反照率比无雪的地表要大许多。山脉积雪在红外云图上也呈树枝状的结构。

在有强逆温的情况下，云的温度可比有雪覆盖的表面要暖一些，色调可比雪区暗一些。有时云的温度与积雪区的温度一样或低一些，这时云和雪的亮度相等或云更亮一些，这时云与雪就不容易区分。

5.7.3　海冰

5.7.3.1　海冰特征

由于海冰改变了部分地区的表面反照率，所以它是影响极地区域热量收支的一个重要因子，也是影响海气交换的重要因子。另外海冰间水道也是热量交换的重要方面，据估计，从冰间水道流入大气的热量比周围冰区流入大气的热量要大 100 倍；此外海冰对人类在海上活动有严重影响，固定冰盖可阻止海上航行，造成航海事故。

在卫星云图上，可以识别各种流冰、冰间水路、冰裂缝、冰上湖泊、水溶洞及其浸水冰，可以观测到冰的形成、持续时间用其消融情况。

海冰在可见光云图上呈灰到灰白色，比陆地和水面的色调浅得多，其边界清楚，呈块状结构。由于海冰与云的色调相近，较难区分，但按以下几点仔细分析，仍可区分开。

（1）冰的明亮程度一般比云更为均匀,有时透过薄的云层也可以见到冰间水道和裂缝,并用于辨认冰。

（2）云的边界大多是逐渐过渡的,而浮冰的边界是截然分明的。

（3）冰的结构型式是呈块状,而云就不一定。

5.7.3.2 渤海湾海冰

在冬春季节,我国渤海湾沿海岸地区都有不同程度的冰冻现象发生,其分布特点如下:辽东海湾冰最多,湾底有固定冰,其他都是流冰,其色调均匀,说明冰面较为平稳,有条纹处说明冰有重叠,斑迹处说明海冰有堆积。辽东半岛沿海只有流冰,冰面较破碎,冰区中有水域。黄河口附近等浅滩处有固定冰带,秦皇岛、渤海湾沿海岸也有流冰,冰面较为平整,莱州湾也有少量固定冰,但较薄。

图 5.61 显示了辽东湾的冰冻状况,由于海面盛行偏西气流,受风的驱动,海冰主要集中于海湾的东部,海冰表现为固定冰 B 和浮冰 C,浮冰 C 表现为块状,出现于冰区 B 的西侧,辽东湾西部冰较少。

图 5.62 显示渤海湾西岸冰冻状况,表现为沿海岸上白色的冰带,在海岸上凹的地方,海冰范围较大,海岸上凸出的地方,海冰较少,远离海岸上处海冰就很少。如果港口建在海岸凸出地方,受海冰影响就小。

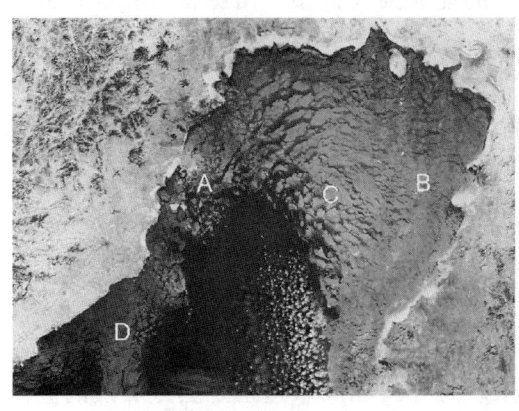 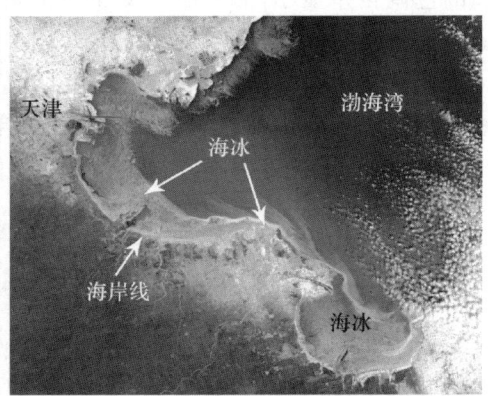

图 5.61 辽东湾冰冻(2010-01-05)　　图 5.62 渤海湾海冰(2010-01-13)

5.7.4 太阳耀斑区

在可见光云图上,水面一般呈黑色。但是当太阳光从水面单向反射至卫星仪器内,则其在卫星云图上表现一片色调较浅的明亮区域,这区域称作**太阳耀斑区**。在卫星云图上识别太阳耀斑区要注意以下几点：

(1) 太阳耀斑只出现在可见光云图上的水面区域。

(2) 如果水面平静,则太阳耀斑区小而明亮;如果水面上有风浪,则太阳耀斑区的范围大而色调较暗。

(3) 如果是上午的云图,则太阳耀斑区出现在星下点东面一侧;如果是下午的云图,则与上刚好相反。

(4) 如果太阳耀斑出现于水陆并存的区域,则陆地为较暗黑的色调,水面则特别明亮。明亮的太阳耀斑有时会与云相混,所以分析时要注意。

图 5.63 显示台湾海峡地区出现的太阳耀斑区 S,表现为十分明亮的白色,表示该处海面风速很小。亮区两侧出现暗黑区 D,表示地面高压脊线穿过太阳耀斑区。

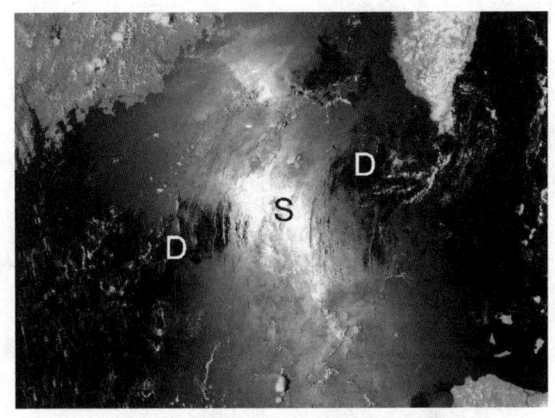

图 5.63　台湾海峡太阳耀斑区(2007-08-02)

本章要点

1. 各通道云图的基本特征,它们间的优点和缺点。
2. 如何利用各通道云图进行多光谱分析。
3. 识别云的主要判据。
4. 各种云的主要特征。

问题与思考题

一、术语

可见光云图,近红外云图,短波红外云图,水汽图,分裂窗,增强红外云图,结构型式,边界形状,范围大小,色调,纹理,暗影,卷云砧。

二、问题

1. 拿到一张卫星云图后如何进行分析?

2. 在图 5.1 上,回答 VIS 云图上的色调决定于哪些因素? 在可见光图上什么物像最暗黑,什么物像最白? 可见光云图有些什么特点?

3. NIR 图与 VIS 图之间有什么差别? $1.6\mu m$ 和 $2.1\mu m$ 云图有什么作用? 在图 5.3 中,卷云随波长是如何变化的?

4. 短波红外云图取的波长一般是多少？它接收的主要是哪两种辐射体的辐射？其色调主要取决于那些因素？

5. IR 云图上的色调决定于哪些因素？短波红外和长波红外云图的差异在哪里？

6. 由 IR 云图推断云顶温度（高度）要考虑哪几个因素？这几个因素对估计云顶温度有什么影响？

7. 为什么红外波段 $10.5 \sim 12.5 \mu m$ 要分成两个波长通道：$10.5 \sim 11.3 \mu m$ 和 $10.5 \sim 12.5 \mu m$？目的是什么？根据图 5.7 说明 $10.5 \sim 11.3 \mu m$ 和 $10.5 \sim 12.5 \mu m$ 两通道间的差异？

8. 大气对红外辐的射吸收主要取决于什么因素？

9. 如果卷云下面出现中低云时，卷云表现为什么色调？

10. 水汽图像的色调与什么有关？它有哪些特点？6.2、6.9、$7.3 \mu m$ 水汽图有什么不同？

11. 水汽的权重函数有什么特点？权重函数峰值高度与什么有关？

12. 水汽图上的型式与哪个高度上的大气环流有关？

13. 水汽图的主要作用是什么？

14. 识别卫星云图的判据有哪些？每个判据有什么意义？

15. 卷状云有哪些特点？它分成几种类型？薄卷云在红外云图是如何表现的？冬季高纬地区薄卷云在 IR 上是如何识别的？大气逆温时薄卷云有什么表现？

16. 晴天的卷状云在可见光图上呈什么色调？为什么？

17. 积雨云有什么特点？初生积雨云和成熟积雨云及消散积雨云在云图上有什么表现？

18. 中云在卫星云图上有哪些主要特点？一般只要掌握哪两个判据就可以认定为是积云、浓积云？中云的最大的特点是什么？

19. 积云、浓积云主要是由于什么引起的？

20. 层积云的特点有哪些？它常出现在高压的什么地方？

21. 层云（雾）在云图上有哪些表现？层云（雾）一般出现在什么情况下？如何用云图监视雾的生消？它出现在什么天气系统内？

22. VIS 云图上最难识别的是什么云？IR 云图上最难识别的是什么云？哪些云相互容易混淆，如何区分它们？

23. 将 VIS 和 IR 云图结合识别云有哪些优越性？

24. 积雪在云图上有哪些特征？

25. 沙尘暴是什么原因引起的，在云图上有哪些特征？

26. 海冰有哪些重要特征？

27. 影响 VIS 云图上地表特征的有哪些因素？$0.64 \mu m$ 和 $0.86 \mu m$ 在地表特点

有哪些区别？

28. 积雪在云图上有哪些表现？平原、森林、山地积雪有什么特征？如何区分云和积雪？如何利用卫星资料检测雪盖面积、雪盖深度和融雪状况？

29. 如何利用卫星资料监测浮尘和风沙的起源、影响范围和浓度？

30. 海冰在云图上有些什么表现？

31. 什么是太阳耀斑？它与哪些因素有关？

第6章　卫星图像大尺度和局地云系分析

在卫星云图上可以识别不同类型的云，同时由于卫星的大范围观测和高的时间、空间分辨率，由卫星云图可以获得云的大范围分布状况。云的大范围分布表现为一定的结构型式，这些特定的结构型式与一定的天气系统和大气物理过程相联系。因此，识别云的大范围分布有助于天气系统的分析预报和对大气物理过程的理解。

6.1　带状和涡旋云系

6.1.1　带状云系

这是指一条大体上连续、具有明显长轴、长宽之比至少为 4∶1 的云系。如果云系的长宽之比小于 4∶1，则该云系称之为云区。

如果带状云系的宽度大于一个纬距，称为云带；若带状云系的宽度小于 1 个纬距，称为云线。

在卫星云图上，冷锋、锢囚锋、静止锋、切变线、热带辐合带和急流等天气系统表现为带状云系。在天气尺度云系中可见到一条条卷云纹线，如果高空风速很大，卷云常表现为卷云线，一般地高空风越大，卷云线越长；由静止卫星云图，根据卷云的移动可以估算高空风向和风速；另一种是积云线，当低空风很强时，积云就沿风方向排列，形成积云线，它与低空热成风方向一致，因而如果风随高度变化很小，由积云线可以估计低空风向。

此外与变形场相关联的云系，受气流的拉伸也表现为云带，而暖锋云系则常表现为云区。冬季我国南方地区常出现大范围宽广的静止锋云系。在图 6.1 上，冷锋 A—B 表现为一条气旋性弯曲、长宽之比至少为 4∶1，宽度大于 1 个纬距的

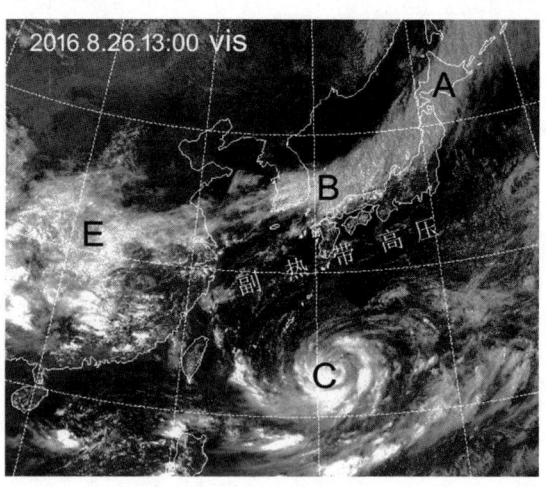

图 6.1　带状云系和涡旋云系

云带,E 是长宽之比近似为 1 的我国中部地区云区,C 是西太平洋上数条云带(线)围绕一个中心的涡旋云系。

6.1.1 涡旋云系

涡旋云系是指一条或几条云带或云线以螺旋形式旋向一个共同的中心的云系,它与大气中的气旋性(正)涡度相联系,识别这种云系可以定出低压扰动中心的位置和强度。有时涡旋云系表现为一片密蔽的圆形云区,涡旋中心就是云区的几何中心。

在卫星云图上,高空冷涡、温带气旋、西南涡、热带低压、台风等都表现为涡旋云系,一些中小尺度天气系统也表现为涡旋云系,根据涡旋中心位置可以确定天气系统的位置,从而确定天气系统的移动方向和速度,对于监视和预报天气系统有重要意义。

6.2 逗点云系

6.2.1 逗点云系的形成和组成

在卫星云图上有一种形如标点符号中","的云系,这种云系称逗点云系,它是涡旋云系的一种。如图 6.2,它的形成可以解释为大气闭合环流叠加于一云区,由于闭合环流的作用,在环流中心之南(晴空区)偏西气流侵入区,而在环流中心以北,云随气流由云区向西平流,最后形成逗点状云系,这时低压中心与最大正涡度中心重合。如果逗点云系是移动的,则云系发生变形,涡度中心偏于低压中心的前方。

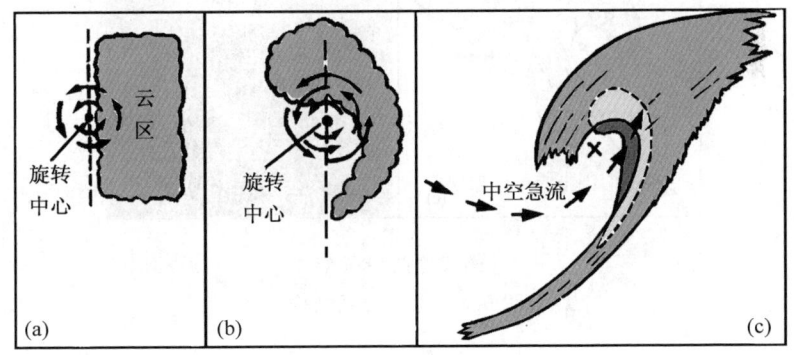

图 6.2 逗点云系的形成

对于逗点云发展的不同阶段,型式也不同,如图 6.3 所示,它可以分成下面三种情况:

(1)对于一个初生的逗号点云系(图6.3a)由"S"形的后边界、头部(H)、尾部(B)和干舌区(F)组成。

(2)对于一个发展着的逗点云,则有一个宽的凸起的头部,尖的尾部云带,和涡旋中心处表现一个尖点;

(3)对于一个成熟的逗点云(图6.3b),表现成一个大尺度的逗点云,由涡度逗点云、斜压叶云系和变形场云带三部分组成(图6.4a,b,c)。其中:①变形场云系C处在逗点云系的头部变形场区内,以卷状云为主,向冷区凸起;②斜压(大气密度依赖于气压p和温度T的大气,即$\rho=\rho(T,p)$,大气中等温线密集的锋区相联)叶云系A以层状云为主,顶部为卷层云,位于变形场云系南部,与冷锋和暖锋锋区强斜压区相对应;③涡度逗点云系B处于高空槽前正涡度平流区($-v \cdot \nabla \xi$),以对流性中低云为主,降水为阵性,通常涡度逗点云隐藏在斜压叶状云的下面。

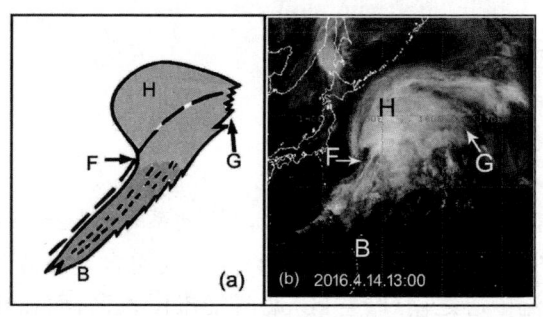

(a)初生阶段云型

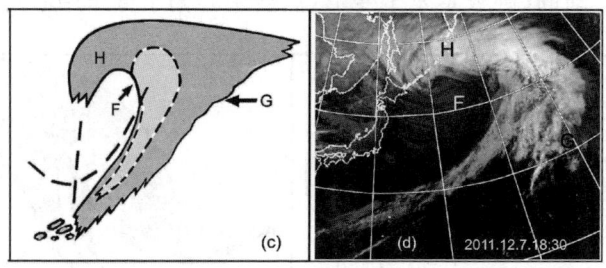

(b)成熟阶段云型

图6.3 逗点云系结构

6.2.2 逗点云系与高空气流

逗点云系与高空气流的关系如图6.5所示:①在图中,云系涡旋中心与环流中心重合,"×"是正涡度中心位置,处于云系涡旋中心东南侧;②在逗点云系头部D2是

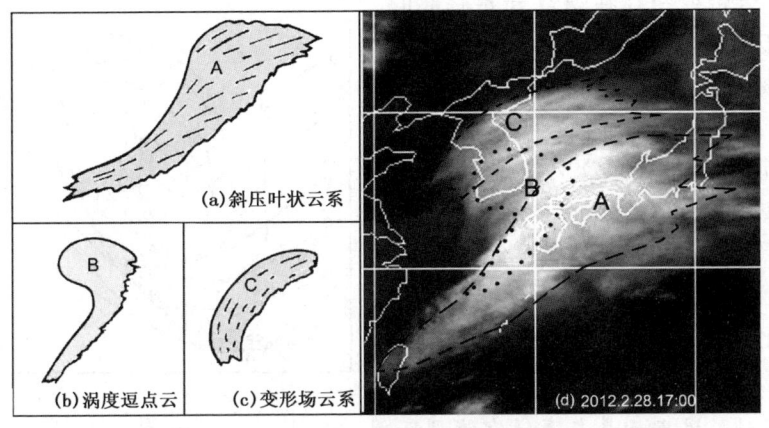

图 6.4 一个成熟的逗点云系组成的各部分云型

变形场区,表现为一支环绕涡旋中心气旋式旋转和向东经过脊区反气旋式的两支气流;③逗点云系尾部云带与高空槽前西南气流相一致;云带后部晴空区大部为下沉的西北气流。

6.2.3 逗点云系与地面气流

逗点云与低层气流的关系如图 6.5 中的虚线所示,可见:①低空的低压环流中心与云系的涡旋中心重合;②逗点云云带尾部与低空变形场气流 D1 相配合,在虚线呈反气旋弯曲的后部对应的是地面冷高压;在变形场区 D1 的中心处靠冷区一侧为气流水平辐散区,气流辐散使该处云系逐步减少,而在其两端处的云系加强。

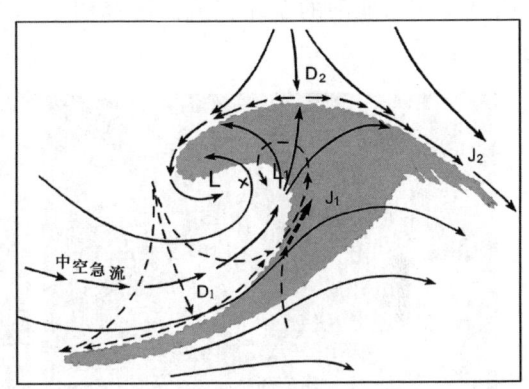

图 6.5 逗点云系与高低空流场

6.2.4 逗点云系与涡度场

逗点云系又称最大正涡度平流云系,在图 6.6 中,"×"是正涡度中心位置,在涡度逗点云 B 处,等高线与涡度等值线间有大的交角,为强的正涡度平流区,相伴随的是强的上升运动和云系十分稠密。图中粗实线是涡度平流零线,是最大正涡度平流的边界,在这之南,涡度等值线与等高线平行,是切变涡度区,该处是逗点云带,上升运动变弱,云带变窄。在逗点云系后部的大片无云区,等高线与涡度等值线也有明显交角,该处是负涡度平流区,为下沉运动区。

高空正涡度平流的大小与涡度的梯度和风向、风速有关。涡度梯度越大、风向与涡度等值线间交角越大、风速越大,则正涡度平流就越大,高空急流轴处风速最大,因此,逗号点云中最大正涡度平流与急流的位置相关。

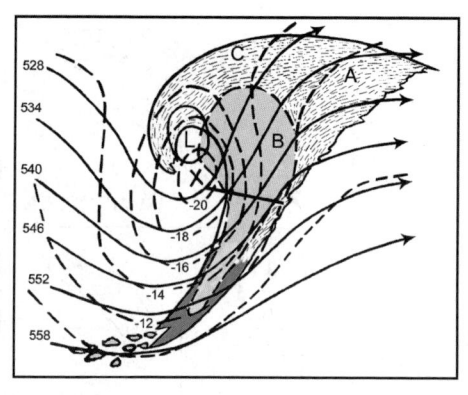

图 6.6　逗点云型与涡度场分布

6.2.4.1　逗点云系与高低空流型实例

图 6.7 显示了逗点云系与地面气压场间的配置关系,图中的螺旋云系区是与低压 D 相联,高压中心位我国华北地区,处于逗点云涡旋云的西侧,高压的东南象限 B 为闭合细胞状云系,O 为低压 D 南侧的开口细胞状云系。构成逗点云的 E—F 云带处于地面气流的辐合区内,云系稠密;E 处位于地面辐散区内,以低云系为主,N 处于地面高压东南象限的东北气流与冷锋前方西南气流的辐合区内,表现为一个个白亮的对流云系。

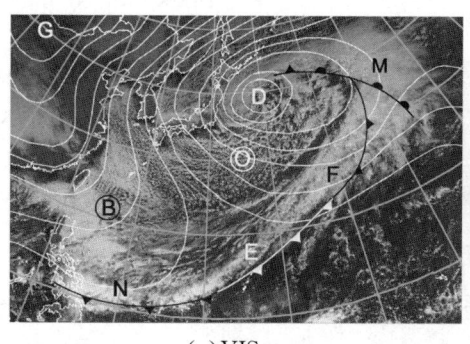　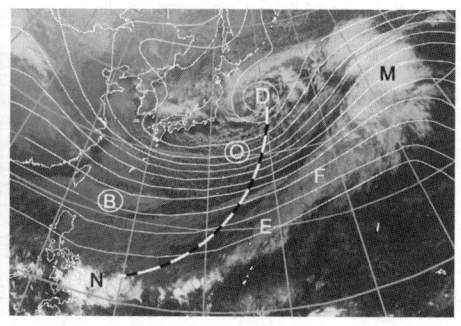

(a)VIS　　　　　　　　　　　　(b)IR

图 6.7　高、低空风场与逗点云系(2011-01-01 10:00)

6.2.4.2　逗点云系与涡度场实例

图 6.8 显示发展中逗点云系与涡度分布间关系,图中细实线是 500hPa 正涡度等值线,虚线是 500hPa 负涡度等值线,粗白线是 500hPa 等高线。A 中显示了逗点云系处于的涡度分布,可见到白亮云区与涡度等值线密集区相重叠,由于正涡度平流与涡度梯度成正比,在涡度等值线密集区云系最白亮,即上升运动强烈,表明该云区发展加强。

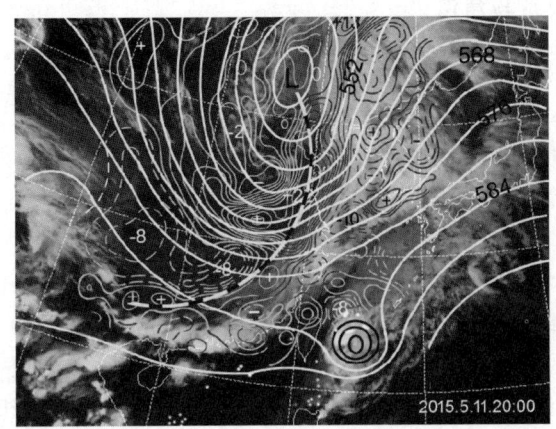

图 6.8　发展逗点云系与 500hPa 涡度、等高线和槽线间的配置关系

图 6.9 显示一个成熟的逗点云与涡度间的关系,可见到在槽后出现负涡度区,伴随逗点云系后部的干冷空气入侵到槽前其前方形成负涡度平流,形成一片晴空区,而 500hPa 正涡度等值线密集区位于云带的后方区域,如果风向与涡度等值线密集区有大的交角,说明该涡度等值线密集区有明显的正涡度平流,该处未来会有云系发展。若云带上出现正涡度区处云系将减弱消散,此处应为负涡度平流区。

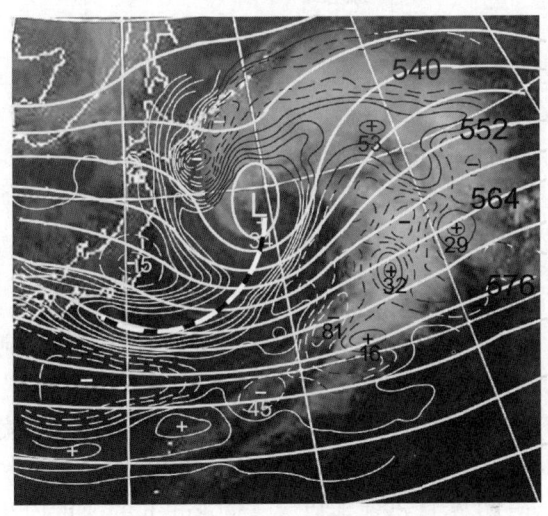

图 6.9　成熟逗点云系与 500hPa 涡度、等高线和槽线间的配置关系

6.2.5 逗点云系与急流

逗点云区中的急流分布与逗点云系的关系有以下两种情况：

(1) A类逗点云系(也称A型气旋)，如图6.10a中所示，急流表现为与盾状卷云区相联，它以反气旋方式穿过逗点云区，在急流轴的南侧为冷的稠密卷云区，急流轴北侧(向极)为中低云区的暖云顶；急流轴先穿过舌区曲率最大处后沿盾状云北界通过云区。

(2) B类逗点云系(也称B型气旋)：急流不穿过逗点云区，急流轴分成两段：其中J_1段处在云区后部的干区中，J_2处于逗点云头部边界处，从逗点状云的头部到尾部为连续的卷云覆盖区，云区中没有强风轴出现。进一步B类逗点云系还分两种情况，一种是如图6.10b中，逗点云处发展的初期，云的后界不出现暗的中低云区；另一种如图6.10c所示，B类逗点云加强发展，其云后部的急流侵入到云区，云区后界处出现暗的中低云区。

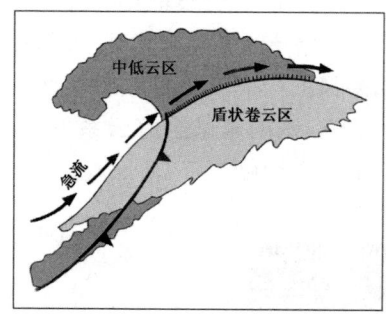 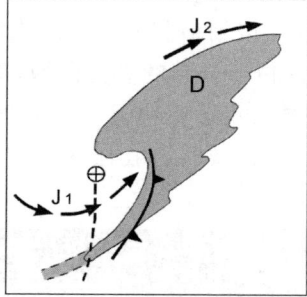 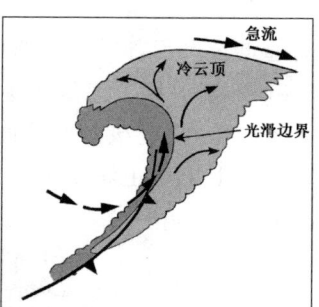

(a) A类逗点云与急流间关系　(b) B类逗点云与急流间关系　(c) B类逗号点云系与急流间关系

图6.10　逗点云与急流间关系

6.2.6 逗点云系与湍流

逗点云系常与中、高空的湍流有关，据观测分析，湍流与逗点云系的关系如图6.11所示，在图6.11a中，(1)尖点A处出现弱到中等程度的湍流；(2)干舌B处是由于干冷下沉气流的加强出现的湍流；(3)当逗点云尾部C处有正在变干的西北气流侵入或出现横向卷云带，弱而细的卷云带表示弱到中度的湍流，宽厚的卷云带表示有强的湍流出现；(4)对于B类逗点云区中盾状云系D处，当红外图上边界变得更清楚，或出现横向云带，云边界D迅速地以大于40km/h的速度向晴空区移动将会发生湍流；(5)在A类逗点云系中(图6.11b)，湍流发生于逗点云头部C的前方F斜压叶云F靠极一侧，在这种情形下，逗点头部C紧挨斜压叶云F，急流平行于斜压叶状云

F北边界。当在X点附近出现横向波状云,水汽图上正在变暗的区域,有显著反气旋弯曲的地方,则有强的湍流出现。

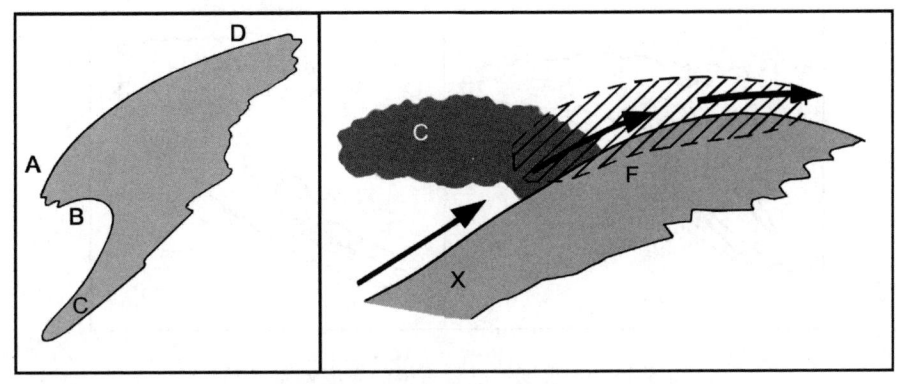

图 6.11 逗点云系中的湍流区

小尺度逗点云系常是冷锋后的短波涡度性云系,它对锋面作用可产生波动或合并,图 6.12 显示了小逗点云系形成的三种方式。

① 经典逗点云系发展:表现为云系移入上升运动或正涡度平流区后发展成完好的逗点云系。

② 最初云系表现带状或团状,并不具有逗点云型,当它移入低空条件有利(暖湿)的发展地方,云系中出现对流,并发展为逗点云系。

③ 开始由于对流层上部水汽较差,并没有云系出现,有时呈云线,但当短波槽云系移到低层暖湿空气上方,在不稳定的正涡度平流区出现对流云,并相互合并发展为逗点云。

小尺度逗点云系相对于大尺度云系表现有两种:① 图 6.13a 中,在小的短波槽与气旋后的主槽相交的地方,形成小尺度逗点云系,并随气旋一起东移,这在降水上表现为当锋面降水之后又出现一片降

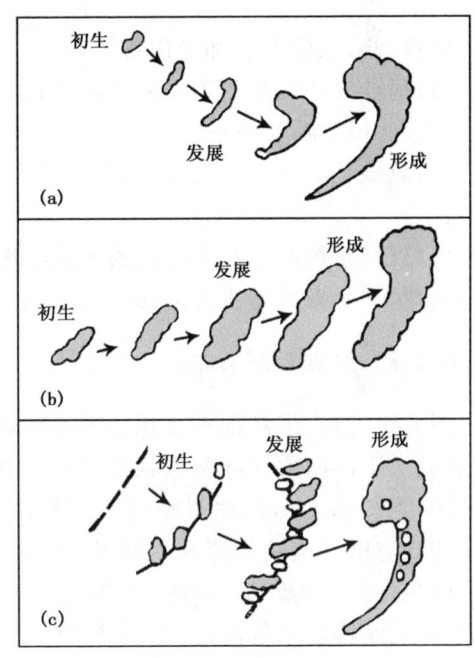

图 6.12 小逗点云系形成模式

水区;②如图6.13b中,最大正涡度平流区通过逗点气旋尾部云带,正涡度平流的地方出现气旋波,呈现"S"带的后边界,该处与最大风速和最大涡度相近。

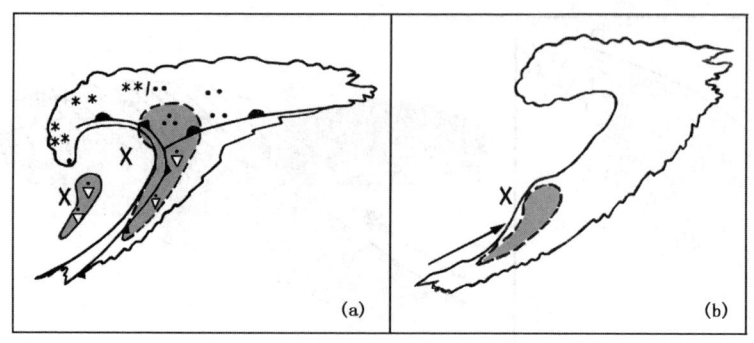

图 6.13　大尺度逗点云系中的涡度逗点云系

6.2.7　影响逗点云系形状和走向的因素

逗点状云系的形状和走向各不相同,决定它的因素有:
(1)逗点云系发展的演变阶段和生命;
(2)500hPa 涡度中心连线位置;
(3)急流轴上大风中心位置,通常大风中心处急流轴的走向就是逗点云系移动的方向;
(4)天气系统的振幅或流线或等高线图上是否有闭合环流中心形成,如果有闭合中心出现,表示系统垂直方向深厚和成熟。

6.2.8　逗点云系形成

图 6.14 给出了洋面稠密积云区演变成小尺度逗点云系形成的例子,在图 6.14a 上,西北太平洋的大片细胞积状云区 C 内短波槽附近 A 处出现色调白亮的稠密积云发展区;到图 6.14c,这片稠密积状云区 A 处于高空槽前附近,伴随稠密积状云区 A 相联的高空槽气旋性环流开始加强,云区 A 的后界向云内凹,表示冷平流开始侵入到云区内;图 6.14d—f 中,高空槽后的冷平流显著入侵到稠密积状云区 A,干舌逐步形成,螺旋结构越来越清楚,在图 6.14f 上,由于冷空气的入侵,干舌表现很明显,发展为小尺度逗点云系。图 6.14g—i 中,随逗点云系发展,干舌更加清楚,云系的范围和南北幅度增大,尾部云带呈现为长的云带。

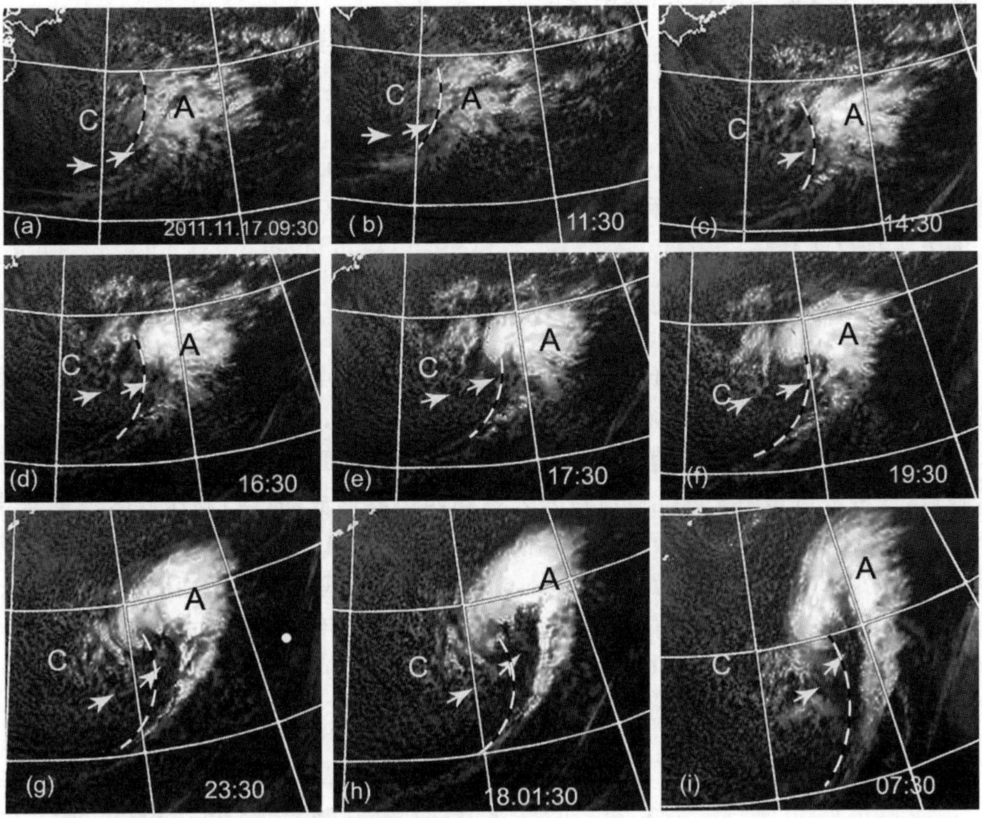

图 6.14　西北太平洋地区上空的小尺度逗点云系形成过程(2011-11-17 09:30—18 07:30)

6.2.9　逗点云系与云类分布

各种云类的出现不是随机的,它与天气系统的发生发展阶段密切相关,在不受其他因素的影响下,相对于天气系统的不同部位,出现的云类也不一样,也就是对于一定的天气系统的某一部位只能出现某一些云类。图 6.15 给出了逗点云系各个部位一般出现的云类,它的头部主要是卷层云,云带上主要出现中云,如果是冬季洋面,涡旋南部是积云、浓积云,逗点云后部

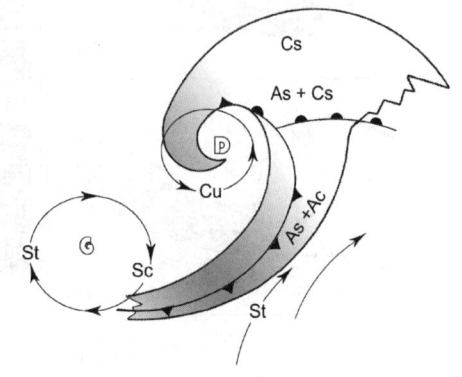

图 6.15　逗号点云与云类分

冷高压的东南象限是层积云,西南象限是层云、雾。

6.3 斜压叶云系

在卫星云图上,常见到一种与高空斜压区相联系的云系,表现为"叶子状"的云型,称之"斜压叶状云系",这种云系与西风带中的锋生区或气旋生成有关,并在红外云图上表现最清楚。

6.3.1 斜压叶云系的一般特点

如图 6.16(a)给出了斜压叶云系的概念模式,其特点有:(1)它表现为一条较宽的、约达 10 纬距长云带;(2)它的后(北)边界光滑整齐,呈现"S"形,其 T 处向北凸起,呈反气旋弯曲,"S"处向南凹,呈气旋性弯曲;(3)斜压叶云系西界 W 处有"V"字形缺口,这种缺口是由于西北急流侵入云系的西边界形成的;(4)斜压叶云系的东半部主要以卷云为主,越往西云顶高度降低,色调变暗。在云区西端的"V"字缺口北侧以中低云为主,南侧以低云为主。图 6.16(b)给出的模式显示了地面冷、暖锋和高空涡度中心与斜压叶云系间的位置关系,由这种关系可以用斜压叶云系来确定地面冷、暖锋和高空涡度中心;图 6.16(c)是 2011 年 12 月 1 日 08 时红外图上出现的斜压叶状云系,及云系相应的高空急流、500hPa 等高线和槽线。

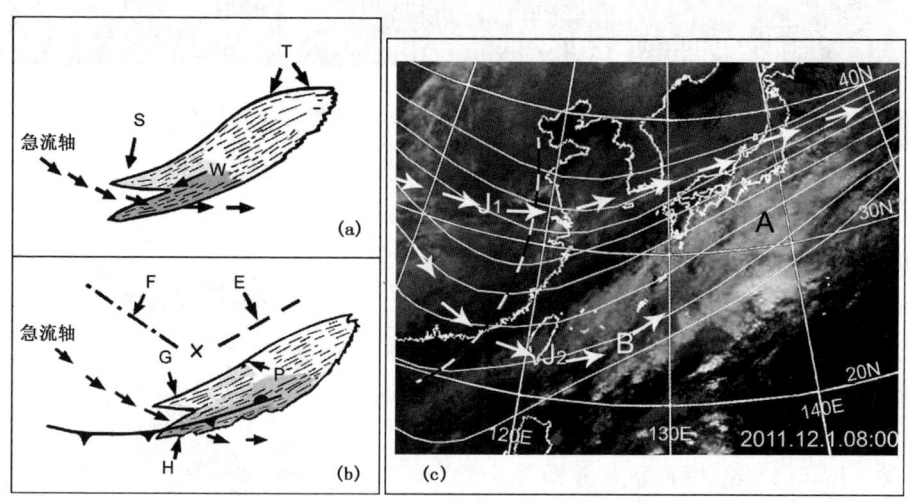

图 6.16 斜压叶状云系

6.3.2 斜压叶云系与高低空流场、地面气压场和涡度场

(1) 斜压叶云系与高低空流场：如图6.17a所示（R. B. Weldon），图中实线是高层300hPa流线，粗虚线是涡度最大轴线。可以看到：在高空：①斜压叶云系处在槽前西南气流中；②"×"是高空500hPa涡度中心位置，虚线（E）是平流涡度轴线，虚线（F）是切变涡度轴线，U—D是涡度最大值轴线；③槽线位于斜压叶云系后界附近；④如果在红外云图上，斜压叶状云系后界处云系色调变暗，表示高空有西北冷平流侵入云区。

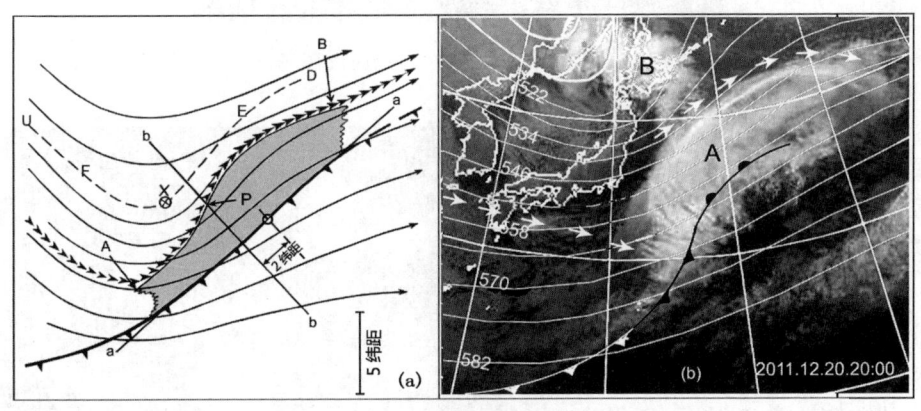

图6.17 斜压叶状云系与气流

在低空，低压中心位于斜压叶状云系由凸到凹的靠下面一点P的地方，斜压叶云带凸起的下方为暖锋，云系下凹段的前界为冷锋。具体确定的方法如图6.17a中，先在云系前边界处画一条直线a—a，然后在云系的后边界P点（由凸到凹处）画直线b—b与直线a—a相垂直，则地面低压的最初位置定在直线a—a上，与直线b—b的交点右边约2个纬距的地方。图6.17b显示斜压云系与等高线、涡度等值线间的分布图，正涡度中心区位于斜压云系西面，由于高空槽线处等高线的曲率最大，因此最大正涡度轴线的位置与500hPa高空槽线基本一致，云系呈反气旋弯曲处是负涡度区，从等高线走向与涡度等值线相交交角，可以看到逗点云系与正涡度平流区相一致。

(2) 斜压叶云系与地面气压场：图6.18显示了我国东南沿海地区上空的斜压叶状云系A与地面气压场间的关系，斜压叶状云系位于高空槽前，槽后是西北下沉气流，因此在斜压叶云系A西面是地面高压区，也就是斜压叶云系位于地面高压的东南象限。

(3) 斜压叶云系与500hPa涡度场：强斜压性相联的叶状云系与高空强风区相联

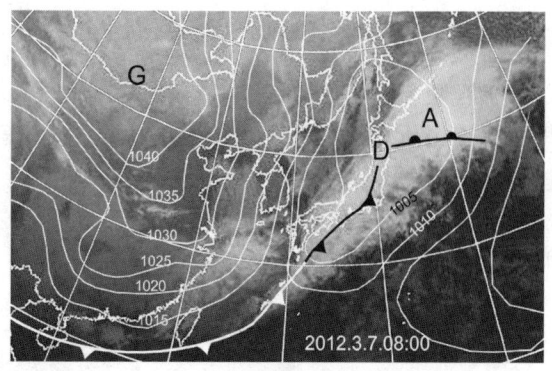

图 6.18 斜压叶云系与地面气压场

系一起,强高空风的两侧有强的反气旋性切变(强风右侧)和气旋性切变(强风左侧),使斜压叶云系的左边界十分光滑,由此在云系左边界的一侧为正涡度,而右侧为负涡度分布。如图 6.19a 显示了一次斜压叶状云系 A 及相应的涡度场分布,在 A 的左侧北为正涡度,正涡度区沿云分布;而在云区 A 处为负涡度分布;斜压叶状云系 A 的西南侧为负涡度区,因此 A 处为正涡度平流区,表现为白色稠密云区;而在斜压云系西南方有 -18 的负涡度中心,前方为负涡度平流,对应下沉运动区,云图表现为灰色的少云区或无云区。

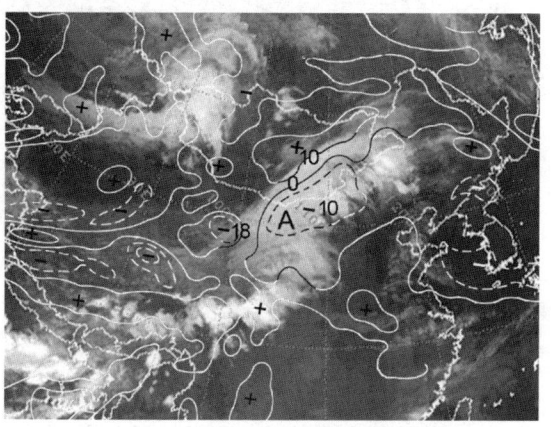

图 6.19a 斜压叶云系 A 与 500hPa 涡度场
(2015-09-21 12:00)

(4)斜压叶云系与 500hPa 温度场:大气中温度梯度越大的区域,斜压性就越强,也就锋区(冷锋或暖锋)是等温线密集区,锋区是斜压性最大的区域,而温度梯度的大小的变化取决于冷暖平流的强度改变,通常温度梯度密集的地方是冷平流与暖平流交汇的地方,如图 6.19b 中,虚线是等温线,斜压叶云系 A 处于偏南暖气流和西北冷平流交接的等温线密集区。云系内等温线密集,导致高空风速加大,风速加大引起风切变加大,风切变加大使得云区上空反气旋切变加大,上升运动加大,而在云区左则气旋性下沉加大,从而造成云的左边界十分光滑整齐。

(5)斜压叶云系与 500hPa 高度场:如图 6.19c 中,粗白色实线是 500hPa 等高线,细实线是涡度等值线,可见斜压叶状云系处于500hPa槽线前的西南气流内,而槽后为一致的西北冷平流下沉区,表现为无云或少云区。

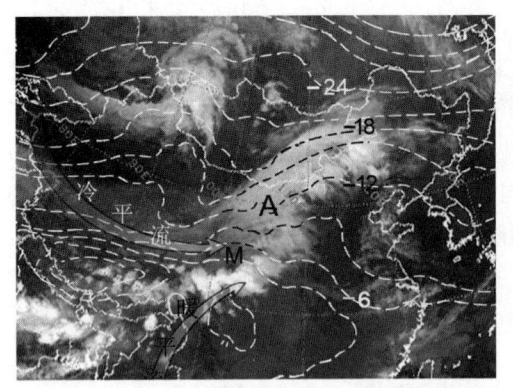

图6.19b 斜压叶云系A与500hPa温度场　　图6.19c 斜压叶云系A与500hPa高度场

6.3.3 斜压叶云系的类型和演变

6.3.3.1 红外图像上斜压叶云系类型

斜压叶云系是高空槽云系的一种表现形式,由于高空槽的幅度范围有很大差异,造成斜压叶云系也有很大不同。图6.20给出了斜压叶云系的几种主要类型,有助于分析和识别斜压云系。

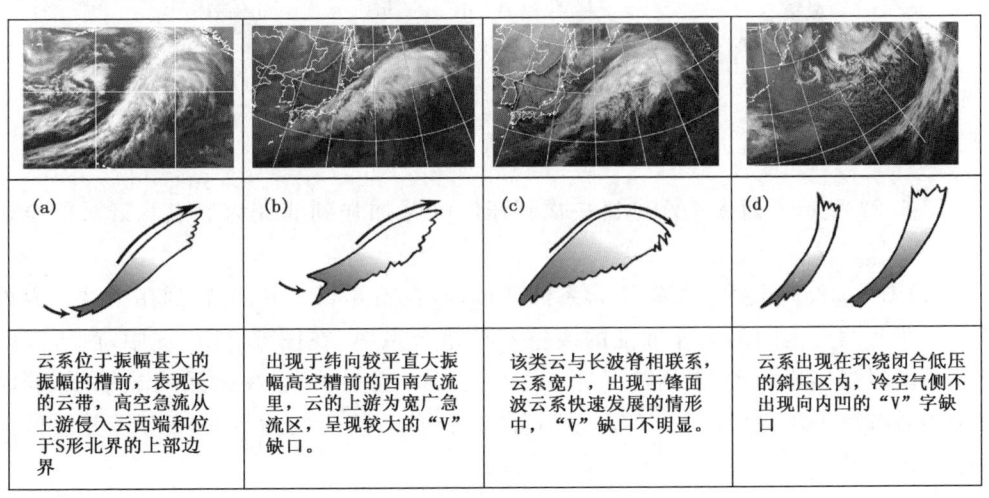

(a)	(b)	(c)	(d)
云系位于振幅甚大的振幅的槽前,表现长的云带,高空急流从上游侵入云西端和位于S形北界的上部边界	出现于纬向较平直大振幅高空槽前的西南气流里,云的上游为宽广急流区,呈现较大的"V"缺口。	该类云与长波脊相联系,云系宽广,出现于锋面波云系快速发展的情形中,"V"缺口不明显。	云系出现在环绕闭合低压的斜压区内,冷空气侧不出现向内凹的"V"字缺口

图6.20 斜压叶云系的类型

6.3.3.2 斜压叶云系演变为逗点云系

当相应斜压叶云系的高空槽振幅加大时,槽后偏北气流加大,并侵入斜压叶云区,由于高空干冷的下沉气流作用,使得云区西北一侧的云顶降低变暖,这时其"S"形后边界更明显。由于高空西北气流以气旋性方式侵入云区,最后斜压叶云系演变成涡度逗点云系。图6.21的上半部表示了斜压叶演变成逗点云的示意图,当出现高空槽前云区中急流断裂加强,地面低压从叶状的暖侧移向云后边界附近和水汽图中干舌已伸至逗点云的尖处,表示斜压叶云向逗点云演变。图6.21的左下半部表示的是具有尖角的中低云从斜压冷云盾西北下方露出的演变成逗点云的示意图;图6.21的右下半部表示的是在斜压叶云的盾状云的北侧出现较宽的暖的中云区,然后形成具有尖角的逗点状云。

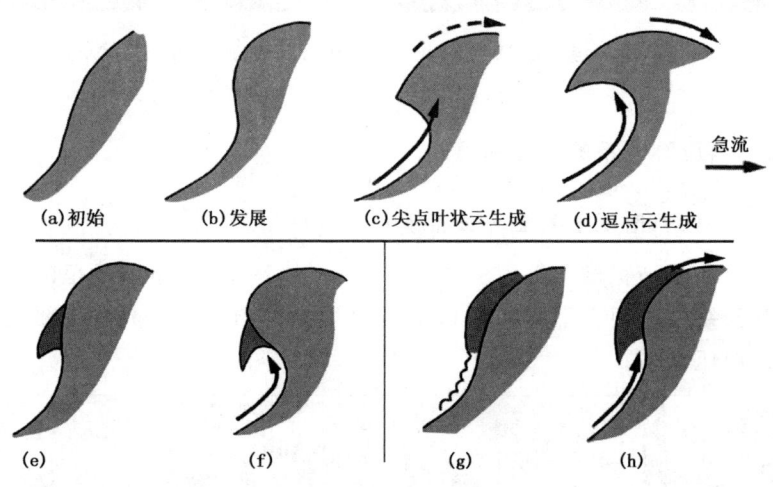

图6.21 斜压叶云系与逗点云系的发展

图6.22显示了西太平洋地区一次斜压叶云系加强到演变为逗点状云系的全过程,其中:

(1)图6.22a—d显示了斜压云系加强过程,在图6.22a中,可看到在中蒙边界处有一片东北西南走向的略显散乱的高空短波槽云系A,在图6.22b—c中,由于高空槽前偏南暖湿气流加大,斜压叶云系A向北凸起,范围扩大,A云系明显加强,同时由于槽后有冷平流入侵云区,A云系后界向云内凹,使云的后界呈"S"形,并缓慢向东南方向移动。

(2)图6.22e—h表示斜压叶云系演变为逗点云系A,在这阶段,冷平流侵入云区,斜压叶云系A的后界向云内凹越来越明显,呈清楚的螺旋结构。

第 6 章　卫星图像大尺度和局地云系分析

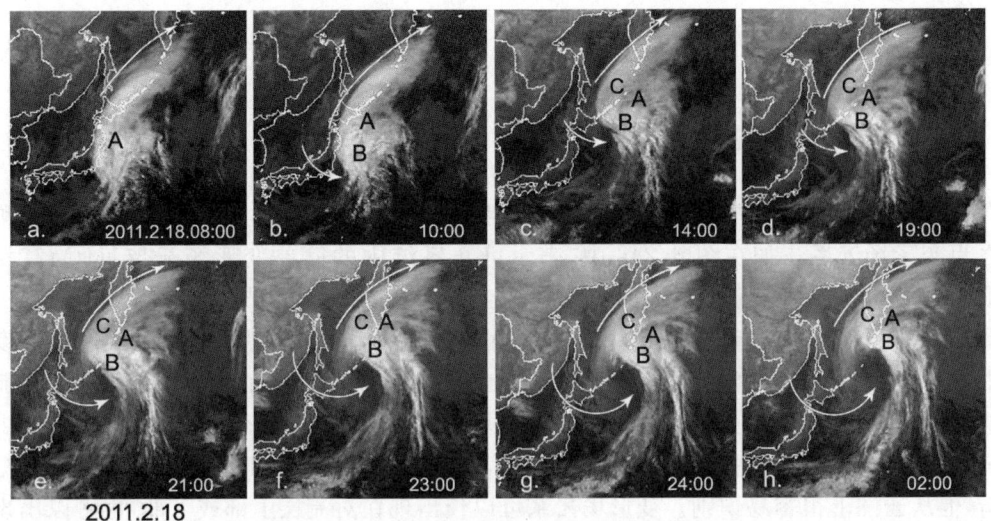

图 6.22　斜压叶云系加强演变为逗点状云系

6.3.3.3　斜压叶云系与逗点云间的配置

逗点云系与斜压叶云系之间的组合常表现有以下三种情况：在图 6.23a 中，逗点云系的尾部全部被斜压叶云系所覆盖；图 6.23b 中，逗点云的尾部部分被斜压叶云系覆盖；在图 6.23c 中斜压叶云系与逗点云系分离，逗点云系全部外露，其尾部与斜压叶云系紧邻连接。

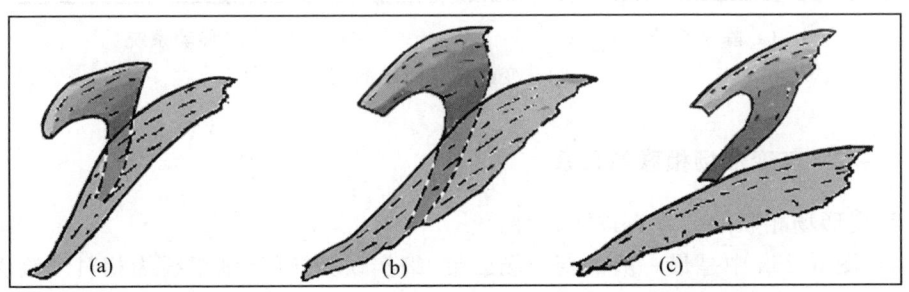

图 6.23　逗点云系与斜压叶云系间三种配置关系

6.4 变形场云系

6.4.1 变形场云系

由连续的静止卫星云图上观测发现,卫星云图上某些云系与变形场相联系,并称之为变形场云系。如在图 6.24a 中,表示静止系统中的简单变形场云带,H 为高压中心,L 为低压中心,变形场内的空气在一个方向上压缩,而在与此垂直方向上拉长。图 6.24b 是在一个移动的系统中,实线是涡度等值线,N 是负涡度中心,X 是正涡度中心,可见,这时的云系与涡度变形场带一致。因此在变形场的云系,云系常沿气流伸长轴作相反运动,使云系伸长,同时在其垂直方向上压缩,表现为狭长的云带。由于实际大气中的气流常是几种气流的叠加,空气的相对运动及其引起的变形场很难分析,但从云图上很容易识别。变形场云系可以仅出现在对流层上部或下部,也可以出现在一个深厚的层次内,其可以表现为不同的尺度,和从低纬到高纬的任何一个区域内。

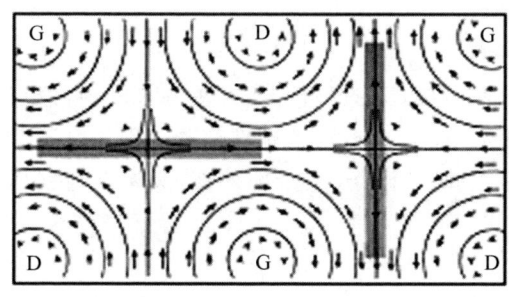 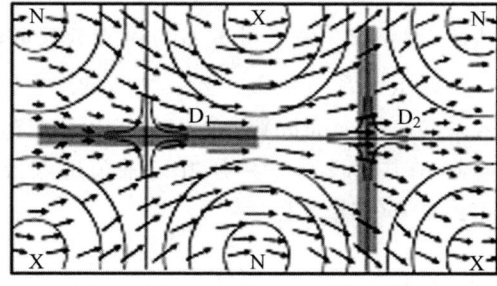

(a)静止系统　　　　　　　　　　(b)移动系统

图 6.24 变形场气流中的变形带

6.4.2 与变形场相联的云系

与变形场相联的云系有以下几种:

(1)图 6.25a 中是最一般的变形场云带,细实线为流线、细虚线为相对气流流线,变形场云系是与相对流线构成的变形场相联。图中分为三种情况:①第一种是两侧气流强度相当,这时云带平直;②当一方气流强于另一方时,云带由强的一侧向弱的一侧弯曲,所以第二种情况表示的是西北气流较强时云带弯曲情况;③第三种情况是西南气流强时云带弯曲的情况。

(2)图 6.25b 是与逗点云系相联的变形场云系:①第一种情况是在逗点云系的尾部的变形场云系,该处气流是气流辐散区,云系向南凸起;②第二种情况是逗点云系的头部,由于变形场气流的作用,云系向东西两方向伸展,表现为宽的云带。

(3)图6.25c是高低空同时存在变形场气流时的云系组合,带箭头的虚线是高空气流,细实线是低空气流,图中A是与高空变形场相联的卷云带,B是与低空变形场相联的层积云区,这种情况在海上多见,由于中空盛行西北气流,水汽较少,低层以层积云为主。这两种云系组合实际上是与锋面云系相对应,图中粗虚线表示了逗点云系及锋面的尾部。

(4)图6.25d是另一种与中空变形场相联的变形场云系,其外形似一个边界破碎的"喷泉",在云系左侧部分云系绕低压成气旋性弯曲,右侧云系成反气旋弯曲,云系到达变形区渐近线之前就逐渐消散。但是有时云系可以充满图上虚线内的区域,从而形成明显的云边界,而有时则沿变形带处形成一条狭窄的云带。

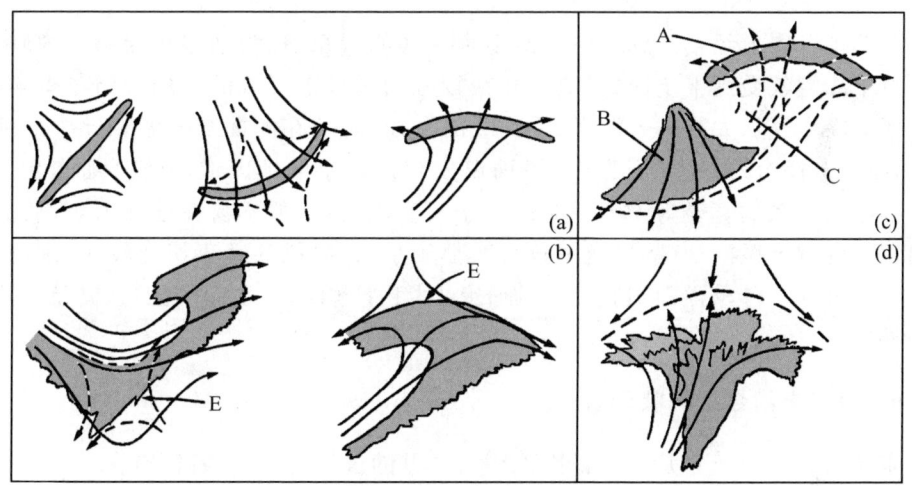

图6.25 几类变形场云系

6.4.3 水汽图上变形暗带(干带)与湍流

观测表明,晴空大气湍流与高空气流的波有关,波的出现使水汽图上的暗区越来越暗,从而使干湿边界越来越清楚。这种水汽图上变暗表示高层有冷平流导致的强的辐合下沉运动,出现强风速垂直切变,产生湍流运动。在水汽图上,这种暗带在变暗过程的同时被拉长,与高空气流中的变形带相关。观测表明:①当水汽图上的暗带变暗达3小时以上时,大气湍流发生。大多数湍流发生于水汽暗带的前沿,也即在卷云北界的晴空区内;②在水汽图上暗区变暗最快的地方往往是湍流发生最频繁和最强烈的地方。图6.26给出了水汽图上最容易变暗(变干)的高空大气流型,图中虚线是等风速线,带箭头的实线是流线,宽箭头是暗区移动方向。

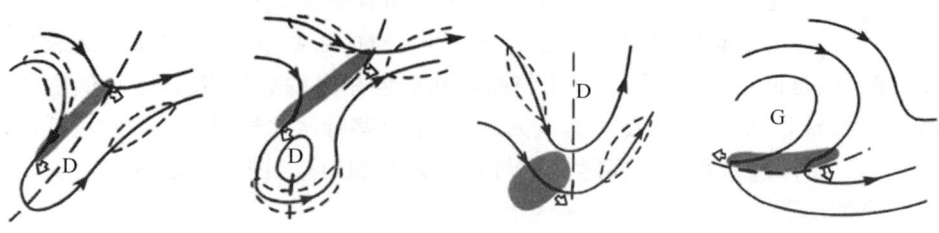

图 6.26 水汽图上暗区与流场的配置关系

6.5 细胞状云系

在卫星云图上经常见到一种类似细胞一样的云系,称为细胞状云系。细胞状云系是由于冷空气受到下垫面的加热,并在较好的条件下形成的。例如当冬季洋面冷锋后面的冷空气从大陆进入海面,受到暖的海面加热,在海面与气温相差大的地区,形成开口(未闭合)细胞状云系,在海面温度相差较小的地区形成闭合细胞状云系。这种细胞状云系的直径为 40~80km,由于尺度较大,一般不易在地面上观测到。凡是出现细胞状云系的地区,风速垂直切变都较小,如果风的垂直切变较大,细胞状云系也就被破坏。冬季洋面细胞云系的研究,对于了解海、气之间的能量、动量交换,对于向外发展具有积极意义。

6.5.1 未闭合细胞状云系

未闭合细胞状云系是冬季洋面冷锋后常见的云系,其主要特征有:

①未闭合细胞状云系的云型呈指环状或"U"字形,每个细胞的中间无云,四周有云;

②未闭合细胞状云系主要以积云、浓积云组成,有时还会有积雨云出现;

③未闭合细胞状云系常出现于低压南侧低空气流呈气旋性弯曲的地方;

④未闭合细胞状云系出现于深厚不稳定的冷气团中。

在副热带高压里也出现细胞状云系,这种云系是在稳定大气中形成的,而且没有强的冷平流,主要是由层积云、积云和浓积云组成的混合云区。

凡是出现未闭合细胞状云系的地区,空气一定受到下垫面的强烈加热。

图 6.27 显示了 MODIS 图像上的一次西北太平洋上的细胞状云系精细结构,很清楚地表现为中间下沉无云区、细胞的四周为上升运动,形成一圆弧状云线,在弧状云线相交的地方,呈稠密团状小逗点云系,图中圆环状细胞,风速较小。

开口细胞状云系一般出现于涡旋云系的南部气流呈气旋性弯曲的地方,图 6.28

显示低压 D 南面洋面上出现的开口细胞状云系 C,可以看到这些开口细胞状云围绕低压 D 呈气旋性方式分布的螺旋结构。

 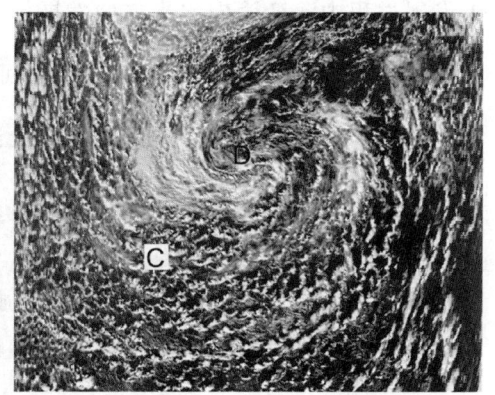

图 6.27　洋面开口细胞状云系
(2007-11-24,VIS)

图 6.28　低压 D 南面的开口细胞状云系 C
(2007-10-26,VIS)

6.5.2　闭合细胞状云系

在冬季,闭合细胞状云系也出现于洋面冷锋的后面,但是它发生的条件和地方与未闭合细胞状云系不同,主要特征有:

①闭合细胞状云系呈球状,中间有云,四周无云或少云,从中央到四周,云厚变薄,色调变暗,边界为多边形;

②闭合细胞状云系主要由层积云组成;

③闭合细胞状云系出现在高压东南象限,地面气流呈反气旋弯曲的地方;

④闭合细胞状云系出现在稳定的冷气团内。

在出现细胞状云系的地方,低空都有对流活动,但比未闭合细胞云系中的对流要弱,在低空对流活动上面有一层逆温层,抑制对流向上发展,而低空的对流是空气受下垫面的加热或云顶辐射冷却所致。

图 6.29 显示了典型的闭合细胞状云系,图中 A、B 及其四周

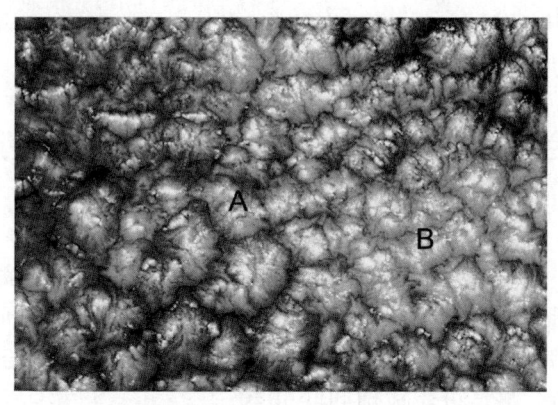

图 6.29　大洋中部的闭合细胞状云(2007-11-14,VIS)

的云表现为中心白亮的云,向周围云色调逐渐变暗的球状,这些云都是层积云,在这些地区,低空有对流,但是处在高压控制下,上层为下沉气流抑制对流的发展,云在向上发展过程中演变为向水平方向发展。

6.5.3 未闭合细胞状云系与闭合细胞状云系共存时的特征

冬季洋面冷锋后面的未闭合细胞状云系和闭合细胞状云系经常同时出现,这时它们的特点有:

①由于未闭合细胞状云系处于气流气旋性弯曲的地方,闭合细胞状云系处于气流呈反气旋弯曲的地方,所以在这两类云系的过渡区是低空气流辐散区;

②如果高空急流穿过细胞状云系,则未闭合细胞状云系处在急流轴的冷区(左方)一侧,闭合细胞状云系处于急流轴的暖区(右方)一侧。

6.5.4 积云变稠密区

在洋面冷锋后面的未闭合细胞状云系内,有时出现一片色调较白的云区,直径约3～5个纬距,这种云系称积云稠密区,它表示在对流层中上部存在一个正涡度中心。500hPa槽线及正涡度中心位置在这片积云变稠密区的上风边界处,有时这片积云变稠密区表现成螺旋状,所以把这种云系称正涡度中心云系。如果积云变稠密区进一步发展,则中高云增多,云系相互合并,最后形成逗点云系。

图6.30是冬季北太平洋面上冷锋E后面、低压D南侧出现的大片开口细胞状云系,在这云系后面正涡度活动中心附近出现色调白的

图6.30 冬季北太平洋洋面上的积云稠密区

积云变稠密区A、B,而C是由积云变稠密区发展成的逗点状云系。

6.5.5 海面细胞状云系和积云线

冬季一次寒潮从大陆进入海面后,冷空气在海面变性。在离海岸100km的海面上是一条无云带,这是由于冷空气进入海面加热形成云需要一定时间的缘故,当其在离海岸约100km左右以外的海上出现一条条积云线时,这种积云线越往下风方向越变宽,最后分裂成细胞状云系。

6.5.5.1 寒潮爆发引起的大范围的积云线和开口细胞状云系

图 6.31 显示一次寒潮爆发,强冷空气从渤海湾平流直至台湾海峡,在黄海面到东海海面出现大范围的积云线和开口细胞状云系。可以看到,一次强寒潮爆发情况下,冷空气刚到洋面,在强风速作用下,整个黄海面上几乎为清晰的积云线 E 覆盖,但是到黄海南部海面上,由于海气交换,风速减小,冷空气减弱,积云线 A 开始分裂,并演变成开口细胞状云系 C;在高压的东南象限 B,为球形的闭合细胞状云系。另在离大陆的 100~200km 的范围内

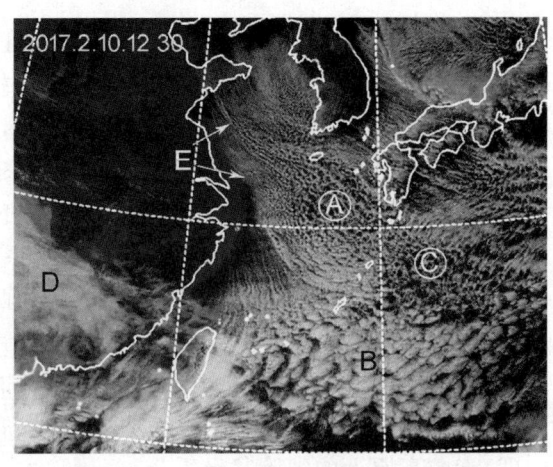

图 6.31 海上的开口细胞云和积云线

是暗色无云区;开口细胞状云系 C 与球形的闭合细胞状云系 B 之间,由开口到闭合的过渡带是高空急流穿过的地方。D 处是冷高压后部的中低云区。

6.5.5.2 由积云线和细胞状云系估海面风速

积云线和细胞状云系都是由于冷气团在洋面变性引起的,那么是什么原因形成积云线,而不形成细胞状云系,究其原因是冷空气到洋面的速度和气温与海温的差异,冷空气刚到海面,风速甚大,海面温度与气温相差很大,所以对流很强,沿风的垂直切变方向排列成积云线。如果风向不随高度改变,则积云线的走向指示风的方向。

积云线形成后,随着对流发展,云的垂厚度加大,所以积云线越往下风方向越宽,以后气团变性减小,对流和风减弱,积云线分裂成细胞状云系。如图 6.32 中左边,表示细胞状云的直径越往下风方向,其直径越大;在图右边,当风速小于 18.5km/h,云系近于圆形,中间无云,四周有云;当风速达 20~22km/s,云型呈现椭圆形;风速继续增大,细胞状结构破坏,表现为狭长的积云线,风越大,云线越窄。

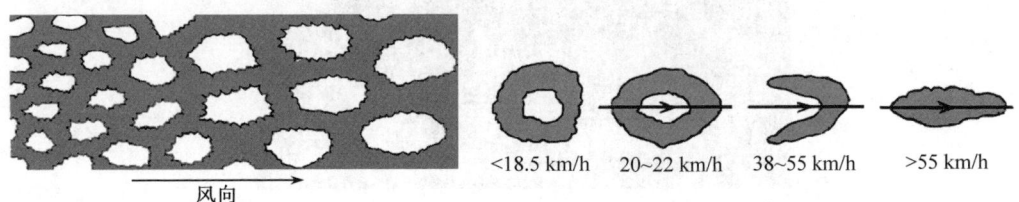

图 6.32 细胞状云的大小和形状与风向和风速的关系

6.5.6 陆地上的积云线和细胞状云系

细胞状云系不仅出现在冬季洋面上,而且可以出现在大陆上空。从冬到夏,陆地表面温度升高,如果一次降水以后或湖泊、河流较多的地方有冷空气侵入,就会有细胞状云系生成。但是在陆地上由于热容量较小,热惯性小,所以温度变化大,细胞状云系的变化也大,表现为明显的日变化;同时由于陆地地形较海面复杂,细胞状云系远不如海面上典型。在我国,细胞状云系主要出现在以下两种情况:

(1)夏季我国北方高空冷涡中的细胞状云系

每当北方进入夏季,华北冷涡、东北冷涡和西北冷涡活动频繁,在冷涡的后部(西侧)经常有冷空气侵入,使该地区产生细胞状云系,冷涡附近的细胞状云系有明显的日变化,一般在中午前后由于太阳对下垫面的加热开始形成细胞状云系,由积云、浓积云组成,到傍晚前后,这些云系中的一些常发展成积雨云,并伴有强对流天气。

(2)青藏高原上的细胞状云系

青藏高原可以看成耸立于大气中的热岛,当有冷空气侵入青藏高原常会有细胞状云系产生。青藏高原上细胞状云系出现的频数很高,与其他陆表一样,细胞状云系有明显的日变化。一般在午前11时细胞状云系开始生成;到午后14时细胞状云系强烈发展,开始形成积雨云;到傍晚积雨云顶部出现卷云砧,到夜间积雨云消散,留下一片卷云区。

青藏高原上细胞状云系另一个重要特点是,细胞状云系发展成的卷云区是青藏高原上新的天气系统,并东移影响我国东部地区。图 6.33 显示了青藏高原上的开口细胞状云系,但是由于受到青藏高原多起伏地形的影响,云系不如平原和洋面上那么典型。

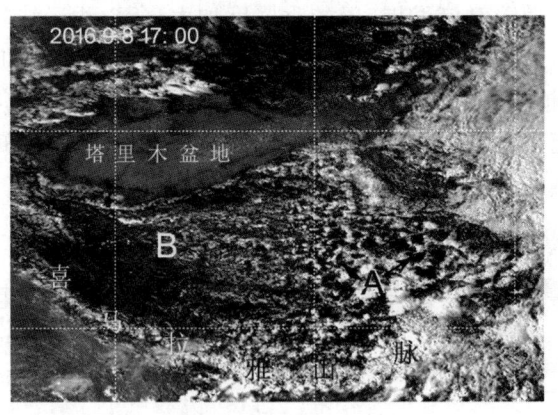

图 6.33 青藏高原上的开口细胞状云系

6.6 水汽图形的大尺度分析

卫星在 6.7μm 通道测量到的是水汽发射的辐射,将卫星测量的水汽辐射转换的图像就得到水汽图,水汽图的出现比可见光和红外云图要晚,所以对它的分析工作也较少,但是水汽图在对流性天气预报和风场资料的获取具有极重要的潜在的价值。

6.6.1 水汽阻塞区和头边界、内边界的分析

(1) 水汽阻塞区和头边界

在大气上升运动区的上空,水汽扩散方向与水汽区另一侧周围高空气流方向之间发生水汽阻塞,也就是在水汽区的西侧(上游)出现较为整齐的边界,这就是水汽"头阻塞",相应的边界称之头边界。头边界在水汽图上表现为边界整齐光滑,向上游一侧凸起,它的一侧为冷的湿区和高云区,另一侧为一狭窄的干黑带。头边界一般出现在两种情况中,一种是逗点云的头部西界,另一种是雷暴云的西南边界。图 6.34 给出了头边界的模式,图中灰色区域是水汽区,其西侧不带尖头的粗实线是头边界,无点的区为干区,带尖头的实线是流线,粗尖头是急流。

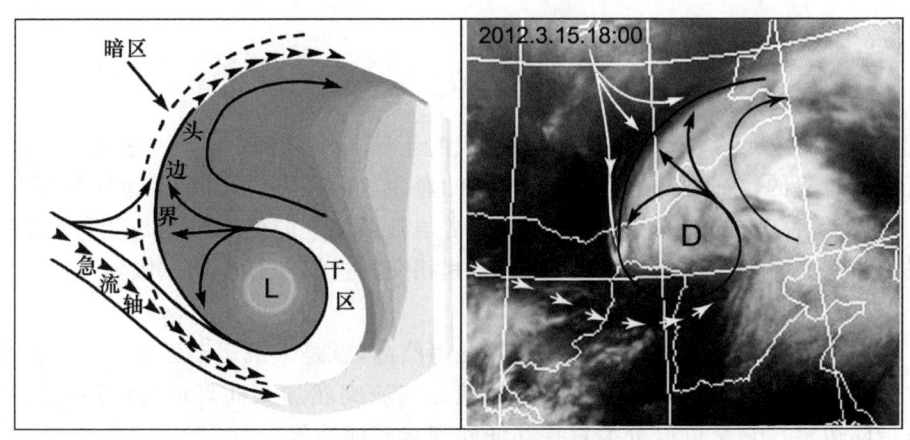

图 6.34 头阻塞和头边界

(2) 水汽的内边界分析

内边界是高空闭合反气旋形成的结果,它处于反气旋的西侧,也就是宽广暗黑区的西界,并沿着变形带或是鞍形场形成。对于高空闭合反气旋区,以下沉运动为主,中高对流层很干,在水汽图上呈现出暗黑的色调。图 6.35 给出了内边界的概念模式。

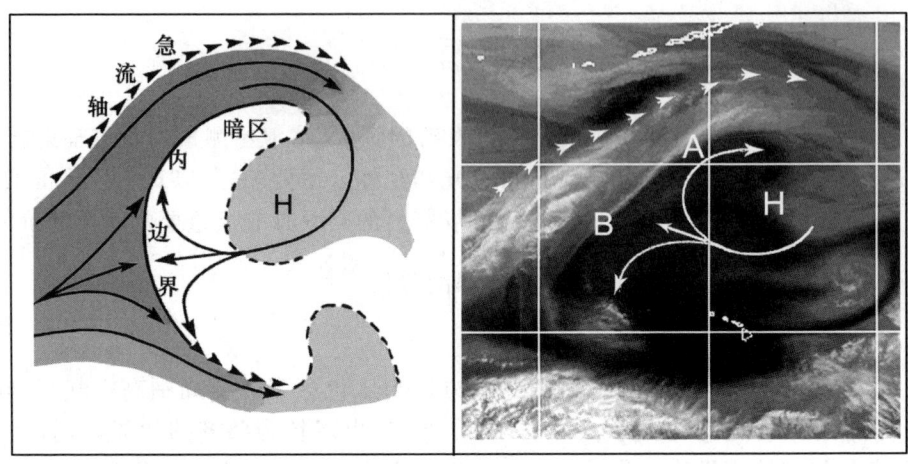

图 6.35 水汽内边界

水汽的头边界和内边界具有共同的特点,主要有:①边界都向西凸出;②两种边界都呈准静止状态,或移动甚缓;③边界表现都很清晰;④边界的形成都是由于高空偏东气流加强的结果;⑤都出现有变形场区。

6.6.2 干涌边界和底涌边界

(1)干涌边界

这是与高空干冷空气活动有关而形成的干区与湿区间的边界,它表现为暗黑的干区向前凸起的整齐光滑边界,干涌边界的弯曲、移动和其后部的暗黑区范围与干冷空气的强度、移动方向和速度有关。它通常与其西侧上游的宽广的暗区同时东移,高空气流和急流自上游指向干涌边界,并与其相交。边界随高度向东倾斜。

(2)底涌边界

底涌边界表现为暗黑干区的南边界向南凸起,就是下沉运动区南边界、急流呈气旋性弯曲的边界。当高空脊前或槽后的偏北气流突然加大而形成,并伴有急流自北向南指向边界。它又可以分为直接底涌和间接底涌边界。

①直接底涌是指表现为原来就存在一条移动较慢,沿边界的北侧常伴有一条狭窄的暗带。直接底涌边界向西延伸至产生这个底涌的高空槽前。

②间接底涌是当一个新的暗区开始形成并向南推进时的最初并没有边界。与底涌有关的高空系统,不处于底涌边界的同一个风系中。

如图 6.36 中,给出了干涌边界和直接、间接底涌边界,都向下游或前方部凹进;两类系统在形成时的速度十分迅速;大片暗黑区在这两种边界的后部或上游一侧形成。

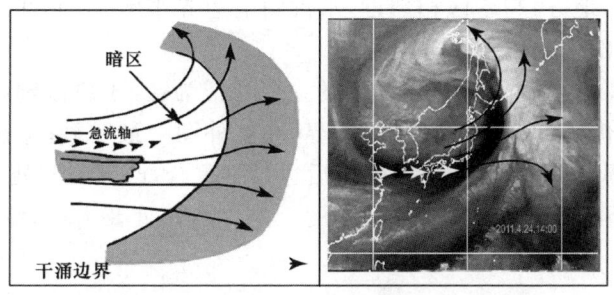

(a) 水汽图上的干涌边界

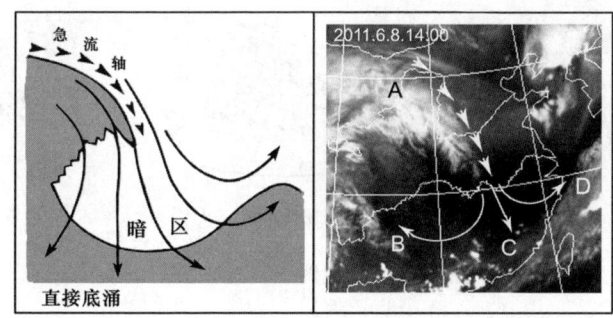

(b) 直接底涌边界

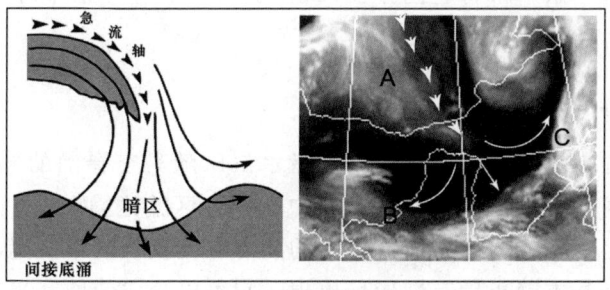

(c) 间接底涌边界

图 6.36 水汽图上的干涌和底涌边界

6.6.3 水汽图上斜压叶云系有类型

(1) A 类叶状云（图 6.37a），这是一类最常见的叶状云，主要特征有：①云系位于高空槽前；②与急流平行移动且位于急流右侧；③初期有"S"形后边界，在水汽图上表现最清楚；④在"S"形边界凸起的地方：出现盾状卷云区，急流轴与整个凸起边界相平行，在水汽图上，凸起边界虽清楚，但反差不大；在红外图上，边界清楚反差大；⑤

在"S"形边界凹的地方：与干区相邻近，水汽图上边界很清楚，而红外图上无高云，急流轴的走向与凹部主要边界一致。

(2)B类叶状云(图6.37b)，这类云的主要特征为：①于急流轴前的左侧形成；②云系位于急流左侧移动；③有"S"形后边界，在红外图上最明显；④在"S"形后边界凸起的地方：水汽图上反差较小，急流轴与后边界不重合，凸部与凹处的长度大致相等；⑤在"S"形后边界凹的地方：在水汽图上的反差比凸起处要大，急流轴与上游凹边界相一致。

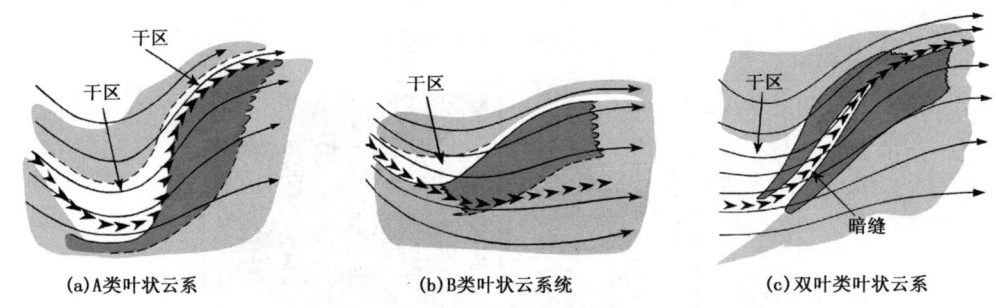

图 6.37　水汽图上三类叶状云

(3)C类叶状云(图6.37c)，主要特点有：①它表现为两个几乎平行的双叶结构的型式，它们间有一条干带将它们分开；②在水汽图上有一条干缝，但此干缝在可见光图上有低云。

6.6.4　回流边界

如图6.38中，在北半球，回流边界是指水汽区随高空脊前的偏北气流向南推进时的南部边界，通常水汽是由南部热带向中高纬地区输送，而在这种情况下，水汽却由北向南，故称之为回流边界。回流边界的前方有一狭长的下沉运动区，高空气流可以穿越边界，边界基本静止后有鞍形场出现。它可以分成弯曲和平直两种类型，在弯曲情况下，伴随急流的偏北气流加大，水汽区内很少有高云；在平直情况下，有较大的偏东气流分量，边界后部有冷云出现。

6.6.5　水汽图上变暗的图形特征

在水汽图上的暗区与如下因素相联。

(1)对流层中高层的干燥条件相联系的，在干燥的地区，水汽对下面大气低层的辐射(暖气体发出)吸收很弱，卫星可接收较多的辐射，反映在水汽图上为暗黑的区域。

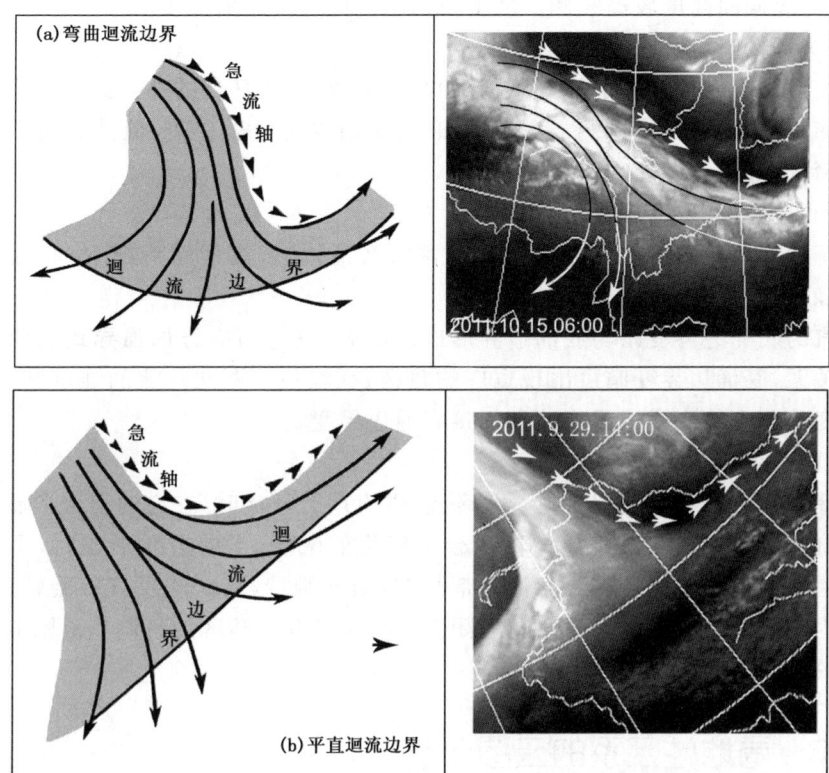

图 6.38　回流边界

(2) 这种暗区大气环流之间的联系表现为与 400hPa 上的冷槽相联,而水汽图的浅色则与 400hPa 的暖脊相联,在夏季则与 300hPa 的槽脊相联系。在冷槽区通常为下沉气流,高层为干冷空气,因此显示黑色。

(3) 水汽图上的暗区与大气中急流引起的垂直运动相关联。根据水汽变暗可以推断下沉运动的强度和范围,一般而言,色调越暗,下沉运动越强;黑色区越大,下沉运动范围越大。

(4) 暗区与西北气流形成的下沉运动相联系,浅色区则与高层西南气流相联系。西北气流一般与干冷的下沉运动相联系,因此暗区反映大气气流的方向。暗区的发展表示西北气流发展的程度。

在水汽图上,水汽变暗的区域有以下几种。

(1) 干涌区变暗

干涌是西风气流入侵水汽区并使其变暗的过程,最大变暗发生于急流轴下面或急流气旋性弯曲的地方,在 500hPa 上有明显的冷平流,变暗区与 500hPa 风向或等高线平行,或偏向高度较高一侧。从上游向暗区风速常逐渐减小。

(2) 头部变暗

当头边界干侧的槽在加强,头边界的暗区形成,或头部处的高空急流加强和头部变得更加凸起时,急流轴左侧下沉运动加强,头边界将显著变暗,但是头边界处不会有宽的暗区形成,一般表现为窄的暗带。

(3) 底边界变暗

由于槽后西北干冷气流向南入侵到水汽底涌边界,高层水汽减少,底涌边界变暗,使得底涌边界北侧的暗区范围扩大。

水汽的底涌边界变暗与底涌边界形成的同时,它与高空脊加强导致的西北气流加强有关系,底涌边界变暗可出现宽广的暗区,反映高空西北气流的强度和范围,底涌边界变暗分直接底涌边界变暗和间接底涌边界变暗。

(4) 内边界变暗

当高空暖脊显著发展出现反气旋环流,并有闭合环流时,在它的南侧形成东风气流,出现内边界变暗,暗区主要位于闭合反气旋的南侧,当内边界形成时,干区就北移。如果接近阻塞的西侧的强急流是带状的,阻塞维持,暗区绕反气旋旋转;如果急流演变为东北西南走向时,暗区变亮,闭合反气旋打开。暗区的色调和范围取决于东风气流的垂直厚度和强度。

6.7　局地性云系的云图分析

6.7.1　山脉引起的地方性的云系分布

在卫星云图上可以看到,山脉分布的不均匀性对云系的分布有着重要作用,一方面起伏的地形对气流有抬升作用,在迎风坡发生云系堆积,背风坡为晴空区或出现重力波云系;起伏的地形使地表的太阳照射的辐射分布不均,向阳坡上受到的辐射大,背阴坡的辐射小,使温度分布十分复杂,温度的不均匀,导致云系分布不均匀。图6.39给出了几种影响云分布的情形,图6.39a中显示山脉对云的阻挡作用,云在山脉的迎风坡一侧堆积的示意图;图6.39b中表示了地形对气流的抬升产生的云;图6.39c中是在山脉的向阳坡上生成的对流云;图6.39d中是由于加热,引起山脉两侧气流辐合产生的对流云;图6.39e是强高空风越过山脉与暖湿气流相遇引起的对流云;图6.39f是重力波形成的波状云。

6.7.1.1　不考虑热力因素作用,山脉对云系分布的影响

山脉或地形障碍物对云的分布有特殊的作用,在不考虑热力因素的情况下,它表现有以下三种作用。

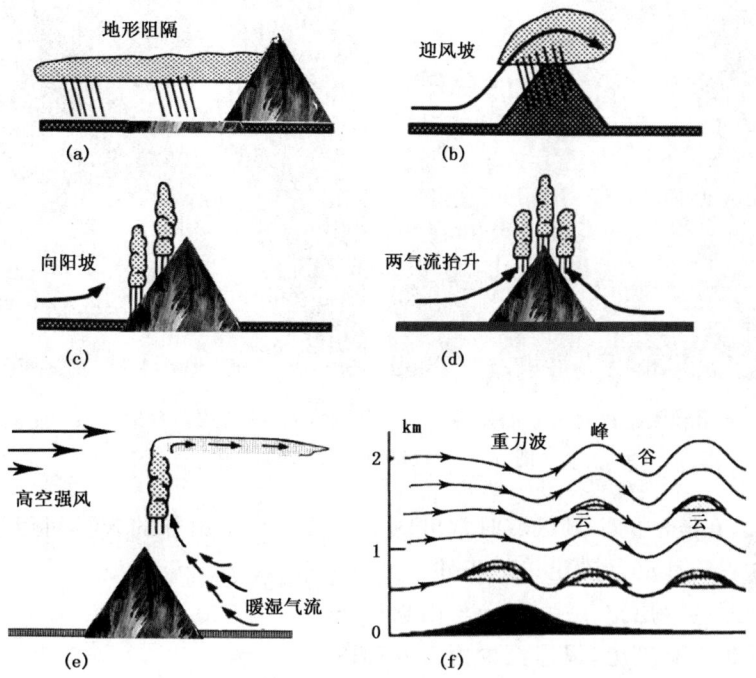

图 6.39 山脉对云分布的影响

(1)在山脉的迎风坡一侧出现云系的堆积,而在山脉的背风坡一侧出现由强烈下沉运动,抑制云系发展,时常产生的晴空区或低云区。当具有一定湿度的气流遇到山脉时,山地的抬升作用,产生上升气流到达凝结高度时便形成云,另一方面云随气流平流到山脉地区时,云系产生堆积,因此在山脉迎风坡一侧云系十分稠密。如在卫星云图平均云量分布图上,由于夏季喜马拉雅山挡住了西南季风,云系在它的南侧堆积,出现一条较为明亮的云带。再如冬季西风气流越过青藏高原后在其东侧下沉,出现一条狭长的无云区。

图 6.40 显示了一组我国部分地区地形对云分布的作用,图 6.40a 是华北地区由于太行山和燕山脉的阻挡,在迎风坡一侧云系 A、B、C 堆积的情形,在堆积处,云系稠密,表现为白亮的色调,由云系堆积的位置可确定华北地区吹东南气流,而云系以低云为主。图 6.40b 为秦岭和岷山对云系的阻挡作用,四川盆地的云系 B 仅通过秦岭和岷山间的谷地云系 A 扩展到甘肃。

(2)在山脉的背风一侧产生波状云系。在卫星云图上常见到一条条相互平行的云线,这种云线称为波状云。波状云通常出现在山脉背风坡一侧或高空急流里。如当气流越过山脉以后,在一定的大气风场和层结条件下,山脉背风坡一侧的下风方向

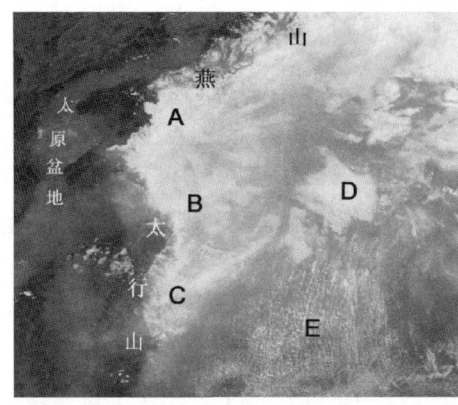 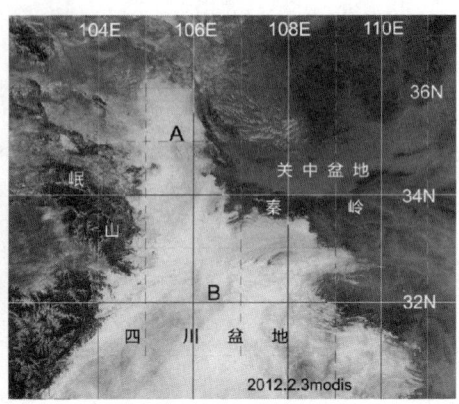

(a) 燕山和太行山对云系的作用　　(b) 秦岭对四川盆地云系的阻隔作用

图 6.40　地形对云分布的作用

上形成驻波,在波动的上升区域时常出现一条条平行于山脉的云线间距是相等的云线。产生这种云线必须满足以下条件:

①在深厚的一层空气中,风向与山脉正交;

②在山顶的高度上,风速至少为 10m/s;

③风速必须随高度增大;

④大气层结是稳定的。

图 6.41a 显示的是横断山脉地区的波状云,我国西南横断山脉呈西北—东南走向,当稳定大气盛行西南风时,风向正好与山脉走向正交,此时常在山脉的下风方向形成一系列重力波,与此相伴的波纹状云系 A—B,这些波状云以层积云为主。图 6.41b 显示的是大别山地区出现的波状云;图 6.41c 是华北燕山山脉地区出现的波状云 A。

 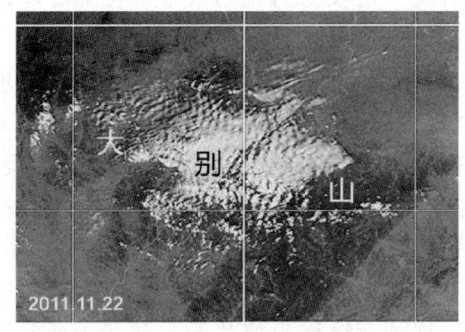

(a) 横断山脉地区的波状云系　　(b) 大别山地区的波状云

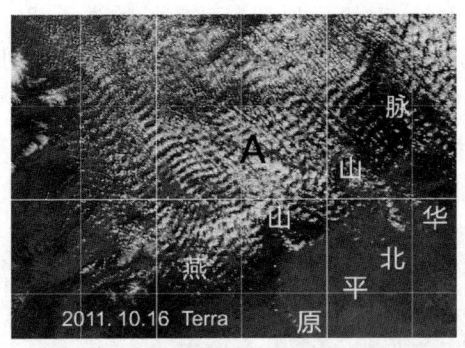

(c)燕山地区的波状云

图 6.41 地形产生的波状云

6.7.1.2 夏季山脉向阳坡上因太阳局地加热对流云将优先发展

在夏季地表温度差异主要是白天太阳对地表加热引起的,由于不同地表热惯量的差别,地表面的升温也不同。一些河流或湖泊地区,热容量大,增温小,维持较陆地冷的温度,抑制对流的发展,而陆地区域,特别是像山脉的向阳坡、干燥的沙漠等地区,受到太阳加热后,低层升温快,使大气不稳定,能引起对流云系快速发展。在卫星云图上见到,在山脉的向阳坡地区,积状云的发展要比平原地区快很多,时常在丘陵山地的向阳坡处布满对流性云系。

山脉的走向、坡度和高度能改变每天日照时间,从而改变加热的速度和强度,进而影响对流的发生发展,因此要确定局地山脉对对流的影响,就必须对山脉的基本特征要了解清楚。

在山谷地区,白天加热和特殊地形,特别有利对流云的发展,气流在山谷地区辐合上升,产生比其周围更强的上坡气流,或更早地出现对流云系的发展。夜间辐射冷却,产生下坡气流,

山脉背风一侧出现中尺度涡旋。山脉地区的局地加热和地形特点可导致地面中尺度辐合带和中尺度对流的生成,并形成中尺度涡旋,并借助山脉地区的摩擦作用,使辐合对流加强。山脉改变局地的大气环流,当气流从山脊或山脉的侧面通过时,局地地形高度的改变,或山脉侧面的摩擦作用,可使涡旋发展起来。如果地形的尺度较小,不均匀的加热或气流的不均匀抬升,会产生水平温度梯度,是中尺度生成的原因之一。山脉地区的涡旋有利中尺度对流的发展,甚至形成龙卷风,产生强烈的降水。可以看到山脉对降水有增幅作用。

图 6.42a 显示了由于青藏高原盛行强(冷)西风气流,叠加到四川盆地低空暖湿空气上方,形成沿青藏高原东侧边界有序排列的一系列对流云团 A、B、C、D、E、F,由

于青藏高原盛行强西风气流,对流云顶部出现较长的卷云羽;图 6.42b 是大别山地的对流云团,可以看到由于山地的加热效应,对流云团 A 和 B 的位置于大别山脊附近;图 6.42c 是皖南和浙北山地晴天山脉地区积云的分布,可以看到积云浓积云分布于山脉的阳坡一侧;图 6.42d 是华北燕山脉地区的雷暴云,来自蒙古和黄土高原的冷平流到达受太阳加热的燕山山脉阳坡产生的雷暴云,云顶有向东的卷云羽。

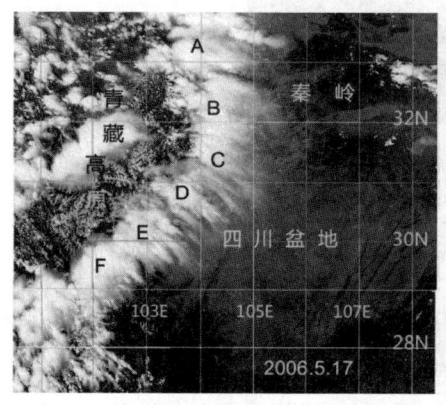

图 6.42a　青藏高原东边缘的对流云　　图 6.42b　大别山山脊处的积雨云

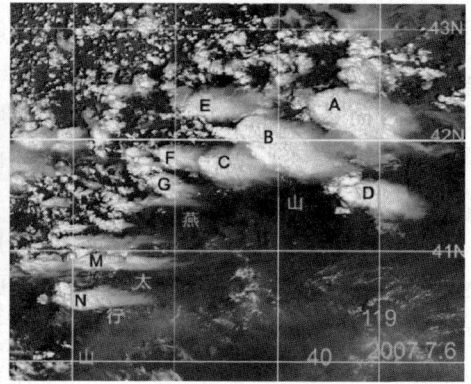

图 6.42c　江南丘陵地的积云浓积云　　图 6.42d　华北燕山山脉的雷暴云群

6.7.2　岛屿和海岸地带云系和对流云的分布

在卫星云图上岛屿对低云(层云和雾或层积云等)的分布有明显的作用,主要表现有:

6.7.2.1　在岛屿迎风一侧有云系堆积

当低空气流方向与岛屿正交时,在岛屿迎风一侧有云系堆积,而在岛屿背风一侧呈一片晴空区。在海面大片雾或层积云区中,如果有岛屿存在,由于低云随低空风平流,所以在迎风一面,云系堆积,而在岛屿下风方向相当长的距离内为无云区,再往下游方向又出现云区,无云区的范围和大小与岛屿上山脉长度和高度有关。如在冬季一次寒潮从大陆吹向洋面,台湾岛周围时常布满层积云区,由于岛上高山挡住了东北季风,在岛的东侧形成明亮的云带,下风方向(台湾海峡)表现为晴空区。如图6.43,台湾岛以东是偏东气流,低云

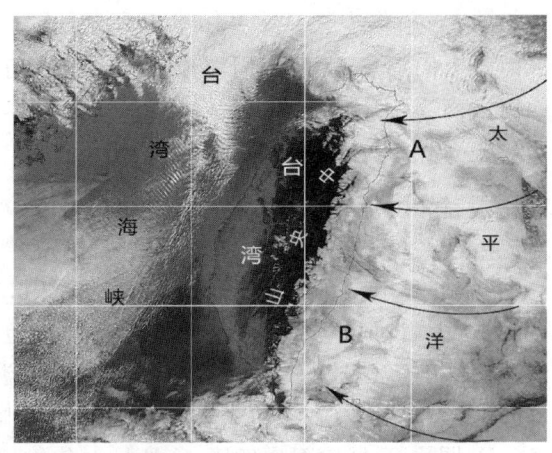

图 6.43　云系在台湾岛东侧堆积

伴随气流平流,阻挡来自西太平平流的层积云 A、B,在岛的东侧云系堆积,表现为稠密的白色云区,台湾岛本身没有云,其西侧为一片晴空无云区。

6.7.2.2　在岛屿的下风方向上出现一系列中尺度涡旋

当岛屿上山脉背风坡一侧很陡时,且在下风方向上出现低云区时,低云区上面有一逆温层,山脉的高度超过逆温层顶高度时,风向与山脉正交时,则在岛屿下风一侧的中低云区内出现一系列中小尺度涡旋云系,涡旋云系的范围决定于岛屿的大小。如在冬季寒流爆发时,西北气流通过朝鲜半岛南面的济州岛,在它的下风方向上时常会出现一系列中尺度涡旋云系。

图 6.44 显示在黄海以东海域济州岛的大片积云线中出现的涡旋云系,从图中看到积云线呈南北走向,表示该处区域盛行偏北气流,西北气流通过济州岛,由于摩擦作用,产生风切变由此产生的气旋性扰动,并随气流向下游方向移动,在该岛风的下游方向出现一串涡旋状云系 A—B,这些漩涡状的云结构均可称为"卡门漩涡"。

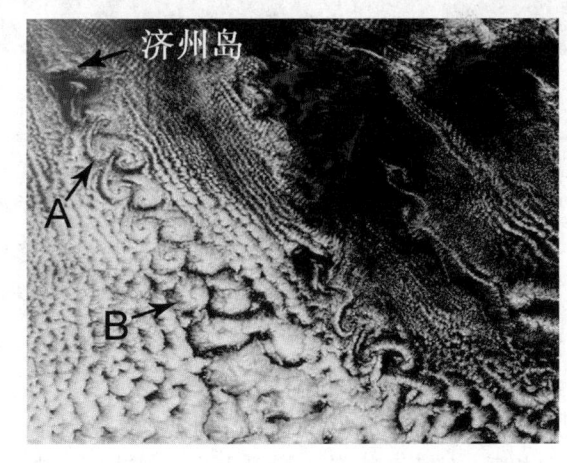

图 6.44　岛屿下风方向的小尺度涡旋云系(2017-01-09)

6.7.2.3 在夏季岛屿上布满对流性云系

由于太阳加热,岛屿四周海洋面的温度较岛屿低,在岛屿上布满了积云、浓积云,而四周洋面为一片晴空区。

6.7.2.4 冬季岛屿抑制云系的发展

在中高纬度地区,冬季洋面上的岛屿温度较水面的温度低,当以积云浓积云组成的对流云线经过岛屿时云系将减弱或消散。

图 6.45 显示台湾岛对云分布的影响,图 6.45a 是夏季 7 月份的白天云图,可以看到,由于太阳对陆地加热,温度升高,造成局地热力不稳定,积云浓积云 E—F 几乎布满整个岛屿,而四周海洋面,由于海洋的表面温度低,抑制云系的发生,呈现为晴空区;同时由于海风效应,空气从四周海洋吹向岛屿,因此在它的四周围有狭窄的晴空区 A—B,图中 T 是太阳耀斑区,C 处是大陆福建省的积云浓积云区。图 6.45b 是冬季台湾岛的云系分布,由于陆面温度低抑制云系生成,岛屿上基本为晴空区,而岛屿四周海面上为低云区,这时风从陆地吹向海洋,沿陆地附近为狭窄的晴空区。

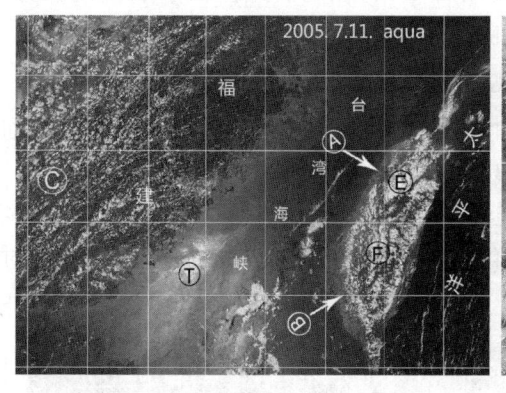 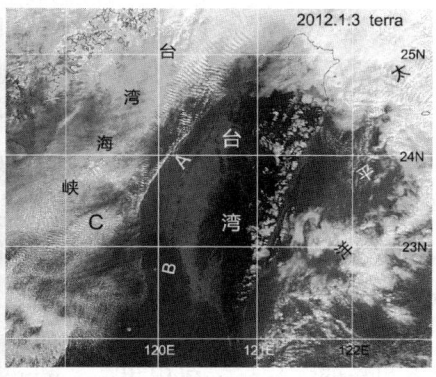

(a)夏季　　　　　　　　　　　(b)冬季

图 6.45　冬夏季台湾岛及周围云系分布特征

6.7.2.5 夏季河流湖泊对云系发展的抑制作用

在夏季,太阳对水面与陆地的加热有明显的差异,陆面升温快,水面升温慢,由此造成河流、湖泊的水面温度较陆地温度低,对流云系移向水面时将减弱或消散。

6.7.2.6 海、陆风对云系分布的作用

海陆风是由于海陆间温度差异造成的,对云系的分布起重要作用。在夏季陆地的温度较海洋高,气流从海洋吹向陆地,形成海风;如果在陆地上盛行风的方向与海风方向相反,而且又若海风的势力大于盛行风,克服陆地吹向海洋的盛行风,则在沿海岸的陆地区域内出现一条平行于海岸线的狭窄的辐合线,在这条辐合线内有强的

上升运动,在卫星云图上,形成一条狭长的积云带或雷暴云带。如果海风势力很强,在沿海岸地区先是一片晴空区,云系离海岸线有一定距离。因此利用卫星云图海风云系可以判断海风的势力。在海岸线以外的海面上是海风环流造成的下沉辐散区,云图上是一片无云区。当海风势力很强时,冷海风吹向陆地形成海风锋,并伴有强雷暴天气。

图 6.46　海南岛地区的海风云系

图 6.46 是夏季海南岛由于海风形成的云系分布,图中沿海岸地区是无云区,再往岛内云系以积云、浓积云组成,冷的海风从岛的东、西两边吹向岛中央,在岛中央云系 A、B、C 较稠密,且 A、B、C 发展成雷暴云系。

本章要点

1. 逗点云系主要特点,与大气流场间的关系及相互作用,逗点云系与天气系统的关系。

2. 斜压叶云系主要特点,与大气流场间的关系及相互作用,斜压叶云系与天气系统的关系。

3. 变形场云系主要特点,与大气流场间的关系及相互作用、与天气系统的关系。

4. 细胞状云系。

5. 水汽图的水汽边界。

6. 地形对云分布的影响。

问题和思考题

一、术语

云带,云线,涡旋云系,逗点云系,斜压叶云系,变形场云系,细胞状云系,积云线,内边界,头边界,底涌边界,干涌边界。

二、问题

1. 逗点云系是如何形成的?它在高空和低空流场间有什么关系?头部、尾部、云区与何种气流相联系?

2. 逗点云系与涡度场间是什么关系?与高空急流是什么关系?

3. 逗点云系有哪几类?其特点有哪些?

4. 斜压叶状云系的主要特点是什么?它与什么天气系统相联系?与高低空流场间有何关系?它分为哪几种类型?

5. 试述斜压叶状云系演变成逗点云系的过程?

6. 变形场云系特点有哪些?它有几种形式?如何根据变形场云系确定大气流场?

7. 未闭合和闭合细胞状云系是怎样引起的?它的主要特点有哪些?

8. 积云线和积云变稠密区是如何形成的?

9. 水汽图的水汽型式有哪些?

10. 水汽图上暗区的范围和宽度取决于什么因素?

11. 水汽图上斜压叶云系有哪些类型?主要特征是什么?

12. 山脉对云分布的作用有哪些?为什么有时对流云出现在山脉背风坡一侧?

13. 岛屿、海岸地带云系和对流云的分布的作用是什么?

第 7 章 由卫星云图分析高空槽、急流和地面天气系统

7.1 高空天气系统和大气波动

在大气中高层,天气系统表现为一系列波动,这些波动的振幅、尺度和移动速度很不相同,相应于这些波动在卫星云图上有清楚的表现,云系范围、型式、幅度和移动速度表示着大气波动的尺度、振幅和活动状况,为描述这些波动,在天气图上通常以高空槽线、脊线和急流的位置表示,高空槽线、脊线和急流的位置是高空天气分析的主要内容,由于常规天气资料每日只有两次,时间间隔达 12 小时,很难分析高空天气系统的连续变化过程,对于快速变化的天气形势,特别是自然灾害多发的夏季,中小尺度天气系统生命短、变化快,暴雨、冰雹天气系统从几十分钟到几小时,无法根据常规天气资料预报这些系统。利用高时间分辨率的卫星资料,可以分析高空大气波动,能分析高空槽线、脊线和急流的位置有利于帮助分析中小尺度天气系统,研究它们的活动规律。

通常高空槽前为上升运动,槽后为下沉运动,反映在卫星云图上,槽前为云覆盖区,槽后为无云区。但是实际情况是槽后冷空气由西北方向东南方一面前进一面下沉,冷空气下沉到地面形成冷高压区,而冷平流遇到云区时,下沉的冷气流使云顶降低。强的冷平流伴随高空急流向前推进,到槽线处并不会立即停止,而会越过槽线进入到槽前,冷空气所到之处只会下沉,越过槽前的冷平流使槽前出现晴空区。高空天气系统控制地面系统。

图 7.1 显示了 2015 年 9 月 30 日 12 时的红外云图,图中色调白亮的 A、B、C 是高空槽前西南暖湿气流里的云区,E、W 是高空槽后西北冷平流下运动区的晴空区,相应地面是冷高压 H,而于 D、F、S 处是冷平流叠加到云区上,使云顶高计降低表现为灰色的中低云区,R 是干冷空气入侵区,表现为黑色无云区。

7.2 利用卫星云图分析 500hPa 槽线

500hPa 高度气层位于对流层中部,在天气分析中常以 500hPa 天气图上的槽线表示大气运动的活动规律。在卫星云图上分析高空槽云系要注意以下几点。

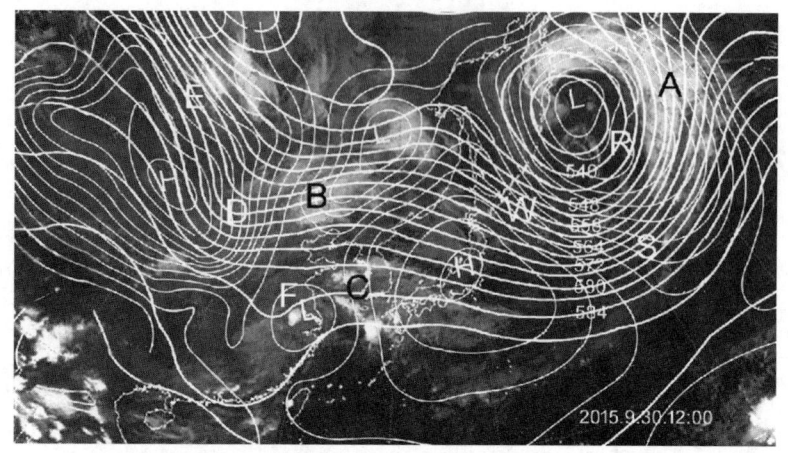

图 7.1 大气波与云分布（粗细为 500hPa 等高线，细线是地面等压线）

(1) 通常在 500hPa 高空槽线处，等高线的气旋性曲率最大，是正的曲率涡度最大的地方，因此在它的前方是正涡度平流区，后方是负涡度平流所在，该处的大气的垂直运动和气流方向有明显的改变，反映在卫星云图上的云系上也明显不同。

(2) 在大多数情形下，高空槽前是西南暖湿气流，由南向北平流到冷的地方，云系以层状云（层云、雨层云、高层云）为主；高空槽后为西北冷平流，干冷空气下沉，使云系消散，常表现为一大片晴空区；但是当西北冷平流到暖而湿的地表上空时，大气不稳定度增大，容易产生积云、浓积云等对流性云系。如在青藏高原上，午后地面受太阳辐射加热，温度迅速升高，高空槽通过后，就会出现大面积多起伏的对流云区；

(3) 高空槽云系可以表现为盾状、带状和涡旋状等多种型式，高空槽云系的不同部位，云系的种类也有很大不同；当西北冷平流侵入高空槽云系，冷平流下沉，使云顶高度下降，反映在红外云图上，云系的色调变暗；反之，在红外图上，如果高空槽云系后部云色调变暗，则表示有冷空气侵入云区。

(4) 如果高空槽云系迅速向北推进，云区北凸扩大，表示暖空气向北推进，表示暖锋锋生开始。

根据高空槽云系前后云系分布的差异和型式就能定出高空槽线的位置。

7.2.1　由逗点云系或积云变稠密区确定槽线

逗点云系或积云变稠密区分别与 500hPa 正涡度平流或正涡度中心相对应。但是逗点云系发展阶段不同，槽线确定的方法也不完全相同。一般有以下几种情况。

(1) 逗点云系初生时槽线的确定

逗点云系初生时，只表现为"S"形的后边界，这时的槽线定在云系的后边界处。

图 7.2 显示北太平洋洋面上空的两个短波逗点状云系 A 和 B，其尺度较小，由于逗点云系处于初始发展阶段，云系开始出现涡旋结构（干舌），但没有涡旋中心出现，因此 500hPa 高空槽线定在云的后界附近。

(2) 逗点云成熟时槽线位置

如图 7.3a，逗点云系成熟时常表现成尺度较大的涡旋结构和尾部云带，这时槽线定在涡旋中心到尾部云带的断裂处。

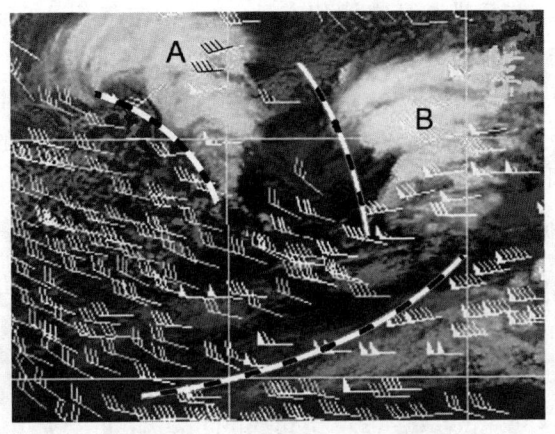

图 7.2　北太平洋洋面逗点云系
(2007-01-19 17:00)

(3) 逗点云系涡旋云区西侧西北气流中出现云系时的槽线

图 7.3b 中，这一般出现于逗点云系成熟时，在主槽的西北一侧、低压的西侧的西北气流里出现风的切变，云图上出现与一系列横向浅槽（常称阶梯槽）相伴的断裂的中高云，随西北气流环绕涡旋运动，在夏季当它移到主槽处强烈发展，并有雷暴出现。

(4) 逗点云系头部处出现大片卷云区时

图 7.3c 槽线有两条：一条从涡旋云系中心到尾部云带处；另一条定在头部出现大片卷云覆盖区的后边界处。

(5) 逗点云系尾部云带呈纬向分布时

当到夏季，副热带高压（以下简称副高）加强，逗点云系尾部云带横贯于副高北侧。这时在尾部的槽线与云带的北界相一致。

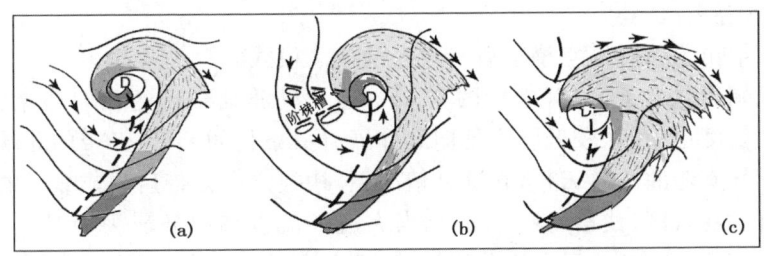

图 7.3　逗点云系定槽线

图 7.4 给出了我国东部逗点云系与高空槽线间的位置关系，图 7.4 中叠有 500hPa 等高线，高空槽线从涡旋中心 D 通过 R 云系至 A—B 云带西南端云系断裂

处,在云带与高空槽相交处,由于冷空气侵入,云顶高度降低,云带的色调变暗;还要注意的是逗点云系主要槽线后部的西北气流中有与短波相联的云系 R 和 E 顺西北气流向东南方移动,当这些云系移到主槽附近时,云系将会迅速扩大和发展。图 7.5 显示南北幅度较小逗点云 A 情况下的槽线,它的尾部受西北气流入侵,云顶降低,色调变暗。

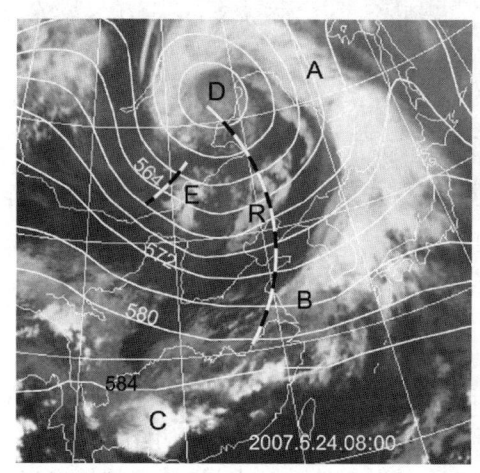 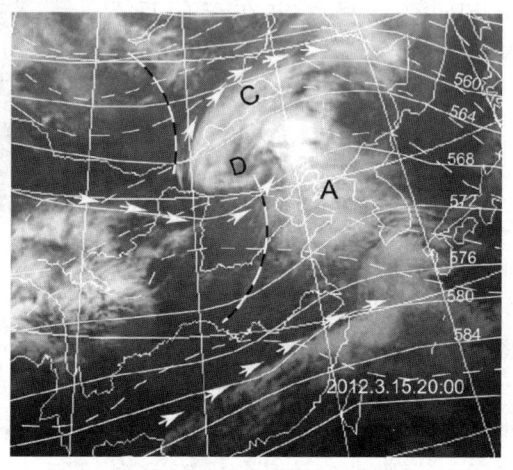

图 7.4　大幅度逗点云定高空槽线　　　　图 7.5　小幅度逗点云定高空槽线
　　(2007-05-24 08:00,FY-2)　　　　　　　　(2012-03-15 20:00,FY-2)

7.2.2　由大片中高云云区定槽线位置

从高空槽线到下游脊线之间是大范围上升运动区,在这区域中出现大片中高云区,而槽后为下沉运动区,为一片晴空区或少云区。根据中高云区的表现,还可分成以下几种情况。

(1)盾状卷云区

图 7.6 给出了三种高空槽前盾状卷云的概念模式。

①大振幅盾状卷云区(深槽)(图 7.6c):当大气波动环流的径向环流较明显时,云系的南北幅度也大,从较低纬度处向北伸展有一条长的云带,云带的北端表现为左界光滑的反气旋弯曲的卷云带,在这种情况下,槽线定在云带后界或靠后的地方。

②宽盾状卷云区(浅槽)(图 7.6a):当大气环流以纬向环流为主时,云系的南北幅度较小,而东西方向上,云区十分宽广,表明从低层到高层,槽线的坡度很小,即随高度向西北倾斜十分明显,这时 500hPa 槽线定在云区后界或向前的云区里。

③中等振幅盾状卷云区(中等幅度槽)(图 7.6b),这类云介于上面两类云之间。

有时在青藏高原上,盾状卷云区后面的西北气流中出现有对流云系,并进一步发展出现卷云,与盾状云系几乎连成一片,这时槽线位置的确定要根据云的连续演变进行分析槽线,把这两种云区别开。

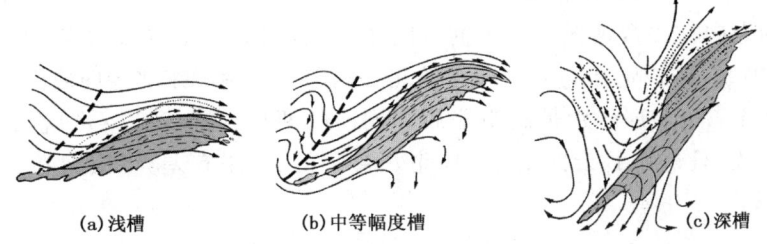

(a)浅槽　　　　　(b)中等幅度槽　　　　　(c)深槽

图 7.6　中纬度高空槽前大片中高云定 500hPa 槽线

(2)不规则中高云区定槽线

当高空风较小,即没有强风区出现时,中高云系分布不很规则,这时槽线定在这一片中高云区的后界附近。

(3)由带状云确定槽线

有时高空槽云系表现为一条长的云带,这时槽线定在云带的后界处。

(4)由云分布定出风向后定槽线

①从卷云线的走向定高空槽线,在低纬度洋面上卷云线的走向代表高空风的方向,所以高空槽线可以定在卷云线呈气旋性弯曲的一方。

②由卷云纹线定槽线,在中高纬度的可见光云图上可见到锋面云带或高空槽前云系中出现一条条与高空风方向平行的卷云纹线,由此可确定高空槽线。

③由波状云定槽线,波状云线与高空风方向垂直,故由波状云确定高空风的方向,并据此定出槽线位置。

图 7.7 显示了 2009 年 7 月 7 日河套地区上空的叠加在静止锋云系 E—F 上的浅槽云系 A,上升运动范围很广,云系越过高空脊线到达前方西北气流,并向北凸起,构成宽广的反气旋弯曲的卷云线,在云系与静止锋云带 E—F 相重叠的 G 处为一反气旋高压辐散场,北界出现横向波动云系,与高空急流轴(粗白线表示)走向相平行。

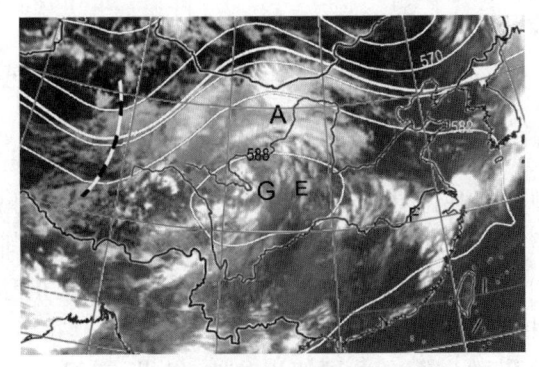

图 7.7　浅槽云系(2009-07-07 14:00)

图 7.8 显示了我国北方地区的高空槽云系,图中云系的南北幅度较大,云系左界较整齐,大多处在高空 500hPa 槽

前脊后,云很少越到脊线前方,只有少量卷云到脊前。

(5)高空卷云走向确定槽线

卷云的走向在多数情况下与风的走向相一致,因此根据卷云的走向可以确定高空 500hPa 槽线,槽线定在卷云走向为西北—东南与西南—东北走向之间。

图 7.9 中,A 和 B 分别是高空槽后和槽前的两片云区,可以看到卷云的走向与风向基本一致,只是在 B 云区最南端(此处卷云很少)略有差异,根据卷云就可确定 500hPa 槽线。

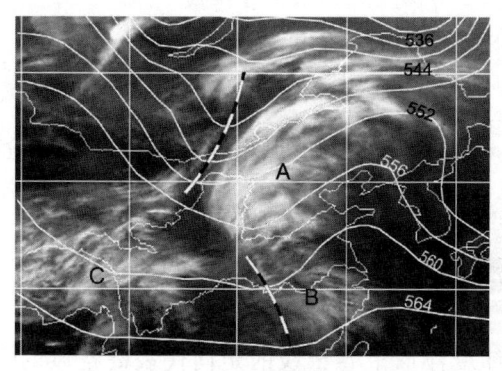

图 7.8 中等幅度槽云系
(2008-03-20 20:00)

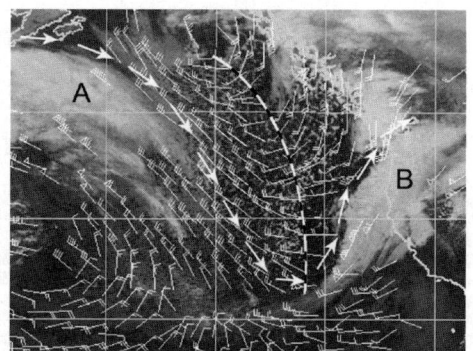

图 7.9 卷云走向定槽线
(2007-02-22 11:00)

南北逗点状云叠加下高空槽线:当南北高空大气波的相位相同时,波的振幅会加大,相应于高空槽云系表现为云系的幅度加大,从低纬度地区伸到高纬度地区,成为大振幅槽。

7.3 南支槽和青藏高原切变线云系

在冬半年,高空槽云系从青藏高原南侧通过东移影响我国东部地区,这一类高空槽称之"南支槽"或"印缅槽"。南支槽从 10 月中旬开始出现到翌年 6 月中旬消失,这类槽大多起源于地中海、里海、阿拉伯海和北非一带。由于青藏高原的地形作用,在 90°E 附近容易形成动力性低槽,所以南支槽移到这里会准静止并加强。据 12 月至翌年 2 月 5 天平均槽的频率统计,出现在孟加拉湾的百分比频率为 40%,另外在 105°—110°E 的我国四川盆地、贵州、广西地区出现的频率也比周围高一些。南支槽是影响我国南方地区的重要天气系统,不仅带来降水,还时常造成暴雨、冰雹、大风等灾害性天气。在青藏高原南侧及以南地区,气象测站少,所以对南支槽的活动情况及其相伴随的中小尺度天气系统的了解很不清楚。利用静止卫星云图资料可以监视南支槽的活动及其中小尺度的形成和发展。南支槽云系所处的地理环境不同,云系的表现也有所不同。

7.3.1 青藏高原南侧的南支槽云系

在青藏高原南侧,南支槽云系可以分成三种类型(图 7.10)。

(1)带状云系

当南支槽发展较深厚时,它的南北幅度大,在槽前出现带状急流云系,云带的左界光滑整齐,云带北端出现反气旋弯曲的卷云。带状南支槽云系常从孟加拉湾或印度洋向东北方向伸至我国南方的云、贵、川地区,移速较慢,宽度可达 4 纬距以上,长度达数千千米,持续时间为 1~2 天,有的达 5~6 天。带状南支槽云系的形成最初表现为在印度半岛出现较短的云带或者在孟加拉湾热带洋面上从热带云团上出现向北伸出的短卷云,然后逐渐向北伸展而生成。

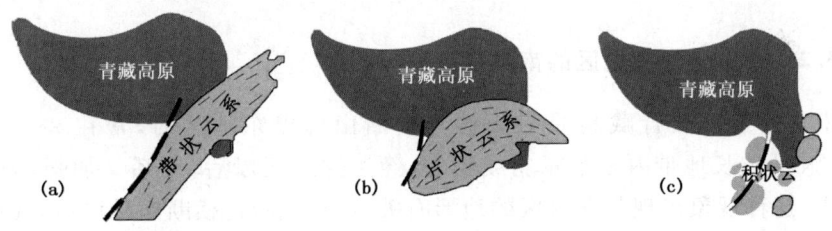

图 7.10　南支槽云系模型

带状南支槽云系移到我国南方地区时会带来降水。由于其移速慢,可造成 3~5 天的连续性降水。

(2)卷云覆盖区

当南支槽的南北振幅为中等或较小时,从印度西部到青藏高原南部地区出现成片的卷云区,云区中卷云纹线或反气旋弯曲的纤维状结构十分清楚。

(3)对流积状云区

有时南支槽表现为在青藏高原南侧出现范围不大的积状云区,这些云系没有一定的型式,但时常伴有强雷暴天气,当这片云区移至我国南方地区时,同样会带来强雷暴天气。

图 7.11a 中显示在青藏高原南面地区和我国华南地区存在东北—西南走向的卷云羽,其间叠加有一系列对流云系 A、C、W,随南支槽前西南气流向东北方向推进。图 7.11b 显示在南亚和喜马拉雅山南面的对流云 C1、C2,可以看到这些对流云系相互孤立分布,同时可见到这些对流云有明显的卷云砧,说明该地区的高空风速很大,有强的风速垂直切变,这些云系常会移入我国西南地区,造成我国西南地区雷雨大风

和冰雹天气。

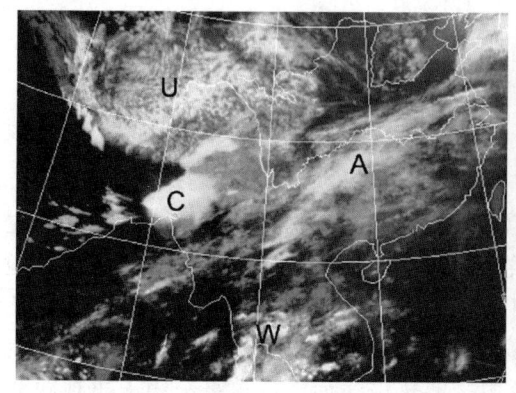
(a)2007-04-12 18:00

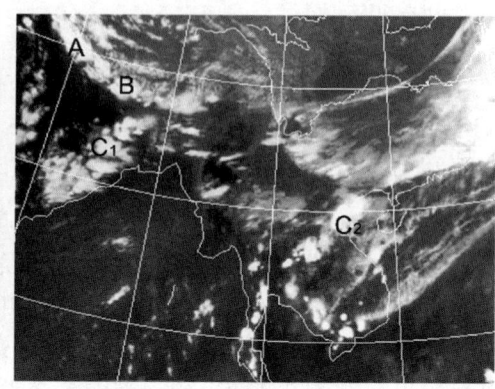
(b)2007-04-17 19:00

图 7.11　南支槽积状对流云系

7.3.2　云贵—华南地区的南支槽云系

当南支槽云系从青藏高原南侧移到横断山脉以东地区时,常在 98°—103°E,23°—30°N 的狭长地带内云系减弱或消失,经过这地区以后,云系又加强,云区出现跳跃现象,这种现象出现与该地区的地形有关,当气流越过横断山脉以后,气流下沉,使云系减弱消失。

南支槽云系继续东移,便和华南静止锋和昆明静止锋云系相合并,表现为大片稠密云区。由于南支槽云系与静止锋云系合并在一起,不容易确定槽线的位置,但是由于槽后西北气流的作用,云区内会出现一些裂缝,这时槽线就可定在这些裂缝处。

在冬半年,南支槽云系东移至我国云贵、广西、广东、湖南等长江流域以南地区时,会给该地区带来降水,是我国南方重要的降水天气系统之一。在春季南支槽云系常造成连阴雨天气,对农业生产不利。当南支槽云系呈盾状时,东移至华南地区时形成南方气旋,并形成暴雨、冰雹和短时大风等灾害性天气,应引起预报员注意。

南支槽云系呈带状时,是一条暖输送带,当它与北支槽或其他云系相联时,将低纬度的水汽、热量和动量输送到较高的纬度,为较高纬度地区降水提供了有利条件。预报员作降水预报时必须考虑南支槽云系的活动。

7.3.3　青藏高原槽云系

(1)开始移入青藏高原的高空槽云系

移入青藏高原的高空槽云系可以表现为盾状卷云区或由多层云和对流性云系组成的气旋性弯曲的云带,图 7.12a 显示了高空槽云系移上高原的情形,在图中,与涡旋相联的有一条东北—西南走向的主要由对流云组成的云带移到帕米尔高原到天山脉;图 7.12b 显示有大片卷云区移上青藏高原的情形;位于中亚的涡旋云系南部为正涡度中心区,而盾状卷云区或云带相应的是正涡度平流区。由于中亚的切断低涡相联的涡旋云系稳定少动,青藏高原西侧处于持续的正涡度平流区,云系不断新生发展,有云系连续不断地向高原中东部移动,并继续东移影响我国大部分地区。在这种情况下可造成我国中部地区连续性降水。

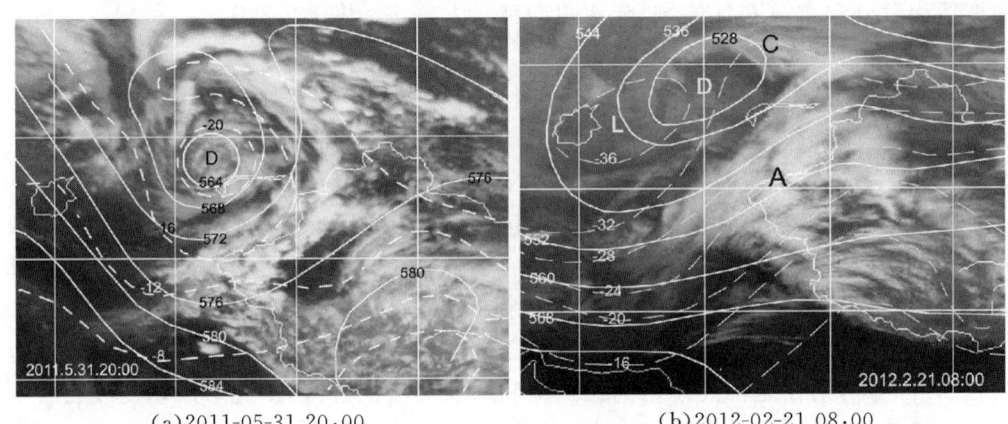

(a)2011-05-31 20:00　　　　　　　(b)2012-02-21 08:00

图 7.12　高原槽相联的

(2)青藏高原槽云系

在冬半年,夜间青藏高原上陆面温度较低,处在高空槽前西南气流控制下的来自青藏高原以南地区的暖湿气流平流到冷的青藏高原表面上,便产生稳定性层状卷云。如图 7.13 中,青藏高原处在高空槽前的暖湿气流之中,暖湿气流到达青藏高原上在

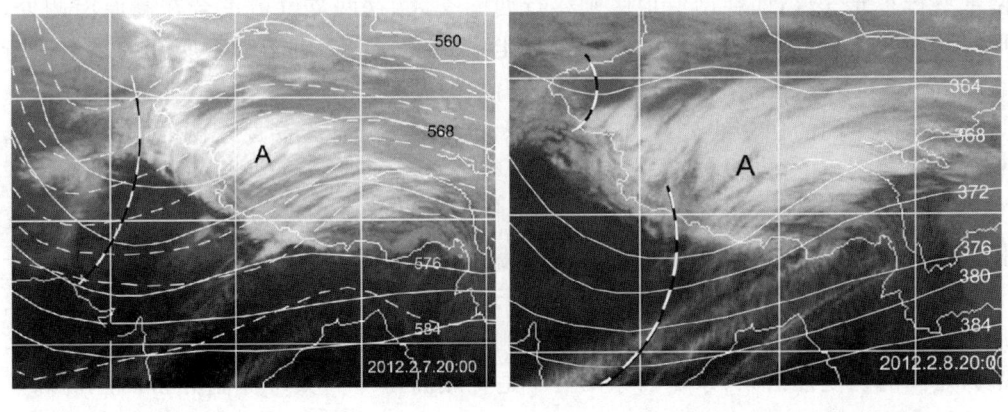

(a)2012-02-07 20:00　　　　　　　(b)2012-02-08 20:00

图 7.13　青藏高原槽纤维状卷云系

冷的表面平流,形成成片稠密的纤维状卷云,给高原带来大风雪天气,而在青藏高原以南的印度平原地区,温度高,是无云区。

7.3.4 青藏高原上的切变线云系

切变线云系是青藏高原上的主要降水系统,从春到夏,其由北向南移。春季的切变线云系经常横贯于高原的中北部地区,形成高原上大范围降水天气;到盛夏季节,切变线南移到雅鲁藏布江流域,降水也南移。

(1) 春季青藏高原上的切变线云系

在春季的青藏高原上 30°—35°N 附近常有一条横贯高原的东西向云带,这云带有时稠密,有时稀疏,主要有积状云、卷云组成,较强的云带有降水出现,这种云带主要出现在如下三种天气情形下。

① 南槽北脊反相形势:在新疆西部地区为一高压脊,西藏地区为一低压槽,形成高原北侧为西北气流、南部地区是西南气流,这两支气流交汇于 35°N 的高原中部处,形成一条春季青藏高原上的切变性云系。

② 两高压形势下的切变线云系:在新疆地区为一闭合高压,青藏高原南部地区也为一闭合高压,则在这两高压之间是西南和东北气流汇合区,由此形成切变线云带。

③ 锋面切变线云系:当冷锋云带强烈发展并越上高原后,由于某种原因便静止少动,横贯在高原上,成为切变线云带。

(2) 夏季青藏高原上的切变线云系

在夏季,青藏高原上的切变性云系主要出现于它的南部和东南部,并在 400hPa 上最清楚。可分成两种情况:

① 暖高压南侧的切变线云系:夏季青藏高原上空为一暖性高压控制,则在高原的南部盛行东北气流,而在南亚地区则盛行西南季风,这两支气流汇合在高原南侧处,形成切变线云带,云带与高原的南边界的走向几乎一致。由于云系所在的高空盛行东北气流,所以云顶部出现向西南方向伸出长的卷云砧。

② 两高压间的切变线云系:这是当西太平洋高压西伸至高原东侧的四川盆地时,与夏季青藏高原上的暖高压间形成的切变线云系,其西侧为西北气流,东侧为西南气流,云带呈东北—西南走向,由积状云和层状云组成。当该云系与其北侧的天气系统相联结时,它成为一个向北输送水汽的通路。

图 7.14 为夏季青藏高原上的切变线云带,在青藏高原上空为高压控制,呈现大片无云区,其南侧云系 A—B 为暖高压南侧的东北气流与青藏高原以南地区的西南季风之间的切变性云系,东侧云系 C—D 是青藏高压与西太平洋副热带高压两高压间的切变线云系。在夏季切变线云带内多对流性云团,给该地区造成暴雨和大风天气。

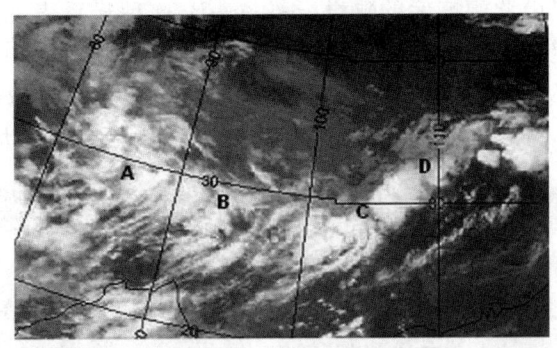

图 7.14　我国青藏高原南侧和东侧的切变性云系
(2000-07-14)

7.4　卫星云图确定高压脊线

7.4.1　卫星云图识别高空高压脊线

7.4.1.1　狭脊(南北幅度很大的脊)

当大气环流盛行径向环流时,就出现深槽狭脊,高空脊的南北幅度很大,东西方向的宽度很窄,所以称它为狭脊。在狭脊的脊线附近,垂直运动符号有急剧变化,脊前为下沉运动,脊后为上升运动,所以云一过脊线就立即消失,因此脊线的东面是少云或无云区,与狭脊相联的云区比较窄,南北幅度较大,脊线的位置就定在云带的前边界或靠前一点的地方。图 7.15 是几种高空狭脊云系分布的概念模式。图 7.15a 狭脊表示为南北走向的云带;图 7.15b 为阻塞高压下的云分布,脊前的下沉运动特别明显,尤其是当出现阻塞高压的情形时,高空高压脊线定在云带前面几个经度的地方;图 7.15c 是南北幅度甚大盾状云下的狭脊。

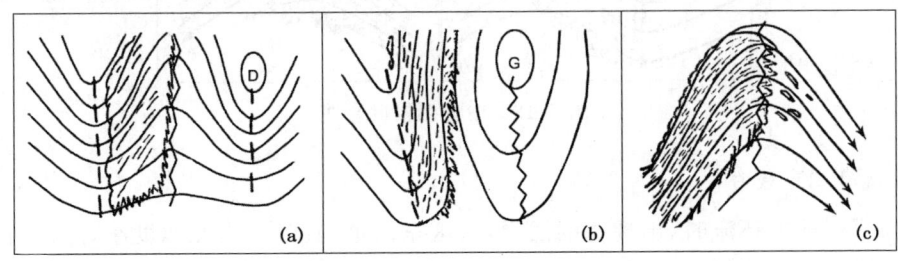

图 7.15　高空狭脊和云分布

图 7.16 显示了南北幅度大的狭脊云系 A—B,这种云系表现为与涡旋相联的南北向的带状,脊线定在云的前界附近,只有少量卷云越过脊线。

图 7.17 显示了我国中部地区宽广的强脊云系 A—B,云系宽广,但是云只处于槽前脊后的范围内,脊前为强的下沉运动区域,脊后为大上升运动区。

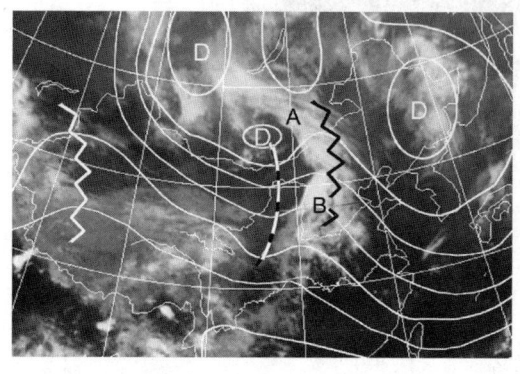
图 7.16 华北狭脊云系(2009-06-05 20:00)

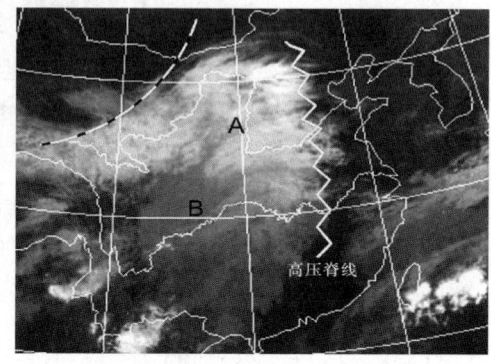
图 7.17 中部地区宽脊

7.4.1.2 中等幅度脊线

当径向环流与纬向环流相当时,就出现中等幅度脊线。如在图 7.18 中,中等幅度脊线附近,垂直运动的符号是逐渐改变的,所以与中等幅度脊线相连的云区比狭脊的云区要宽,而且云区也不像狭脊那样,云系可以越过脊线伸展到脊前(大多是卷云)。在可见光云图上,透过卷云可以看到中云,脊线的位置定在云区前边界以西几个经度处,大致在中云的前边界处。如果没有卷云伸到脊线上,脊线的位置定在中云前边界稍稍后面处。

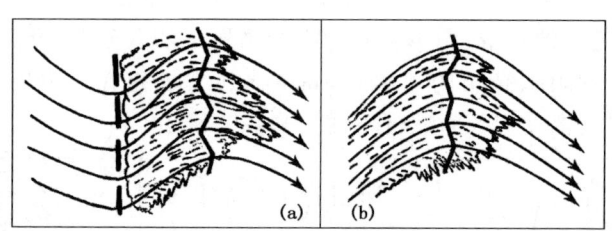
图 7.18 中等到幅度脊线

7.4.1.3 浅脊

当盛行纬向环流时,出现宽的浅脊,云区东西范围甚广,南北幅度小,这是由于槽线到脊线间的范围甚广,上升运动范围也很广,云区前部边界处的云进入逐渐增强的下沉运动后是缓慢消失的。

在浅脊上，由于垂直运动符号的改变是逐渐过渡的，云可以伸过脊线到下游相当长的距离处，因此浅脊的位置可以定在云区前部边界以西的云区内。在这片宽广的云区内，常见到一条条反气旋弯曲的卷云纹线，脊线就可以定在这些纹线反气旋弯曲曲率最大的地方。

图 7.19 显示青藏高原上浅脊的云系特点，南北幅度小的云系 A 呈反气旋弯曲，云中的纤维结构清楚，云系越过脊线到达脊前，表明上升运动的范围较大。青藏高原以北的 500hPa 上为一致的西北气流，抑制云系 A 向北发展，使云系的南北幅度小，脊线可定在反气旋曲率最大的地方。

图 7.20 显示了从青藏高原到华北地区的浅脊浅槽云系 A、B、C，图中可见这些云系处在平直的西风环流中，南北幅度小，由于水汽条件的差异，这三块云的范围也不同。

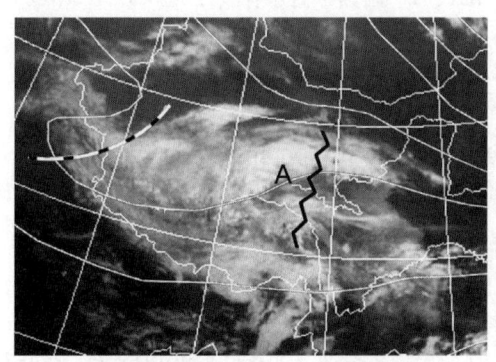

图 7.19 青藏高原浅脊浅槽云系
（2007-04-25 08:00）

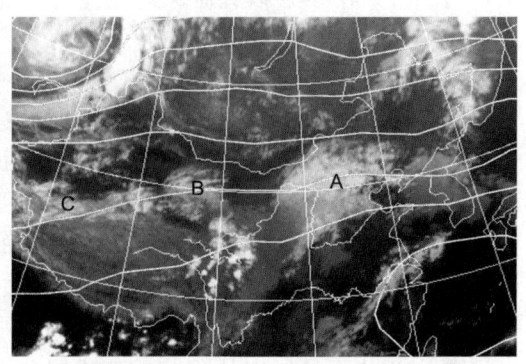

图 7.20 华北地区的浅脊浅槽云系
（2007-10-02 20:00）

7.4.2 卫星云图确定地面高压脊线

利用卫星云图上云系分布可以定出地面高压脊线，其中定出副高脊线这对于确定夏季梅雨的开始或结束很有帮助。但是并非每一个高压都能定出地面高压脊线。利用云图确定脊线可以采用预先得出的概念模式进行。

7.4.2.1 第一类地面高压脊线

如图 7.21a 中，当洋面副热带高压脊线北面有锋面云带存在时，有时在云带的前界处出现一条条细的枝状云线（带）伸到地面高压内，而这些枝状云系到达高压脊线位置处时就消失，所以地面高压脊线就可以定在这些云线（带）的最南端。图 7.21b 显示了我国东南沿海地区的第一类地面高压脊线，A—B 是江淮地区的梅雨云带，从云带内向副高伸出枝状云线。

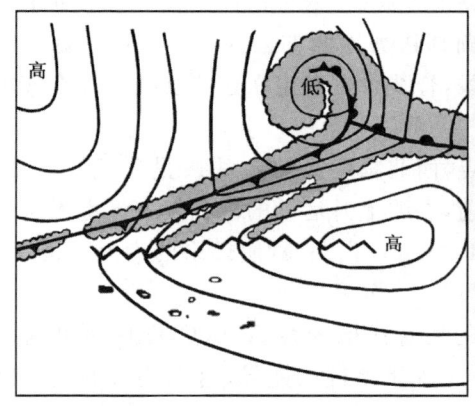 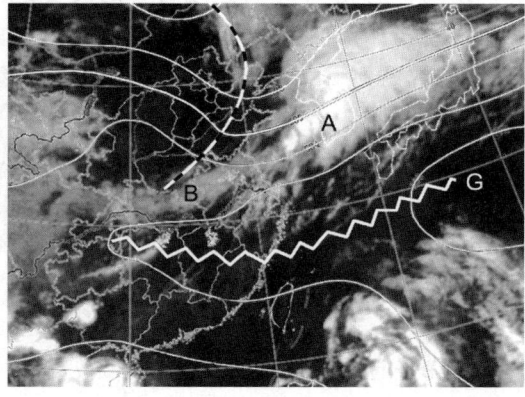

图7.21(a) 第一类地面高压脊线　　图7.21(b) 副热带高压脊线(2009-07-12 08:00)

7.4.2.2　第二类地面高压脊线

图7.22中,在副热带高压的西侧,低空气流方向由东南方向转为南或西南气流,云的性质也就由积状云改变为层状云,地面高压脊线可以定在积状云到层状云的过渡地区。出现这种现象的原因是由于空气受下垫面的加热和稳定度的差异引起的。在副高南侧的东南或东风气流是一支较冷的气流,向偏北方向在暖表面上平流,受下垫面的加热,是不稳定的;而在副高脊线以北的西南气流中,暖空气受下垫面冷却,变得更稳定些。

要注意的不是所有从积状云变成层状云的地方都和地面高压脊线相联系,分析时要小心。

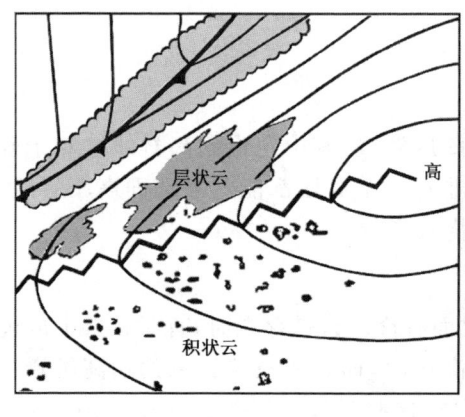 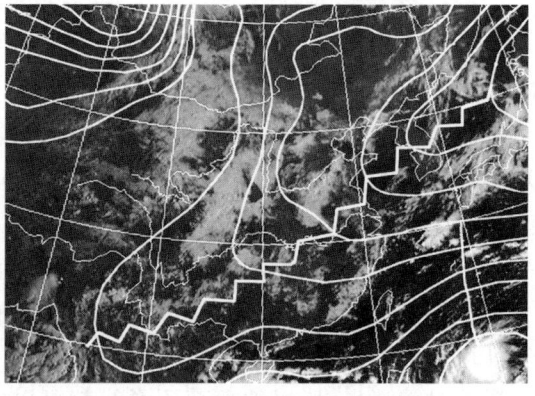

图7.22　第二类地面高压脊线图　　图7.23　华南到洋面的副高脊线

图 7.23 显示从我国南方地区到日本海的高压脊线,在早晨的可见光云图上,可见到在高压脊线以北地区,近地面气流由脊线处自南向北进入冷的表面上,由此为一片离散的层状云系;而在副高脊线之南为积状云。

7.4.2.3 第三类地面高压脊线

图 7.24 给出了第三类地面高压脊线的概念模式。在中纬度洋面上,如果两个气旋靠得很近,则两个气旋中间的冷高压脊表现很陡,并成南北走向,在这冷高压的北端,风从西南或西风转成西北风。

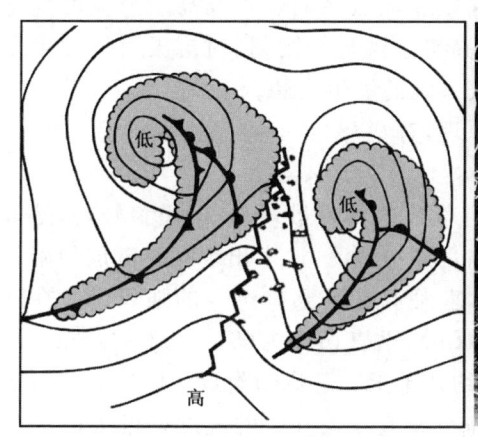

图 7.24(a) 第三类地面高压脊线　　　图 7.24(b) 中纬度地面高压脊线

在地面偏北气流中,空气在暖的水面上加热生成积状云,此时高压脊线可以定在西边低气压中密蔽云区的前界,也就是在偏北气流中开始有低空积云出现的地方。但有时在冷高压前部的气流方向为偏北气流时,气温和海温相差不大,并没有积状云出现,这时脊线就定在层状云逐渐结束并开始出现晴空区的地方。

7.4.2.4 由副热带高压内的积云线确定地面高压脊线

副热带高压常表面为一片无云区,在副高西侧无云区内出现一条条反气旋弯曲的积云线,其走向与低空风的方向一致,地面高压脊线定在积云线呈反气旋弯曲的最大向北一个纬距的地方。

7.4.2.5 根据太阳耀斑确定地面高压脊线

在洋面高压脊线附近,风速很小,水面特别平静,太阳耀斑十分明亮,此时在耀斑的两侧出现一个暗区,地面高压脊线定在两个暗区的长轴上。这类太阳耀斑最常出现在椭圆状的高压区中央,这种情形只有当地面高压脊线与太阳耀斑区在同一地方出现时才能发生。必须注意,有太阳耀斑的地方未必一定是地面高压脊线所在,只有太阳耀斑很亮的地方才是。

7.5 高空急流云系

7.5.1 高空急流的概述

高空急流的位置和强弱对确定大气活动过程和灾害性天气的发生和发展有重要意义。由于卫星自上向下观测,对观测高空急流云系特别有利,特别是对于那些资料稀少的地方尤其重要;由卫星云图可以定出高空急流云系的位置及高空急流的变化对于航空保障有重要的作用;卫星观测表明,高空急流与暴雨、强对流天气的发生发展有着密切的关系,可以进一步分析对流天气系统的发生发展。

由于大气中存在有温度梯度,按热成风原理,有

$$V_T = (R/f) \ln(p_0/p_1)(k \times \nabla \overline{T})_p$$

式中,V_T 是热成风,$\nabla \overline{T}$ 是温度梯度,R 是干空气比气体常数,f 是柯氏参数,p 是气压。当高层大气温度梯度增加一定值时,就出现高空急流,通常出现在对流层顶附近或平流层中的一股强而窄的气流。一般指风速大于或等于 30m/s 的强风带。在这股强气流中,风速的水平切变为(5m/s)/(100km),垂直切变为(5~10m/s)/km。高空急流长度可达几千千米,宽约几百千米,厚约几千米。急流轴附近的风速有的可达到 50~80m/s,最强的可达 100~150m/s。高空急流与大气中的温度梯度大的区域相联,主要有:①冷暖锋区;②由于地形不均匀区域;③太阳辐射加热不均匀区域;③大气中冷暖平流区域;④平流层增暖也会形成大的温度梯度等。

7.5.2 中纬度地区高空急流云系的主要特点

在卫星云图上,高空急流云系以卷云为主,常表现为带状,由于在高空急流附近有强的风速水平和垂直切变,所以高空急流云系的主要特点有:

(1)高空急流卷云主要位于急流轴南侧(北半球而言),其左界光滑整齐,并且与急流轴相平行;

(2)在急流呈反气旋弯曲的地方云系稠密,而在急流气旋性弯曲的地方,云系稀疏或消失,所以急流云系主要集中于反气旋性弯曲急流轴的南侧;

(3)在可见光云图上,急流云系的左界有明显的暗影。

图 7.25 中,A、B 和 C 是三个色调白亮呈反气旋弯曲的急流云系,其中 A 处向北凸起最明显、范围宽广,其左界光滑整齐,与急流轴(图中白色箭头)相平行。在急流的左侧是与下沉运动相联的晴空区;右侧是与上升运动较强烈相联的卷云区,B 和 C 的范围相对较小;在 A、B 和 C 间急流轴呈气旋性弯曲的地方,云系稀少或为晴空区,高空为西北气流区。

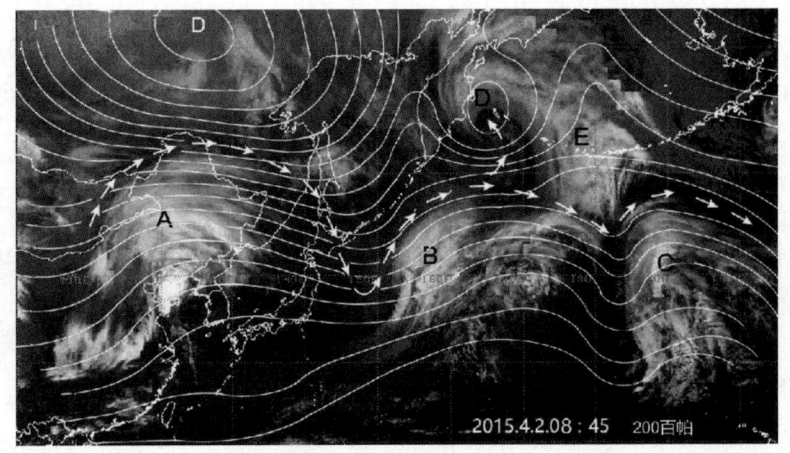

图 7.25 中纬度急流及其云系

7.5.3 急流云系类型

7.5.3.1 宽广的盾状卷云区

当大气环流呈纬向,在高空槽前有暖湿气流向北推进,由于云的平流,卷云沿风的方向伸展到高空脊前,这时,急流云系常表现为云系向北(冷区)凸起、左界光滑、范围十分宽广的云区,云区中出现一条一条反气旋弯曲的卷云线,称之为宽阔的盾状卷云区。在卫星云图上,宽广的盾状卷云区所相应的天气系统有:

(1)高空高压脊和温度脊区:宽广的盾状卷云区与高空温度脊或厚度脊相对应。在从槽线到脊线之间是急流的入口区,风是加速的,急流卷云能穿越等高线,并指向等高线的低值一侧;而从脊线到槽线之间是急流的出口区,风是减速的,卷云穿越等高线时,指向高值一侧。因此卷云区的振幅比等高线的振幅要大,等高线与急流间有大约30°的交角。

在暖平流区域,深而宽的温度脊与盾状卷云相一致,盾状卷云的中轴线与温度脊的轴相一致;如果有强的急流和锋面存在,云区的后边界与厚度线相平行,等厚度线与云区中的卷云纹线相平行。

急流盾状卷云区通常与高空负涡度区相对应,而在盾状卷云区的后边界附近所相应的是高空槽线,该处是高空正涡度中心所在,考虑到高空风的方向,所以在盾状卷云区中常伴有强的正涡度平流。

(2)宽广的盾状卷云区与地面的气旋波相联,盾状云系伴有暖平流,云区位于地面暖锋的上方;盾状急流与地面气旋波重叠时,云系范围扩大、色调变白、云层加厚,有较强的降水出现;

(3) 宽广的盾状卷云区与锢囚锋相交时,当急流云系与锢囚锋相交时,在相交的南侧处,为上升运动区,锋面云带变宽,色调变白,纹理均匀,宽广的盾状卷云遮蔽了锋面云带里的高层高积云;在急流的北侧的锢囚锋云带上,为下沉运动区,卷云很少,以多起伏的中低云为主。

图 7.26 显示了出现在西北太平洋面上的宽广的小振幅盾状急流卷云区 A 和 B,云区,左界较光滑,

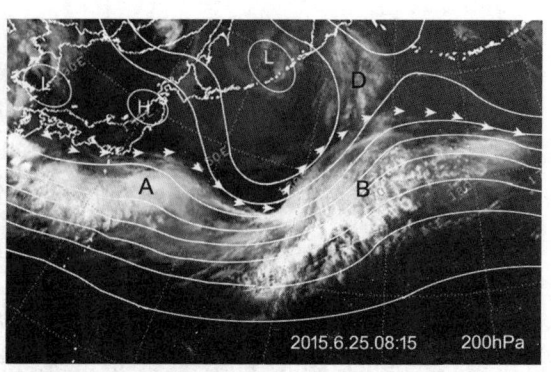

图 7.26 平直环流下的盾状急流卷云区

东西近 20 个经度,南北幅度较小,约 10 个纬距,由于振幅小,云系可平流到脊前,A 和 B 连成一片,只是在气旋性弯曲的地方有较稀薄卷云。

图 7.27 给出了从我国区到西北太平洋地区的大振幅急流云系,在我国东部地区为一南北幅度的成熟气旋云系 A,急流穿过气旋,有两支宽广的盾状急流云区 J_1 和 J_2,盾状急流云区 J_1 与锢囚锋云带相交,具有冷暖锋结构的气旋相联系,盾状急流云区 J_2 与青藏高原东南部的南支槽云系相联。盾状急流云区 J_1 和 J_2 之间 B 处,急流气旋性弯曲,云系明显减少。

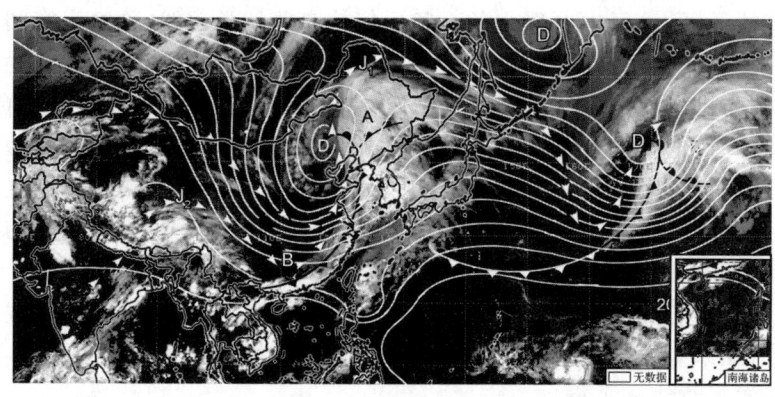

图 7.27 大振幅下与成熟气旋相联的急流云系

图 7.28 显示了青藏高原西部盾状急流云系 A 在红外和水汽图上的类似表现,云系北界光滑整齐,向北凸起,云系后界处有冷的西北急流侵入,红外图上云区的西边界向云内凹,水汽图上为有一支干的暗黑区入侵到盾状云系。

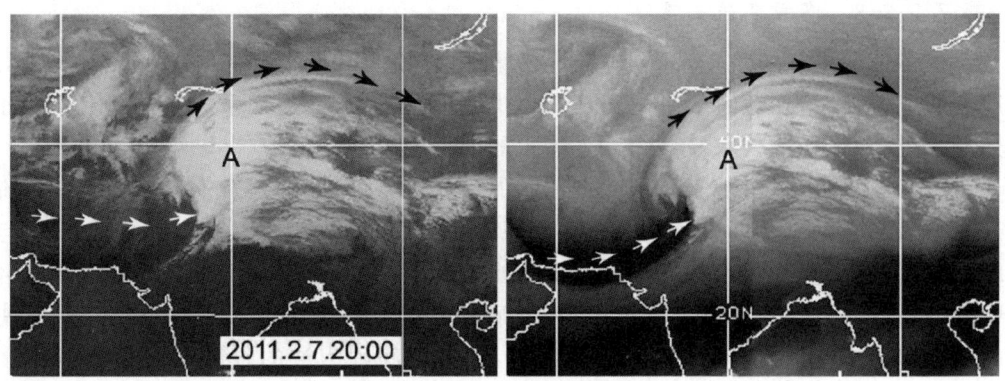

图 7.28　青藏高原上宽广大的盾状卷云

7.5.3.2　急流卷云线

当高空大风区南北范围较宽时,有些高空急流并没有大片急流卷云区,只表现为一条条狭长的卷云线,这种卷云线基本上与高空风方向相平行,并处在急流轴南侧。由于这种急流卷云线是断裂的,所以不容易确定急流轴的位置,但是由卷云线可以推断高空风的方向。若卷云线的长度越长,边界越光滑,说明高空风越强。

图 7.29 显示了从我国中部到黄海上空的急流卷云线,由于急流云系强风区较宽,云区中表现有一条条卷云纹线,卷云线的羽状特征很明显,这些纹线走向与高空风的方向基本一致。

图 7.30 显示从青藏高原到华北地区的卷云纹线,其中有些表现为较宽的卷云带,这是由于青藏高原上积雨云发展出现的卷云砧向东伸展出现的。

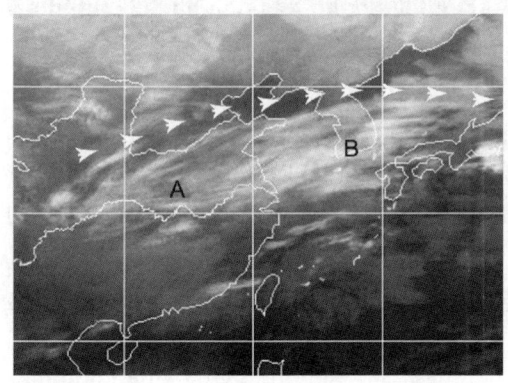

图 7.29　我国中部到黄海上空的急流卷云线
（2009-12-15 07:30）

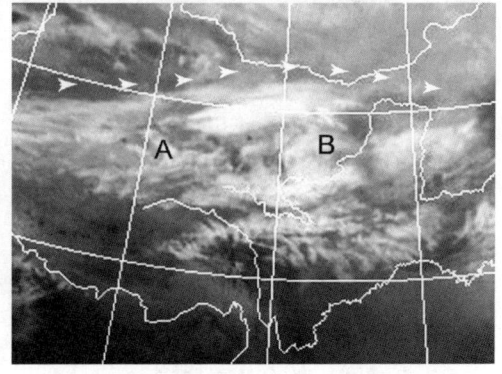

图 7.30　青藏高原到华北地区的卷云纹线
（2009-11-15 22:00）

7.5.3.3 多重急流云系

很多情况下,在存在有几个等温线密集区时,卫星云图上会同时出现两支或两支以上的急流云系,在急流云系之间是一片少云或晴空无云区,云系的左界都十分整齐光滑,急流轴定在离云系左界约一个纬距的地方。

图 7.31 显示了出现于我国北方地区的急流云系,可以看到云中存在有多支急流云系 U、A—B 和 J、L,它们南北重叠,表现为一幅复杂的云系分布图,可以看到 A 与 B 之间 E 处中低云很少,只有纤维状卷云出现,急流主要位于对流层上部,而该地区中低空为西北气流所控制的下沉运动,以晴空天气为主,L 和 J 表现为反气旋性弯曲的盾状,是对流层中部大气波振幅最大区,它们之间则为波的谷区。在 C 处为雷暴云,其上方为多起伏的对流云系。

图 7.32 显示了多重急流云系 E—F、A—B、R,其中反气旋曲卷云 R 的西侧为晴空区,与上图有类似的特征。

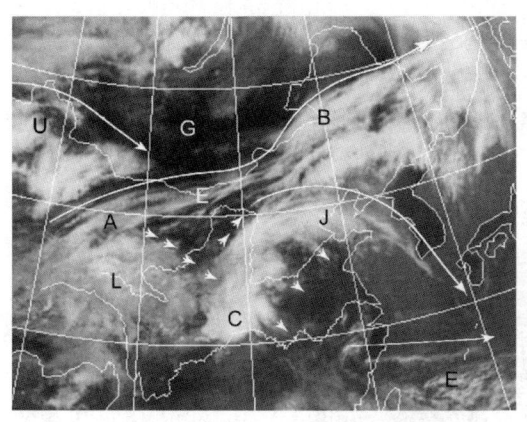

图 7.31 华北地区多重急流云系
(2008-04-19 14:00)

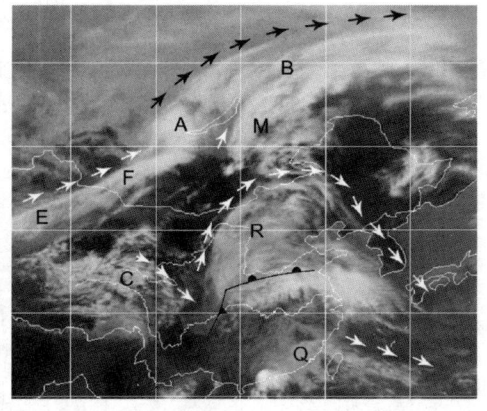

图 7.32 我国北方多重急流云系
(2006-05-04 11:00)

图 7.33 显示了我国青藏高原上空的宽卷云线,与上不同的是卷云表现为 A—B、A—C 和 A—D 三条窄卷云带,向东呈辐散状走向,图中卷云羽走向与高空风向相关。

图 7.34 显示了从孟加拉湾伸至我国华南地区的副热带急流云线,云系较窄,这种云系出现意味有西南暖湿气流活动。

7.5.3.4 横向波动云系

在中纬度高空急流云系左界附近时常见到一条条与急流相垂直的波状云线,使得急流左界呈锯齿状,这种云系称横向波动云系。

图 7.35 显示了西北上空出现的横向波动云系 AB,急流云系表现为平直,E 是急流云系右侧云系稠密均匀光滑。

图 7.36 显示了横断山脉之南的急流云系 A—B,云中有一系列横向波动云系,它不出现于急流云的左边界处,而是出现在急流云内。

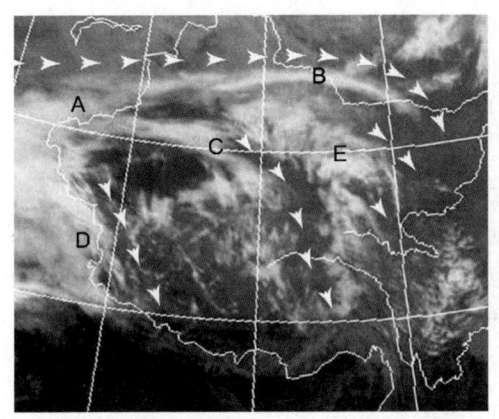 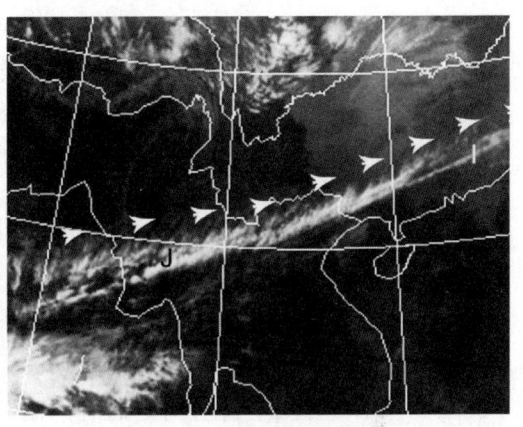

图 7.33　青藏高原上空的宽卷云线　　　　图 7.34　窄副热带急流云系
　　　（2008-12-08 09:00）　　　　　　　　　（2009-12-09 16:00）

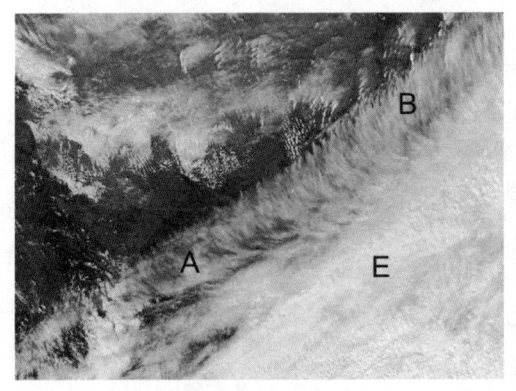 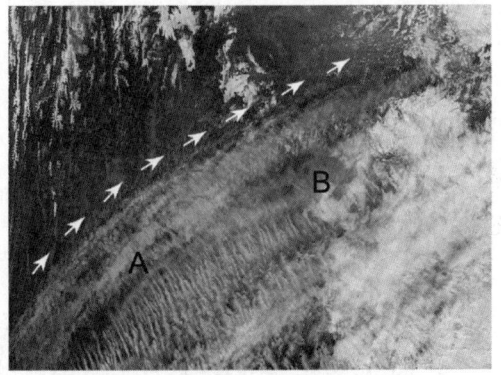

图 7.35　横断山脉横向波动云系　　　　　图 7.36　陕甘上空的波动急流云系
　　　　（2007-12-10）　　　　　　　　　　（2007-03-04 14:00）

7.5.3.5　带状分布

在急流云系与平直的锋面云带或切变线云系相联时,急流云系处于高空槽前,表现为长达数千千米的急流云带。当大气波的振幅很大时,在波的西南气流中时常可见到急流云带。

7.5.4 卫星云图确定高空急流轴的位置

7.5.4.1 急流与干舌走向

与冷平流相联的高空急流,常伴随有下沉运动,在遇到云区,使云顶高度下降,或云系全部消散,此时在云图上常表现为暗黑色的干舌区,或大片无云区,一般而言,暗黑色干舌区环绕气旋性低压中,干舌伸展方向就是急流前进的方向,舌尖处曲率最大的地方就是急流轴位置所在;急流入侵云区后界,其后界会向云内凹,因此如果云的后界出现向云内凹,常表示有急流入侵。

如果急流呈西北东南走向,也就是高空盛吹西北冷平流时,与急流相联的下沉气流,出现大片无云区,此时地面为冷高压控制,这种情况下确定急流位置就比较困难,但可以根据水汽图确定,在晴空区没有云,但仍然有水汽,在有急流时,急流的左界是强的下沉运动,表现为与急流轴一致的狭长的暗区,根据这狭长的暗带就可以确定急流轴的位置;另外在红外图上可以根据卷云羽线的走向确定急流。

7.5.4.2 由卫星云图确定高空急流轴的位置

利用卫星云图上高空急流云系的特征,可以很容易确定高空急流轴的位置,主要有如下四种。

(1)利用盾状急流云系确定高空急流轴的位置(图 7.37a):急流轴与云系左界平行,定在离急流云系左界约一个纬距的地方;

(2)由逗点状云前部边界处的卷状云的伸长确定急流轴的位置(图 7.37b):如在云带上的中高云组成的高空卷云带与急流轴相交,则由于急流强风的作用,卷云向下风方向凸起,形成"V"或"U"字形,也就是急流轴定在急流轴与云相交的云边界移速最快的地方。

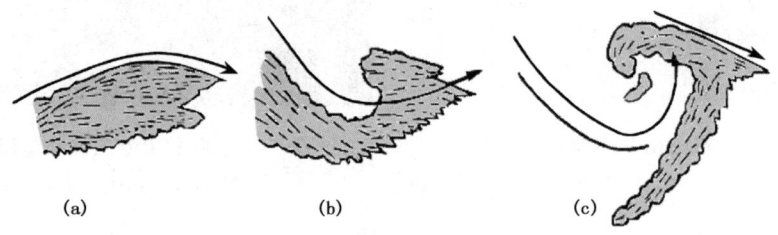

图 7.37 确定高空急流轴位置的三种模式

(3)由逗点云后部云的种类确定急流轴的位置(图 7.37c):在冬季洋面的逗点云系的后部,出现开口和闭合细胞状云系时,急流定在这两类云系之间。

(4)将上面三种方法相结合运用,仔细分析,最终确定急流轴的位置。

图 7.38 给出了高空急流轴与急流云系间位置关系。J 是盾状急流卷云区,A—B 是逗点状云系,图中白色箭头定出急流轴的位置,它从盾状云北界向东南后呈气旋性弯曲,再指向逗号点状云系,干舌明显,范围扩大。

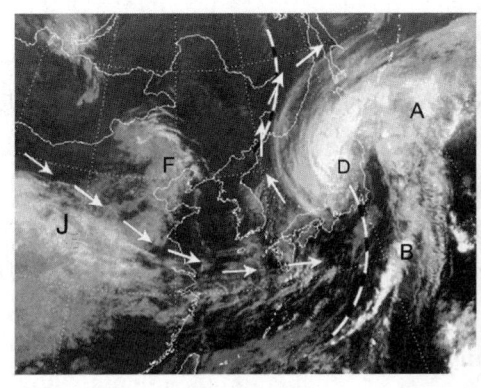 

(a) 2009-10-09 07:33　　　　　　(b) 2009-10-09 14:33

图 7.38　逗点云系后部急流轴的位置

7.5.5　急流中的卷云分布和入口区和出口区云系分布

7.5.5.1　急流入口区和出口区云系

高空急流云系的型式取决于大气冷暖气流的分布,如图 7.39 中,急流云系表现为一片稠密云区 A,云区左边界十分光滑,急流轴定在离云区左界 1 纬距的地方。云区内出现反气旋性弯曲的卷云纹线,云系南侧有强的暖平流,指向稠密云区 A,云区西侧为晴空无云南区,西北冷平流正入侵云区。冷暖平流相汇聚于 J_1 处。

(1) 在 G 处是来西北方的高空冷平流和热带地区暖平流两支气流的汇合区,该处等温线密集,温度梯度加大,斜压性加大;

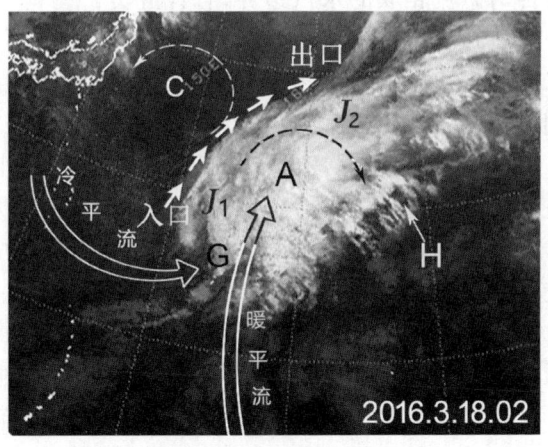

图 7.39　急流云系的大气环流分布

(2) 由于 G 处等温线陡然加密,风速增大,形成强风区,即高空急流入口区;

(3) 强风速形成强风切变,强风速轴右侧 A 为反气旋性切变,高空为辐散,低层为辐合上升运动,为一大片云区;强风速轴左侧 C 为气旋性切变,高空为辐合下沉,为一片无云区。

(4) 根据自然坐标涡度 ζ 方程

$$\zeta = -\partial V/\partial n + V^2/R_s$$

式中,V 是风速,n 是流线的法线方向,R_s 是流线的曲率半径,$R_s<0$,流线呈现反气旋弯曲,$R_s>0$,流线呈现气旋性弯曲;$-\partial V/\partial n$ 是切变涡度,风 V 随法向 n 增大是负涡度,反之亦然;第二项 V^2/R_s 为曲率涡度。

(5) 使急流云系 $J_1—J_2$ 的左边界光滑,切变越强,云边界越光滑。

(6) 急流左侧为高空气旋性下沉冷却,水汽向低层输送,在低层由于下沉,空气压缩增温,形成逆温层,有利低层能量堆积。

(7) 在急流轴的右侧 A 为反气旋高空辐散,低层辐合,气流为上升,云系变稠密,色调很白;

(8) 由于急流前进行程中,左侧 C 为气旋切变,右侧 A 为反气旋切变,气流向左和向向右两侧分流,气流分流使得风速减小,形成急流出口区。

7.5.6 水汽图上急流边界和斜压叶云系

图 7.40 给出了与斜压叶云系相联的水汽图上三类急流水汽边界,除此外,还有两种与急流相联的水汽边界,合计五类:

(1) 平行直线急流水汽边界:如图 7.40a 中,高空急流轴表现平直、没有弯曲,与水汽区左边界形状近于呈直线,沿急流左界是由于强风速切变引起的下沉运动,其左侧伴有一条暗黑的干带。

(2) 高空槽前斜压叶状云系的急流边界:如图 7.40b 中的高空槽前斜压叶状云系呈反气旋凸起,左界光滑,急流如图中黑尖头所示。

(3) 平行弯曲急流水汽边界:如图 7.40c 中,当高空急流轴环绕闭合低气压呈气旋性弯曲时,水汽边界朝槽一侧呈凹状弯曲。

(4) 斜压叶处于急流水汽边界左侧:如图 7.40d 中,急流向东南方向穿过斜压叶状云系,使得斜压叶云系处在急流轴的左边一侧。

(5) 双叶型急流左边界:如图 7.40e 中,急流在斜压叶云带内穿过,使得两斜压叶云系内出现一"V"字形暗影区。

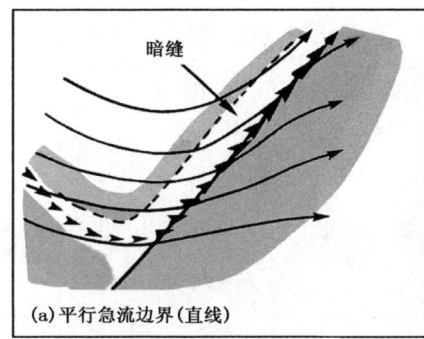 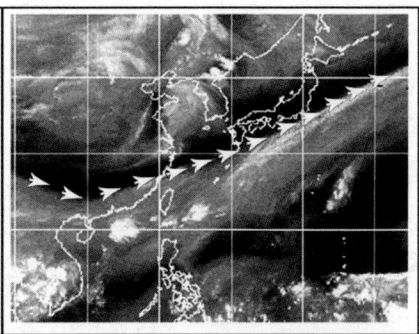

(a) 平行急流边界(直线)

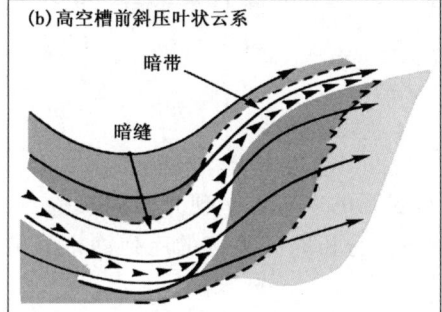 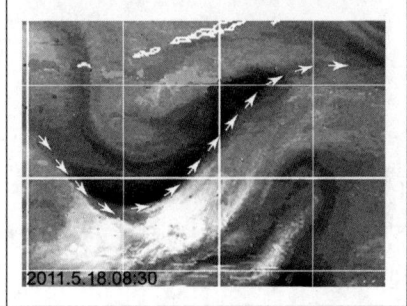

(b) 高空槽前斜压叶状云系

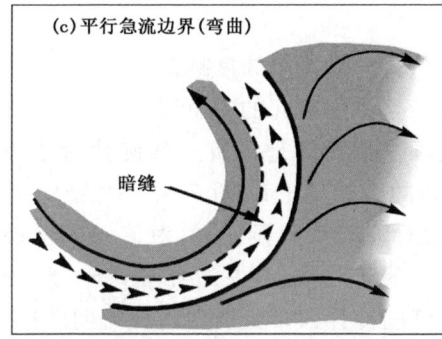 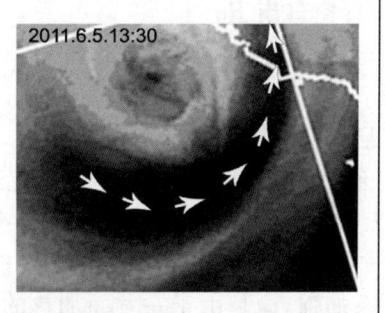

(c) 平行急流边界(弯曲)

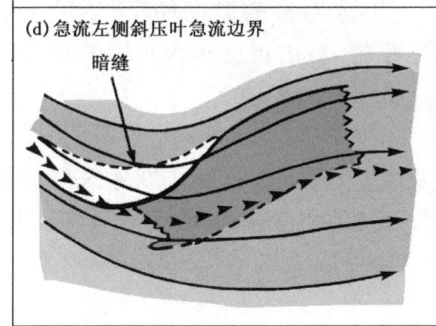 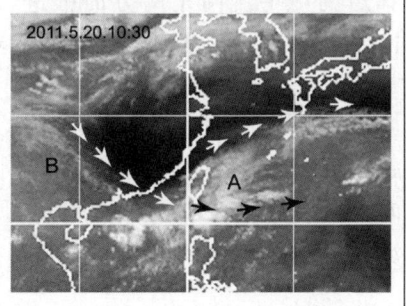

(d) 急流左侧斜压叶急流边界

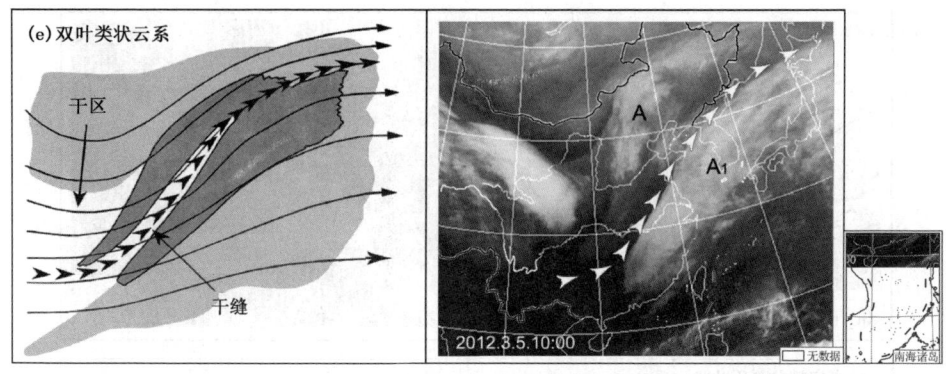

图 7.40 水汽急流边界类型模式

7.5.7 急流云系的形成

从上面分析知,高空急流最大的特征是云系的左边界呈现光滑而又整齐,那么什么情形下云系的左边界变得越来越光滑整齐。分析时间连续的序列静止卫星云图上可以看到一般有三种情形:

(1)局地对流云加强发展;

(2)冷空气南下;

(3)热带云系向中纬度地区推进或台风转向进入中纬度地区。

图 7.41 显示了一次冷锋与对流云系相互作用引起的争急流云系,在图 7.41a 中为急流形成和加强阶段时的初始阶段,我国东部沿海地区有一气旋性弯曲的冷锋云带 F 向东南方移动,接近包含有对流云系的云带 A—B;图 7.41b 上看到冷锋 F 与 A—B 云带部分合并,此时 A—B 云带上的对流云系明显发展,对流云的发展释放大量潜热加热大气;图 7.41c 上见到 A—B 云带向北推进,左边界显得十分光滑,高空急流云系加强,这是由于一方面加热的大气随冷锋云带上的西南气流向北推进,另一方面冷锋后的冷平流向东南方面推进,从而形成明显的温度梯度,使风速加强;图 7.41d 上,急流云带进一步加强,云系更向北推进,且出现反旋弯曲的盾状结构。

7.5.8 副热带急流云系

在副热带地区,急流云系由低纬伸向中纬度地区,它将低纬度地区的动能、热量和水汽向中高纬度输送,起着中低纬度地区天气的相互作用,它的云系特征与中纬度地区急流云系有明显的差异。

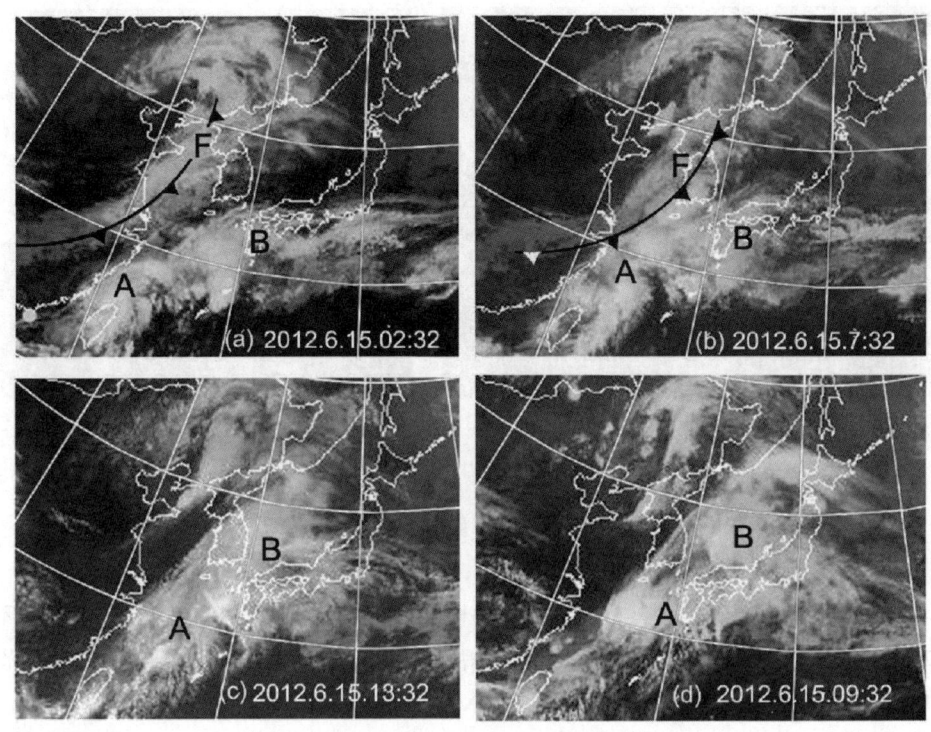

图 7.41　冷空气和对流云共同作用形成急流流云系加强

7.5.8.1　副热带急流云系的主要特征

副热带急流云系的外貌特征有以下三个方面：

(1) 副热带急流云系的长宽之比甚大，表现为一条东北西南走向的云带；

(2) 云系与热带辐合带相联结，或起源于热带辐合带云系的北部边缘处；

(3) 云带的左界通常整齐光滑，时常出现横向波动云系，一些小的云线垂直于急流云带。

图 7.42 给出从非洲中部地区经西亚中东地区伸到青藏高原 G 和新疆地区的副热带急流云系，可看到副热带急流云系 A—B—C 表现为一条长宽之比很大的狭长云带，最西南端是非洲中部的对流云 E，这就意味着青藏高原 G 和新疆地区的水汽和能量来自于非洲热带地区。

图 7.43 显示了我国东南近海地区的副热带急流云系 B—H，T—U 处出现横向波动云系，图中见副热带急流云系出现于大振幅深槽前方的西南气流里，它与热带云团 C 相联在一起。

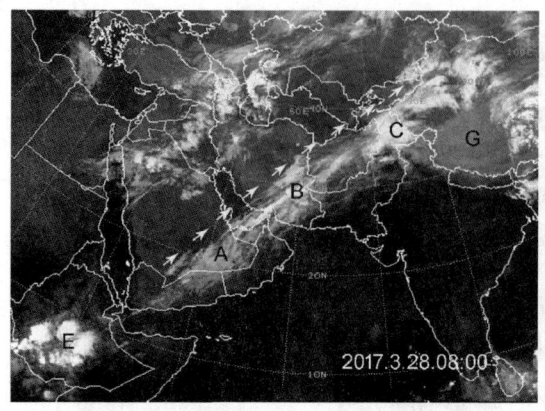
图 7.42 我国近海洋面的副热带急流云系
（2008-10-10 19:33）

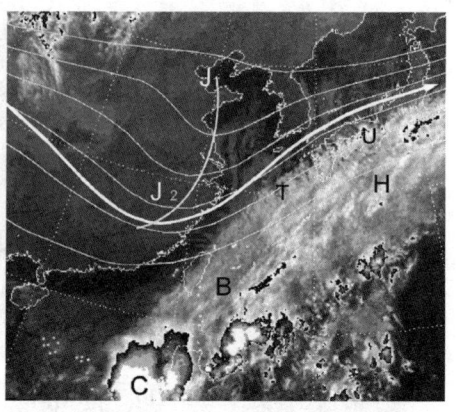
图 7.43 东南沿海的副热副急流云系
（2008-11-09 19:33）

7.5.8.2 副热带急流云系形成过程

副热带急流云系的形成与中低纬度的相互作用有关。当中纬度地区的大气环流由纬向转为经向时，中纬度地区有大振幅槽发展，并伸至离赤道大约 10°—20°N 范围内的热带地区，这时在槽前有大片云系和水汽沿槽前西南气流向中纬度地区输送，并形成副热带急流云系。具体过程如下：

(1) 当中纬度有大振辐槽向低纬度地区发展时，热带云系变宽，并开始向东北方向扩展，这种向东北扩展的云系始终处在槽前西南气流中；

(2) 在云系向东北扩展的同时，云系愈来愈变宽，云系向北推进的速度大约为 12m/s，但云带的西南端与热带辐合带相联结；

(3) 在这条东北西南向的云带中，常叠加有一团团离散的对流云系，这些云系是和高空正涡度中心相联系；当有高空槽向西南方向伸展时，在槽线以东会有一个个正涡度中心从副热带向东北方向移去；

(4) 从热带伸出的云系愈往高纬度地区，云带呈反气旋弯曲，左界愈光滑。

由于副热带急流云系形成于高空深槽前，一般移速较慢，在影响我国南方地区时，会造成持续性降水。

本章要点

1. 500hPa 高空槽类型和槽线的确定，青藏高原槽、南支槽类型。
2. 高空、地面脊线的确定。
3. 急流云系有哪些主要特点、它分为哪几类；高空急流轴两侧的云系有何差别。

问题与思考题

1. 高空槽云系在卫星云图上有哪些表现型式？利用云图确定500hPa槽线有几种方法？确定高空槽线位置要注意哪些问题？

2. 高空槽云系的哪些特征反映大气经向和纬向环流？深槽和浅槽云系分别有哪些表现？

3. 高空槽云系的范围与哪些因素有关？

4. 南支槽有哪些特点？每年出现在什么时间？南支槽云系有几类？其主要特征有哪些？南支槽形成的天气有什么特点？

5. 青藏高原槽云系有几类？其主要特征有哪些？高原槽云系形成有哪些方式？

6. 高空狭脊出现在什么大气环流形势下？它在卫星云图上表现为哪几种型式？如何由云图分析高空高压脊线？

7. 高空浅脊常出现于什么大气环流形势下？根据云系的何种特征确定脊线的位置？

8. 地面高压脊线有几类？如何由云图分析地面高压脊线？

9. 如何确定副热带高压脊线的位置？为什么在副高脊线的南侧是积状云？副高脊线之北为层状云？

10. 急流云系有哪些主要特点？它分为哪几类？有哪些特点？宽广的盾状急流云系与哪些天气系统相联系在一起？在什么情形下急流表现为急流云线，多重急流云系有什么特征？

11. 如何由云图确定急流轴？什么情况下急流轴不易确定？

12. 晴空无云下根据哪些特征可以确定急流轴？

13. 水汽图上急流有哪几种类型表现？主要特征有哪些？

14. 急流入口区和出口区是什么原因造成的，急流云系有什么表现？

15. 急流云系是如何形成的？形成急流的主要原因是什么？

16. 为什么高空急流轴两侧的云系有差别？

17. 副热带急流云系的主要特点有哪些？试述中低纬天气系统的相互作用及副热带急流云系的形成？

18. 副热带急流云系是什么原因造成的？

第8章 锋面、温带气旋云系分析和预报

8.1 冷锋云系

利用卫星云图分析冷锋云系,要注意以下几点:

(1)在卫星云图揭示,冷锋云系随季节、纬度、下垫面和环境有很大的变化,通常可以认为洋面的下垫面均匀,因此,洋面冷锋具有较为典型的云系表现。而在陆地表面复杂多变,冷锋云系受地形的影响很大,如在冬季陆地干旱地区,水汽很少,冷锋云系也很少,常只有高云存在;而到夏季,陆地上水汽增多,冷锋云系的表现与冬季很不相同。

(2)在冷锋云带上的不同部分云系组成也不同,随冷锋的移动和发展,云系表现也很不相同,传统的天气学模式无法反映冷锋云系的这些分布和变化,而这些直接影响天气预报的准确性,由于这些原因,可以利用高时间分辨率的卫星云图对冷锋云系作更为详尽的分析。

(3)冷锋云系不是单独存在的,它常与高空槽、急流和低纬度热带云系等天气系统云系相互作用,如当急流云系与冷锋相交,高空气流越过地面冷锋到达锋前暖湿气流上方,时常会引发对流云发展,并有强卷云砧出现。

(4)冷锋云系随时间不停地变化着,冷锋后的气流变化改变冷锋地面的流场,使冷锋云系加强或减弱,由此造成冷锋云带上的云系分布随时间和地点有很大的不同。

在卫星云图上,冷锋云系表现为一条长的云带,它的宽度相差很大,窄的不到2~3纬距,宽的可达8个纬距,平均为4~5个纬距。冷锋云系常是多层云系,最上面是卷云,下面是中低云。冷锋可以分为两类:对于暖空气主动沿锋面爬升的冷锋,斜斜压性强,云带较宽,称作活跃的冷锋,也称第一类冷锋;对于冷空气沿锋主动下沉的锋,云带窄而断裂,这种云带不明显的锋称为不活跃冷锋,也称第二类冷锋。

8.1.1 冷锋云系基本特点

在卫星云图上,洋面的水汽丰富,下垫面均匀,冷锋云系的特征表现最明显,它可以分成活跃的和不活跃的冷锋云系两类:

8.1.1.1 冬季洋面活跃冷锋云系

在冬季洋面的活跃冷锋云系的主要特征有(如图8.1):

(1) 活跃的洋面冷锋云系表现为一条长达数千千米的完整连续云带，它常与一个涡旋云系连接在一起，云带向东南凸起，呈气旋性弯曲，其气旋性弯曲的曲率大小表示冷锋后冷空气推进的方向和强度，一般曲率越大，冷空气的强度越大。

(2) 云带位于高空 500hPa 槽前，其走向与对流层中部气流方向相平行，暖而湿的气流自较低纬度沿冷锋云带向中高纬度输送，将低纬度的水汽、能量和动能沿云带向中高纬度输送，表现为一条暖湿输送带；而低空风与云带有较大的交角。

(3) 一般而言，冷锋云系以多层云为主，但是对于云带的不同部位处，云的类型也不相同。在冬季越往云带的北段（高纬度），其云顶温度越低，红外云图上色调越白，而越往南，云顶越低，色调越暗。

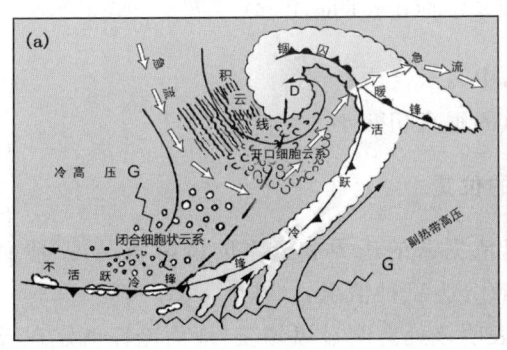 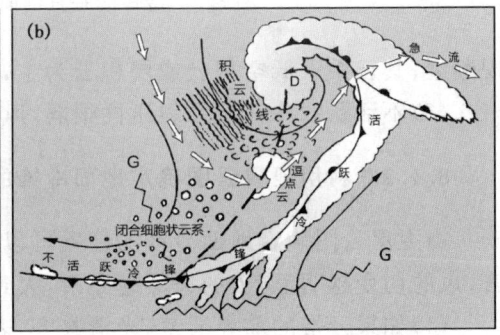

图 8.1 冬季洋面冷锋云系模式

(4) 冷锋云带的宽度相差很大，宽的有一个纬距以上，窄的也有 1 个纬距；即使是同一条云带，冷锋云带的各段的宽度也不相同。一般地说，对于单独的一条冷锋云带，离涡旋中心越远，冷锋云带越窄。越往云带的北段，其宽度越宽。

(5) 冷锋云带与低空变形场相联。对于一条单独的冷锋云带，在变形场的中心区，云带变窄、变稀薄；而在变形场的渐近辐合区，冷锋云系变稠密。

(6) 活跃的冷锋云系与强的斜压区相联，在强的斜压区内有明显的冷暖平流和强的风速垂直切变。

图 8.2 是活跃冷锋云系的结构图，图 8.2a 是活跃冷锋的水平结构图，冷锋云系显示为暖的高 θ_e 气流，锋后为下沉的干冷低 θ_e 气流；图 8.2b 是在图 8.2a 中通过 A—B 直线的冷锋云系垂直剖面分布，图中显示了上升和下沉气流区；图 8.2c 是冷锋通过垂直位温时间序列分布图。

8.1.1.2 冬季洋面不活跃的冷锋云系

(1) 不活跃冷锋云系出现于 500hPa 高空槽后，高空西北冷平流与云带相垂直；

(2) 由于受高空干冷平流（下沉气流）的作用，不活跃的冷锋云带窄而不完整，出

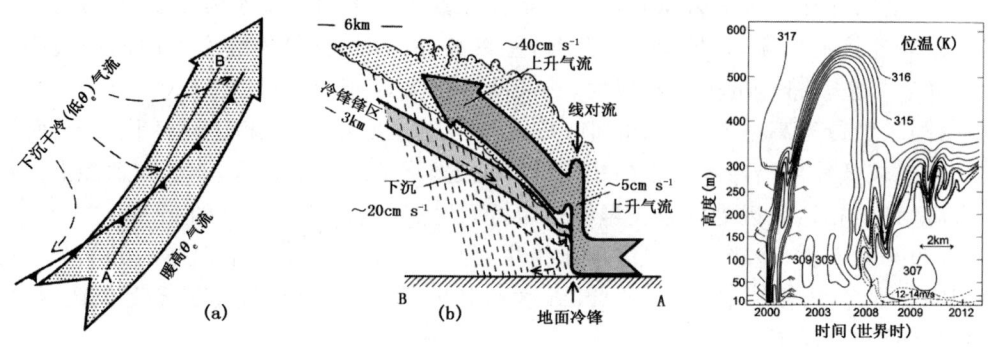

图 8.2 冷锋的垂直剖面云分布(Browning,1986)

现断裂;其云系以低空积云或层积云为主,中高云甚少;

(3)不活跃的冷锋云系斜压性很弱,风的垂直切变小。

8.1.2 利用卫星云图确定地面冷锋的位置

由卫星云图确定地面冷锋的位置可以依据云的边界和云系的稠密状况,一般而言,风的切变越明显,云的边界越光滑,大致分为三种情况:

(1)如果云带的前界清楚、光滑整齐,表明该处有明显风切变,地面冷锋就定在云带的前界处;

(2)同理,如果云带的后界清楚整齐,地面冷锋就定在云带的后界;

(3)如果云带的前后边界不整齐,则地面冷锋定在云带中云系由稠密到稀疏的地方。

图 8.3 是冬季洋面冷锋云系实例,图 8.3a 是可见光云图上叠加地面等压线,云系北端与深厚的低压环流相连,南段的后部为冷高压;图 8.3b 是红外图上叠加的 500hPa 的等高线,可见在冷锋云系 E－F 后部表现为大片细胞状云系,围绕低压四周的是开口细胞状云系 K 和高压东南象限的是闭合细胞状云系 B,细胞状云系的出现表示一次的寒潮爆发,图中位于 500hPa 高空槽前的冷锋云带连续完整,A 处是多层云系,C 处是冷锋尾部的积雨云团,F 处由于冷气流入侵和地面变形场气流的作用,以低云为主。

8.1.3 我国大陆冷锋云系的特点

我国幅员辽阔、地形复杂,地跨西风带、副热带和东风带,冷锋云系在不同季节和地区,外貌有很大差异。冬季高纬度地区因水汽较少,地表温度低,冷锋云带窄而断裂、云量很少,只是由于卷云高度高,受下垫面的影响小,冷锋时常表现为由卷云所组

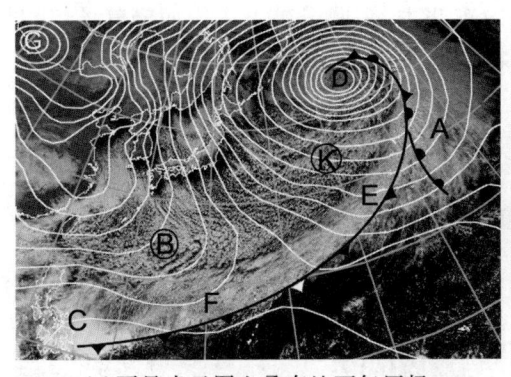 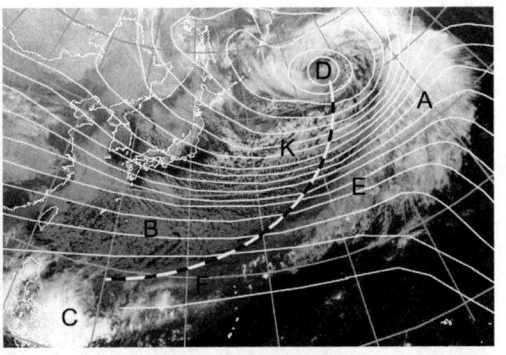

(a) 可见光云图上叠有地面气压场　　　　(b) 红外云图上叠有 500hPa 等高线
　　(2011-01-17 10:00)　　　　　　　　　　(2011-01-17 10:00)

图 8.3　冬季洋面冷锋云系

成的云带,这时从云图上确定锋就很困难;而冬季南方地区,锋面坡度小,水汽丰富,云带较宽,以稳定的中低云为主,但当高空槽云系与之重叠时也有卷云出现。到夏季,大气环流改变和地表增暖,南北温差减小,水汽条件改善,每一条冷锋都表现有云带。

8.1.3.1　西北—华北冷锋

侵入我国西北到华北地区的冷锋主要来自西伯利亚和中亚地区。当冷锋位于西伯利亚地区时,它表现为一条东北—西南走向的连续云带,但当冷锋云系越过帕米尔高原时、天山和阿尔泰山进入西北地区时,由于受地形影响而减弱,尤其是冷锋南段越过天山进入塔里木盆地,下沉增温明显,中低云系受下垫面的影响,显著减弱,时常只表现一些薄的卷云,在这种情况下,冷空气的活动在可见光云图上难识别,常用红外云图来判别。

西北—华北冷锋云带常为密蔽的连续完整的云带,云系色调白以多层云为主;在下午由于局地热力作用,云区表现为纹理不均匀的对流性云系出现;云带表现为气旋性弯曲,呈东北—西南走向,有时宽度可达 4～6 个纬距。

对于完整连续的华北冷锋云带处在 500hPa 高空槽前,与西南气流近乎相平行,在云带中的明亮处都与降水有关。对于处在 500hPa 槽后的冷锋,无论是冬季还是夏季,云系都很少。西北—华北冷锋云带常为密蔽的连续完整的云带,云系色调白以多层云为主;但到夏季,在下午由于云分布造成局地热力作用不均匀,云区表现为纹理不均匀的对流性云系出现;云带表现为气旋性弯曲,呈东北—西南走向,有时宽度可达 4～6 个纬距。

图 8.4a 显示了一个西北冷锋云系 A—B,宽度约 2～3 纬距,东北—西南走向,色

调较白,以卷云为主,云带中纤维状卷云伸向东北方,表明云带上盛行西南气流,云带尾部 B 处出现一些对流云团;到 15 日 08 时 IR 图上,可见到西北冷锋云带东移,由于西北水汽较少,云带变窄,云量减少。

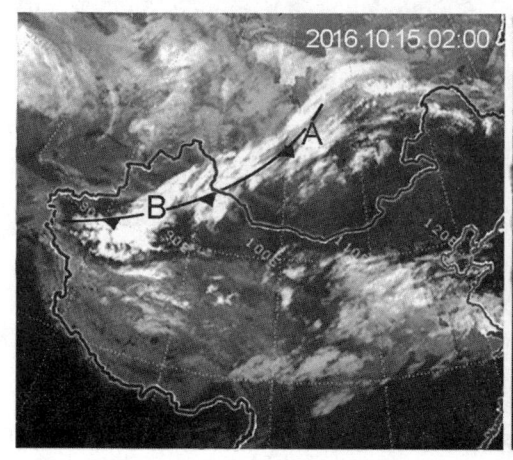 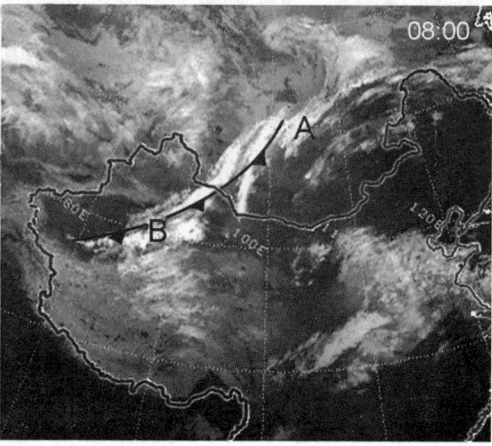

(a) 2016-10-15 02:00,IR　　　　　(b)2016-10-15 08:00,IR

图 8.4　西北冷锋云系

图 8.5 是 2015 年 5 月 12 日 08 时的红外云图,图上叠加的粗白线是 500hPa 等高线,细白线是地面等压线,可以看到冷锋从东北经过华北伸至我国青藏高原北侧地区,冷锋云带连续而又宽广,位于 500hPa 高空槽前的西南气流里,低纬的暖湿气流沿冷锋从西南向东北方向输送,越往北云顶越高,云的色调变得越来越白的卷层云;由于青藏高原北侧地区地形阻挡,云系沿高原北侧向西延伸至新疆南侧,地面锋位置定在云带前界附近;在 500hPa 高

图 8.5　初夏季华北冷锋云系(2015-05-12 08:00)

空槽后为西北冷平流下沉区,图上表现为暗色区域,相应于地面为一冷性高压 H 控制。云系 E—F 是随后向东南移的冷锋云系,呈现近于东西走向。

对于一条单独的西北—华北冷锋云带还时常表现为减弱和加强的阶段过程,在图 8.6a 阶段中,在冷锋云带气旋性弯曲曲率最大的地方(低空变形场区)云带变窄,云顶高度降低,红外图上色调变暗,冷锋尾端接近青藏高原;在图 8.6b 阶段中,气旋性弯曲曲率最大的地方云系断裂,云显著减弱,在冷锋云带的尾端接近青藏高原,由于在白天青藏高原的温度较四周大气高,冷锋后冷空气与高原间温度梯度加大,由此使云带尾端的云系加密变宽,云顶增高,在高空槽前的西南气流作用下,云向东北方向伸展;到图 8.6c 阶段,尾部云系继续向东北伸展,此时冷锋云带又呈现为连续的云带。

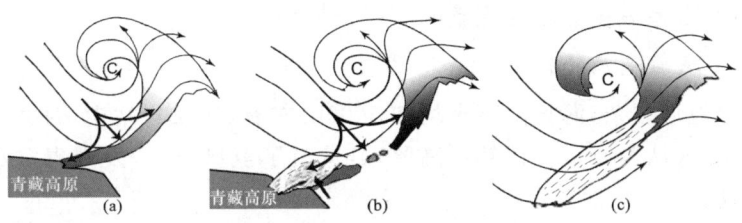

图 8.6 冷锋云系演变模式

图 8.7 是 2008 年 5 月 17 日到 18 日华北地区的一次冷锋云系加强过程,冷锋云系随时间的地理环境而变化,冷锋云系从我国西北向东南方向移动,水汽状况越来越好,云系由稀疏变得越来越稠密,图中显示如下特点:

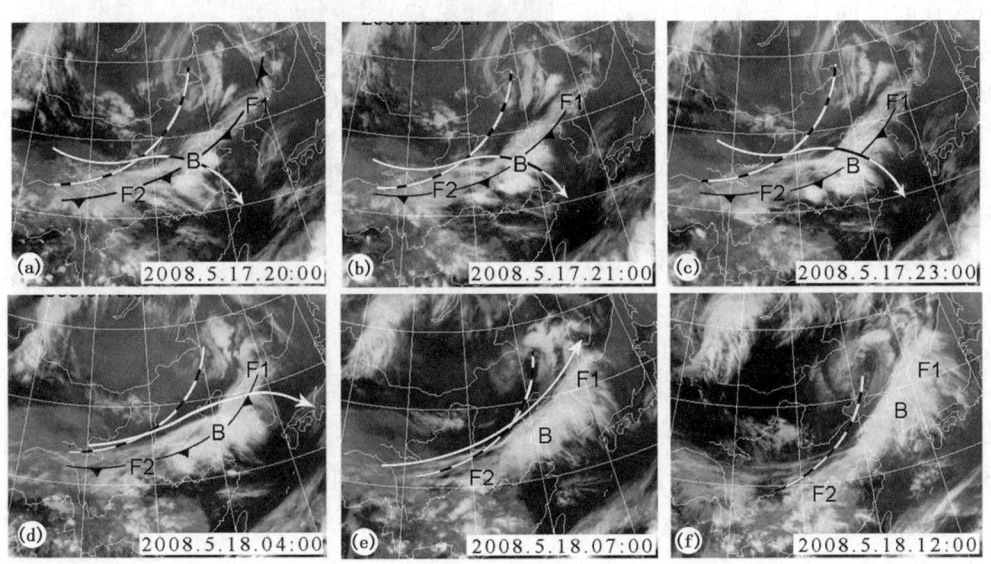

图 8.7 一次华北冷锋云系演变过程

(1)从图 8.7a 上看到从东北到华北有一条与涡旋云系相联的气旋性弯曲的、伸到青藏高原东北侧的冷锋云系 F1—F2,在 F2 处有与急流相关联的反气旋弯曲的卷云,左界整齐光滑,B 有对流云发展。

(2)在图 8.7b,c 中,随冷锋东移,冷锋上的云系逐步发展,云系越来越稠密,特别是 B 处的对流云系有所发展;

(3)在图 8.7d—f 中,冷锋尾部的盾状云系在 500hPa 高空槽前的西南气流的作用下,沿锋向北推进,反气旋盾状云由纬向走向变成经向走向,同时云系变得越来越稠密,这时冷锋云系表现为较为完整的冷锋云带。

8.1.3.2 青藏高原冷锋云系

青藏高原地形复杂,海拔高度平均在 5000m 左右,气象测站少,对大气活动了解不十分清楚,有人认为冷锋难以越上高原,自从有了卫星云图,发现青藏高原上同样有冷空气活动。

在夏季当西风带高空槽强烈发展时,其振幅加大,盛行径向环流,导致冷空气从新疆侵入青藏高原,造成青藏高原上的寒潮大风天气。一般强的冷空气先侵入新疆,地面出现强的冷高压,接着翻越昆仑山到达青藏高原,然后从西北向东南越过整个青藏高原。在云图上表现为在新疆有一条宽约 2 个纬距、由卷云和高层云为主的云带,地面锋定在云带中间靠前的地方;冷锋到达高原上后,云系以卷云和积状云

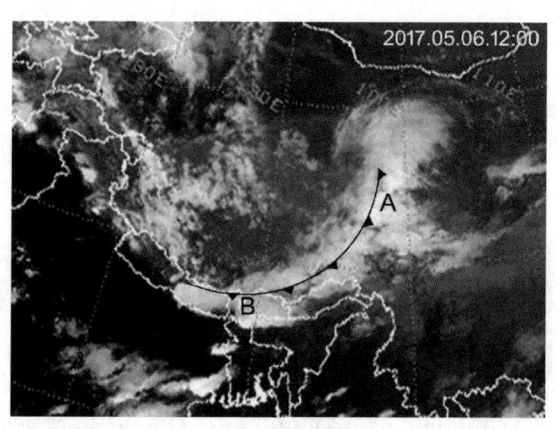

图 8.8 青藏高原冷锋云系

为主,宽度变窄,地面锋定在云带的前界处。在图 8.8 中 A—B 是呈气旋性弯曲青藏高原冷锋云系,主要由对流性云系组成。

对于较弱的冷锋主要影响高原的东北部或东部;对于一些较强的冷锋可使高原出现 5~7℃的降温天气。从卫星云图上可看到,冷锋不仅可以翻越到高原北部山区,到达高原中部和南部,而且可以越过整个青藏高原到达高原南部地区。

8.1.3.3 西南冷锋云系

夏季侵入西南地区的冷空气路径有两条:一是称为高原路径,冷空气从新疆翻越昆仑山进入西藏高原后,从西北向东南扫过青藏高原侵入云南、四川,然后影响贵州;另一条是偏北路径,冷空气从新疆东移后沿高原北缘急转南下侵入西南地区。

对于翻越青藏高原和从新疆东移的冷锋云系进入西南地区后,因西南气流的影响,云系很快增密、色调变白,宽度可达3个纬距左右,云带的后界较清楚,前界松散不整齐,云系以高、中、低云组成的多层云系,地面冷锋定在云带中间或前界附近;冷锋的西段位于横断山脉地区,其主要特征与青藏高原冷锋类似。

从青海湖侵入西南地区的冷锋常与其前方暖区的中小尺度云系连在一起,造成锋分析上的困难,但是锋与暖区云系不同之处是:冷锋云系表现有与云带平行的纹线或纤维状结构;而暖区的中小尺度云系表现为离散的、团状的稠密云区。

形成西南冷锋还有下面两种情形:

(1)处在蒙古西部的高空冷涡的后部常会分裂出一股股冷空气南下入侵西南地区,并与南方低纬度北上的西南气流中的云系结合,发展成冷锋云带;

(2)在夏季,西南地区时常存有一条太平洋高压和青藏高原高压之间形成的切变线云带,当在云带西北侧青海湖的冷空气南下侵入,并注入切变线云带时,就形成川滇冷锋云系。

8.1.3.4 东北冷锋云系

东北地区是气旋多发地区,该地的冷锋多与气旋相关联,在发展完好气旋云系的东南一侧伸出一条气旋性弯曲的冷锋云带。该地区的冷锋云带都较完整,云带以多层云为主,宽约3~4个纬距,云带中色调最白的地方有强降水。

有时在一条主要云带的后部,从涡旋的西北到西南象限伸出一条或几条副冷锋云带,其宽度较窄,从西北向东南方急速移动,在夏季时常伴有雷暴天气。

8.1.3.5 南方冷锋云系

在长江以南地区,由于热带洋面水汽输送,水汽丰富,冷锋常表现为一条连续的云带。在冬季,南方冷锋锋面坡度小,云带很宽,有时达5个纬距以上,地面冷锋定在云带前界附近,云带北界(中低云)与700hPa切变线位于云带中低云的北界处。到夏季,副热带高压加强北上西进,南方冷锋的坡度变大,云带变窄,由于冷空气变性,冷锋云系演变为切变性云系。

南方冷锋云带上的云系的组成随季节、大气环流和周围环境而异,分成三种情况。

(1)冬春季节,受越过青藏高原的下沉气流的作用,云系以稳定的中低云为主,红外云图上表现为灰到较暗的色调;

(2)当青藏高原上的高空槽云系东移,与南方冷锋云系重叠时,云带以稳定的多层云为主;

(3)在夏季,由于太阳对地表的局地加热作用,冷锋云带的前界附近处出现对流云。

在我国南方地区冷锋云系的另一个特点是时常出现高空冷锋,由于高空气流速度较低空大,与冷锋相伴随的中高云系的移速也较低空要快,这就使得低云在中高云的后部暴露出来。图 8.9 表示了高低气流不一致时冷锋云系的分布状况,在图 8.9a 中,高低气流的速度相当,表现一条高中低云结合一起的云带;图 8.9b 中,高空风较低空风速大,高、中、低云部分分离,部分重叠,分离的低云 E 出现于高云 U 的后部;图 8.9c 高空风远大于低空风速,高中低云完会分离,出现一条中高云带和一条低云带。

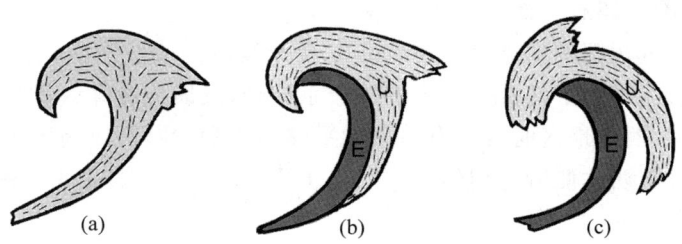

图 8.9　南方冷锋的几种型式

8.1.4　我国冷锋云系的形成的过程

在我国大部分地区,有些冷锋是伴随冷空气爆发由外部移入的,但也有不少冷锋是在就地形成的。多年卫星云图分析可以发现,冷锋有以下几种形成方式:

(1)斜压盾状云系发展成冷锋云带

当斜压叶云演变为逗点状云系时,则伴随有冷锋云带的生成和发展。这种情况出现的同时在斜压叶云系的后部有一支西北急流指向云区,当急流侵入云区,斜压叶云系的西侧的云顶降低,红外云图上的色调变暗,预示冷锋云带将形成。

(2)逗点云系叠加于切变线云带形成冷锋云系

当逗点云系东移与东部地区的切变线云带叠加合并时,切变线云带将转变为冷锋云带。

(3)卷云带南移形成冷锋云系演变

在卫星云图上,时常可以看到一条东西走向的卷云带,当其演变为冷锋云带时,卷云带的西端明显南移,呈东北—西南走向,并逐步表现为气旋性弯曲,最后形成冷锋云带。

(4)南北云系叠加形成冷锋云系

当北方有一与涡旋相联的逗点云带时,其东南方是一与高空槽相联的盾状卷云带时,如果南北天气系统振幅叠加时,径向环流发展,高空槽前的偏南气流,及由此导致槽后的偏北气流同时加大,这时南北云系叠加,受北方冷空气的作用,云系逐步演变为气旋性弯曲,冷锋云带生成。

8.1.5 我国冷锋云系的强度的预报

冷锋云系的强度变化与大气环流、水汽条件、季节、地理位置等多种因素有关,同时还与其他类云系对它的作用有关。

(1)冷锋云系的加强的特征

①在我国大陆上,通常冷锋由西北移向东南,由冬季到夏季,由于水汽条件、地面的加热条件的变化,冷锋云系将会明显加强;

②当冷锋云系尾部叠加有短波槽云系,表现为云区的色调变浅,出现卷云区,后又逐渐成为盾状,并随西南气流沿锋面云带向北推进,结果冷锋云带显著加强;

③对流性云系演变成的冷锋云系将加强;

④冷锋云系与其他云系合并,冷锋加强;

⑤冷锋移向低纬度地区,冷锋加强。

(2)冷锋云系减弱的特征

①冷锋云系移向大片无云区,意味着冷锋进入西北干冷气流之中;

②冷锋云系移向盾状急流云区,由于急流的左侧是下沉运动区,冷锋云系将减弱;

③处在地面变形场区的冷锋云系将减弱。

8.1.6 我国冷锋云系移动的预报

决定冷锋移动的因素很多,但不同地区的冷锋移动明显不同,这里简要分别讨论北方、南方和青藏高原—西南地区冷锋移动的云图特征。

8.1.6.1 我国北方冷锋的移动特征

(1)北方冷锋移向的确定

冷锋的移向取决于大气大范围环流形势,当大气环流形势以纬向环流为主时,冷锋向偏东方向移动,当大气环流以经向气流为主时,冷锋可以从中高纬度地区移向较低的纬度地区。在卫星云图上,冷锋的移向可从云带的曲率、锋后晴空区的形状和冷锋与其他云系的相互作用状态确定。

①由冷锋的曲率确定冷锋的移向:在卫星云图上,冷锋云带呈气旋性弯曲,这种气旋性弯曲的曲率与冷空气的移动方向有关,一般冷空气的主要势力沿着云带气旋性弯曲曲率最大的方向移动;

②冷锋后晴空区的形状走向确定:当冷锋后的晴空区的形状呈椭圆形,其长轴为东西走向时,冷锋向偏东方向移动;而其长轴呈南北方指向时,冷锋将南下。

(2)北方冷锋移速的确定

冷锋的移速与冷空气的强度有关,及与冷锋是否伴随有强的高空急流,锋后和锋前晴空区的状况有关。通常北方的冷锋移动速度为 5～10 个经度,但实际的移速随不同的冷锋而有明显的差异,冷锋移速加快和减慢的特征也不同,下面分别说明。

冷锋加速移动的特征有:
①冷锋云带的气旋性弯曲越来越明显,则冷锋加速移动;
②冷锋后晴空无云区越来越清楚,则冷锋加速移动。

冷锋减速移动的特征有:
①冷锋上游方向有高空槽云系移向冷锋,则其将减速;
②冷锋前方的晴空区越来越清楚,则冷锋减速;
③冷锋的气旋性弯曲越来越不明显,则其将减速。

8.1.6.2 我国南方冷锋的移动特征

我国南方地区的冷锋活动较北方要少,南方地区的冷锋的移动不仅与中高纬天气系统有关,而且与热带天气系统有密切关系,因此冷锋的活动较为复杂。分析云图得出南方冷锋移动的主要特点有:

(1)南方冷锋移向的确定

南方的冷锋一般从北或西北向南或东南方向移动。当南北云系叠加时有利于冷锋南下,通常是北方的冷锋云带与南支槽相叠加,云系合并,此时径向环流加大,可使北方冷空气到达较低纬度。

(2)南方冷锋移速的确定

南方冷锋加速移动的特征有:

在高空槽前的云区有强的对流性降水,或者是云区向北明显凸起,则有利于槽后冷空气南下

①当副热带高压减弱东退,则南方冷锋加速向东南方向移动;
②当南北云系叠加时有利于冷锋南下,通常是北方的冷锋云带与南支槽相叠加,云系合并,此时径向环流加大,可使北方冷空气到达较低纬度。
③在高空槽前的云区有强的对流性降水,或者是云区向北明显凸起,则有利于槽后冷空气南移。
④冷锋云带东侧有台风存在,冷锋加速南下。

南方冷锋减速移动的特征有:
①如果副热带高压稳定,则冷锋移动减慢;
②冷锋上游方向有高空槽云系移向冷锋,则其将减速;
③冷锋的气旋性弯曲越来越不明显,冷锋云带南侧出现枝状云;
④中高空冷锋云系—高低空云系分离;
⑤当热带洋面上有台风发生发展,冷锋移速减慢。

8.1.6.3 青藏高原和西南地区冷锋移动的确定

在卫星云图上,青藏高原和西南地区冷锋加速移动的特点有:

(1)伴有明显冷锋云带的冷锋容易翻越上高原,入侵西南地区;

(2)如果高原西部只有少量积云或为晴空无云区,而冷锋东部有云系,则冷锋云系容易加速东移,与东部云系合并;

(3)处于高原北侧或新疆向东移的冷锋云系,若槽后的晴空区与其南面的副热带高压合并,则容易使冷锋加速南下;

(4)当冷锋云系主体在新疆,但其尾部已上高原,则冷锋容易上高原,然后进入西南地区;

(5)若锋面云带前方的晴空区与中高纬度地区的晴空区合并连成一片,则冷锋移速减慢;若高原上晴空区清楚,则冷锋不易上高原。

8.1.6.4 高空冷锋——分裂冷锋的生成

由于高空气流时常比地面气流速度快,上层的干冷空气处于地面冷锋的前方,所以在卫星云图上表现为中高云的移速高于低云的移动,形成如图 8.10 所示的高低空冷锋云系的分布,高空锋处在地面锋的前面,这种冷锋称为分裂锋。它具有以下特点:

①在红外云图上表现有两个不同云顶温度的云带 B_1 和 B_2;

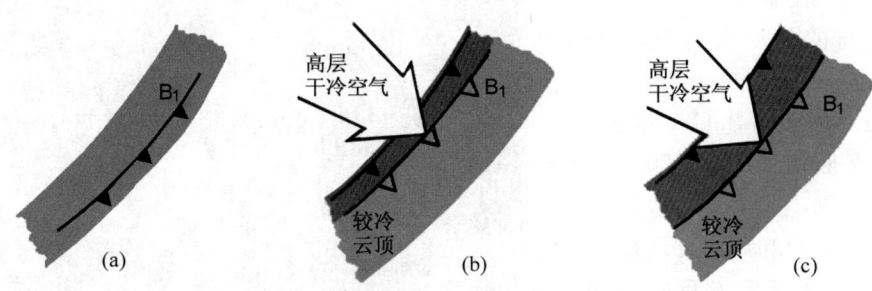

图 8.10 分裂冷锋生成示意图

②在红外云图上,云带 B_1 具有冷的云顶和整齐的后边界,它与暖平流有关,表示对流层中上部有一条暖湿不连续的高空锋;

③B_2 是一条云顶温度较暖、由低云组成的后边界整齐的云带,它与低空的暖湿气流的输送相关联,在 850hPa 上有高的 θ_w 舌区。地面冷锋定在 B_2 的后界处;

④由于是高空干空气重叠于低层暖湿气之上,气层具有明显的潜在不稳定性;

⑤在可见光云图上,通常可以由 B_1 后界在 B_2 上的暗影来确定。

在我国南方地区,当高空盛行纬向环流时,青藏高原槽东移速度快,在影响长江中下游地区时,时常出现类似于高空分裂锋的例子。有时当一次气旋加强发展时,气旋后部的高空气流较强,快速向东南方向推进,也形成高空分裂锋。

8.1.6.5 分裂锋的概念模式

图 8.11 给出了一个成熟的分裂锋面系统的模式的(a)顶视图和(b)侧视图(剖面图),侧视图是沿图 8.11a 中的 $X-Y$ 线制作的。

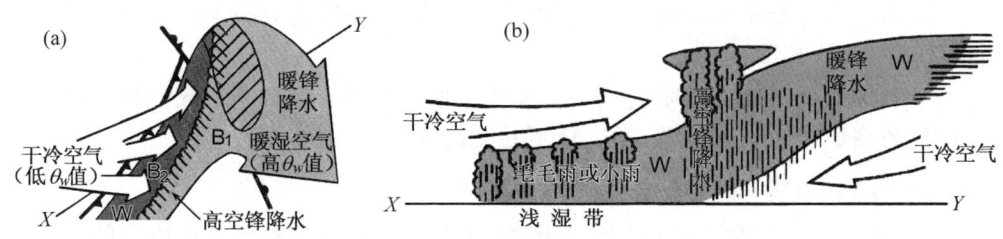

图 8.11 高空分裂冷锋的概念模式

(1)图 8.11a 中,B_1 是高空冷锋前的较冷的云顶区,高层为一个湿的 θ_w 高值区,它是在暖输送带上的暖湿空气强烈抬升造成的,并引起大范围的降水,在高空锋附近出现最强的降水。从侧视上可看出,其低空为干冷空气。

(2)B_2 是高空冷锋后、地面冷锋前的低层湿空气上的云,它的上面是低的 θ_w 干冷空气,该云层很低,能见度很差,带来的是断断续续的小雨或毛毛雨。在 B_2 的后部是地面冷锋,温度、露点和风速都增加。

图 8.12 显示了我国中部地区高空分裂锋的云系特征,图中 B 处于空中分裂冷锋和地面冷锋间,受空中下沉气流的抑制,呈较暗的色调,A 处在空中分裂锋之前,呈较浅的色调。

图 8.12 分裂空中冷锋(2007-05-31 20:00)

8.2 暖锋云系、锢囚锋云系和静止锋云系

暖锋是低纬度暖湿气流向中高纬度推进时冷、暖气团间的界面,它反映的是大气中暖湿气流的输送,一些重要的降水天气过程,与暖锋的形成相关联,分析暖锋的特征是预报降水天气的重要依据。

8.2.1 暖锋云系主要特点

在卫星云图上,活跃的暖锋云系表现有以下特点
(1) 活跃的暖锋云系是宽为 300~500km、长达几百千米的云带,长宽之比很小;
(2) 暖锋云系向冷区凸起(凡是云系向冷区凸起表示有强的暖湿空气向冷区推进),云区内常出现清晰可见的反气旋弯曲纹线;
(3) 暖锋云区的顶部为大片卷云覆盖区,在这卷云下面是高层云、雨层云和积状云,云区的色调白亮,常伴有较大的降水;
(4) 暖区的顶端定在云区由凸变凹的地方,暖锋的位置定在云区向北凸起的下方,且与云区中的纹线相平行。

图 8.13 是暖锋云系的概念模式,图 8.14 显示的一次暖锋云系及相应的地面气压场,其表现有向冷区凸起的大片卷云覆盖区 A,在云区北界呈反气旋弯曲,光滑而整齐。

在卫星云图上,凡是云系向冷空气凸起,卷云呈反气旋弯曲,表示有暖空气向北推进,可判定其是暖锋云系。

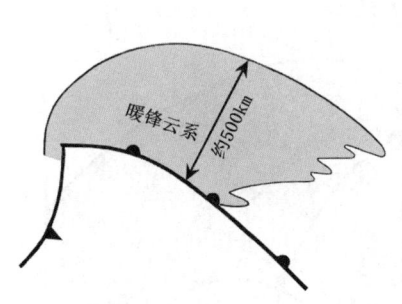

图 8.13 暖锋云系概念模式

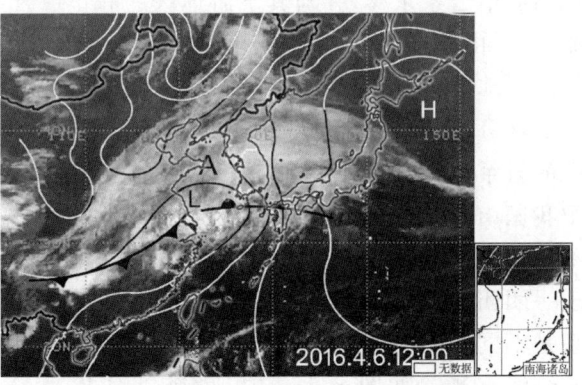

图 8.14 暖锋云系与地面气压场

8.2.2 暖锋云系与水汽输送带

8.2.2.1 暖锋云系与水汽输送带

暖锋云系是由暖湿输送带 W_1 和 W_2 的上升运动产生的(图 8.15a),其中 W_1 是高空槽前的锋带暖湿气流,W_2 来自副热带高压西侧的热带暖湿气流,并位于 W_1 之上。

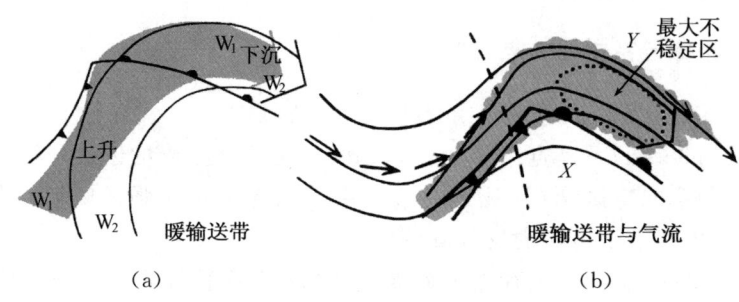

图 8.15 暖输送带与流场示意图

暖锋云系与高空脊区相联,其北界整齐时与高空急流相关联。

暖锋云系出现高空暖脊前下游地区,是最大不稳定区(图 8.15b),图中虚线是暖脊线。

8.2.2.2 暖锋云区的形成

暖锋的形成伴随西南气流的加大,而西南气流的加大与高空槽的活动密切相关。我国暖锋的形成有以下两种情况:①一种是与青藏高原槽、南支槽的移动有关,当青藏高原槽云系东移,并与其下游地区的静止锋云系或其他云系重叠合并,引起偏南气流加大,由此产生暖式切变,就形成暖锋云区;②在移动甚缓的冷锋或静止锋云带上云系局地加密,向北凸起,伴随偏南气流加大,形成暖锋云区。

在分析暖锋云系时,要将暖区中的云系与暖锋云系区别开。在夏季我国南方地区,由于局地的热力不均匀性和暖区中气流的作用,出现一团团的对流云区,这与暖锋云系是不同的,在暖锋云带上有一条条纹线出现。如图 8.15a 中,暖锋云系是由气流 W_1 引起的,暖区云系与副高内的暖区气流 W_2 相联。

当有暖锋出现时,常伴有较强

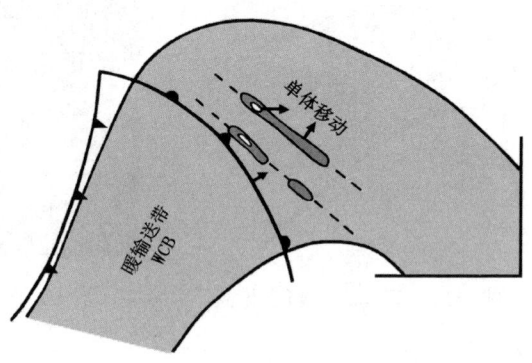

图 8.16 暖锋云区中的强降水单体位置和移动

的降水,结合雷达资料分析,暖锋云区中的降水分布如图 8.16 所示,暖锋云区产生的降水雨带表现为:

①一般宽约 50km,长约几百千米,与锋面有小的交角;

②降水带是由处在暖湿输送带中的条件不稳定轴引起的。当条件不稳定轴移至离地面锋前较远的地方时,与之相关的降水消亡;

③条件不稳定轴可以由云区中的纹理判别;

④降水雨带移向东北方,其前界的移速与 500～600hPa 上的风速相一致,而雨带中的单体则向东移动。

8.2.3 暖锋云系与流场

在卫星云图上识别暖锋的重要标志是云系向北凸起,但是实际中暖锋表现多种型式,如图 8.17 显示了出现于我国中部地区上空的暖锋云系,图 8.17a 是可见光云图上暖锋云系和地面气压场分布表现;图 8.17b 显示红外图上的暖锋云系和 500hPa 等高线和温度线,可以看到暖锋云系 A 向北凸起,在暖锋附近处为色调白的多层云系和混合性层状对流云系,暖锋顶部表现为向北凸起的卷云砧,暖锋云系与地面倒槽相应,500hPa 槽前和高压脊后范围内。

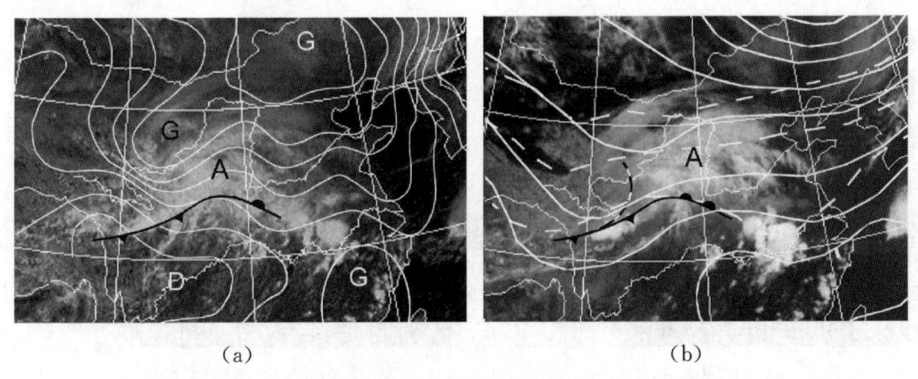

(a)　　　　　　　　　　(b)

图 8.17　我国中部地区的暖锋云系(2009-08-28 14:00)

8.2.4 我国各地区的暖锋云系特征

8.2.4.1 短波槽引起暖锋云系的形成

当南北幅度甚小的短波槽云系移向静止锋云系时,并与静止锋相合并,便形成暖锋云系,如图 8.18a 中云系 A 是短波槽云系,从我国东北移向位于日本海南部的静止锋云系 S—T;图 8.18b 中短波槽云系加强;图 8.18c 中由于偏南气流加大,原有的静止锋云系消散,在其北新生一条具有暖锋云系特征的云带。

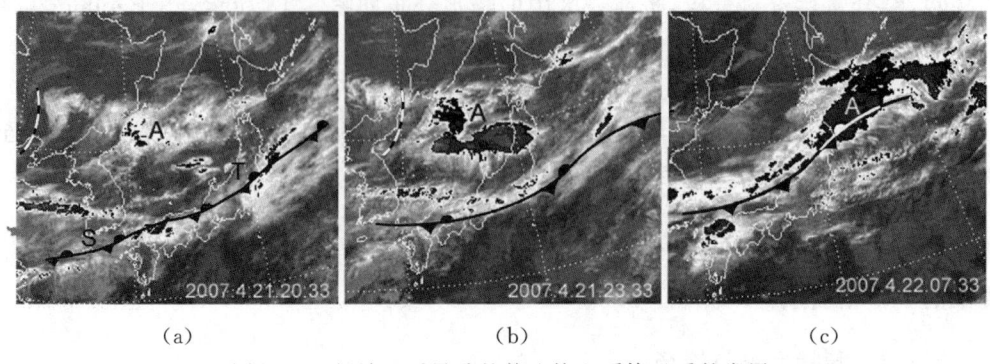

(a)   (b)   (c)

图 8.18   短波云系导致的静止锋上暖锋云系的发展

8.2.4.2   中等幅度高空槽云系东移发展成的暖锋云系

当从青藏高原东部有高空槽东移,位于四川盆地的中高云系向北扩展,云层增厚,而当高空槽云系与中低云系重合时,暖锋就生成。如图 8.19a,从青藏高原东部有呈反气旋弯曲的云系 A 伸向华北地区,四川盆地有中低云系;图 8.19b 四川盆地中低云系向东扩展,范围扩大,云系 A 开始重叠于 M 云系之上,暖锋云系形成。

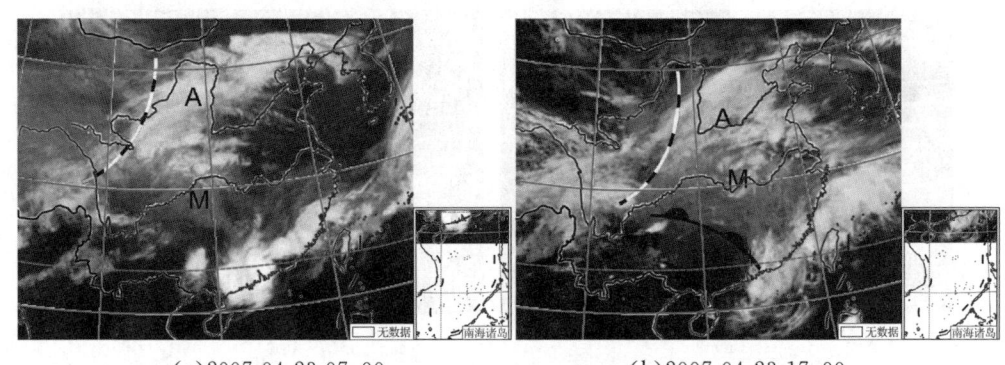

(a)2007-04-23 07:00   (b)2007-04-23 17:00

图 8.19   高空槽云系东移发展成的暖锋云系

8.2.5   锢囚锋云系

当冷锋追赶上暖锋,这就形成锢囚锋。在出现卫星云图前,锢囚锋很难确定。锢囚锋在卫星云图上有清楚的表现。

8.2.5.1   锢囚锋云系特点

(1)锢囚锋云系表现为一条宽约 300km、从暖区顶端出发按螺旋方式旋向涡旋

中心的云带,螺旋云系中心必与大气环流中心重合;

(2)锢囚锋云系的后部,由于冷空气侵入,形成云带后界整齐光滑,像舌一样的黑色无云区,称作干舌。干舌的形状和范围常表示冷空气的活动情况。

锢囚锋云带常表现为沿螺旋云带越往中心去的色调越变暗,螺旋中心处云高度最低。

图 8.20 给出两类具有冷暖锋结构的锢囚锋云系。图 8.20a 中锢囚锋云系 B 表现为一条狭长的云带,锢囚锋位于云带的后界附近,锢囚锋 B 后表现为由于冷空气入侵形成的一片干舌区;A 是与冷暖锋相联的斜压叶云系。图 8.20b 中锢囚锋云系 B 表现为与大片卷云区 A 相联的宽广云区,锢囚锋位于云区的后界,这种情况锢囚锋锋后冷空气很强,出现对流云系。

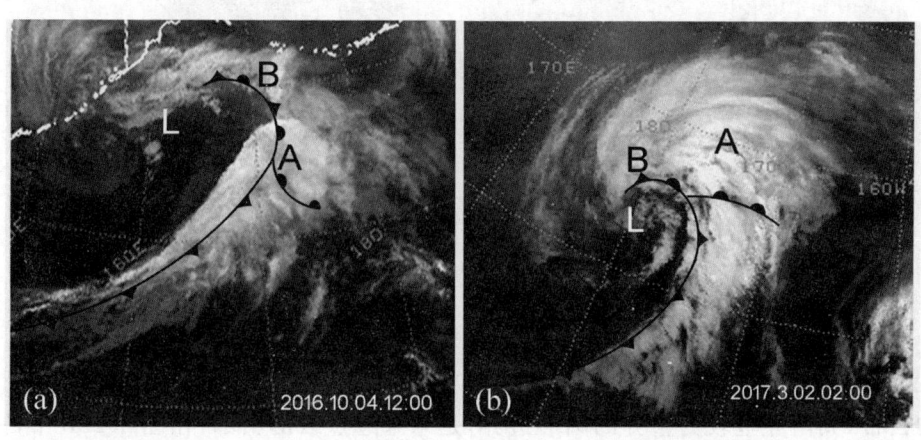

图 8.20 锢囚锋云系

8.2.5.2 地面锢囚锋位置和锢囚点的确定

在卫星云图上地面锢囚锋是这样确定的,当云带后界清楚时,就把锢囚锋定在其后界处;如果云带后界不整齐,地面锢囚锋定在云带里靠后的地方。在确定锢囚锋时,只将其定到气旋的北部或西北象限,而不是沿螺旋云带画到气旋的中心。

锢囚点的确定是锋面分析的一个重要方面,在确定锢囚锋时,要定出锢囚点,利用卫星云图可以定出锢囚点。图 8.21 给出了地面锋位置和锢囚点与云区的关系,其中图 8.21a 和 8.21d 是低压发展到后期出现急流分支情况下锢囚点的位置,急流轴不穿过云区;图 8.21b 和 8.21c 是急流穿过云区,锢囚锋位于急流轴北侧,当急流与锢囚锋相交时,在急流的南侧云纹理光滑均匀,而在其北侧云区纹理多起伏,以中低云为主,因此锢囚点定在云区由光滑均匀到多起伏的过渡地带。而当高空干冷空气较强,侵入到锢囚锋云带,则锢囚点位于稍靠后一点的晴空区内。

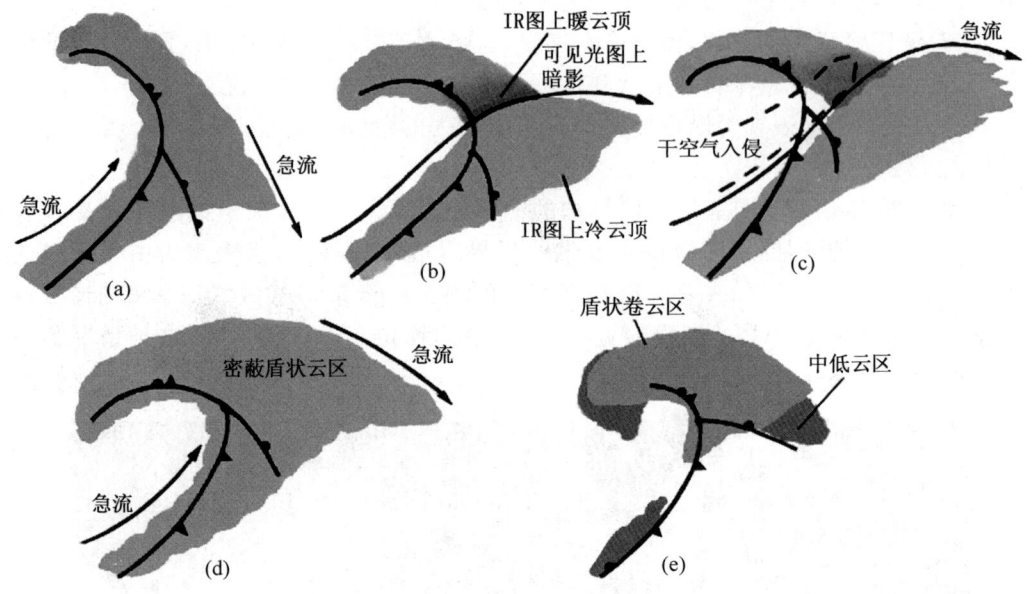

图 8.21 地面锋位置和锢囚点的位置确定模式

8.2.5.3 锢囚锋云带的演变

在卫星云图上可以看到,锢囚锋云带环绕低压旋转同时演变为逗点云系。图 8.22 给出了这种演变的模型。在图 8.22a 中,锢囚云带旋转到低压西侧,呈南北走向的云带,其南界呈较为整齐的圆形边界,是未来逗点云的头部;在图 8.22b 中,锢囚云带在低压南侧向东伸,形成逗点云系 A,并与锢囚云带断裂分离;在图 8.22c 中,逗点云系 A 向东北移,涡旋结构更明显,同时锢囚云带 B 旋转到云系 A 的西南方;在图 8.22d 中,云带 B 发展为逗点云系,而原来的逗点云系 A 演变为云带 A。

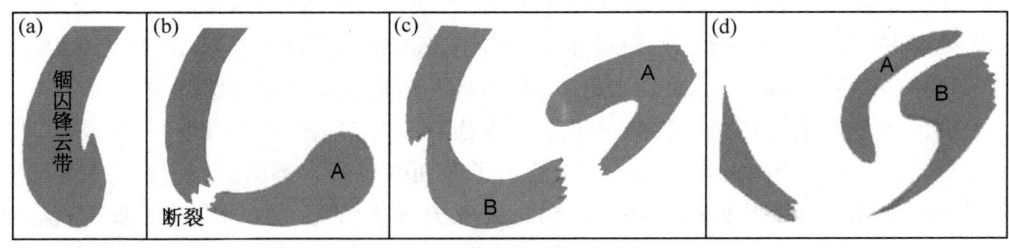

图 8.22 锢囚锋云带旋转及云型变化

8.2.5.4 锢囚锋生(瞬时锢囚)

在卫星云图上可以见到一种类似于锢囚锋的云带,它不是锢囚过程造成的,而是由锋生过程生成的,这种现象称锢囚锋生,或又称瞬时锢囚。

如图 8.23a 中,当相应于高空最大正涡度平流区的逗点云系 C,逼近一条锋面云带 F 时,锋上会出现波动。图 8.23b 当逗点云系 C 是加强着的,则与其相联的气旋性环流加强,由此使正涡度中心后面冷气团中气流的偏北风分量更加大,正涡度中心前面暖气团偏南风加大。在图 8.23c 当逗点云系 C 与锋面气旋波 F 合并时,即刻在云图上表现有锢囚锋云型结构,似乎气旋一下子由波动跳到锢囚阶段,出现锢囚云系外貌,但其实质,这是一种由锋生过程引起的结果。

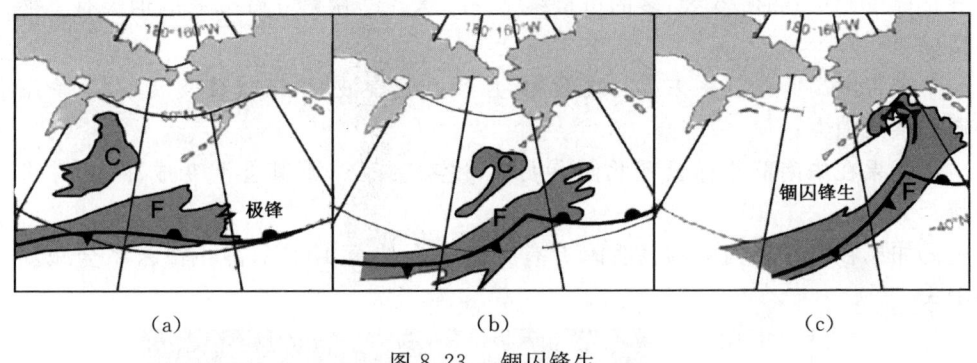

图 8.23　锢囚锋生

8.2.6　静止锋云系

8.2.6.1　静止锋云系的主要特点

(1)活跃的静止锋云系表现为一条宽的云带,云带没有明显的气旋性弯曲;

(2)静止锋云带上的云种随季节和地理位置而有差异,冬季静止锋云系以层状云为主(高层云、高积云和层云);夏季的静止锋云系内多对流云,以及各类混合性云系。

(3)在夏季静止锋云系的南边界处常伸出一条条枝状云带(线)。

8.2.6.2　我国大陆静止锋云系

我国大陆上的静止锋云系一般分两类,一类主要是由地形对冷空气的阻挡造成的;另一类是大气环流变化造成的。我国的静止锋云系主要有以下几类:

(1)天山静止锋云系:中亚地区的冷锋移到我国新疆天山山脉受阻挡时,云带的西段减慢,逐步演变为静止锋云系,东段云系移得较快,使得东北—西南向的冷锋云带变成近于东西走向,横亘在天山北麓的天山静止锋云系,云区以层状云为主,给天山北麓带来连阴雨天气。

(2)昆明静止锋云系:在冬半年,当冷空气到达四川、贵州和云南一带时,由于西南山地的阻挡,其移速成减慢,成为昆明静止锋。冷空气堆积在西南地区,位于西北—东南走向的山脉东北一侧,以至静止锋云系前界与地形等高线走向完全一致,呈西北—东南走向,云的西南边界十分整齐,云区的下界与山脉相交,这就是静止锋的位置。昆明静止锋云系很宽广,由稳定性的层状云组成,降水以连续性为主。

(3)华南静止锋云系:是影响华南地区的主要天气系统,这种云系从12月到翌年5月多见。冬季的华南静止锋云系较宽广,达400~500km,有时云系北界可达长江流域,以多层云为主,有时以稳定性的中低云为主,IR图上纹理均匀、色调较暗,其原因之一是由于静止锋云系受越过青藏高原的下沉气流作用,抑制云系向上发展。华南静止锋少则可达3~5天,多的可持续7~10天。华南静止锋云系的消失有下面三种情况:

①当青藏高原槽云系东移与之叠加,并产生气旋波时,随气旋发展东移,华南静止锋云系的消失;

②如果在华南静止锋云系北侧有明显冷空气南下,则其会演变成冷锋,并进入南海;

③如果在静止锋西侧的昆明附近有无云区东伸至108°E,静止锋云系会减弱逐渐消失。

每年3月起,华南静止锋的云系的云类开始发生变化,对流性云系增多,有时出现一系列中尺度云团。

图8.24显示了冬季昆明静止锋A—B云分布特点,可以看到,昆明静止锋F1呈西北—东南走向,与当地形走向相一致,华南静止锋F2呈东西方向走向,F1和F2静止锋云

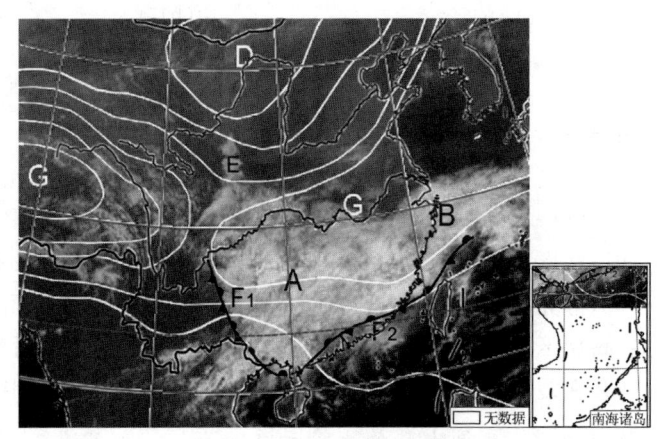

图8.24　昆明静止锋和华南静止

系边成一大片,北界到长江流域,前边界较整齐,地面锋的位置定在云系的前界附近,图8.24中叠有地面气压场,云系处在东西走向地面高气压的南面。

8.2.7　夏季我国梅雨锋天气尺度云系的卫星云图特征

8.2.7.1　梅雨锋云系

每年6—7月间,西太平洋副热带高压西进北抬,北方冷空气与低纬度暖湿气流汇合于长江流域一带,这时在卫星云图上表现为从四川盆地经长江中下游地区,向东

延伸至日本或以东西太平洋洋面上的近乎纬向分布的云带,其东段常与中纬度的涡旋相联系,这就是梅雨锋云带。在 850hPa 或 700hPa 天气图上,它常表现为东西向的切变线,其中时常镶嵌有一个个低涡,地面图上为静止锋或辐合线和低压。活跃的梅雨锋云带表现为在中低空切变线之南的偏西南或偏西气流中的没有明显的气旋性弯曲较宽的云带,平均宽度为 2 纬距左右;当其他云系与其相重合时,云带较宽,可达 4 纬距以上。但有时单独的梅雨云带很窄,只有 1 个纬距。梅雨云带的寿命相差很大,长的可达十几天,但是短的只有 1 天。在梅雨期内,梅雨云带经历形成、维持和消亡各阶段,并反复多次。

8.2.7.2 梅雨锋云带的形成

从卫星云图上可以看到,梅雨云带是由好几种云系演变而成的,它有以下几种方式:

(1)盾状云带东移发展型:如图 8.25 所示,这一类型可以分成三个阶段:①先是在长江中上游地区有一处在 500hPa 平直气流中的高空槽前盾状卷云系,处在高空急流轴右侧,从四川盆地到江淮地区中层为明显的正涡度平流区,长江流域以南地区为副热带高压控制,在高空气流操纵下,这片盾状云系向东移;②在盾状云系东移过程中,云系北界的反气旋弯曲越来越变得平直,成为长宽之比较大的云带;③演变为一条近乎东走向的云带,相应于 700hPa 或 850hPa 上有东西向切变线云带,且与云带的北界相一致,云带的北界有一条条与高空西风气流相平行的卷云线,南侧有一条条向西南方向伸出的与东风气流基本一致的卷云线,直伸至副热带高压内部,低层常与西南季风云系相联。

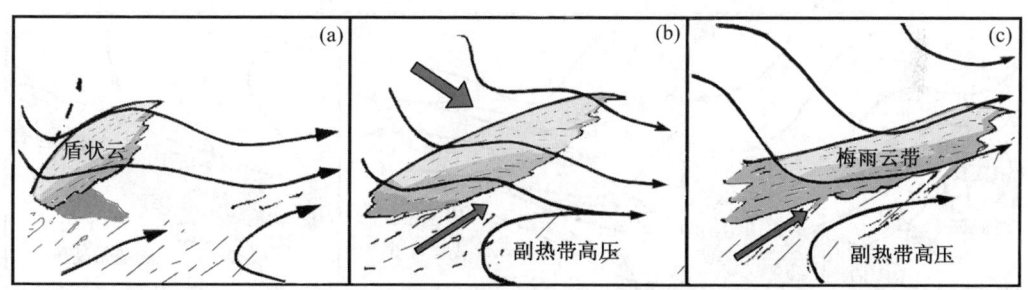

图 8.25 盾状云带东移发展成梅雨云带

(2)逗点云东移发展型:如图 8.26 所示,其特点为:①先在我国青藏高原东侧有一处初期阶段的逗点云系,其西侧有明显的干舌,尾部云带还十分长,相应 500hPa 上有一浅槽,槽前有明显的正涡度平流,槽后有较强的冷平流侵入云区,预期逗点云系将进一步发展,同时从西太平洋到我国南方地区为一稳定的副热带高压;②随逗点云系东移发展,其尾部云带越来越长,受稳定副高阻挡,开始演变成梅雨锋云带;③逗点云系进一步东移发展,尾部云带横贯于副热带高压的北侧,成为梅雨锋云带,这时与逗点云相连的高空槽加深,逗点云后部干舌越来越明显,晴空区范围扩大,切变线云带南侧伸出一条条枝状云线伸向副高,云带内出现一个个中尺度对流暴雨云团。

图 8.26 逗点云东移发展成梅雨云带

(3)切变线云带替换型:如图 8.27 所示,这种方式表现为:①大多发生于入梅和出梅其间。在入梅或出梅前,在华南地区或长江流域有对流云系构成的切变线云带,长江中上游地区有高空槽前盾状卷云东移,在这盾状云系内有活跃的对流云团发生发展;②随青藏高原槽云系东移,长江流域或以南地区的对流性云带减弱消失,副热带高压明显西进,而高空槽云系如第一种模式,逐渐趋向平直,呈东西走向,成为切变线云带;③此时特点如第一种模式的第三种一样。但是与第一种明显不同的是切变线云带的位置明显向北推进了一步。

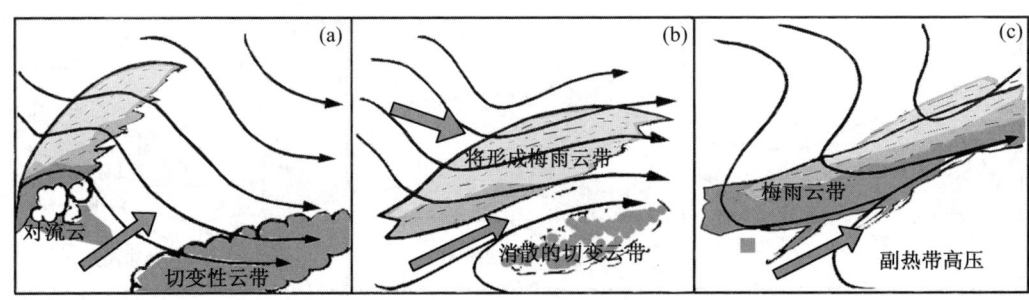

图 8.27 切变线云带替换梅雨云带

(4)斜压叶云系演变为逗点状云系后,再形成梅雨锋云带。如图 8.28 中,这与第二种形成过程相类似,它的特点为:①首先表现为一斜压盾状云系,由于干冷空气伴随高空急流的侵入斜压盾状云系的西南端,高层下沉运动,使该处出现"V"字形缺口;②高空急流继续侵入云区,"V"字形缺口范围扩大,演变为逗点云系;③随逗点云东移,尾部云带趋于东西向的梅雨云带,横贯于副热带高压北侧。

图 8.28　斜压叶云系演变为逗点状云后成梅雨锋云带

另外,我国夏季汛期降水起始与副热带高压的进退密切相关。若副热带高压呈东向带状、强而稳定,梅雨云带维持的时间长;若副热带高压周期进退,梅雨降水云带不稳定,过程性降水较多;若副热带高压减弱,梅雨云带难以稳定维持。而副热带高压进退与热带天气系统的位置和强度改变有关,因而梅雨云带的建立过程与如下几种情况有关。

8.2.7.3　梅雨云带的建立

(1)热带辐合云带加强北抬后引起的入梅过程

在卫星云图上发现,当热带辐合带云系加强和发展的同时,整个辐合云带向北推进至 10°—15°N、110°—160°E 范围内,便伴随副热带高压无云区西伸北上,副热带高压内云系很少或消失,其北界可达 25°N 或以北地区,位于副热带高压北侧的云带在长江流域梅雨云带的建立。

(2)台风的形成、发展后的入梅过程

当西太平洋上有台风发生或加强时,台风环流的加强同时使副热带高压的环流加强,副热带高压无云区内云系减少,色调更黑,南北宽度增加,并随台风环流西进,副热带高压向西伸和北抬,与此在副热带高压北侧形成梅雨云带,为梅雨的开始创造了条件。

8.2.7.4　梅雨云带的维持

夏季江淮流域和南方广大地区的洪涝灾害与梅雨云带的维持有着极为密切的关系,因此从卫星云图上判别梅雨云带的维持对于洪涝灾害的预报有重要意义。多年卫星资料表明,梅雨云带的维持与副热带高压的稳定性、中纬度天气系统的变化和热带天气系统及台风的发生发展有关。一般有下面几种情况:

(1)副热带高压对梅雨锋云带的维持作用有以下几种情况:

①如果副热带高压呈东西方向的纬向带状分布,内部云系很少或无云,无云区的

边界整齐、呈椭圆形,说明副高很稳定,有利于梅雨云带维持;

②若副热带高压呈东北－西南走向,表示副高不很稳定,不利于梅雨云带的维持;

③若副高内对流云系活跃,或者有高空冷涡活动,将破坏副高的稳定性,对梅雨云带的维持不利;

④若副热带高压西伸至华西直至青藏高原东侧,则不利于低纬度水汽输送到中纬度地区,也不利于梅雨云带的维持。

(2)中纬度天气云系对梅雨云带的作用表现为中纬度各类云系与梅雨云带重叠相交。如果没有中纬度云系与梅雨锋云系作用,则梅雨云带受西北气流作用缓慢地向东南方移动。通常中纬度云系的作用表现为以下几类:

1)中纬度高空槽云系对梅雨云带的作用。一般而言,高空槽前云系处于暖湿输送带(WCB)的西南气流中,暖湿输送带增强了暖气团的势力,同时高空槽前云系与正涡度平流区相一致,正涡度平流加剧了上升运动,促使云系加密扩大,因此高空槽云系有利于梅雨云带的加强和发展,但是由于高空槽云系的表现不同,对梅雨云带的作用也不一样。主要有:

①浅槽云系与梅雨云带叠加或合并,促使梅雨云带变稠密,范围扩大,降水加剧。在平直环流形势下,青藏高原上不断有南北幅度很小的卷云区移向梅雨云带,对一些长过程的梅雨天气都具有这种特征。

②中等幅度槽云系对梅雨云带的作用,表现为当高空槽云系移向梅雨云带时,在槽前,强的暖输送带,使副热带高压加强北上,引起梅雨云带向北摆动;在槽后,高空冷平流使副高减弱,引起梅雨云带向南摆动。因而中等幅度槽云系能使梅雨锋南北摆动。

有时中等幅度槽云系幅度较大,演变为逗点云系或气旋云系,梅雨云带的部分变为冷锋南移,使某地区的梅雨降水暂时中断。

2)中纬度逗点状云系对梅雨云带的作用。表现为一条长的南北向或东北－西南向的逗点状尾部云带与梅雨云带相交,相交处受高空正涡度平流和暖输送带的作用,云系变稠密,并向北扩大,表现为"人"字形的云型结构,低层出现低压,相交点位于低压的前部西南气流中,后部受偏北气流作用,使梅雨云带东南移。

3)西南季风云系对梅雨云带的作用。西南季风云系常表现为东北边界整齐光滑、向西南伸出卷云砧的积雨云团,从孟加拉湾经中印半岛伸至我国南方地区,有时可达长江流域,与梅雨云带相连结,为梅雨锋输送丰富的水汽和动量。

8.2.7.5 梅雨云带的减弱消失和出梅

在梅雨期间,并非一直有一条梅雨云带维持着,云带维持的时间一般很有限,往往是生成、消失、再生成、再消亡,直至出梅。造成梅雨云带消失的原因有:

①副高的强度和进退具有周期性的变化,当副高处于减弱阶段时,副热带高压东退南下,使梅雨云带消失。

②梅雨期台风对梅雨云带的形成和减弱起重要作用,当台风加强发展期间,台风环流的加强导致副高环流加强,即副高增强,使梅雨云带北抬;而当台风移到梅雨云带以东地方时,台风西侧的偏北环流,促使梅雨云带南移。

③如果梅雨云带的上游方向为大片晴空区,则梅雨云带缓慢南移减弱。

与入梅过程相似,长江流域的出梅过程同样伴随副热带高压的西伸与北抬,只是副热带高压的无云区更北一点。梅雨的出梅过程是在更北的纬度建立雨带,长江流域为副高控制。一般与下面两种热带天气系统有关。

①热带辐合带加强引起副热带高压北抬西进的出梅过程。热带辐合带是由一系列活跃的对流云团组成,云带内云系稠密、范围扩大表示上升加剧,按哈脱莱径向环流理论,其必然引起副高内下沉运动的加强,促使副高加强西进北抬,从而使梅雨云带在更高的纬度建立。

②台风发生和加强或西北移引起的出梅过程。台风是热带地区强烈的气旋性涡旋,当它加强,即台风环流加强,引起其邻近副高的环流加强,使副高西进北抬,使江淮流域梅雨结束。

图 8.29 控制长江中下游地区的一次梅雨锋云带,云带与东北低压 D 相连结,云带前界附近有一系列雷雨云团,云团顶部有向副热带高压内伸出的卷云砧,图中叠加有地面气压场,可看到对于云带内的强降水云团有中尺度低压 D,在四川盆地附近有一个是中尺度高压 G,与其西南方的低压 D 之间构成辐合带,相应这辐合带有强对流云团。

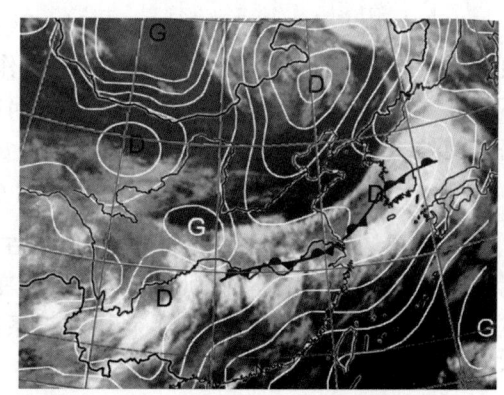

图 8.29 梅雨云带的地面气压场

图 8.30 显示了梅雨云带的高空流场分布,图中叠加了 500hPa 的等高线,可以看到梅雨云带之北为西北气流控制,梅雨云带之南为副热带高压西侧的西南气流,云带处在这两支气流中,暴雨云团位于梅雨锋的前界处,每一云团顶部有向西南伸出的卷云羽,云带之北为向东伸出的卷云羽,从卷云羽方向,可以看到,梅雨云顶部的为偏北冷平流,当其越过梅雨锋到达锋前,冷平流叠加在暖气团之上,导致暴雨云团的形成。图中 C1、C2、和 C3 是梅雨锋前的暴雨云团。

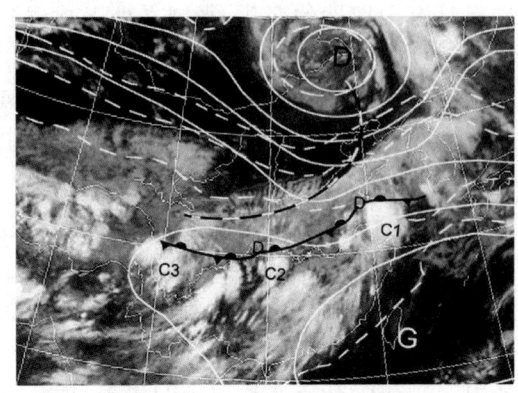

图 8.30 高空流场分布

8.3 温带气旋云系

8.3.1 温带气旋的两种云型

温带气旋是中纬度地区的重要天气系统，不同地区温带气旋云系分布型式相差很大，海洋和陆地地区间的差异更是明显，作为影响我国的温带气旋与其他地方明显不同。温带气旋云系通常由斜压叶云系、涡度逗点云系和变形场云系三部分组成，根据气旋发展到成熟时的云型和环流将气旋分为 A 型、B 型两种类型（图 8.31）。

8.3.1.1 A 型气旋

①它是从低空向上发展起来的，然后在对流层上部有表现；②高空急流穿过云区，其轴位于斜压叶云系的北界附近，使得变形场云系与斜压叶云系分离；③涡度逗点云系的头部外露，尾部被大片斜压叶云系所遮挡；④冷锋锢囚锋容易定出，而暖锋不易定出。

8.3.1.2 B 型气旋

①它是从高空向上和向下发展起来的，强度比 A 型气旋强，其云系完整和深厚；②急流不穿过云区，云中风速不强，变形场云系与斜压叶云系连成一片；③强风区处于云区后以扇形指向云区，所以斜压云区后界移速较快，使涡度逗点云从其后面显露出来。

8.3.2 洋面温带气旋的发生发展的特征

8.3.2.1 判断洋面气旋发生的主要云系

判断气旋发生可以分析斜压叶云带 F、积状或层状云 C 和斜压叶云北侧有外露

第 8 章　锋面、温带气旋云系分析和预报

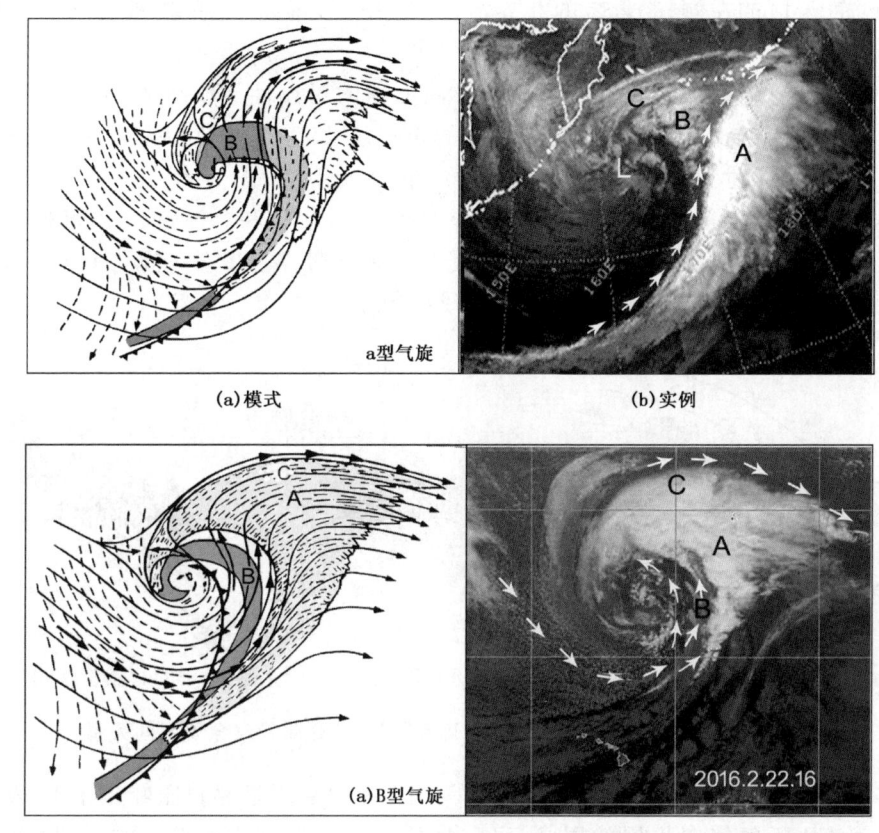

图 8.31　A 型气旋和 B 型气旋

的云区 E 这三种云的特点确定,具体分析方法如下:

(1)斜压叶云带 F(见图 8.32):①处在大尺度高空槽前高空暖输送带(WCB)W_1 中;②与极锋急流一致,急流轴位于拐点(指云系由气旋性弯曲到反气旋性弯曲的地

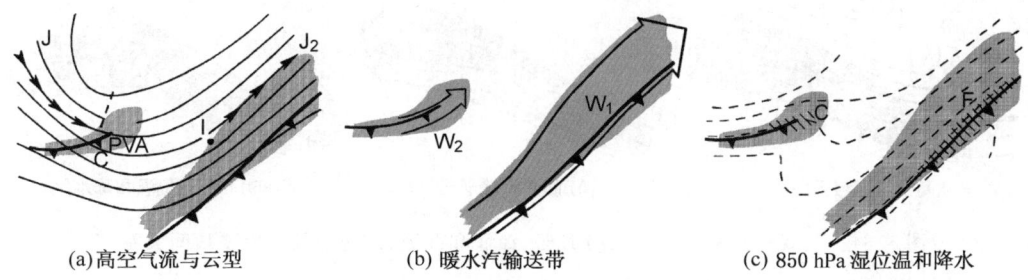

图 8.32　气旋先兆阶段时逗点云、锋面和气流、输送带及气象要素间关系

方)的下游、云区的左侧;③云带的北界清楚,呈"S"形弯曲,地面暖锋于 F 云带的东南边界。

(2)积状或层状云 C(见图 8.32):①它由加强的对流性云所组成;②它处于高空槽后的西北气流、与新生的急流或短波槽的正涡度平流(PVA)相关联;③随高空气流运动;④其发展时,与较低的第二暖湿输送带 W_2 相联。

(3)外露的云区 E(见图 8.33):①它是处在斜压叶云和急流冷区一侧的外露的云区 E,云顶扩展、升高(温度降低);②它是第二输送带 W_2 在第一输送带 W_1 的下方向北凸出而外露,并处于短波槽前,表明气旋在形成。

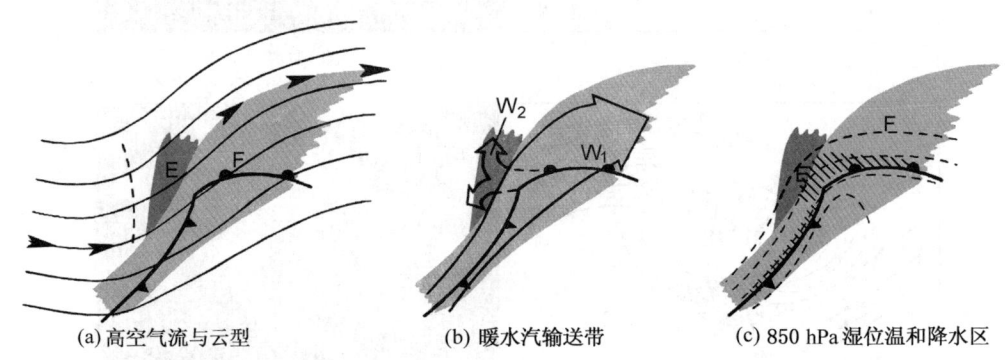

(a) 高空气流与云型　　(b) 暖水汽输送带　　(c) 850 hPa 湿位温和降水区

图 8.33　气旋先兆阶段时 E 云、锋面和气流、输送带及气象要素间关系

(4)纬向扩展的云区 E(见图 8.34):①云区 E 的南侧紧邻斜压叶云系 F,表现为与高空气流平行的纬向扩展的层状云区,且处在汇合型高空槽前;②在云区 E 和 F 之间为一干舌区;③云区 E 是由暖输送带 W_2 形成的,当 E 变得宽广时,向冷区有凸起的边界时,将 E 称为云头;④急流轴处在云区 F 的北界一侧,但是在云区 E 的北界处也有急流存在。

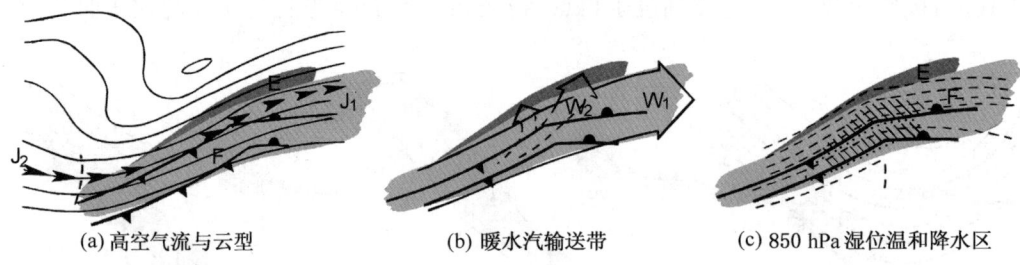

(a) 高空气流与云型　　(b) 暖水汽输送带　　(c) 850 hPa 湿位温和降水区

图 8.34　气旋先兆阶段时拉长的 E 云、锋面和气流、输送带及气象要素间关系

8.3.2.2 洋面气旋发展的先兆特征

(1)与锋面云带分离的逗点云诱导气旋的征兆

如图 8.35a 中,急流 J_1 位于斜压叶云 F 的左侧冷气团内,伴有急流 J_2 的逗点云 C 沿着急流 J_1 的槽前正涡度平流区发展;图 8.35b 中,与逗点云 C 相伴的急流 J_2 位于比急流 J_1 以北的冷气团中,云 C 沿 F 云带并行移动;在图 8.35c 中 J_2 位于比急流 J_1 以南的较暖的空气中,逗点云 C 环绕高空槽,从上游接近斜压叶云 F,并与 F 相互作用。

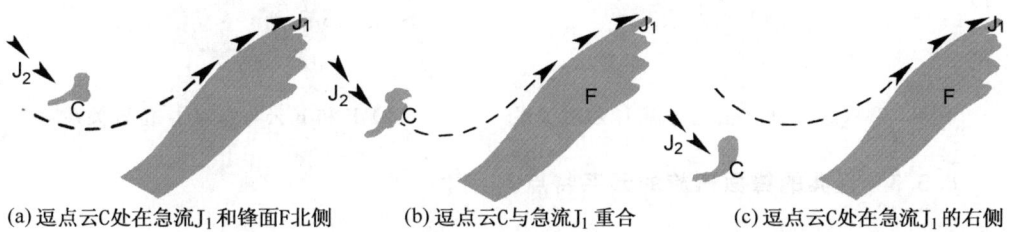

(a) 逗点云C处在急流J_1和锋面F北侧　　(b) 逗点云C与急流J_1重合　　(c) 逗点云C处在急流J_1的右侧

图 8.35　逗点云系诱导气旋的发生发展先兆特征

(2)锋面云带 F 单独存在时生成气旋的征兆

在锋面云带 F 的北界稍稍具有"S"形的边界,并在约 5 小时内发生约 15°～20°的旋转。在图 8.36a 中给出了急流与锋面云带 F 的关系,急流 J_1 处于 F 的北侧边界拐点的下游处,与 F 对应的高空槽在加深,上游有急流 J_2 移向 F,在槽线处有开口细胞状对流云加强。从图 8.36b 中看到,云带 F 加宽和旋转,其"S"形北界进一步明显,低的 E 云从云带 F 下面露出。

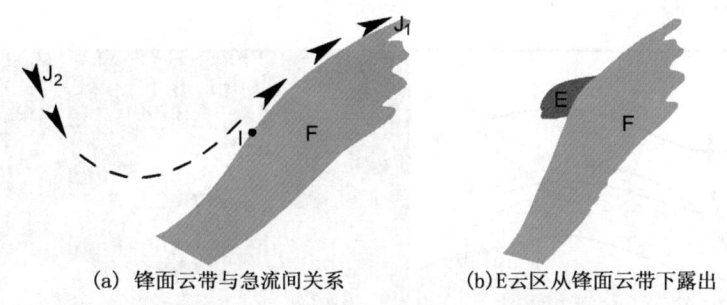

(a) 锋面云带与急流间关系　　(b) E云区从锋面云带下露出

图 8.36　单锋面云带形成气旋的先兆特征

(3)有限范围低云 E 在锋面云带 F 下方露出形成气旋的先兆特征

如图 8.37a 中,在云带 F 的北侧有一急流 J_1,低云 E 在疏散型高空槽前、急流出口区左侧处形成。气旋的先兆是当云 E 范围扩大,云顶变冷,而在 E 上风方一侧的

F云消散。

(4)纬度向扩展的低云E在锋面云带F下方露出形成气旋的先兆

如图8.37b中,在云带F的北侧有一急流J_1,在伸长的低云E的北侧边界处有急流J_2或正在生成,高空伴有一个宽广的汇合型高空槽。气旋的先兆是E云的北界向北凸起更明显,在E和F云之间生成一条裂缝,而在E上风方一侧的F云消散。

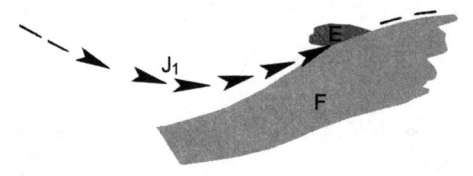

图8.37　(a) E和F云与急流J_1位置关系　　(b) E和F云与急流J_2位置关系

8.3.3　经典的锋面气旋的云系特点

在中纬度地区,具有冷暖锋结构的温带气旋称锋面气旋。根据天气学理论对气旋划分的阶段,结合卫星云图上的表现说明:

8.3.3.1　波动阶段

如图8.38中,当移动缓慢的冷锋或静止锋云系上有波动发生时,其云系表现有三个特点:(1)锋面云带变宽;(2)云区向冷气团一侧凸起(这表明西南暖湿气流在加强,出现暖锋锋生);(3)云区的色调变白、中高云增多(上升运动加大)和顶部卷云表现反气旋弯曲(出现高空辐散);云带向冷气团凸起的地方就是地面气旋发展的地方,在波动阶段,云区没有涡旋结构,地面天气图上也没有环流出现,但是在卫星云图上已可确定其发生。

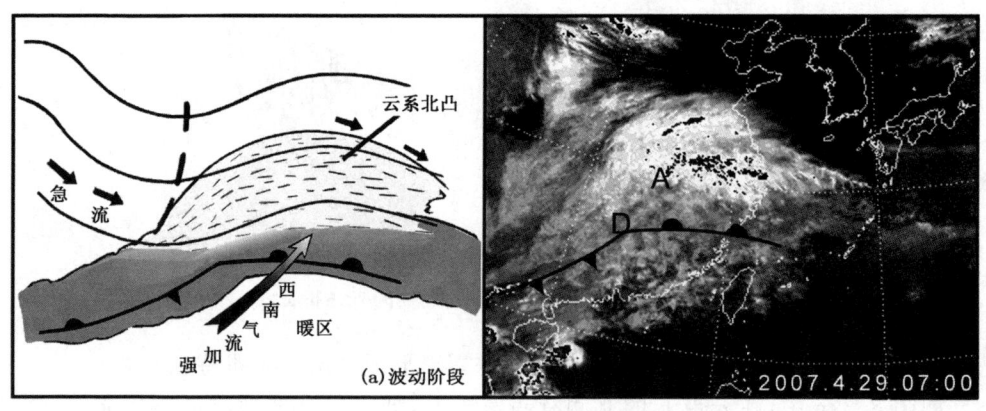

图8.38　温带气旋波动阶段

8.3.3.2 发展阶段

如图 8.39 中,当锋面气旋到达发展阶段时,云区特征有:(1)锋面云带向冷区凸起部分越来越明显;(2)在锋面云带向冷区凸起的中高云区后部边界开始向云区内部凹,表示干冷空气从气旋后部侵入云区,干舌开始形成;(3)在这凹的地方出现一些不连续的断裂云系。这一阶段是气旋发展最强烈的时期,暖锋云区最宽广,降水强度最大,冷锋云带开始形成。

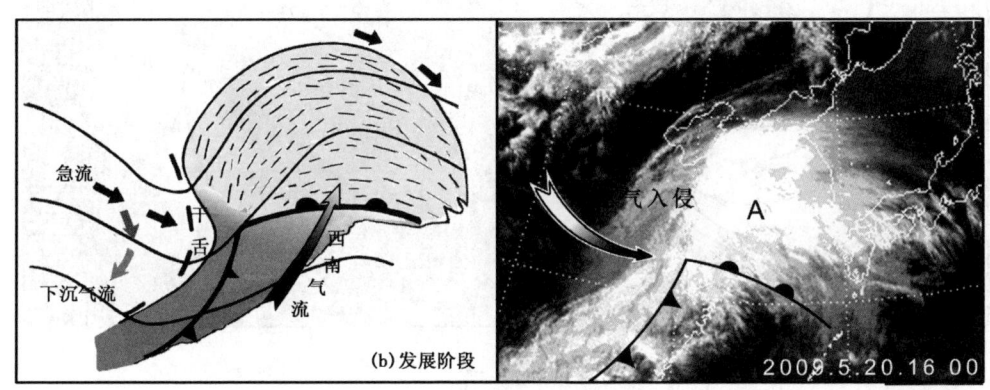

图 8.39 温带气旋发展阶段

8.3.3.3 锢囚阶段

如图 8.40 中,在这阶段:(1)气旋后部的干舌越来越明显,由于冷空气入侵,冷锋云带显著加大;(2)出现明显的螺旋结构;(3)锢囚云带伸到气旋中心,在冷锋后的冷气团内出现一条条围绕气旋的弯曲云线(夏季这些云线上有雷暴出现)。

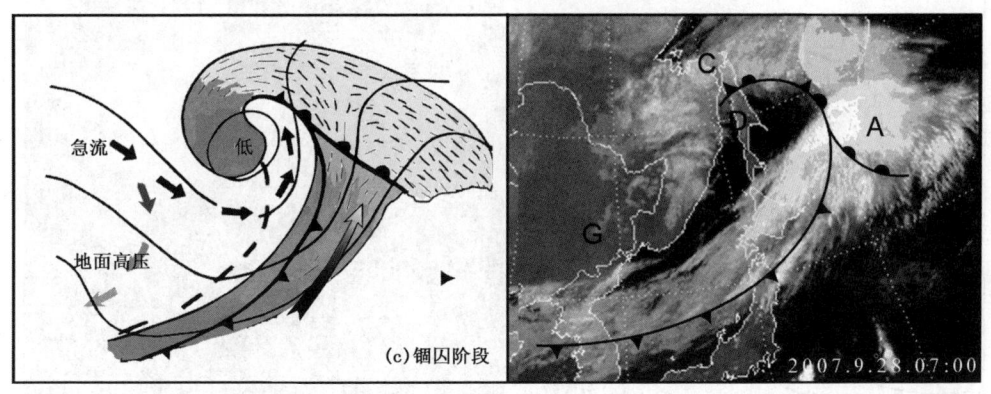

图 8.40 温带气旋锢囚阶段

8.3.3.4 成熟阶段

如图 8.41 中,气旋锢囚的后期阶段,便达到成熟,这时:(1)螺旋云系最典型,云带可以绕气旋中心旋转一周以上;(2)干舌伸至气旋中心,表明水汽供应已被切断;(3)涡旋云系中心与地面到 500hPa 高低空的低压中心相重合,表明气旋不再发展。

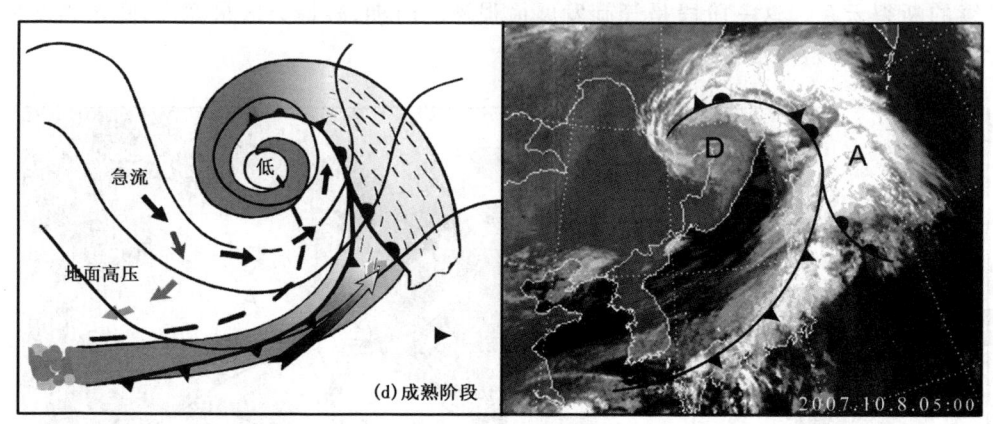

图 8.41　温带气旋成熟阶段

8.3.3.5 消散阶段

如图 8.42 中,气旋发展到最后便到达消散阶段,这时:(1)螺旋云带断裂,云系不完整;(2)云区内中高云甚少,以中低云为主,云区中出现无云区,在夏季云区有时出现孤立的对流云小单体;(3)高空急流穿过云带,冷锋云带与螺旋云区分开,这时的螺旋云区在 500hPa 上一般有冷中心,地面是一个完整消散的低压。

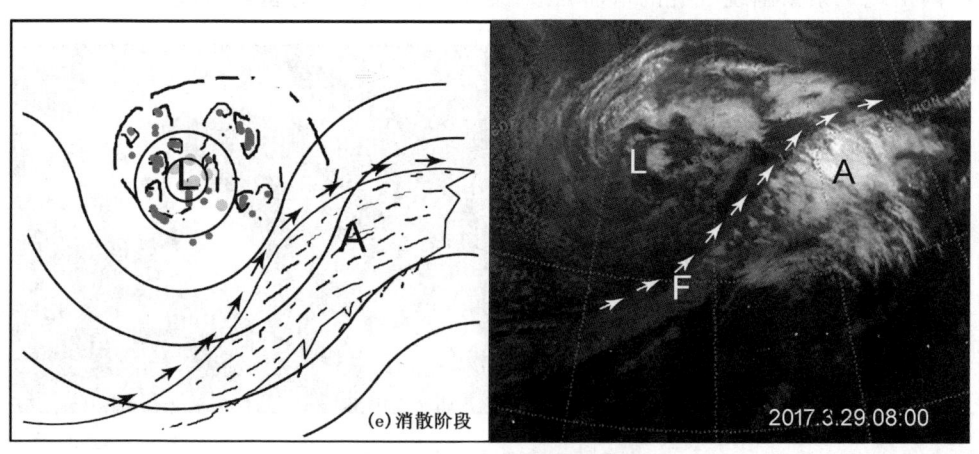

图 8.42　温带气旋消散阶段

8.3.4 海洋温带气旋的发生和发展

8.3.4.1 洋面径向槽前气旋的发生发展和云系演变

这是当高空槽的振幅较大(深槽前)时,温带气旋发生发展的情况,其主要云系发生发展的先后次序为:先表现有一条斜压叶状云带,接着是涡度逗点云系形成,最后是变形场云系形成,生成 A 型气旋。这种气旋无急流分支,只有一支急流;气旋形成的原因是在斜压带内围绕主槽运动的短波扰动引发的。云系的演变分成三个阶段(图 8.43)。

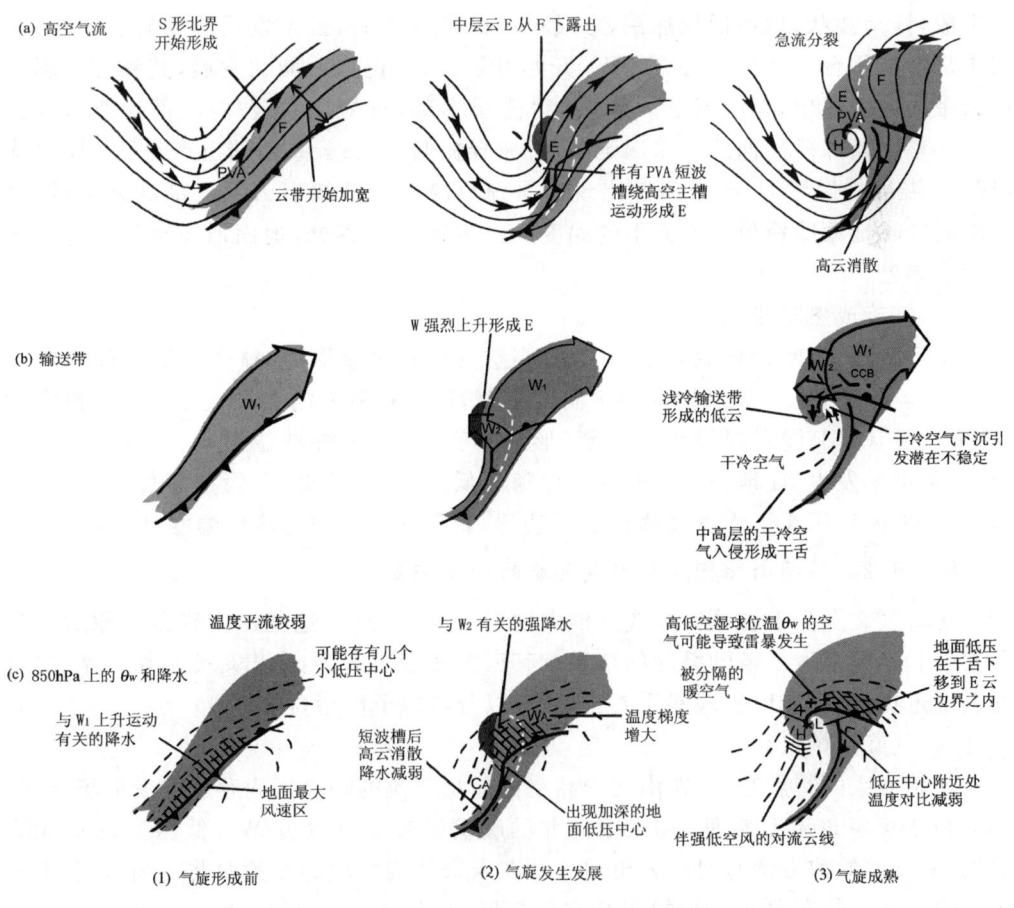

图 8.43 径向气旋生成示意图

(1)初始斜压叶云带阶段

这阶段的主要特点有:①在深槽前、急流轴南侧表现有一斜压卷云带,云带前界是静止锋或移动甚缓的冷锋;云带后界呈 S 形边界,北段开始加宽,槽底附近有强的正涡度平流(PVA)。②沿这锋带上有一暖输送带 W_1,若干个气压波,并与 W_1 相伴有若干小逗点云和降水,但这些小的逗点云时常被斜压叶云带所遮蔽;此时温度平流较弱。③当径向深槽发展时,围绕这深槽的小逗点云系中的一个发展。④有时槽后的卷云很薄,透过它可以盾到主要短波槽的位置,当它移到槽前,云系迅速增加,卷云的后界向冷气团凸起。

(2)涡度逗点云形成发展阶段

云系特点有:①卷云带左界呈波状,且与急流轴相平行,伴有正涡度平流的短波槽绕主槽迅速发展并成为深槽的一部分,使深槽线呈西北—东南走向;涡度逗点云已经形成,锋呈波状,地面低压加深,形成单一的低压中心,云系发展成螺旋状,在对流层中部形成闭合的环流中心。②W_2 开始发展,涡度逗点云向北发展,其头部从斜面压云带内向北露出,形成 E 云,云顶达对流层中部,有的达卷云高度,但比急流卷云低。③整个槽深槽呈西北—东南走向,短波脊振幅加大;云系前部出现明显的暖平流(WA),温度梯度增大;云带后部出现冷平流(CA),短波槽后云系尾部高云消散、降水减弱。④地面冷锋位于卷云下的涡度逗点云的后边界处,地面低压也处在卷云区的后边界处。

(3)气旋成熟阶段

这一阶段:①闭合环流进一步加深,高空变形卷云带形成;整个云型表现成 B 型气旋,急流分支;由于加深槽前的正涡度平流,E 云有最强的上升气流。②干冷空气(冷输送带,CCB)侵入逗号点云头部,形成干舌,高空低湿球位温 θ_w 产生潜在不稳定,导致雷暴发生;在地面低压西南方伴随强低空风,环绕低压,形成螺旋状云线(云街)。③地面低压在干舌下面移到 E 云边界内,低压中心附近冷锋温度对比消失。

8.3.4.2 洋面南北槽叠加形成气旋的云型演变

这种气旋发生于青藏高原或其他大地形的东部地区,这是由于青藏高原对气流分支引起不同纬度上槽的叠加的结果。其云系演变表现为:先出现变形场云系,接着是涡度逗点云系,最后出现斜压卷云带,可以分成以下阶段(图 8.44)。

(1)气旋初始云系

初始云系的特点有:①在南北两高空槽前是气流的辐合区内存有一变形场、云带 F,其位于极锋急流 J_1 南侧,和由南向北的暖输送带上升气流 W_1;低压 L 附近无锋出现,南支槽的前方常有对流云出现。②在未来气旋生成的北到西北一侧,以及发展中的中空低压的东北方一侧的弱高空风速区内;低压 L 向极锋急流 J_1 的入口区移动。③在南北两槽后有两支急流,在南支槽后伴有一支西北高空急流 J_2,相应有逗点云系 C,同时有自西向东的暖输送带上升气流 W_2。

(2)气旋云系形成发展阶段

这阶段特点：①与南支槽相联的高空急流 J_2 环绕高空槽向东移，开始侵入至槽前；在急流 J_2 的出口区左侧、入口区的右侧，闭合低压 L 生成，并加强发展；逗点云 C 形成并发展于低压 L 的东南方；J_1 之南的变形卷云带 F 变得更稠密，范围更大，整个云系变大，逗点云 C 发展，其常含有对流云，顶部到达卷云顶高度。②由于南支急流进一步越过槽线，最大风速中心移到槽前，逗云尾部云带变厚，并有斜压卷云带发展。③湿空气进入系统内，并抬升到对流层中部，强的正涡度平流在发展，高空急流处在闭合低压中心的南部穿过。④南支槽加深，并向东北方向弯曲。⑤由于气旋由高空向低空发展，云系与地面低压和锋面之间关系不确定，而云与降水间关系很好，但一般情况下地面低压位于逗号点云系后部边界。

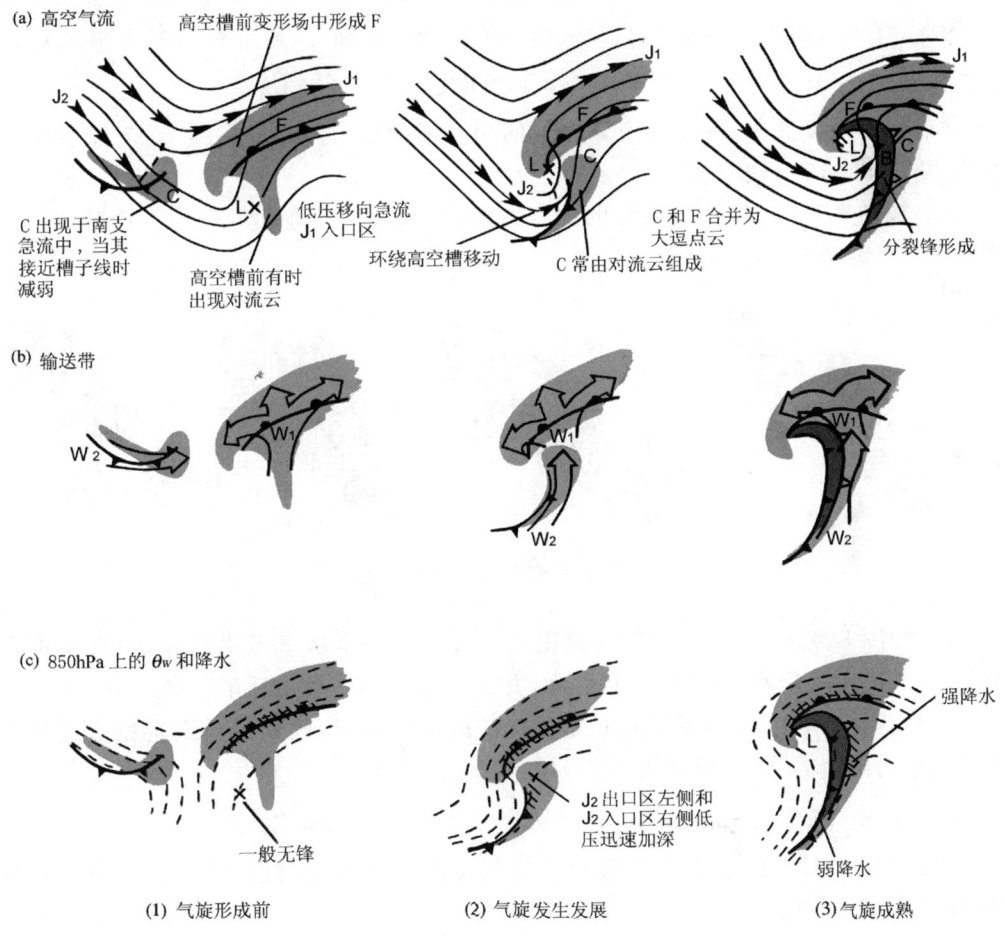

图 8.44 南北槽叠加形成的气旋

(3) 气旋成熟阶段

这时云系特点:①急流 J_2 在斜压卷云带后边界呈扩散,卷云区内风速很小,变形云系 F 与逗点云 C 合并及斜压云带,连与一片,形成大逗点云系。②急流 J_2 侵入大逗点云。③短波槽与北支槽相位一致或略超前,槽的走向为西北—东南走向;由于高空急流 J_2 气流在云区后向东扩散,涡度逗点云的后部不断从云区中显露出来,形成分裂锋。④在大逗点云尾处有弱降水,在高空锋云带中部有强降水。

8.3.5 洋面气旋中心低压位置的确定

在洋面上资料稀少,气旋低压中心位置不容易确定。对此可由卫星云图确定,但由于卫星云图上气旋云系阶段不同和形成方式不同,云系的表现型式也有很大的差异,因此,洋面气旋低压中心位置要根据云的具体分布确定,通常有以下几种方式:

8.3.5.1 锋面云系中低压中心位置的确定

(1)如图 8.45a 中,可以利用 F 云带的拐点来确定,通常低压中心位置定在离拐点约 300~500km 的地方。

(2)如图 8.45b 中,当 F 云带的北侧出现云区 E 时,则地面低压中心位置定在离 E 云带北界约 200~400km 处。

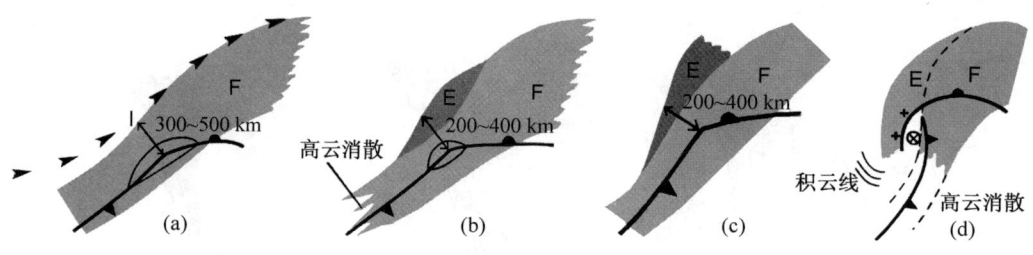

图 8.45 锋面云带上低压中心位置的确定

(3)如图 8.45c 中,当 F 云带北侧出现的云区 E 完全从 F 云系中露出,并出现有干舌,则低压中心定在云区 E 和 F 之间,并靠 E 的上游一侧。

(4)如图 8.45d 中,如果云区 E 是由离散的单体组成,则地面低压定在沿这些单体的一个的内边界、云顶温度较暖的云体下面。

8.3.5.2 在锋面靠极一侧冷气团内低压中心位置的确定

(1)如图 8.46a 中,在锋面靠极一侧冷气团内出现涡度逗点云时,低压中心定在紧挨涡旋中心的下方。

(2)如图 8.46b 中,在锋面靠极一侧紧挨云区 F 处出现宽度较大拉长的云区 E 时,这时低压区也是拉长的,形状复杂,低中心位置定在 E 云区赤道一侧、其上游一

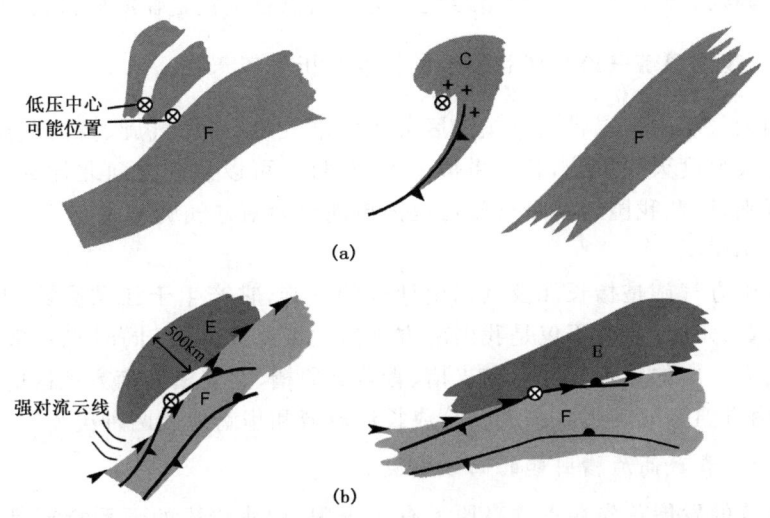

图 8.46 锋面靠极一侧冷气团内低压中心位置的确定

端的边界上;如果云区 E 和 F 是分离的则低压定在云系 E 和 F 之间、靠 E 云系的上游一端。

8.3.5.3 成熟低压

当气旋成熟,低压进一步加深,云系表现为典型的螺旋或钩状结构,这时低压中心位置容易确定,主要有如图 8.47 所示的三种。

(1)表现为钩状云,E 云的西南尖端部分出现由中低云组成的钩状,根据钩状云的弯曲,定出低中心的位置。

图 8.47 气旋成熟时低压中心位置

(2)当气旋进一步发展,钩状云的尖端已旋转到涡旋前部,这时涡旋接近垂直,中心更易确定。

(3)当钩状云继续旋转,表现出螺旋结构。低中心位置定在涡旋云的中心。

8.3.6 我国温带气旋生成和发展的云系分析

在我国天气学中把温带气旋按地区分为江淮气旋、东海气旋、黄河气旋等,但是由于气旋是大尺度天气系统,其云系覆盖范围很广,可以从南方向北伸到北方,难以用地区来区别,因此我国的温带气旋可以简单地分为南方气旋和北方气旋两大类,下面分别以实例说明。

我国的南方气旋是指长江及其以南地区的气旋,它产生于江淮流域、湘江地区、华南地区和黄、东海海面,不仅是我国南方地区主要降水系统,同时它带来暴雨和大风天气。南方气旋的发生发展与南支槽、青藏高原槽、北支槽和南方地区的云系分布有关,按照南方温带气旋带来的天气分成长江流域和华南地区两种类型。

8.3.6.1 青藏高原槽引起的南方气旋

这类气旋的发展首先在青藏高原上有所表现,预兆阶段的云系特征是指气旋生成之前能指示气旋生成的云系分布,分析这类云系能提早预告气旋的发生发展。根据高空槽南北位置的差异,南方气旋先兆阶段云系可以表现为如下特征。

(1)南方气旋的预兆阶段云系特征

这类云系主要出现于青藏高原上,由它形成南方气旋的例子较多,如图 8.48 中,在预兆阶段,可以分成 A_1、A_2、A_3、A_4 四类云型。

① A_1 云型:这类云系在青藏高原上出现成片的呈反气旋弯曲的辐散状的卷云系,云区中丝缕结构清楚,有时可见到反气旋弯曲的涡旋结构;它出现于南支槽前西藏自治区南气流的暖脊中,槽前暖平流和槽后冷平流均十分明显;当这云系移出高原,在 700hPa 和 850hPa 上有低涡出现,地面图上有一华西倒槽或低压,槽前 ΔP_3 和 ΔP_{24} 均为负值,华东地区为冷高或脊控制;华南一带是一条不连续的中低云区。

② A_2 云型:为由西南方向东北有一条径向度较大的卷云带,从低纬度伸至高纬度,其左界光滑整齐,纬度较高的地方反气旋弯曲明显,云系处在副热带急流的南侧、径向度较大的青藏高原槽前的暖湿气流中,高原东部 500hPa 上为 24 小时负变高;地面华西倒槽东伸,3 小时变压为负值。在高原以东地区为中低云组成的不连续云系。

③ A_3 云型的特征:青藏高原以东广大地区为大片稠密的中低云区,云区内出现一条条反气旋弯曲的、东北—西南走向的卷云线,同时在亚洲东海岸 500hPa 上有低槽强烈发展,从高原东部到朝鲜半岛是一个等高线辐合区;这一类中低云是由 850hPa 和 700hPa 上强暖平流沿静止锋面上滑造成的,而到 500hPa 上槽前暖平流就较弱,槽后冷平流明显,从而形成不稳定。

④ A_4 云型的特点:在青藏高原或其东侧有逗点云系,云区北部向冷区凸起,云中有时见到波状云,当云区的西侧有云带逼近它时,将显著发展,这类云型位于槽前暖

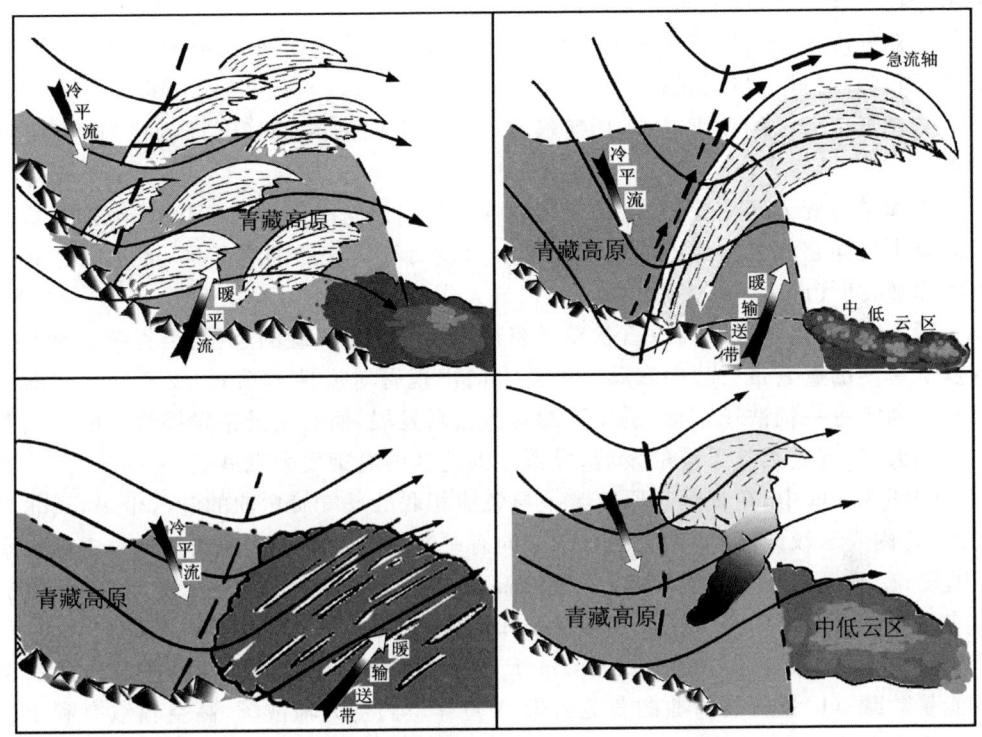

图 8.48 南方气旋预兆阶段的云系概念模式

中心或暖脊中。

(2) 南方气旋生成方式

当青藏高原上空出现上述 A 型云系后,南方气旋云系生成有以下三种方式。

① 从四川盆地到南岭一带地区,中低云区逐渐向北推进、云层变厚、范围扩大,色调变白,这时当青藏高原槽 A 型云系与这云系结合时,气旋开始生成。

② 当青藏高原 A 型云系东移时,偏南气流加大向北推进,使原在华南一带的中低云带减弱消失,而在其北侧或江淮流域地区新生一条云带,并与 A 型云系相结合,气旋生成,这时云的色调变白、结构密实,向冷区凸起。

③ 在开始时,青藏高原以东地区是一大片无云区,随 A 型云系东移,四川盆地及其以东地区常有中低云区新生发展,地面天气图上有华西低槽向东发展,此时 A 型云系与这云系相结合,气旋形成。

(3) 南方气旋发展

相当多数的南方气旋出现波动以后并不进一步发展,往往波动形成后就消失了,只有少数能继续发展,表现有完整的气旋过程,那么在什么情况下气旋进一步发展?

云图分析发现,当出现下面情况时,气旋会进一步发展。

①在气旋生成后的云区内出现对流云系,表示垂直运动加大,对流云系释放大量潜热,则气旋将进一步发展;

②在气旋云区的西北方向上有东北—西南走向的云带移近该云区,则气旋将发展;

③如果气旋云区十分密实(垂直运动强),且明显向冷区凸起(偏南气流加大),云区北界出现向东北方向伸出的纤维状卷云羽或反气旋弯曲的卷云区,表示高空有强烈的辐散,则气旋进一步发展。

图 8.49 给出了青藏高原盾状卷云东移引起的南方气旋的过程:当青藏高原上空有反旋弯曲的卷云带(线)向东移至下游方向出现有对流性云系时,反气旋弯曲的卷云意味高空有一辐散场东移,诱发下游对流云系发展,而对流云系发展释放的大量潜热加热大气,促进天气系统的发展,导致江淮地区的气旋发生发展。

①图 8.49a 中,在青藏高原上有一与急流相联的反气旋弯曲的卷云带 A,其北界光滑,云内卷云纹线清楚;在它的东南方向有一急流云带 B—E,四川盆地为中低云系 B 覆盖;在新疆地区有一条云带 F。青藏高原上的云分布预示随卷云向东移动,可能在未来 6~24 小时内会有江淮气旋发生和形成,称为江淮气旋的预兆阶段。

必须注意的是:(a)在急流云带 B—E 左界是片晴空区,下沉气流使该地区不稳定能量贮藏;(b)反气旋弯曲的急流云带 A 意味着高空为辐散场,高空辐散有利于低空辐合上升运动。

②在图 8.49b 上,随盾状卷云东移,在江淮地区有对流云 B 发生,云系表现有明显的卷云砧,表示风速垂直切变很大,这种强风是与急流通过该地区有关。对流云 B 的出现表示垂直运动强,同时对流云释放潜热,加热大气,有利于系统进一步发展。F 云带靠近 A 云系,为气旋提供冷空气;

③在图 8.49c 上,B 云系进一步加强发展,云面积扩大,表示气旋进入波动阶段;

④在图 8.49d 上,可以看到卷云带 A 与 B 相互合并,F 云带接近气旋云区 A—B,云系 B 的表现涡旋状趋向,后界开始向云内凹,表示冷空气开始侵入云区。气旋进入发展阶段,云区范围扩大,此时降水加大;

⑤图 8.49e 上,云系进入锢囚阶段,表现为明显的干舌,冷空气已经侵入云系。

⑥图 8.49f 上,云系进入成熟阶段,表现为侵入气旋中心一个很宽的干舌,主要云区 B 东移,与涡旋中心分离。

8.3.6.2 局地对流发展引起的南方气旋

在我国南方地区气旋的发生与局地强对流云系的发展有着密切关系,对流云的发展释放大量的潜热加热大气,暖的大气向北推进,与北侧的南下的冷空气形成强的温度梯度,导致高空风速加大,由此使高空辐散加大,使得天气系统迅速发展。

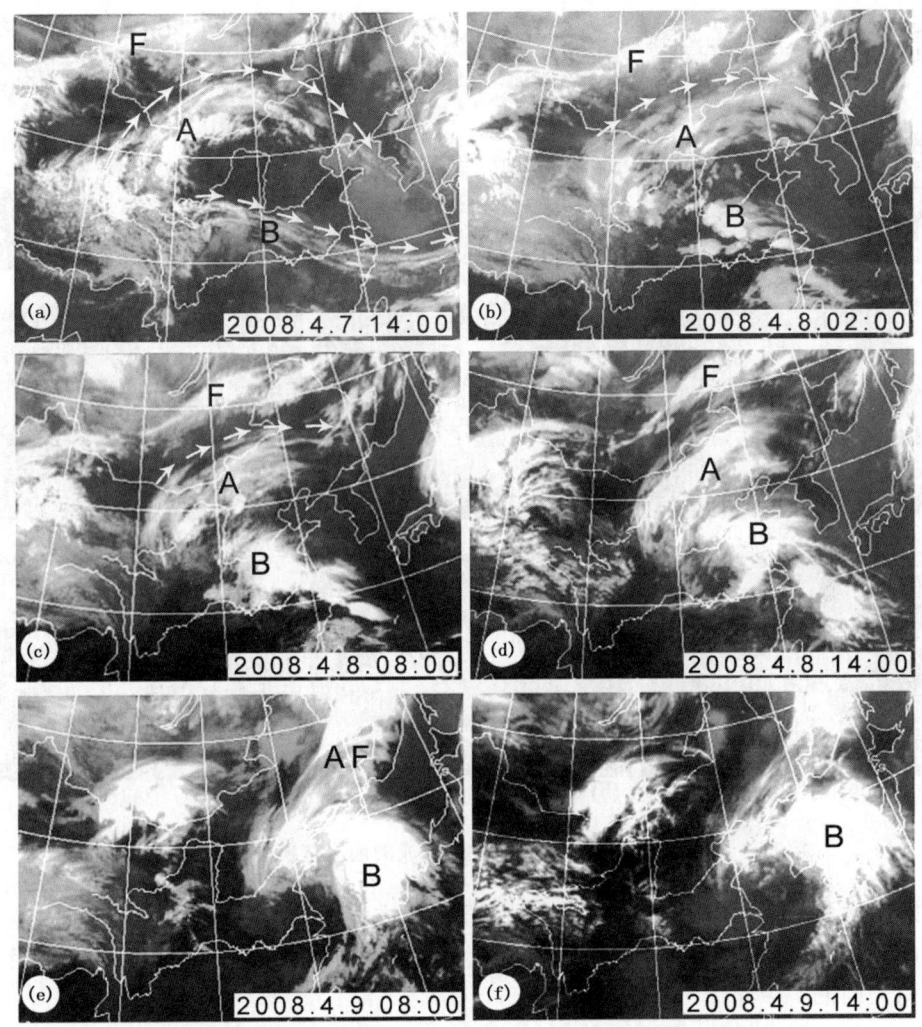

图 8.49 青藏高原盾状卷云东移引起的南方气旋

图 8.50 给出了一次由于南方地区强对流发展引起的气旋云系发生发展过程,这种过程可以分为以下几个阶段。

(1)在图 8.50a—c 中,为对流云系发展阶段,在这一阶段,首先在我国长江三峡地区有对流云发生发展,从华北到四川盆地有冷锋 F 南下影响该地区,并且与之相遇,冷锋 F 南下使锋前西南暖湿气流加强,对流云 C 向东北方向移动,发展为较大的对流云团 A,同时在 A 的西南端有新对流云 C1 生成,在华南有切变云带 E—F;

(2)图 8.50d 中:气旋波动阶段—暖锋形成阶段由于对流云迅速发展,潜热大量

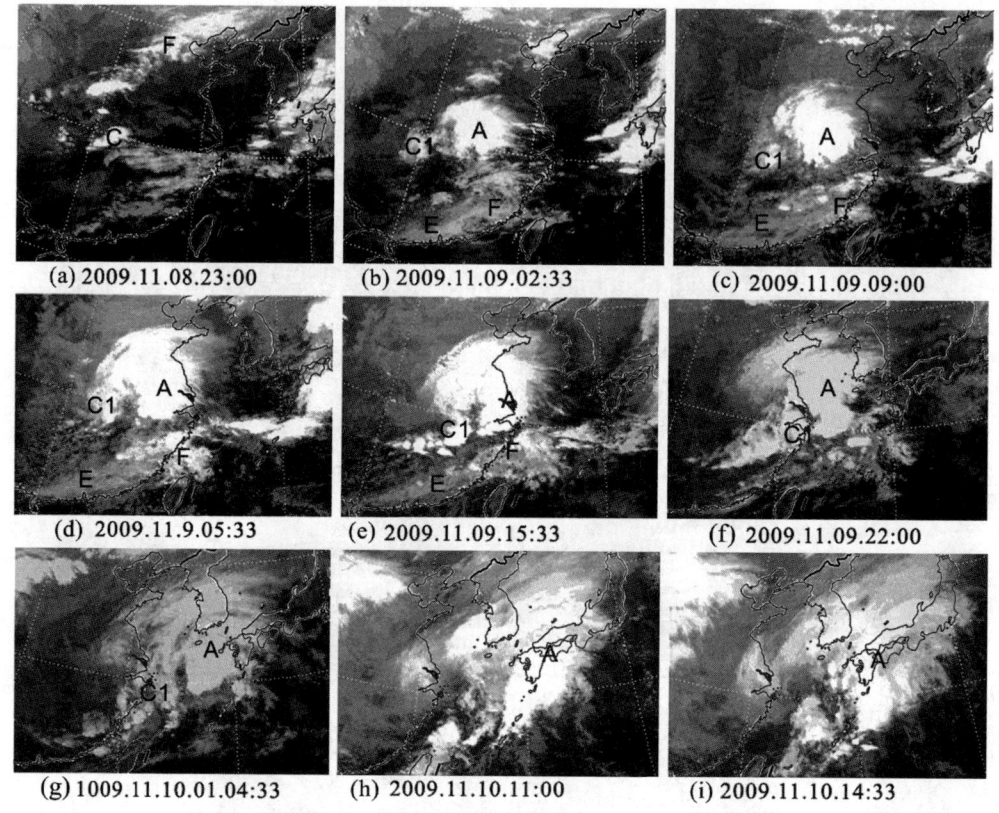

图 8.50 对流云发展生成的南方气旋

释放加热大气,使其温度升高,云系向北推进,形成一片盾状卷云区;

(3)图 8.50e,为气旋发展阶段,云区显著发展,表现为云区扩大,向北凸起明显,后界向云内凹;

(4)图 8.50f,为气旋锢囚阶段,此时的云系表现有明显的干舌,但干舌没有进一步发展;

(5)图 8.50g—i:为成熟阶段,由于冷平流侵入云区不很强,由于云系移动较快,气旋深度较浅,没有出现很典型的螺旋结构,涡旋中心处云系减小明显。

8.3.7 我国北方气旋的云图特点

8.3.7.1 逗点云系诱导的黄河气旋和东北气旋

最初在青海湖附近有逗点云系出现,在其前方从东北经华北至华中一带有东北—西南走向的静止锋云带或切变线云带,当逗点云系逼近这云带时便诱导气旋的形成,其比天气图大约提早6~42小时出现;这种情况与洋面的情况类似,这里不作说明。

8.3.7.2 冷锋云带前方暖区中的盾状云区发展成的气旋

这类气旋发生发展概要如下:由盾状云区发展成气旋的次数较多,它大致分成如下几个阶段(图8.51)。

(1)生成阶段:从贝加尔湖到新疆有一条东北—西南走向的冷锋云带,其前方500km处有一盾状卷云区,云区北界表现有纤维状的卷云,随西北冷锋向东南方移动,盾状云区向东北方发展,两者相遇,波动也就形成。有时冷锋东移过程中减弱分裂,南段并入盾状云区内;

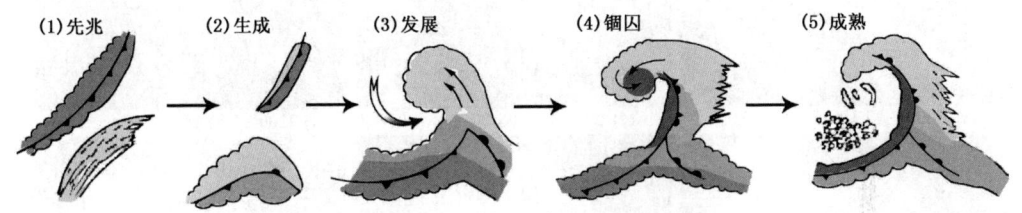

图8.51 东北低压的发生发展

(2)发展阶段:云系凸起更明显,后边界开始向云内凹,表明干空气侵入云区,在气旋云区北到东北有向外伸出的卷云羽,说明气旋还要发展;

(3)锢囚阶段:干舌更加明显,出现螺旋结构,螺旋中心与500hPa低压中心一致,冷锋后还会出现积云线和细胞状云系;

(4)消亡阶段:螺旋云系断裂,云区中出现一些对流云,高低空冷低压中心重合,冷空气下沉,云系消散,气旋消亡。

8.3.7.3 大片云区发展成的气旋

开始在青海湖附近有一块云区,其范围较大,云内薄厚不均匀、多纹理和皱纹,有对流云发展,高空有卷云辐散,在东移过程中与前方的切变线或静止锋云带重叠后发展成气旋,但有时并没有与其他云系结合而发展成气旋。图8.52显示了2009年7月12—13日这种类型气旋发生发展的演变过程,下面对这种过程作说明。

(1)图8.52a—c显示了气旋预兆阶段云系的演变,图中在青海湖附近地区有一片云区A,其下游方向江淮到川北有一条切变线云带B—C,云区A东移的同时范围扩大,云带B—C逐渐变为稠密云区C;

(2)图8.52d,e显示了气旋波动阶段,这一阶段B云系发展,与C云区连接合并发展,同时A云系开始与B、C云系相接和合并,云区内有对流云团发展;

(3)图8.52f,g,显示了气旋发展阶段特征,A—B云系合并的同时,高空冷平流

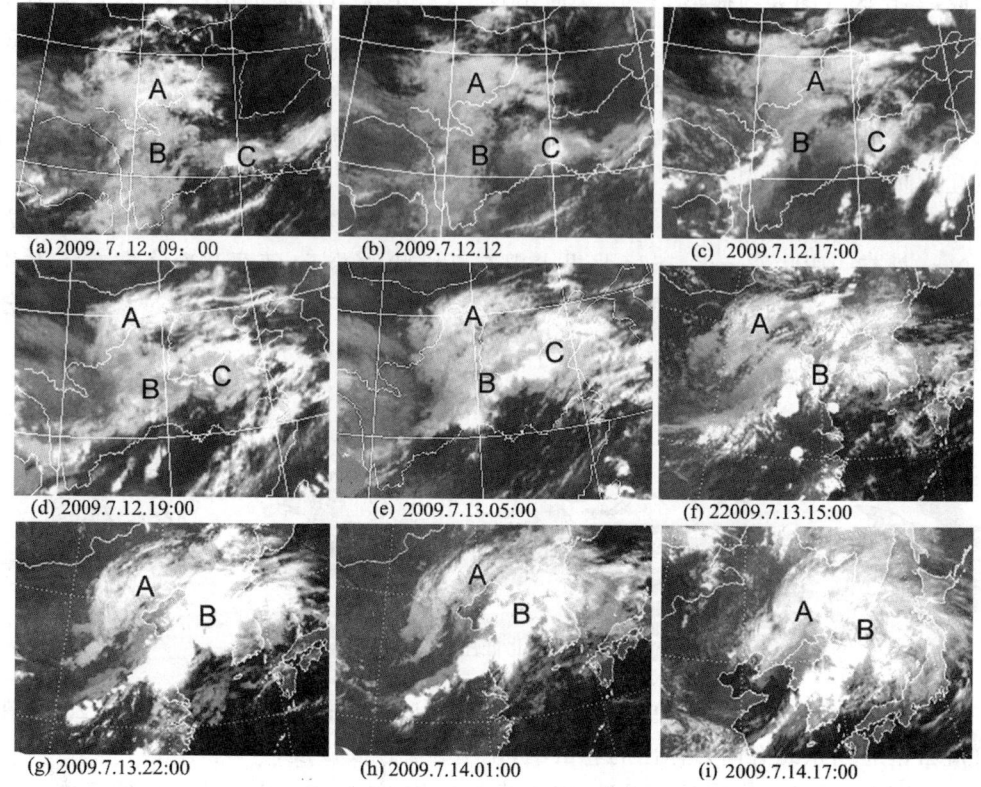

图 8.52 黄河气旋的发生发展

开始侵入云区,云后界向云内凹;由于冷空气入侵,在 B 的西南方向出现对流云团,并不断发展。

(4)图 8.52j—l 显示了气旋锢囚阶段云系演变过程。

8.3.7.4 我国北方冷涡云系的生成

(1)南北云带叠加型:如图 8.53-1 中,表现为四个阶段:①先兆:先是从西伯利亚到我国新疆地区存有一条与 500hPa 高空槽相连的盾状云带(A),其东南方有另一条盾状云带(B),这两支云带在东移过程中相互靠近;②初始:接着是云系连接合并,在连接合并的地方(A),云区扩大加厚;③发展:然后是出现圆形涡旋状云型(H)和螺旋云线,形成冷涡云系;④形成:最后冷涡云系切断,与云带分离。

(2)高空槽云系西北侧积状云加强型:如图 8.53-2 中所示,分成四个阶段:①先兆:在盾状卷云区的西北一侧有成片积云、浓积云区(C)出现,其纹理不均匀;②初始:随积云、浓积云(C)加强发展,其南侧出现一条云带(A),但与原来的盾状云带

(B)始终分离;③积状云区(C)与其南侧的云带(A)连接形成冷涡云系(D),原来的盾状云带(B)东移减弱;④形成:冷涡云系切断,与云带分离。

(3)逗点云系与高空槽云系结合型:如图 8.53-3 中,表现为四个阶段:①先兆:先是在青藏高原以北到中西伯利亚有一范围较小的逗点云系(C),逗点云系的东南方有一条南支高空槽云系(A),当逗点云系东南移的同时,南支槽高空槽云系向北推进;②初始:接着是两支云系连接;③发展:云系进一步连接合并,形成以逗点云为主的冷涡云系(D);④形成:最后是切断冷涡云系生成。

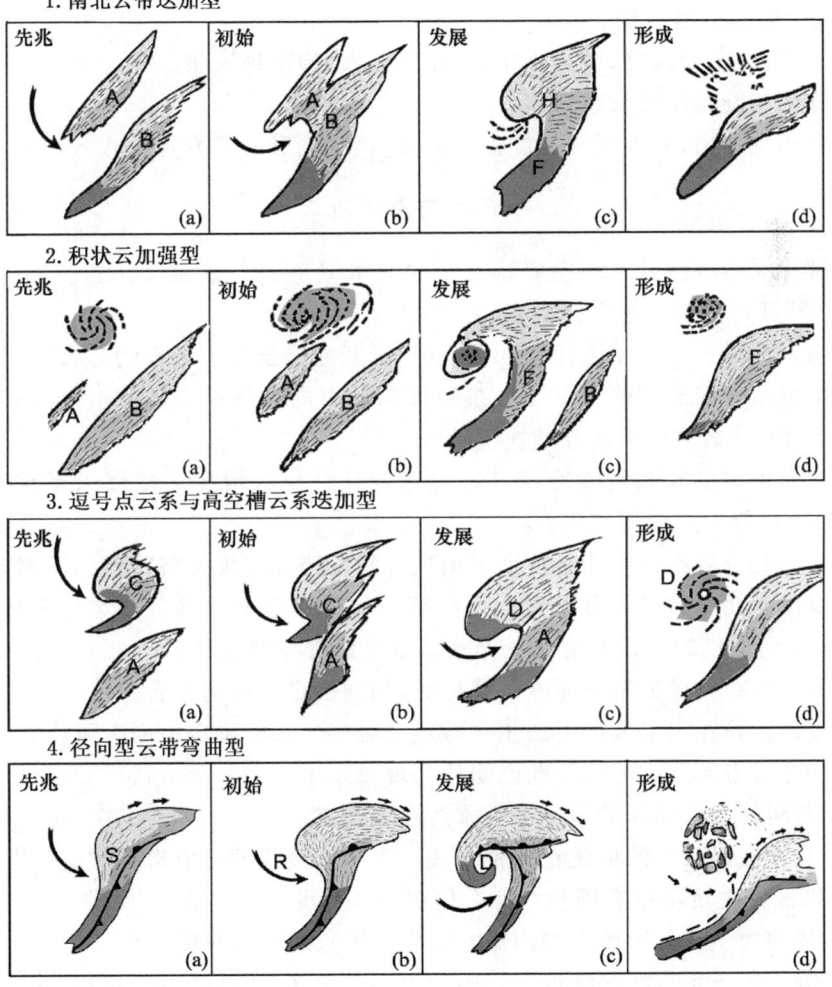

图 8.53　华北冷涡形成的概念模式

(4)南北云带弯曲型:如图 8.53-4 中,也可分成四个阶段:①先兆:在 100°～110°E 的地方,有一条南北向的云带(F),在某一部位出现弯曲(S),该处云系稠密,并向冷区凸起;②初始:随 500hPa 槽东移,弯曲处云系进一步发展,并有干舌(R)出现;③发展:在弯曲处冷涡(D)形成,700hPa 上出现闭合环流;④形成:冷涡切断,冷涡处云系断裂,该冷涡云系可持续多日。

本章要点

1. 洋面冷锋云系,我国陆地(包括青藏高原)冷锋云系及其演变冷锋云系的强度、移向和移速,分裂冷锋。
2. 暖锋云系,锢囚锋,锢囚锋生,静止锋云系,梅雨锋云系。
3. 锋面气旋各阶段云系特点。
4. 我国大陆南、北方温带气旋云系的发生发展、形成的方式。

问题与思考题

1. 试述洋面冷锋云系的主要特点?如何由卫星确定地面冷锋的位置?根据云带的什么特征可以判定是冷锋云系?
2. 活跃冷锋云系主要是什么云系,试述活跃冷锋云带上云系的分布特征?
3. 由卫星云图确定地面冷锋云系的移向动方向的依据有哪些?什么情形下冷锋加速移动?什么情形下冷锋减速移动?
4. 如何由卫星云图判断冷锋云系强度变化?什么情况下冷锋云系加强发展?什么情形下冷锋云系减弱消失?
5. 什么是分裂冷锋?什么情形下出现分裂冷锋?出现分裂冷锋的原因有哪些?
6. 我国西北冷锋云系有哪些重要特征?如何确定冬季冷锋云系?我国西南冷锋云系是如何形成的?什么情形下青藏高原上会有冷锋云系活动?
7. 如果有高空槽云系现冷锋重叠加时,如何确定冷锋的位置?
8. 暖锋云系在卫星云图上的主要特点有哪些?如何确定地面暖风位置?
9. 冷锋云带向北(冷区)凸起说明什么现象发生?
10. 与暖锋云系相伴的输送带由哪两部分组成?
11. 我国暖锋云系的形成有几种方式?为什么暖锋的形成常有对流云出现?
12、锢囚锋主要特点有哪些?什么是锢囚锋生现象?本质是什么?
13. 如何由卫星云图确定锢囚点?确定锢囚点时要注意哪些?
14. 静止锋云系有哪些特点?我国的主要静止锋有哪些?主要特点有哪些?
15. 梅雨锋云带的主要特点有哪些?梅雨锋云带是如何形成的、如何由卫星云图判断入梅、如何由卫星云图判断出梅?如何由卫星云图判断梅雨云带的南北摆动?

16. A、B 型气旋云系有哪些主要特点？云型和流场间有什么关系？A、B 型气旋云系的差异是由于什么原因造成的？试述洋面温带气旋的发生、发展的特征？洋面温带气旋的先兆特征有哪些？

17. 锋面气旋有哪几个阶段？每阶段的主要特点有哪些？根据什么云系特征可以确定气旋是波动阶段、发展阶段、锢囚阶段和成熟阶段？

18. 南方气旋发展的先兆有哪些？北方气旋发展的先兆特征有哪些？我国南方气旋生成有哪两种方式和发展的主要判据有哪些？黄河气旋的形成有哪三种方式？华北冷涡云系形成有哪四种方式？试述每种冷涡形成的关键特征。

第 9 章 我国暴雨、冰雹和大风强对流云系的卫星云图分析预报

暴雨、冰雹、龙卷风和短时大风等强对流天气灾害性天气是由中小尺度天气系统造成的,给人类的生命和财产造成严重损失。这种系统的空间尺度小,只有几十千米到 500km 左右,时间尺度也短,少则十几分钟,最多也常不超过一天。用常规资料很难抓住这种系统。但是用时空分辨率高的静止卫星云图,不仅可以观测大范围云分布,而且可以观测中小尺度云系的发生发展、成熟和消散演变的全过程。近几十年来,国内外气象工作者使用卫星云图在分析预报中小尺度强对流系统取得了许多重要成果。利用卫星资料可以:

(1)分析中小尺度对流天气系统的发生、发展;
(2)确定对流发生的条件;
(3)分析冰雹、大风、暴雨天气等强对流系统的演变全过程;
(4)利用卫星资料监视和及时预告这类系统的发生发展和消亡。

下面介绍卫星资料在这方面的应用。

9.1 分析和预报强对流需考虑的几个基本问题

强对流天气是低层大气高温高湿条件下、累积在大气低层能量释放的过程,因此利用卫星云图预报强对流天气的发生和发展,可以理解大气低层高温高湿低层大气条件下是如何形成的,能量是如何贮存的,又是如何释放的。

9.1.1 大气低层能量的来源

(1)在晴天无云下太阳辐射对地表面直接加热,地表面吸收短波辐射,然后以长波辐射向大气发射,大气吸收来自地面的辐射,由于这种辐射能来自太阳,有着明显的日变化,因此由这种原因引起的强对流也有着明显的日变化;

(2)伴随大气运动的能量输送,副热带高压西侧的偏南暖湿气流将低纬度的能量向中纬度地区输送,这种能量通常到达副高北侧、副热带锋区南侧,它与低层大气环流持续时间和输送能量的风速强度和方向有关。

9.1.2 决定控制大气低层能量贮存的方式

大气中的水汽是重要的温室气体,它主要出现在大气低层,随时间、空间变化很大;在有水汽出现的地方,水汽吸收地表发射的红外辐射,又以自身的温度发射红外辐射,由于地表发出的辐射远大于水汽发射的辐射,水汽的出现使由地表发出到达空间的辐射减小,由此使大气低层拥有更多的能量,因此水汽具有使大气低层储存能量的功能。

图 9.1 显示了发生于甘肃省岷县地区的一次强冰雹天气前的可见光云图和水汽图,比较这两张图可以发现,岷县地区在可见光图(图 9.1a)上为晴空区,而水汽图(图 9.1b)上是水汽区,这说明太阳辐射可以直接照射到地面,由于上空水汽含量较充分,阻止地面红外辐射透过大气,使出现冰雹的岷县地区大气低层储存有能量。

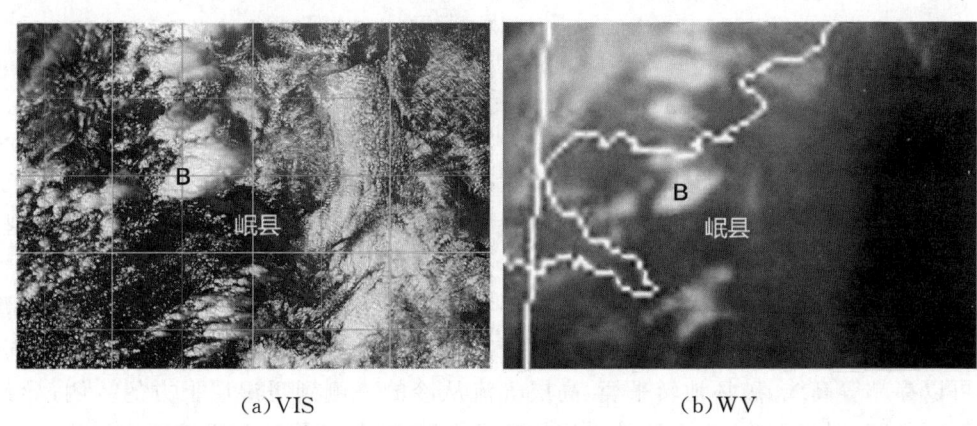

图 9.1 甘肃省岷县地区可见光和水汽图(2012-05-10 16:00)

高空急流轴的左侧,由于对流层上部强的气旋性风速切变,对流层中上层为强的下沉运动,其结果是:

(1)下沉运动造成下沉逆温,逆温使大气低层的能量不能向上输送,因此下沉运动起有保存能量的功能;

(2)下沉运动将上层水汽向低层输送,使大气呈现上部干燥、下部潮湿的状态;

(3)下沉运动使云系消散,太阳辐射直接加热地表,地表将短波太阳辐射转换为热能,以长波辐射发射,急流左侧低层水汽吸收地面发射的长波辐射,有利于地面迅速升温。

高层冷平流也可引起下沉运动,但其结果与高空急流轴的左侧下沉运动不一样,高层冷平流在强对流中主要起对流的触发作用。下沉运动在水汽图上都标为暗区。

图 9.2a 和图 9.2b 给出几种产生冰雹强对流天气前的云系的大尺度分布,图中

显示冰雹发生地与发生前的急流云系分布。

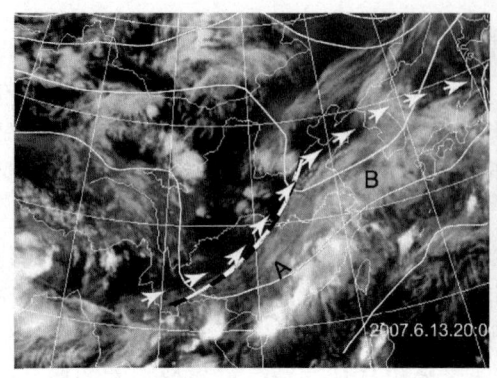 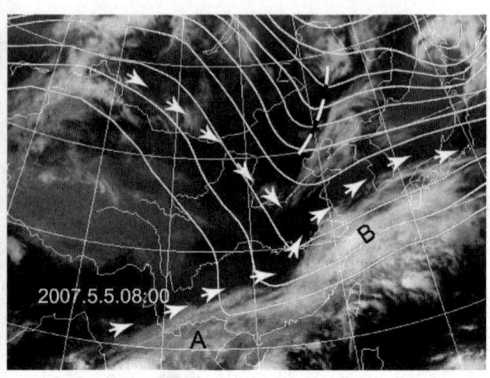

(a) 2007-06-13 20:00　　　　　　　　　(b) 2007-05-08 08:00

图 9.2　两次产生冰雹天气前的云系分布

9.1.3　对流发生的触发机制的分析

强对流的发生与大气低层积聚的能量有关,能量的积聚表现为在大气低层处于高温高湿状态,但是聚积的能量不是自动释放的,而是要有一个触发启动机制,这些机制主要有:

(1)高层冷平流的爆发,伴随高空冷平流爆发的是高空急流,当高空急流穿越叠加至大气低层高温高湿的上方时,造成大气不稳定,对流突然爆发;由于强高空急流,它可以穿越等高线,破坏地转平衡,高层气流从冷的一侧到暖湿层上方的一侧,导致大气不稳定,对流发生;由于这种对流的突发性特点,使预报这类系统造成困难。

图 9.3 显示了伴随高空冷平流爆发的是高空急流触发强对流的例子,图中在青藏高原上空有云系 H—G,它的北面是一片暗黑晴空区,从新疆到甘肃有急流 J,对陕西上空分成一支气旋式向东北方向推进的急流 J_1,另一支是反气旋式向南的急流,由于急流呈西北—东南走向时伴随的冷平流,冷空气下沉表现为一片晴空无云区,在晴空区内难以确定急流的位置,但是可以依据卷云的走向和确定急流轴的走向,因为在急流左侧为强下沉运动,在水汽图上可以根据暗区的走向确定急流,伴随冷平流的急流推进过程中,冷空气下沉形成一片晴空区,而继续向前推进的冷平流叠加到低层暖湿气流 A 或 B 上方时,导致大气不稳定度加剧,从而形成强对流云团 A 和 B。

(2)大气低层的温度、气压、风、云和水汽等出现不连续处,时常是对流云发生的地方。造成这种不连续性,主要是由于如像锋面、气旋、高空槽和切变线、中高压等大、中、小尺度天气系统之间的相互作用引起的。

(3)除由大、中、小尺度天气系统之间的相互作用引起之外,起伏的地形或水陆边

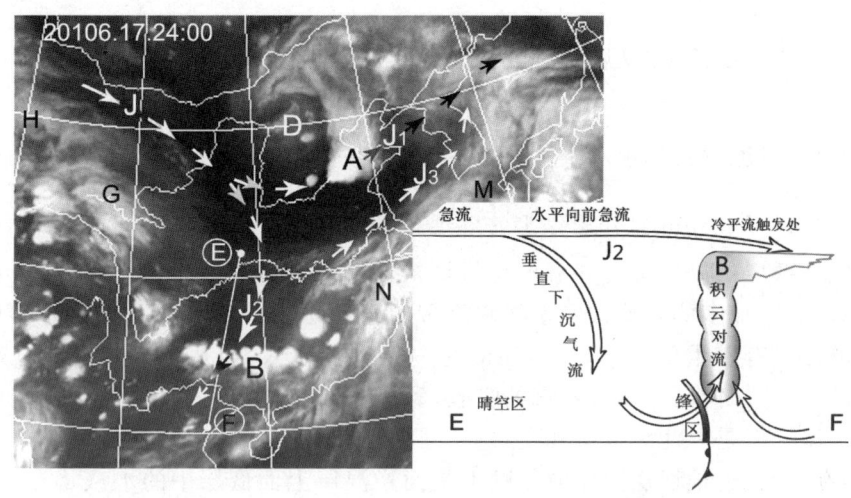

图 9.3 伴随冷空气的西北急流触发对流

界处常是对流云初生的地方,起伏地形和水陆界面是造成温、压、风不连续的重要原因之一。在这些地方,温度差异引起的温度梯度是触发对流发生的重要因素。

图 9.4 是发生在山西地区的强对流云团,左图是对流发生的垂直示意图,右图是实际云图,从图中看出,高空盛行偏西冷平流,吕梁山、太行山以东地区低空为偏东暖湿气流,当高空气流穿越到山脉上空叠加到暖湿气流上方时,大气不稳定度加剧,导致强对流云系 a、b、c、d、e、f 发生。

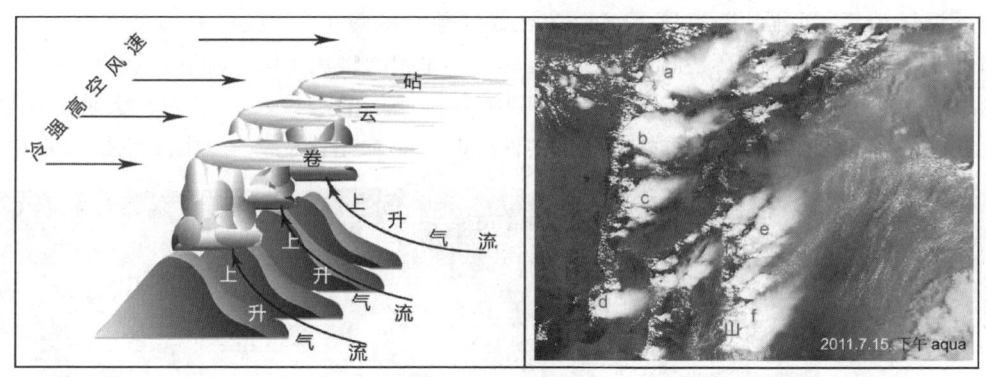

(a) 示意图 (b) 2011-07-15

图 9.4 山脉地区的强对流云团

9.2 卫星云图分析对流云发生发展的条件

9.2.1 对流发生的水汽条件分析

9.2.1.1　11.3μm 红外图像上的湿度信息

大气中低层的局地湿度分布不均匀是雷暴发生发展的一个重要因子,从水汽图上可以看到,有很多的对流云发生在水汽带的边界处,因此由卫星云图确定湿度场判别雷暴的形成有着重要意义。11.3μm 是一个大气窗区,但是不是一个十分透明的大气窗区,在这一窗区存在有水汽的吸收,利用 11.3μm 这一特征能帮助确定低层的湿区和干区。但是要注意以下几点:

(1)在夜间,近地面逆温层或紧贴下垫面逆温层上面低层中的水汽将在 11.3μm 红外图上显得比下垫面暖,这层水汽还将减缓地面冷却率;

(2)在白天,考虑到太阳对地面加热作用,较冷的湿空气对辐射的吸收和发射,潮湿的低层环境在 11.3μm 红外图上显得比下垫面冷;

(3)如果大气是干燥的,则红外云图上的温度与实际地面温度相近。

9.2.1.2　由水汽图上分析水汽输送

水汽图反映了大气中上层的水汽分布,水汽图上水汽区的活动、干湿区边界、暗区等都与对流的发生发展有关系。

(1)水汽带北侧暗区干区触发的对流:在锋面云带的北界处,水汽图上出现暗黑的下沉运动区,强烈的冷空气下沉运动导致其前缘的重力不稳定,引起对流云的发生和发展。如图 9.5a 中,B 是出现于锋面云带 FF 北侧的暗黑下沉运动区,其东南方 C 处侧出现一个个白亮的小对流云,到图 9.5b 中,伴随暗区的东移,C 处的对流云体范围明显发展扩大,其中 C 附近的云团出现朝向西的具有指向暗区的尖角云团;到图 9.5c 中,

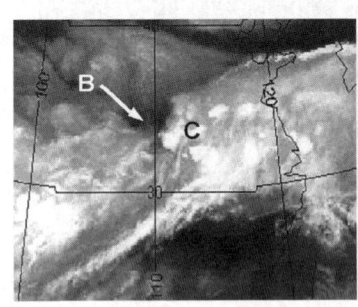
(a)2000-07-13 00:00
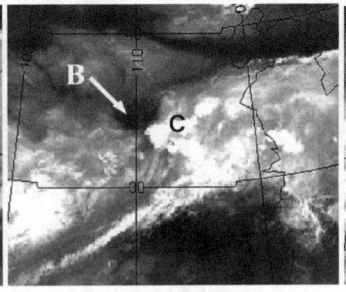
(b)2000-07-13 01:00
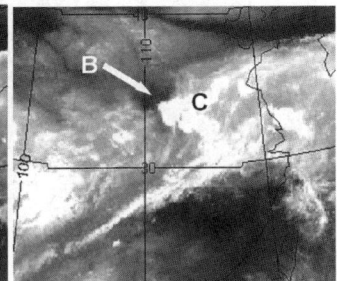
(c)2000-07-13 02:00

图 9.5　暗区引起对流的发生

C处的对流云体进一步扩大发展;暗区B继续东移,C发展为一较大的暴雨云团。

(2)水汽羽北端对流的生成发展

在水汽图上可以追踪水汽的输送状况,时常表现有一条水汽带从低纬度伸向中纬度地区或有一条水汽羽伸向中纬度地区,在这水汽带的北端处有利于对流云的发生和发展。这种水汽带或羽在红外或可见光云图上没有表现。如果水汽带出现于对流云团的前方,则在云团的前进方向上有新的对流单体生成并发展成云团,形成云团的前向传播;反之,则形成云团的后向传播。图9.6a中W—V是我国夏季梅雨锋云带南侧水汽图上的水汽输送带,从华南地区指向浙江沿海地区,它处在对流云团O的东南侧,在对流云团O的前方与水汽带W—V的北端连接处有新的对流单体C开始形成;而到图9.6b中,新的对流单体C发展成云团,而原来的老云团则逐步消亡。

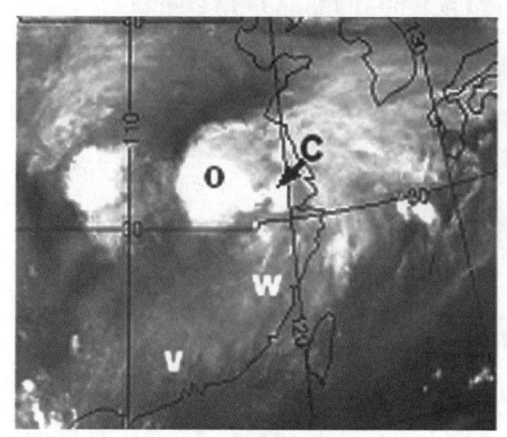 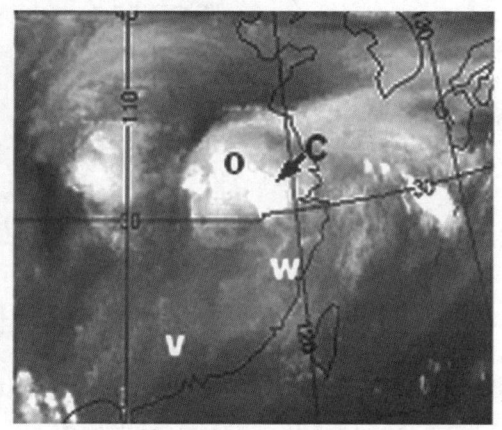

(a)2000-06-02 05:00　　　　　　　(b)2000-06-02 07:00

图9.6　水汽带与对流的发生发展

表9.1　MCS发生与θ_w间的关系

低空θ_w脊的位置	MCS可能发生的天气
水汽羽之东	强降水和暴雨
水汽羽之西	龙卷风、冰雹和强风
水汽羽之下	强降水和强天气

图9.7a表示了水汽羽输送与对流云生成发展的概念模式,图中(1)在水汽羽的地方很有可能有一条850～700hPa的θ_w(或θ_e)脊;(2)如果垂直抬升运动足以打破逆温,水汽羽所在处是中尺度对流云团发展的地方;(3)如果有利于深对流的低层因子(θ_w或θ_e脊轴、不稳定暖平流)与高层因子(急流、短波槽)在水汽羽的北端同时出现,则特别有利于中尺度对流云团发展;(4)对于后向传播的云团,基本都有水汽羽。

将低层 θ_w 脊和水汽羽与 MCS 发展的关系如表 9.1。在图 9.7b 中,从热带到我国华南有一条水汽羽,其北端到达江西和湖南南部地区,在水汽羽左前端处 M 处,有中尺度对流云系发生发展,该地区出现冰雹、大风强对流灾害性天气。

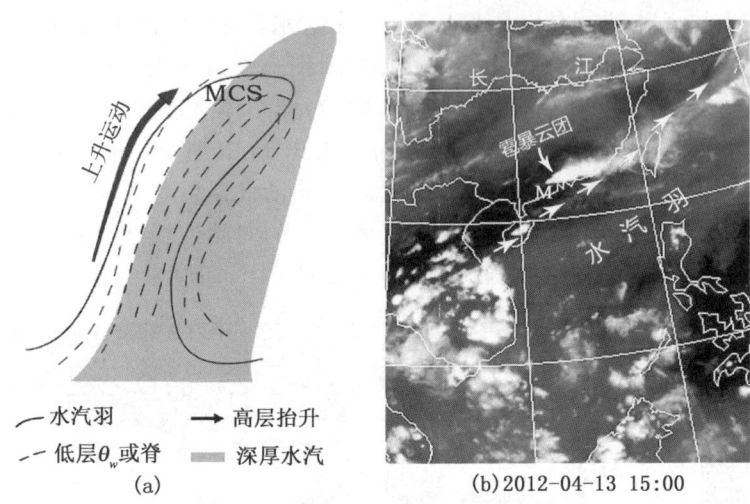

图 9.7　热带水汽羽和中尺度对流云系的发生和发展

9.2.2　由卫星云图上天气尺度云系判断对流产生的条件

9.2.2.1　对流发生前大气不稳定判别

局地区域的地表加热大气是导致大气不稳定的一个重要原因之一,也是诱发对流云系迅速发展的一个重要因素。

在冬季,海面温度较大陆温度高,当冷空气由陆地吹向洋面,受到海洋的加热,大气不稳定增加,导致对流云形成。当风速大时,形成前面提到的积云线,风速减小时,形成开口细胞状云系。因此在冬季洋面上多对流云系。而陆地表面温度低,暖湿气流平流到冷表面上形成较为稳定性云系。

在夏季,海陆的热力状态发生相反的改变,由于陆地的热惯量小,太阳对地表的加热引起迅速升温,陆地的对大气加热导致不稳定性加大,陆面的对流云系显著地多于海洋。特别是陆地上的积云和浓积云区表示该地区对流不稳定。

9.2.2.2　由卫星云图分析低空急流

低空急流轴与活跃的飑线相平行,其位置决定于低空急流之曲率和等风速线的分布。若与飑线相联的云带后方有新的白亮小对流云团生成,急流轴定在云带后界;若与飑线相联的云带前方有新的白亮小对流云团生成,急流轴定在云带前界;若与飑线相联的云带前、后方无新的对流云团生成,急流轴定在云带略靠前的地方。

9.2.2.3 由卫星云图确定风速垂直切变

风的垂直切变是决定雷暴云团的生存时间、强度和云型的关键因子,也是决定是否有强对流天气的重要因子,风的垂直切变愈大,雷暴的生命愈短,强度愈大,是判别是否有冰雹、强风的一个重要依据。在卫星云图上判断风的垂直切变可以根据云顶的卷云砧的长度决定,卷云羽的长度越长,说明风的垂直切变越大。

强风速垂直切变一般发生在高空急流轴附近,如果积雨云是在急流左界附近发展而来的,都会有显著卷云砧;若雷暴云团离急流的距离越近,风垂直切变越大,卷云砧就越明显;当出现卷云砧,其指向飑线的右方,走向与对流层上、下部风速垂直切变方向平行。当云团远离急流越远,卷云砧就越不明显,产生冰雹的可能性就越小。图9.8显示了我国北方地区的一次强垂直风切变下的雷暴云团 A—B、C—D、E—F、G—H 特征,表现为向东有伸出的强卷云砧,云砧的出现表示有强风垂直切变。图9.9是长江下游地区副热带高压内的热雷暴,此时高空风较小,云型呈现近圆形,云团四周出现卷云砧。

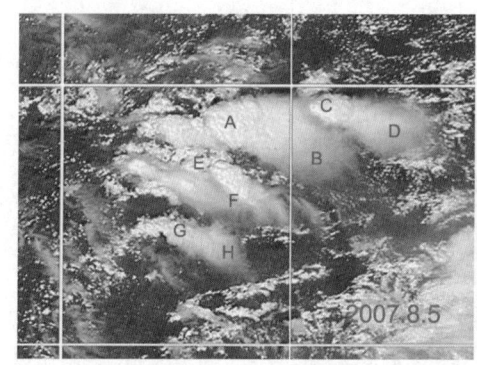 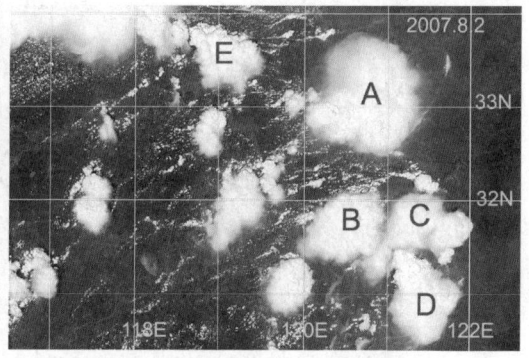

图9.8 我国北方地区强风切变下积雨云　　图9.9 长江下游地区的雷暴云团

9.2.2.4 由卫星云图分析雷暴云团的生成和增长速度

由静止卫星云图可以对某一固定区域连续观测,因此由它可以监视生命短、变化快的天气系统。在静止卫星云图上,可以观测雷暴的形成情况,它比雷达最初观测飑线要早2小时,飑线的前身表现为在一片积云、浓积云区(线)上出现一个个小的亮点,这些小单体不断长大,相互合并,发展成积雨云团,这就是活跃飑线的初始阶段,随飑线雷暴群的成长,顶部的卷云砧重叠于其他云之上,形成一个大的雷暴云团。

在增强红外云图上,根据每一灰度等值线所包的范围,估算雷暴云区不同温度区的面积;由不同时刻的序列云图,由计算机求取云区面积的增长速率。通常云区面积增长速率越大,产生灾害性天气的可能性就越大。

9.2.2.5 卫星云图确定强雷暴威胁区

由卫星云图、雷达和地面资料可以定出即将有强烈天气的局部威胁区,一般可以这样确定:

(1)定出飑线上各雷暴云团的边界;

(2)根据地面流场和低空流线分析,定出气流汇合(辐合)线,这些一般位于飑线的后边界处,并注明每个雷暴中低空气流的流入区;

(3)在雷暴云团的低空流入区一侧,定出雷暴云团的边界与气流汇合线的交点,这交点是龙卷出现的地区;

(4)把雷达回波与低空湿空气流入区相比较,可进一步把威胁区范围缩小。定出雷暴云区中湿空气流入区内的雷达回波。在这雷达回波区愈来愈细的附近,就是确定最小威胁区范围。威胁范围不超过雷达回波面积的 1/2,出现边界内约 20km 的地方。威胁区定出后,可以根据回波的移动预告威胁区的移动。

9.2.3 由早晨层云(雾)和午后积云浓积云分析对流性云系发生发展

9.2.3.1 早晨层状云对对流发展的作用

在夏季当风速很小时,热力作用是主要因素,早晨层云或雾覆盖区的存在可导致与其四周晴空区的热力不均匀,由于层云或雾反射太阳辐射和云滴的蒸发冷却作用,使有云覆盖区的地面温度较邻近晴空区的温度要低,这就产生如下几种情况。

(1)在云边界处出现类似于锋的不连续性,于是云边界处产生上升运动,同时云内为下沉运动向外流,与边界处的上升运动构成的局地云风闭合环流发展,从而形成对流性云,甚至触发雷暴云系的发生发展。同于太阳加热具有日变化,所以这种现象也有显著的日变化。一般在午后对流云发展。如图 9.10a 中,S 处是早晨层云或雾覆盖区,南侧处为晴空区,随太阳的加热,层云或雾不断减弱消散(图 9.10b),其相邻的晴空区内地表吸收太阳辐射能,地面温度升高,大气不稳定发展,导致对流云(图 9.10b)产生,并不断加强发展,最后成为较强的对流云系(图 9.10c)。

(2)由于早期层云或雾覆盖区温度较低,大气稳定度大,阻碍该地热对流的发展;而当雷暴云移至该地区时,将抑制雷暴云系发展,云系减弱或消散。

(3)如果在早晨的层云或雾区内有消散的厚云,云区边界处的温度梯度更明显,温度的不连续引起空气抬升,触发飑线的发生和发展。

9.2.3.2 午后积云、浓积云区对雷暴发展的作用

午后积云、浓积云区有利于移入雷暴的加强,在每日午后的卫星云图上,由于太阳局地加热作用,在某些地区出现较稠密的积云和浓积云区,这些云系的出现显示出该处大气较为不稳定和水汽较为充足,因此当雷暴云系移入该地区时有利于雷暴的

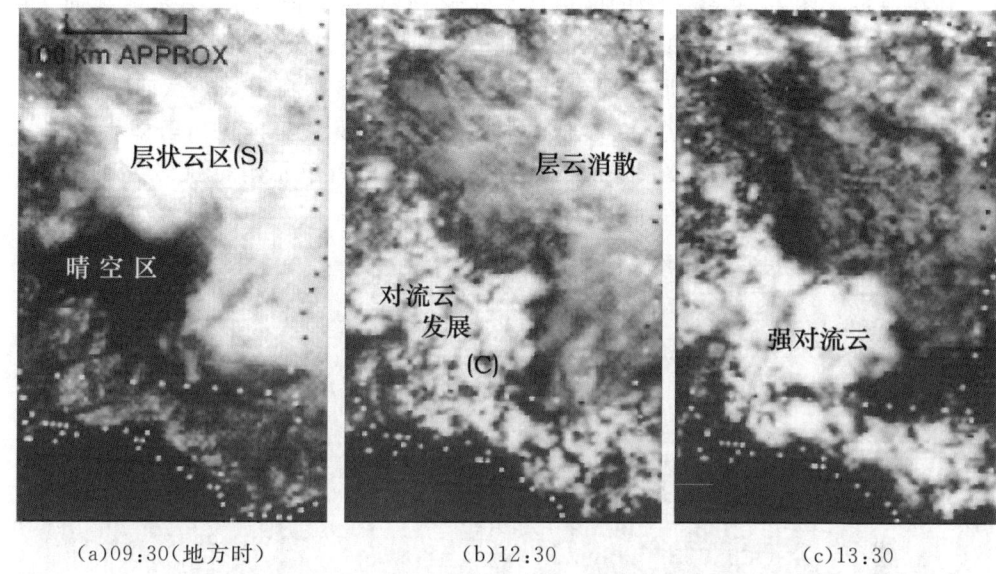

(a) 09:30(地方时)　　(b) 12:30　　(c) 13:30

图9.10　早晨层状云区消亡和对流云的发展

加强和发展。

午后积云区内的晴空区不利于移入雷暴的发展,同时如果在午后的卫星云图上在浓积云区内出现一片黑色晴空区,表示该处大气较为稳定或水汽较差,当雷暴移入该地时,云系将消散。

9.3　强对流飑线云系分析

9.3.1　飑锋云型

雷暴从发展到成熟阶段出现强降水,伴随雷暴的强降水的发生,雷暴内出现强的下沉气流,高空冷的下沉气流到达地面便形成雷暴高压,也称中高压。中高压过境时,常伴有降水、地面降温、气压陡升、风向急转和大风等剧烈天气,所以将中高压的前界称飑线或飑锋。飑锋出现的地方也是灾害性天气发生的时刻。

9.3.1.1　飑锋云型

飑锋云系一般呈现:(1)上部大下部小的倒三角形,前边界向东南凸起,呈弧状,云体的北侧有向东北方向伸出的卷云砧,飑锋定在云团的东南界处;(2)或者呈现椭圆形,西南边界向外凸起,呈现光滑整齐的弧状,东北方向有强的卷云砧,飑锋定在云团的东南到西南边界处;如图9.11中,给出了一次夏季我国中原地区飑锋云型A,可以看到在卫星云图上,飑锋云团的前边界呈弧形、向东南方向凸起,表示飑线向东南方向推进,图中白箭头表示飑线带来的大风位置,而整个云区则向东南方移动。随系统发展,短波槽振幅加大,槽底向西南方伸,随之高、低空急流相重叠点向西南移,与此相随的新对流单体的触发点向西南移,卫星云图上的新生单体也西南移。因此,一方面发展成熟的雷暴单体向东北方向移动,另一方面对流单元体的触发点向西南移,最后就导致雷暴云系发展成一条弧状对流云带。

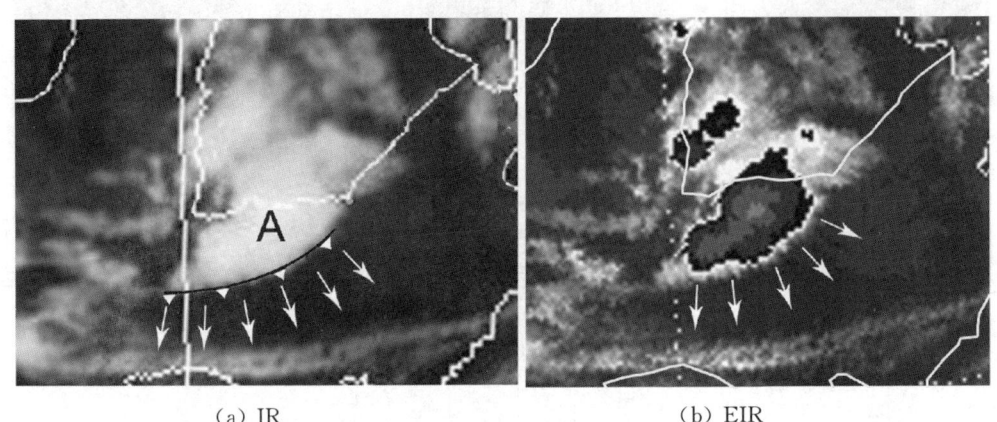

(a) IR (b) EIR

图 9.11 我国中原地区飑锋云型(2008-06-02 21:00)

下面给出一组高分辨率云图上雷暴云团的飑线云型表现:

图 9.12a,显示华北地区的一次强的飑线云型,图中飑线云团 A、B、C、D、E 呈现上部大、下面尖,每个云团的东北一侧出现长的卷云砧,飑锋处在云团的东南边界处;

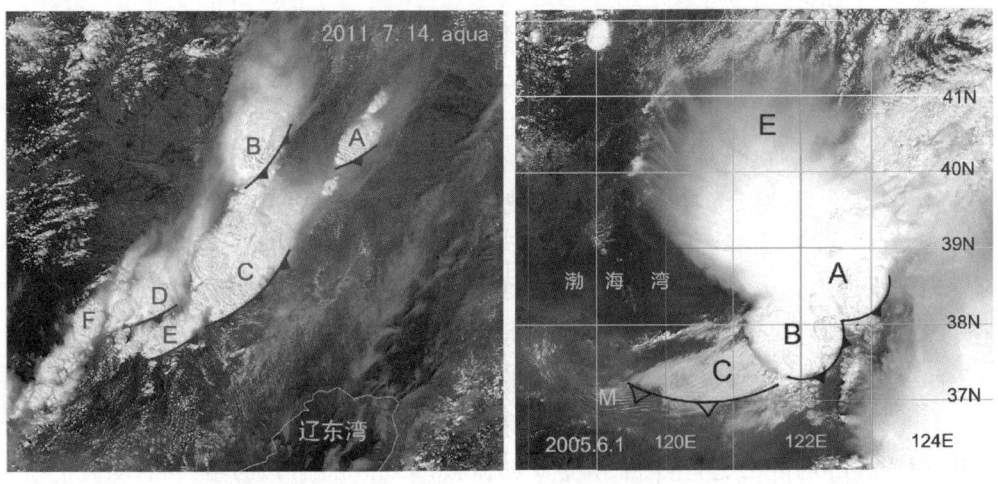

(a)华北地区的一次强的飑线云型(2011-07-14)　(b)渤海湾东部的强雷暴云团(2005-06-01)

第9章 我国暴雨、冰雹和大风强对流云系的卫星云图分析预报

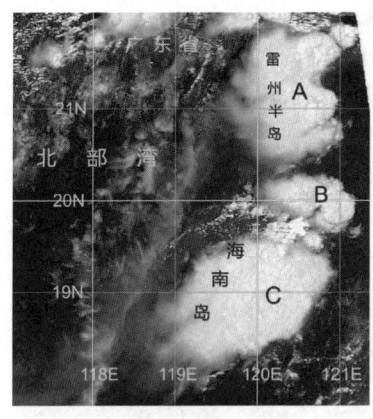
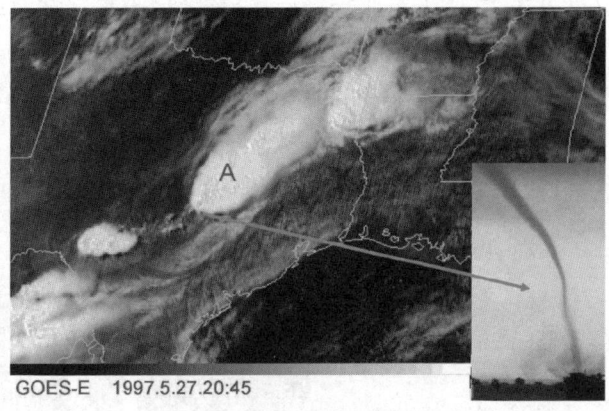

(c)海南岛雷暴云系　　　　　　　　　　(d)美国龙卷雷暴云

图 9.12　若干个强雷暴云团个例

图 9.12b,显示了在渤海湾东部的强雷暴云团 A、B,东南边界呈弧形,飑锋就定在该处,E 处是受高空偏南气流作用下雷暴顶向北伸出的卷云砧,C 处色调灰暗,是不活跃的低云区。

图 9.12c,是出现于雷州半岛和海南岛上的雷暴云团,可以看到整个雷州半岛上为雷暴云覆盖。

图 9.12d,是出现于美国的强雷暴云团,图中显示了龙卷相对于云团 A 的位置,显见龙卷发生在强雷暴云团的最西南端。

9.3.1.2　飑锋云系的天气系统分类

按照飑锋与其相联的天气系统,可将飑锋分成以下几类:

(1)锋前飑线:这种飑线出现于冷锋云系的前方,其与冷锋之间常有一条宽约 50~100km 的晴空区相隔开。这类飑线常由弧状排列的积雨云组成,有时只表现为由积云、浓积云组成的弧状云线。在某些情况下,这类飑线云带是由锋面云带中移出,并与冷锋云带近于平行。通常锋前飑线是由于冷锋向前推进强迫造成的或者是由于云分布造成的局地热力不均匀产生的不稳定形成的。如图 9.13a 中,从内蒙古到山西有一条东北—西南走向的宽的锋面云带,在地面锋的前方 A—B 处有若干个对流亮点出现;有很小的对流亮点已发展成多个对流云团排列成的带,这就是锋前飑线;这些云团产生雷暴天气。

(2)锋后飑线:在卫星云图上,锋后飑线表现为从与冷锋相联的冷涡云系中伸展出来,与前方冷锋平行的积雨云带或逗点状云系,云系宽度为 50~200km。有时表现为一条窄的弧状云线,受冷涡西侧的西北气流操纵,向东南方向移动,并发展为强烈的飑锋云型。图 9.13b 显示我国东北地区的锋后冷锋飑线云团 A、B、C,呈现有强

的卷云砧,它位于东北冷锋后,给该地区带来冰雹大风天气。

(3)锋上飑线:如图9.13c,有时冷锋云带很窄,宽度仅1个纬距左右。如果在这种冷锋上空有明显的冷平流时,冷锋云带上会出现飑锋云团,称之为锋上飑线。

(4)干线飑线:干线是暖而湿的海洋气团与暖而干的大陆气团的分界线,在干线上明显的气流辐合,两侧的温度、湿度差异很大。干线实际上就是露点锋,它可以好几天维持准静止状态,也没有强烈天气。但是当高空有冷平流或强的辐散时,能促使干线上的对流发生发展,并形成干线飑线云系。

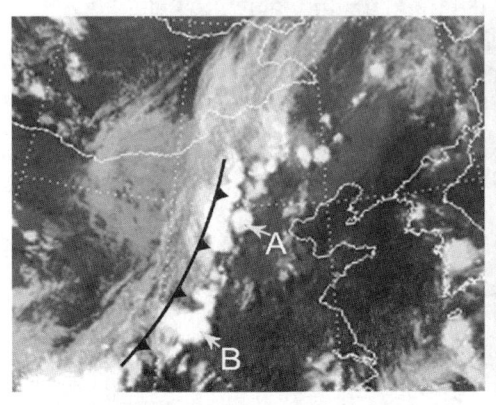 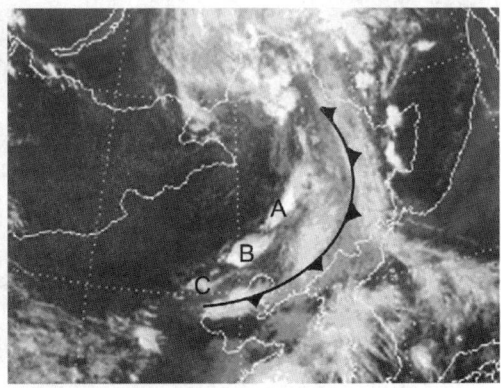

(a)锋前飑线(2007-08-09 17:00)　　　　(b)锋后飑线(2009-07-06 15:00)

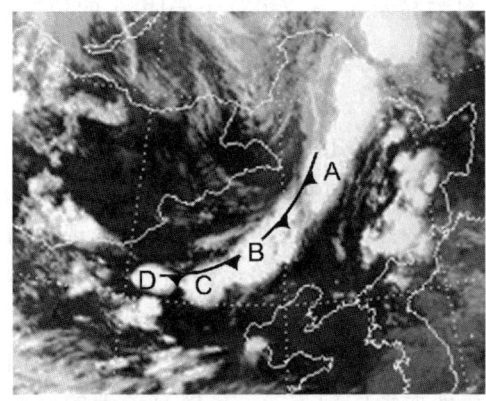 

(c)锋上飑线(2007-06-25 17:00)　　　　(d)台风飑线(2006-08-01 05:00)

图9.13　飑线云系和天气系统

(5)台风飑线:有时在云图上见到在台风移动的前方出现一条由积雨云组成的弧状云带,这就是台风飑线。台风飑线经常与外围螺旋云带相联系,在它经过的地方会出现大风、暴雨等剧烈天气。如图9.13d中显示广东东南海面上出现的与台风相联的台风飑线A—B,其快速向西北方向移动,表现为一条向西北方向凸起的弧状云带,该云带上的云团可造成大风和强降水天气,在台风登陆之前,台风飑线就可以影响到我国东南沿海地区。

9.3.2 雷暴低层外流边界和弧状云线的形成

9.3.2.1 弧状对流云线

当雷暴发展到成熟阶段时,强降水伴随有强烈的下沉气流(或称下击暴流)在地面形成冷性中高压,下沉到地面的冷气流向四周外流,并形成一个弧状外流边界,外流气流与周围气流相互作用,产生由积云、浓积云组成的弧状对流云线,在卫星云图上,弧状云线表现为一条向外凸起的一条很窄的云线,它刻画出了由雷暴产生的冷空气外流边界的前沿,这一边界称之阵风锋。通常:(1)在可见光云图上,弧状云线经常由小而明亮的积云排列而成,常不连续,与雷暴母体之间有晴空区相隔,有时则因卷云出现遮盖而不清楚;(2)在红外云图上,组成弧状云线的积云、浓积云常具有浅薄而暖的云顶,或尺度太小不易辨别。弧状云线的出现将伴随以下几种效应:

①带来地面强的短时大风天气,产生强风切变,地面降温、气压陡升和强阵性降水。

②触发新对流发生发展,当弧状云线向前移动遇到其他云线、云带,并与之相交处将有新的对流云系发生发展;而当与对流云系相遇时,对流云将发展得更强烈。

③扩大雷暴作用范围,弧状云线表示雷暴的外流边界,它可以脱离雷暴母体,移向较远处,并带来短时强风天气。

④代表中高压的前边界。弧状云线的后部是雷暴产生的冷空气堆,它是中高压与周围环境气压场的分界线。

图 9.14 显示了弧状云线形成的一种模式,它表示了弧状云线是雷暴下击暴流外流与较暖的较湿的环境大气之间辐合形成的。在弧状云线形成的同时,外流区中的冷而稳定的大气经下沉、扩散、干绝热加热,使相对湿度减小,带来局地的大气急定和晴空,使得弧状云线醒目突出。

图 9.15 是夏季出现在我国及邻近地区弧状云线的实际例子:图 9.15a 中在喜马拉雅山南有雷暴云团 A、B,其中云团 A 处于发展阶段,没有出现明显的弧状云线,而 B 处是正在消散雷暴云,由于雷暴内气流下沉,表现为若干断裂分散雷暴 B,下沉气流到地面向外流出,由此在外流气流前端处出现向西南方向凸起和移动的弧状云线,还可以看到 B 的东南方向已经出现远离雷暴云系弧状云线,表现为单独的一条云线,无论雷暴云 A 或 B 都有明显的向东北方向伸出的卷云砧,表示高空风很强,风速垂直切变大。图 9.15b 是长江口以北地区的一次弧状云线,雷暴云团 A 的南边界处出现弧状云线(飑线所在处),可看到弧线紧挨着云团,有开始分离的倾向,表明云团由发展到成熟阶段,由于降水引起的下沉外流边界和 D 出现在 A 的东北一侧,它还

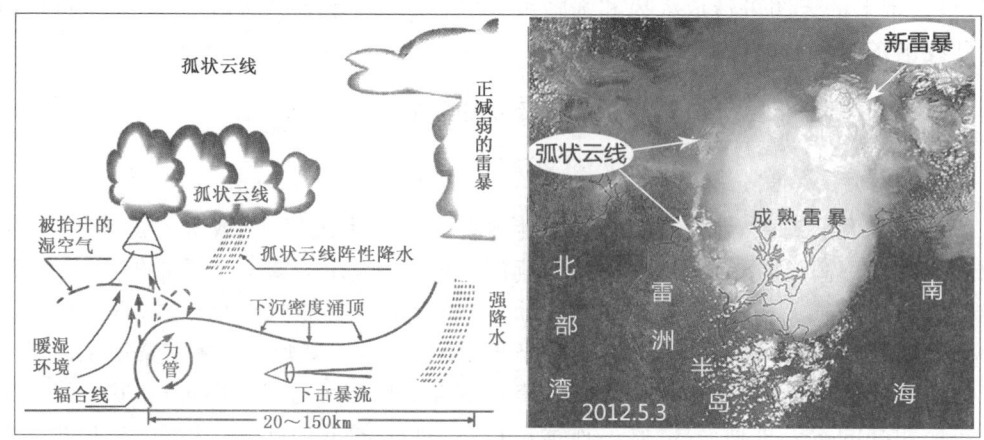

图 9.14 弧状云线的形成的概念模式

没有明显的弧状云线,另云团 B 还无弧线出现,云团 C 的西面端则有弧线出现。

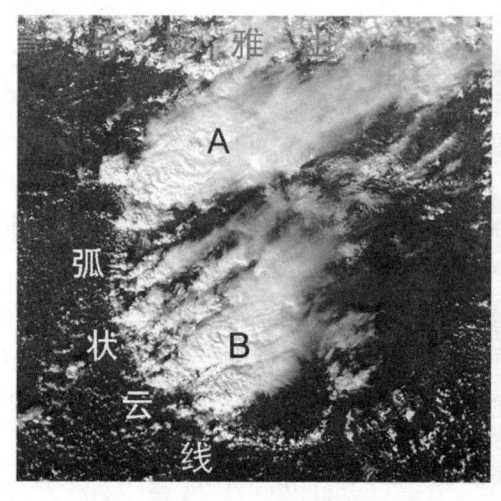
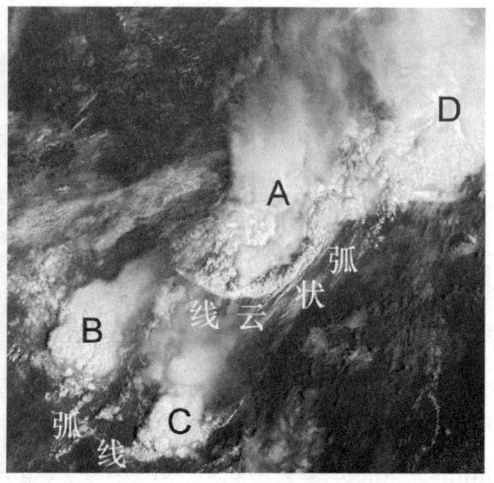

图 9.15a 喜马拉雅山南侧的弧状云线
（2007-11-09）

图 9.15b 苏北沿岸出现的弧线
（2007-08-05）

9.3.2.2 弧状云线与雷暴的新发展

卫星观测发现,一个雷暴的外流边界与另一个外流边界之间或是与一个有组织的积云区之间的相互作用会触发新的雷暴的形成和发展,这种现象称为对流尺度的相互作用。如图 9.16(a)中 A—B 是位于雷暴云团北侧的一条弧状云线,P 处有积云、浓积云;经过 2 小时以后,在图 9.16(b)中弧状云线 A—B 与 P 处的对流云合并,触发对流云 C 发展,出现小而明亮的对流云团,同时还可以看到,弧线 A—B 上各点离雷暴云团距离不同,离云团越远,弧线越细,对流越弱,云顶越低,移速越慢。

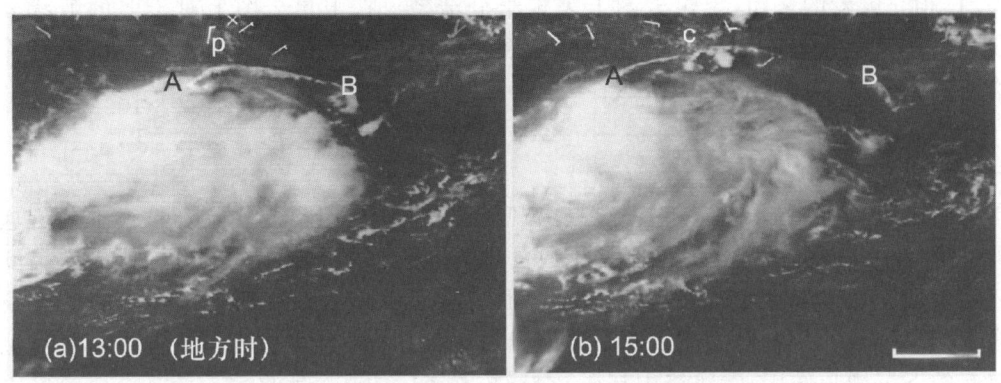

图 9.16　弧状云线与新雷暴发展(1986-07-30,GOES VIS)

弧状云线在环境大气移动触发新的对流是有条件的,主要是:(1)如果强迫抬升区中的对流达不到自由对流的高度,则产生的对流仍然是浅薄的,难以触发深对流云,雷暴产生的弧线将消散;(2)如果强迫抬升区中的对流达到自由对流的高度,则产生的对流是深厚的,弧状云线得以维持;(3)当弧状云线移到不稳定区时,容易引发新的深对流,如弧状云线与积状云区相遇,或与其他弧状云线相交,或与其他低层辐合区相重叠等都会导致深对流的形成;(4)弧状云线移入更稳定的地区,云线将减弱;(5)夜间暖区气团变得稳定,弧状云线时常不能维持。

9.3.2.3　卫星云图与雷达联合观测弧状云线

高灵敏度的雷达可以检测到弧状云线,但是只当弧状云线离雷达很近时才能观测到,当弧状云线离雷达较远时,由于外流边界是大气层中的浅薄现象,只有 1~2km 厚,就难以检测到弧状云线;另一方面,在卫星云图上,由于当高云遮挡住弧状云线时,卫星云图上就观测不到外流边界,这时可用雷达观测较近距离的弧状云线。如图 9.17 中,A—A′—A″

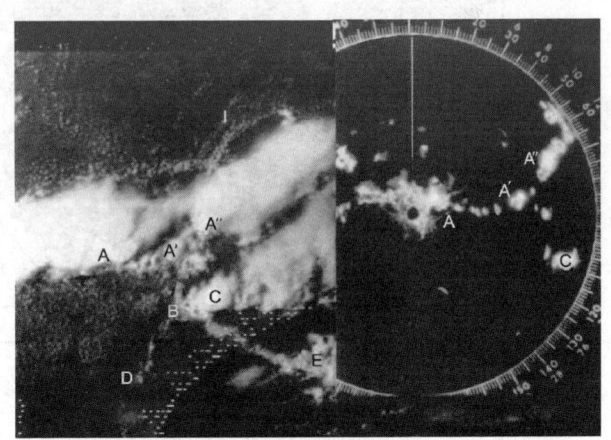

图 9.17　从卫星和雷达联合观测到的弧状云线
(1980-07-28 15:30(地方时),GOES VIS)

是离雷达较近的弧状云线,因此在雷达上有明显的表现;但是对离雷达测站较远的C处仅观测到回波C,而观测不到弧状云线,C处的雷暴云是弧线A′—B—E与海风锋B—D相交触发的云团,卫星云图上表现十分清楚。在卫星云图上对于弱的弧状云线I,在雷达上也没有表现。要注意的是在雷达上观测的弧状云线不要误以为是冷锋回波。

9.3.3 雷暴中高压

中高压,也称雷暴高压,它一般只出现于强雷暴中,用常规气象资料很难分析这种系统。中高压的前界也是新雷暴生成的地方,因此确定雷暴高压对于形成中尺度云系生成有重要作用。如图9.18中,给出了雷暴中高压系统的形成和发展概念模式,它表现为:①在飑锋的前方有一局地相对中低压,其起因是飑锋前方中高层对流引起的下沉增暖作用;②飑锋中高压,它是在飑锋后的强降水区和对流下沉气流区之中,它表示了强降水造成雷暴下方的冷空气堆,可归因于蒸发冷却、高层冷空气下沉,以及融化冷却所致;③尾流低压,在中高压的大片层状云之后是一地面低压,称之尾流低压,下沉增暖是这一低压形成的重要原因。对于雷暴不同阶段,在卫星云图上,中高压表现为下面两种形式:

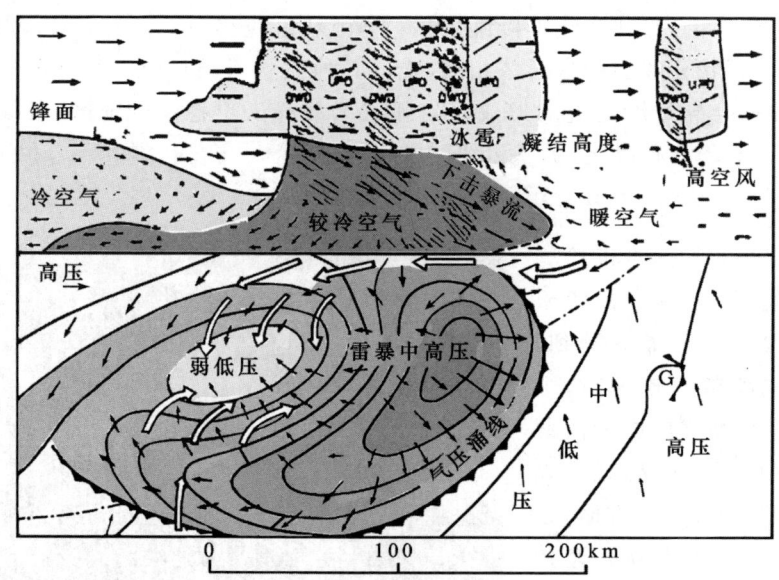

图 9.18 雷暴中高压的形成

(1)雷暴云团:当雷暴处在旺盛的发展阶段时,其表现为一大的椭圆形的云团,此时中高压的范围与云团的范围基本一致。云团的东南边界呈弧形,此处为飑锋位置所在。云团的东北边界出现反气旋弯曲的卷云砧。这种云团出现于高空西北气流的短波槽前或天气尺度槽前的西南气流中。

(2)弧状云线后部范围：中高压的另一种表现形式是弧状云线，它位于中高压的前部边界上。它是雷暴成熟到消散时云团中的下沉气流向外扩散，促使前方的冷空气抬升而形成的。它是由积云、浓积云组成。

9.3.4 利用卫星监视和预告短时雷雨大风

由飑锋云系产生的短时大风具有重大的破坏作用。如何由卫星资料预告有重要意义。图 9.19 给出了与短时大风有关的五种监视和预告模式。

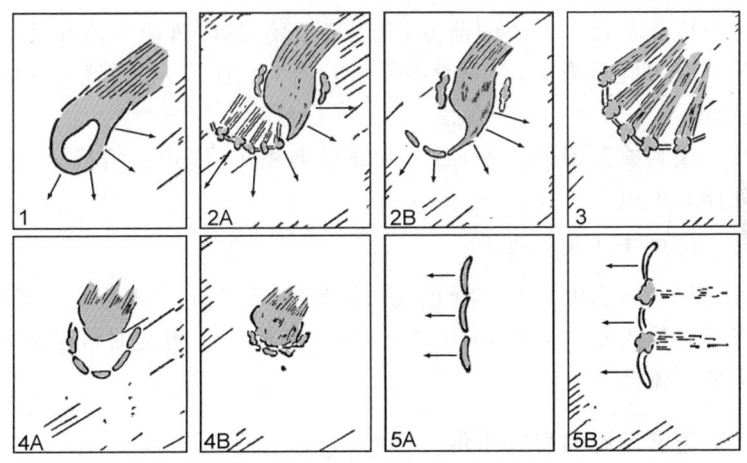

图 9.19 估计雷雨大风的几类云型

9.3.4.1 椭圆形云团

这种飑线云团呈东北—西南走向的椭圆形，云团达成熟阶段时东北边界(下内方向上)出现显著的卷云砧，飑锋可以定在云团的东南边界，图中箭头表示雷雨大风的方向，箭头的长短表示风速的大小，最大风速位于对流云发展最旺盛(云顶最冷和温度梯度最大)的地方。另外，云顶只有一个冷中心比多个冷中心(布满斑点)的飑锋要强得多。

9.3.4.2 逗点状云型

当椭圆形云团进一步发展，其西侧有冷气流侵入时，有时演变为逗号点状云型。按云团尾部对流云线上云系活跃程度，还分成下面两种：

(1)逗点云尾部出现由积云、浓积云组成的活跃弧状对流云系，云系发展旺盛，某些地方出现白色积雨云单体。这时飑锋定在逗点云的前界到弧状对流云线上，大风的方向和强度如图中箭头所示,强风不仅出现在逗点云前界处,而在弧状对流云线上。

(2)在逗点云尾部只出现很弱的由稳定性层状云组成的弧状云线,这时飑锋只定在逗点云团的前界处,弧状云线处的风速很小。

9.3.4.3 孤立的弧状对流云线

这种云线由旺盛的积云、浓积云组成,与雷暴云团没有联系,它出现于高空为北到东北气流控制的形势下,弧状云线向西南方向移动,并伴有大风出现。

9.3.4.4 雷暴云团前方的弧状云线

分成两种情况:

(1)弧状云线处于雷暴云团的前方,且远离云团,这时外流气流显著减弱,云线上的对流已很弱,以中低云为主,它一般出现于云团消亡阶段,与云线相伴的风速很小,云线移动也很慢。

(2)弧状云线紧挨云团的前界,由发展旺盛的积云、浓积云组成。当云团降水加强时,云线处伴有大风。

9.3.4.5 海风锋弧状云线

在沿海岸线地区,当因加热差异出现海风锋时,云图上会出现与上类似的弧状云线,这种云线可以伸入到内陆相当距离处,当与其他云线相交时或通过不稳定气层时,可产生强烈对流性天气。

9.3.5 对流云团间的相互作用

上面已提到弧状云线与其他云系相交时,会触发对流的发展。除此之外,卫星云图上云的边界相交的地方,或云团与云团,或两类天气尺度云系等各类云系相交之处也是强对流天气可能出现的地方,这种现象在可见光云图上表现最清楚。当锋面云带或地面辐合线与其他有组织的天气系统相互作用时,会有强风暴发展。如图9.20中,有两个云团A和B,云顶温度为$-32 \sim -41$℃,经半小时后,两云团A与B之间有新的对流雷暴云团C生成。

9.4 我国中尺度雹暴云团

卫星云图观测表明,夏季表现为不同尺度、不同形状、不同强度、不同天气现象的对流云团存在于各种尺度的天气系统中,这是由于各云系间的相互作用、大气中水汽含量、稳定度、垂直运动强度、风切变和多起伏的地形,以及下垫面的热力条件差异等原因的作用的结果。中纬度地区的对流云系的尺度、寿命和强度相差很大,其尺度从

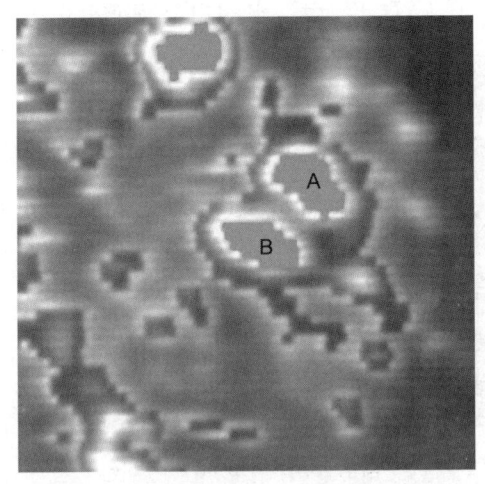 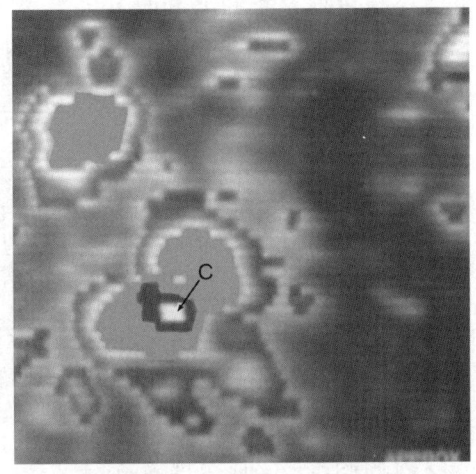

(a) 1976-07-14 19:00(UTC)　　　　(b) 1976-07-14 19:30(UTC)

图 9.20　云团合并产生新对流云团

几千米到几百千米,时间从十几分钟到十几小时,甚至到一天以上。因此对流云团的分析是大气科学研究的重要方面。

按对流云团的尺度划分:α 中尺度(水平尺度在 200km 以上);β 中尺度(水平尺度 20~200km);γ 中尺度(2~20km)和中尺度对流复合体(MCC)。

从天气现象区分,中尺度对流云系(MCS)有三类致灾性云团:一类是飑线云团(或称雹暴云团),它的出现通常伴有短时强风,冰雹等灾害性天气,同时还伴有地闪,造成雷击;另一类是暴雨云团(又称非飑线云团),它主要以降水和云闪为主,不伴有强风和冰雹天气,而是造成洪涝灾害;第三类是暴雨大风云团,虽该类云团无冰雹,但是有强风和强降水。

夏季的对流云团可以单独出现,也可以多个聚集在一起,表现为对流云团群,或者排列成带,成对流云团串。对流云团的尺度与中尺度系统的尺度有关;对流云团的形状则与其相联的背景风场有关,如高空风大时,云型呈椭圆形,如云团与低压环流相联,则常表现成逗点状或涡旋状;有些对流云团出现于冷锋前,称之锋前云团;有的出现于冷锋后,则称其为锋后云团。

9.4.1　飑线云团(雹暴云团)特征

飑线云团还可以分成以下雹暴云团和飑风云团两种情况。

9.4.1.1　雹暴云团

这类云团主要是冰雹大风天气,它形成于强的风速垂直切变,0℃层高度低,上干

下湿等不稳定气象条件下。如图 9.21 中 A、B、C、D、E 所示,它的主要特征有:

①云团初生时表现为边界十分光滑的具有明显的长轴椭圆形,表明出现在强风垂直切变下,长轴与风垂直切变走向基本一致;在雹暴云团成熟时,云团的上风边界十分整齐光滑,下风边界出现长的卷云砧,拉长的卷云砧从活跃的风暴核的前部流出,强天气通常出现于云团西南方向的上风一侧。出现大风的边界常呈现出弧形,这时整个云型可以为椭圆形,有时表现为逗点状云型。

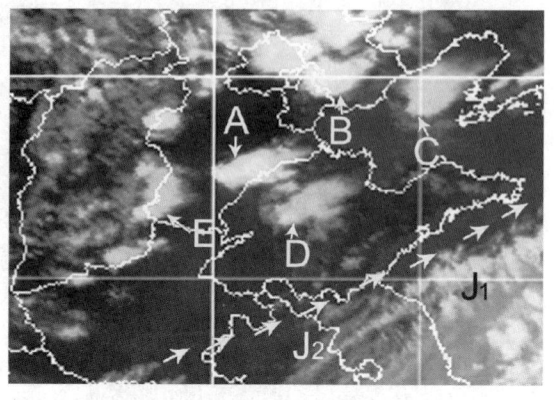

图 9.21 雹暴云团(2015-08-22 17:00)

②雹暴云团按其尺度可以再以下分成两种情况,一种是云团尺度(约 2 纬距)较大时,不仅有冰雹大风,而且伴有强降水天气,可达暴雨量级;另一种是尺度较小(约 1 纬距),云团天气以冰雹大风为主。

③雹暴云团一般出现在高空急流轴的左侧,离急流轴约 1~3 个纬距,通常在急流呈气旋性弯曲的地方,云团离急流轴的距离较大,而急流呈反气旋弯曲的地方,云团离急流轴的距离较小。

④雹暴云团呈块状,强度大、色调十分明亮,发展迅速、移速快,生命短、日变化明显。当有几个雹暴云团出现时排列整齐。

雹暴云团具有孤立性,它一般不与大片中低云系相联系。

9.4.1.2 飑风云团

这类云团主要是大风和短时强降水天气,有时还可达暴雨,这类云团的特点有:
①这种云团的云型与雹暴云团十分类似,这类云团最显著的特点是其处在范围较大的略呈盾状卷云区的西南端,它上风边界(西南边界)十分整齐光滑,下风边界(东北方)出现长的卷云羽;②云团位于短波槽底部处;③云团色调明亮范围较大,东南边界明显向前方凸起;④新的对流单体在老云团的西南端生成,呈后向发展型。

9.5 我国北方产生雹暴云团的天气系统

通常北方地区出现降雹云团的时间要比南方晚,但北方地区的降雹云团的活动较南方地区要频繁得多。

9.5.1 北方冷涡云系中的雹暴云团

夏季,我国北方高空冷涡云系活动十分频繁,在冷涡附近,冷暖平流明显,雷暴云团活跃,并产生冰雹、强降水和短时强风等强对流天气。在分冷涡云系中的雷暴云时,需抓住两类背景云系,一是高空急流云,二是冷涡云系本身。

9.5.1.1 高空冷涡后部冷干舌触发引起的强对流天气

高空冷平流是触发强对流发生的重要诱因,在高空冷涡冷平流的活动表现为干舌的形成、发展和演变,对流云单体发生在干舌尖位置处。这干舌尖通常伴随高空急流推进方向一致,干舌舌尖的活动有以下几种情形:

(1)干舌形成时对流云的发生(图 9.22a):干舌一般与高空急流相连,高空急流在向前推进时,一方面高空干冷平流下沉,另方面急流要继续向前,当冷急流重叠到暖湿气流上方(冷涡内中低空西北气流转成西南气流的地方),对流云单体发生在干舌区内,图中虚线所围绕区域是强对流最可能发生的地区。

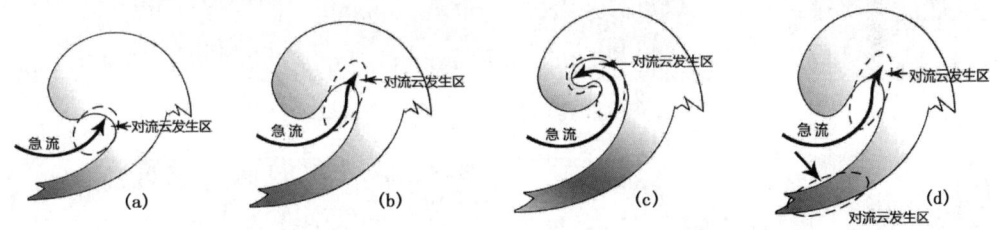

图 9.22　逗点状冷涡云系强对流发生区

(2)干舌发展(图 9.22b):如果急流穿越叠加到锢囚锋前云区上方时,对流云团不仅形成于干舌内,还延伸到前面的云区内,图中虚线包围区是强对流发生区。

(3)干舌侵入到涡旋中心(图 9.22c):干舌伸到低压中心,这时对流云发生以涡旋方式环绕涡旋中心分布,形成围绕冷涡中心的对流云团。

(4)急流分叉及干舌前方云区的强雷暴云(图 9.22d):急流自涡旋西侧向东南方向推进时,当急流到高空槽线附近时,急流将分叉,其一支转向东北干舌方向,另一支继续向东南方向行进,两支急流向前与云相交的地方是强对流发生的地方。

图 9.23 为冷涡干舌中雷暴的发生发展,分成三个阶段,图 9.23a 显示了对流云团的初生阶段的序列云图,可以看到在干舌区内对流云 A 初生,并发展加强变白增大;图 9.23b 是雷暴云加强发展阶段,可见到云系增大成白色一团 A,到 15:00 图上云团 A 东南边界呈现向东南方凸起的弧状边界,该处为大风发生的地方,云团北侧出现卷云砧,表示高空风很强;图 9.23c 显示云团持续发展过程,由于触发对流发生

的冷急流从云团的西南端侵入,可以看到在云团 A 的南端处有新的对流单体发生,并发展成云团 C,且与原云团 A 连成一片。

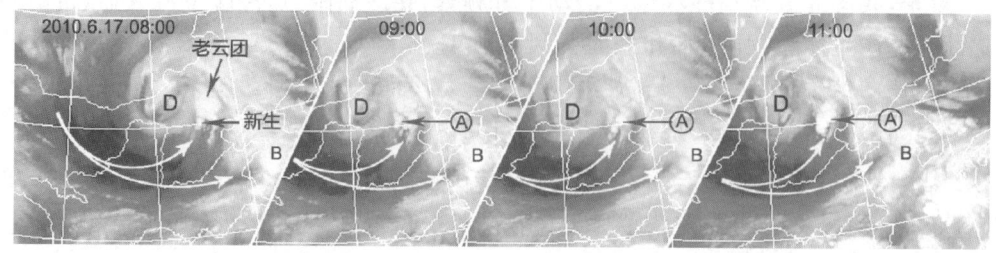
(a)初生阶段(2010-06-17 08:00—11:00)

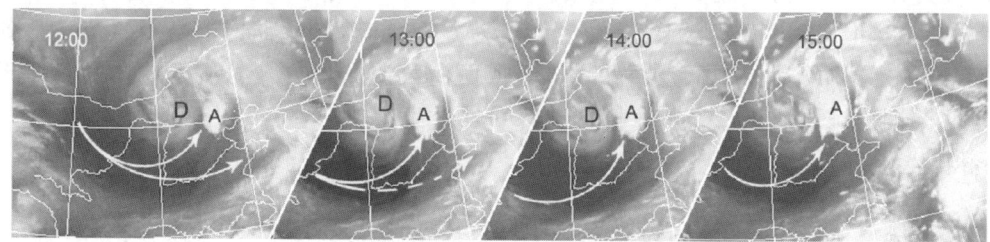
(b)发展阶段(2210-06-17 12:00—15:00)

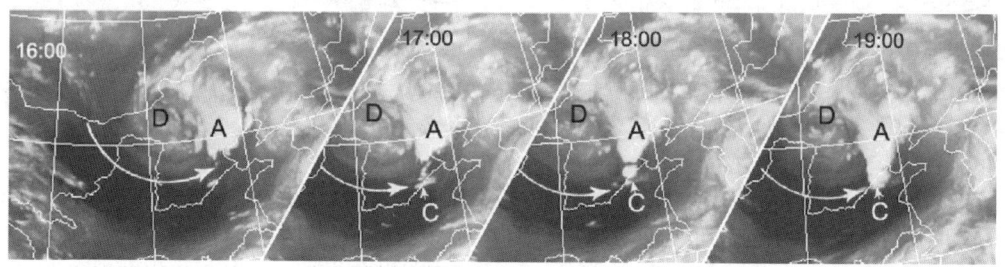
(c)持续阶段(2010-06-17 16:00—19:00)

图 9.23 京津地区干舌内对流云的发展

图 9.24 显示了急流分支和沿冷涡中干舌向前继续推进形成的雷暴云系:在涡旋逗号点云系中急流分叉下雷暴云的发生状况,图 9.24a—c 中,在内蒙古有一冷涡云系,该冷涡有明显的干舌,图中急流 J 环绕逗号云涡旋中心自西北方向东南推进到高空槽线附近处产生分支,其中一支 J_1 与干舌相一致,转向东北行,相应急流 J_1 行进方向与干舌相一致,且触发其前方的强对流 A 和 B,另一支 J_2 则继续向东南方推进至螺旋云带处,越过地面锋到锋前触发强对流 D。图 9.24d—f 显示了强对流 B 和 D 继续加强发展。

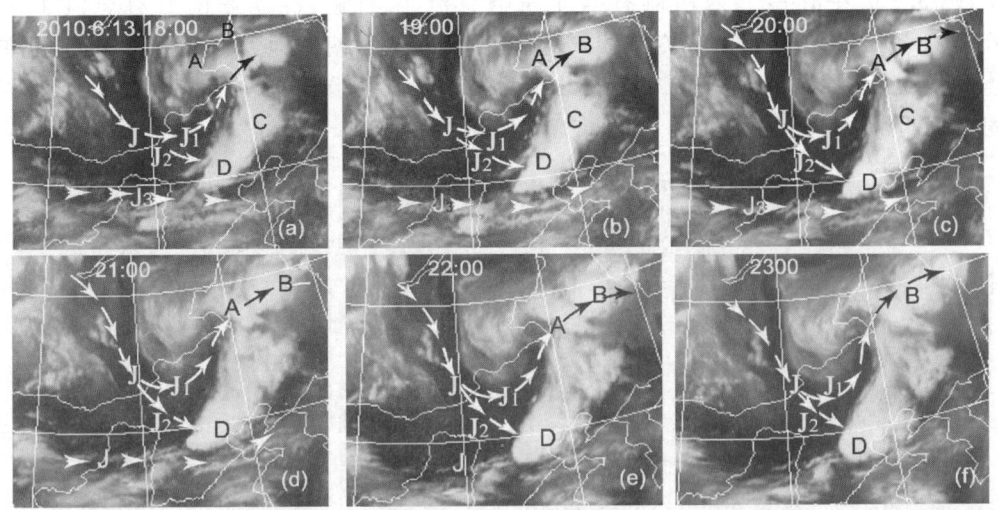

图 9.24　急流分支和沿冷涡中干舌向前继续推进形成的雷暴云系

9.5.1.2　高空冷涡前部处产生的降雹云系

冷涡前部生成的雷暴云团大致有以下几种情形：

(1)涡后部的对流单体沿着冷涡周围天气的气旋性环流移到冷涡前部发展而成；

(2)冷涡前部局地生成的。有时在冷涡中心附近有一片松散的云区，由于低层暖平流和局地太阳加热，同时冷涡前部处常有明显的正涡度平流，综合这些因素，在这片云区附近出现强雷暴云团；

(3)在冷涡云系与冷锋云带断裂处生成雷暴云团。

9.5.1.3　高空冷涡后部及其附近雷暴云团的发生发展

(1)夏季北方高空冷涡移至华北或东北地区，它后部高空盛行西北干冷气流，以及由于白天地表受太阳的加热和较好的水汽状况，引起不稳定，诱发大片积云、浓积云的发生发展，这种情况在上午并不明显，只有在午后在云图上有清楚的表现。如果高空冷涡西侧有小扰动(短波槽)，时常表现为在西北气流中存有风场切变，则伴有正涡度平流，可导致大片积云、浓积云的某处加强，并形成雹暴云团。

(2)高空冷涡后部螺旋云线上雹暴云团的生成：有时在冷涡的西南到西象限内表现有一条条螺旋云线。在这种螺旋云线上常在午后出现小的亮点，当这种小亮点沿着冷涡后部的西北气流移到高空槽线附近时，或气流由西北转成西南气流时，常强烈地发展成强雷暴云团。

图 9.25 显示了冷涡南端雷暴云的发生和发展：在冷涡 D 南端产生强对流的例

子,图 9.25a 中在冷涡西南侧有西北高空急流 J_1 行进,冷涡东南方有急流 J;图 9.25b,c 中当急流行进到高空槽线,气流由西北转为西南的地方处 C,就有对流云单体 C 发生发展;图 9.25d—f 对流云团继续发展成强雹暴云团。在这种情形中,冷涡完全切断,没有干舌表现。

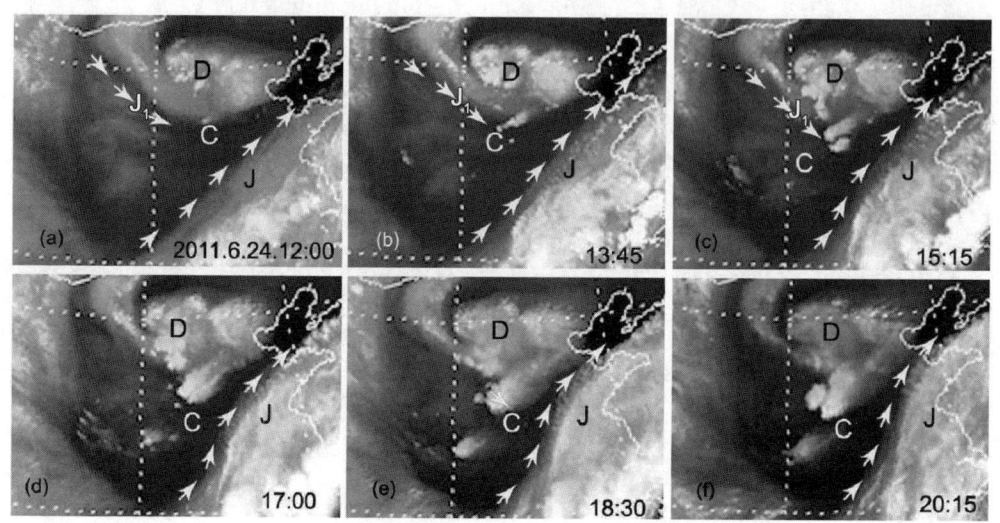

图 9.25　豫中地区发生的一次冰雹天气水汽图特征

9.5.2　北方与冷锋相联的雷暴云团

在我国北方,大多数冷锋与高空冷涡云系相联系,雹暴云系相对于冷锋的位置取决于高空急流相对于冷锋的位置。如果冷锋与急流间的距离较大,则雹暴云团常位于锋前;如果冷锋与急流间的距离较小,则雹暴云团常位于冷锋云带上;如果冷锋与急流相交,则雹暴云团常位于冷锋云带的后部,因此与冷锋相联的雹暴云团有下面三种情况:

(1)雹暴云系出现于冷锋前的杂乱云系中:如图 9.26 为这类的概念模式,图中雹暴云团位于高空急流的左侧、冷锋的前方,云团呈椭圆形,在冷锋后有高空急流指向冷锋尾部处。

(2)雹暴云团出现于冷锋云带上:如图 9.27 给出了锋面云带上雹暴云团的概念模式,图中高空急流云系与冷锋云带相距很近,冷锋后有强的西北高空冷平流,在午前出现小的亮点,午后发展成雷暴云团出现。这种雹暴云团都出现于云带上的飑线就是冷锋飑线。

图9.26 锋前雹暴云团概念模式

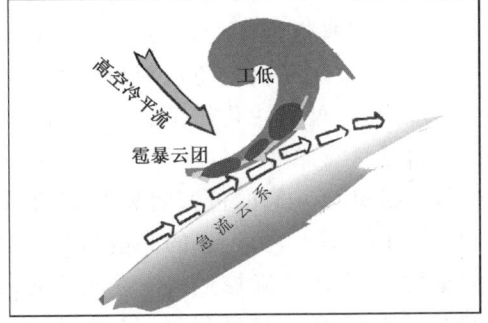
图9.27 锋上雹暴云团概念模式

(3)雹暴云系出现于冷锋云带之后:如图9.28a中,当高空急流云系与冷锋云带相交时,雹暴云团出现于冷锋的后面、高空冷涡的下面;另一种如图9.28b中,急流云系呈水平走向,与冷锋不相交,此时强对流云团出现于冷锋与急流最近的地方。

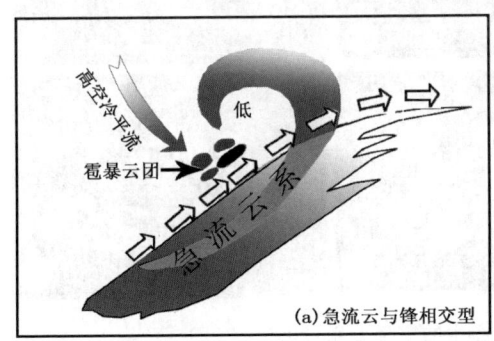
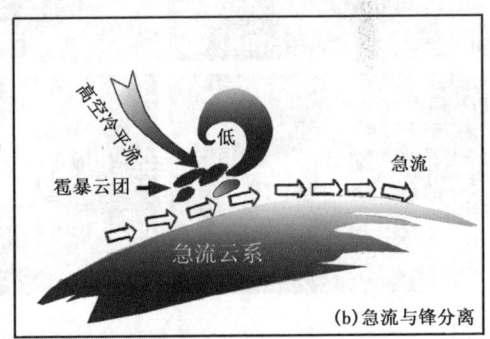

图9.28 雹暴云团出现于锋后的概念模式

9.5.3 北方低槽云系产生的雹暴云系

在夏季,北方低槽活动十分频繁,仅次于冷涡的活动。这种低槽在地面图上并不伴有冷锋,只是在高空图上有冷中心或冷舌相伴。在卫星云图上,其常表现为一片散乱或窄而断裂的云系。由于地面没有冷锋与其对应,如不注意分析,容易将它漏掉。

9.5.4 冷锋后强高空急流向东推进发生的强烈对流云系

当高空急流向东高速推进时,伴随急流的冷平流经过的地区表现为以急流轴为轴线的锥形晴空无云区,此时冷锋云带表现为一横倒的"V"字,这种情形发生在我国北方一次气旋由成熟到消散阶段。强对流云团出现在横倒的"V"字顶端处以及锋后或冷涡的东南方的西南气流中,受高空急流的作用,云团呈椭圆形云团的移动前方边界向前凸出。具有强的卷云砧。这种情形在我国北方很常见。

图 9.29 显示了高空急流穿越锋面产生的雷暴云系这类过程的实际例子:(1)在图 9.29a 中,D 处是一位于蒙古上空的涡旋状的冷涡云系,由于高层冷空气侵入,在华北北部地区有暗黑色的一干舌,使冷锋云系呈现横倒的"V"字的云型,在 C 处为冷空气侵入冷锋而引起的色调明亮对流云系,J 为叠加在冷锋云系上的急流云系;(2)在图 9.29b,c 图上,由于强的高空冷平流,C 处的对流云系列发展,同时在冷涡东南方向是槽前西南气流控制,有对流云系 B 生成,表现为有小的单体出现;(3)图 9.29d—f 中,对流云继续发展,出现强云砧,表示积雨云成为强雷暴。

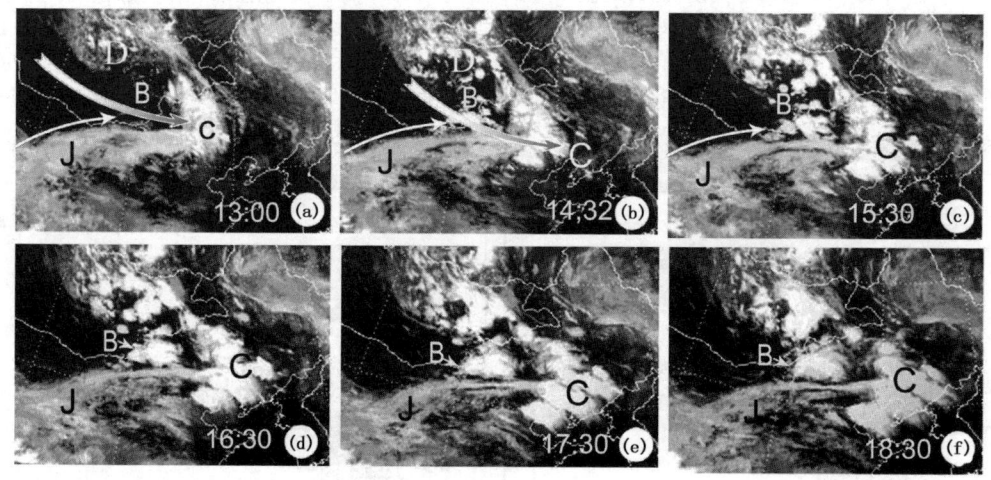

图 9.29 急流快速穿过冷锋后产生的雷暴云系(2009-07-22)

9.6 我国南方强暴雹云团的发生发展过程

无论是北方还是南方地区,太阳辐射对下垫面的加热是大多数雹暴云系形成的重要原因之一,因此雹暴云系具有明显的日变化;同时大多数雹暴云团的生成不是一个孤立的现象,它是在一定天气尺度云系条件下生成的,如果离开天气尺度云系分析雹暴云团的形成和发展,则雹暴云团就变得难以捉摸。所以在一定的天气尺度云系的配置下,静止卫星云图上先是在午后 13—14 时的云图上,时常表现为小而白亮、边界光滑的小单体;而后逐步发展,直至 17 时的云图上,雹暴云系相互合并,形成一个成熟的雹暴云团,其顶部出现卷云砧,并伴有冰雹、大风等灾害性天气;以后则逐渐减弱消失,留下一片卷云羽。

在我国南方地区,每年从 2 月底或 3 月初就开始有强对流云团活动,直至盛夏开始;秋冬季节也会出现强对流天气,但是次数要少得多。引起南方对流云团活动的天气系统比北方要复杂得多,其中部分是从北方移到南方的,主要有高空冷涡与北方冷锋云系;另一部分造成南方强对流的天气的天气系统有南支槽云系、气旋、副热带急流云系等,大尺度天气系统构成了中小尺度对流云团生成的背景云系。下面对在这些天气云系下产生强对流云系进行概要的讨论。

9.6.1 南方强暴雹云团的发生发展的几种类型

9.6.1.1 南支槽云系东移产生的雹暴云系

南支槽云系是造成我国南方地区雹暴云团的重要天气系统。这种天气系统云系背景下生成强雷暴云团的大致过程是这样的:先是在青藏高原南侧存有一南支槽云系向东移动,在华南地区有一副热带急流云系(该云系有时十分稀疏,仅为一些卷云线),长江以南地区常为积状云区。随南支槽云系东移至南方地区,且恰为午后时刻,便有小的白色亮点出现,并不断发展,最后可能成为雹暴云团。图9.30是南支槽云系产生雹暴云团的概念模式。

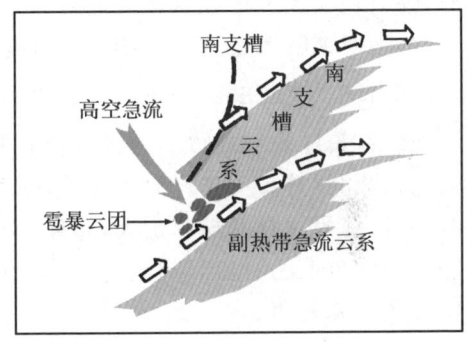

图 9.30 南支槽产生雹云团概念模式

9.6.1.2 冷锋与南支槽云系叠加型

这一类表现为在北方地区有一条气旋性弯曲的冷锋云带,锋后有强的冷平流,长江流域地区有一盾状卷云区,其南到东南方向有一支从热带伸至中纬度地区的副热带急流云系。由于受冷锋后强的高空冷平流操纵,冷锋迅速南移,并与南支槽合并,南北云系叠加导致高空槽振幅加大,促使冷空气进一步加速南下,当推进到离副热带急流云系一定距离处,在冷锋尾部处可能有雹暴云团生成。

9.6.1.3 青藏高原槽云系东移产生的雹暴云团

由青藏高原槽云系东移引起雹暴云团主要影响长江和淮河流域地区,它表现有三种情形:

(1)青藏高原槽云系移出高原后,演变为涡旋云系,其在高空图上有明显的冷中心。若长江流域以南地区有东西向或东北—西南走向的副热带急流云系,涡旋在其西北一侧,当涡旋移至离副热带急流云系左界约2~3个纬距时,就常可能有雹暴云团生成。

(2)青藏高原槽云系移出高原后,演变为逗点云系,当移到离其前方有副热带急流云系约 2~5 纬距时,常可能会有雹暴云团发生。

(3)青藏高原槽云系呈现成片扫帚状的卷云砧,每个云砧单体呈椭圆形,表明高空有强风速垂直切变,当移至南方地区,就可能有雹暴云团生成。

9.6.1.4　北方冷锋迅速南下产生的强雹暴云团

北方冷锋急速南移至长江流域产生的雹暴云团的特点有:
(1)冷锋云带完整、呈明显的气旋性弯曲,锋后有强的冷平流;
(2)在华南到沿海地区存有一条从热带辐合带伸出的副热带急流云系;
(3)在急流与冷锋云带之间有一片纹理不均匀的积云、浓积云区,当冷锋急速南下时,强对流云团一般在这积云北界处发展起来;
(4)强对流云团的发生有明显的日变化。

9.6.1.5　急流云系南下产生的雹暴云团

如果在长江流域或以南地区包含有若干积雨云组成的静止锋云带,或为一片积状云区,其北侧有一支极锋急流云带,南面有一副热带急流,在上游青藏高原东部地区有一脊区,当这脊的振幅加大,导致偏北气流加强,极锋急流云系西端迅速南下,逼近静止锋云带上的对流云甚至合并,促使对流云上空辐散和风垂直切变加大,使对流云发展成雹暴云团。

9.6.1.6　南方气旋后部的强雹暴云团

当南方气旋强烈发展时,卷云辐散很明显,特别是云型表现为 A 型气旋,急流从热带伸向中纬度、穿过气旋云区,或者急流云带与气旋冷锋云带叠置,气旋后部有很强的冷平流,雹暴云团出现于气旋云系西到南面象限。

要注意:南方地区的副热带急流云系有时只表现为稀疏的卷云,分析时要小心。

9.6.2　苏皖地区的雹暴过程

9.6.2.1　强雹暴产生的卫星云图和天气形势

图 9.31 出了雹暴云系发生前的卫星云图和天气形势,从图中可以看到从日本到我国长江以南地区有一支副热带急流云系 J,东北到山东半岛有一窄冷锋云系 F1—F2,

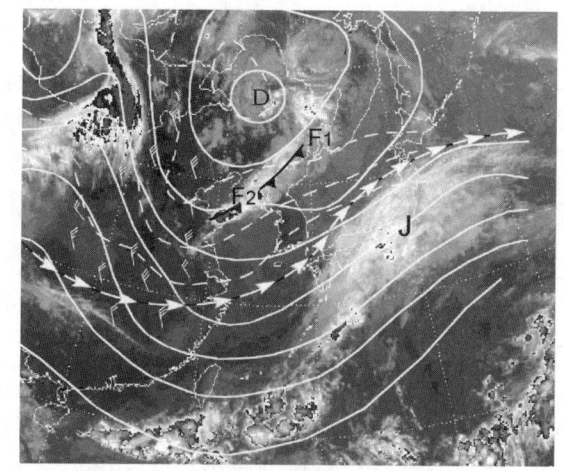

图 9.31　强雹暴产生的卫星云图和天气形势
(2009-06-05 08:000)

黑龙江地区有一冷涡云系,整个华东地区处在偏北气流中,高空强冷平流明显,西北地区有低槽冷锋云系东移,相应的高压脊发展,促使径向环流加大。

9.6.2.2 发生在苏皖地区的雹暴云系初生过程

图 9.32 是水汽图(2009-06-05),它显示了雹暴云系的初生过程,在图 9.32a—c 中,锋面云带 F 的尾端雷暴云团 T,西端 C 处是一个新生的云团,其位于水汽带 W 的左上侧,B_1—B_2 是急流造成的很狭窄水汽暗带,呈气旋性弯曲,即从西北向东南转向东北,与 F 云带相连,可以看到当 C 发展,云团 T 东移减弱,C 替代 T 的位置,而在 C 的西端水汽暗沟内又有新的对流单体生成;图 9.32d—f 中,在 C 云团西侧的暗沟区内,新对流单体 C_1 生成增大,整个水汽暗沟向南移,同时在 W 的西侧和 B_2 处有新单体生成。

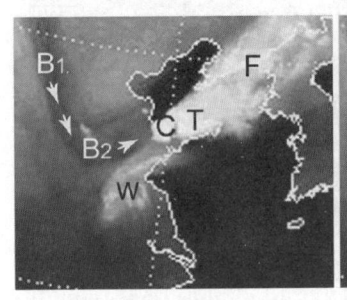 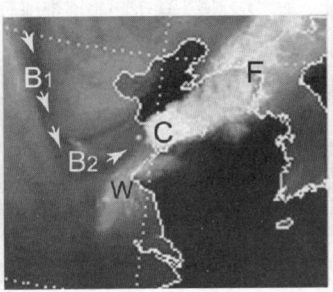 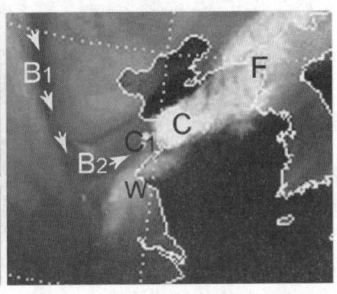

(a) 2009-06-05 07:33　　(b) 2009-06-05 08:33　　(c) 2009-06-05 09:00

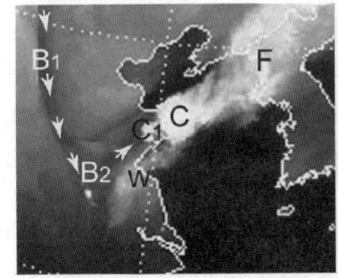 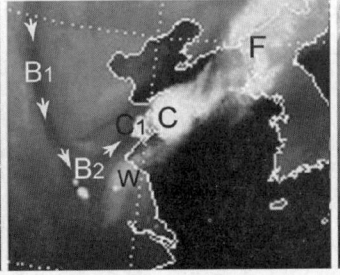 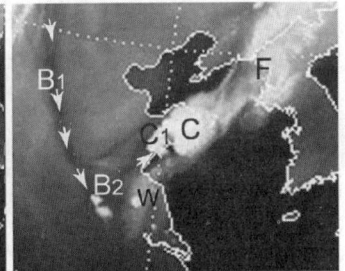

(d) 2009-06-05 09:33　　(e) 2009-06-05 10:33　　(f) 2009-06-05 11:00

图 9.32　雹暴云系初生过程

9.6.2.3 影响在苏皖地区的雹暴云系的发生过程

图 9.33(2009-06-05)显示影响苏皖地区雹暴云系的发展过程,在图 9.33a—c 中,C_1 云团有所发展,但随水汽暗沟向南推进,B_2 和 C_2 处对流单体逐步发展;图 9.33d—f 中,C_1 云团在暗沟内加强发展,C_2 云团也沿暗沟强烈地发展。

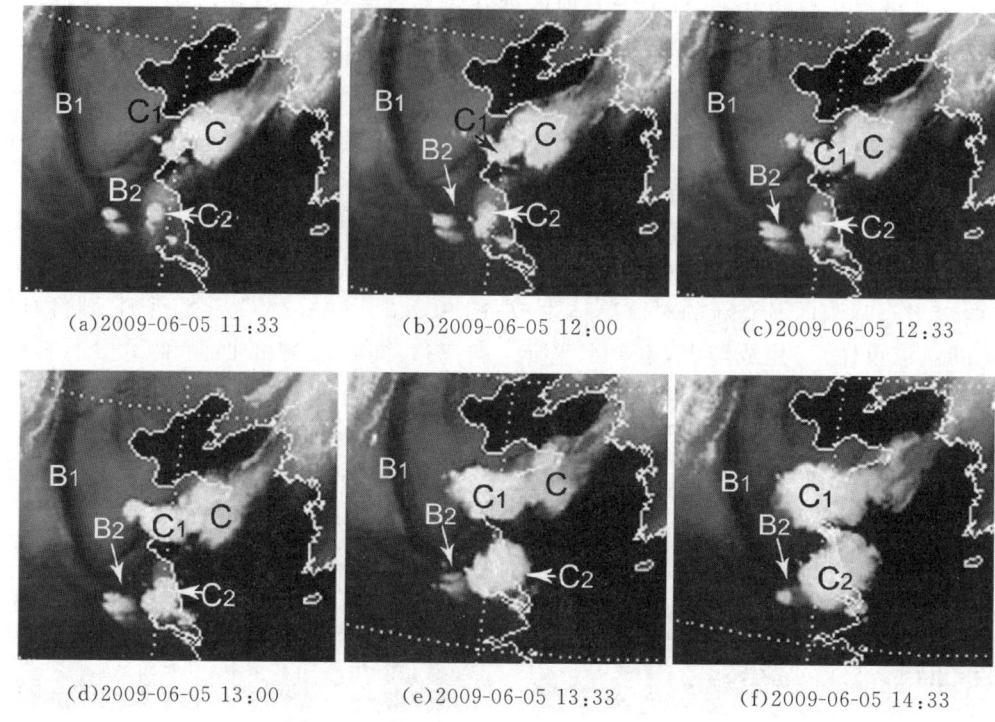

图 9.33 苏皖地区的雹暴云系的发生过程

9.6.2.4 苏皖雹暴云团强烈发展

图 9.34(2009-06-05)显示苏皖雹暴云团成熟过程,图 9.34a—c 中,雹暴云团 C_1 和 C_2 强烈发展,云区覆盖扩大,云团西侧水汽暗沟内有新的单体生成;图 9.34d—f 中,暗沟西侧有 C_4 云团发生增大,C_1 和 C_2 云团开始联在一起,在雹暴云团 C_1 和 C_2 西边界附近处有新的对流单体 C_3 形成,并呈向东扩展之势。

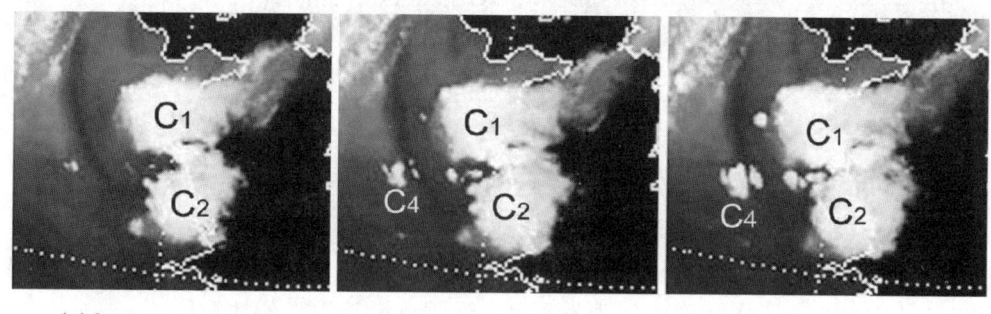

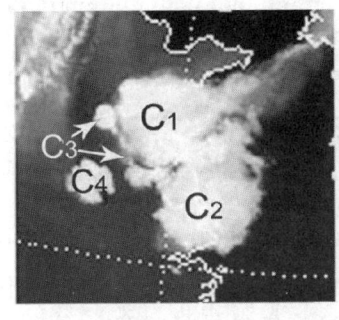 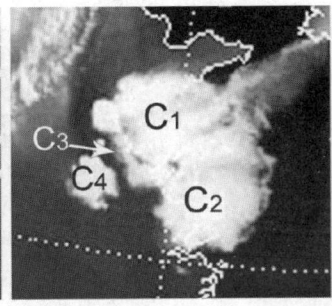 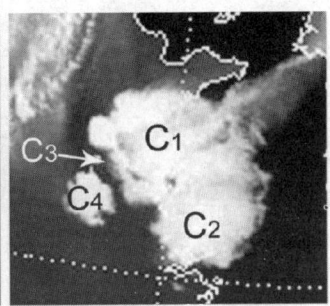

(d)2009-06-05 16:33　　　　(e)2009-06-05 17:00　　　　(f)2009-06-05 17:33

图 9.34　苏皖雹暴云团强烈发展

9.6.3　青藏高原对流云东移和四川盆地强对流发生发展

9.6.3.1　雷暴形成前的大尺度云系分布

图 9.35 显示了一次四川盆地强对流产生前的云系分布，从图中可看出如下几点：

(1) J_1 是副带急流云系，云系左边界较整齐，四川盆地为晴天无云区的下沉气流区；

(2) 由于冷空气的入侵，高原东北侧为呈开口型式的细胞状对流云系 C；

(3) 在新疆北侧有一支盾状急流云系 J_2，可以看到云中有两条卷云线，直指高原东北侧的细胞状对流云系；

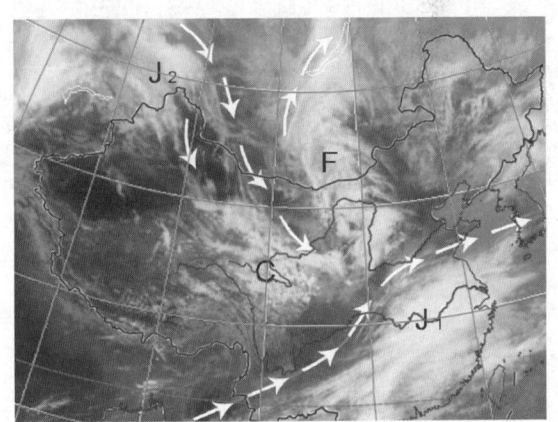

图 9.35　四川盆地强对流产生前的云系分布
(2007-04-14)

(4) F 处是一条南北向的静止锋云系。从云系分布和相对位置可以预计未来四川盆地将会有强对流云系发生。

9.6.3.2　强雷暴云系发生发展过程

图 9.36 给出 2007 年 4 月 14 日发生在四川盆地的雷暴云团形成和发展过程连续时间序列图，具体如下：

(1) C 和 C_1 对流云系：在图 9.36a—d 中，青藏高原东侧有对流云 C 发展，随云系东移，其右方有对流云 C_1 发生，进入四川盆地，并逐步向东扩展；

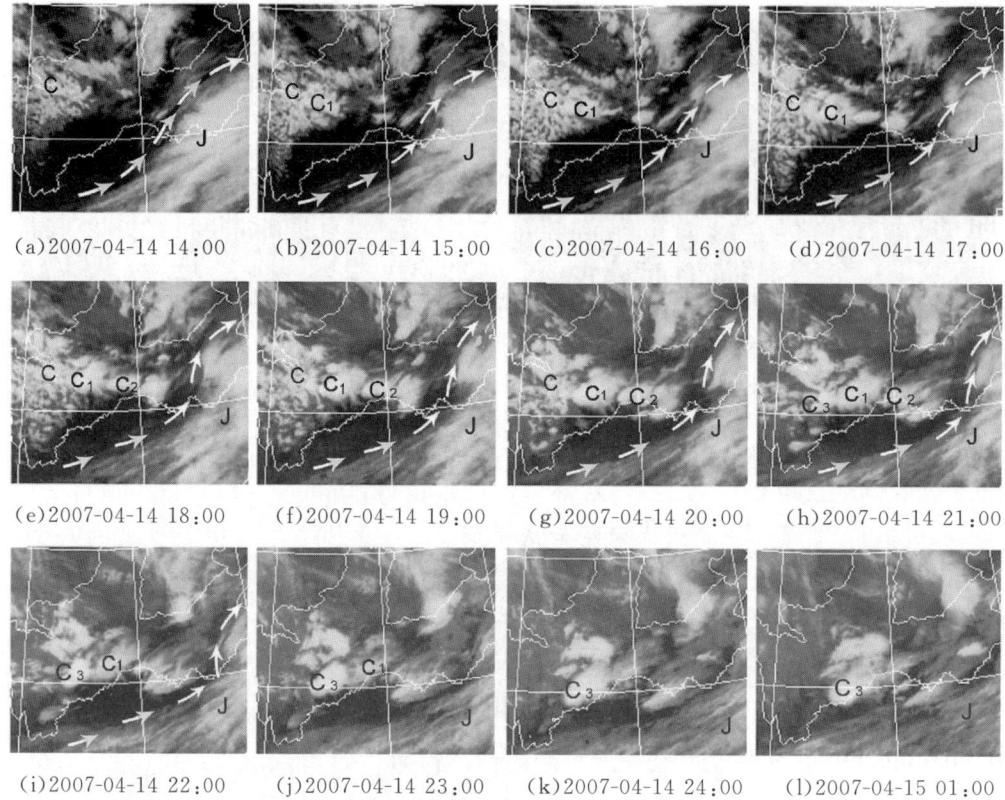

图 9.36 四川盆地雹暴云系的发生和发展

(2) C_1 和 C_2 对流云系：在图 9.36e—h 中，在高空西北急流的触发下，对流云发展成强雷暴云团 C_1 和 C_2；

(3) C_1 和 C_3 对流云系：在图 9.36i—l 中，C_2 东移减弱，在 C_1 云团西侧新生云团 C_3，随 C_3 发展，C_1 随之减弱消失。C_3 北侧有 C_4 云团新生。

(4) C 和 C_1 对流云系：在图 9.36a—d 中，C_3 云团移入高空急流下方，风切变加大，云团减弱消亡。

9.7 我国暴雨云系(非飑线云团)的分析

卫星云图是分析和预告暴雨的有力的主要工具，它可以：

(1) 监视暴雨云团的发生发展阶段、云团生成的源地、追踪其移动路径、云团的移速；

(2) 分析形成暴雨云团的大尺度条件和局地性强迫条件；

(3) 预告暴雨云系的发生和发展，影响范围和强度；
(4) 估算暴雨降水量。

9.7.1 暴雨云团基本特点

9.7.1.1 暴雨云团的基本特征

在卫星云图上可以看到，有许多云团只有暴雨，而无冰雹大风天气，通常把凡是能产生暴雨的云团称为暴雨云团，或称非飑线云团。但是并非在卫星云图上所有的积雨云都产生暴雨，只有达到一定尺度（约 1 纬距以上）和生命的云团才可能产生暴雨。有的只要一个云团就能产生暴雨，有的则是几个云团相继通过一个地方产生暴雨，云团的大小相差可以很大，所以关于暴雨云团的确定时常是十分含糊的。但是暴雨云团与飑线云团间有明显的差异。主要有：

(1) 暴雨云团一般出现于风垂直切变较小的情况下，其型式可以为圆形、多边形、涡旋状和不规则形状。初生时常呈多个离散状的小亮点，到成熟时表现为形式多样的云团，顶部有向几个方向伸出的卷云羽，而不是像飑线云团那样伸向一个方向的卷云砧。

(2) 暴雨云团的色调差异较大，有的可以很亮，有的并不十分明亮。有的很密实，有的则十分松散，云团四周常伴有大片中低云区，云团时常可连成一片，而不像雹暴云团孤立，四周很少有中低云相伴。

(3) 暴雨云团一般出现于急流云系的右侧，源源不断暖湿气流头部、θ_e 脊线处，而且在靠赤道一侧不存有急流；暴雨云团也可出现于急流左侧，但云团远离急流轴，无强风垂直切变。

(4) 云团发展速度较雹暴云团要慢，持续时间较长；有时雨强虽不十分强，但是因生命长，累计降水量较大。

9.7.1.2 暴雨大风云团

这种云团既有暴雨，又伴有强风，故称它为暴雨大风云团。它的特点是：

(1) 云团出现于高空槽前卷云或向东北方伸展的成片卷云的西南端，高空槽底附近处。

(2) 云团的色调较为明亮，尺度大小不等，如果存有几个云团，则常排列成串，云团的东南边界处呈弧状。

(3) 存在有一支强西北急流指向卷云的西南端，急流前进中气流一面下沉，一面向前与云系相交，叠加到暖空气上方形成暴雨大风云团。

图 9.37 为发生我国华南地区的一次的暴雨大风云团的连续演变，图中暴雨大风云团 B 处在斜压叶云系 A 的西南尾端，它是由于西北急流一方面有下沉运动，另一

方面是入侵到锋前暖区上方形成的,在图上 A—B 云系西边界呈气旋性弯曲、向云内凹进,向东南凸起,云系后部为大片晴空区,晴空区西侧有高空槽云系东移,云系北界与急流相联,可看到急流指向暴雨大风云团 B,高空急流向东南方向推进。

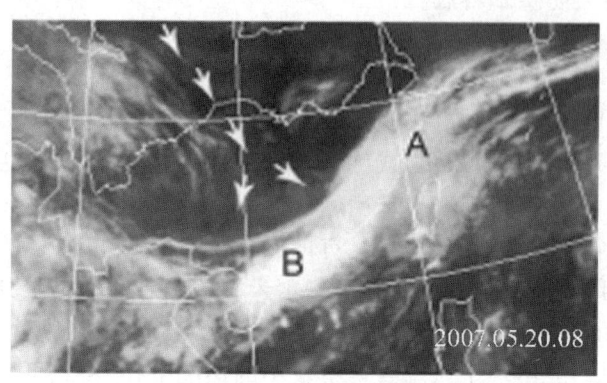

图 9.37　华南暴雨大风云团(2007-05-20 08:00)

9.7.1.3　梅雨汛期 α 中尺度和 β 中尺度对流云团的源地

根据静止气象卫星 1979 年 5 月、6 月、7 月云图统计表明:

(1)5 月,云团初生位置于 25°—35°N、100°—120°E 范围,四川东部、湖北西部的巫山地区、大别山和皖南山区生成云团的频数很高,其中长江三峡以南和大别山东侧是云团生成的两个源地。此外在四川盆地西侧与青藏高原东侧相交的地方也是云团的重要源地之一。

(2)6 月,由于大气环流和季节的变化,α 中尺度云团数目明显增多,云团生成地也有所改变,除大别山、巫山外,武夷山地区也是云团生成的源地之一。

(3)7 月,巫山、大别山地仍是主要源地。天目山、武夷山西北侧也是个重要源地。从上可以看出,梅雨期 α 中尺度对流云团的源地是大别山、巫山、武夷山和青藏高原东坡。另有一些次要的云团初生地。

9.7.1.4　对流云团的移动

决定梅雨期对流云团的因素很多是与云团所在的天气系统、高低空流场、地面辐合场、地形和云团生消变化有关。对一些生命短、尺度小的云团很难分析其移动。这里主要对 1979—1984 年 5 月、6 月、7 月与天气尺度云系相联、尺度大和生命长的 122 个云团分析,结果为:

(1)对流云团移动方向(路径)

可以分为以下四类:①东行类,这类出现 46 次,占总数的 38%。统计得出,其中沿静止锋云带东移的对流云团有 29 次,随高空浅槽卷云一起东移的有 17 次。说明这是梅雨期云团的主要路径之一。它发生在高空盛行平直的西风气流、副热带高压呈纬向带状分布，对流云团处在东西走向的静止锋云带或浅槽云区内。

②东北行类，这类出现44次，占总数的36%，它常出现于径向气流明显时或副高西北侧的西南气流里，相应的静止锋云带为东北—西南走向或振幅甚大的高空槽前卷云带内，其中沿静止锋云带和槽前卷云带东北行的分别为17和26次，还有两次是在低涡前方的西南气流里东北行。

③东南行类，这一类有17次，占14%，常发生于对流云团西北侧上空有强的西北气流或副热带高压东退减弱的情况下。在云图上的对流云团处在低槽冷锋云带的尾部或高空槽前卷云西南端或静止锋云带上，其中位于冷锋云带尾部的有9次，高空槽云系西南端的有5次，随静止锋云带东南移的有3次。

④其他，除上面三种路径外，云团路径还表现为西南行、多次转折等约15次，占13%。

此外，对于静止类，多数是尺度小、生命短的云团，某些云团生成后不久就消失，这类云团数目有500多个，一般出现于静止锋前暖区内或切变线上，受局地加热作用很大，少数出现于高空槽云系和其他天气系统云系内。结果还表明，有些云团的路径呈抛物线路径，云团先东南行，接着按气旋性弯曲渐转东行；或云团先东北行，后转东行，这种例子有29次。从天气资料看，云团的转向是由于高低空气流发生变化或云团在副热带高压西北侧，先受西南气流，接着受偏西气流的作用所致，也有的是在云团移动中有其他天气系统加入所致。

(2) 对流云团的移速

对流云团的移动速度受诸多因素的影响，对于某个云团，时而移得快，时而移得慢。为方便统计，取其平均速度为云团的移动速度。统计分析表明云团的移速有以下几种：

①正常移速，为4~6经度/12小时，出现76次，其中东行类占42%左右，大多出现于静止锋云带或高空槽前云系内，各约占1/2，少数于冷锋和低涡云系内。正常移速发生在纬向气流控制下。

②快速移动，8~12经度/12小时，出现39次，东行类占20次，东北行类13次，其余为东南行类。快速东行类云团主要发生于静止锋和高空槽云系内，快速东北行云团主要出现于南北幅度大的高空槽前云系内，快速东南行类云团出现于冷锋或高空槽云系尾部处，这类云团与高空强西北气流有关联。

③慢速移动，1~3经度/小时，大部分属准静止，出现103次，常与移速慢的天气尺度云系相联，或云团前方有高压或地形阻挡，或处在几支气流的交汇处。

9.7.1.5 对流云团发生发展的日变化

梅雨期间对流云团的发生发展具有明显的日变化，这说明对流云团与太阳辐射对地面的加热有密切关系。统计1979—1984年5月、6月、7月对流云团初生时刻和发展最旺盛时刻与云团数的关系如图9.38所示,图9.38a显示云团于午后14时和夜间02时初生的数目较多,出现两个峰值,其中14时的峰值较夜间02时的要大,但峰区的宽度较02时的峰值要窄;云团初生数最少的时刻是上午11时和晚间20时,14时的峰值反映了太阳对地面的辐射加热效应。图9.38b是对流云团达最大强度云团数与时间的关系,可见一般在20时云团达到最大强度的数目最多,其次是17时和夜间20时。

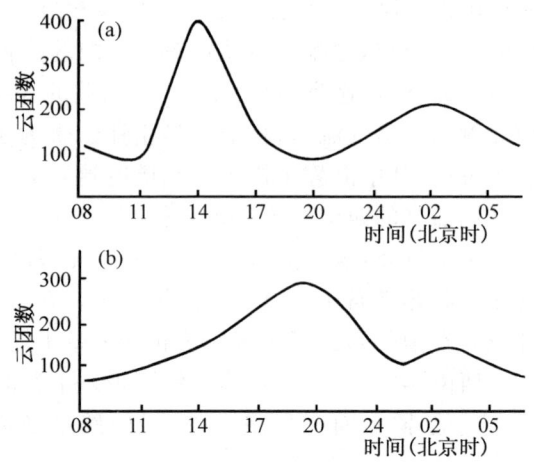

图9.38 长江流域云团数目与初生时刻和最大强度时刻间关系

9.7.1.6 对流云团的尺度和其持续时间

对流云团的持续时间是决定其累积降水量的重要因素之一。一般而言,云团持续时间越长,其累积降水量就越大。统计1979—1984年梅雨期对流云团尺度与其持续时间的关系如表9.2所示,从表9.2中可见1~2纬距的云团生命集中在1~6小时,生命超过24小时的云团数为0,生命达18~24小时的云团数已很少,生命在12~18小时的云团数仅45个,为1~6小时的10%;对于尺度为2~4纬距的对流云团的生命可以为1~18小时,其中6~12小时的云团数最多,大于18小时并小于24小时的云团数较少,云团生命达一天的更少。对于大于4纬距(对流复合体),其生命在6小时以上,其中12~24小时的云团数最多,达1天的云团数则较少。从以上看出云团的生命与其尺度有关,一般说,云团尺度越大,其生命越长,但生命超过30小时的云团数非常少。而云团尺度越小,其生命越短。云团的生命除与其尺度有关,还与大气中的水汽含量、稳定度、垂直运动和地形等因素有关。

表9.2 长江流域云团尺度与其生命史

| 云团尺度 | 生命史(h) | | | | | |
(纬距)	1~6	6~12	12~18	18~24	24~32	32~38
1~2	477	168	45	9	0	0
2~4	72	88	79	32	3	1
>4	0	15	26	31	2	1

卫星云图分析可见,云团的生命还与背景云场分布,所处的天气系统等众多因素有关。如:(1)锋面云带尾部的云团生命较长;(2)呈涡旋状的云团生命较长;(3)与西南季风云团相接的云团生命较长;(4)由各类天气系统相互作用生成的云团生命较长;(5)局地加热(如太阳辐射加热)生成的云团生命较短。

9.7.1.7　对流云团云顶温度随时间的变化

由 1991 年 6 月 29 日至 7 月 13 日红外数字资料,采用 15 天的平均值得出如图 9.39 所示的该云顶温度随时间的变化曲线。图 9.39a 为云顶最低温度的变化曲线,图中表现有三个峰值,第一个出现于下午 15 时,平均最低温度值为－56℃;第二个出现于 22—24 时,平均最低温度值为－56℃,第三个出现于早晨 06:30—07:00,平均最低温度值为－58℃,表明这三个时段内云顶的平均高度均接近对流层上部;图

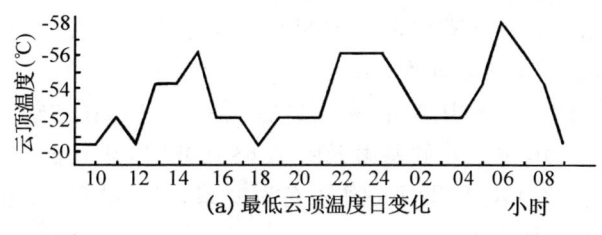

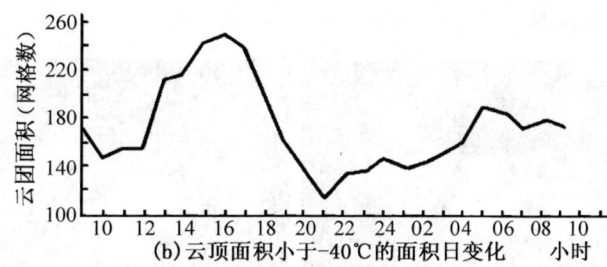

图 9.39　云团的云顶温度和面积的日变化

9.39b 表示云顶温度小于等于－40℃的面积日变化,图中亦有三个峰值,其中下午 15 时的峰值明显,但峰的宽度窄,22 时至次日 02 时的峰值较宽,表示冷云面积持续时间较长;第三个峰值出现于 06—07 时。小于等于－50℃云顶面 09—13 时、18—19 时、03—05 时最小。从以上云顶温度的日变化,反映对流云发生发展与时间的关系,尤其是对流云团强度的日变化和增长情况。

9.7.1.8　梅雨期中尺度对流云团发生发展的特点

由静止气象卫星云图可以观测到对流云团的形成过程和发生发展特征,分析发现有以下几种类型和特征:

(1)多个对流单体复合型:最初,表现为有多个小而亮的对流云单体,随这些对流单体发展,云面积加大,彼此合并形成一个大的对流云团。有的达到中尺度对流复合体。

(2)单个对流单体发展型:在云团上仅表现为只有一个对流云单体发展成一个较大的中尺度对流云团。

（3）前向云团发展传播型：这是指在一个已发展成的云团的前方或前边界处有新的对流单体生成并发展云团，称之为前向发展云团。随新单体的发展，原有的对流云团逐渐减弱消失。

这种前向发展的对流云团在云图上多表现为在高空槽前盾状卷云区的下方，在这里，高空为负涡度区、正涡度平流区（PVA）和有强的辐散区，十分有利于云的发展。盾状云区的后界后于卷云区的后边界，低空急流位于云团的前方，并随云团东移而东移。在云团的东北一侧有一支偏东的冷输送带。同时，PVA 随高度增加愈明显，云团发展愈强烈。

图 9.40a 中 A 是一个成熟的暴雨云团，在它前方有一个新的对流单体 C 生成；图 9.40b 中成熟的暴雨云团 A 略有减弱，在它前方有一个新的对流单体 C 开始增大；图 9.40c 中暴雨云团 A 色调变暗，显著减弱，在它的前方有一个新的对流单体 C 显著加大。

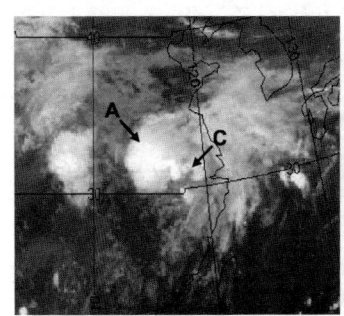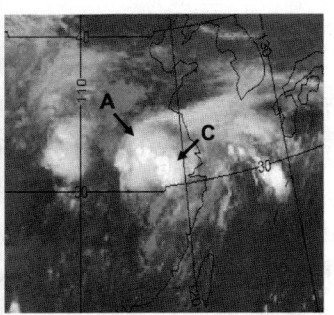

(a)2000 年 6 月 20 日 5 时　　(b)2000 年 6 月 20 日 6 时　　(c)2000 年 6 月 20 日 07 时

图 9.40　前向发展暴雨云团

（4）后向云团发展型：这是指在一个已生成的云团的后部或西边界处有新的对流云生成并发展，称之后向发展云团。有时新生云团一个挨一个向西南方向发展，并形成排列整齐的云团带。随着新云团的发展，老云团则逐渐减弱。这种情况多出现于：①减弱的盾状卷云的西南端，在该处的北侧中高云减弱消失，色调变暗，表明在 500hPa 高空有冷空气侵入，下沉运动使中高云系减弱消散；而在 700hPa 有一支东北冷平流，槽前 PVA 减弱，最大 PVA 区位于槽底处；低空急流指向对流云团的后界（西侧），并且少动。同时高空槽前卷云的后界东移超前云团。

②云带或其断裂的西或西南端处，这时通常没有任何云系与云带相交，在该处常是高空槽线与云带相交的地方。

图 9.41 给出了后向云团发展的例子，图 9.41a 中 A 是出现在京津地区上空的雷暴云团，由于有西北急流（冷）叠加在它的西南端（云团移动的相反方向），出现一个小而亮的对流单体 B，图中白箭头是西北高空急流，黑箭头是西南低空气流，D 是由

于高空气流下沉,使云顶降低生成的中低云;图 9.41b 中,对流单体 B 发展为较小的云团,而原云团 A 有所减弱;在图 9.41c 中,后向云团 B 明显发展。

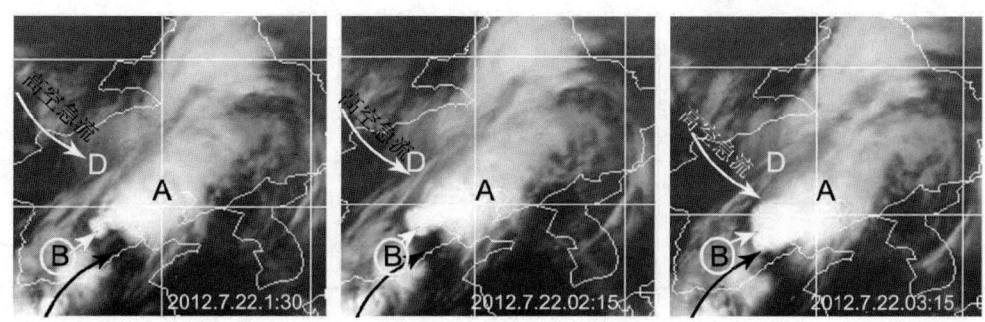

图 9.41　华北地区的一次后向发展云团

(5)对流云群中单个单体发展型:起初在云图上表现有一群大小不等的对流云单体,这些小单体多数生成后不久就消失。但是时常出现随着大多对流云单体消失的同时,只有其中的一个得到进一步发展,形成对流云团。

(6)对流云团扩展发展型:表现为一个发展旺盛的对流云团,其最白亮的部分向一个方向扩展到一个新的位置,而原位置的白亮云区随之趋向消亡。

(7)大对流云团与小云团合并型:一个正在发展的中尺度对流云团与邻近的对流单体相遇;或在移动中与其他对流单体相遇而碰并成一个更大的云团,其色调和范围都有发展。

(8)松散型对流云发展型:在梅雨云带中经常有一片片松散絮状的弱对流云系,其色调也不很亮,但当这片云区进入有利于发展的环境场或四周有利其发展时,对流会逐步加强,并发展成对流云团。

(9)盾状多层云区内对流云团发展型:在一片色调较白的盾状多层云区内,或许是低层强暖平流,或是某种地面的强迫抬升作用,或是高空强辐散,或强的正涡度平流等原因,伴有对流的发生和发展,当色调变得越来越白时,其范围逐步缩小,最后变成一个云团。

9.7.2　中尺度对流复合体(MCC)

9.7.2.1　MCC 规定和判别

中尺度对流复合体(MCC)是一个尺度较大的中间尺度天气系统,利用常规的气象资料能对它进行分析。在红外云图上表现为一个巨大的近于圆形的云区,如何从云图上识别这类系统,Maddox(1981)对这类系统进行了定义,提出了判别标准(表

9.3)。图 9.42 为出现于我国西南地区的 MCC 云团。

表 9.3　中尺度对流复合体 MCC 的标准

尺度标准	A：在增强 IR 上≤-32℃冷云区面积≥10^5 km² B：在增强 IR 上≤-52℃冷云区面积≥$5×10^4$ km²
初始时刻	要满足尺度标准 A 和 B
持续时间	满足尺度标准 A 和 B 的时间要≥6h
最大范围	≤-32℃冷云区面积达最大尺度
形状	椭圆形，最大尺度时的偏心率≥0.7
结束时	不满足尺度标准 A 和 B

9.7.2.2　MCC 生命史

根据 MCC 在卫星云图上的表现和天气特征可以将它分成四个阶段：

(1)形成阶段：在如像小尺度地形、局地加热等产生 25～250km 异常暖区，导致在该地区内出现一系列雷暴单体，并引起龙卷、冰雹、强风等强烈对流性天气；此时在中层由于冷空气卷入雷暴内，引起强烈的下沉气流，从而在低层有中高压生成，冷空气在近地面从中高压处向外流出。

(2)发展阶段：在这一阶段，由于雷暴单体的发展，对流层中层(约

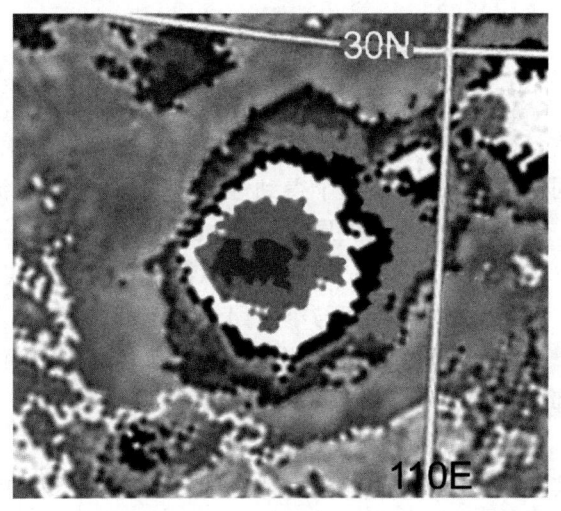

图 9.42　出现在我国西南地区的 MCC 云团
(2011-06-10 01:32)

700～400hPa)有流入层出现；在地面，各个雷暴单体产生的外流气流汇合在一起形成一个更大的中高压冷空气外流边界线；同时由于强烈的湿不稳定空气从低空连续流入，与外流边界线相互作用，引起低层辐合，产生强的对流单体，使得系统迅速发展。

(3)成熟阶段：低层流入气流产生的不稳定的潮湿区内连续有强对流单体出现，虽然有雷暴出现，但此时刻以暴雨天气为主，风的垂直切变很小，对降水十分有利，所以在对流层中部出现大范围向上的质量输送和大面积的降水区，并产生中尺度的暖心结构，形成一个中低压，该低压正好位于地面冷中高压的上面，这低压进一步增强系统的辐合，而这中低压之上出现一大的中高压。

(4)消亡阶段:流入系统的水汽被切断或发生改变,强对流单体不再发展,失去中尺度的组织机构;在红外云图上,圆形的云区变得散乱;地面冷空气堆变得很强,中尺度上升运动区与地面辐合区相分离,系统移入到相对气流场发生改变和低层水汽辐合减小的更稳定的大尺度环境场。这时 MCC 消失,但是 α 中尺度系统($>$6h,尺度 250~2500km)结构、中高压残余、冷空气外流边界和小阵雨仍可维持好几个小时。

9.7.2.3　MCC 结构

Maddox 通过对 10 个 MCC 天气资料的合成分析,得出 MCC 的结构特征有如图 9.43。

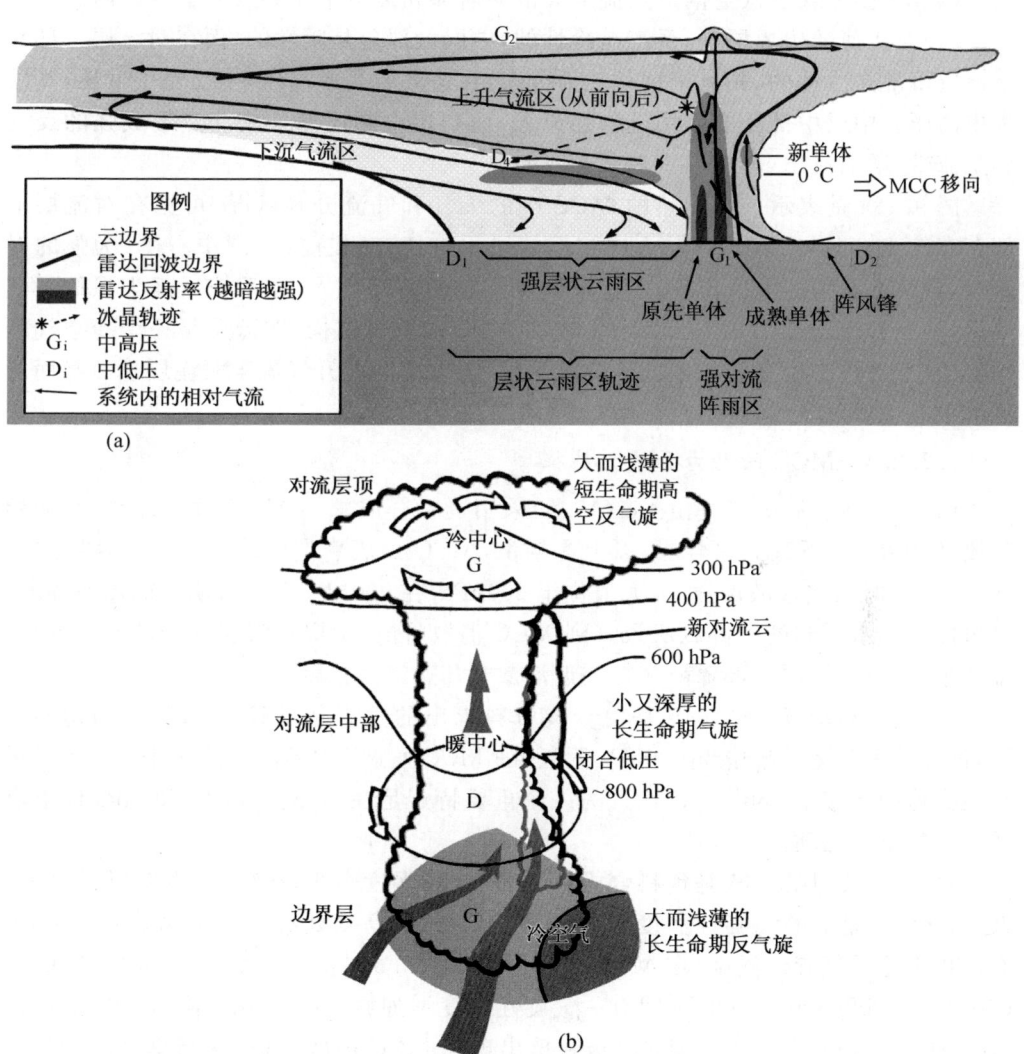

图 9.43　MCC 云团的空间结构

(1) 在对流层下半部(700hPa以下),相对流入是主要由西南方向进入系统的;在中层相对气流很弱(因系统近于随中层气流移动);在对流层高层,相对气流向周围辐散,下风一侧的辐散比上风一侧的辐散更强。

(2) 最强的对流单体出现在系统的右后象限,有时呈线状排列,并与系统移向平行。

(3) 在平均中尺度上升运动区内,在强对流区的左侧存有大范围弱降雨区和阵雨区。

(4) MCC出现于低空偏南气流最大值的前部和强暖平流形成的辐合区内。

(5) 在浅薄的边界层中,系统是冷性的,中层大部分是暖性的,而在对流层上部和平流层下部是冷性的,相应于这种热力分布,在边界层是中高压,中层是中低压,高层为中高压。中层中低压的作用是增强流入,而高层中高压使气旋北侧形成强的反气旋急流带,增加流出,形成高空辐散。

图9.43a是表示一个成熟的MCC中的天气和气流分布状况,可见在对流层上部存有气流方向与MCC移动方向相反的风垂直切变;在前缘(图中右侧)为强的对流区,雷达上有强回波区出现,不稳定气流从它的前部流入;在系统后部为强的下沉气流,从后部流出。图9.43b表示了成熟MCC的垂直结构,在低层是一个冷空气堆构成的中高压;中层是暖的中低压;高层是由于大范围上升气流于对流层顶冷却而形成的中高压。

9.7.2.4 MCC的动力和热力特征

(1) 散度场:图9.44是由Lin(1986)采用资料合成求出MCC散度廓线,在初始阶段,650hPa以下有一辐合层,以上是辐散,MCC到成熟期(6h之后),辐合层增至400hPa,同时高空辐散加强,最大值位于200hPa;在900hPa以下有明显的低空辐散,这可能是降水引起的中高压所致。到MCC消散阶段,中层对流层辐合减弱;低层有辐合带存在;对流层上部辐散区在临近消散时却达最大强度。

(2) 垂直运动场:图9.45是由合成资料求出的垂直运动场,在MCC的初始阶段,最强的上升运动集中于600hPa附近,随MCC发展到成熟直至消散阶段,上升运动极大值向上移至350hPa高度。另一个重要特点是在成熟阶段,在700hPa以下有较深厚的下沉运动。

(3) 涡度场:图9.46是资料合成求得的MCC涡度廓线,在整个MCC活动期间,700hPa以下是弱的气旋性涡度,在成熟期,900hPa高度处有一极大值。在700hPa高度以上是反气旋性涡度,在MCC生命后期,200hPa处有一极大值。同时在400—600hPa之间和800—900hPa间有一气旋性涡度增加区,而200hPa附近反气旋性涡度增加。200hPa高度反气旋涡度极大值出现于MCC消散阶段,这与垂直运动达极大值的时间相一致。

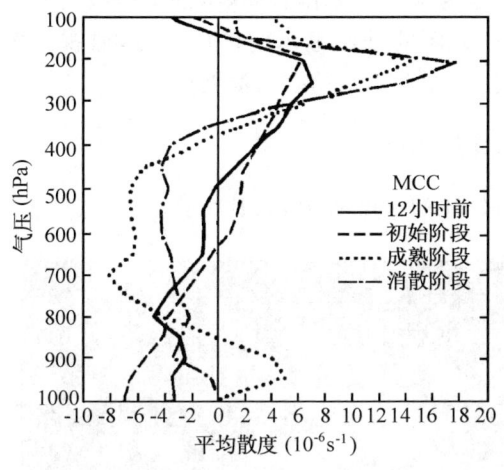

图 9.44　MCC 辐散廓线

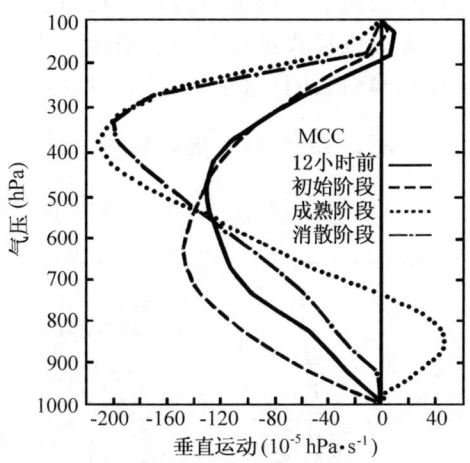

图 9.45　MCC 垂直运动廓线

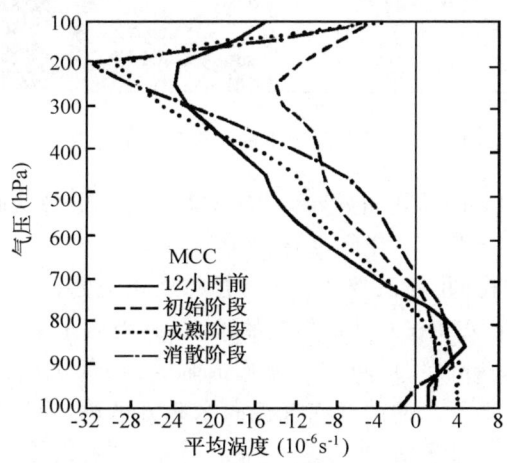

图 9.46　MCC 涡度垂直分布

9.8　我国暴雨云团与天气尺度云系间的配置

卫星观测表明,夏季中小尺度对流暴雨云团的形成,其多数是几类天气尺度云系相互作用的结果,暴雨云团的发生发展也与天气尺度云系的动态演变密切有关。静止卫星每隔一小时提供一次云图,为分析这类问题提供了强有力的工具,由于天气尺度云系的型式和演变千变万化,暴雨发生时的环境云场的分布也很多,很难用几种模式概括云团的全部形成过程,对此这里仅对较为常见的暴雨云团,特别是能致灾暴雨云团的形成模式进行一定的描述。为了提高云图的动画显示的使用能力,监视天气系统和暴雨云团,这里先介绍一些概念模式,另提出一些动态云演变模式。

9.8.1 高空槽前盾状卷云下的暴雨云团概念模式

(1)概念模式:图 9.47 中给出了云系与气流间的配置关系,其中:

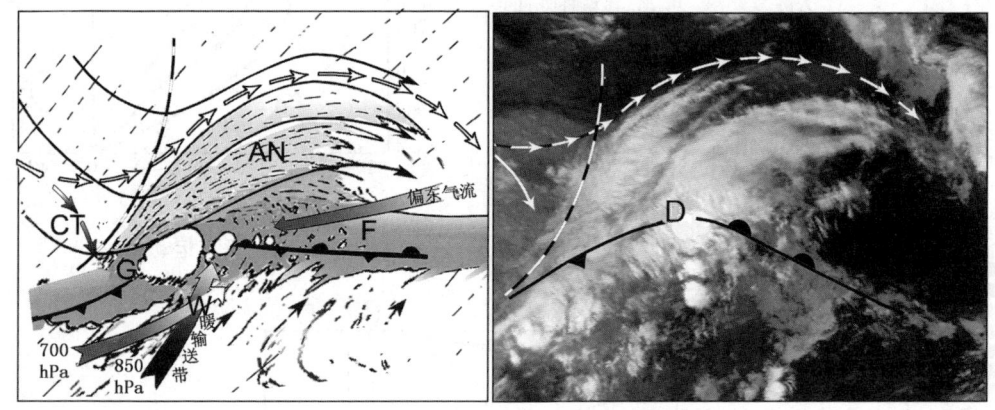

图 9.47 盾状卷云下的暴雨云团概念模式

①有一位于 500hPa 槽前斜压盾状云带(AN),200hPa 急流轴位于这盾状卷云的左边界,卷云左界整齐光滑与急流轴平行;

②在 AN 的下方有静止锋云带(G—F),并与之相交处;

③暴雨云团出现于 AN 与 G—F 相交的地方,其南到东南象限有暖输送带(W),东北方向有一支冷输送带(CT),两支气流形成辐合区;伴随暖输送带(W)有一片西南季风云系,沿副热带高压西侧的西南气流向东北方推进,为暴雨提供充足的水汽的动量;

④在 700hPa 图上伴有低涡,云团处在低涡的东南象限。高层为负涡度区和正涡度平流区。

(2)暴雨云团的生成和维持的条件分析:在以上几种云系的配置下,如果出现以下特点,云团将生成和继续维持,主要有:

①以盾状卷云表示的高空辐散场更为明显。如若卷云的反气旋弯曲越来越明显,卷云纹线越来越清楚,或是卷云线的长度向极一侧越来越长,或是盾状卷云的西北一侧有卷云逼近。

②在云团的移动方向上云系表现为多起伏、多皱纹和斑点、纹理不均匀的混乱云系。为对流不稳定区。

③副热带高压较强(呈黑色),西侧有强的西南气流,或者西南季风云系十分活跃。

④云团移入强辐合区。

如果云系特征与上相反,则云团减弱消亡。

(3)暴雨云团的移动:对于这类云团常伴随盾状卷云沿其东面的静止锋或减弱的切变线云系东略偏北方向前向移动。但由于云团是中小尺度系统,生命较短,所以在东移不是稳定不变的,而是有新旧更替过程,表现为:

①在已生云团的前缘有新对流云团生成,随新对流单体形成云团,已生的云团逐渐消亡;接着在新云团前缘又有新单体形成,并重复上述过程。由此使暴雨云团随云团的这种生消向东传播。

②在已生云团完全消散后,在其东面新生一个云团,并依次重复,使暴雨区呈跳跃式东移。

③云团少变,稳定地沿静止锋云带东移。

9.8.2 高空槽前盾状卷云西南尾端的暴雨云团概念模式

与上相似,这在暴雨云团与高空槽前卷云相关,不同的是云团出现于高空槽底附近处,盾状卷云西南尾端。

1)概念模式:图 9.48 中给出了云系与气流间的配置关系,其中:

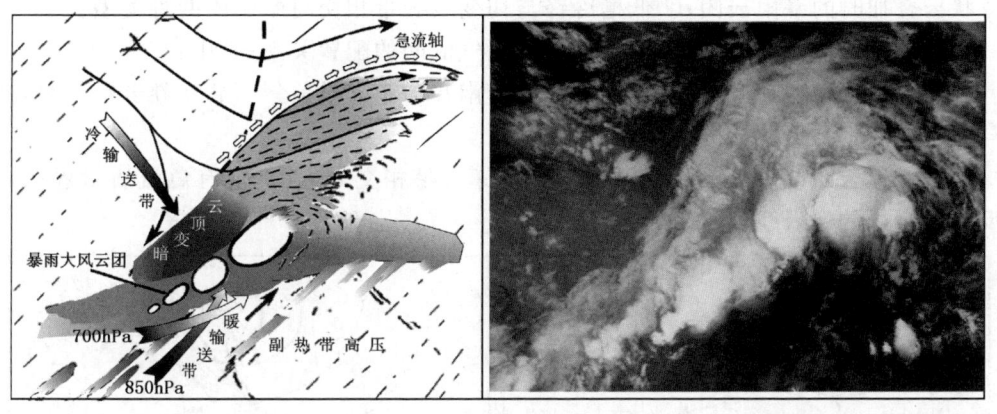

图 9.48　盾状卷云西南尾端的暴雨云团概念模式

①500hPa 槽前卷云区,云区中纹理清楚,卷云区西侧有一片色调变暗的中低云区,表明卷云后部有下沉气流入侵。

②在卷云区的西南端尾部(时常与静止锋云带相交)出现圆或椭圆形云团,并排列成带,愈往西南方愈小。如果副热带高压较稳定,槽后冷平流较弱,这类云团可发

展很大。

③云团处在副高西侧的暖输送带的北端,与高层冷输送带相重叠的地方。

(2)暴雨云团的生成和维持的条件分析

①这类云团最初形成于卷云区的左下方,随系统的发展,新生云团生成于老云团的西南侧,并依次向西南方扩展,最后形成一列暴雨云团,可以看到,这类云团与高空冷输送带(冷平流)的入侵有关;

②若云团的西北方有卷云带逼近这云团,或这些云团与西南季风连成一片,则这些云团将维持和发展;

③云团有明显的日变化,大多出现在午后和夜间,而且云体较大。

(3)暴雨云团的移动:这类云团的移动与副热带高压稳定性和槽后冷平流的强度有关。当副热带高压减弱东退或槽后西北冷平流很强时,云团将向东南方向移动,同时将出现强雷雨和强风天气。如果副热带高压较强时,则云团随副热带高压的外围气流移动。

9.8.3　低槽冷锋与南支槽盾状卷云叠加时的暴雨云团概念模式

这一类表示的是南北槽云系叠加,使得高空槽的振幅加大,有利于低纬度暖湿气流向北输送到较高纬度,发生暴雨的概率很高。这一类又可分成:①低槽冷锋与南支盾状云叠加时的暴雨云团;②低槽冷锋与切变线云带相交时暴雨团两种类型。

(1)概念模式:图 9.49 中给出了云系与气流间的配置关系,其中:

①北方低槽冷锋云带呈螺旋状结构,其南端与南支槽前斜压盾状卷云相重叠,或与位于副热带高压北侧的静止锋云带相交;

②暴雨云团位于低槽冷锋云带与静止锋云带相交处,其上空有急流盾状卷云或反气旋弯曲的卷云线;

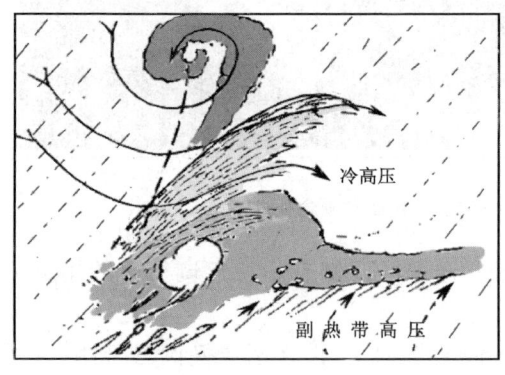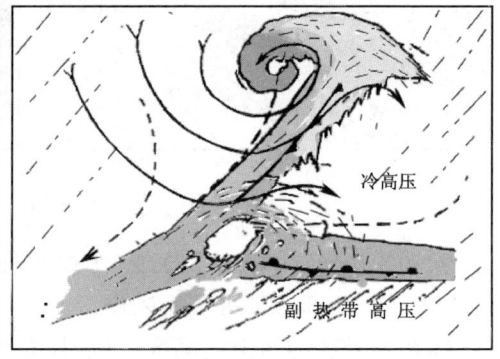

图 9.49　低槽冷锋与南支槽云系叠加产生的暴雨云团

③从流场上看,暴雨云团位于三支气流的汇合处,一支是云系之南的低空暖湿气流 W,另一支是静止锋北面的冷高压南侧的偏东气流 E,第三支则是云区后部的高空伴有冷平流强西北气流 N。

(3)暴雨云团的生成和维持的条件分析:由于这一型式表示南北槽云系叠加条件下生成暴雨云团,其维持的有利条件有:

①静止锋云系呈现多起伏、多皱纹,表明静止锋云区内不稳定;

②在冷锋与静止锋或盾状云相交处出现有反气旋弯曲的卷云线,整个云区的南侧有向西南伸出的卷云线;

③在系统移动方向上中低云区范围扩大、云层加厚;

④与活跃的西南季风相连接;

⑤副热带高压稳定清楚,呈纬向分布,此时云团沿静止锋云带生成发展;若副热带高压减弱东退,则云团沿冷锋云带向其尾端生成发展。

(4)暴雨云团的移动:当副热带高压稳定时,暴雨云团沿静止锋云带略偏北方向移动;当副热带高压减弱东退,则云团向东南方向移动。

图 9.50 显示了低槽冷锋与南支槽盾状卷云与暴雨云团间的配置的实际例子。

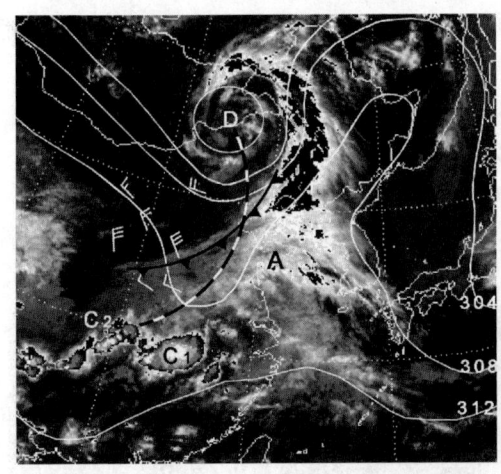

图 9.50 低槽冷锋与南支槽盾状卷云和暴雨云团间的实例

9.8.4 锋面云带尾端(断裂)处的暴雨云团的概念模式

从卫星云图可以发现,有不少云团发生于冷锋云带或切变线云系的尾端处。

(1)概念模式:图 9.51 中,这一类的特点为:

①与涡旋相联的冷锋云带从东北伸向西南方,在与 500hPa 高空槽线相交处云带断裂或稀疏;

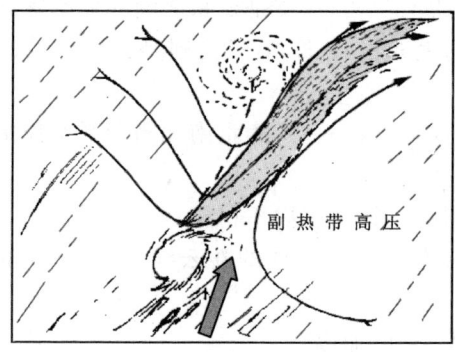

(a) 冷锋云带尾端的暴雨团　　　(b) 静止锋云带尾端暴雨云团

图 9.51　锋面云带尾部暴雨云团的概念模式

②暴雨云团处在锋面云带的断裂处；

③在云带断裂处，即高空槽底处的低空为高空槽前的西南暖湿气流及绕副热带高压来自热带的暖湿气流与锋后地面冷高压前部的偏东北气流构成的辐合区，高空为一支强的西北冷平流。

(2) 暴雨云团的生成和维持的条件分析：在锋面云带尾端处的暴雨云团的生命都较长，其原因是在该处对云团的存在特别有利，条件有：

①云团处的偏南暖湿气流都加强；

②云团移入多皱纹、多起伏的积云浓积云区；

③在上游方向有卷云带移近，且与活跃的西南季风连接；

④由于云团处几支低空气流的汇合处，时常表现出涡旋结构，这时云团的生命就较长。

(3) 暴雨云团的移动：这种型式下云团的形成决定于锋面云带的走向和副热带高压的稳定性，其判据有：

①当副热带高压稳定和锋面云带呈纬向时，暴雨云团则沿锋面云带移动；

②当副高稳定和锋面呈东北—西南走向时，云团沿云带向东北方移动；

③当副热带高压减弱东退，锋后有明显的高空冷平流，则云团随锋面云系向东南移动而东南移，并有大风。

图 9.52 是锋面云带尾端暴雨云

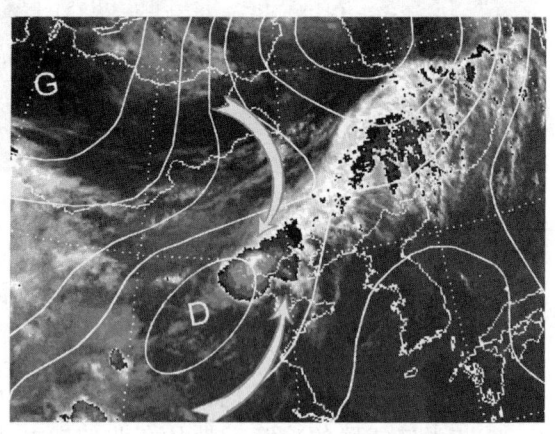

图 9.52　切变线云带尾端（断裂）处的暴雨云团

团的实例,图中一条由东北向西南方伸至华北地区的冷锋云带,在其尾端处有一个较大的暴雨云团 A。

我国夏季冷锋云系的演变过程中常伴随有对流云团的发生和发展,冷锋不同的发展阶段,对流云团的表现也不相同,当高空冷平流侵入冷锋云系,在冷锋气旋性弯曲曲率最大处,是锋后高空冷平流侵入冷锋云带最早最显著的地方,由于冷平流入侵,该处便有对流云团出现。

9.8.5 静止锋云带上的暴雨云团

静止锋云带上的暴雨云团是造成我国暴雨的主要天气系统。在春季,静止锋云带较宽、位置较南,对流云团一般出现在云带的前界附近。但是到盛夏季节,云带北抬变窄,其上对流活动十分频繁。由于各类天气系统与静止锋云系重叠相交,形成暴雨云团的型式也很复杂。云团可出现于前界、中间和北界;也可以单个发生,也可以大小不等的几个云团同时成串出现。静止锋云带上的暴雨云团的特点有:

(1)在静止锋云带前界处的云团有明显的日变化,一般 14 时初生,17 时发展旺盛,20 时开始消亡;大多数云团就地生成,就地消亡;如果静止锋云带呈东北—西南走向,云团顺锋前西南气流移动;

(2)在静止锋云带内的云团一般与高空槽等天气系统重叠有关,其特点如其他类型中所述。

(3)与静止锋云带北侧的对流云团的生成与云带北侧的干冷下沉气流有关。

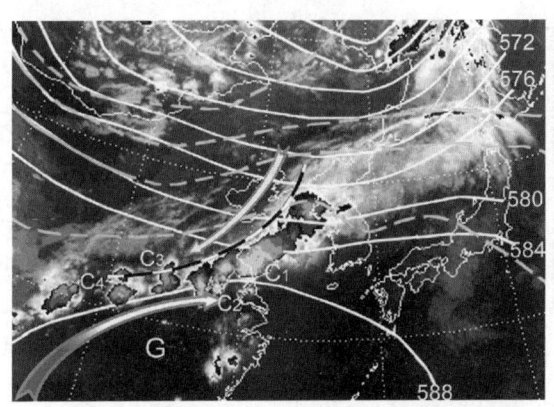

图 9.53 静止锋云带上暴雨云团的实例

图 9.53 显示了静止锋云带上暴雨云团的实例,从图中看到,静止锋带上暴雨云团位于低层东北与西南气流的辐合区中,云带之北 500hPa 上为西北气流控制。

9.9 我国暴雨云团的动态演变模式

如何利用静止卫星云团作暴雨预报,需知道天气尺度云系与云团随时间的变化,下面介绍这方面的几类模式。

9.9.1 高空槽前盾状卷云东移引起暴雨云团发生发展模式

如图 9.54 中,在青藏高原东侧有一片高空槽前卷云区东移,伴随卷云东移,在其东南方向上有暴雨云团发生发展。其特点有:(1)卷云东移过程中,卷云区的北边界越来越光滑,反气旋弯曲越来越明显,云区面积越来越扩大,云区最北界的卷云线越来越长,高空急流轴与北界平行。(2)暴雨云团处在反气旋变曲卷云区的下方,该处是高空正涡度平流(PVA)区,随卷云区东移,暴雨云团持续发展,新生云团处在老云团的前方,多数为前向云团发展型。(3)随云团的发展,中低层有暖湿输送带,700 或 850hPa 上出现大于 12m/s 的偏南气流,指向云团的前界处。(4)有时,云区的南界与西南季风云系相联接,高空出现向西南伸出的卷云羽,这表示高空有强的东北气流。(5)有时,高空盾状卷云的前方为一片晴空区,但是,时常在午后长江以南地区为积云、浓积云区所控制。对流云团发生于晴空区与积云、浓积云区的分界线上。(6)随卷云东移,中低云迅速发展,向北扩大,云顶越来越冷。

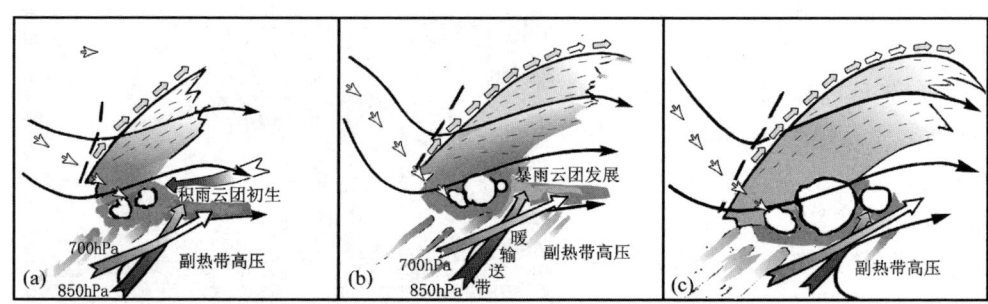

图 9.54 高空槽前盾状卷云东移引起暴雨云团发生发展模式

9.9.2 逗点云系发展型中暴雨云团发生发展的动态模式

如图 9.55 中,显示了当逗点云系发展过程中暴雨云团的生成和发展。主要特点有:

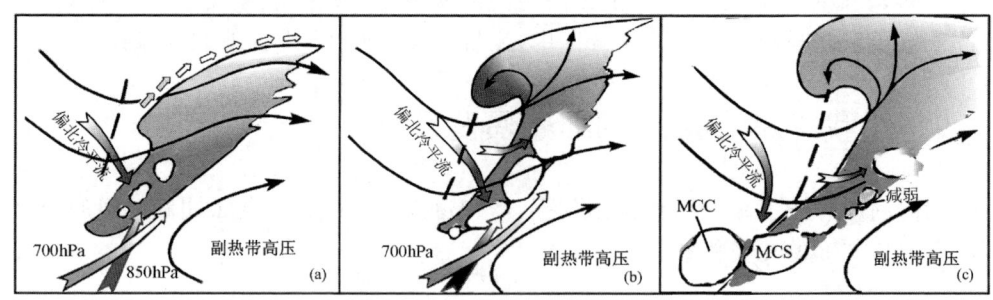

图 9.55 逗点云系发展过程中暴雨云团的生成和发展

(1)在逗点云系初期发展时,有强的高空西北急流在其后界侵入云区,此时后界向云区内部凹,形成干舌,且越来越明显,涡旋结构越来越清楚,逗点尾部云带越来越明显。

(2)逗点云系中的涡旋逗点云是最大正涡度平流区(PVA),在该处云系色调明亮(最冷),是对流云团活跃区。随干舌发展,冷空气侵入云区,尾部云带上有云团依次生成,新云团在老云团的西南侧生成,为后向发展型,常排列成带状,云团东南前界成弧状,并时常伴有大风,是致灾性云团。

(3)逗点云系到成熟阶段时,由于低空变形场的作用,在云带气旋性变曲的地方,云团减弱甚至消散,而逗点云带尾端处,云团显著发展,其范围大,持续时间长,有时有涡旋结构。

(4)强西北冷平流侵入云区的标志是云顶高度降低,色调变暗预示对流云团主要在老云团的西侧处发展。

(5)若副热带高压稳定少动,逗点状尾部云带演变成东西走向的切变线云带,云团沿云带东移。

9.9.3 高空槽前卷云带东移对流云团动态发展

如图9.56中,这种云系的主要特点是:

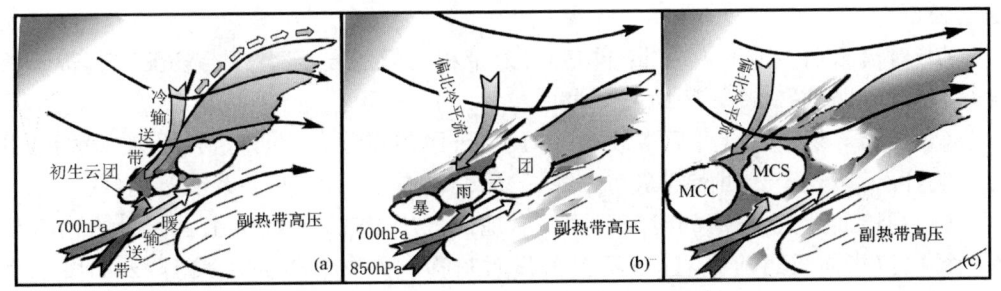

图9.56 高空槽前卷云带东移对流云团动态发展

(1)在青藏高原东侧有一片高空槽前卷云带,云带的西侧没有急流侵入云区,而是成片较强的西北气流,受西北气流操纵,云带由东北转变为东—西走向云带。

(2)高空槽后为强的西北冷平流区,随云系演变,700hPa北界出现一支东北冷输送带,850hPa有一支暖输送带,指向云团后侧边界处,为云团提供能量和不稳定条件。

(3)卷云北界与高空急流轴北界平行,急流轴南移,趋于平直纬向;500hPa正涡度平流区位于卷云区的西南侧。

(4)对流云团一般位于卷云带的西南端,并向西南方向发展,新生云团在老云团的西南侧依次形成,并发展与卷云带一起东移形成致灾暴雨云团带群。

(5)云团内的冷云顶最初位于云团的南到西南侧,如果云团的前界呈弧状,则常伴有大风天气。如果暴雨云团带群形成,则冷云顶位于云区的内部。且随云团东移时,最冷云顶移向前方,此时云团将趋向消亡。

9.9.4 卷云带与切变线云带合并产生云团的动态模式

如图 9.57 中,主要特点有:

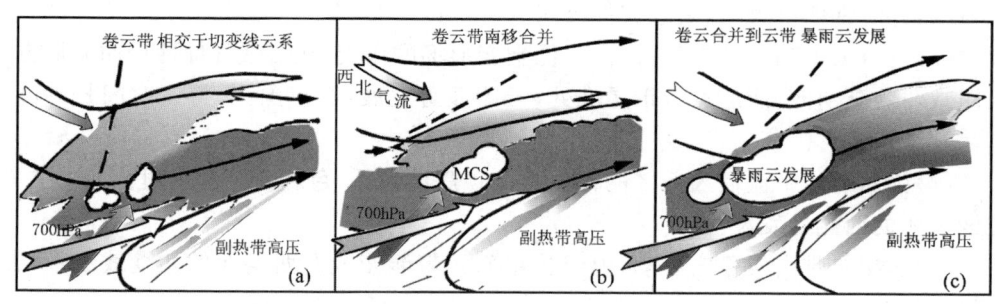

图 9.57 卷云带与切变线云带合并产生云团的动态模式

(1)卷云带在移向切变线云带时,它的上游无任何云系移近,是一片广阔的晴空区,相应高空 500hPa 上的西北气流区,受这气流的作用,卷云系不断南移,最后与切变线云带合并。

(2)对流云团生成于卷云带与切变线云带相交的地方,随卷云与切变线云带不断合并,对流云团发展,冷云区面积扩大。

(3)卷云与切变线合并后继续东移,且与云团逐步分离的同时,云团加强发展,更为密实,冷云区处于云团南到东南象限,云团北侧有下沉运动,云系变暗消散。

(4)在地面图上,发展的对流云团伴有地面低压出现,850hPa 上在云带之南有偏南暖湿气流指向云团前界,且随云团东移而东移。如副热带高压减弱,云团将东南移,并伴有大风和暴雨。此外高空急流随卷云与切变线云带合并而南移。

9.9.5 逗点云与盾状卷云南北叠加时对流云团发展的动态过程

如图 9.58 中,主要特点有:

(1)云系分布表现为北面有一涡旋逗点云系,其尾部与南面为一盾状卷云区相重叠,在这云系以东地区为一片晴空区或有一条静止切变线云带。

(2)云系东移同时卷云区的反气旋弯曲越来越明显,北界越来越光滑,表示急流加强,则北面的逗点云的尾部云带减弱,以致逗点云与盾状卷云分离。

(3)在 200hPa 上,高空急流轴与卷云北界相平行。500hPa 图上有一南北幅度较大的深槽,盾状卷云反气旋弯曲中心处为负涡度,从该处到槽线处为正涡度平流区,

图 9.58　逗点云与盾状卷云南北叠加时对流云团发展

并有云团生成。

(4)云团生成于 PVA 处,若云团以东为切变线云带,则云带上的云团加强发展,范围扩大,并向北凸起,成"人"字形。

(5)随云团发展,在它的后面中低层出现闭合气旋性环流,云带之南有不稳定偏南暖湿气流指向云团前界处,同时有西南季风云系与其连接,云带前界有向西南伸出的卷云羽。

9.9.6　逗点云与切变线云带相交时的云团

如图 9.59 中,主要特点有:

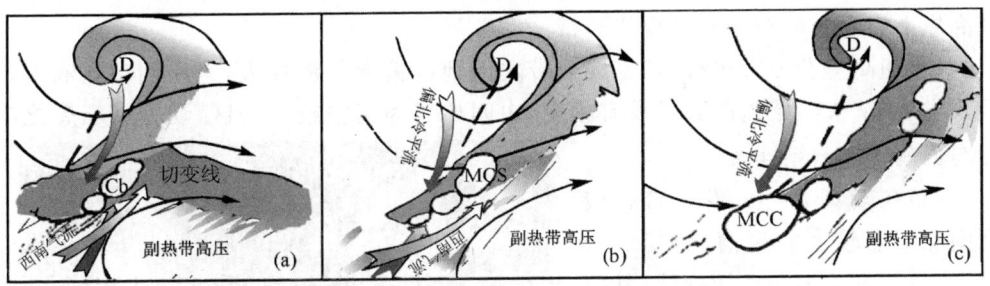

图 9.59　逗点云与切变线云带相交时的云团

(1)有一条径向幅度较大的与涡旋云相联的低槽冷锋云带与东西走向的切变线云带相交,在相交处中低云系范围扩大,色调变白,成"人"字形,还出现反气旋弯曲的卷云线,切变线云带之南低空盛行西南气流,高空有向西南方伸出的卷云羽。

(2)随冷锋云带东移与切变线云带合并,合并部分转变为冷式切变,原切变线云带逐渐缩短,并入冷锋云系,最后仅表现为一条气旋性弯曲的冷锋云系。

(3)在云系演变过程中,500hPa 高空槽逐步加深,槽后西北气流加强,槽前偏南气流加强。在两云系相交的地方为正涡度平流区。

(4) 新云团于相交处生成发展的同时，切变线上的云团也迅速发展。

(5) 当演变为仅有一条冷锋云带时，云团依次后向新生，最后在冷锋尾端处的云团发展最旺盛、云面积最大。

(6) 当副热带高压加强稳定时，逗点状冷锋云带仅与切变线云带相交处有云团生成，随后沿切变线云带东移。当副高减弱东退，切变线云带转变为冷锋。

9.9.7 卷云带逼近切变线云带尾部对流云团的形成

如图 9.60 中，卷云带逼近切变线云带尾端生成云团的特点有：

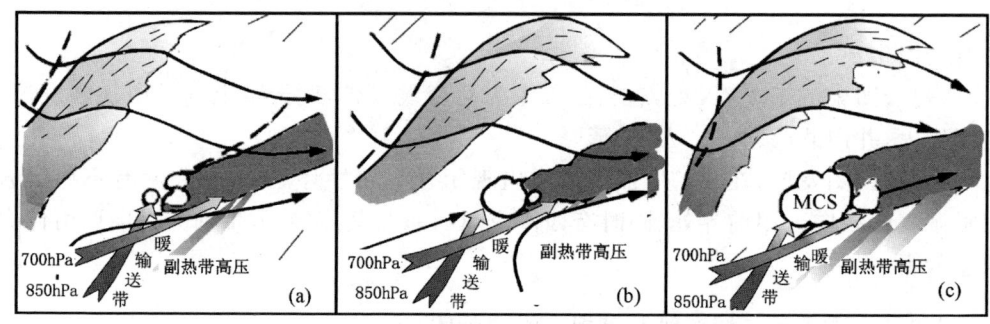

图 9.60 卷云带逼近切变线云带尾部对流云团的形成

(1) 从四川盆地到江淮流域有一条表现为纹理不均匀的切变线云带，它的上游青藏高原上有卷云带东移向切变线云带。

(2) 随高空卷云带东移，切变线云带之南地区偏南气流加大，它的西南端有对流云团发展，从头到尾这两云带没有相交，中间始终为晴空或少云区，切变线云带之南常与西南季风云系连接。

(3) 在 500hPa 上，卷云带相应为南北幅度较大的深槽，切变线云系在 700hPa 上为一条切变线，其西端有一西南涡发展，伴随西南涡发展，在其前方有对流云团发展，850hPa 上有一支偏南暖湿气流指向云团的前方。

图 9.61 显示卷云逼近和穿越静止锋云带生成暴雨云团，高层冷平流越过静止锋云带叠加在锋前暖湿气流上空引起锋前暴雨云团发生

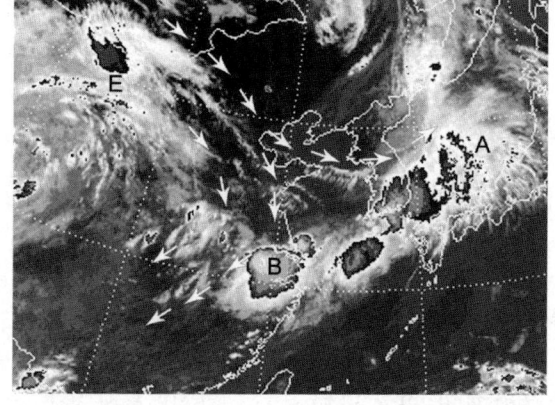

图 9.61 卷云逼近和穿越静止锋云带生成暴雨云团
(2009-07-04 08:00)

的实例。图中 A—B—E 构成一倒"V"字形,暴雨云团位于倒"V"字形的顶端处。

9.9.8 盾状云演变成逗点云后与切变云带合并生成的逗点云系

如图 9.62 中,与切变线云带相交的盾状卷云带由于高空槽后气流入侵,云系后界向云内凹,出现干舌,为逗点型云,但没有进一步发展,反而变得平直并入切变线云带中。主要特点有:

(1) 最初对流云团生成于两云系相交处,此时中低云增多,云区南侧与西南季风云系相联。

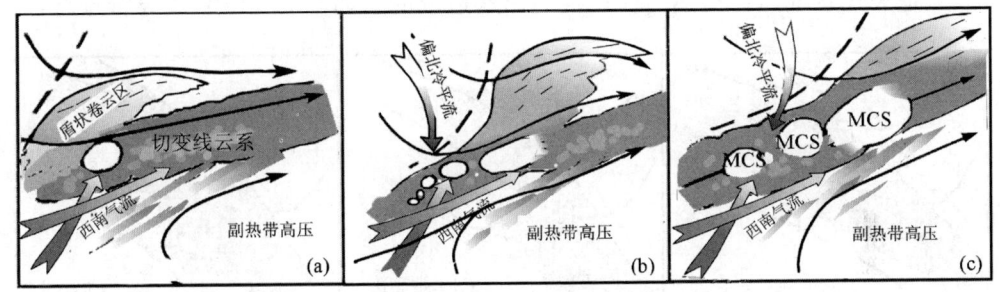

图 9.62 盾状云演变成逗点云后与切变云带合并生成的逗点云系

(2) 随卷云东移,盾状卷云系后界处色调变暗,云顶变暖,表明高空有冷空气入侵云区,为下沉气流;而云系前界处继续向北扩大,色调变白;随对流云团发展,新生云团出现于老云团的西侧,为后向发展的云团。

(3) 后界内凹的盾状卷云区可能出现两种情况:一是云系继续向逗点云型发展,对流云团发展与模式二相似;二是云系进入较强的西北气流控制区,云系不能向北发展,振幅减小,卷云北界南压,并入到切变线云带内。新对流云团在老云团西侧向西发展,进而形成对流云团带。

(4) 在 500hPa 上,有一高空浅槽东移,槽前有明显的正涡度平流,槽线位于云系后界,700hPa 切变线位于切变线云带北界,地面辐合线位于云带前界,850hPa 上存有一支偏南暖湿不稳定气流指向云带。

(5) 盾状卷云带合并于切变云带后,北面为一致的西北气流控制,若云系上游无任何云系东移,则整个云带及其上的对流云团缓慢南移。

9.9.9 切变线云带前界处的对流云团的发生发展

夏季在切变线云带前界对流云团生成的原因有两种:

一是由于云带前界处有云与无云区的存在使得太阳对下垫面加热不同,地面的升温不同,在晴空区太阳直接照射地面,地面得到较多的太阳辐射,在云区,较厚的云反射太阳辐射,地面得到较少太阳辐射,升温较慢,从而在云边界处造成显著的温度梯度,引起切变线云带前界处的锋生作用,产生云界处的热力不稳定和上升运动,有利触发对流云团的发生发展。由于太阳的加热有明显的日变化,对流云团的发生发展也有明显的日变化,通常在午后14时(地方时)云团开始初生,到17时云团发展最旺盛,至20时云团开始消散。由热力作用生成的云团移动很少或静止。如果夏季切变云带较宽,对流云团出现于前界处;若云带较窄,云团形成于云带南北边界处。除此之外,由热力生成的对流云团还常形成于由切变线云带向南伸出的云线或云带上。在我国东南沿海地区,云团还生成于切变线云带南侧由于海风作用的地方。

二是天气系统与局地热力作用共同因素造成的。如图9.63中,主要特点有:

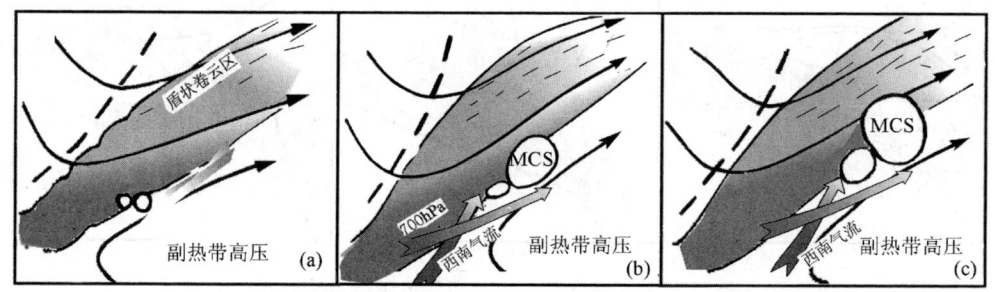

图 9.63 切变线云带前界处的对流云团的发生发展

(1)以卷云为主的浅槽云系与切变线云带重叠一起,在午后14时云带前界、卷云下方有对流云团初生,随对流云团发展、云顶越来越高、冷云面积越增大。如果云带呈东北—西南走向,云团沿云带前边界向东北方移动;如果云带呈东西走向,云团向东移动。

(2)在云团发展的同时,切变云带北界的卷云反气旋弯曲越来越明显,云带向北凸起变宽,表示高空有辐散加强,低层辐合加大,云系北界整齐光滑,与高空急流一致。

(3)如果切变线云带呈东北—西南走向,云带走向与槽前西南气流相一致,此时云带可达较高纬度,南端伸至较低纬度,有时与热带云系相联结,有利于水汽向中高纬度地区输送水汽和能量。

(4)如果对流云团达2纬距以上,则地面一般有低压环流,中低层有闭合气旋性环流,云团处于低压环流中心前方的西南暖湿气流里。

9.9.10 切变线云带内部的对流云团的发生发展

有时在一条单独的切变线云带内部会形成对流云团,与其他天气系统无任何关系。如图 9.64 中，主要特点有：

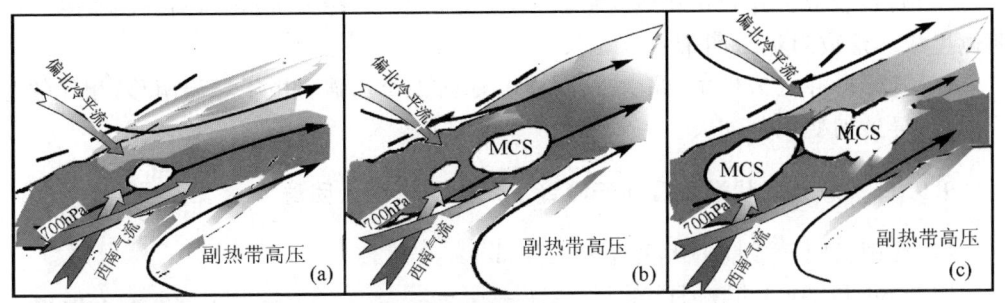

图 9.64　切变线云带内暴雨云团的发生发展

(1) 在一条东西向的切变线云带的北界和南界有向东和向西南方向伸出的纤维状卷云，从卷云的走向可判断切变线云带高空为辐散场，有利于低层辐合。

(2) 在 100hPa 图上，云带以北为偏西风气流，南侧为偏东气流，云带为反气旋流场所控制，在地面到中低层为低空切变线辐合带。

(3) 对流云团生成于切变云区内、高空反气旋辐散中心处。这种情况的云团一般发生于夜间。

(4) 在地面到 850hPa 对应切变线云带存有一条辐合线，500hPa 上为一支较强的西北气流和西南气流汇而来渐近辐合区。

9.9.11　高空槽云系东移重叠合并产生的对流云团

如图 9.65 中，在青藏高原上有一盾状卷云区东移向切变线云带，产生对流云团的又一模式，主要特点有：

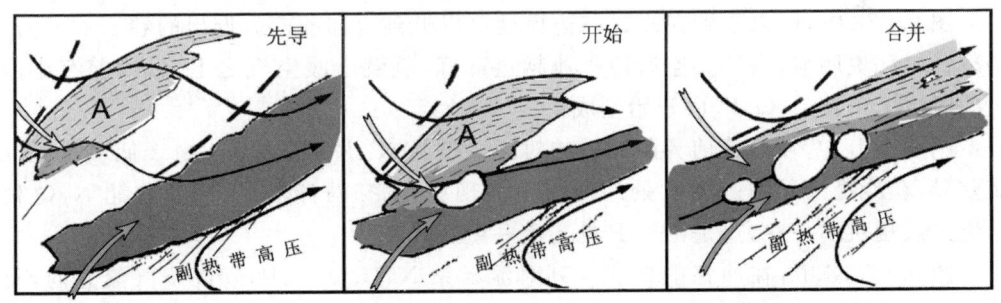

图 9.65　高空槽云系与切变线重叠加产生的暴雨云团

(1) 在青藏高原上有一盾状卷云区东移向切变线云带，使云带变稠密加宽，在槽前西南气流的作用下，云系向北作有限推进。

(2)盾状卷云区与切变线云带相交,交接处有对流云团生成,该处为 PVA 区。

(3)盾状卷云合并到切变线云带中,云团显著发展,冷云区扩大,新云团于老云团西侧生成。形成对流云团带。

(4)卷云合并入云带中,偏南气流加大,地面辐合加强。由于卷云南移,相伴的急流南移,导致切变涡度加大。

9.9.12 急流盾状卷云叠加于冷锋上产生的暴雨云团群

(1)暴雨云团形成前的大尺度云系分布

图 9.66 是 2009 年 6 月 27 日 FY-2 红外云图,图中叠加有地面气压场和冷锋位置,冷锋从东北经华北伸向甘肃兰州附近,锋前是一低压区;在青藏高原北侧有一片盾状云区 A,其左界光滑整齐,与急流轴相一致,该卷云前缘有一条条卷云线越过地面冷锋到达暖区,与一般的盾状卷云区不同的是该云系不是很稠密,云中露出中低云区,说明由于冷平流入侵下沉,这些说明高空有强的冷平流,但是在该图上还没有见到对流云系生成。

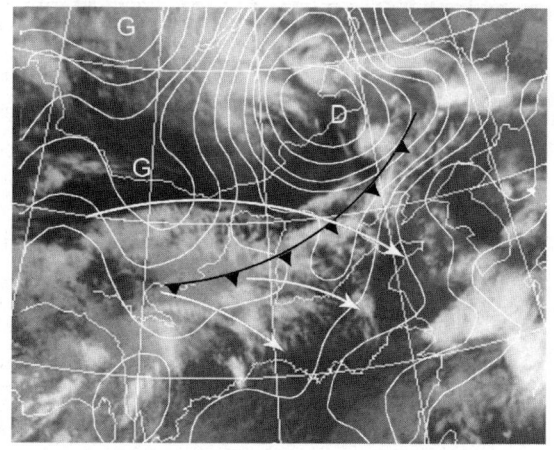

图 9.66 红外云图(2009-06-27 11:00,FY-2)

(2)强对流云团过程概况

图 9.67 给出了由于高空卷云越过地面冷锋而引起的对流云团群的过程:

图 9.67a 中,可以看到在冷锋前边界处可以见到有向前前方伸出的卷云羽,特别是冷锋尾部更明显,表明高空有冷平流越过冷锋,叠置于暖空气之上,沿锋前有小而白的对流云单体 L、Q、P、R 开始生成;

图 9.67b 中,在冷锋前界附近处的对流云 L、Q、P、R 明显发展,由于低层暖湿气流差异,在冷锋云系的尾端 P 处的对流云表现更稠密,对流活跃,而越往北 N、Q 处对流云系相对弱一些,这是由于 P 处更南一些;

图 9.67c,d 中,在冷锋前形成一列对流云系 N、L、Q、P、R,随高空气流方向,每一对流单体表现有向前的卷云砧;

图 9.67e—f 中,这些对流云 L、Q、P、R 进一步发展,并与冷锋一同向前移动,形成暴雨云团群,当它移到长江流域静止,形成梅雨锋降水雨带。

第 9 章　我国暴雨、冰雹和大风强对流云系的卫星云图分析预报　· 433 ·

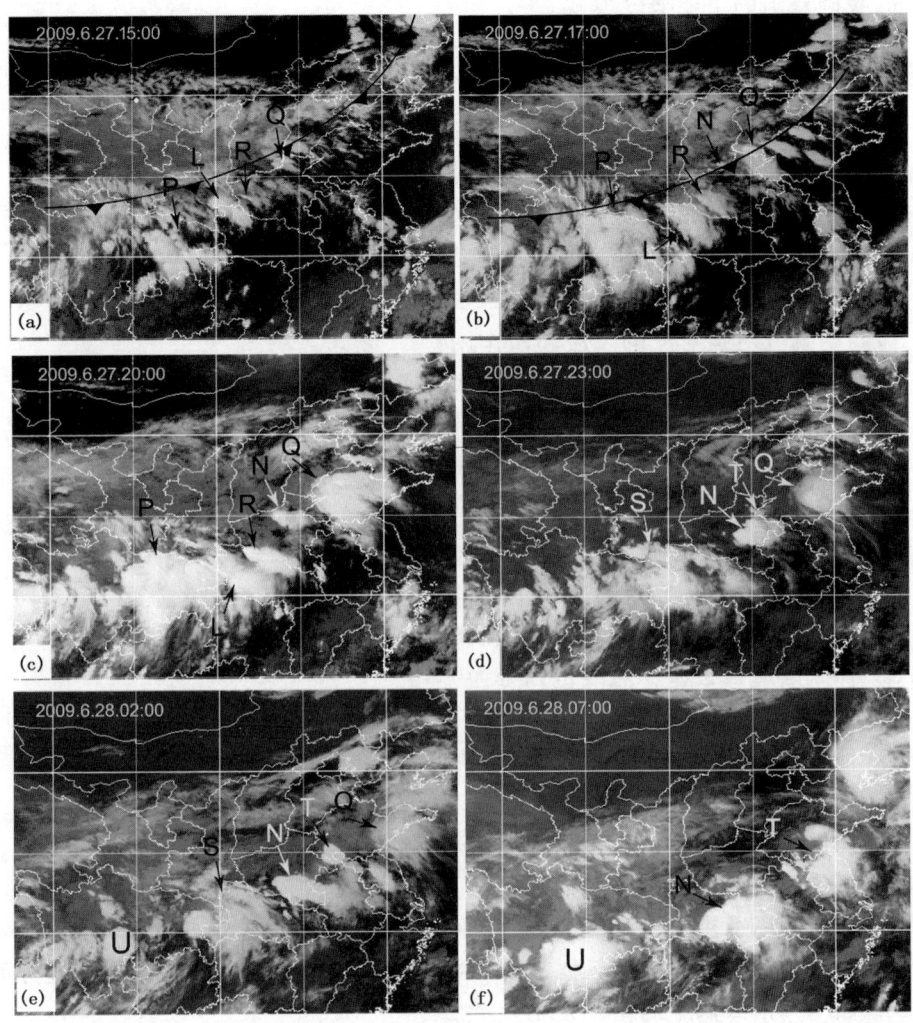

图 9.67　对流云团群的生成和发展

本章要点

1. 卫星云图预报强对流系统的基本条件。
2. 高空急流在强对流发生发展中的作用。
3. 雹暴云团的特征、识别和类型，以及产生强天气的位置。
4. 我国雹暴云系发生发展的主要模式。
5. 暴雨云系的主要云图特点。

6. 我国暴雨的主要概念模式。
7. 高空急流在暴雨形成中的作用。

问题与思考题

1. 产生强对流云系的能量来自何方?
2. 不稳定能量是如何贮存在低层大气中的?
3. 高空冷平流触发强对流的在卫星云图上是如何显示的?
4. 水汽在强对流中起什么作用?
5. 高空急流对强对流的发展起何作用?
6. 如何由卫星资料分析对流发生的水汽条件?
7. 如何由卫星云图上的云特征分析对流发生?
8. 早晨的层云和雾对对流发生起何作用?
9. 山脉对对流云的发展起何作用?
10. 岛屿和海岸地带云系和对流云的分布之间有何关系?
11. 海、陆风对云系分布的作用是什么?
12. 海岸形状和摩擦作用对云系生成的作用是什么?
13. 什么是飑锋云型? 飑线可以分为哪几类?
14. 按天气系统,在卫星云图上飑锋云型有几种类型?
15. 什么是弧状云线? 它与雷暴发展有什么关系?
16. 如何由云图确定中高压? 它在卫星云图上是如何表现的?
17. 如何由卫星云图预告雷雨大风天气?
18. 卫星云图上对流云团可分几类?
19. 如何利用卫星资料判断强天气(冰雹大风)?
20. 暴雨、雹暴、暴雨大风云团有什么特点? 它们的差异主要表现在哪些方面?
21. 如何判别冷涡中的雷暴发生发展?
22. 试述我国雹暴云系发生发展的主要模式? 其要点是什么?
23. 暴雨云团的基本特点有哪些?
24. 暴雨大风云团有哪些特点,根据什么云特征确定有大风出现?
25. 我国长江流域地区暴雨云团的时空分布特征?
26. 试述暴雨发生和形成的条件和云图特征?
27. MCC是如何定义的? MCC的结构?
28. MCC的物理量特征? MCC的形成和发展?
29. 暴雨云团一般在天气尺度云系的哪些地方出现的可能性最大?
30. 试述发生暴雨云团的卫星云图概念模式。试述各种模式暴雨云团形成的大尺度云分布特征。如何确定云团的移速和移动方向？

31. 试述暴雨云团持续发展的云图特征。

32. 试述暴雨云团的演变特征。在什么情形下云团发展？

33. 什么情形下暴雨云团前向发展？什么情形下暴雨云团后向发展？

34. 如何利用卫星云图预报暴雨？如何确定暴雨云团发生的具体位置？

第 10 章　热带天气系统的云图分析和预报应用

10.1　热带地区云系

10.1.1　热带地区云系分布与物理因素

热带地区大部分是海洋,在气象卫星出现之前,气象资料稀罕,人们对许多天气现象和大气物理过程不很了解。自从有了卫星云图,特别是静止气象卫星云图,可以连续监视热带云系的连续演变,揭露和发现不少新的天气事实,从而修正和发展了热带天气学理论,总结出一套分析热带天气系统的方法,丰富了热带气象学的内容,卫星云图已是分析和预报热带天气系统的重要工具之一。

10.1.1.1　卫星云图在热带地区的作用

利用卫星云图对热带地区可以从事以下几方面的工作:

(1)监视热带低压(扰动)的形成,确定其中心位置和发展阶段,追踪其云系演变和移动路径,建立热带扰动云系演变的天气学模式;

(2)监视发生在全世界的热带风暴(台风),估计和预报台风发生发展和强度,未来的移动路径;

(3)分析热带天气系统,确定如热带辐合带、东风波、高空冷涡等主要天气系统的云系分布,确定其位置、类型和结构,以及与台风之间的关系;

(4)分析南北半球和中低纬度天气系统之间的相互作用,根据静止卫星云图及其导得的风矢量,可以分析南北半球气流间的相互作用的实际过程,由此对热带天气系统发生发展的影响,揭示中纬度天气系统对热带云系的作用和反作用,热带水汽向中纬度的输送。

(5)分析热带天气系统的基本组成单元－云团,这是卫星观测揭示出来的新发现。

图 10.1 是一个红外云图,显示了热带地区云系分布的基本特征,主要有:

(1)在南亚地区 S:分布有一大片西南季风云系,低空是偏西风气流,云体呈东北西南走向;高空是强的东风急流区,表现为对流云顶部有长的卷云砧,向偏西方向伸展。

(2)东南亚地区 A:由于岛屿等局地加热因素,为大片对流云,是上升运动区。

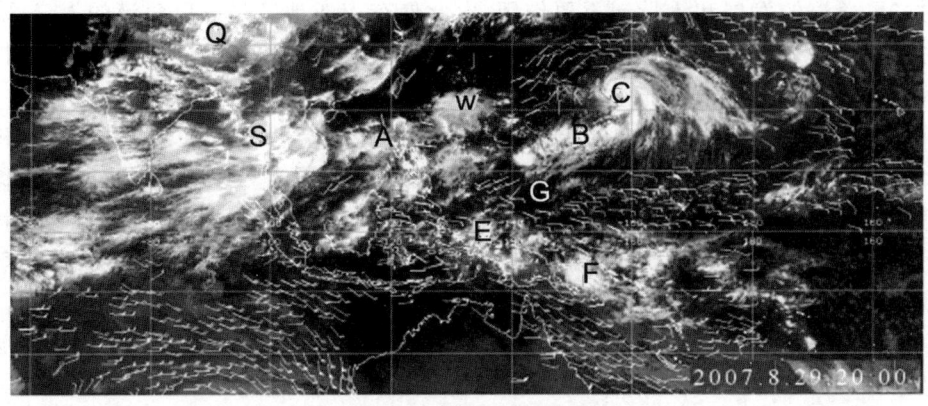

图 10.1 热带云系分布特征(2007-08-29 20:00,IR)

(3)西太平洋中西部地区:出现两支分叉的热带辐合云带 A—B 和 E—F,其中 A—B 云带分布有一团团离散的热带云团,呈东西走向排列,处于西南气流和偏东气流的辐合区内,云团 W 是为叠置于辐合带上和东风波,C 是热带风暴云系;由于陆地的因素,在赤道以南地区出现 E—F 的辐合云带,呈西北-东南走向,云系相对于 A—B 要弱,处于偏东气流和偏东南气流中;G 是赤道缓冲带,又称赤道高压,是一片无云区。

(4)青藏高原地区 Q:由于青藏高原地表的热惯量小,局地太阳辐射加热升温快,高原上空分布有大面积对流云区。

10.1.1.2 热带云系分布和控制物理因素

在热带地区,云系分布受一些物理因子所制约,这些物理因子有海陆分布、海面温度、中低纬度的相互作用和其他小尺度因子等。

(1)海陆分布:热带云系与热带天气系统的活动密切有关,而热带天气系统的活动,它的平均位置的移动与海陆分布引起的热力状况有关。在夏季,由于亚洲大陆大面积增暖,引起我国东南沿海地区的东南季风和南亚地区的西南季风,由此造成我国大陆上对流云系十分活跃;同时由于西南季风活跃东扩至南海地区,使接近大陆部分的热带辐合带云系加强北进,形成一条西北-东南走向的由一系列活跃的对流云团组成的连续云带。但是进入冬季以后,整个亚洲大陆地表冷却,为冷高压控制,从台湾海峡到南海一带为东北季风控制,此时热带辐合带云系减弱,位置南移。在太平洋中部地区,远离大陆,受陆地的影响很小,热带辐合带云系南北位移较小,云系变化较小,主要由南北半球的信风辐合而形成的。

夏季陆地,尤其是青藏高原地区强烈增温,对流云发展十分旺盛,是一个多雷暴地区,它将大量的潜热输送给大气,造成青藏高原南侧的明显的温度梯度,对南亚上空的东风急流的发展和维持起重要作用,由此使东南亚地区是东风急流的入口区,有强的上升运动,对流云系十分活跃,是一个多雨地区;而在西亚地区(阿拉伯),维持下沉运动区,天气晴空少云,非常干燥。

(2)海面温度:海面温度是影响热带云系的一个重要因子。在热带洋面上,积状云大多出现在暖的洋面上,台风只能生成在温度为 26~27℃ 以上的洋面上,其移动和发展也与海面温度有关;反过来,它也显著地影响海面温度,在它经过的地方,将洋面下的冷水搅动上涌,降低海面温度,从而抑制云系的发展,因此在台风后部,一般是一片无云区。

在东太平洋上,为偏北的冷洋流所控制,为大面积的冷水区,云系以成片的层积云为主。

海面温度影响热带辐合带的云系和结构,辐合带云系主要形成于暖的洋面温度处。

(3)中低纬度天气系统的相互作用:中低纬度云系间的相互作用,改变了热带洋面上的云系分布。如当中纬度槽振幅加大、并伸向低纬度地区时,使热带云系向中纬度推进,为中纬度云系发展提供水汽和动量。如当中纬度冷锋侵入到热带洋面时,冷空气变性,云系断裂和变窄。如当高空冷涡侵入热带洋面时,使热带洋面上涡旋云系增多。

(4)小尺度控制因子:对于小尺度地区,岛屿、海岸、湖边、河谷和山脉等地区地表特性的差异,其热力特性也不同,形成小尺度的温度梯度,由此造成局地的诸如海风、湖风、山谷等局地性的大气环流,生成局地性的小尺度云系的特殊分布。

小尺度的积云对流的发展与天气尺度系统的发展是相互依存的,积云为热带天气系统(低压)提供能量(潜热),而低压加深而引起的辐合为积云和发展提供了水汽——燃料。

10.1.2 热带地区云的种类

在卫星云图上分析热带地区云系分布,先应对该地区出现的云种要有所认识。在热带海洋或陆地上空,各种云都能出现,但最多出现的是积状云,其中有碎积云、淡积云、普通积云、积雨云。按云体倾斜情况或外形切变情况,还可以将积状云分成无风积云、信风积云和塔状积云等。

10.1.2.1 无风积云

无风积云是代表低纬度弱风区和风切变很小的地区的典型积云,这种积云的垂直倾斜很小,或甚至没有倾斜,其底部宽约 90m,顶部宽约 600m,云底高度为 600m,云顶高度在 1800~3600m 之间。在风速呈小于 3m/s 的弱风和 4500m 以下风切变很小的情况下,无风带积云一般都集合成群,或排列成线状。

10.1.2.2 信风积云

信风积云常出现在纬度 10~30°之间。副热带高压南侧的偏东风气流中,由于副热带高压下沉逆温层的抑制作用,这种积云比较浅薄,仅限于 2~3km 以下,尺度也较小。在副热带高压西南侧,逆温层被破坏,信风积云发展为高大的浓积云。而在大洋东部地区,信风逆温层高度低,并很强,所以云顶也很低。

信风积云的主要特点是云轴倾斜,这是由于云层中风的垂直切变造成的。在信风区,最大风速发生于云底部,向上则迅速减小。由于风速垂直切变很强,信风积云的顶部常和云体脱离,并认为是层积云。

10.1.2.3 塔状积雨云

在热带洋面上,由于低层水汽丰富和强的辐合上升运动,对流可以发展成垂直方向很高的积雨云,其顶部为平坦而光滑的塔状或有卷云羽向外扩展的卷云砧状结构,其云砧可以扩展到几百千米之外,这种积雨云称做**塔状积雨云**。

在热带地区的塔状积雨云非常重要,如在热带辐合带中,只要有 1% 面积的积雨云,就可以完成向上的热量输送。这些塔状积雨云有些可以独立存在,并继而发展为中小尺度强对流系统(线状排列),大多数则在天气尺度辐合场中,集聚在一起形成大面积积雨云区——热带云团。

图 10.2 给出了三类热带对流云垂直结构模式,模式Ⅰ是发展旺盛的对流云,尺度大,生命长,垂直方向分成流入、垂直运动和流出三层;模式Ⅱ、Ⅲ是对流弱的对流云,尺度小,生命短。

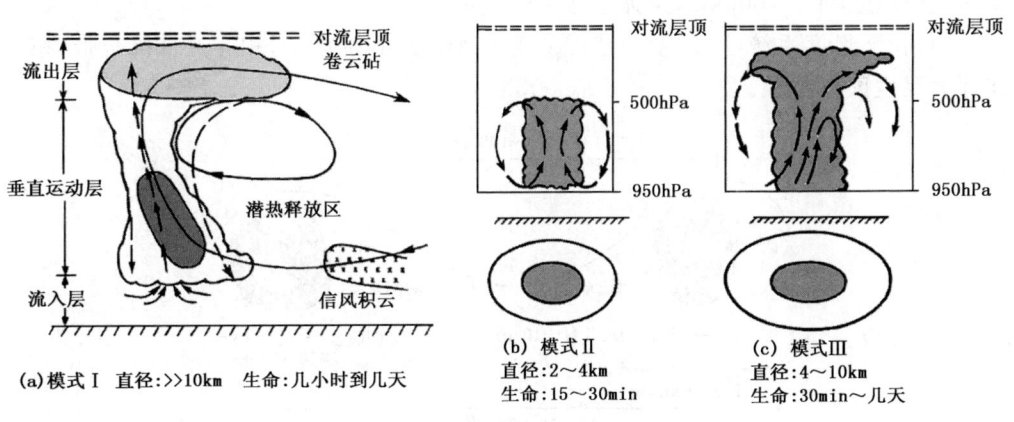

图 10.2 热带对流云

10.1.2.4 层积云

热带洋面上的层积云主要出现在东太平洋面地区及邻近地区，这些地区的海洋表面是由北向南的冷洋流或海水翻腾而造成的沿海岸冷海面，而海面上空为副热带逆温层控制。层积云常集合成群，成行排列。秋季台风遇到这种层积云时，强度将减弱。

10.1.2.5 高层、高积云和卷云

热带的高层高积云一般出现在对流层中高层气旋性涡旋中，有时也可独立出现。

卷云和卷层云通常都是由积雨云发展衰减而遗留下来的云砧生成，与热带云团联系一起，也可以独立生成，在东风气流作用下，夏季卷云羽伸向西南方，冬季伸向西北方。

10.1.3 热带大气中云系的尺度

在卫星云图上热带云系表现为以下四种尺度（图10.3）。

(1) 对流尺度云系（D尺度）：这是热带大气运动的最小尺度，表现为1～10km的积云或积雨云单体。

(2) 中尺度对流系统云系（C尺度）：它是由许多积雨云单体集合而成，其范围达10～100km的中尺度对流云群，生命史在几个小时至1天。在云图上表现为小的球状云团，或线状和环状。

(3) 云团（B尺度）：它是由若干个中尺度对流云顶部的卷云砧合并成大片卷云覆盖区，直径达100～1000km，生命达1～5天左右。

(4) 长波尺度系统（A尺度）：范围从1000km到10000km，相应热带辐合带、东风波等大尺度天气系统。

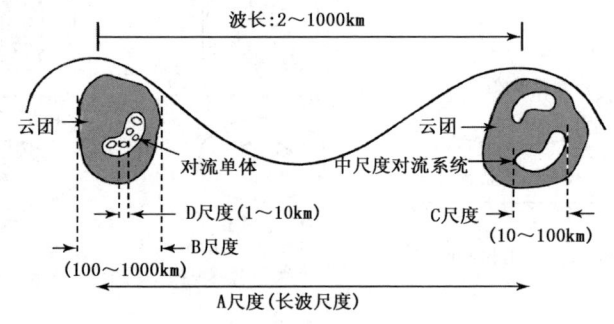

图10.3　热带大气运动系统的尺度（Sikdar和Suomi，1971）

10.2 热带天气系统的卫星云图特征

10.2.1 热带云团

热带云团是有了卫星云图以后发现的新云系,许多热带系统都与云团有关,它占热带地区面积的20%。热带地区的能量、水汽的垂直输送,主要靠热带云团实现的,因而热带云团是热带气象学研究的重要问题之一。

10.2.1.1 云团的空间结构

如图10.4中,云团A由许多积雨云单体组成,顶部的卷云连成一片,表现为密实而白亮的云区,直径大小不等,小的不到一个纬距,大的可达7~8个纬距。云团在垂直方向上分成三层:

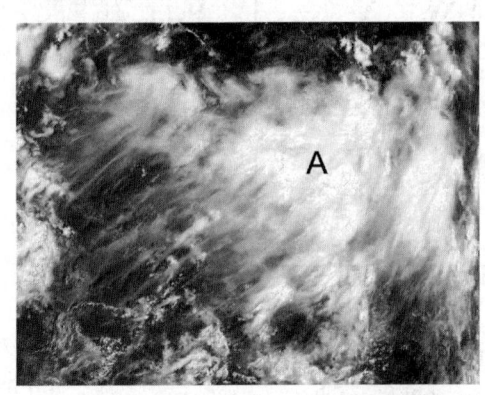 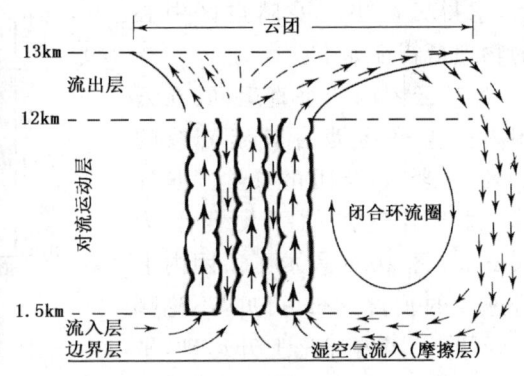

图10.4 热带云团

(1)流入层:这是指从地面到1500m的边界层。由于大尺度运动和摩擦作用,使边界层气流辐合,吸入大量的暖湿空气,并向上输送给垂直运动层;

(2)垂直运动层:从边界层顶或凝结对流高度到卷云底部,厚度为10km左右,在这一层内含有12~43个数量不等,直径为10km左右的深对流细胞(云柱),这些云胞占云团总面积的8%~18%。边界层的水汽进入垂直运动层便产生凝结。根据静力学方程,潜热的释放,引起空气密度的减小,促使气压下降,而气压下降引起低层气旋性环流加强,导致低层水汽辐合加大,从而使对流更加发展,这种因潜热释放引起的对流不稳定过程称第二类条件不稳定。即是积云把能量提供给低气压,而低气压又把水汽提供给积云,引起低压系统扩大和积云对流发展。

(3)流出层:从卷云砧底到对流层顶,厚度约1km,在卫星云图上表现为向外辐散的卷云覆盖区。

云团内外构成一闭合性环流圈,低空气流由流入层进入垂直运动层向上,到达流出层,向四周流出,到云团外下沉,后又经流入层流入,构成一闭合环流圈,云团内以上升运动为主,云团外以下沉运动为主。

10.2.1.2 云团的物理特性

威廉母斯(Williams)将1966年10月至1968年10月在热带洋面上出现的1257个云团,按演变特征分为：风暴前期云团(116个)、发展中的云团(211个)、保守云团(537个)、发展消亡云团(135个)、消亡云团(208个)。采用合成方法,即在各时间中,以云团所处的位置为中心,用边长为经、纬度4度的正方形网格覆盖,就大量的个例将网格中的观测值平均,然后求出云团周围的平均状态。通过这样处理后,求得云团中心及晴空区中心的物理量特征如下：

(1)云团内的垂直运动：在云团内强上升运动占对流云系的10%,占整个云团的1%。据计算,强上升气流的平均速度为10m/s。图10.5表示了云团内上升速度的垂直分布,可见,不论哪种云团,云团内都是上升运动,平均速度为3m/s。最大上升速度在400～300hPa处,上升速度到200～100hPa处减为0。云团内未饱和下沉气流速度约为0.1m/s。从图10.5中可见,发展中的上升速度最大。

(2)云团内风的垂直切变：云团内风的垂直切变很小,以950hPa和200hPa为例,在云团中心部位,风速垂直切变平均小于4m/s,最小仅有2m/s。图10.6表示各类云团的风速纬向切变,可见只有风暴前期云团的风

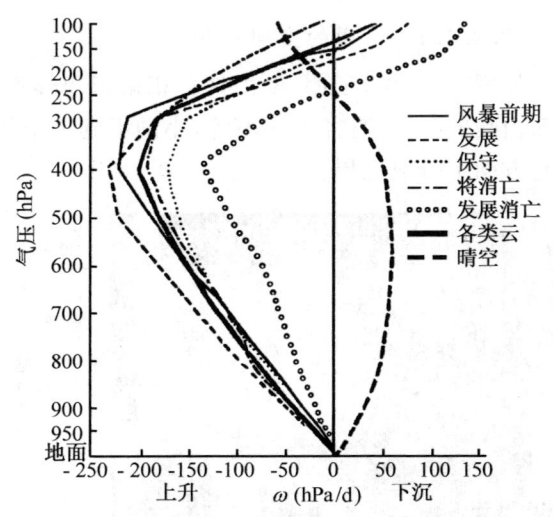

图10.5 热带云团垂直速度的垂直分布
(Williams 和 Gray,1973)

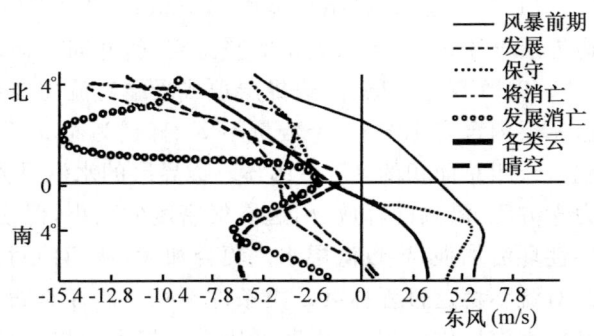

图10.6 云团内风的垂直切变
(Williams 和 Gray,1973)

速垂直切变 $\Delta U_g > 0$。

(3)云团内的水平风速切变：表 10.1 中给出以云团为中心，南北各 4 个纬度内 950 hPa 低空风的水平切变。可看出，云团内 950hPa 低空均为气旋性切变，晴空区为反气旋性切变，风暴前期云团的气旋性切变最大。

表 10.1 各类云团内的风速水平切变

	风暴前期云团	发展中云团	保守云团	消亡云团	发展—消亡云团	晴空区
$-\Delta u/\Delta y$	17.0	10.4	9.4	9.6	3.2	-6.8
$\Delta v/\Delta x$	5.3	1.4	2.4	2.4	1.2	-1.6
$\dfrac{-(\Delta u/\Delta y)}{\Delta v/\Delta x}$	3.2	7.4	3.9	4.0	2.7	-4.3

(4)云团内的辐合和辐散(图 10.7)：在云团的底部辐合最大，400 hPa 为无辐散层，在这层下面都是辐合，平均数量级为 $5\times 10^{-6} s^{-1}$，在 400 hPa 以上逐渐转为辐散，200 hPa 高度辐散最大。

(5)云团内的涡度分布(图 10.8)：对于云团中心，相对涡度的垂直分布，低层是气旋性涡度，高层为反气旋性涡度，晴空区为反气旋性涡度，其中风暴前期云团最为明显。消亡云团只在低空存在一个气旋性切变区。

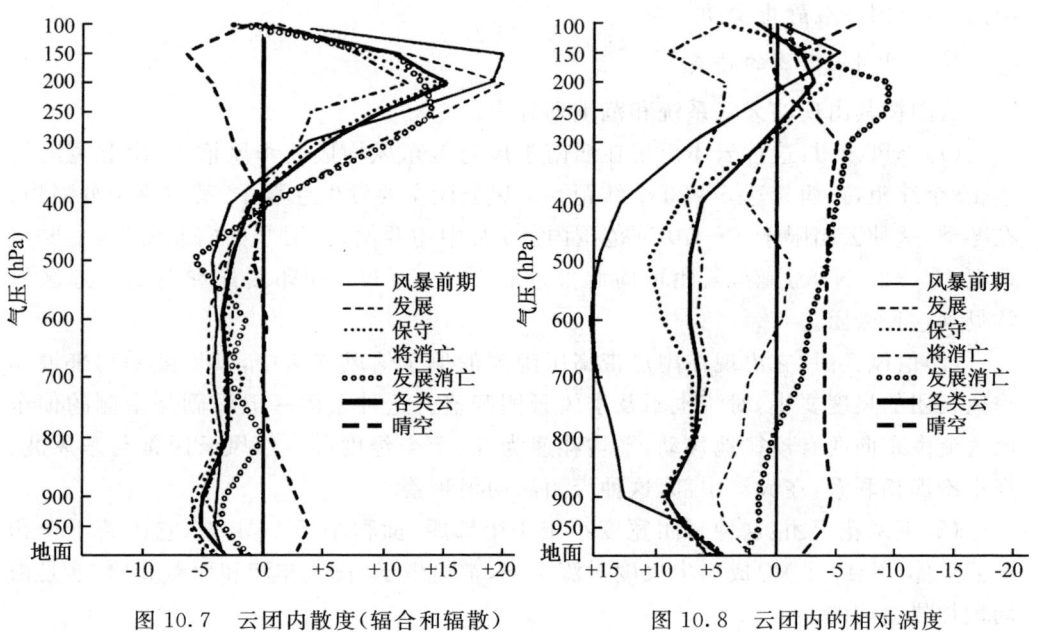

图 10.7 云团内散度(辐合和辐散)　　　　图 10.8 云团内的相对涡度

(6)云团内的水汽辐合:表 10.2 给出了保守云团水汽辐合的垂直分布,可看出,在 850hPa 以下,水汽辐合量最大,达 1.35cm/d,占整个气柱的 70%,说明云团的水汽主要来自边界层。

表 10.2 保守云团水汽辐合的垂直分布

气压高度(hPa)	地面～900	900～800	800～700	700～600	600～500	500～400	400～300
含水量(cm/d)	0.89	0.56	0.28	0.18	0.11	0.04	0.01
占整个气柱水汽辐合量的百分比(%)	42	27	14	9	5	2	

(7)云团内的温度分布:在云团的边界层下(云底下),云区温度比晴空区冷 1～2℃;在 450～200hPa,云区温度较晴空区温度高 0.5～1.0℃。云团内上升气流区的温度较环境温度高 0.1～10℃,500hPa 约 2～5℃,在云团下沉气流区,其温度比环境温度低 1℃。

10.2.1.3 云团的季节变化和移动

云团的范围和位置随季节而变。在冬季,云团的位置最南,范围最小;而到夏季,云团的位置北移,可达较高的纬度,范围也大,出现的频数高。

云团一般随副高南侧的偏东信风气流自东向西移动,其移速小于风速。在暖的洋面上,云团一般静止少动。

10.2.1.4 云团的种类

云团按其出现的天气系统和范围划分为:

(1)季风云团:这种云团出现在西南季风与偏东风构成的季风槽中,南北宽度可达 10 个纬距,东西长达 5～20 个纬距。季风云团主要发生在夏季,其对流十分强烈;在冬季,这种云团限于 5°—10°N 范围内。6 月中旬开始,云团开始向北发展,主要出现在 10°—20°N;8 月份,云团可向北推进到 20°—30°N。在印度洋和东南亚地区经常见到这种云团。

(2)信风云团:它出现在副热带高压南侧的偏东信风气流中,其尺度平均来说比季风云团的尺度要小,对流也不及季风云团旺盛。这种云团一般沿副高南侧的偏东风气流由东向西有规律地移动,平均移速为 5～7 个经度/d。信风云团常与东风波、高空冷涡相联系,在大洋中部,这种云团活动很频繁。

(3)玉米花云团:这种云团宽度小于 1 个纬距,面积小于 $10^4 km^2$,它由若干个积雨云单体(约 10 个)组成的中尺度对流系统,常出现于南美、非洲和西藏高原上,是由局地加热造成的。

10.2.1.5 云团的生命和天气

在夏季热带洋面上,云团活动十分频繁,生命史相差较大,云团生命的长短与云区面积和风的垂直切变有关,在风的垂直切变较小时,其生命较长,否则生命较短;云面积越大,生命越长。对于生命长的云团可以发展成台风。

热带云团从太平洋上或南海侵袭华南和东南沿海时,可造成暴雨、大风等恶劣性天气。

10.2.2 热带辐合带(ITCZ)云系

热带辐合带是指低纬度地区的槽或低压系统,它又称为赤道辐合带、赤道槽、热带锋。

卫星观测表明,热带大部分云系集中在热带辐合带内,其又对应洋面温度的暖轴上,所以热带辐合带是低纬度热量、水汽输送最集中的地区,是大气能量的源地,也是台风发生发展的主要源地。它大气环流起极其重要的作用。

10.2.2.1 热带辐合带云系特点

一般而言,热带辐合带表现为一条由一系列活跃的对流云团组成的近于纬向的连续云带,宽度可达 5 个纬距以上,东西长达数千千米。但有时当辐合带不活跃时,云带很窄,表现为断裂的一团团尺度较小的云团。也有时热带辐合带内叠加有一个或多个涡旋云系,每一个涡旋与一个低压相伴。还有时,热带辐合带与东风波相重叠,此时热带辐合带呈现出大尺度的波状云带,在波峰处,云系稠密,显现出涡旋结构。

在通常的情况下,热带辐合带只表现为单独一条,但有时在太平洋地区,热带辐合带表现为双热带辐合云带结构,其中有一条云带位于南半球,为西北—东南走向。

图 10.9 为全球热带地区辐合带的实际例子,其表现为一条较为连续的云带,云带内包含有一系列尺度不等的对流热带云团。图 10.9a 是夏季热带辐合带的分布状况,整个热带辐合带云系的位置较北,可以看到在西太平洋、东南亚地区、青藏高原南侧的辐合带云系最宽、对流最活跃,这一地区是西南季风最活跃的地区,而从太平洋中部到非洲东部,对流云系相对较弱,表现为断裂的离散状云系;图 10.9b 显示了冬半年热带辐合带云系的全球分布,辐合带云系移到南半球,从太平洋到印度洋表现为一条准连续的云带,然后这云带绕过非洲南部,转向到南美洲大陆中部,在印度洋上表现为东北—西南走向的断续云带,同时辐合带在非洲似乎分成两支。同时北半球中纬度地区呈纬向环流,表现为一系列短波槽云系。

10.2.2.2 热带辐合云带的变化

热带辐合云带的云系随时间而变,可分成长期变化和短期变化两种情况:

图 10.9(a) 热带辐合带(2007-08-01)

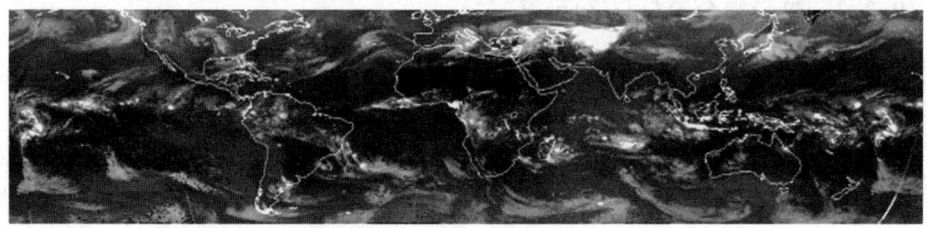

图 10.9(b) 全球范围热带辐合带(2010-03-09)

(1)长期变化(季节变化)

热带辐合带的长期变化是一种年变化。这种年变化与大气环流的季节变化相关联,图 10.10 给出了 1 月和 7 月的地面环流。而图 10.11 则给出了 1967—1970 年全球热带地区一年四季的平均云量分布,从平均云量分布图中可以见到以下几种现

(a)1 月地面平均合成风

(b)7 月地面平均合成风

图 10.10 热带大气环流(Mintz 和 Dean,1952)

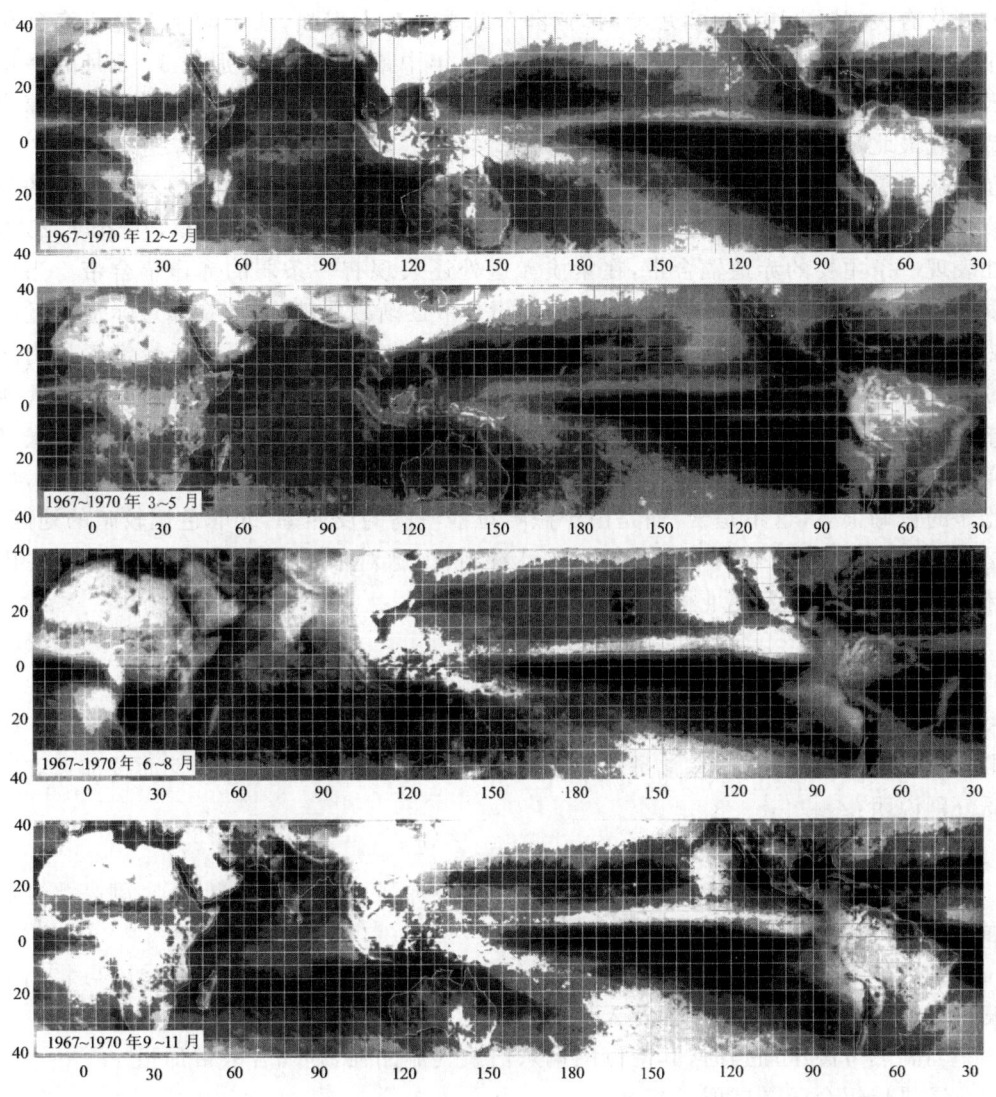

图 10.11 1967—1970 年全球热带地区一年四季的平均云量分布

象:(1)ITC 各个季节在南北方向的位移;(2)洋面副热带高压的势力随季节的增强或减弱,并由此导致东太平洋面上层积云云量的季节变化;(3)热带对流云的变化,特别是在大陆地区对流云系的变化;(4)地形和地表反照率对平均云量的影响。

在靠近亚洲大陆的西太平洋地区由于陆地的影响,云带的强度和位置变化都较为明显;而在太平洋中部、东部和大西洋西部地区,云带的年变化小,南北位移小,位置较为稳定,全年各月都处在 5°—10°N 的范围内。热带辐合带的年变化与大气环流的变化有关,从图 10.10 可见,1 月,亚洲东北季风势力很强,从中印半岛经南海到菲律宾均为东北季风所控制,热带辐合带位于一年中最南位置,特别从 3—5 月的平均云量图上,云量最少;7 月,从菲律宾到中印半岛为西南季风所控制,这时的热带辐合带位置最北,在平均云量图上,云量最大位置较北,同时也可见到双赤道辐合带的存在。从卫星云图上发现,热带辐合带的生消都局限于本半球范围内,没有跨赤道的季节变动,赤道地区始终是云量最少的地区。另外在同一半球内的夏季,在 20°—25°N 处表现一条主要的赤道辐合带,在紧挨赤道处还表现有一条弱的赤道辐合带。当从夏季到冬季,在 20°—25°N 处的主要热带辐合带逐渐减弱消失,而在靠近赤道附近的热带辐合带发展成明显的辐合云带。在同一半球范围内,热带辐合云带常不是南北位移,而是不连续地(跳跃式)移动。在地球的不同地区 ITCZ 位置不同,冬季大西洋上的 ITCZ 位于 3°N 附近,而在夏末期间则可移到 8°N 附近;在 150°W 以东的太平洋上,ITCZ 季位移不大。在分析平均云量图时还应注意地球表面反照率的作用,如北非的色调很亮,这不是云,而是由于撒哈拉沙漠高的反照率,北非色调较暗的地区,是黑色岩石地区;另外从平均云量图上可看到,山脉对平均云量的作用也很大,在山脉的迎风坡一侧有云的堆积。

(2) 短期变化

热带辐合带在短时间内(几天到十几天),强度和位置都会发生明显的变化。原来是一条稀疏的云带,会在几天之内演变成长达几千千米、宽达几个纬距的云带。热带辐合云带的加强和减弱,常是周边各天气系统对其作用而引起的,下面按加强和减弱分别说明:

①热带辐合云带加强的特征

• 当热带辐合云带向北推进时,其云系一般加强。特别是盛夏季节,副高北进加强,梅雨结束时,辐合云带加强更显著;

• 当热带辐合云带南侧的西南季风加强,或者是云带南侧的西南季风与北侧的偏东信风同时加强,则热带辐合云带加强;

当副热带高压加强时,其南侧的偏东信风气流加强,则辐合云带加强。

②热带辐合云带减弱的特征

• 当热带辐合云带内有台风生成和加强,由于台风环流的作用,该云带将断裂、破坏,从而减弱消失;

• 当热带辐合云带内有台风西移,强烈风浪引起其后部洋面冷水上涌,抑制云系发展,或导致副高南落,促使云带消失;

• 赤道反气旋北上,使辐合云带向北推进,而原地方的辐合云带减弱消失。

10.2.2.3 热带辐合云带的类型

根据热带辐合云带周围的环境流场和本身的强度,常将其分为季风槽和信风槽两类。

(1) 季风槽

这是西南季风与副热带高压南侧的偏东信风气流之间的辐合而形成。在季风槽内,风速很小,所以又称无风赤道槽。在这种槽中,云系十分稠密、为范围很宽的云带,由季风云团组成,其出现的位置也较北。

(2) 信风槽

这是东南信风与东北信风之间的辐合形成的,它表现为一条气流辐合渐近线,其辐合强度比季风槽要弱得多,加上信风逆温的抑制和气旋性切变不明显,云区中对流弱,范围小,时常表现为一条断裂云带。它常出现于太平洋中部和东太平洋地区,副热带高压的东南侧。

有时当东北信风与东南信风同时加强时,信风槽云系也可以变得很稠密;而当西南季风向东扩展推进时,信风槽会转变为季风槽。

10.2.2.4 热带辐合云带的空间结构特征和地面辐合线的确定

在热带辐合云带内的西南季风仅出现在对流层下部,向上到 500 hPa 以上就逐渐转为偏东气流。在云带北侧,副热带高压南侧的东风气流从对流层底一直伸展到平流层,所以在 500 hPa 以上辐合带两侧都是一致的偏东气流。西南气流和偏东气流间的辐合仅出现在 500 hPa 以下的对流层下部。由于偏东气流从地面开始随高度向南倾斜的,如果辐合云带是西北—东南走向的,则其辐合面是随高度向西南倾斜的,强的上升气流就出现在这辐合面上,而强的西南气流与云带中最明亮的云系相一致。

据上所述,在卫星云图上热带辐合带的地面辐合线可以这样定出:

(1) 如果热带辐合云带内没有涡旋,云带连续完整,北界整齐,则地面辐合线定在云带的北界附近;

(2) 如果辐合云带内出现涡旋结构,则地面辐合线必须穿过涡旋中心。

图 10.12 显示了西太平洋到我国南海海域的热带辐合带,图中叠加有低空流线,C_1、C_2 和 C_3 是辐合带的低压扰动,其中组成 C_1、C_2 的热带云团有向西南方向伸出的卷云砧,表示高空吹强的东风气流,从流线看到辐合带南面低空是西南季风,云带北侧是副高 A 的偏东气流,构成西太平洋地区的季风辐合槽;而扰动 C_3 则是仿东北和东南气流间的渐近辐合,顶部没有向西南伸出的卷云羽。

10.2.2.5 热带辐合带云系与径向大气环流

在卫星云图上发现,热带辐合带有时只有一条,有时则有两条,即双热带辐合云带,这种云系的特殊分布也反映了大气环流分布。

图 10.13 表示了热带辐合云带垂直剖面与大气环流的综合模型,这是由云量和不稳定带引起的下沉气流综合建立的。

图 10.12 南海到西太平洋的热带辐合带

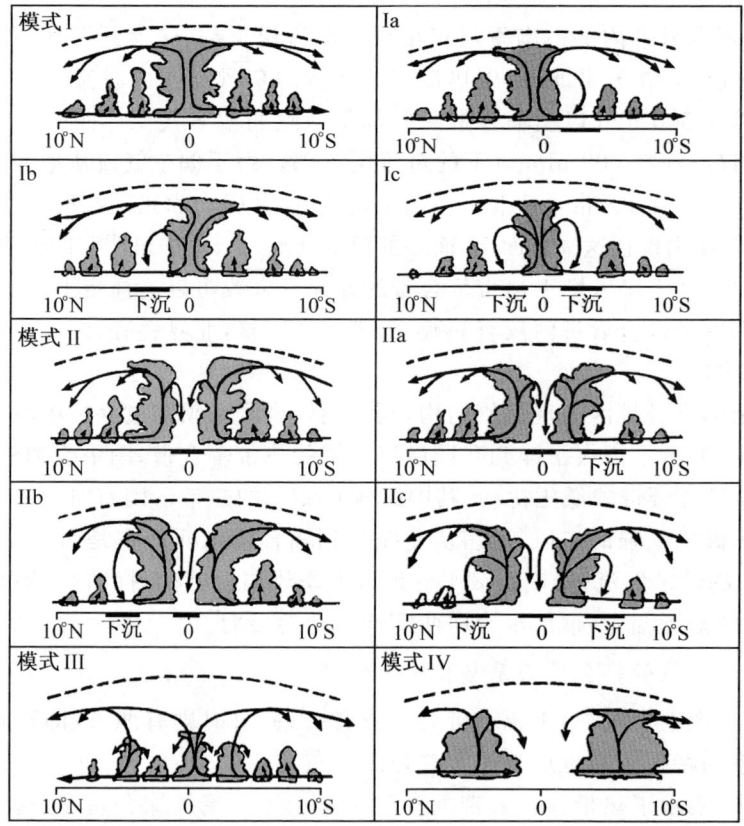

图 10.13 热带辐合带云系径向分布和径向环流圈(Barrett,1970)

(1) 模式Ⅰ：表示存在一条热带辐合云带时云的剖面与大气环流模式。它可以简单的哈得来径向环流圈说明，在赤道地区是上升运动，伴随的对流云区；30°N、30°S 处是下沉运动处，相应的是副热带高压区。按下沉气流分为四种情形。

(2) 模式Ⅱ：表示存在双热带辐合云带时云的剖面与大气环流模式。沿赤道处是下沉运动区，为少云或晴空区；在南北半球 5°N、5°S 处是上升运动区，存有双赤道辐合云带。按下沉运动区分成模式、Ⅱa、Ⅱb 和 Ⅱc 四种情形。

(3) 模式Ⅲ：表示有低的对流云带的切变线模式，对流云系的高度较低，且表现有多个弱对流云群，布满了赤道地区。

(4) 模式Ⅳ：表示没有块状对流云的简单模式，表现为在赤道两侧纬度约 5°的地区有两个中等对流云系，赤道地区是下沉运动区。

10.2.2.6 热带纬向大气环流与云分布

对热带云系的纬向分布，早在 1923 年沃克(Walker)就提出太平洋上存在一个纬向环流圈，这就是著名的沃克环流。有时称之南方涛动或南半球振动。当东太平洋的冷水向西延伸到坎顿岛上时就盛行下沉气流；另一方面，当冷距平东退时，图 10.14 给出了沃克环流这种振动是指印度尼西亚和南太平洋东部海平面气压值之间的反相关，热带印度洋地区气压的多年平均值偏差与热带太平洋大部分地区的符号往往相反，大约有 ±1.5hPa 左右的偏差，这种现象与从南美洲到印尼约占全球四分之一范围内的一系列变化有关。

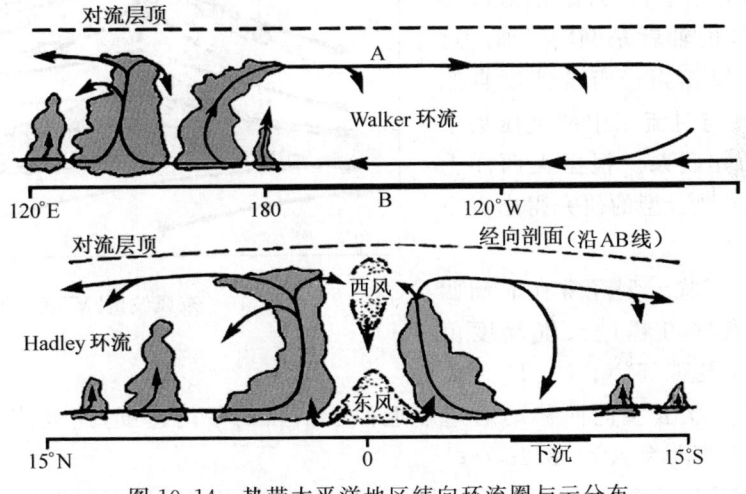

图 10.14　热带太平洋地区纬向环流圈与云分布

当沃克环流底部(南美洲西北沿海)地区的气压增加时，使地面赤道东风气流增强，与此相随的是冷水上涌加强，使太平洋东、西部的海面温度差加大，这本身又是形成沃克环流的原因。相反,当沃克环流内风速减弱,南美洲与赤道东太平洋间的气压梯度减小,导致赤道东风的减弱,与之相联的冷水上涌流减小,海水变暖,东西温差减小,纬向环流减弱。在热带海气相互作用导致气压梯度增强或减小的趋势的循环进行的。沃克环流与哈得来环流(Hadley cell)间的关系至今尚不清楚。

10.3 东风波云系

东风波是热带偏东信风气流中的一个槽或气旋性曲率最大的波动,波的振幅在对流层低层或中层最大。近年来,有人把东风波称为热带波。产生东风波的原因是:(1)对流层上部的冷低压或伸向赤道附近的中纬度槽在中低空的反映;(2)低纬度低层气旋在靠极一侧东风气流中反映出来的倒槽;(3)热带东风气流中的波动。

10.3.1 东风波云型

10.3.1.1 倒"V"状云型

在热带大西洋上,东风波经常表现为倒"V"状云型。如图10.15,这种云系由一条条狭长的、在东风波轴线上向高纬凸起的云带,云带的排列与低层风切变相平行,且越往低纬越变平,东风波的轴就是倒"V"轴。这种云型每天以相当稳定的速度自东向西移动,并与对流层中部气压场中的波状扰动相联系。根据大西洋上倒"V"状东风波云型的研究得出以下三个特点:

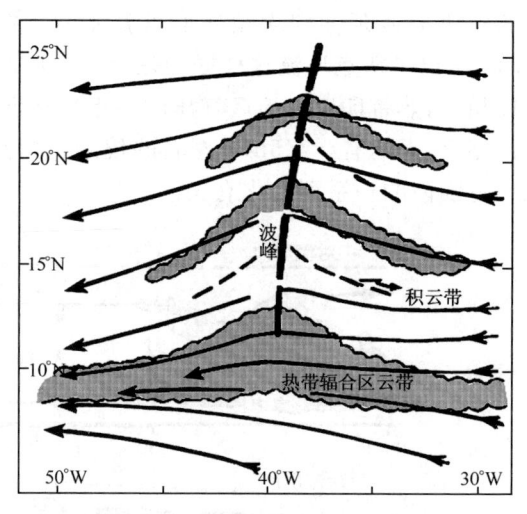

图10.15 东风波倒"V"状云型

(1)倒"V"状云型经常在非洲西海岸发展,有些可超过天气尺度范围,从5°N伸展到25°N;

(2)倒"V"状云型向西移动的速度近似于信风的平均速度,速度范围为6.1~9.8m/s,平均速度为7.7~8.2m/s;

(3)倒"V"状云型在北大西洋东部和中部最清楚,当其继续西移就不清楚了。

在热带西太平洋上也可见到类似大西洋上的倒"V"状东风波云型,这种云型西移到西太平洋大约140°—160°E时,其振幅加大,移速减慢,并逐渐演变成涡旋状云系。

10.3.1.2 涡旋状东风波云系

如果东风波云系表现为涡旋状云系,这表明系统已出现弱的闭合性环流,比起一般的东风波要深厚。图 10.16 为这一类的概念模式,涡旋密蔽云区一般位于涡旋中心的东侧,但有时也不完全如此。

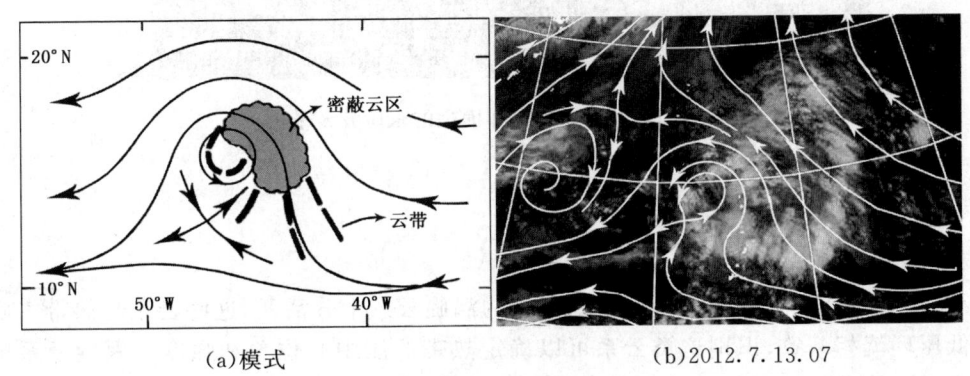

(a)模式   (b)2012.7.13.07

图 10.16 热带东风波涡旋云系

10.3.1.3 太平洋地区的东风波云系

在西太平洋地区,基本气流与大西洋上不同,因而东风波云系也不完全一样。西太平洋上的东风波云系有两种,一种出现在纬度较高的副热带洋面上,另一种出现在纬度较低的 5°—10°N 的洋面上。在盛夏,当西太平洋上的副高呈纬向带状分布,脊线位于 30°—35°N 附近时,则在副高南侧 20°—25°N 的东风气流中有东风波云系向西移动。这种东风波云系最先出现在日本东南方的洋面上,后向西移动。较强的东风波云系有较为完整的螺旋结构,在地面有降水天气和负变压区相伴随;弱的东风波云系只表现有小的云区,在气压场和风场上没有明显的反映,也没有明显的天气。东风波云系在 1~2 天内生成或消失。一般东风波先出现在高层,以后随东风波发展,逐渐伸到低层,此时高低空都出现闭合环流,中心气压下降,风力加大,降水增加,并西移影响我国东南沿海浙闽地区。

图 10.17 显示了从东太平洋到西太平洋地区的热带副热带高压南侧的东风波云系,可以看到东风波云系 a、b、c、d、e 自东向西移过程中,云系的南北振幅不断加大,到中太平洋以后,倒"V"型东风波云系的波峰处出现涡旋云系,云区范围扩大。

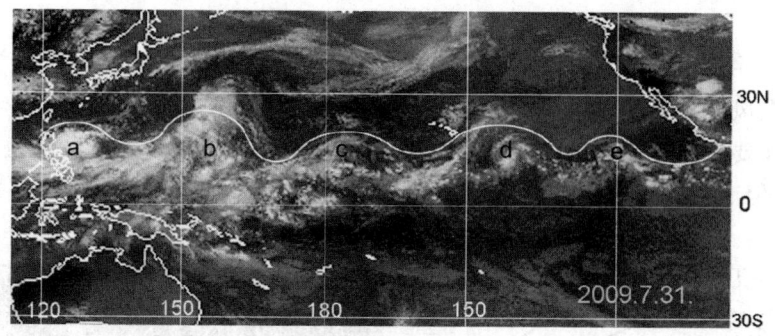

图 10.17　太平洋洋面上的东风波云系

10.4　热带涡旋

在热带地区,由云线和云团组织起来的涡旋云系十分活跃,这些云系与热带气旋性低压环流相一致,识别这类云系可以确定热带低压中心位置和强度。涡旋云系可以出现在热带主要天气系统之中,其尺度相差很大,对一些强度弱的环流在天气图上无法分析出来,但在云图上根据涡旋云系很容易确定。

10.4.1　热带辐合带内的涡旋云系

在热带辐合带内,涡旋云系的活动十分频繁,表现为云线和云团围绕一个中心旋转。在辐合带内的涡旋云系的特点有:

(1) 在夏季 7—8 月间,涡旋云系出现的频数最高;

(2) 当热带辐合云带的位置较北时,涡旋云系十分活跃,数目增多;

(3) 涡旋云系大多出现在热带辐合带北界附近;

(4) 涡旋云系有时会成串出现,并与低层气旋相联系。

10.4.2　大洋中部对流层上部的冷性涡旋

大洋中部对流层上部的冷性涡旋是在一定大尺度环流形势下形成的,由于大洋中部气象资料稀少,这种涡旋不易发现,但卫星资料能帮助确定这类系统。为分析这类系统,先分析大洋中部的高空环流,然后叙述其云系特征。

10.4.2.1　夏季大洋中部的高空环流特点

夏季大洋中部对流层上部环流的主要特征是经常维持有一条东北—西南走向的深槽,从中纬一直伸到低纬度,槽的轴线可伸至副高脊线之南 5~10 个纬距,在槽的西北侧吹东北风,东南侧吹西南风,并有明显的脊出现。

在大洋中部槽内,有时只表现为风切变,并无涡旋活动;但有的时候在槽线上出现一系列完整的冷性低涡,有的冷性低涡可向下发展到对流层低部,在地面出现一个倒槽或低压,其中有的冷性低涡发展到地面后,对流层上层环流减弱消失,只在地面留下一个弱的气旋性涡旋,并随东风气流向西移动,在一定条件下发展为台风。

10.4.2.2 大洋中部高空冷涡云系特点

在大洋中部高空槽四周,槽线附近云最少。但当有高空冷性涡旋出现时,如果高空冷涡的势力向下扩展到地面,这时对流云系出现在高空槽线南面或东南面的西南气流中,云区离槽线有几个纬距。在卫星图上,根据这些云系分布可以确定出:

(1)对流层上部西南气流中的对流云区轴线;

(2)根据云系中的弯曲云线定出高空涡旋中心的位置;

(3)分析云区中卷云砧的走向,定出高空风方向。

从而进一步确定高空槽的位置。大洋中部高空槽内气旋性涡旋所造成的对流性云系,在云量和云型上都有差异,其原因是由于涡旋向低空伸展的深浅、对流层下部逆温层的高度和强度、水汽含量、低空气层的稳定度和海面温度造成的。在东太平洋上,较冷的海面温度与信风逆温抑制地面涡旋的发展,云系与大洋中、西部的不同。

另外,并不是所有的高空冷涡都有云,据大西洋资料统计,高空冷涡中心周围不到35%的地区,2/3的个例出现多云或密蔽云区;太平洋资料表明,高空涡旋云系的移动速度平均是每小时向西移10海里。有时高空涡旋与大洋槽连在一起,这类涡旋属准静止的切断低压或是高空大槽底部的闭合低压。

10.4.2.3 大洋中部的冷涡云系模式

如图 10.18 中给出了太平洋中部高空冷涡的环流与涡旋云系分布。在图 10.18a 中,是一个中等强度的涡旋,它伸到 700hPa,地面只表现为一个诱导槽;在图 10.18b 中,涡旋已发展到地面,一般只有在北太平洋西部涡旋会伸到地面,并在东风气流中出现一个涡旋。由于涡旋每天向下伸展的势力是有起伏和变动的,使地面图上出现气旋性涡旋,有时则没有,造成天气分析的不连续性,但是在卫星云图上与涡旋相联的云系是保守的,因此由卫星云图可以连续追踪这种涡旋的活动;图 10.18c 显示了冷涡云系分布,它主要位于涡旋中心的东南方一侧。从涡旋的模式看出,其特点有:

(1)涡旋在垂直方向上的轴是随高度向西北方向倾斜的;

(2)在地面图上是否出现闭合环流,决定于高空涡旋的范围、强度和其向下扩展的深浅的程度;

(3)在地面无论是闭合还是未闭合环流都是高空冷涡的组成部分,它们不是独立生成,也不能与高空冷涡脱离开单独运动。即使涡旋处在副高脊线的南侧,它也是逆

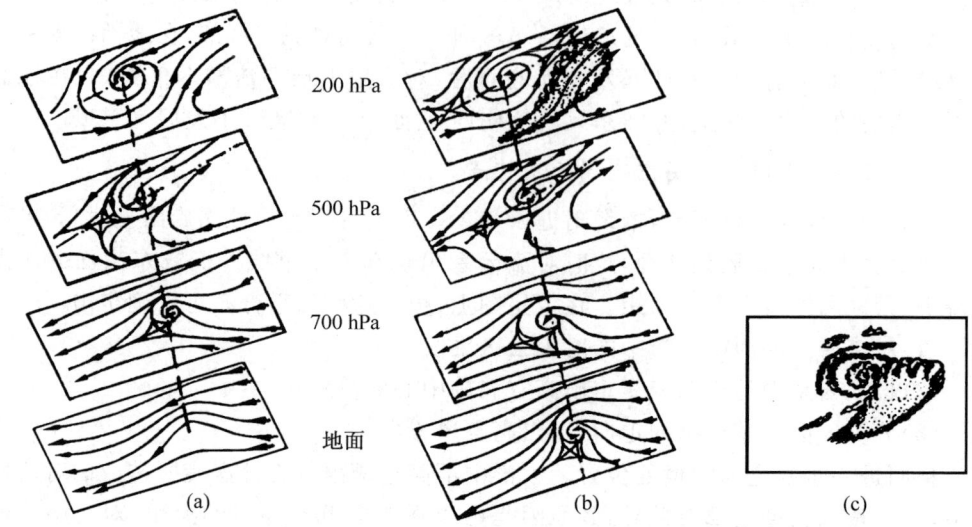

图 10.18　太平洋中部高空槽中涡旋的三维结构和云系

低空东风气流向东移动的,而不是随东风气流西移;

(4)涡旋中云系情况决定于涡旋扩展的深浅、涡旋的地理位置和低涡在垂直方向上倾斜的程度,由于涡旋的轴在垂直方向上是随高度向西北向倾斜面的,所以低空的辐合部位的上方是高空辐散区,涡旋中弯曲云线走向与 700 hPa 气流方向一致。

10.4.3　对流层低层的赤道反气旋

由静止卫星上云的移动导得的风和常规气象资料发现:当南半球气流越过赤道向北推进时,北半球的热带辐合带会北移加强,在热带辐合带的以南地区形成赤道反气旋,又称赤道高压或赤道缓冲带,在卫星云图上表现为少云或无云区。南半球气流越过赤道往往是南半球的寒潮爆发引起的。

如图 10.19,表示了赤道反气旋形成及其云系的演变模式,整个生命分成六个阶段:

(1)推进阶段

从南半球有一股大尺度的气流(一般是南半球的寒流)越过赤道向北推进,使热带辐合带云系向北推进 1000 km,并且云带呈向北凸起的弧形,同时在辐合带内风切变和气旋性涡度增加的地方有涡旋云系生成;

(2)转向阶段

当南半球空气进入北半球以后 1~3 天,由于空气反气旋涡度增加,使越过赤道的气流转向东行,在推动阶段生成的涡旋云系从热带辐合带中移走;

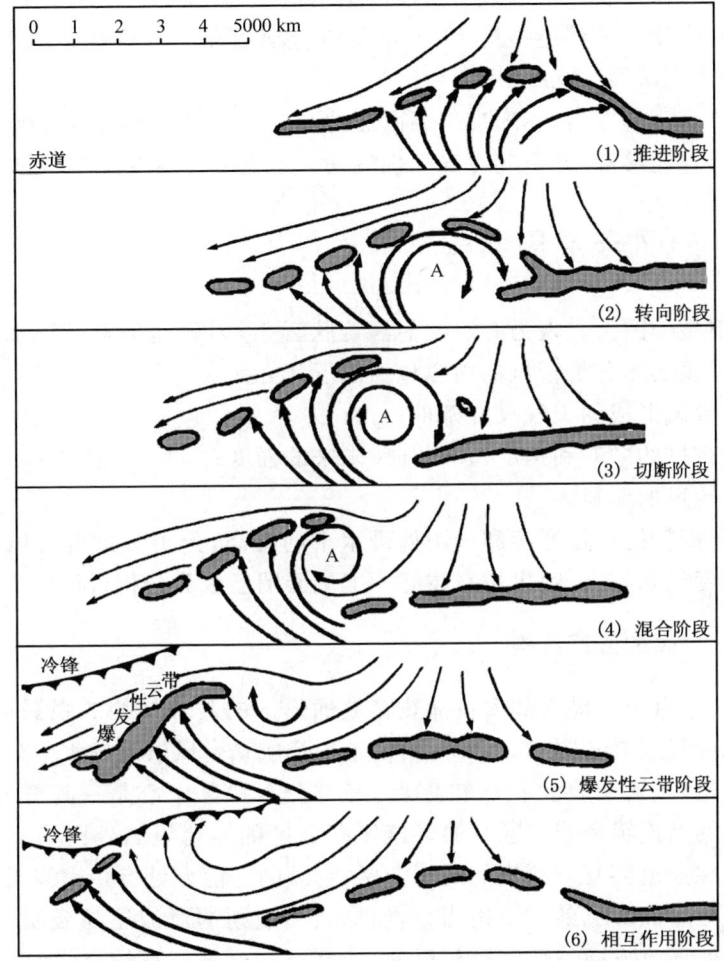

图 10.19 从南半球越过赤道的气流所生成的赤道反气旋生命史

(3) 切断低压阶段

由于过赤道的气流转向东行,并进一步发展形成闭合反气旋环流(赤道反气旋),此时热带辐合云带断裂,在反气旋中心周围出现晴空区;

(4) 混合阶段

赤道反气旋的生成导致北半球冷空气于其东侧南下,这时南北半球的空气围绕反气旋四周相互混合;

(5) 爆发性云带阶段

赤道反气旋形成后便向西移动,在西移过程中,位于反气旋前进方向的热带辐合云带加强,形成一爆发性云带,该云带能产生暴雨,这类扰动只在风场上有表现,气压场上看不出有变化。云带能维持1~2天,然后迅速瓦解为一些孤立的小云团;

(6)相互作用阶段

爆发性云带瓦解以后,赤道反气旋南面的东南气流仍然维持相当势力,阻挡北半球冷锋向东南方向移动,并引起冷锋产生波动。赤道反气旋生命为2周,出现频繁。

10.5 台风云系和结构

台风在卫星云图上表现为有组织的涡旋状云系,因此是最容易识别的一种天气系统。应用卫星云图分析台风的内容包括以下几方面:

(1)分析台风形成的天气尺度条件;

(2)确定台风的中心和强度,预告台风未来的强度;

(3)预告台风的路径。

随着卫星资料的日益增多和云图处理水平的提高,分析和预告台风的方法也越来越完善,精度越来越高,效果越来越好。卫星云图已成为分析台风的主要工具。

10.5.1 台风的云系结构

台风是一个由于台风内部大量潜热释放而形成的暖性结构的强涡旋热带系统,它与温带气旋明显不同,图10.20a,b给出了一个成熟台风云系的水平分布和垂直剖面,可以看出,台风云系的水平分布表现为三部分:(1)其中心是一暗黑的无云眼区;(2)围绕眼区的是连续密蔽云区;(3)环绕密蔽云区的是台风的外围螺旋云带。还可看到,在台风靠赤道侧有一断裂的对流云尾,台风的右前方处有一镶嵌云区中的能量泡,有时在台风后部常见到一结构明显,但形状不规则的对流尾随云团,称之拖曳对流云,在高空的环流方向与低空是相反的,即高空是反气旋环流,伴随着环流的辐散场,云区的四周出现向外辐散的卷云羽,由于圆形云区和外围螺旋云带水汽凝结潜热的释放,导致其四周的斜压性加大,从而激发高空辐散急流的形成。卫星观测表明,由上升、冷却而伴随的潜热能量的释放集中于涡旋的能量泡的局部区域,这在增强云图上为一白亮的冷云区,通常位于台风的右前方,但也不完全如此,如图中则出现在它的南侧。台风眼是一干而暖的下沉气流区,高空是高压,低层为低压,环绕四周是深厚的云塔。

图10.20c为从增强云图上看到的台风结构,眼区、稠密云区和螺旋云带表现清楚。

图10.21显示了2012年8月7日08:00海葵台风红外云图和叠加的低空850hPa层流线、高层200hPa流线,图10.21a中可以看到台风的低层850hPa是气旋

第10章 热带天气系统的云图分析和预报应用 • 459 •

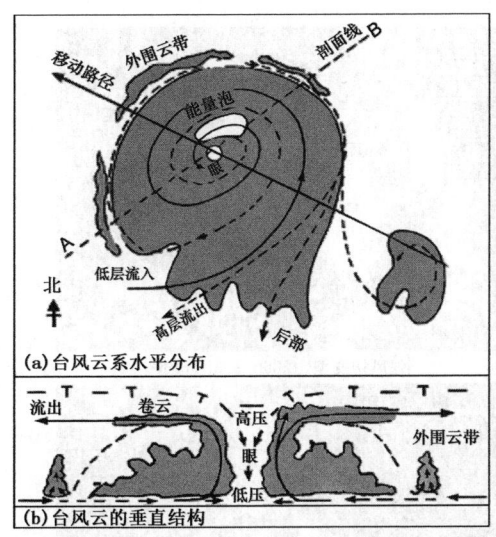

(a) 台风云系水平分布

(b) 台风云的垂直结构

(c) 增强红外图上的台风云型2007.10.5.23:00

图10.20 台风云系模式和垂直结构

性辐合流入环流,200hPa高层是反气旋辐散环流,最大台风的流出与卷云羽方向相一致,在台风中心眼区附近则是气旋性下沉环流。

(a) 叠加有低层850 hPa流线的IR图

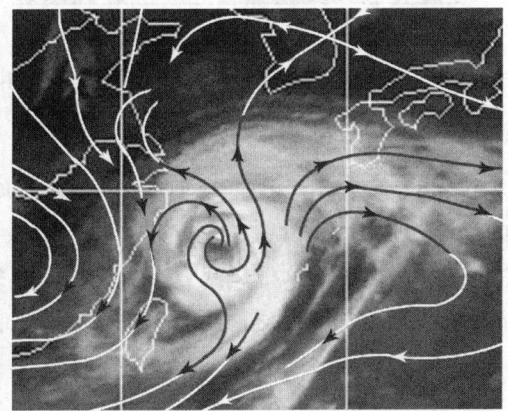

(b) 叠加有高层200 hPa流线的IR图

图10.21 海葵台风的高低层流线分布

10.5.2 台风云型及参数

如前所述,台风云系由螺旋云带、中心稠密云区和眼三部分组成,加上环境风特征可以将台风云区分成下面如图10.22给出弯曲云带、强风切变、有眼型和中心稠密云区四种台风云型和中心密蔽冷云区型。

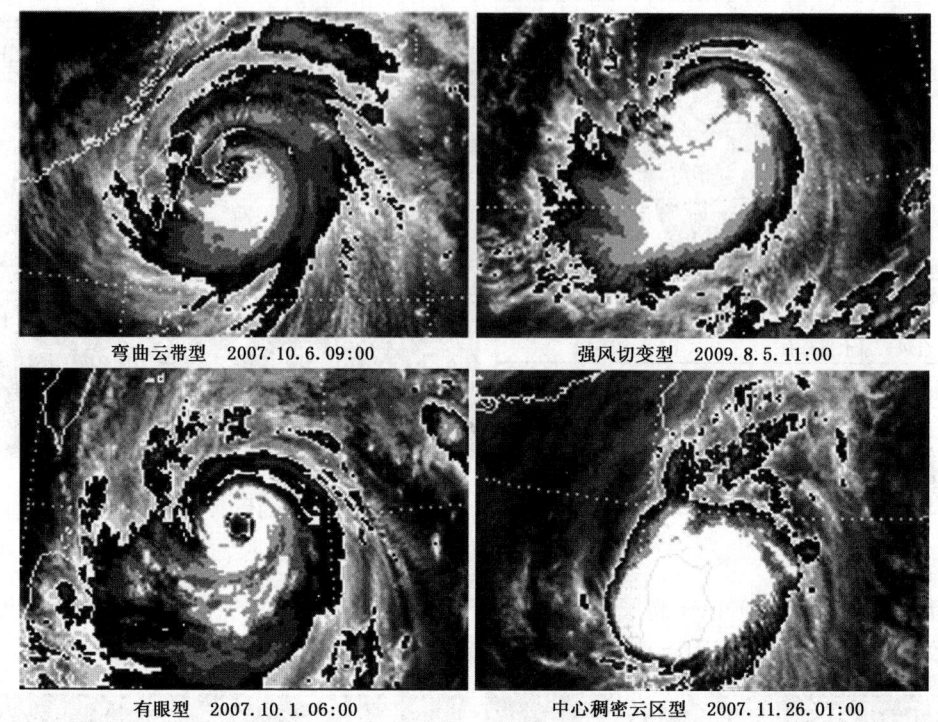

图 10.22 主要台风云型

(1) 弯曲云带型

在热带气旋的初期,表现的由一条或两条以上云带和若干螺旋云线旋向一个共同的中心。当弯曲云带旋转半圈时,热带气旋达到热带风暴强度;当弯曲云带旋转 3/4 圈时,达到强热带风暴;当弯曲云带旋转闭合时,便达到台风强度时。用云带特征指数 BF 描述弯曲云带的参数,BF 的值取决于云带环绕中心的圈数、云带的宽度。

(2) 强风切变云型

当台风云系移到强高空风切变区,受高空强风的作用,台风的中高云系偏于台风的下风一侧,

(3) 有眼云区型

台风眼是反映台风强度的一个参数,在卫星云图上通过眼的形状、大小、其相对稠密云区和其他云系的位置和周围云系的特征表示眼的特征。在增强红外云图上则通过眼指数 E 描写眼的特征,而眼指数 E 由眼周围的温度等级表示其值。

(4) 中心稠密云区(CDO)

在可见光或红外云图上,在云带的曲率中心处或眼区四周出现一整片稠密云区,

这就是中心稠密云区。它的大小和边界决定了 CF 数的值。CDO 越大,边界越清楚,CF 越大。

(5)中心密蔽冷云区型(CCC)——嵌入中心型

嵌入中心型又称中心冷云覆盖区(CCC),主要是出现于增强红外云图上,它是指在气旋中心附近的冷的圆形覆盖云区。当弯曲云带旋转闭合后,眼就出现在云系中,这时眼变得越来越暖,眼区周围的密蔽云区变得越来越深厚。统计分析眼区的温度与眼四周的温度与中心气压有关。

根据台风云带的圈数和宽度,用 BF 数表示台风的云带的指数,图 10.23 给出了台风云带 BF 指数的确定标准,图中上面一行相应的是宽度约 1/2 纬距,下面一行是约为 1 纬距。

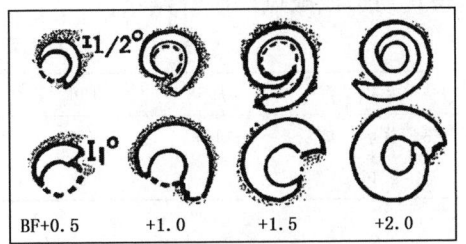

图 10.23　确定台风云带的 BF 数

图 10.24 给出增强红外云图上几个台风螺旋云带、中心稠密云区和眼的特征的实际例子。

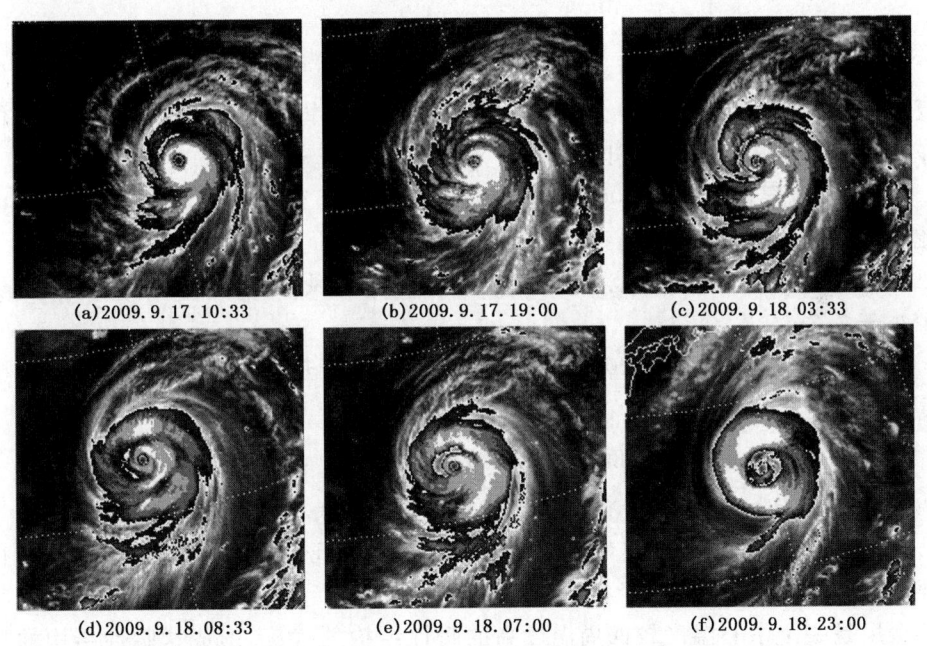

(a) 2009.9.17.10:33　　(b) 2009.9.17.19:00　　(c) 2009.9.18.03:33

(d) 2009.9.18.08:33　　(e) 2009.9.18.07:00　　(f) 2009.9.18.23:00

图 10.24　台风眼区和螺旋云带

10.5.3 热带扰动发展成台风的云图特征

台风是热带洋面上气旋性扰动发展而成的,这种气旋性扰动都是冷性的,扰动中心比四周要冷,这种系统不容易发展,它要消耗其能量维持它的生命。大多数扰动生成后不久就消失了,只有10%左右的扰动能继续发展。表10.3给出了北大西洋上热带扰动形成飓风的统计结果。

表10.3 热带大西洋扰动形成飓风的数目

年份	1968	1969	1970	1971	1972	平均
热带扰动云团	107	105	85	103	113	103
飓风	7	13	7	12	4	9

10.5.3.1 热带扰动发展成台风的条件

在实际业务预报中,判断热带扰动发展成台风的条件有:

(1)从地面到对流层中层存在深厚的潮湿的东风层,在这层内有低压中心,且东风层至少存在于低压环流中心算起的644km半径范围内;

(2)海面温度大于27℃;

(3)对流层低层有气旋性相对涡度区,其范围不少于555km,此外需要与高压脊或反气旋相接触,接触范围至少为90°(1/4圆周),其作用是由反气旋辐散气流供给低压中心以质量输送,造成该区辐合。

(4)在对流层低压上空200hPa有一范围不大的反气旋,并与外围斜压环境中的急流相接,以便把流出质量送到冷的环境区;

(5)在低压中心644km范围内,对流层低层平均风和高层平均风间的垂直切变至少小于7.7m/s;

(6)低压上空(500 hPa、200 hPa)的中心气温大于热带大气气温,其范围至少大于644km。

10.5.3.2 由卫星云图预报热带扰动发展成台风

在卫星云图上,判断热带扰动发展成台风的云图特征有:

(1)凡是发展成台风的热带扰动的云系往往有好几天的发展过程,其云区直径至少要达150km,持续时间至少在24小时以上;

台风是一个中心温度较四周温度高的暖性结构的气旋,形成这暖性结构的热量来自于对流云释放的潜热,扰动云系持续的时间越长,提供的热量就越多,如果热带扰动云系存在时间太短,就难以提供形成暖结构所需的能量。

(2)在气旋性扰动云系中,有一片强对流云区扩大或者云区内对流活动加强,云系色调变白,同时云区内卷云区面积一天天扩大,这说明低空有强的辐合,高空有明显的辐散表明这个低压能继续发展;云系范围扩大,云系色调变白,一方面说明台风潜热的增大,由于潜热增大使台风温度升高,暖性云系的扩大,与四周大气的温度差增大,使台风上层四周的风速加大,导致台风高层辐散加大,有利于低层辐合加强。

(3) 在气旋性对流云四周只表现有一些向外辐散的短卷云线,说明风的垂直切变很小,有利于其发展成台风。如云区四周边界并不均匀,在一些象限内卷云伸得很长,表示风的垂直切变大,不利于台风的发展;风速垂直切变减小,使对流在垂直方向进一步发展,如果风速垂直切变加大,会使云体倾斜,不利于对流的向上发展。

(4) 在气旋性扰动四周的卷云边界很光滑,或与急流云带相遇,表明对流层上部风速很强,使得积聚在对流层上部中心的热量迅速向四周较冷区域转移,从而提高热机效率,促进台风发展;卷云边界很光滑,表示台风边缘的风速很大,说明对流云持续释放潜热,使云内部温度很高,导致与四周环境的温度梯度加大。

(5) 云区内出现涡旋结构,并且越来越明显,说明低压环流加强,正向台风发展。

10.5.4 利用卫星云图确定台风中心位置

台风中心位置的确定对于台风路径预报有重要作用,是利用卫星云图分析台风的重要内容之一。早期确定台风位置是利用飞机进入台风内部进行台风的定位,以后又利用雷达进行台风中心定位,利用飞机对台风定位,风险大,成本高,而用雷达定位,其观测范围十分有限,只有台风接近陆地时可用,只有利用卫星云图对台风定位,快捷又方便,成本低廉,精度高。Woodcock 得出由于定位所引起的预报误差可表示为

$$FE = IE + 6.3\Delta t \tag{10.1}$$

式中,FE 是未来 Δt 时段台风中心位置预报误差,IE 是定位误差。从(10.1)式可见当定位误差增大,将导致台风路径预报的准确率降低。

台风中心一般是指低压中心或风的环流中心,在卫星云图上则是指云区的几何中心或涡旋云系的中心。在实际中,这些中心并不完全一致。同时热带气旋中心在移动过程中还会出现小尺度摆动,这些都造成了台风定位不是一件容易的事。用飞机、雷达可以确定台风中心位置,但是时常受费用、条件和探测距离等诸多限制。而卫星云图具有较高的时空分辨率,可以及时观测到台风的全貌,能有效地确定台风中心位置。这里主要介绍如何利用卫星云图对台风进行定位的方法。

在卫星云图上确定台风中心主要根据云区的形状、云区中的纹线、云带或云线的弯曲曲率、云区中出现眼的特征来确定。有时为了定位的客观性,还采用对数螺旋线板和云系模式确定。

10.5.4.1 台风有眼时中心位置的确定

当在云图上观测到有眼时,或部分眼壁时,其中心可以按以下方式确定:

(1)当台风云区内出现小而圆的眼区或涡旋中心清楚时,眼或涡旋中心就是台风中心位置;

(2)如果台风眼大而圆时,取其几何中心为台风中心位置;

(3)如果台风眼大而不规则,则分析红外云图上冷云区中台风眼区的温度或色调,中心定在冷云区中色调最暗的、最暖的地方。当在密蔽冷云区(9℃)内出现暖点时,要当心假眼,眼的位置不能远离预计的云系中心(CSC);当在密蔽冷云区(9℃)内出现较暖点时,其周围至少有曲率半径≤1.5纬距的半环状较冷的弯曲云带。

10.5.4.2 台风无眼时中心位置的确定

当台风无眼时,这时根据台风云区的几何特点和出现的云带或云线的曲率确定。一般按以下方法进行:

(1)台风云型呈圆形对称,则通常画一圆,取圆心为台风中心位置;

(2)当台风云型不对称时,可以按以下5步骤进行:

1)粗定位:确定云型整体中心,通过分析云线和云带的弯曲曲率或模式(图10.25)确定中心的大致位置;

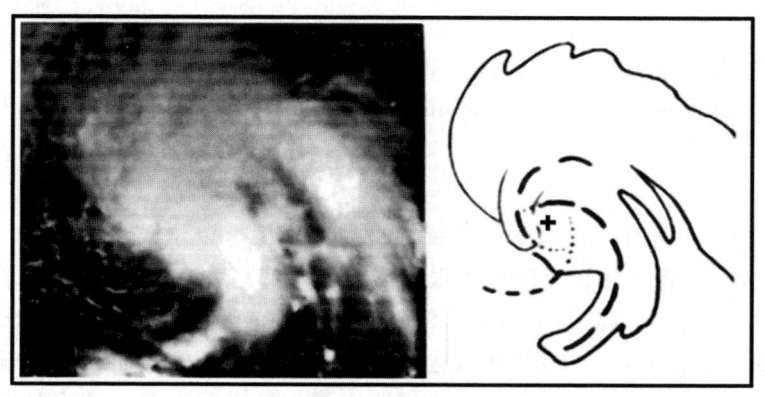

图 10.25 分析云线和云带的弯曲曲率确定中心的位置

2)细定位:根据云系的细微特征定位,如:①眼或眼的指示特征;②低云的曲率、云量极小区或云线汇聚区;③中高云区特征,如云的弯曲、冷云区、穿透云顶或云区中的空洞等。

如果有弯曲云带存在,则可沿弯曲云带的轴线,通过云带最稠密、最冷的部分画一条线,该线应与弯曲云带的内边界平行,根据密实的螺旋云带、云线汇合点和中心密蔽云区(直径大于1.5纬距的CDO),中心定在气旋性弯曲云带的内边界附近。如图10.26中,画出弯曲云带的轴线,并定出其终点A和舌尖点B,连结AB,其中点即为中心位置。

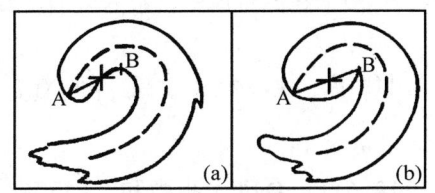

图 10.26　对于弯曲云带的中心定位

如果弯曲云带不明显,则可以利用云区中多条云线的曲率或云带弯曲边界画多条曲线,然后根据其中最大曲率云线的曲率半径作圆,圆心就是台风中心。

对于强度较大,云区较圆的台风,可以采用10°对数螺旋线与弯曲云带的轴线拟合确定。

3)将中心定位与预报位置进行比较其合理性:将上述得到的定位中心与过去路径外推的台风中心相比较,检查定位中存在的问题。

4)将前一次时刻与当前时刻的中心在云区中的相对位置比较:这一步帮助当台风中心不清楚,或有多个中心出现的复杂中心位置。通过两时次云图上的弯曲云线(带)、卷云砧边界等持续云型的比较,保持最佳匹配。

5)最后调整中心位置:这一步是针对网格误差、卫星视角、云系中心相对风场中心的位移等修正。

10.5.4.3　对于弱的热带气旋云系中心的定位

对于弱的热带气旋,云系往往不完整,这时定位较为困难,通常依据以下三种云特点确定。

(1)弯曲云带:在较暖、云稀少的周围有一曲率较小的稠密云带,沿10对数螺旋线的1/5处有弯曲。又若有卷云出现,其指示预期云系中心上空的反气旋切变。台风中心可据前述确定弯曲云带中心的方法来定。

(2)弯曲卷云线:云系中心,即曲率中心位于或靠近稠密云区附近。

(3)弯曲低云线:指示曲率中心位于冷云区的2个纬距以内。

10.5.4.4　使用卫星云图动画帮助定位

利用卫星云图动画显示,直接显示台风云系的整体移动和中心的路径,可以帮助台风路径的定位。

10.5.4.5　利用其他卫星资料进行台风定位

(1)水汽图确定台风中心:利用水汽图可以很好地帮助台风定位,在水汽图上,水汽带的分布较红外或可见光图上云系的分布更为连续,对于弱的或正在发展的热带气旋的定位很有帮助。

(2)利用卫星微波观测确定台风中心:微波图像也可用于台风定位,微波有高的透射特性，更能揭露台风的密蔽云区的螺旋结构特征，利用其可以识别台风的暖中心位置。

10.6 Dvork 分析台风方法

10.6.1 台风 T 指数和 CI 指数

在卫星云图上为估计台风强度，用参数 T 表示台风的云系特征，在具体应用 T 指数时又分成以下四种 T 指数。

10.6.1.1 资料 T 指数（DT）

资料 T 指数是从云图上云系特征参数化后提取而得出的一个估算值，如云带参数化为 BF 数，中心稠密云区参数化为 CF 数，则资料 DT 参数写为

$$DT = BF + CF$$

图 10.27 给出了螺旋云带和稠密云区对应的 DT 指数的模式。

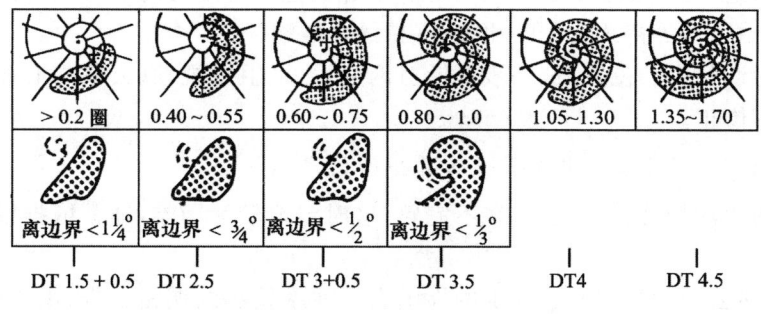

图 10.27 资料指数 DT

10.6.1.2 模式期望 T 指数（MET）

这是根据热带气旋强度演变模式预估强度的一种指数。在正常情况下，规定模式预期 T 指数的变化每天增加 1，但是当热带气旋加强或减弱的速度较正常情况大或小时，模式预期 T 指数要根据气旋的变化速率加以订正。模式预期 T 指数是当气旋云型指示不够清楚时应用。图 10.28 给出了弯曲型热带气旋发展的概念模式。图中表示了实际热带气旋发展的 T 指数和最大风速、中心气压，还给出了云特征参数随时间的波动变化，这种波动变化在气旋初期较大，随气旋发展，这种波动逐渐减小。

10.6.1.3 云型 T 指数（PAT）

PAT 是对 MET 的结果与模式云型不一致时，当云型明显地强于或弱于模式中所对应的云型，这时应加上或减去 0.5T 指数，所得结果称为云型 T 指数。

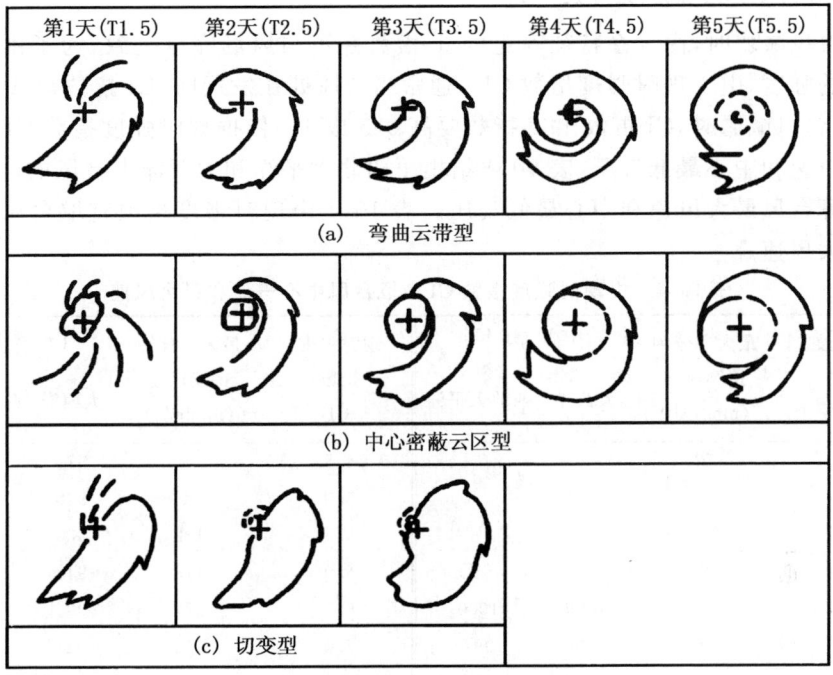

图 10.28 模式期望 T 指数

图 10.29 为不同台风云型对应的 T 指数的值。实际中可将台风云型与图中台风模型比较,确定云型 T 指数。

图 10.29 云型 T 指数

10.6.1.4 现时强度指数(CI)

在台风减弱时,由云系特征确定的 T 指数并不与风场完全一致,为了由云图确定台风的强度,引入现时强度指数 CI。通常当台风处在发展时,CI 指数与 T 指数同值,而当台风减弱时,CI 指数比 T 指数要高 0.5 或 1。依据现时强度指数 CI 可以确定台风风速和中心最低气压,表 10.4 给出了西北太平洋和大西洋上台风的由现时强度指数算台风最大风速和中心最低气压。表 10.4 由现时强度指数查取台风中心气压和最大风速。

表 10.4 由现时强度指数 CI 查取台风中心气压和最大风速

现时强度指数 CI	最大1分钟持续风速(nmile/h)	中心气压 hPa		现时强度指数 CI	最大1分钟持续风速(nmile/h)	中心气压 hPa	
		大西洋	西北太平洋			大西洋	西北太平洋
0.0	<25			4.5	77	979	966
0.5	25			5.0	90	970	954
1.0	25			5.5	102	960	941
1.5	25			6.0	115	948	927
2.0	30	1009	1000	6.5	127	935	914
2.5	35	1005	997	7.0	140	921	898
3.0	45	1000	991	7.5	155	906	879
3.5	55	994	984	8.0	170	890	658
4.0	65	987	976				

10.6.1.5 最终 T 指数(FT)

最终 T 指数是对 MET 指数作调整后获得的指数。

10.6.2 卫星云图确定台风强度

10.6.2.1 模式逐日强度演变

热带气旋的初始云型:热带气旋的初始云型是第一天 T1 指数阶段时热带气旋云型,它常有如图 10.30 三种常见云型,表现为弯曲的对流云线或云带旋向一个中心或环绕着一个云系中心。一旦出现这种云型,则意味着:①扰动云系将按模式的演变过程发展;②云型的变化,预示强度发生变化;③如果云型没有明显变化,气旋强度不会有变化。

10.6.2.2 热带气旋逐日发展云型模式

通常热带气旋的发展是逐日发展的,图 10.31 给出了三种云型逐日发展的模式,图中"+"是中心位置:

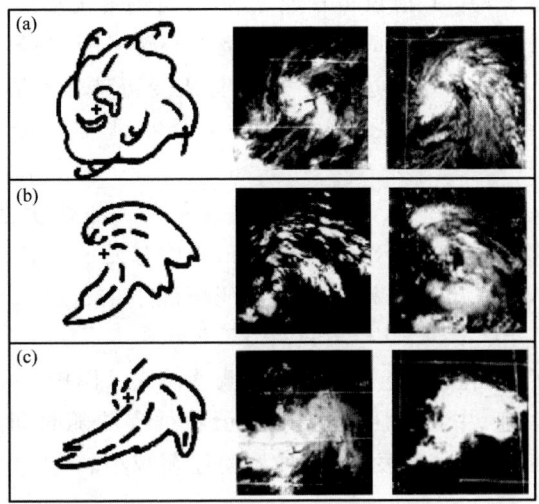

图 10.30 热带气旋的三种初始云型

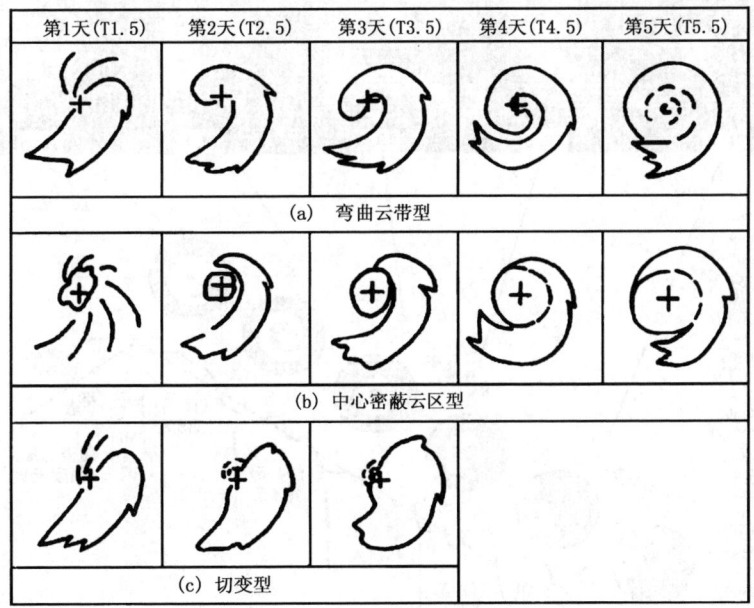

图 10.31 热带气旋云系的逐日演变

(1)弯曲云带型逐日发展演变模式。在图 10.31 的第一行为弯曲云带云系逐日演变和相应的 T 指数值,当在云图上出现如图中的第一天特征(初始云型),弯曲云带的发展演变就开始了,其 T 指数每日递增为 1,当热带扰动确定为 T1 后,第 36 小时就达到热带风暴强度 T2.5,此时弯曲云带绕中心转半圈,当云带转一圈时,达飓风强度,到第五天达到 T5.5。整个过程处发展时,眼变得越来越清楚,环绕眼的云区温度越来越低,最后云系表现为环绕中心的同心圆云带,眼区十分清楚,达到风暴的最大强度。

(2)中心浓密云区型。图 10.31 中的第二行为这一类型,其主要特征是中心有密蔽云区所覆盖,表现为中心密蔽云区逐日扩大,并伴有云带发展。

(3)切变云带型,这是出现在高空有风切变情况下的云型,云区偏于中心的某一侧,其发展生命只有三天,最大 T 指数只有 T3.5。

图 10.32 给出了弯曲型热带气旋发展的概念模式。图中表示了实际热带气旋发展的 T 指数和最大风速、中心气压,还给出了云特征参数随时间的波动变化,这种波动变化在气旋初期较大,随气旋发展,这种波动逐渐减小。

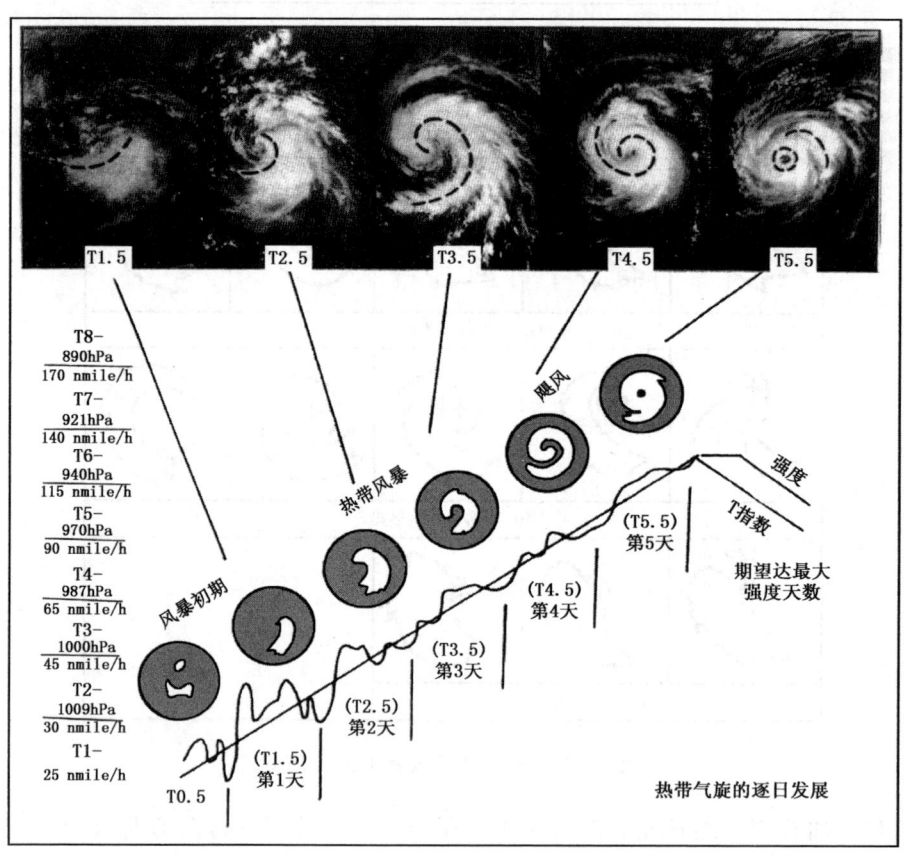

图 10.32 弯曲型热带气旋发展的概念模式

10.6.3 分析热带气旋强度的步骤

德沃夏克(Dvork)方法共分 10 步(图 10.33—图 10.36):
步骤 1:确定云系的中心位置。
有关台风云系的定位可以见前面的方法。
步骤 2:确定 DT 指数。
这一步的主要目的是确定 DT 指数。其方法是首先识别云型的类别,然后针对不同类型的云分布特征定出 DT 指数。
这一步分析还要注意以下规则:
规则 1:若能得到短间隔的云图时,则取将直至分析时刻 3 小时内的所有云图上的清晰的特征进行平均测量;
规则 2:当从一张云图上估计出两个以上的 T 指数时,则要正确估计模式预期 T 指数(MET)。
规则 3:如果出现的云图特征难确定时,则分析着重于模式预期 T 指数。
规则 4:当对同一张云图估计出两个明确的资料 T 指数,又不能肯定哪个最具有代表性,这时要分析两者的不同点。
步骤 2A:弯曲云带型
对于弯曲云带的分析可利用与 10°对数螺旋线相匹配的弯曲云带的弧长估算 DT 指数,其螺旋线要与弯曲云带内最冷云区的轴线相一致,并与云带气旋性弯曲的左侧边界大致平行。如果云带内出现有两条可能的轴线时,则取云区内最稠密的那个曲率的弧长。而当弯曲云带发展时,则取云带深灰色云区确定,但有时采用不着较暖的或较冷的灰色覆盖。
如图 10.33 中,更准确性的方法是将 10°螺旋线套在已画出的弯曲云带轴线上,以 1/10 环为单位计算弯曲云带弧距,并转换为 DT 指数。
在发展的最初二天($T_1 \sim T_2$)期间,弯曲云带的量值可能变化很小或者在很短的时间内减小。
步骤 2B:切变云型
切变云型一般出现于风暴发展的初期或减弱阶段。冷云区位于云的某一侧,并有卷云砧出现。确定这类云型的 DT 指数需考虑两个因子:(1)已出现用于确定中心的低云线;(2)系统中心现密蔽云区之间的距离。对热带风暴(T2.5~3.5),系统的中心通过冷云区(31℃)边界附近或下方的几条直径≤1.5 纬距相互平行的弯曲的低云线确定。对于弱的系统(T1.5~2.5),低云中心大致定在冷云区 1.25 纬度距的螺旋云线内,或定在直径小于 15 纬距的密蔽云区的环形云线附近。
步骤 2C:眼型

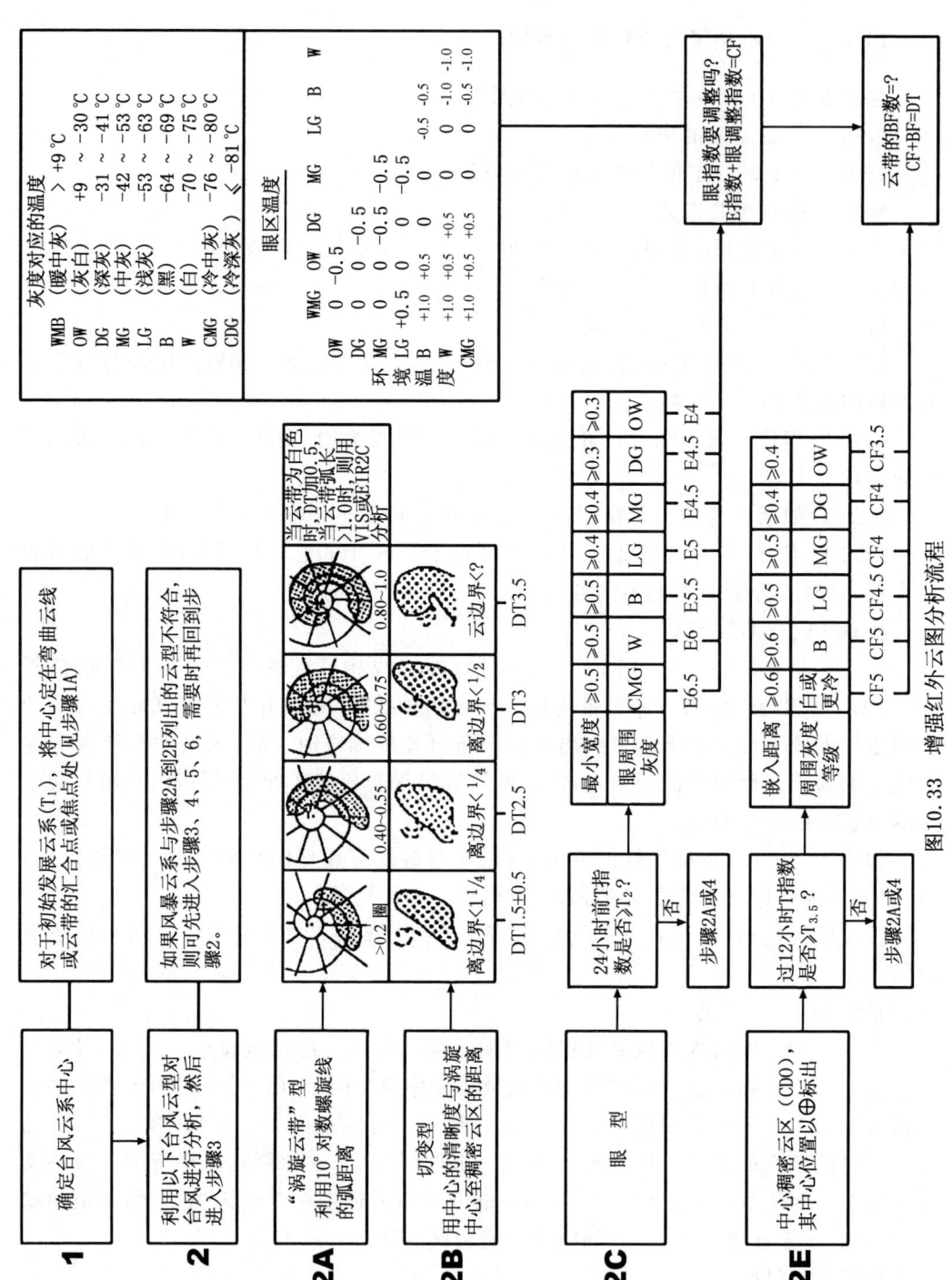

图10.33 增强红外云图分析流程

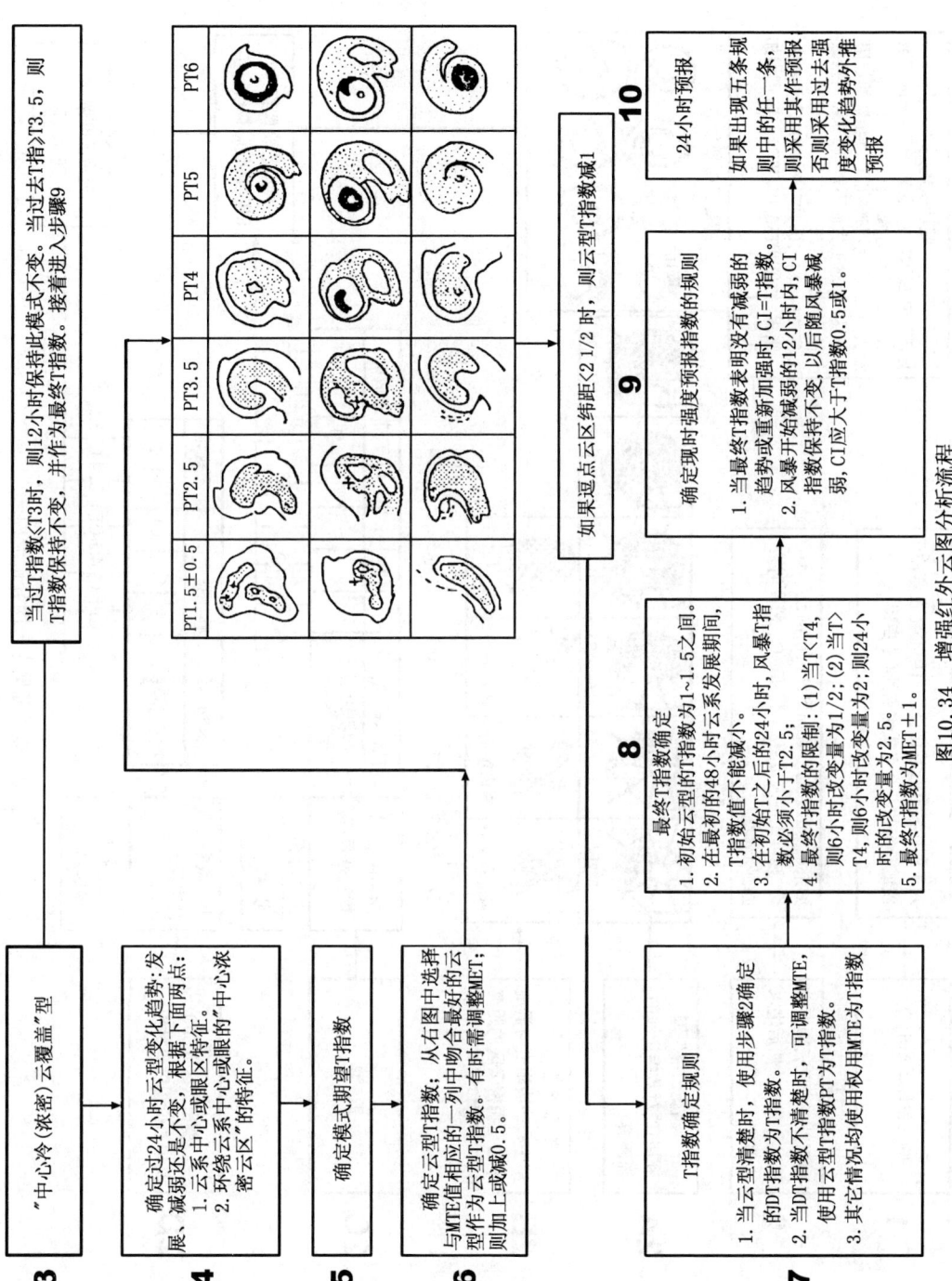

图10.34 增强红外云图分析流程

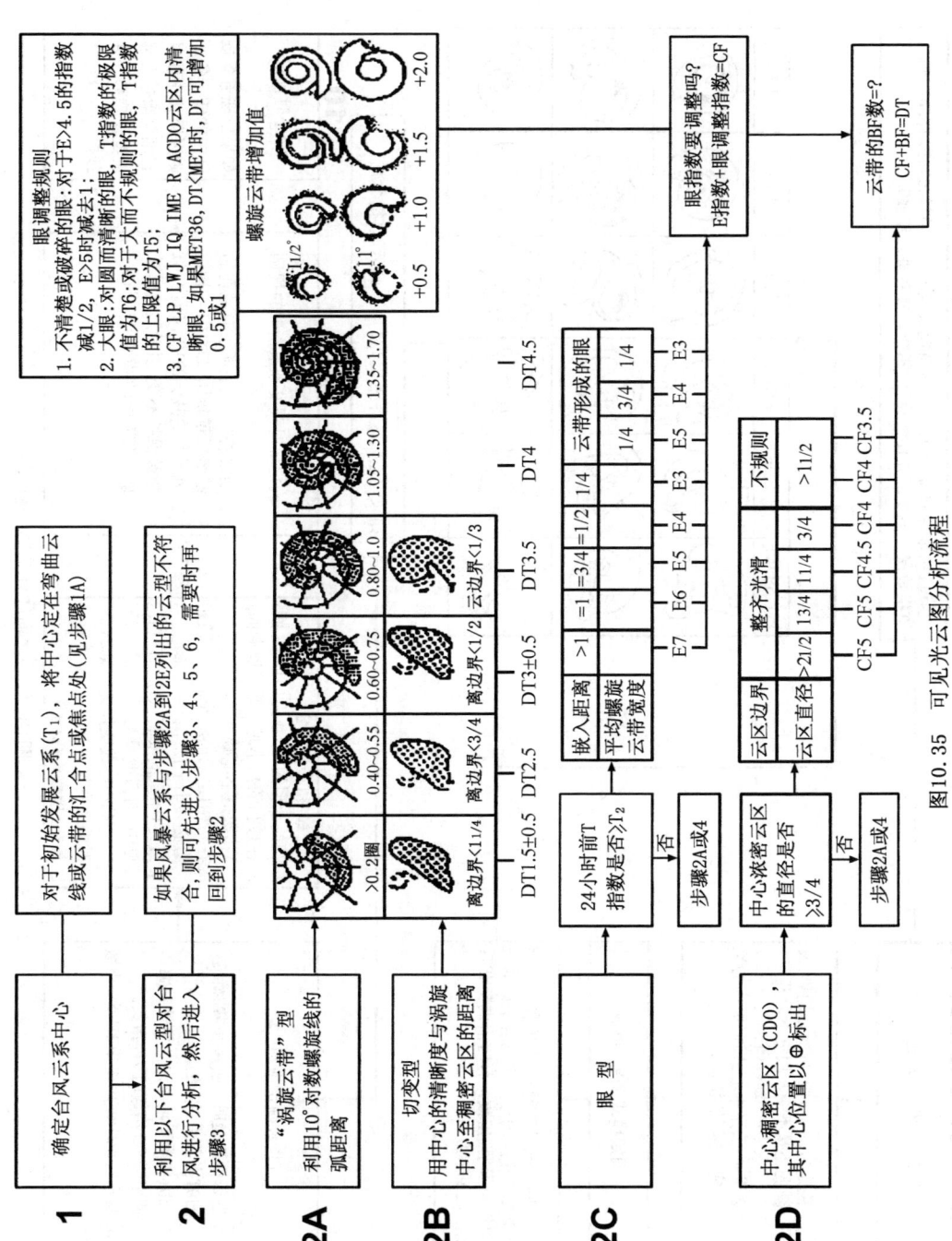

图10.35 可见光云图分析流程

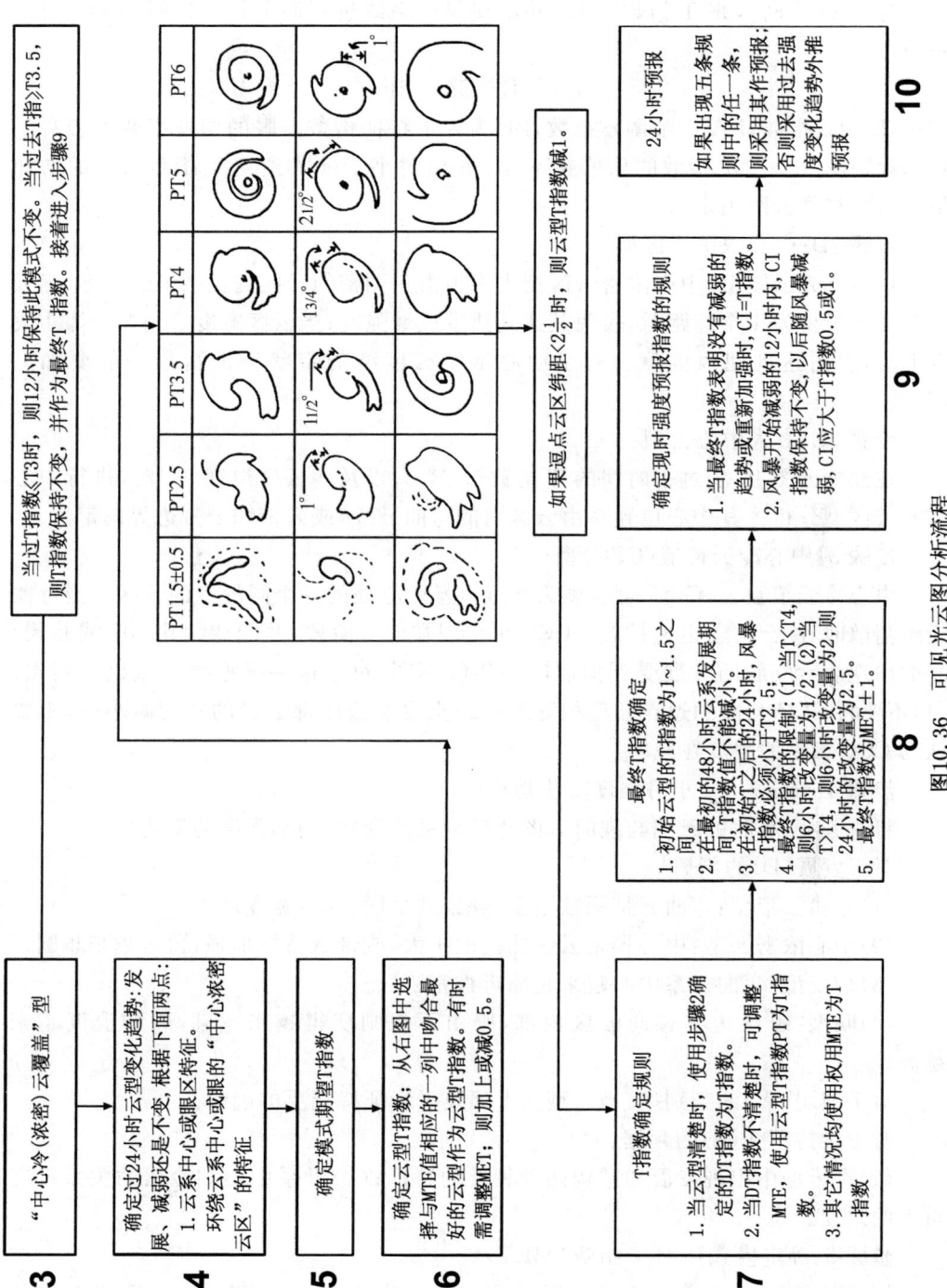

图10.36 可见光云图分析流程

对于 24 小时以来 T 指数 $\geqslant T_2$，并出现眼的系统进行眼分析。这时的 DT 指数写为

$$DT = E + EA + BF$$

式中，E 为眼指数，EA 为眼调整指数，BF 为云带特征指数。眼的调整指数由表右上角的规则确定。当 T 指数的估值在不加 BF 值时小于模式预期 T 指数，BF 的增加值由增强红外云图确定。

步骤 2D：中心浓密云区型

在可见光云图上，中心浓密云区型表现为由一稠密的云区覆盖系统的中心，当云区的宽度至少为 1 个纬距时，表明其达到热带风暴强度；当云区宽度达到 2 个纬距或以上时，表明达到飓风强度。对于中心浓密云区型的带状特征指数一般要加上 CF 数。

步骤 2E：嵌入中心云型

在红外云图上，当过去时间的 T 指数 $\geqslant T3.5$、以及冷云区温度 9℃时，进行中心浓密云区型分析。其中心位置系由云区内的弯曲云线，或云带和云带边界确定。

步骤 3：中心冷云覆盖（CCC）型

中心冷云覆盖云（CCC）可表现为在近风暴中心处的一个圆形冷的云区。当弯曲云带消散时，冷云覆盖迅速扩展。CCC 可出现在任一阶段，并能持续几小时或几天，它的出现表示气旋的发展受到抑制，与 CDO 不同，对于这一云型要注意以下两点：(1) 不要将 CCC 与冷的逗点云型相混淆；(2) 当逗点云尾部云带的宽度减小时，不要认为 CCC 云型的强度在减弱。

步骤 4：确定过 24 小时强度变化趋势

将过去 24 小时的云图与现时云图比较云系的变化，判别强度的变化。

对于发展（D）的判据

(1) 弯曲云带型：弯曲云带圈数增多，越来越呈同心圆，宽度加大。

(2) 中心浓密云型：中心稠密云区的范围扩大，或带状特征加强，云区越来越圆。

(3) 切变型：弯曲云系中心越来越靠近稠密云区。

(4) 眼型：眼从边界移向云区内部，眼由不规则变得越来越圆，眼的温度越来越高。

对于减弱（W）的判别据：当云型与上面发展特征持相反的趋势。

对于维持不变（S）的判据：

(1) 在云型中出现发展和减弱两种相反的特征；(2) 云系中心和冷云的关系没有重大的改变。

步骤 5：确定模式预期 T 指数（MET）

模式预期 T 指数是由前 24 小时的 T 指数和由步骤 4 确定的 D、S、W 和过去气

旋强度的变化量确定的。求取 MET 的具体算法如下:(1)对于发展状态(D):前 24 小时 T 指数+0.5～1.5;(2)对于稳定状态(S):前 24 小时 T 指数加 0;(3)对于减弱状态:前 24 小时 T 指数-0.5～-1.5。其中究竟取 0.5、1 还是 1.5 取决于气旋发展或减弱的速度,这三个值分别对应于缓慢(0.5)、正常(1)和快速(1.5)三种情况。如果气旋的变化由 D 向 W,则昨天的 T 指数减 1,反之则为昨天的 T 指数加 1。

步骤 6:云型 T 指数

云型 T 指数是根据图中的云型确定。其一般使用于当模式预期 T 指数与实际的云型发生明显的偏差时,调整模式预期 T 指数(MET)。通常是将模式预期 T 指数与图中相应值的 PT 指数云型相比较,如果实际的云型比模式预期 T 指数所相应值的 PT 指数云型更强或更弱,则要对模式预期 T 指数进行调整。将模式预期 T 指数调整到与实际云型 T 指数,即是 PT 相符合。

步骤 7 和 8:确定最 T 指数

如图 10.33—图 10.36 中,从步骤 7 确定 T 指数,但是为了保证气旋强度估计的准确性和一致性,必须使用步骤 8 的规则。

步骤 9:利用图 10.33—图 10.36,确定现时强度指数。

10.7 台风强度的预报方法

10.7.1 周围环境对热带气旋强度的影响

在热带气旋周围环境是影响其强度变化的重要因子之一。环境因子包括有下垫面、海域范围和大气环境等方面。

10.7.1.1 下垫面对热带气旋强度的影响

(1)陆地:陆地地形对台风强度有影响较大,陆地的大小、高度和形状等对台风的强度都有明显的作用。一般当台风进入陆地,由于水汽、摩擦等作用,使台风登陆后强度迅速减弱。大块的陆地可导致云区在 12 小时或更短的时间内迅地减弱。特别是有山脉的岛屿,如菲律宾的吕宋岛、我国的台湾岛明显地削弱向西移的西太平洋台风。

(2)冷水面:当处于暖水区的热带气旋经过温度梯度很大的区域进入冷水区,其强度显著减弱。但是当热带气旋通过温度梯度较小的区域进入冷水区,也会发生加强的作用。

(3)海区范围:热带洋面的范围大小对热带气旋的强度也有明显作用,如西太平洋的台风强度明显地大于南海台风。当西太平洋台风通过菲律宾进入南海区域,强度明显减弱。

10.7.1.2 大气强风速垂直切变的作用

当台风上空的垂直风切变加强,云在垂直方向上发生倾斜,不利于台风中的对流发展,强度减弱。有时如当台风从西太平洋进入南海区高空强东北风区,台风云系一般明显减弱,同时台风云区表现为不对称,中低云区在上风一侧露出,而下风一侧出现一云团,顶部有向西南方伸出的卷云砧。另外当出现相距较近的双台风时,东面一侧的台风的强风减弱西台风。

10.7.2 热带气旋强度的预报程序

10.7.2.1 热带气旋强度预报程序

热带气旋强度预报可以有下面两种方式:

(1)根据概念模式的强度变化曲线外推,其强度变化曲线并分成"快速"、"典型"和"慢速"发展三种类型。如图10.32中,给出了逐日典型(正常)T指数随天数的变化,台风的强度每天改变1个T指数;对于"快速类"每天改变1.5个T指数;"慢速类"每天改变0.5个T指数。

(2)当观测到特定云型时,修改概念模式预报结果。

对于减弱的风暴需要确定当前强度指数CI,当云系显示出减弱达12小时左右,则取CI=T+1。

10.7.2.2 热带气旋强度预报的规则

规则1:在正常情况下,或已观测到风暴已达到峰值强度,则预报热带气旋仍以过去12小时或24小时的强度变化率继续发展(模式强度T指数变化率为每天0.5、1或者0.5)。

规则2:当出现下述情况,预报热带气旋将不能发展

(1)环境和气旋本身二者云型都有表现有不利的因子;

(2)环境和气旋本身二者之一的云型都有表现有很强的不利的因子。

(3)当气旋达到峰值强度

规则3:当出现下面情况时,可作预报气旋仍可能继续发展

(1)当台风移动路径发生变化,出现转向时;

(2)不利性因素迅速减弱;

(3)不利性因素是短暂的。

规则4:当出现下述情况时,可预报台风将再度发展

(1)台风离开短期不利发展的陆地时;

(2)台风离开不利于发展的强风切变区域。

规则5:在下述情况下,热带气谢将快速发展每日增加1.5个T指数

至少有 6 小时两个时次间隔的云图上表明云系是快速变化的,特别是当出现有很冷的云顶和完整的云系结构时。

规则 6:出现不利因素已有 12～24 小时以上,而且不利因素长期存在情况下,预报气旋减弱。

10.8 热带气旋路径的卫星云图预报方法

10.8.1 由台风环境云场预报台风路径

卫星云图上锋面云系、副热带高压和台风云系间的相对位置反映了它们之间的相互作用,根据卫星云图上锋面云带、副热带高压与台风云系间的位置可以预报台风路径。若把台风未来 24 小时移向分为西行、西北、北上和转向四类,相应这四类的环境云场特征如下:

(1)西行类:这一类按锋面云带的走向分两种情况:①锋面云带呈纬向分布,副热带高压呈东西走向,台风距锋面为 10～20 纬距,离副高西脊点约为 12～15 纬距;②锋面云带呈东北－西南走向,位副高西北侧,与台风相距 15～20 纬距,副高北侧云系散乱,与台风相距 10 纬度距左右。

(2)西北类:当副高略减弱,台风常向西北移动,也分两类:①锋面云带呈东北－西南走向,位副高西北侧,副热带高压分成两环,西环东北西南走向,宽度较小,东环呈东西走向,南北宽度大,台风位于东环副高的南侧。②锋面云带呈纬向分布,副热带高压呈东西走向,宽度较小仅 6～13 纬度距,台风位副高西南侧。

(3)北上类:当台风云系位于移近锋面云带的尾部时,或处在副高的西侧时,台风将北上,也分两种情况:①锋面云系与台风十分接近时,或连结一起,云系间距离仅为 0 或 1～5 纬度距,副高将后退(东退)或分裂两块,东块大,西块小,观风位于副高的西侧或西南侧。②锋面云带呈东北－西南走向,与台风云系间距离很小,只 6～10 纬度距,东环副高南落加强。

(4)转向类:锋面云系与台风连结,台风云系处减弱阶段,且位于副高西侧。另外如果赤道缓冲带向北推进,也有利台风北上。

10.8.2 台风本身云系特征预报台风路径

台风系的型式和分布是台风与周围环境流场相互作用的结果,所以根据台风本身的云系和其变化可以判别台风的路径,根据多年卫星云图分析表明:

(1)台风朝其云区长轴方向移动;

(2)台风向云区稠密的地方移动;

(3)如果台风呈"9"字,台风将西移;这是台风主要受东风环流的作用的结果;
(4)如果台风呈"6"字,台风将北上转向;这时台风主要受西风环流的作用;
(5)根据台风云系旋转确定移向。

10.8.3 双台风或多台风情况下的台风路径

在卫星云图上常见两个或以上的台风同时出现,如果台风间距离较近,它们就要发生相互作用,表现为:

(1)西台风的云系受东侧台风的气旋性环流的作用,西台风的东半部云系减弱消失,表现出偏心的云型结构,显露出低层螺旋云线,稠密云区集中台风西侧;
(2)西台风受东台风的作用,云系减弱,范围缩小,强度减弱;
(3)引导原西台风移动的气流被东台风切断,此时西台风受东台风环流的影响,将打转或原地少动;或向西或西南方移动;
(4)当东台风转向北上移出后,西台风才能受副高环流的作用,打转或原地少动结束,将向东北方移出。

本章要点

1. 影响热带云系分布的物理因素。
2. 热带辐合带的云系特点和类型。
3. 东风波、高空冷涡云系。
4. 卫星云图上的台风云型结构。
5. Dvork 台风分析。
6. 台风路径预报。

问题和思考题

1. 卫星云图在热带地区有什么作用?
2. 控制带地区云系分布的物理因子有哪些?
3. 热带云系的分布特征?
4. 热带地区云系的尺度分成哪几种?
5. 热带地区的主要云种有哪些?三类热带对流云模式结构?
6. 热带云团的结构?试述热带云团分成哪几类?说明这几类云团的物理量特征。
7. 试述热带辐合带的长期变化(年变化、季变化)。大气环流发生哪些改变?
8. 试述热带辐合带的短期变化?引起热带辐合带短期变化的原因是什么?
9. 热带辐合带有哪几类?其云系特征表现如何?

第10章 热带天气系统的云图分析和预报应用

10. 什么情形下热带辐合带加强和减弱？
11. 试述热带辐合带的垂直结构？
12. 如何从卫星云图确定热带辐合带地面辐合线？
13. 为何夏季西太平洋到南亚上空辐合带云系最强，而东太平洋地区最弱？
14. 试述冬夏季节热带辐合带云系的地区特征。
15. 东风波云系有哪几类？为什么从东太平洋向西移动的东风波云系振幅越来越大，云系越来越多？
16. 热带辐合带内的扰动云系（低压涡旋云系）主要出现在什么地方？其主要特点有哪些？
17. 简述夏季太平洋中部、对流层上部高空冷涡的大气环流形势特征。
18. 简述夏季太平洋中部、对流层上部高空冷涡云系的结构。
19. 赤道反气旋的形成有几个阶段？推动阶段主要是由于什么原因引起的？
20. 试述卫星云图上的一般的台风云型结构。
21. 由卫星云图根据什么可确定热带扰动低压已经是台风？
22. 热带扰动发展成台风的条件是什么？
23. 由卫星云图确定台风形成的条件是什么？
24. 说出五种台风云型，每一种云型的主要特征有哪些？
25. 发展成台风的天气系统有哪些？试述台风发展过程。
26. 利用卫星云图确定台风中心位置？有眼时和无眼时台风中心位置如何确定？
27. Dvork 台风分析中，资料 DT 指数的定义？什么是模式期望 T 指数？云型 T 指数？现时强度指数 CI？
28. 什么是模式逐日强度演变？什么是热带气旋的初始云型？试述热带气旋的云型逐日发展模式？
29. 如何确定 DT 指数？
30. 对于台风发展（D）的判据有哪些？
31. 有哪些因素影响热带气旋的强度？
32. 预报热带气旋强度的步骤有哪些？
33. 预报热带气旋强度的规则有哪些？
34. 预报热带气旋的路径有哪些方法？
35. 如何根据云系大范围分布预报台风强度？

第 11 章　气象卫星资料估计气象参数

11.1　卫星资料估计降水

降水是全球水和能量循环最重要的部分之一,但也是最难观测的项目之一。整个地球而言,总的大气绝热加热的大约 80% 与降水潜热加热相联系。这种加热的时空分布驱动热带大气环流。因此降水的精确测量无论对工业生产水资源和旱涝预报,还是对大气科学的研究都有十分重要的意义。测量降水的方法很多,有直接的,也有间接的,但每种方法都有局限性。地面雨量计可以直接测量降水,具有较高的精度,但是对于降水分布不均匀的对流性降水,测量的代表性很差,不能表示较大面积的降水分布;雷达可间接地获得较高时空分辨率的降水分布,但它是建立在某些假定的基础之上,覆盖面积也十分有限,对山脉、人烟稀少的高原、沙漠和海洋等地区的降水无法进行测量,特别是异常气象条件下,测量也成了问题,尽管如此,目前雷达观测降水量是最有效的方法,许多降水资料主要依靠测雨雷达获取。近几十年来,卫星探测技术的提高,资料处理方法的不断改进,卫星实现了多谱段观测,不但可以提供可见光、红外资料,还能提供水汽资料,卫星微波探测也取得了巨大的成功,因此利用卫星估计降水的方法也很多,但是虽然各方法有它的优点,但也有它的不足之处。例如采用微波资料估算降水,由于微波有穿透云的特性,可以较好地估计降水,但是目前微波辐射计安装于极轨卫星上,其时间分辨率低,对于降水随时间变化大的对流性降水,很难作较为精确的估计。又如,利用静止卫星云图估计降水是根据云的亮度、云的面积和云的种类等因子,它具有高的时间分辨率和空间分辨率,对于估算变化快的对流性降水十分有利,但是降水与云的亮度、面积和云类之间的关系较为复杂,不是十分明确,所以估计精度有限。目前利用卫星资料估计降水主要分为两类,一类是建立在云的分类基础上的云指数法;另一类是利用静止卫星能连续观测云系变化的生命史法。

11.1.2　降水因子分析

由卫星估算降水必须明确两个问题:(1)云厚与降水间的关系是什么？(2)云厚度与亮度间是什么关系？

11.1.2.1 云厚与降水量间关系

一般而言,云愈厚,所含有的液态水就愈多,产生降水量也愈大。图 11.1 给出了海上云厚与降水的关系,可以看出:当云厚<600m 时,几乎没有降水;当云厚>4600m 时(大气温度约-15℃),其对降水的贡献最大,达 0.7 以上,而 600m<云厚<4600m,云厚对降水的作用随其厚度的增大而增加。图 11.1 顶上的数字是降水时间,也可看到,当云厚达到 4600m 以上时,降水时间较长;而云厚为 2700m 时,降水时间较短;云厚为 1200m 时,降水时间又加长。由于决定降水的因子很多,如蒸发、凝结和温度等,所以对一些薄的云,降水时间与厚度的关系十分复杂。

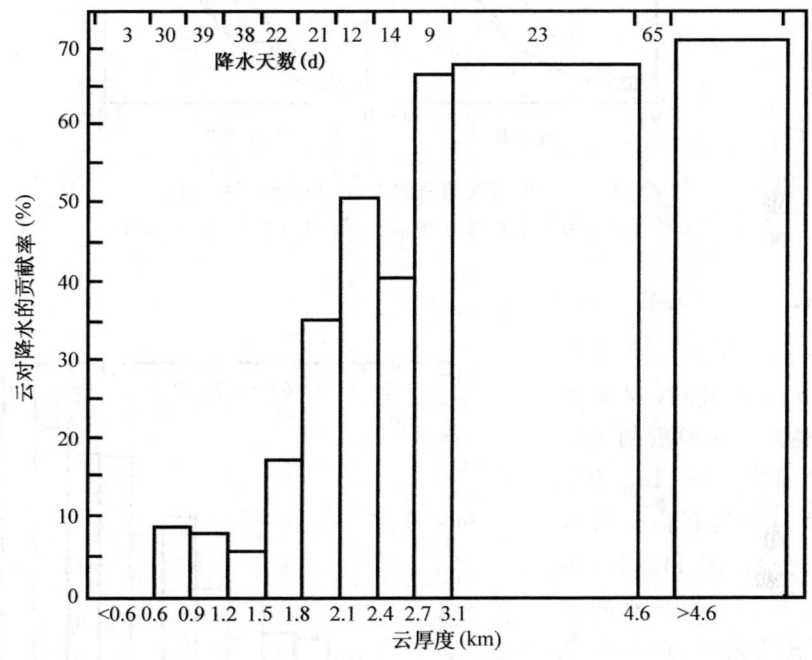

图 11.1 云厚对降水的贡献的百分数
(Spillance 和 Yamaguchi,1962)

11.1.2.2 云厚与云的反照率

在可见光云图上,卫星测量值主要取决于云的反照率,而反照率又取决于云厚度,云愈厚,反照率愈大。图 11.2 给出了在不同太阳天顶角下,平均云滴直径为 $6\mu m$(方差为 $1\mu m$)时的云厚与反照率的关系。图中实线和虚线分别是云中液态水含量为 $0.40g/m^3$ 与 $0.20g/m^3$ 的情形。可以看到,当云厚≥600m 时,其反照率趋向于一常数;而云厚≤600m 时,其反照率随云的厚度加大而增加。此外云的反照率与太阳天顶角有关,对于云厚<400m 的云,其反照率随太阳天顶角减小而减小。

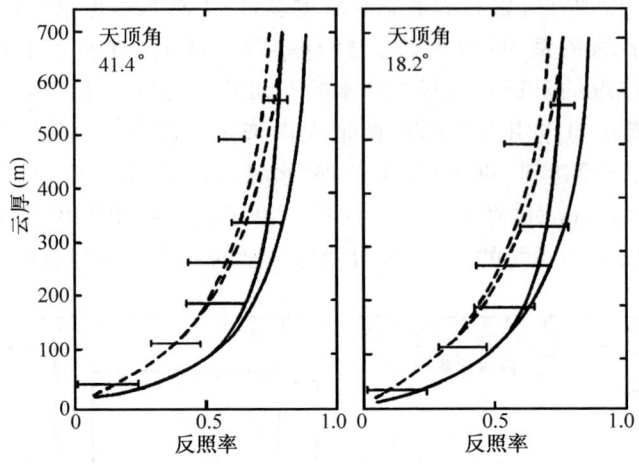

图 11.2　云厚与反照率的关系(Twomy 等,1967)

(实线相应液态水含量 0.4 g/m³;虚线相应 0.20 g/m³)

11.1.2.3　云与雷达回波

在卫星云图上的云并非都能为雷达所探测,观测表明,只有达到一定厚度的云才能有雷达回波。图 11.3 给出了云厚度与云具有雷达降水回波的百分数,图 11.3(a)的上半部为海上云与降水回波的关系,显然云层愈厚,出现雷达降水回波的百分数越高,对于云底为 760m 时的信风积云,回波的概率从云厚 1100m 的 0 到云厚为 2700m 的 100% 稳定地增加。图 11.3(b)的下半部为陆地岛屿上云与降水回波的关系,与海上云层相比,同样厚度的云层,由于受地形的影响,出现

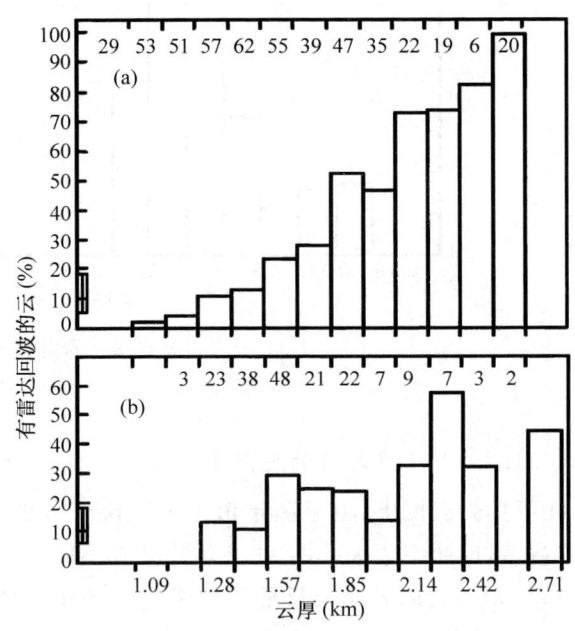

图 11.3　云层厚度与出现雷达降水回波的概率

降水回波的百分数明显减小。

11.1.2.4　不同天气系统下的不同可见光和红外亮度等级的出现的降水概率

图 11.4 给出了冷锋、暖锋、冷气团对流云和中尺度对流系统在不同红外和可见光等级下出现降水的概率，图中虚线表示不同红外等级和可见光等级出现降水的概率。可以看出，对于温度越低、反照率越大，降水概率越大；实线是某红外和可见光等级处降水像点数相对于全部降水像点数的百分数，对于不同的天气系统，降水像点数在可见光和红外双谱段上的表现也明显不同。

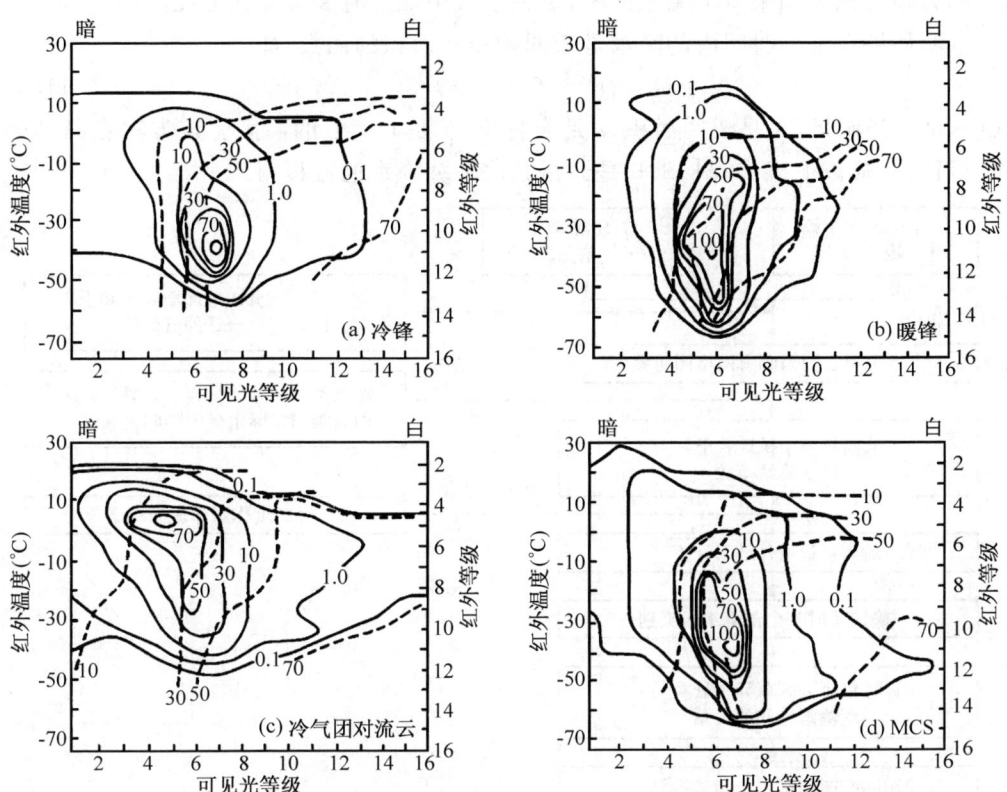

图 11.4　以红外亮温度和可见光等级（虚线）为函数的降水概率(Cheng 等,1993)

11.1.3　云指数降水估计

11.1.3.1　原理和方法

云指数法是利用卫星资料估计降水的最早的一种方法，这一方法先是从云图上识别云的类型，然后对每一类云给予一降水强度，对此可有以下几种表示方法：

(1) 某一点的降水可以写为

$$R = \sum_i r_i f_i \tag{11.1}$$

式中,r_i 是 i 类云的降水强度,f_i 是估算点第 i 类云的覆盖的次数。

(2) 采用红外云图资料,降水指数 PI 与云面积 $S(T_{BB})$ 间的函数关系表示为

$$PI = A_0 + \sum_i A_i \times S_i(T_{BB}) \tag{11.2}$$

式中,A_0,A_i 是经验常数,$T_{BB} < T_0$,T_0 是降水估计域值。$S_i(T_{BB})$ 是具有亮度温度 T_{BB} 的云顶面积。如果有可见光云图,则在上式中加上有关可见光云图项。

(3) 如果在某一时间内的降水是云的种类和面积的函数,即

$$R = f[A, i(h)] \tag{11.3}$$

式中,R 是降水量,A 是云区面积,i 是云种类,h 是 i 类云的高度。该方法在具体操作时可以分成以下五步,图 11.5 是云指数法估算降水的流程图。

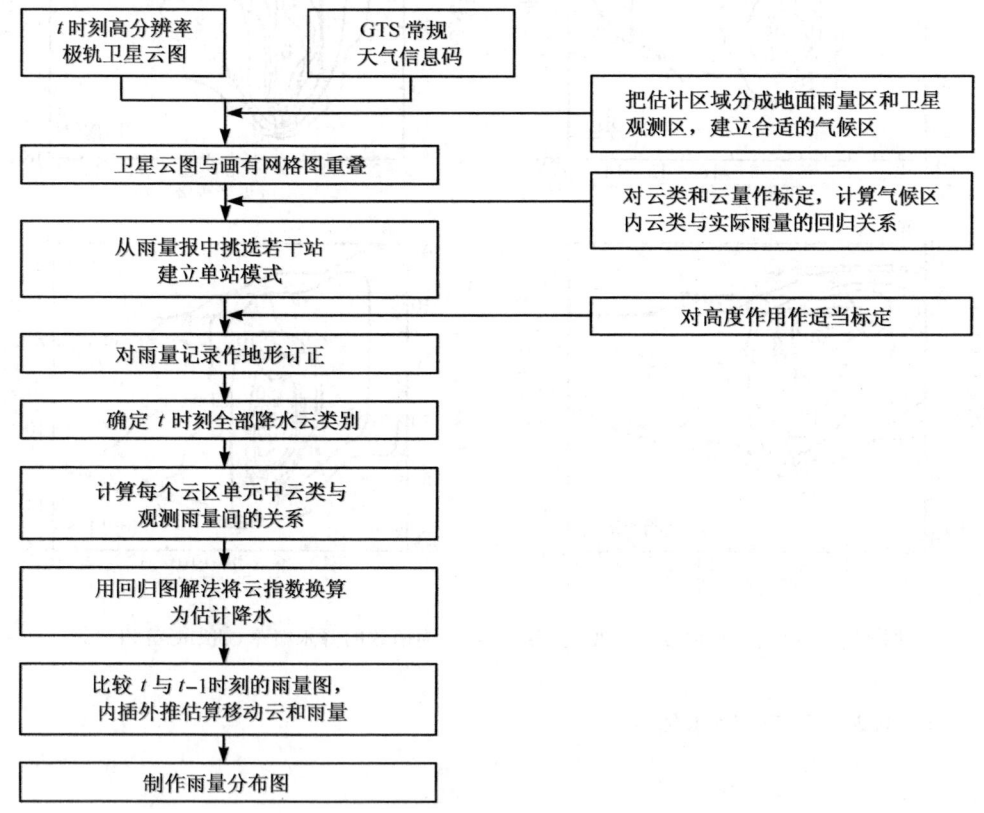

图 11.5 云指数法估算降水

1) 把所要估计的降水区按经纬度(如:1°×1°或0.5°×0.5°)分成若干区；

2) 识别区域内云的类型；

3) 选取有实测记录的降水区，与卫星云图上相应的云类作分析，求出每一种类云发生的降水概率；

4) 把每个估计区内的各种云的降水概率化为降水系数；

5) 由气候资料求出降水系数和给定时间内的回归方程和回归系数。

11.1.3.2 日降水量估计

如果取午后的极轨卫星云图，且只对三类云作估计，则在估计区内的降水量为

$$R_{24} = K_1 C_1 + K_2 C_2 + K_3 C_3 = \sum_{i=1}^{3} K_i C_i \tag{11.4}$$

式中，R_{24}是24小时降水量，单位 mm；C_1，C_2，C_3分别是三种云在估计区所占面积的百分比，即

$$C_1 = \frac{A_1}{A_0}\%, \quad C_2 = \frac{A_2}{A_0}\%, \quad C_3 = \frac{A_3}{A_0}\%$$

式中，A_0是估计区的面积，A_1、A_2、A_3分别是三类云在估计区所占面积。K_1，K_2，K_3是经验降水系数，表示三种云在估计区的日平均降水量。若i类云的降水强度为I_i，其出现降水的概率为P_I，则有

$$K_I = P_i \times I_i \tag{11.5}$$

例如在热带地区，K_1(积雨云)=25，K_2(雨层云)=6，K_3(浓积云)=0.5，在估计区内，积雨云：$C_1 = 30\%$，雨层云：$C_2 = 20\%$，浓积云：$C_3 = 40\%$，则由(11.4)式可得总的降水量为$R_{24} = 8.9$mm。图11.6是该方法作的估计与地面实测降水的比较。

11.1.3.3 月降水的估计

将上面估计的日降水量进行月累计，就得到月降水估计量，写为

$$R_r = \bar{C} \sum_i M_i P_i I_i C_i / 100 \tag{11.7}$$

式中，$\bar{C}$是估计区内的月平均云量，P_i是i类云的降水概率，I_i是i类云的降水强度，M_i是一月内出现i类云的次数。

11.1.3.4 方法的局限性

有时，在实际使用该方法出现以下情况时就不很合适，主要有：

1) 在估计对流性降水中，当方法不能区分出重要降水元时，误差很大。如卫星估计某区域的平均降水为2.5mm，而对于这区域的某个点的实际降水可达48.8mm。

2) 方法对某种云类始终用固定的雨强和降水概率，实际情况远非如此。如用该方法的积雨云的雨强和概率，估计的最大降水量仅为25.4mm/d，但是实际中积雨云降水常常达几百毫米以上。

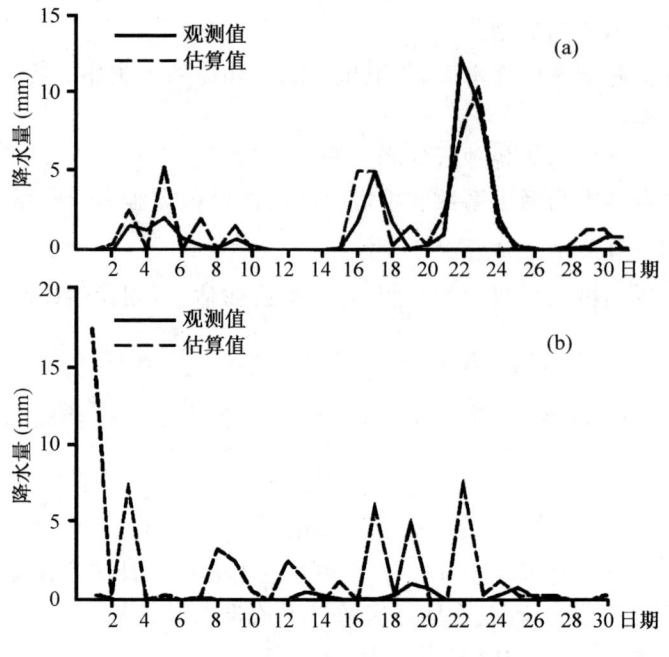

图 11.6 云指数法估算降水与实测值比较
(取自 Follansbee,1973)

3)实际降水是有条件的,方法没有考虑。

为此对该方法可以作以下改进:

1)对估计区作一些单点估计,以此判断整个估计区的降水分布;

2)增加某些云的权重,以修正变化较大的暴雨降水;

3)在估算暴雨降水时,可使用一些特殊方法,增加方法的灵活性,主要可有:①使用 $\bar{R}/\langle\bar{R}\rangle$ 的值加大降水估算,其中 $\bar{R}$ 是单点平均暴雨降水量,$\langle\bar{R}\rangle$ 是暴雨点周围区域降水;②$\langle\bar{R}\rangle$ 表示为较宽区域内月平均云量 $\bar{C}$ 的函数;③使用暴雨点的平均云量。

11.1.3.5 云指数法估计热带海洋地区的降水

(1)Kilonsky 和 Ramage 方法

在热带洋面上,降水主要是由深对流云造成的,这些云有很高的反射率,称之高反射率云(HRCs)。Kilonsky 和 Ramage(1976)为估计热带海洋地区降水,他们使用每日一次可见光云图,发现在太平洋上小的珊瑚岛的月降水与出现 HRCs 的天数有关。对此 Garcia(1981)通过回归拟合得方程

$$R = 62.6 + 37.4 N_D \tag{11.8}$$

式中，R 是月降水(mm)，N_D 是每月出现 HRCs 的天数。

(2) Arkin 方法

Arkin 和 Meisner(1987)采用红外云图资料估算热带降水，发现雷达估计的降水与红外云图上低于 235K 冷云区的面积有很高的相关性。应用降水指数(GPI)估计降水，据试验，取 235K 作为阈值，取热带纬距 2.5°×2.5° 的面积范围雨强为每小时 3mm。这时估计方程式为

$$GPI = 3f\,\Delta t \tag{11.9}$$

式中，GPI 是在一个区域内的平均降水(mm)的估计，f 是温度低于阈值的面积，Δt 是对于 f 的时间(小时)(如图像每 3 小时一次，则 $\Delta t=3$)。

11.1.3.6　Follansbee(1973)方法估计中高纬度地区冬半年降水

(1) 方法概述

在冬半年，降水主要由稳定而均匀的层状云造成的，因而降水量可简单地看成云的降水强度与其持续时间的乘积，即

$$R = I \times D \tag{11.10}$$

式中，R 是降水量，I 是降水强度，D 是降水持续时间。

从(11.8)式可见，求取 R 归结为如何确定 I 和 D。对此方法分为三步：

1) 由气候资料确定 I；

2) 使用间隔 12 小时的云图，勾画出降水区，然后用云移动模式定出降水持续时间 D；

3) 根据上面 1)、2)步定出的 I、D，制作降水分布图。

(2) 由气候资料确定降水强度 I

分析冬半年的气候资料发现：在通常情况下，每月约有九次降水过程。如果每次降水过程的强度都相同，则每次降水占正常月降水的 11%，又若这 11% 的降水集中于 24 小时内，则 12 小时内的降水占正常月降水的 6% 左右。考虑到实际降水时间比较集中，故降水强度近似为

$$I = 0.0075 P_N \tag{11.11}$$

式中，P_N 是正常情况下的月降水量，则 12 小时的降水量为

$$R_{12} = 0.0075 P_N \cdot D \tag{11.12}$$

式中，D 是降水持时间。由于 P_N 可以从气候资料求得，所以只要求得 D 就能确定 R。为此下面讨论如何确定 D。

(3) 由云移动模式确定降水时间 D

为求得降水持续时间 D，这里介绍通过几种简单的云移动模式来确定，其中首先假定云区为矩形云区，然后分析圆形云区，最后讨论不规则云区的移动。

1) 均匀移速矩形云区的持续降水时间

①中速移动矩形云区的持续时间:这是指云区移动12小时以后,其前界与后界正好相接,如果假定云区的移速是匀速运动,移动过程中其形状和大小都不发生改变,又若云区起始时刻是午夜00:00时,终止时刻是白天中午12:00时,则如图11.7中将云区划分为6个窄带,从午夜00:00时至白天中午12.00时整个云区所及区域分为12个窄带。由图中可见,从0000时到02:00时这条带的平均降水时间为1小时,从02:00到04:00时的窄带平均降水时间是3小时,这是因为从00:00时到02:00时的降水时间为2小时,从02:00到04:00时的的降水时间为1小时,累计为3小时。以下依次类推,可以得到其他各条窄带的降水持续时间。

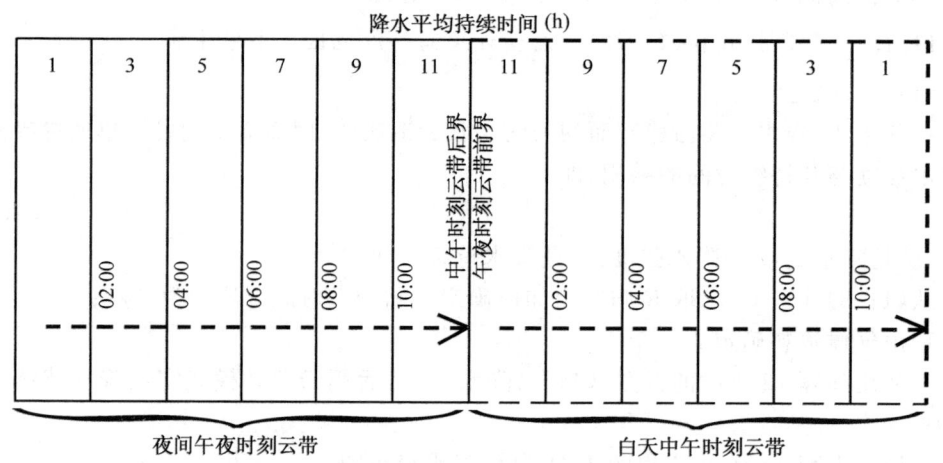

图11.7 矩形云区移动12小时后前后边界正好相接降水持续时间的确定

②快速移动的矩形云区:这是指云区经12小时以后,云区特征与上类似,移动距离为其短轴的2倍,起始时刻和终至时刻云区不重叠,在图11.8中,从起始时刻云区的前界到终至时刻的后界的这一区域内降水的持续时间为12/2=6小时。而其余窄带区的降水持续时间则与上述类似方法求得。

③慢速移动的矩形云区:这是指云区移动较慢,在经12小时以后,云区特征与上类似,起始时刻云区与终至时刻云区之间有1/2的重叠,对于重叠部分,始终有降水出现,因而该区域的降水持续时间为12小时,其余部分降水持续时间则与上述类似方法求得。

④圆形云区的降水持续时间的确定:对于圆形涡旋云系可以作为圆形云区处理,这与矩形云区的移动相类似,作起始和终点云区的切线,根据云区的移动速度进行划分成若干间隔,定出每一间隔的降水持续时间。

同样,上面方法可以推广到确定不规则形状和移速不均匀云区降水持续时间。

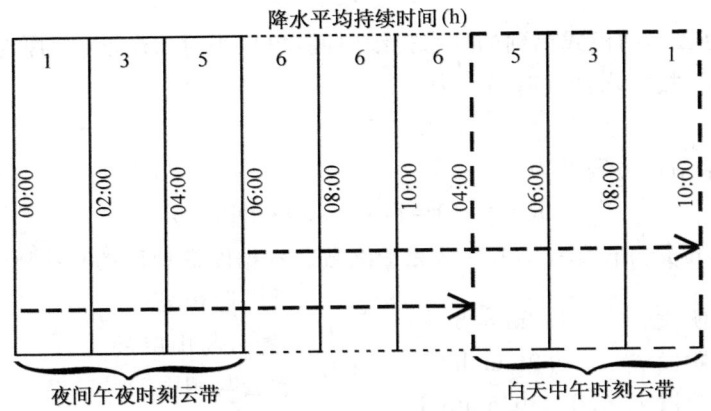

图 11.8　快速移动云区降水时间的确定

云区的划分与上面相似。

⑤锋面云系降水持续时间的确定：如图 11.9 中，可以将云区的上面约 1/3 部分作为圆形云区，中间和下面 2/3 部分作为矩形云区，由于云区各部分移速的差别，云区的重叠也不同，圆形云区约有 1/2 重叠，中间部分恰好相接，下面部分移速较快，前后云区间有较大的不重叠，图上数字表示 12 小时期间各部分降水的持续时间。

(4) 方法的改进

1) 方法改进：在上面的降水估计中，降水强度是根据气候资料得到的，降水持续时间是由云移动模式求得的。但是实际情况是：①降水强度是云发展阶段的函数；②降水强度与云的类型、所处地形有关；③降水的持续时间与云的类型、厚度有关，云的移速也是不均匀的。为此设 I_S 是与云发展阶段有关的降水量，C 是与云类有关的降水因子，O 是地形引起的降水因子，则降水强度写为

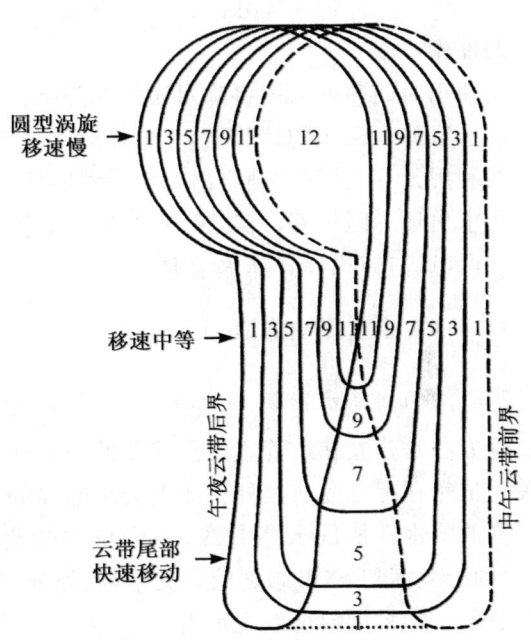

图 11.9　涡旋和锋面云带降水持续时间确定

$$I = I_S \cdot C \cdot O \tag{11.13}$$

又设 D_K 是由云移动模式得到的降水持续时间,单位小时,H 是与云厚与降水持续时间有关的因子,故降水持续时间写为

$$D = D_K \cdot H \tag{11.14}$$

因此降水估计方程写为

$$R = I \cdot D = I_S \cdot C \cdot O \cdot D_K \cdot H \tag{11.15}$$

式中,I_S 的单位是 mm/h;C,O,D 是无量纲数。根据欧洲地区的某些例子研究得到

$$I_S : \begin{cases} \text{发展阶段} & 1.2\text{mm/h} \\ \text{成熟阶段} & 0.9\text{mm/h} \\ \text{消散阶段} & 0.0\sim 0.5\text{mm/h} \end{cases} ; C : \begin{cases} \text{层积云} & 0.1 \\ \text{卷云与雨层云} & 1.0 \\ \text{卷云与积雨云} & 0.6 \\ \text{塔状积云或积雨云} & 1.0\sim 3.0 \end{cases} ;$$

$$H : \begin{cases} \text{云高} < 2.5\text{km} & 0.1 \\ 2.5\text{km} < \text{云高} < 5.0\text{km} & 0.6 \\ \text{云高} > 5.0\text{km} & 1.0 \end{cases} ; O : \frac{\text{受地形影响的降水平均值}}{\text{整个区域降水平均值}} 。$$

2)操作步骤

①使用时间序列云图将降水云与非降水云区分开,勾画出降水区;
②求取降水云区的计数值,与地面测云报告,定出云的厚度因子 H;
③利用云移动模式,确定出降水持续时间 D_K;
④求出地形因子 O,云类因子 C,和云发展因子 I_S;
⑤由(11.15)式计算降水量 R。

11.1.4 云生命史方法

11.1.4.1 降水指数

这方法是建立在由静止卫星获取的一系列云图进行的。降水量与云的发展阶段有关。虽然在可见光或红外云图上表现同样的特征,但由于云的发展阶段不同,而产生不同的降水。如同云指数法,生命史法导得降水指数与阈值 T_0 具有亮度温度(T_{BB})的云表面积 $S(T_{BB})$ 之间的关系,此外云的演变用两个时刻图片上的 $S(T_{BB})$ 变化率表示。降水指数可以表示为

$$PI = A + A \times S(T_{BB}) + A \frac{d}{dt} S(T_{BB}) \quad T_{BB} < T_0 \tag{11.16}$$

另一方面是由方程确定实际降水量与云指数间的关系。

11.1.4.2 根据云的高度(亮度)-面积-阈值估计降水

Doneaud 等(1981,1984)导得体积降水强度为

$$V = \int_\tau \int_A R \, da \, dt = R_c \int_\tau \int_A da \, dt = R_c \sum_i A_i \Delta t_i \qquad (11.17)$$

式中,R 是局地降水强度,da、dt 分别是微分面积元和时间元。R_c 是平均降水强度,所取积分是对于时间 T 期间整个面积 A 的双重积分,就是面积-时间积分(ATI)。

Atlas 等(1990)提出一个估算单个对流风暴整个生命期间的总降雨和多个对流风暴较大面积的瞬时雨强的归一化理论,在阈值 τ 内,(11.17)式可以写为

$$V = [\overline{A}(\tau) T] S(\tau) \qquad (11.18)$$

式中,双重积分为 $ATI = \int_{t_T} A(t) dt = A(\tau) T$;$\tau = $ 阈值;$S(\tau) = R_c(\tau)/\phi$,并可以通过概率密度函数(pdf) $\int_\infty^\infty R P(R) dR / \int_\infty^\infty P(R) dR$ 确定;ϕ 为总的体速率的分数(见图 11.10),Sauvageot(1994)得出,$P(R)$ 可以以对数分布表示,并可解释为 $S(\tau)$ 的稳定度。

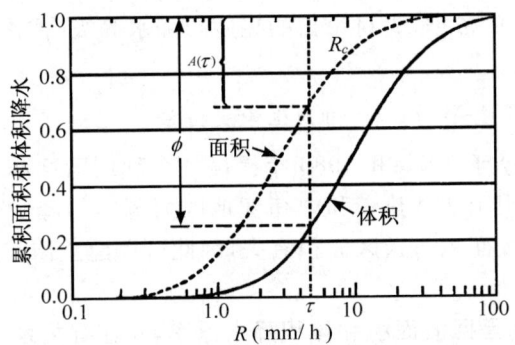

图 11.10 面降雨和体积降雨的对数累积分布
(Atlas 等,1990)

(11.18)式除以观测的总面积 A_0,则 V_t/A_0 为平均面积降水强度 $<R>$,$A(\tau)/A_0$ 是阈值 τ 范围内具有降水的部分的面积,因此有

$$<R> = F(\tau) R_c(\tau)/\phi \qquad (11.19)$$

定义一个有效效率参数 E_e 为

$$E_e = (Q_b - Q_t)/Q_b \qquad (11.20)$$

式中,Q_b、Q_t 为雷暴底和顶的水汽混合比;E_e 是通过云底向上输送的水汽,是潜在的可转化为降水;Q_t 由风暴的实际高度确定。如图 11.11 中,当 E_e 等级值增加时,相应的概率密度分布函数。

在可见光和红外云图上,云的色调越亮、面积越大,表示云层越厚,云中上升运动越强,低层辐合和高层辐散越强烈。大气中水汽含量越丰富,其产生降水的可能性越

大。因此根据云的亮度和范围可以估计云的降水量。一般分为三步进行：

第一步：选取有测雨雷达和地面降水观测资料稠密的区域作为方法的试验区；

第二步：由同时刻或相近时刻的卫星和雷达资料，建立卫星云图上云的亮度（温度）和面积与雷达回波的关系；

第三步：根据雷达估计的降水，估算相应在卫星云图上云的亮度和面积所产生的降水。

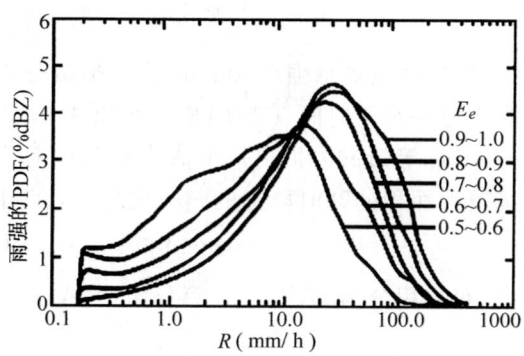

图 11.11 雨强的 PGF
(Rosenfeld 等，1990)

为说明这一方法的依据，先讨论云的亮度与降水等级（雷达回波）之间的关系，然后介绍几种估计方法。

11.1.4.3 Griffith-Woodley 的云生命史方法

Griffith-Woodley 于 1976 和 1980 年提出一个利用云面积与回波面积间的关系估计降水的方法，它用于估计热带和中纬度地区大范围的降水。由于对流性降水与回波面积有关，而回波面积与云区面积有关，因此可以建立回波面积与云区面积间的关系，从而估计降水。

设 A_e 和 R_v 分别是回波面积和体积降水速率，并存有关系

$$R_v = R A_e \tag{11.21}$$

式中，R 是一个可变参数。又设云面积 A_C 与回波面积 A_e 的关系为

$$A_e = f[A_C(t)] \tag{11.22}$$

因而有
$$R_v = R \times f[A_C(t)] = R \times f[A_C, A_m] \tag{11.23}$$

式中，A_m 是云区发展的最大面积。由于 f 是个高阶函数，所以它们的关系用图解表示。图 11.12 表示了可见光云图和红外云图上回波面积的关系曲线，图中以回波面积与云区发展最大面积之比为纵坐标，横坐标则以云面积与云区发展最大面积之比为坐标。由图 11.12a 可以看出，当可见光云图上云区处于发展阶段时，$(A_C/A_m) < 0.8$，回波面积随云面积的增长显著增加，$0.8 < (A_C/A_m) < 1$，回波面积随云面积的增长而减小，其原因是对流云由发展到成熟阶段，卷云大量增加，此时降水却减小。因此当 $(A_C/A_m) < 0.8$，可以根据回波面积与云面积的关系求出回波面积，从而估计出降水量。在使用数字云图资料时，可利用阈值法确定云面积，如在可见光云图上，当太阳垂直入射时，取反照率 0.45 作为阈值，此时具有这种亮度的任一种云的回波概

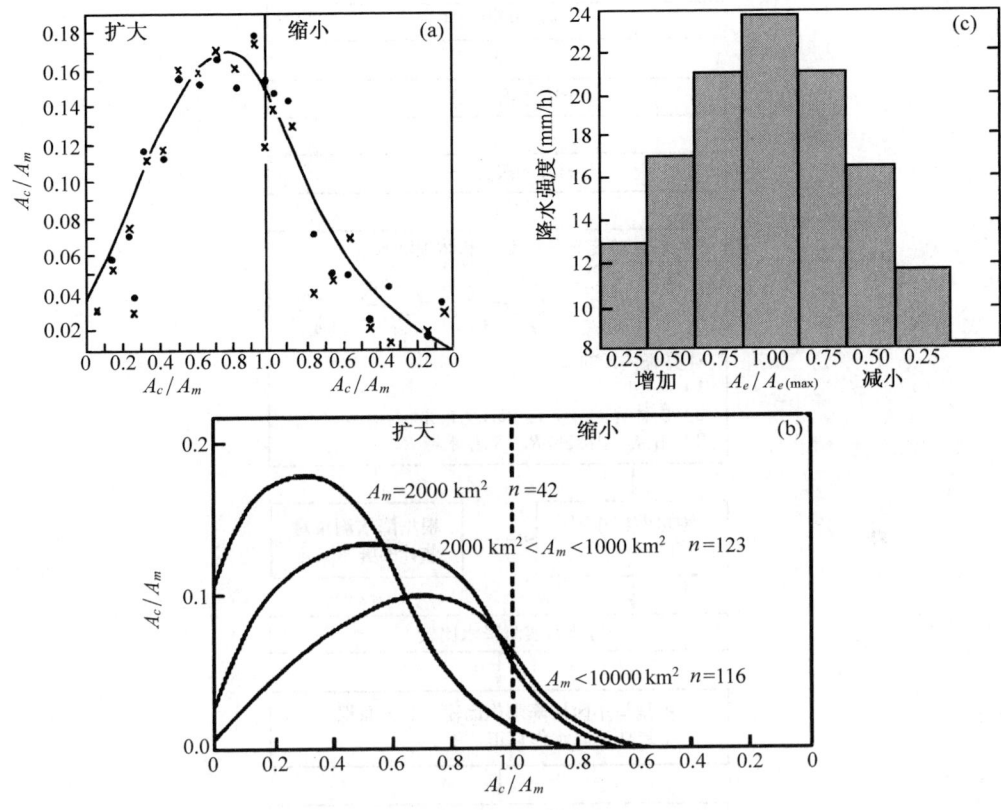

图 11.12 云生命与面积、降水关系

率至少为 50%,所求得的云面积与降水间的关系最佳。图 11.12b 是红外云图上对三种云发展最大面积情况下云面积与雷达回波面积的关系,红外云图上,取温度为 $-253K$,此时云面积与降水间也存在最好的关系。图 11.12c 给出了降水与回波面积对最大回波面积比的分布关系。

图 11.13 给出了该方法的估计降水的流程图。方法中先要根据云的生命史定出每块云发展的最大面积 A_m,然后求出 A_C/A_m 和 A_e/A_m,由(11.23)式或图 11.12c 计算出 R_V。

11.1.4.4 由云面积及其时间变率估计降水

(1)方法依据:Stout,Martin,Sikdar(1979)研究了对于孤立的雷暴云的雷达估计降水率与卫星云图上云面积之间的关系,发现这样一个事实:在图 11.14 中,对孤立的雷暴云的降水峰值出现于云区迅速增长时段,而当云区发展达到最大面积时,降水却显著减小。同时似乎云面积的增长相对于降水增加有明显的滞后。

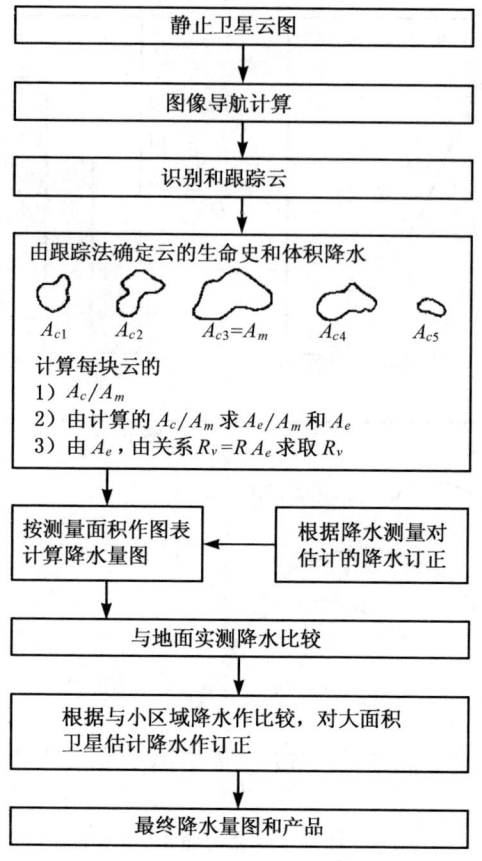

图 11.13 Griffith-Woodley 方法流程

(2)估计方程:据此将云面积及其变化率与体积降水率的关系写成

$$R_V = a_0 A_C + a_1 \frac{dA}{dt} \tag{11.24}$$

式中,A_C 是云面积,$\frac{dA}{dt}$ 是云面积的时间变化率,a_0,a_1 是经验系数,a_1 是一个正值,方程(11.24)可使得在云增长阶段时的降水比减弱阶段降水要大。R_V 是云的体积降水率。

(3)回归系数的确定:为了确定 a_0,a_1 是经验系数,先应确定云面积 A_C,通常采用云区亮度或温度等值线的阈值所包的面积为云面积。在红外云图上取计数值 160 (250K),可见光云图上取计数值 172(反照率 0.45)为阈值,将卫星云图云面积与雷达估计的降水率作回归分析,从而求出 a_0,a_1。Stout 求出回归系数为:红外:$a_0 =$

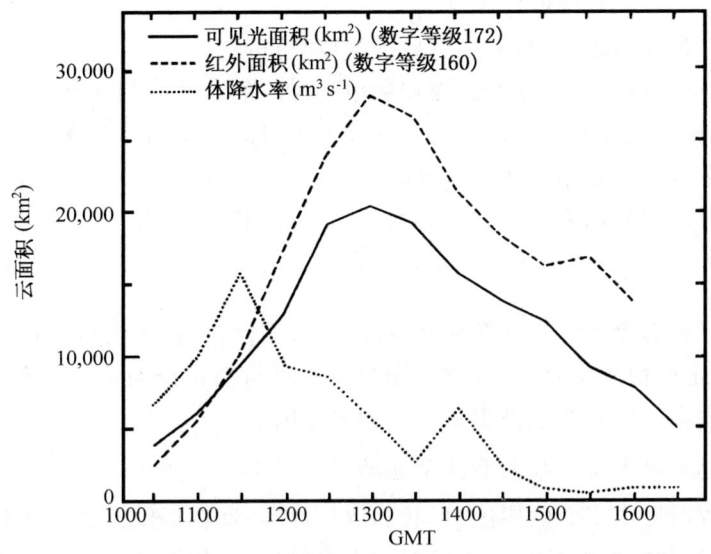

图 11.14　红外、可见光云图上积雨云面积与体积降水率

5.4×10^{-7}(m/s)、$a_1=2.8\times10^{-3}$(m/s);可见光:$a_0=5.2\times10^{-7}$(m/s)、$a_1=2.6\times10^{-3}$(m/s)。即为

$$R_V(红外)=5.4\times10^{-7}A_C+2.8\times10^{-3}\frac{dA}{dt} \tag{11.25a}$$

$$R_V(可见光)=5.2\times10^{-7}A_C+2.6\times10^{-3}\frac{dA}{dt} \tag{11.25b}$$

(4)估算步骤:①取时间间隔较短的一系列静止卫星云图;②从云图上识别积雨云;③根据选定的阈值,确定积雨云的面积和位置;④根据雷达测量关系式 $Z=230R^{0.35}$(Z 是雷达反射因子)求得体降水率,并由卫星云图上确定云面积 A_c 及变化率 dA_c/dt,应用最小二乘法进行拟合,求得 a_0 和 a_1;⑤根据(11.25a)(11.25b)式,求出单个积雨云的降雨量,然后对所有的对流云降雨量累加,求得区域降雨量分布。

(5)方法的讨论:比较(11.25a)和(11.25b)式可见,两者系数十分相近,因此在区分有无降水的而选取的阈值,在某种意义上就是确定云面积。如果将云面积 A_c 及变化率 dA_c/dt 的平均值代入到(11.25a)和(11.25b)式中,就有

$$R_V(红外)=3.3\times10^{-8}+1.9\times10^3 \tag{11.26a}$$

$$R_V(可见光)=2.3\times10^{-8}+1.3\times10^3 \tag{11.26b}$$

可以看出,红外面积项比其变化项要大 1.7 倍,可见光面积项比其变化项要大 1.8 倍,因此面积变化项可当成对降水云面积的补充。

11.1.4.5 云面积时间积分方法

在对流性降水的研究中,发现有以下主要特点:

(1)在可见光或红外云图上云面积和单位时间的总的体积降水有较高的相关;

(2)在可见光或红外云图上云的亮度和单位时间的总的体积降水有较低的相关。

其第一个特点可以用雷达证实,Doneaud 等(1984)和 Lopez 等(1983)证明,对流云生命期间的体积降水率正比于云区面积一时间积分(ATI)

$$ATI = \int_{t_T} A(t) dt \tag{11.27}$$

式中,$A(t)$ 是在时刻 t 时的云降水面积,t_T 是云的寿命,这表明对流降水对降水结构很敏感;仅降水面积是主要的,这就是如果由卫星云图确定对流云的降水面积,就能估算体积降水率。这就是生命史方法成功的原因。

11.1.4.6 双光谱统计判别法估算降水

可见光资料提供了云的厚度、形状和成分,红外资料提供云的温度和云顶高度的信息,利用这两种资料对估算降水可提供更多的信息,从而更有效地估算降水。

(1)最早用双光谱估计降水的是 Dittberneb 和 Vonder Haar(1973),他们研究印度夏季季风时导得关系式

$$P = c_1 E + c_2 A + P_0 \tag{11.28}$$

式中,P 是归一化降水的百分数,E 是季节平均红外辐射率,A 是季节平均可见光的反照率,c_1、c_2、P_0 是回归系数。该方法将强降水与弱降水区分开。

(2)双光谱统计判别法估算降水

根据 Lovejoy 和 Austin(1979)的工作,利用可见光亮度和红外温度确定降水区的问题归结为求取在 n 维空间中 m 类目标分类之间的某些最佳界限。如果对目标分类统计,用一个损失函数 $f(x_1, x_2, \cdots, x_m)$ 做出,$x_1, x_2, \cdots, x_m$ 是表示在 m 类目标分类 n 维矢量,损失函数可以根据贝叶斯判别定理确定。

如对于降水估计,在二维空间(可见光和红外)目标分成有雨(R)和无雨(N)两类,和四个变量:N_N 为赋予无降水,实际也是无降水;N_R 为赋予无降水,实际也是有降水;R_N 为赋予降水,实际是无降水;R_R 为赋予降水,实际是有降水。一般损失函数为

$$f = (l_R R_N + l_N N_R)/(N + R) \tag{11.29}$$

式中,$N = N_N + N_R$ 和 $R = R_N + R_R$,l 是权重因子,或对于不正确分配的损失。如果 l_R、l_N 取为 1,则

$$f = (R_N + N_R)/(N + R) \tag{11.30}$$

简化为误差部分。但是无降水类较降水类要多很多,因此 l 可以为取样的尺度 s 的

加权,如 $l_R=(N+R)/R$ 和 $l_N=(N+R)/N$,因此每类的损失与类的尺度成反比。损失函数为

$$f_1=R_N/R+N_R/N \tag{11.31}$$

如果可见光和红外数据齐全,则有相应于 f(或 f_1)的最小函数 g,并定义这一函数为卫星云图上降水与无降水类之间的最优边界。因此一旦 g 确定,就能由卫星云图制作降水分布图。

在计算每一降水图时可以用互相关系数和置信界限计算,取降水为1,无降水为0,则定义互相关系数 ρ 为

$$\rho=(R_R N_N-R_N N_R)/(N+R) \tag{11.32}$$

置信界限是依据某些要求确定,如图11.15中,纵坐标是红外温度计数值,横坐标是可见光亮度计数值,第一步是建立了有降水和无降水的两个两维直图,用雷达资料确定每一个像点是否有降水。第二步是求取降水像点数与总像点数之比,计算每一格点处的降水概率。最后一步是求取降水概率阈值,勾画出降水区与非降水区。将降水区与非降水区区分开。

3)双光谱集群法估算降水

Tsonic 和 Isaac 修改了 Lovejoy 和 Austin 的方法,如图11.15中,采用与云分类相似的集群方法,通过对像点集群构划降水区。降水资料由雷达提供。他们对加拿大暖季降水,得到一个降水检测概率(POD,为分类降水像点数与总的雷达分类降水像点数之比)为66%,虚警率(FAR)为37%。80%为正确分类。这一方法对对流降水比非对流降水的效果要好。在百对流降水中,POD是高的,但是FAR也是高的。

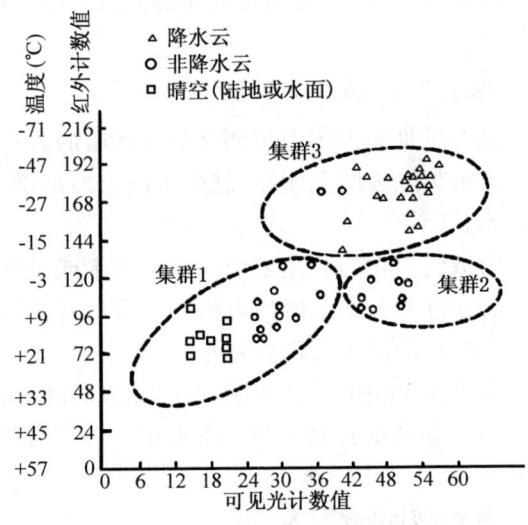

图11.15 可见光—红外资料的降水集群

11.1.4.7 对流—层状云方法

这一方法是由 Adler 和 Negri(1988)根据 Adler 和 Mack(1984)提出的一维云模式的具体应用,该方法简单扼要地叙述如下:

首先使用探测资料输入并运行一维云模式,给出的数据有:①云顶温度和降水强度的关系;②云顶温度和降水面积的关系;

第二,分析红外资料,确定红外图上温度最低的位置,并筛选消去非降水云。假

定最低温度为卷云砧顶凸起的对流云顶,围绕每一对流元,计算其一侧面积约 $80km^2$ 的模式温度。假定这一温度表示卷云砧温度。全部云砧温度的平均值作为层状降水的阈值。

第三,给对流单体赋予降水值,使用一维云输出模式由云顶温度确定降水强度和降水面积。制作降水图,将计算的降水率赋予涡旋状的像点上。

最后,若对比层状云阈值冷的每一个点,不是对流性降水,则赋给每小时 2mm 的降水。

11.1.5 利用半小时的增强红外云图对流性降水的估计方法

Scofield-Oliver 方法是利用静止卫星半小时的增强红外云图,增强曲线采用 M_B 曲线。

11.1.5.1 方法的依据

1)在可见光云图上色调亮的云比暗的云产生较大的降水;

2)可见光云图上明亮、红外云图上冷的增大着的对流云区比不增大的产生较大的降水;

3)减弱消亡的对流云产生小的降水或没有降水;

4)在红外云图上冷的对流云比暖的对流云产生较大的降水,云顶温度由冷变暖的云产生小的降水或没有降水;

5)当发生积雨云合并时,产生较大的降水;

6)当有风垂直切变时,降水中心发生于积雨云上风部分、云顶最高和最冷的地方;

降水估计方程写为

半小时降水估计=云顶温度因子+云区增长因子+穿越云顶因子+云区合并因子

11.1.5.2 估计步骤

Scofield-Oliver 方法的判别树,分成六步:

第一步:分析可见光和红外云图,确定是否有对流性云系?如果有则进行第二步;

第二步:利用增强红外云图,分析对流云区内是否出现温度低于 $-32℃$ 的冷云区?如果有,进行第三步;

第三步:用可见光和增强红外云图识别强对流云区,其识别的依据有:

(1)当高空风速垂直切变大时,强对流出现在积雨云砧上风一侧的具体位置为:

①在增强红外云图上温度最大的地方;

② 在卷云砧上风部分色调明亮和可见光云图上光纹理多起伏的地方；

③ 从连续两张云图上比较卷云砧边界，下风边界移动大，上风边界移动最小所限定的 1/2 卷云砧范围内；

④ 利用 300hPa 高空风资料确定积雨云的上风方向；

⑤ 利用低空天气资料，定出低空流线与积雨云边界相交处是低空流入区，是强对流发生的地区。

(2) 在积雨云顶的凸起处，即穿透云顶是对流强烈发生处；

(3) 当高空风垂直切变较小时，强对流云区可定在灰度均匀区的中心处；

第四步：由增强红外云图上云顶温度和云区面积的变化估计降水率。

第五步：估计当在可见光和红外云图上出现云顶凸起、单体合并和云线合并时的降水；

第六步：求取总的降水估计值。

11.1.5.3 对流性半小时面降水量估计

对于半小时面降水估计分成四步：

(1) 区分并划出活跃的对流强降水区（>1.27mm/h）和不活跃的小雨或无雨区的等雨量线；

(2) 勾画强降水区，并计算降水量。通常准静止的云团或同一地区不断有新云团生成，或云团连续通过某一地区都可以产生强降水。强降水在云图上的特征表现为：冷云顶、水平方向快速扩张的云顶、垂直方向迅速上升的云顶、云团合并和云线合并，由上面的第四步和第五步求得降水量后，绘制等雨量线。绘制时要考虑下面几点：

1) $\leqslant 6.25$mm/(0.5h) 的等雨量线所围面积小于或等于 10km 面积；

2) 有穿透云顶的等雨量线大约包围直径为 5km 或小于 5km 面积；

3) 有合并发生的等雨量线所围的面积大于单个对流胞面积；

4) 绘制等雨量线。

(3) 在 1.27mm/h 等值线内增加一条 12.7mm/h 等雨量线，表示强降水；

(4) 校正对流风暴的地理位置。

11.1.5.4 修正的 Scofield-Oliver 方法

大气中水汽充足与否和周围环境的辐散场对降水量的影响很大，考虑到水汽和环境散度场对降水的作用，对下面三种情况作订正：① 在水汽饱和的环境中发展起来，且静止少动，达成～2 小时以上的云团；② 有高空强辐散；③ 在干燥环境中发展起来的或云底高度较高的云团。这时，经修正后的降水估计方程为

半小时对流降水估计(mm)=[云顶温度及云区扩展因子(或是高空辐散因子)

$$+\text{穿越云顶因子}+\text{云团合并因子}+\text{饱和环境保护因子}]\times\frac{\text{地面到 }500\text{hPa 可降水}}{15}$$

(11.33)

式中地面到 500hPa 可降水表示对干燥环境的订正,当地面到 500hPa 可降水量因子小于或等于 1 时才乘上这个因子。上式中各因子的计算如下:

(1)云顶温度和辐散因子:对于单个云团系统最冷(温度最低)区域,由红外云图定出云顶温度及云顶扩展因子,具体见流程图。

对于高空辐射因子,将表 11.1 的值加给最冷的云顶处。

(2)穿越云顶因子:由可见光云图或红外云图确定穿越云顶因子,将表 11.1 内相关值加给冷云顶。

(3)对流云顶合并因子:由可见光云图和红外云图确定对流云团合并,在云合并处加上加给最高云顶 12.70。

(4)饱和环境因子:将表 11.1 中饱和环境因子值加给一定时间内稳定的最冷云顶增加降水量。

(5)地面到 500hPa 可降水:此因子仅对于干燥环境中的云团或云底较高的云团。

表 11.1 对流降水估算的订正值(mm)

因子		中灰	浅灰	深灰	黑	重复灰	白
高空辐散因子		3.81	7.62	10.16	15.24	15.24~25.40	25.40
穿越云顶因子		12.70	11.43	10.16	7.62	7.62	10.16
饱和环境因子	≥1h,<2h	5.08	5.08	5.08	5.08	7.62	7.62
	≥2h	10.16	10.16	10.16	10.16	12.70	12.70

11.1.5.5 暖云顶降水的估计

在某些情况下,出现一些云顶不高、降水强度大的积雨云,其云顶温度一般大于 -62℃,这些云顶称之为暖云顶。它出现于以下几种情况中:

(1)极锋急流南侧的热带气团内;

(2)对流层低层是弱的气旋性或静风,高空是反气旋的地方;

(3)稳定性气团内,云顶增长不很高;

(4)具有合并和迅速扩展的卷云砧的饱和环境内的云团。

对暖云顶的特征,拟采用以下订正方法:

(1)由探空资料计算对流层顶的温度。

(2)将计算对流层顶的温度作为卷云砧高度的温度,并给予最暖重复灰(-62~-67℃)的降水率。

(3) 将卷云砧温度与上述计算的温度作比较,若卷云砧温度比计算的对流层顶的温度低,则用较冷的灰度估计降水,得到比用重复灰度估算的降水量要大;若卷云砧温度比计算的温度高,则所有的降水都要向上调整,使其具有与上同样的降水量。

(4) 使用最冷云顶的扩张速率。

(5) 使用订正后的温度,对饱和环境因子作订正,而其他因子保持不变。

11.2 卫星资料估算风

利用卫星云图估算风是卫星测风的主要手段。由卫星云图估算风的方法有两种:一种是仅根据单张云图上云系的外貌特征估计风;另一种是用时间间隔较短的二张或三张云图上云的移动估计风。

11.2.1 由静止卫星云图计算云迹风

静止气象卫星对某一固定区域以约半小时间隔进行观测,因此可以利用静止卫星得到的时序云图上云的移动能求得风。为了与其他导得风的方法相区别,把由静止气象卫星云图上导得的风称之云风矢或云迹风等。用于计算云迹风的云称之目标云或靶云或云迹等。由静止卫星计算云风矢有以下四个问题。

11.2.1.1 选择云迹或靶云

在静止卫星云图上,并非所有的云都能作为示踪云或云迹,有些云与云的移动与风之间有较好的关系,而有些云与风无关,在选择示踪云时需要考虑示踪云与风之间的关系。表11.2和表11.3给出了积云、卷云与风场之间的关系。可以看到积云与低空的风场间的关系较好,卷云中部与高空风的关系较好。

表 11.2 积云与风场之间的关系

	云移速	$V_云 - V_风$(m/s)			
		150m	云 底	云体中部	云 顶
平 均	8.7m/s	1.3	1.2	3.1	6.1
标准差	3.6m/s	0.6	0.6	1.4	2.5
例 数	40	1.3	21	18	17

表 11.3 卷云与风场之间的关系

	云移速	$V_云 - V_风$(m/s)			
		云层平均	云 底	云体中部	云 顶
平 均 (最大、最小)	11.0m/s (20.5、8.1)	1.6	2.2	2.0	2.8
标准差	5.4	0.9	1.8	1.0	1.1
例 数	5	5	5	5	5

对于云与分辨率的问题,由于卫星云图的空间分辨率为 3~5km,云的识别不是以个别像素,而是以几个像素进行的,所以卫星云图上的示踪云不是地面观测中的所观察到的云,常是几十到几百千米的云区。但是在两张云图配准过程中,若产生一个像点的误差,就会出现 2.78m/s 的误差。为了使测风误差不超过 1m/s,图像中心像素的配准误差不能超过 0.54km,为实现这一要求需要引入图像导航的方法。

对于示踪云与时间分辨率的关系问题,必须选取示踪云寿命在于时序图的时间间隔,否则就无法跟踪示踪云的移动。

在选择示踪云时,必须避免选取以下几种云:①处于发展阶段或消散阶段的云;②均匀的云区;③山脉背风一侧的波状云等。经验指出,通常选取与天气尺度有关联的云作为示踪云。在估计低空风时,挑选由积云、浓积云组成的积云群为示踪云;而估计高空风时,常使用变化缓慢的卷云作为示踪云。

目前从卫星云图上选取示踪云的方法有自动法和手工法两种:

(1)手工法:这种方法的第一步是从卫星云图上定出天气系统,如锋面、气旋、急流等,其次是根据选择示踪云的要求和识别各种云的方法定出示踪云。这方法的主观性较大,速度很慢,但是对于薄卷云和低云在红外云图上色调十分相近,用自动法难以确定,能否作为示踪云,而手工法可以根人的经验确定。所以在选择示踪云时,手工法是自动法的补充。

(2)自动法:由自动法选择示踪云是通过计算机处理实现的。该方法先按一定的经、纬度划分成若干区域,然后求取各区域内像点按亮度分布的直方图,再由直方图定出示踪云,如在 NESS 的自动选择示踪低云过程中,按 $2.5°\times2.5°$ 划分为 32×32 个像点的正方形区域,并作出直方图,把低于 700hPa 高度的温度值数据消去,高于 700hPa 的数据为低云。在 ESA,采用可见光-红外双光谱资料制作成二维直方图,选取示踪云。如图 11.16 中,峰值代表了一个可识别的目标物,在冷而亮的区域出现的峰值处代表的是卷云;暖而黑的地方出现的峰值是海洋。

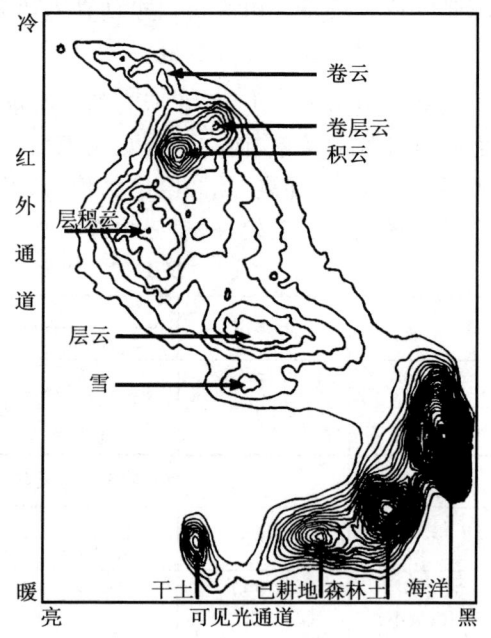

图 11.16 可见光-红外二维直方图
(Bizzarri,1976)

11.2.1.2 风的计算

最早由静止卫星计算风采用的是手工法,它将间隔为半小时的云图制成环形胶卷,然后在一固定的屏幕上投影,则可得一运动矢量,这种方法效率低、速度慢。所以后来发展了自动法代替。自动法的优点是能在大范围地获取云内矢量,由自动法计算风通常采用 2 张间隔为 0.5 小时的时序云图,根据 2 张图像上云位置的移动距离计算风,其中一张用于确定云迹,其后一张采用匹配法搜索第一张的云迹位置,其类似于确定矢量的方向余弦,常用方法有互相关法、距离(模)方法等。在图像上的数据由位置和亮度表示,匹配法在求取位置的改变时可考虑为矢量的模和方向余弦,对此下面先简要说明:

对于 2 个矢量 $\boldsymbol{x}(x_1, x_2, x_3, \cdots, x_N)$,$\boldsymbol{y}(y_1, y_2, y_3, \cdots, y_N)$ 模和内积为

$$d(x, y)^2 = \varphi(x-y, x-y) = \sum_{i=1}^{N}(x_i - y_i)^2 \tag{11.34}$$

$$\varphi(x, y) = \sum_{i=1}^{N} x_i y_i \tag{11.35}$$

矢量 $\boldsymbol{x}$, $\boldsymbol{y}$ 的模 $d(x, 0)^2$、$d(y, 0)^2$ 写为

$$d(x, 0)^2 = \varphi(x, x) = \sum_{i=1}^{N} x_i^2 \tag{11.36}$$

$$d(y, 0)^2 = \varphi(y, y) = \sum_{i=1}^{N} y_i^2 \tag{11.37}$$

以及

$$d(x, y)^2 = d(x, 0)^2 + d(y, 0)^2 - 2d(x, 0)d(y, 0)\cos\theta \tag{11.38}$$

根据余弦法则, x, y 的夹角 θ

$$\cos\theta = \frac{d(x,0)^2 + d(y,0)^2 - d(x,y)^2}{2d(x,0)d(y,0)} \tag{11.39}$$

比较 (11.36)、(11.37) 和 (11.38) 式,代入上式

$$\cos\theta = \sum_{i=1}^{N} x_i y_i \Big/ \sqrt{\sum_{i=1}^{N} x_i^2 \sum_{i=1}^{N} y_i^2} \tag{11.40}$$

上面是对于图像上的单个点,然而云迹不是单个点,而是包含有多个像点,所以考虑云迹移动,选取一定数据阵列。如果先在第一张云图上选取包含云迹的数据样品阵列,然后在另一张云图上选取相应较大区域的数据样品平移阵列,计算这两组数据的相关系数

$$C(p, q) = \frac{\text{cov}(p, q)}{\sigma_p \sigma_q} \tag{11.41}$$

式中, $C(p, q)$ 是云图在坐标为 (p, q) 处的互相关系数,cov 是相应的协方差, σ_p, σ_q 是均方根差。从求出的互相关系数,找出其最大值,就得到示踪云的最佳平移位置,也就是获得匹配位置。

(1) 互相关系数的计算方法

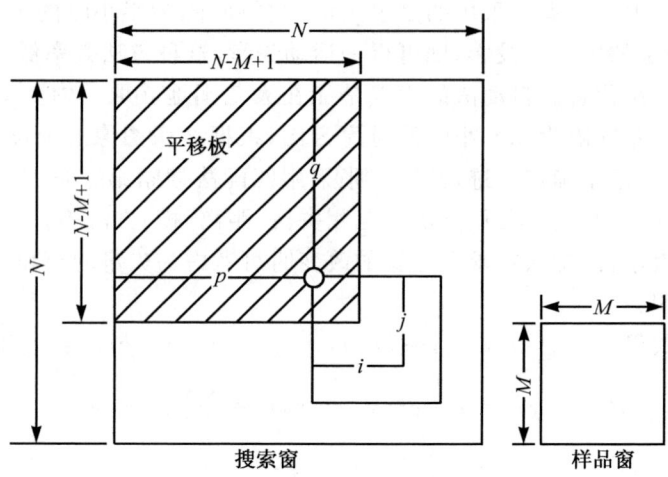

图 11.17 匹配样品的选取

如图 11.17 中，A 是从 t_1 时刻云图上选定的 $M \times M$ 个像点组成的云迹样品区，i 是扫描线的行数，j 是第 i 条扫描线上的第 j 个像点，像点 (i, j) 的灰度值为 $A(i,j)$；B 是 $t_2 = t_1 + 30$ 分钟时刻云图上相应样品区 A，由 $N \times N$ 个像点组成的搜索区，其上像点 $(i+p, j+q)$ 的灰度值为 $B(i+p, j+q)$，则互相关系数为

$$C(p,q) = \frac{\sum_{i=1}^{N}\sum_{j=1}^{N}[A(i,j) - \overline{A}]}{\sqrt{\sum_{i=1}^{N}\sum_{j=1}^{N}[A(i,j) - \overline{A}]^2}} \times \frac{[B(i+p, j+q) - \overline{B}(p,q)]}{\sqrt{\sum_{i=1}^{N}\sum_{j=1}^{N}[B(i+p, j+q) - \overline{B}(p,q)]}} \tag{11.42}$$

式中，$i, j = 1, 2, 3, \cdots, N; p, q = -\dfrac{N}{2}, -\dfrac{N}{2}+1, \cdots, -\dfrac{N}{2}-1, \dfrac{N}{2}$

$$\overline{A} = \frac{1}{N^2}\sum_{i=1}^{N}\sum_{j=1}^{N}(A_{i,j})$$

$$\overline{B}(p,q) = \frac{1}{N^2}\sum_{i=1}^{N}\sum_{j=1}^{N}B(i+p, j+q)$$

如果 $\overline{A}$、$\overline{B}$ 和 (p,q) 为 0 时，$C(p,q)$ 值最大，且等于 $C(p_0, q_0)$，此时 $A(i,j)$ 与 $B(i+p, j+q)$ 是相等的。这时 (11.42) 式可以化为

$$h(p,q) = \sum_{i=1}^{N}\sum_{j=1}^{N}x(i,j)y(i+p, j+q) \tag{11.43}$$

的（褶积）计算，该式计算次数为 $N^2(N+1)^2$，因此计算的工作量大，可采用快速傅里

叶变换计算。

如果 $x(i,j)$、$y(i,j)$ 的傅里叶变换为 $X(k,l)$、$Y(k,l)$，$X(k,l)$ 的共轭复数为 $X^*(k,l)$，$h(p,q)$ 是 $H(k,l)=X^*(k,l)Y(k,l)$ 的傅里叶逆变换，就是

$$X(k,l)=\sum_{i=1}^{N}\sum_{j=1}^{N}x(i,j)W^{(ik+jl)} \qquad (11.44)$$

$$Y(k,l)=\sum_{i=1}^{N}\sum_{j=1}^{N}y(i,j)W^{(ik+jl)} \qquad (11.45)$$

$$h(p,q)=\frac{1}{N^2}\sum\sum H(k,l)W^{-(pk+ql)} \qquad (11.46)$$

$$W=exp(-2\pi\cdot\sqrt{-1}/N) \qquad (11.47)$$

可以证明 $h(p,q)$ 的傅里叶变换为 $X^*(k,l)Y(k,l)$。

$$H(k,l)=\sum_{p}\sum_{q}W^{(pk+ql)}h(p,q)$$
$$=\sum_{p}\sum_{q}W^{(pk+ql)}\times\sum_{i}\sum_{j}x(i,j)y(i+p,j+q) \qquad (11.48)$$

以及 $i+p=p'$，$j+q=q'$，则有

$$H(k,l)=\sum_{i}\sum_{j}x(i,j)\times\sum_{p'}\sum_{q'}W^{(p'-i)k+(q'-j)l}y(p',q')$$
$$=\sum_{i}\sum_{j}x(i,j)W^{-(ik+jl)}\times\sum_{p'}\sum_{q'}y(p',q')W^{(p'k+q'l)}$$
$$=X^*(k,l)Y(k,l) \qquad (11.49)$$

对于(11.42)式的计算，就是以分子 $(A(i,j)-\overline{A})$ 为匹配中心，与四周为 0 相匹配得新的匹配中心 $x(i',j')$，$(i',j'=1,2,\cdots,N)$。同样，$B(i+p,j+q)-\overline{B}(p,q)$ 的新匹配 $y(i',j')$。$x(i',j')$、$y(i',j')$ 的二次傅氏变换 $X^*(k',l')Y(k',l')$。

(2) 风水平分量计算

如果测得云迹的始点和终点的位置经纬度为 (λ_1,φ_1)、(λ_2,φ_2)，始终点的时间差为 dt，则云迹的东西分量为 dx 为纬度 φ_1,φ_2 的平均纬度 $\varphi=\frac{\varphi_1+\varphi_2}{2}$ 上经度 λ_1 与 λ_2 的差，南北分量 dy 为纬度 φ_1,φ_2 之差，由此得风矢量大小和方向为

$$V=\frac{\sqrt{dx^2+dy^2}}{dt} \qquad (11.50)$$

和

$$D=\tan^{-1}\left(\frac{dy}{dx}\right)+\pi \qquad (11.51)$$

由于地球是个旋转椭球体，这时 dx,dy 与 (λ_1,φ_1)、(λ_2,φ_2) 的关系是这样求得：设地球半径和极半径分别为 a,b，地心纬度 φ 与地表 A 点与地球中心的距离为

$$r=\frac{ab}{\sqrt{a^2\sin^2\varphi+b^2\cos^2\varphi}} \qquad (11.52)$$

因此 A 点与地轴距离 r' 和地心纬度 φ 与测地纬度 φ_e 的关系为

$$r' = r\cos\varphi \tag{11.53}$$

和

$$\varphi_e = \tan^{-1}\left(\frac{a}{b}\tan\varphi\right) \tag{11.54}$$

又若云迹的云顶高度为 h,云顶与地轴距离为

$$r^* = r' + h\cos\varphi_e = r\cos\varphi + h\sin\varphi_e \tag{11.55}$$

则 $\mathrm{d}x$ 的表达式为

$$\mathrm{d}x = r^*(\lambda_2 - \lambda_1) = (r\cos\varphi + h\sin\varphi_e)(\lambda_2 - \lambda_1) \tag{11.56}$$

对于 $\mathrm{d}y$ 的求取如下,A 点的曲率半径 r_φ 为

$$r_\varphi = \frac{(a^2\sin^2\varphi + b^2\cos^2\varphi)^{3/2}}{ab} = \frac{(a^2\sin^2\varphi + b^2\cos^2\varphi)}{r} \tag{11.57}$$

在 A 点的 $\mathrm{d}\varphi_e/\mathrm{d}\varphi$ 为

$$\frac{\mathrm{d}\varphi_e}{\mathrm{d}\varphi} = \frac{a\cos^2\varphi_e}{b\cos^2\varphi} \tag{11.58}$$

则 $\mathrm{d}y = \mathrm{d}\varphi = \varphi_1 - \varphi_2$,即

$$\mathrm{d}y = \mathrm{d}\varphi_e(h + r_\varphi) \backsimeq \mathrm{d}\varphi\,\frac{\mathrm{d}\varphi_e}{\mathrm{d}\varphi}(h + r_\varphi) \tag{11.59}$$

由此得云迹风的 u,v 分量为

$$\begin{cases} u = \dfrac{\mathrm{d}x}{\mathrm{d}t} = \dfrac{(r\cos\varphi + h\cos\varphi_e)(\lambda_2 - \lambda_1)}{\mathrm{d}t} \\ v = \dfrac{\mathrm{d}y}{\mathrm{d}t} = \dfrac{\mathrm{d}\varphi_e(h + r_\varphi)}{\mathrm{d}t} \end{cases} \tag{11.60}$$

(3) 匹配面的基本特征

根据(11.42)式计算出前后两时刻云迹的互相关系数与空间坐标一起构成一幅互相关系数空间分布图,并表现为一个面,称为**匹配面**,如图 11.18 所示,对有意义匹配面不是一平面,而应当是凹凸起伏的曲面。在曲面凸起的地方是互相关系数值相对大的地方,最大的互相关系数与 t_1 到 t_2 时刻云迹平移的短量长度相一致。在计算风时匹配面可以在电视屏幕上显示出来,图 11.18b 表示了双峰匹配面,图中 C_1 是主峰的互相关系数,C_2 是

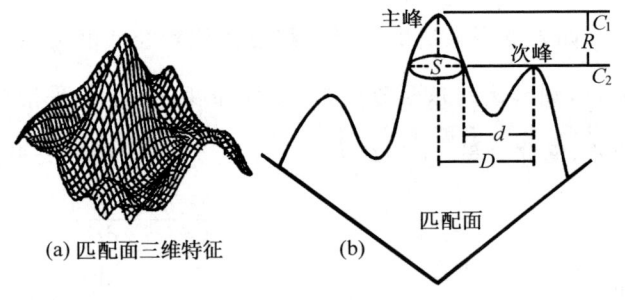

(a) 匹配面三维特征　　(b)

图 11.18　匹配面的特征

次峰的互相关系数，$R=C_1-C_2$ 是主峰和次峰互相关系数之差，D 是主峰和次峰平移位置差，S 是相对于次峰值的主峰截面积，则主峰匹配面的陡度为 $P=R^2/S$。

对于不同的云，匹配面的表现也不同，例如变化很快的云的互相关系数很小，匹配面没有明显的峰值；大片均匀云区的互相关系数很大，但也没有明显的峰值。

在求取匹配面时，很重要的一点是如何选择数据阵列的大小，其决定于计算速度、稳定性和测风分辨率及范围。如果选择较小的数据阵列作为样品窗和搜索窗，则有较高的空间分辨率，但会降低计算的稳定性；如果选择较大的数据阵列为样品窗或搜索窗，则会大大地增大计算量。在决定数据窗大小时，主要考虑所测量的最大风速值。例如，若搜索窗为 64×64 像点，样品窗的最大位移为 ±16 个像点。如果利用间隔为 30 分钟的云图计算风，则能计算的最大风速为 32 m/s。

(4) 双重匹配估算风矢量

图 11.19 给出了美（NESS）、欧洲（ESA）和日（GMS）云迹风自动算法的流程。这些方法先在屏幕上显示一幅原分辨率的云图，然后根据云迹的选择规则，用光标选定云迹，并把其坐标存入磁盘中，以云迹为中心，确定样品区 B 和搜索区 C，然后计算图像 B 与半小时后图像 C 间的互相关系数，并由最大互相关系数求出云迹的移动，由此得到云风的第一估计矢量，这一步骤称为粗匹配。接着在原空间分辨率图像 B、C 上，样品窗和搜索窗都以云迹为中心，按粗匹配的方式作出订正矢量，并把这称为精匹配，第一估计矢量与订正矢量之和就得云迹的合成矢量。由图中看到，在作粗匹配时的样品窗与搜索

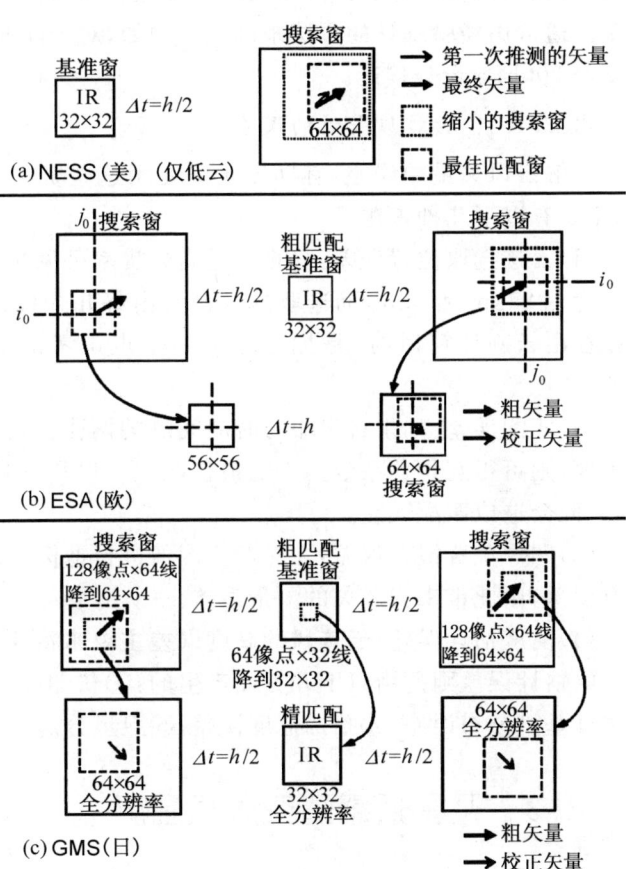

图 11.19 自动测量云移动的三种方法

窗的中心是以样品窗的云迹位置为中心；在作精匹配时，样品窗与搜索窗的中心是以各自云迹位置为中心。

11.2.1.3 云风矢的高度确定

求取云迹风矢后需要确定其是哪一高度上的风，通常要定出云的高度，还要确定云顶高度与云迹风高度间的关系。对此涉及以下几个稍许复杂的问题。

(1)云的发射率对估算云顶高度的影响：在一般情况下，云在红外波段的发射率可以近似为1，但是由于云厚和云的组成的差异，不同厚度和种类云的发射率是不同的，特别是对于薄卷云，红外辐射可以透过，发射率小于1，因此为较为精确地估计云高时必须要精确地确定云的发射率，对此将在下一节中讨论。

(2)云迹风高度与云顶高度间的关系：即使是精确地求取云顶高度，对于某些较厚的云，云顶高度不等于云迹风矢的高度，这就需要寻求云顶高度与云迹风高度间的关系。通常用经验统计的方法来确定。例如，对于洋面积云、浓积云移动导得云风矢高度与900hPa十分接近。

11.2.1.4 云迹风矢量的误差

了解云风矢量的误差，有助于正确使用这些资料，产生云风矢的误差是多方面的，主要有以下几种来源。

(1)云迹选取位置误差：静止卫星高分辨率可见光和红外云图星下点处的分辨率分别为1.25km和5km，而选取的云迹常由好几个像素组成，其大小在10km以上。但是在由云迹计算风时，是把它作为一个点来考虑的，因而这就存在云迹位置的误差。

(2)匹配误差：如果将半小时时间间隔的两张云图进行匹配，云迹亮度和云型始终不变，则可得互相关系数为1的最佳匹配。但是云迹的云型和亮度是随时间变化的，由此会造成匹配误差。

(3)图像位置拟合误差：在对两张图像进行地标或地球边缘进行位置拟合时难免带有误差，由此带来云风矢的测量误差。

(4)高度估计误差：云迹风的高度误差主要来源于云顶高度估计误差，而云顶高度间的估计误差则是由以下几方面产生的：①仪器校正误差；②射出辐射订正误差；③温度垂直分布误差；④扫描速度误差；⑤卫星分辨率不均匀误差。

11.3 卫星遥感晴空大气温度

电磁辐射与大气中的气体相互作用将产生包含有大气温度、成分等信息，根据这种信息能提取大气的温度、成分和其他等大气参数。如果 T 和 S 分别表示大气目标

的特性和信息,则

$$S = F(T) \tag{11.61}$$

式中,F 表示了目标特性 T 和信息 S 间的关系,其逆式可写为

$$T = F^{-1}(S) \tag{11.62}$$

式中,F^{-1} 为 F 的反函数。由信息 S 求取目标特性 T 称为遥感反演。在遥感中的重要问题是解的存在性、唯一性和稳定性以及求解方法的有关数学问题。由于大气中包含有许多未知参数,而这些参数的各种组合会产生相同的辐射信息,这对解的唯一性、稳定性和求解方法产生一定的影响和困难。

1955 年,King 在他的论文中首先指出大气的辐射亮度分布是以光学厚度为函数的普朗克强度分布的拉普拉斯变换,并说明由卫星测值导得大气温度廓线的可行性。1959 年,Kaplan 证明了大气温度的垂直分布可以大气发射的谱分布导出,在大气光谱的翼区的卫星测值可以导得大气底层的温度分布,而在谱带中心区的卫星测值可以导得大气上部的温度分布。

11.3.1 遥感大气温度基本问题

11.3.1.1 理想情形下遥感大气温度

如图 11.20 中所示,若选取三个波长 $\lambda_1, \lambda_2, \lambda_3$(或波数 ν_1, ν_2, ν_3)测量大气发射的辐射 $B(\lambda_1), B(\lambda_2), B(\lambda_3)$。如果卫星测量某一波长的辐射仅与某一高度上发射的辐射有关,与其他高度上的辐射无关,就得图 11.21(b)所示的波长与高度间存在一一对应的关系,也就是波长仅与某高度上的辐射有关,也就是卫星在某一波长上测量的辐射来自于某一高度上;由这一高度的辐射,按普朗克公式,就能求得这高度与温度存在一一对应的关系,这就说明如果选取若干波长,就可以得到若干不同高度上的温度。

11.3.1.2 由红外辐射传输方程分析大气温度的可遥感性

在红外波段,卫星测量地球大气发射的辐射可以写为

$$L_\nu(\theta) = \varepsilon_{\nu s} B_\nu(T_s) \widetilde{T}_{\nu s}(\theta) + \int_{P_S}^{0} B_\nu[T(p')] \frac{\partial \widetilde{T}_\nu(p',\theta)}{\partial p'} dp' \tag{11.63}$$

式中,$L_\nu(\theta)$ 是卫星测量的辐射,右边第一项 $\varepsilon_{\nu s} B_\nu(T_s) \widetilde{T}_{\nu s}(\theta)$ 是卫星测量到的地面发射的红外辐射,第二项 $\int_{P_S}^{0} B_\nu[T(p')] \frac{\partial \widetilde{T}_\nu(p',\theta)}{\partial p'} dp'$ 是卫星测量到的大气辐射。从卫星遥感大气温度的目的出发,下面根据方程(11.63)式,分析卫星遥感大气温度的可能性。

(1)方程式(11.63)式左边 $L_\nu(\theta)$ 是卫星测量值,它与卫星的天项角、卫星仪器所使用的波长有关。

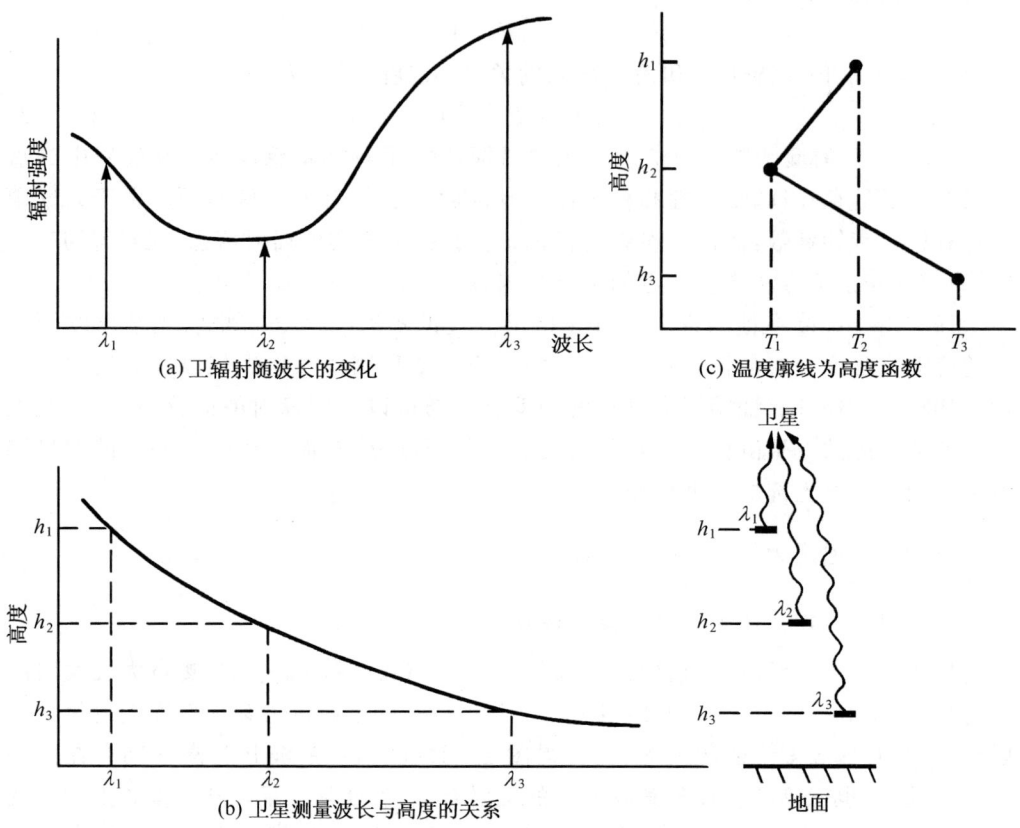

图 11.20 理想状况下卫星遥感大气温度原理示意图

(2)对于方程式(11.63)式右边第一项 $\varepsilon_{\nu s} B_\nu(T_s) \widetilde{T}_{\nu s}(\theta)$,如果选取大气窗波段,大气的透过率为 $\widetilde{T}_{\nu s}(\theta)=1$,(11.63)式右边第二项为 0,卫星测值 $L_\nu(\theta)$ 取决于地面辐射 $\varepsilon_{\nu s} B_\nu(T_s)$,也就是卫星仪器采用大气窗区可以确定地面辐射 $\varepsilon_{\nu s} B_\nu(T_s)$。

(3)在(11.63)式中,对于 $B_\nu[T(p)]$ 取决于波数 ν 和温度 $T(p)$。当波长间隔很小时,$B_\nu[T(p)]$ 随波数的变化很小,这时可以用某一中心波数 $\widetilde{\nu}_r$ 代替,采用关系式

$$B_{\nu \to \nu+\Delta\nu}[T(p)] = C_{\widetilde{\nu}r} B_{\widetilde{\nu}r}[T(p)] + d_{\widetilde{\nu}r} \tag{11.64}$$

式中,$\widetilde{\nu}_r$ 是某一固定的参考波数,$C_{\widetilde{\nu}r}$,$d_{\widetilde{\nu}r}$ 是经验常数。

(4)在(11.63)式中的 $\dfrac{\partial \widetilde{T}_\nu(p,\theta)}{\partial p}$ 表示透过率 $\widetilde{T}_\nu(p,\theta)$ 随高度(气压)的变化,透过率表示为

$$\widetilde{T}_\nu(p,\theta) = \exp\left[-\frac{\sec\theta}{g}\int_0^p k_\nu(p')q(p')\mathrm{d}p\right] \tag{11.65}$$

则透过率随高度的变化 $\dfrac{\partial \widetilde{T}_\nu(p,\theta)}{\partial p}$ 写为

$$\frac{\partial \widetilde{T}_\nu(p,\theta)}{\partial p} = -\frac{\sec\theta}{g}q(p)k_\nu(p)\exp\left[-\frac{\sec\theta}{g}\int_0^p k_\nu(p')q(p')\mathrm{d}p'\right] \quad (11.66)$$

从(11.66)式中可以看出,$\dfrac{\partial \widetilde{T}_\nu(p,\theta)}{\partial p}$ 取决于气体的吸收系数 $k_\nu(p)$ 和混合比 $q(p)$。如果卫星仪器选用 CO_2 吸收带作为观测波段,CO_2 的混合比 $q(p)$ 近似为常数,认为是已知的;所以这时的透过率仅与吸收系数 $k_\nu(p)$ 有关,而 $k_\nu(p)$ 与温度有较小的关系,这可以选取适当的波长和计算方法予以消除。根据大气吸收理论,$k_\nu(p)$ 由下面公式计算

$$k_\nu(p) = \frac{S_\nu(p)}{\pi}\frac{\alpha_L(p)}{(\nu-\nu_0)^2+\alpha_L^2(p)} \quad (11.67)$$

将(11.67)式代入(11.65)式,则得大气辐射的光谱透过率为

$$T_\nu(p) = \int_{\Delta\nu}\frac{d\nu}{\Delta\nu}\exp\left[-\frac{q}{p}\int_0^p \frac{S(p')}{\pi}\frac{\alpha_L(p')dp'}{(\nu-\nu_0)^2+\alpha_L^2(p')}\right] \quad (11.68)$$

从(11.68)式可见,大气透过率可以根据理论和实验确定。因此,由(11.63)式看出,如果选用 $15\mu m CO_2$ 吸收带的若干窄波段作为观测通道,则卫星测量的辐射 $L_\nu(\theta)$ 仅取决于大气辐射 $B_\nu[T(p)]$,也就是说,根据卫星测值 $L_\nu(\theta)$ 可以推算大气的垂直温度廓线 $T(p)$。

11.3.1.3 透过率、权重函数和有效辐射层

透过率 $\widetilde{T}_\nu(p,\theta)$ 是波数和大气压力(高度)的函数,对于不同强度的吸收带,透过率随高度的分布也不同,图 4.3 给出了 CO_2 的个波段的透过率与气压高度的关系,将图中的各条曲线对气压求导,就得透过率随高度的变化 $\dfrac{\partial \widetilde{T}_\nu(p,\theta)}{\partial p}$ 曲线。从(11.63)式看到,由某高度大气发出并到达卫星的辐射是该高度大气辐射 $B_\nu[T(p)]$ 与 $\dfrac{\partial \widetilde{T}_\nu(p,\theta)}{\partial p}$ 的乘积,因此对于一定的 $B_\nu[T(p)]$,$\dfrac{\partial \widetilde{T}_\nu(p,\theta)}{\partial p}$ 起着加权作用,所以把 $\dfrac{\partial \widetilde{T}_\nu(p,\theta)}{\partial p}$ 称为**权重函数**,其值表示了卫星仪器接收某高度上大气发射辐射的比例大小。对于厚度为 dp 气层发出到达卫星的辐射为

$$\Psi \mathrm{d}p = B_\nu[T(p)]\frac{\partial \widetilde{T}_\nu(p,\theta)}{\partial p}\mathrm{d}p \quad (11.69)$$

式中,$\Psi = B_\nu[T(p)]\dfrac{\partial \widetilde{T}_\nu(p,\theta)}{\partial p}$ 是**贡献函数**。所以在到达卫星的总的辐射中,对于弱吸收带,主要来自于大气低层,由此得到的温度主要代表大气低层的温度;而对于强吸收带,测量的辐射主要来自于大气高层,所表示的温度是大气高层的温度。由于权

重函数有一定的宽度,所以对于某一波长,卫星测量的辐射来自某一气层,这气层称有效辐射层。

11.3.1.4 从地球大气辐射光谱看大气温度的可遥感性

图 11.21 是雨云 4 号卫星上红外干涉分光仪测量到的地球大气辐射光谱。图中波数范围 850～950cm^{-1} 大气窗区测得的温度是地表温度。如撒哈拉是 320K,地中海是 280K,南极是 220K。而 CO_2 强吸收中心测量的是对流层顶到平流层的温度,690cm^{-1} 处的极小值为对流层顶的最低温度,邻近的暖谱线表示平流层增暖。在 CO_2 吸收带两翼,由于透过率较大,辐射来自于大气低层,由此表示的温度是大气低层的。对于强吸收带中心,透过率较小,低层辐射到达不了卫星,辐射来自于高层。

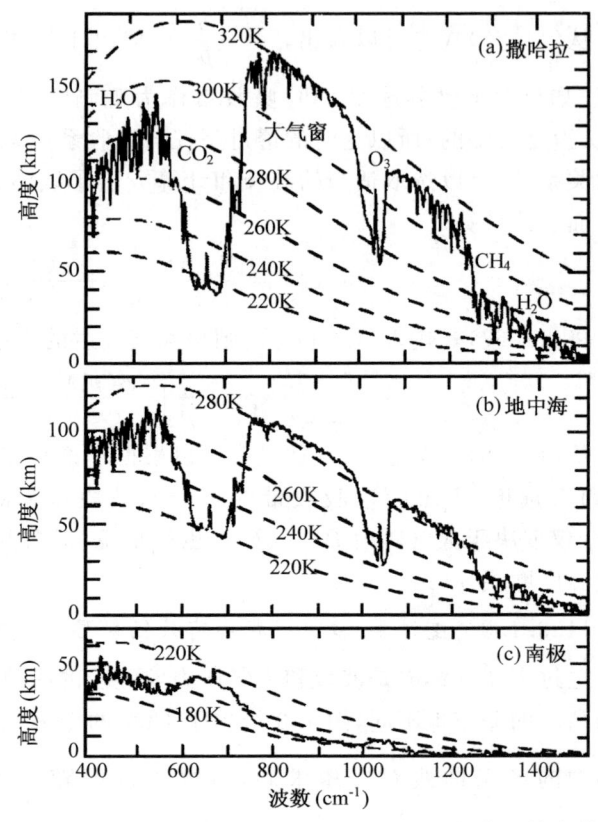

11.3.1.5 卫星观测通道的选取

图 11.21 由 Nimbus-4 卫星 IRISD 观测的热红外光谱

由卫星遥感大气垂直温度分布,观测的发射源必须是含量丰富、分布均匀的已知气体,否则若气体含量和分布的不确定性,无法由卫星测量确定大气的温度。在大约 100km 的地球大气中,有两种具有含量均匀和具有易于测量的发射带的气体。一种是具有红外振-转带、混合比为 0.003 微量成分 CO_2 吸收气体;另一种是具有微波自旋-转动带、混合比为 0.21 的大气主要成分 O_2。对于这两种气体,可用于大气测温的有 CO_2 的 $4.3\mu m$、$15\mu m$ 和 O_2 的 5mm 三个吸收带。表 11.4 给出了这三个谱带的主要特性。从表可见,如果仅从能量考虑,CO_2 的 $15\mu m$ 比其他两个谱段都要好;从温度灵敏度看,CO_2 的 $4.3\mu m$ 感应暖大气目标最好,但是感应冷大气目标不如 CO_2 的 $15\mu m$ 带。CO_2 的 $4.3\mu m$、$15\mu m$ 感应大气温度都要比 O_2 的 5mm 带要好,但是当大气中有云时，O_2 的 5mm 带占有绝对优势。

表 11.4 CO_2 4.3μm、15 μm、O_2 5mm 三个光谱区探测特性比较

谱 带	能 量（相对普朗克辐射强度）		温度灵敏度（相对探测器噪声）		云的透过率	
	200K	300K	200K	300K	水云	冰云
4.3μmCO_2	1.25	200	1	20	0.06	0.01
15μmCO_2	5000	15000	10	6	0.01	0.01
5mmO_2	1	1	4	1	0.96	0.9998

11.3.1.6 卫星遥感大气温度应具备的条件

为探测大气垂直温度廓线，归结起来应满足以下条件：

(1) 在大气中选取用的发射辐射的气体的混合比是常定的，对于所选定的波段内卫星接收到的辐射主要取决于大气的垂直温度分布；

(2) 所选取的某种吸收气体的吸收带应尽可能与其他气体吸收带不互相重叠；

(3) 必须满足局地热力平衡，否则由辐射传输方程式反演的 $T(p)$ 就没有实际意义；

(4) 所选用的波长范围内，散射辐射很小，可以忽略不计。

11.3.2 大气遥感方程

11.3.2.1 大气遥感方程

若将方程 (4.10) 式中的卫星测值与地面辐射项合并，且设 $K(\nu,p) = -\dfrac{\partial \widetilde{T}_\nu(p,\theta)}{\partial p}$，则有

$$R_\nu = \int_{p_s}^{0} B_\nu[T(p')] \frac{\partial \widetilde{T}_\nu(p',\theta)}{\partial p} dp' = \int_{p_s}^{0} B_\nu[T(p')] K(\nu,p) dp' \quad (11.70)$$

式中，$R_\nu = L_\nu - \varepsilon_{\nu s} B_\nu(T_s) \widetilde{T}_{\nu s}$，由于 $B_\nu[T(p)]$ 在所采用的谱段内随波数变化很小，故其与波数无关，仅与气温 $T(p)$ 有关；同时假定透过率与气温无关，这时作变换：$\nu \to x$，$p \to y$ 和 $B_\nu[T(p)] \to 0$，则 (11.70) 式可以写成

$$R_\nu = \int_a^b K(x,y) f(y) dy \quad (11.71)$$

(11.71) 式就是著名的**第一类弗雷德霍姆积分**方程式。其中 $K(x,y)$ 是核函数，因此卫星观测反演大气温度垂直分布就归结为求解第一类弗雷德霍姆积分方程式。但是由于要求解的未知数 $f(y)$ 在积分算符内，即大气遥感温度的信息在积分算符内，这就导致了病态的数学问题。由于这一问题的不简单性，它成为大气温度遥感的一个

重要课题。

为了消除温度随波数的依赖关系,改善问题的线性化,作下面变换,设

$$b(y) = B[\nu_0, T(y)] - B[\nu_0, T_0(y)] \tag{11.72}$$

式中,ν_0 是中心波数,$T_0(y)$ 是初始温度廓线。又设

$$\beta(\nu,y) = \begin{cases} \dfrac{B[\nu,T(y)] - B[T_0(y)]}{b(y)} & T \neq T_0 \\ \dfrac{dB(\nu,T)/dT}{dB(\nu_0,T)/dT} & T = T_0 \end{cases} \tag{11.73}$$

则有

$$B[\nu, T(y)] = B[\nu, T_0(y)] - b(y)\beta(\nu,y) \tag{11.74}$$

相应于初始温度廓线的辐射传输方程为

$$L_0(\nu) = B[\nu_0, T(y)]\widetilde{T}(\nu,y_0) + \int_0^x B[\nu, T(y_0)]\frac{\partial \widetilde{T}(\nu,y)}{\partial y}dy \tag{11.75}$$

且设

$$R(\nu) = L(\nu)(L_0(\nu) \tag{11.76}$$

和

$$K(\nu,y) = -\beta(\nu,y)\frac{d\widetilde{T}(\nu,y)}{dy} \tag{11.77}$$

则按(11.73)—(11.77)式,就得

$$R(\nu) = \int_a^b K(\nu,y)f(y)\,dy \tag{11.78}$$

如果与(11.71)式相比较,(11.78)式与其是类似的。

11.3.2.2 遥感方程式解的存在性、唯一性和稳定性

第一类弗雷德霍姆积分方程式并非总是有解的,其解的存在性、唯一性和稳定性决定于核函数 $K(x,y)$ 的特性。如果核函数 $K(x,y)$ 等于常数时,即

$$K(x,y) = K_0 \tag{11.79}$$

式中,K_0 是一常数,将(11.79)式代入(11.78)式,则得到

$$R(x) = K_0 \int_a^b f(y)dy \tag{11.80}$$

从(11.80)式可以看出,可以选取无数个 $f(y)$ 使(11.78)式得到满足,这就是由卫星测值 $R(x)$ 无法得到唯一的解 $f(y)$ 分布。

如果核函数 $K(x,y)$ 为 δ 函数,即为

$$K(x,y) = K_0\delta(y-y_0) \tag{11.81}$$

则将(11.81)代入(11.78)式,得

$$R(x) = K_0 f(y) \tag{11.82}$$

即得到唯一稳定的解

$$f(y) = R(x)/K_0 \tag{11.83}$$

上面说明,要得到唯一稳定的解,要求核函数 $K(x,y)$ 为 δ 函数,也就是要求卫

星探测大气温度时使用的权重函数的峰越尖越好。

第一类弗雷德霍姆积分方程式的不稳定性是由于测量存在误差引起的,如果卫星仪器存在测量误差 $\varepsilon(x)$,则(11.78)式写为

$$R(x)+\varepsilon(x)=\int_a^b K(\nu,y)f(y)\mathrm{d}y \qquad (11.84)$$

为了说明 $f(y)$ 的不稳定性是由卫星测量误差 $\varepsilon(x)$ 引起的,由黎曼—勒贝格定理:对于任一给定的 x,如果 $K(\nu,y)$ 是 y 的绝对可积函数,则对任意大的 C,当 $n\to\infty$ 时有

$$h(x)=\int_a^b K(\nu,y)\,C\cos(ny)\,\mathrm{d}y \to 0 \qquad (11.85)$$

据此,对任意小的 $\varepsilon(x)$,总可以找到一个足够大的 n_0,使得 $h_{n_0}(x)=\varepsilon(x)$,所以有

$$f(y)=f(\hat{y})+\cos(n_0 y) \qquad (11.86)$$

也就是(11.84)式的解。由于 C 可以是任意大,故测量中存有小的误差 $\varepsilon(x)$,可以使得 $f(y)$ 产生很大的改变,也就是解的不稳定性。例如考察一个简单例子,假定仅有两个观测值($M=2$),则积分方程(11.78)式可以用离散形式表示为

$$f_1 K_{1,1}+f_2 K_{1,2}=R_1 \qquad (11.87)$$
$$f_1 K_{2,1}+f_2 K_{2,2}=R_2$$

式中,$K_{i,j}$ 表示第 i 个通道,第 j 层权重函数。如果假定上式中各量的数值为 $K_{1,1}=1, K_{1,2}=1, K_{2,1}=2, K_{2,2}=2.000001$,而观测值为 $R_1=2, R_2=4.000001$,则可得到解

$$f_1=1,\ f_2=1;$$

如果观测值 R_2 存在某种不确定性,其观测值为 $R_2=4$,则其解为

$$f_1=1,\ f_2=0$$

从这一例子说明了由于观测值的微小变化引起解的不稳定性。

因此,求解第一类弗雷德霍姆积分方程式能否成功主要取决于 $R(x)$ 的精度,以及 $K(x,y)$ 的形状。为由卫星遥感大气垂温度分布,应使卫星仪器的测量误差尽可能地小,所采用的权重函数峰值尽可能地尖,这样才能得到合理解。

11.3.2.3 权重函数的计算

为遥感大气温度,在红外谱段,权重函数的计算就是计算 CO_2 吸收气体的透过率。对于 CO_2 的红外吸收参数,像谱线半宽度、线强和谱线位置都已经了解得十分清楚,所以一旦使用的光谱间隔和仪器的响应函数给定以后,对给定高度上的透过率及其权重函数就可以计算出来。通常计算 CO_2 的吸收气体的透过率按以下步骤进行:

1)将大气从大气顶到地面分成若干平行而又均匀的厚度层,一般取 39 个厚度层。

2)按波数为 0.1cm 划分光谱间隔,计算每一层的吸收系数 $k(v,p)$,求得星下点附近每一层的透过率,得到 40 个气压高度上的 40 个透过率。

3)计算不同天顶角的透过率。

4)对于某些谱段存在有水汽和臭氧吸收,这时要分别计算 H_2O 和 O_3 的气体透过率,然后计算出总的大气透过率。

5)制作气压与透过率关系曲线 $p - \widetilde{T}_v$。

6)由下式计算权重函数

$$\frac{\Delta \widetilde{T}}{\Delta p} = \frac{\widetilde{T}(p_i) - \widetilde{T}(p_{i+1})}{p_i - p_{i+1}} \tag{11.88}$$

11.3.3 卫星遥感大气反演方法

11.3.3.1 大气遥感方程的离散数值和矩阵表示

将红外辐射传输方程化为第一类弗雷德霍姆积分方程式,写为

$$R(v) = \int_a^b K(v, y) f(y) \mathrm{d}y + \varepsilon(v) \tag{11.89}$$

式中,$\varepsilon(v)$ 是包含在 $R(v)$ 的测量误差。

如果卫星选取 $CO_2 15\mu m$ 带内 M 个通道进行测量,并设 $R(v_i) = r_i$,$K(v_i, y) = K_i(y)$,$i = 1, 2, \cdots, M$,不考虑误差的情况下有

$$r_i = \int_0^y f(y) K_i(y) \mathrm{d}y \tag{11.90}$$

由于卫星观测只能在有限个波数对大气观测,所以积分方程(11.90)总是化为代数方程组求解较为方便,对整个大气层从地面到大气顶取 N 个点,即把大气分为厚度为 Δx 的 $N-1$ 个间隔,同时将 $f(y)$ 表示为 N 个变数的代数函数较为方便,写为

$$f(y) = \sum_{j=1}^{N} f_j W_j(y) \tag{11.91}$$

式中,f_j 是未知系数,$W_j(y)$ 是一个已知的表示函数,它可以是正交函数,如多项式或傅里叶级数等,将(11.91)式代入到(11.90)式得

$$r_i = \sum_{j=1}^{N} f_j \int_0^y W_j(y) K_i(y) \mathrm{d}y \tag{11.92}$$

又定义

$$A_{ij} = \int_0^y W_j(y) K_i(y) \mathrm{d}y \tag{11.93}$$

则由(11.92)和(11.93)式得到

$$r_i = \sum_{j=1}^{N} A_{ij} f_j \tag{11.94}$$

由(11.94)式求解 $f_j(j=1,2,3,\cdots,N)$，需要有 $r_i(i=1,2,3,\cdots,M)$ 以及满足 $M \geqslant N$ 两个条件。

为方便起见，将(11.94)式以矩阵表示，定义算符

$$\boldsymbol{r} = \begin{bmatrix} r_1 \\ r_2 \\ \vdots \\ r_M \end{bmatrix}, \quad \boldsymbol{f} = \begin{bmatrix} f_1 \\ f_2 \\ \vdots \\ f_N \end{bmatrix} \tag{11.95}$$

以及

$$\boldsymbol{A} = \begin{bmatrix} A_{11} & A_{12} & \cdots & A_{1N} \\ A_{21} & A_{22} & \cdots & A_{2N} \\ \vdots & \vdots & \ddots & \vdots \\ A_{M1} & A_{M2} & \cdots & A_{MN} \end{bmatrix} \tag{11.96}$$

这样，方程(11.94)式可以写成

$$\boldsymbol{r} = \boldsymbol{A}\boldsymbol{f} \tag{11.97}$$

对于(11.97)式，运用矩阵运算规则

$$(\boldsymbol{AB})^{-1} = \boldsymbol{B}^{-1}\boldsymbol{A}^{-1}, \quad \boldsymbol{AA}^{-1} = \boldsymbol{A}^{-1}\boldsymbol{A} = \boldsymbol{I}, \quad (\boldsymbol{AB})^* = \boldsymbol{A}^*\boldsymbol{B}^* \tag{11.98}$$

即得解

$$\boldsymbol{f} = \boldsymbol{A}^{-1}\boldsymbol{r} = (\boldsymbol{A}^*\boldsymbol{A})^{-1}\boldsymbol{A}^*\boldsymbol{r} \tag{11.99}$$

从(11.99)式可看出，为求解 f，先要求出一个对称方阵的逆矩阵 $\boldsymbol{A}^{-1}$。但是由于权重函数的相互重叠，$\boldsymbol{A}^{-1}$ 是病态的。此外由于：①普朗克函数的近似表示；②数值舍入误差；③观测仪器本身的固有噪声误差的存在，使得求解(11.99)式不能成为现实。

11.3.3.2 约束性线性反演

考虑不适定问题

$$r_i = \sum_{j=1}^{N} A_{ij} f_j \tag{11.100}$$

由于在实际卫星观测中，r_i 总包含有一定的测量误差 ε_i，因此卫星观测值表示为

$$\hat{r}_i = r_i + \varepsilon_i \tag{11.101}$$

这就使得在一定的测量误差范围内，解 f_j 不是唯一的，只有当附加上一定条件后，才能消除多种解的情况，并能选取定一组可能的解 f_j。为此下面使用具有二次约束的最小二乘法函数

$$\sum \varepsilon_i^2 + \gamma \sum_{j=1}^{N} (f_j - \bar{f})^2 \tag{11.102}$$

式中，γ 是一个任意的光滑系数，它确定了解 f_j 在平均值 $\bar{f}$ 附近被约束的强烈程度，显然这约束由解 f_j 约束给出。图 11.22 中给出了光滑因子 γ 对反演的作用，从图中看到，当不加光滑因子($\gamma=0$)，反演出的温度廓线(虚线)偏差在大气上部太大，而加

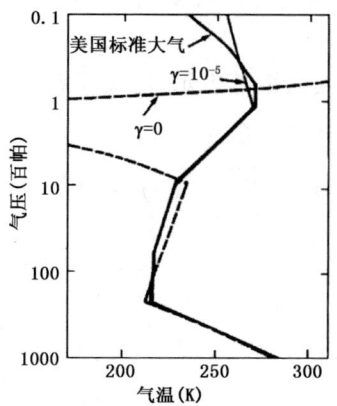

图 11.22　光滑因子 γ 对温度反演的影响

了光滑因子($\gamma=10^{-5}$),则反演偏差显著减小。当解 f_j 被子约束在平均值 $\overline{f}$ 附近时,测量误差减至最小。故应有

$$\frac{\partial}{\partial f_k}\left[\sum_i\left(\sum_{j=1}^N A_{ij}f_j-\hat{r}_i\right)^2+\gamma\sum_{j=1}^N(f_j-\overline{f})^2\right]=0 \quad (11.103)$$

式中 $k=1,2,\cdots,j,\cdots,N$。由(11.103)式得到

$$\sum_i\left(\sum_{j=1}^N A_{ij}f_j-\hat{r}_i\right)A_{ik}+\gamma(f_k-\overline{f})=0 \quad (11.104)$$

由于 f_j 的平均值为

$$\overline{f}=\frac{1}{N}\sum_{k=1}^N f_k \quad (11.105)$$

所以有 $\quad f_k-\overline{f}=-N^{-1}f_1-\cdots+(1-N^{-1})f_k-\cdots-N^{-1}f_N \quad (11.106)$

则将(11.106)式以矩阵形式表示为

$$\boldsymbol{A}^*\boldsymbol{A}\boldsymbol{f}-\boldsymbol{A}^*\boldsymbol{r}+\gamma\boldsymbol{H}\boldsymbol{f}=0 \quad (11.107)$$

式中,H 是一个 $N\times N$ 矩阵,写成

$$\boldsymbol{H}=\begin{bmatrix} 1-N^{-1} & -N^{-1} & \cdots & -N^{-1} \\ -N^{-1} & 1-N^{-1} & \cdots & -N^{-1} \\ \vdots & \vdots & \ddots & \vdots \\ -N^{-1} & -N^{-1} & \cdots & 1-N^{-1} \end{bmatrix} \quad (11.108)$$

则根据(11.107)式得到解

$$\boldsymbol{f}=(\boldsymbol{A}^*\boldsymbol{A}+\gamma\boldsymbol{H})^{-1}\boldsymbol{A}^*\boldsymbol{r} \quad (11.109)$$

这就是线性约束方程解。对于光滑的二次约束也能加在一阶差分[即 $\sum(f_{j-1}$

$-f_j-f_{j+1})^2$]或者为$[\sum(f_{j-1}-2f_j-f_{j+1})^2]$等等。

如果在温度反演中有较多的历史资料可供使用,则可以由这些资料构成一个适当的基本函数来逼近未知的f。由历史资料求出一个平均的$\bar{f}$,再求一个能使与平均值的平方差减至最小的约束解。若$\bar{f}$是已知平均值的矢量,则(11.105)式以矩阵形式表示为

$$A^* Af(A^* r+\gamma(f-\bar{f}))=0 \tag{11.110}$$

由此求得解

$$f = (A^* A + \gamma I)^{-1}(A^* r+\gamma \bar{f}) \tag{11.111}$$

式中,I是一个$N\times N$的单位矩阵。如果选取合适的$\bar{f}$,就可求得改进解。

11.3.3.3 回归反演法

如果缺少有关大气透过率方面的资料,则可以采用回归统计方法,对此假定大气的垂直温度分布与卫星观测值之间存在线性关系,写成

$$f = Cr \tag{11.112}$$

式中,C是一回归算子。由(11.112)式看出,反演大气温度垂直分布归结为求取一个合适的C。为此可以通过收集在时空一致的无线电探空、火箭探空资料和卫星观测资料来实行。如果收集到的一组卫星观测值为

$$R = [R_{ij}] = [L_k(\nu_i) - \bar{L}(\nu_i)] \quad (i=1,2,\cdots,j,\cdots,M; k=1,2,\cdots j,\cdots,K)$$
$$\tag{11.113}$$

式中,$\bar{L}(\nu_i)$是k个辐射的平均值;与此同时收集到一组无线电探空资料为

$$B = [b_{ij}] = B[\nu_0, T_k(y_j)] - B[\nu_0, \bar{T}(y_j)] \tag{11.114}$$

式中,$\bar{T}(y_j)$是K条温度廓线的平均值,K是样品序号。由此回归方程可以写为

$$B = CR \tag{11.115}$$

式中,B,R分别是收集到的无线电探空和卫星的辐射观测值。根据最小二乘法原理,求取C就是要使下式极小

$$\sigma(C) = \sum_{j=1}^{N}\sum_{k=1}^{K}\left(b_{jk}-\sum_{i=1}^{M}C_{ji}R_{jk}\right)^2 = \mathrm{tr}\,[(B-CR)(B-CR)^*] \tag{11.116}$$

式中,$\sigma(C)$是方差,tr是矩阵的迹,角上标 * 表示矩阵转置,为求出使$\sigma(C)$最小的矩阵C,只要将$\sigma(C)$对C求导,并使其等于0,即

$$\frac{\mathrm{d}\sigma}{\mathrm{d}C} = 2BR^* + 2CRR^* = 0 \tag{11.117}$$

由上式可以求出C,写成

$$C = BR^*(RR^*)^{-1} \tag{11.118}$$

如果选取的样品数大于通道数,即是$K \gg M$则可确保$(RR^*)^{-1}$存在。将(11.118)式代入(11.113)式,可以求得

$$f = BR^*(RR^*)^{-1}r \qquad (11.119)$$

由(11.119)式可见,求解 f 取决于选取的 B 和 R,与其他量无关,因而回归法的优点是:

1)它不需要有权重函数的信息,因而它完全避免了因使用权重函数计算不精确而引起的误差;

2)观测仪器不需要作绝对校正,只需要相对校正就可以了;

3)其解是稳定的。

回归法的缺点是:

1)回归法把反演大气温度以线性方程处理,而实际上卫星测得辐射与大气温度廓线的关系是非线性的;

2)回归法给出的解仅对给定气象条件下的样本组是精确的,而当卫星的工作状态发生变化或其他条件下是不适用的;

3)方法是建立在卫星观测与无线电探空相一致的基础上的,这对海洋、高原等缺少探空资料的地区是不适用的。

11.3.3.4 Smith 迭代法

如果卫星观测到的大气向上红外辐射为

$$L(\nu_i) = B_\nu(\nu_i, T_s)\widetilde{T}_{\nu i}(p_s) + \int_{\widetilde{T}_{s\nu}}^1 B[\nu_i, T(p')]d\widetilde{T}_{\nu i}(p') \quad (i=1,2,\cdots,M) \qquad (11.120)$$

式中,i 是卫星观测通道的序号。

Smith 迭代法的基本思路是这样的:如果根据气候资料假定一温度分布廓线 $T^j(p)$,j 是迭代次数,则由普朗克公式得到 $B[\nu_i, T^j(p)]$,然后代入(11.99)式得到 $L^j(\nu_i)$。显然由此算出的 $L^j(\nu_i)$ 与卫星观测的 $L(\nu_i)$ 间有差别。但是如果再选取一个 $T^{j+1}(p)$,由其代入到(11.99)式计算出的 $L^{j+1}(\nu_i)$ 正好等于卫星的观测值 $L(\nu_i)$,则可认为 $T^{j+1}(p)$ 就是所要求的解。据此有方程

$$L^j(\nu_i) = B_\nu(\nu_i, T_s^j)\widetilde{T}_{\nu i}(p_s) + \int_{\widetilde{T}_{s\nu}}^1 B[\nu_i, T^j(p)]d\widetilde{T}_{\nu i}(p) \qquad (11.121)$$

$$L^{j+1}(\nu_i) = L(\nu_i) = B_\nu(\nu_i, T_s^{j+1})\widetilde{T}_{\nu i}(p_s) + \int_{\widetilde{T}_{s\nu}}^1 B[\nu_i, T^{j+1}(p)]d\widetilde{T}_{\nu i}(p) \qquad (11.122)$$

将上两式相减,则有

$$L(\nu_i)(L^j(\nu_i) = [B_\nu(\nu_i, T_s^{j+1})(B_\nu(\nu_i, T_s^j)]\widetilde{T}_{\nu i}(p_s) + \int_{\widetilde{T}_{s\nu}}^1 \{B[\nu_i, T^{j+1}(p)] - B[\nu_i, T^j(p)]\}d\widetilde{T}_{\nu i}(p) \qquad (11.123)$$

现假定:1)对于每一个 ν_i 值,$\{B[\nu_i, T^{j+1}(p)] - B[\nu_i, T^j(p)]\}$ 与透过率无关;

2) $\widetilde{T}_{\nu_i} \ll 1$;

3) T_s 已由其他方法求出,这里作为已知;

4)各高度上普朗克辐射值之差与在中值点高度上的差相同,则可以得

$$B[\nu_i, T^{j+1}(p)] = B[\nu_i, T^j(p)] + [L(\nu_i)(L^j(\nu_i)] \tag{11.124}$$

(11.124)式就是所要求的迭代方程。由此可以得到大气温度廓线的估计值

$$\hat{T}^{j+1}(\nu_i, p) = \frac{hc\nu_i}{k\ln\{1 + 2hc^2 \nu_i^3 / B[\nu_i, T^{j+1}(p)]\}} \tag{11.125}$$

由(11.125)式得出的温度值是由 ν_i 通道得出的,它只与某一气层的温度有较好的关系,加上卫星观测有误差,使求得的 $T(p)$ 有误差,为此可将各通道求得的 $T(\nu_i, p)$ 实行加权平均,即

$$T^{j+1}(p) = \frac{\sum_{i=1}^{M} T^{j+1}(\nu_i, p) \Delta T(\nu_i, p)}{\sum_{i=1}^{M} \Delta T(\nu_i, p)} \tag{11.126}$$

同样,对于地表温度的计算用关系,有

$$T^{j+1}(p_s) = \frac{\sum_{i=1}^{M} T^{j+1}(\nu_i, p_s) \Delta T(\nu_i, p_s)}{\sum_{i=1}^{M} \Delta T(\nu_i, p_s)} \tag{11.127}$$

卫星反演大气温度的 Smith 迭代步骤为:

(1)根据气候资料给出初始值,如取历年该季节平均温度分布为初值 $T^{(1)}(p)$,$p = 1000\text{hPa}, 850\text{hPa}, 700\text{hPa}, \cdots, 10\text{hPa}$;

(2)由 $T^{(1)}(p)$ 计算出 M 个通道在各高度上的普朗克辐射值:$B[\nu_i, T^{(1)}(p)]$($i = 1, 2, \cdots, M$);

(3)将 $B[\nu_i, T^{(1)}(p)]$ 代入(11.121)式算出 $L^{(1)}(\nu_i)$

(4)将前三步的结果代入(11.124)式算出 $B[\nu_i, T^{(2)}(p)]$;

(5)由 $B[\nu_i, T^{(2)}(p)]$ 算出 $T^{(2)}(\nu_i, p)$;

(6)将 M 个通道的 $T^{(2)}(\nu_i, p)$ 代入(11.127)式,算出新的温度廓线;

(7)重复上面(2)—(6)步,直至满足 $|L^{j+1}(\nu_i) - L^j(\nu_i)| \leqslant \sigma$ 为止。

11.3.4 卫星反演大气温度结果和应用

11.3.4.1 卫星探测与无线电探空值的比较

上面叙述了卫星反演大气温度的方法,其精度如何? 通常将其与无线电探空作

比较,如图 11.23 是两次由 GOES 卫星的 VAS 仪器观测辐射资料反演的大气温度与无线电探空的比较,十分明显,无线电探空比卫星探测显示出更细的温度垂直分布,而且在像地面和对流层顶处温度垂直递减突变的地方,卫星探测较困难。从卫星探测通道的权重函数可看出,卫星探测的是一厚度层内大气发射的辐射,因此以上结果是难免的。

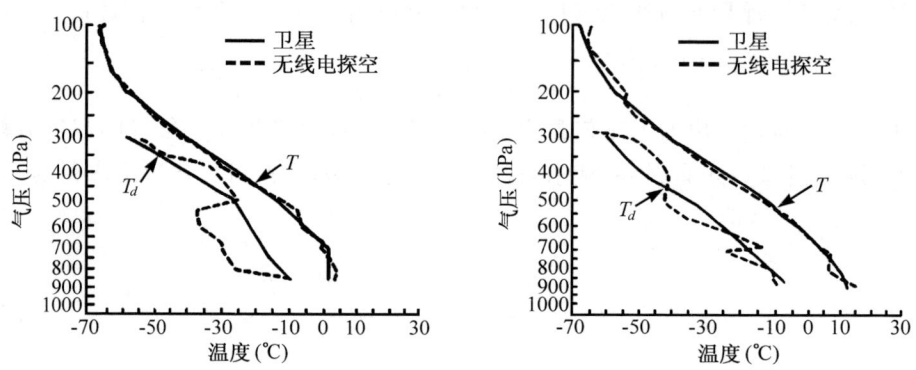

图 11.23　GOES 卫星 VAS 资料反演的温度与无线电探空的比较(After Smith 等,1981)

11.3.4.2　卫星反演的精度

为确定由卫星资料反演的温度廓线的精度,通常将反演结果与无线电探空资料作比较。图 11.24 为晴天热带大气 30°S—30°N 和中纬度地区 30°N—60°N 卫星反演与无线电探空间的均方根误差(RMS),可以看到如下几点:

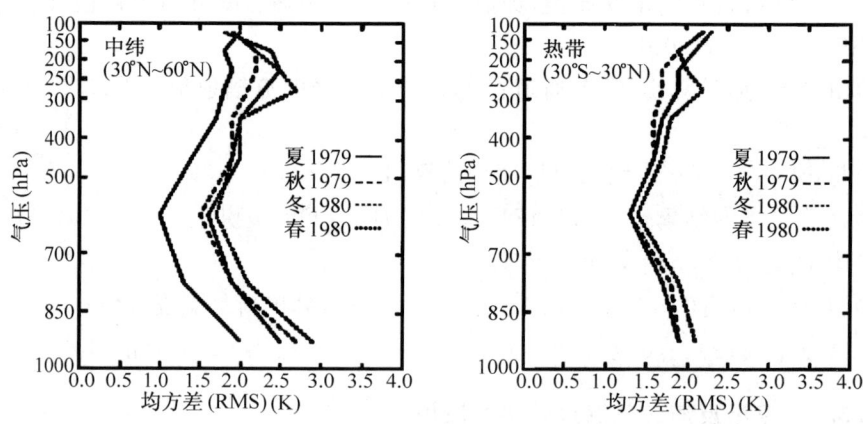

图 11.24　晴天卫星温度反演与无线电探空的均方根偏差

(1)卫星反演与无线电探空间偏差在热带地区较中纬度地区要小,其中在 1979

年热带地区夏季的偏差较秋季大,1980年春季较冬季大。

(2)不论冬夏季节还是春秋节气,地面的偏差较大,RMS达2~3℃,到对流层中部(700~500hPa)的偏差最小,RMS为1~2℃,再向上到对流层顶,两者偏差又加大,RMS达2~3℃。

(3)在垂直方向上,中纬度地区不同季节间的偏差较热带地区要大,在热带区域,不同季节间的偏差较相近。

11.3.4.3 卫星测温精度的分析

卫星反演大气温度的精度目前只能与无线电探空比较,但是由于以下原因,这种比较不是很完满的。

(1)通常无线电探空本身存有大约1℃的均方根误差;

(2)卫星探测与无线电探空不同,卫星测量的是一个区域的辐射,无线电探空测量的是单点的值;

(3)对于极地轨道卫星,探测是非定时的,无线电探空是定时的;

(4)在卫星反演中时常以无线电探空值作为初值,因此卫星反演出的温度与无线电探空有一定相关性。

在考虑到以上诸因素后,McMillin等(1983)认为,对于卫星探测的最好大气层次的反演温度实际误差为1~1.5℃。

11.3.4.4 卫星反演测温资料在预报中的作用

(1)卫星测温资料对模式预报初始场的作用

试验表明,在陆地上或大陆的东海岸地区,由于该地区的常规观测值和6小时预报值已经很完满,难以判别卫星测值对初始场的改进作用。但是大陆的西海岸区,由于海上资料稀少,在加入卫星资料后,能较精确地确定海上的初始场。

(2)卫星资料对预报的影响

卫星测温对预报精度的影响可采用两组工作对比判别,一组是只用常规观测值,另一组则是用常规观测值和卫星反演值,然后对这两组进行检验、分析和评估。试验表明:

①卫星探测资料对于资料稀少的南半球,发现有重要改进作用。

②由于天气是一个全球现象,南半球的卫星探测资料将对北半球5~10天的中长期预报准确率起的提高的作用;

③在北半球,卫星资料对短期到中长期预报一般只有较小的改进作用;

④在北半球卫星探测的平均正作用是由正的和个别例子的负作用两者所组成,在大多数情况下,无论是正的还是负的作用都是很小的。试验表明,采用合适的四维同化,卫星资料在数值模式中起大的正的作用。

卫星探测资料造成预报精度的下降是个争论的问题,其原因是:①卫星仪器本身的误差,反演的卫星测值因云等的影响,其精度不够,卫星测值反而使预报的初始场变差;②预报模式没有能正确使用卫星的探测信息。预计新一代微波测温仪器AMSU将改进云天条件下的测温精度,以及改进卫星资料输入数值预报模式的方法,从而提高卫星测温资料对模式预报初始场的作用。

11.4 水汽的卫星遥感

水汽对大气系统中的压力和温度有明显的作用,水汽凝结或冻结释放的潜热是大气中重要的能源之一,水汽是水的三种相态中之一的气态,其阻挡地面和大气低层长波辐射向空间发射,是大气中的最重要温室气体之一,它分布于地球大气中的每一个角落,但主要集中于大气低层和热带地区,它在地球大气中分布极不均匀,时空变化极大,随季节和地理位置而变化,因此它对太阳和大气辐射吸收很不均匀,对大气加热的也极不均匀。水汽是云的原料,是形成云的必要条件,没有水汽,也就没有云的存在,也就没有降水,大气中的暴雨、冰雹等许多重要天气现象也不可能发生。水汽是地球水循环过程中的重要一环,它通过大气环流输送,从海洋到陆地,从低纬到中高纬度,从大气低层到大气上层。水汽转换成其他相态时要吸收或释放热量,从而改变大气中热分布,影响大气环流,对水汽的监测研究有重要的价值和意义。

11.4.1 卫星遥感大气水汽总量

总的大气柱内的水汽含量可以对湿度廓线积分得到,不过有一些简便的方法求取大气柱内总的水汽含量,如利用红外大气分裂窗可以反演大气柱内的水汽总量,下面对此作一介绍。

11.5.1.1 由红外分裂窗估计总的大气中水汽含量(可降水量)

在红外大气窗区,吸收是相当弱的,因此有以下近似式

$$\tau_w = e^{-k_w u} \approx 1 - k_w u \tag{11.128}$$

式中,τ_w 是大气窗谱带,k_w 是吸收系数,u 是大气路径水汽总量。如果地表是黑体,由于在大气窗区水汽有小的吸收,是测量的可降水汽,在大气窗测量的辐射写为

$$I_w = B_{sw}(1 - k_w u_s) + k_w \int_0^{u_s} B_w du \tag{11.129}$$

定义大气平均普朗克辐射为

$$\bar{B}_w = \left[\int_0^{u_s} B_w du\right] / \left[\int_0^{u_s} du\right] \tag{11.130}$$

则有

$$I_w = B_{sw}(1 - k_w u_s) + k_w \bar{B}_w u \tag{11.131}$$

由于 B_{sw} 与 I_w 和 $\bar{B}_w$ 相接近,对于地表温度 T_s 的一阶泰勒展开,可使用对辐射传输方程式的线性化,给出

$$T_{bw} = T_s(1 - k_w u_s) + k_w u \bar{T}_w \tag{11.132}$$

式中,$\bar{T}_w$ 是相应 $\bar{B}_w$ 的平均大气温度,则可以导得在大气窗区大气中总的含水量与温度的关系

$$U_s = IWV_s = \frac{T_{bw} - T_s}{k_w(\bar{T}_w - T_s)} \tag{11.133}$$

式中,T_s 是地面温度,T_{bs} 是大气窗区的亮温,$\bar{T}_w$ 是大气的有效温度,k_w 是大气窗区中水汽的吸收系数。地面温度表示为

$$T_s = \frac{k_{w2} T_{bw1} - k_{w1} T_{bw2}}{k_{w2} - k_{w1}} \tag{11.134}$$

显然总的水汽浓度取决于地表面温度 T_s 与大气有效温度 $\bar{T}_w$ 之间的差,在等温的情况下,大气中的水汽浓度是无法确定的。

如果 $\bar{T}_w$ 与地面温度 T_s 成正比,即

$$\bar{T}_w = \alpha_w T_s \tag{11.135}$$

式中,α_w 是比例系数,将(11.134)和(11.135)式代入到(11.133)式中,则有水汽含量 U_s 的解为

$$U_s = \frac{T_{bw2} - T_{bw1}}{(\alpha_{w1} - 1)(k_{w2} T_{bw1} - k_{w1} T_{bw2})} = \frac{T_{bw2} - T_{bw1}}{\beta_1 T_{bw1} - \beta_2 T_{bw2}} \tag{11.136}$$

式中,系数 β_1 和 β_2 可以同一位置观测的水汽总量 U_s 与给定的温度和水汽廓线条件下通过线性回归方法求取。

11.4.1.2 双视场分裂窗方差比值法

Chesters(1983)、Kleespies 和 McMillin(1984)、Jedlovec(1987)提出分裂窗双视场方法,如在大气窗内水汽的吸收极小情况下,利用分裂窗方差比方法估算视场内大气柱的水汽的含量的方程式(11.132)可以写为

$$I_w = B_{sw}(1 - k_w U_s) + k_w U_s \bar{B}_w \tag{11.137}$$

假定相邻视场内有气温是不变的,则窗区的辐射变化 ΔI_w 可以写为

$$\Delta I_w = \Delta B_{sw}(1 - k_w U_s) \tag{11.138}$$

如果对于两相邻视场,取 $\Delta I_w = [I_w(\text{fov1}) - I_w(\text{fov2})]$,$\Delta B_{sw} = [B_{sw}(\text{fov1}) - B_{sw}(\text{fov2})]$ 代入上式,就有

$$[I_w(\text{fov1}) - I_w(\text{fov2})] = [B_{sw}(\text{fov1}) - B_{sw}(\text{fov2})](1 - k_w U_s) \tag{11.139}$$

如果取亮度温度表示为

$$[T_w(\text{fov1}) - T_w(\text{fov2})] = [T_s(\text{fov1}) - T_s(\text{fov2})](1 - k_w U_s) \tag{11.140}$$

使用分裂窗区通道,以比值表示为

$$\frac{1-k_{w1}U_s}{1-k_{w2}U_s} = \frac{\mathrm{d}I_{w1} \cdot \mathrm{d}B_{sw2}}{\mathrm{d}I_{w2} \cdot \mathrm{d}B_{sw1}} \tag{11.141}$$

根据(11.138)和(11.139)式,有

$$\frac{1-k_{w1}U_s}{1-k_{w2}U_s} = \frac{[I_{w1}(\text{fov1})-I_{w1}(\text{fov2})][B_{w2}(\text{fov1})-B_{w2}(\text{fov2})]}{[I_{w2}(\text{fov1})-I_{w2}(\text{fov2})][B_{w1}(\text{fov1})-B_{w1}(\text{fov2})]} \tag{11.142}$$

以亮温表示为

$$\frac{1-k_{w1}U_s}{1-k_{w2}U_s} = \frac{[T_{w1}(\text{fov1})-T_{w1}(\text{fov2})][T_s(\text{fov1})-T_s(\text{fov2})]}{[T_{w2}(\text{fov1})-T_{w2}(\text{fov2})][T_s(\text{fov1})-T_s(\text{fov2})]} \tag{11.143}$$

即得

$$\frac{1-k_{w1}U_s}{1-k_{w2}U_s} = \frac{[T_{w1}(\text{fov1})-T_{w1}(\text{fov2})]}{[T_{w2}(\text{fov1})-T_{w2}(\text{fov2})]} \tag{11.144}$$

若令 $\Delta T_{w1} = T_{w1}(\text{fov1}) - T_{w1}(\text{fov2})$,$\Delta T_{w2} = T_{w2}(\text{fov1}) - T_{w2}(\text{fov2})$,则上式又为

$$\frac{1-k_{w1}U_s}{1-k_{w2}U_s} = \frac{\Delta T_{w1}}{\Delta T_{w2}} \tag{11.145}$$

或为

$$U_s = (1-\Delta_{12})/(k_{w1}-k_{w2}\Delta_{12}) \tag{11.146}$$

式中,$\Delta_{12} = \dfrac{\Delta T_{w1}}{\Delta T_{w2}}$,表示分裂窗两通道的亮温偏差的比值。偏差可以由均方根误差确定。这一方法假定仅为不同表面从一个视场与另一个视场的亮度温度差,它在应用于卫星探测分辨率高的情形下最佳,因此为确定亮度温度的精确变化,应在小的大气变化和可测量的表面变化的小面积内。

11.5 卫星遥感臭氧

臭氧在大气中是一种微量气体,按照体积比,它的平均浓度仅为整个大气层的百分之二左右,但是它可以屏蔽掉大约 99% 的对所有生物有害的、高强度的低于 320nm 的太阳紫外辐射,臭氧层的存在保护着地球上的生命。可是由于人类活动,排放出某种气体,使臭氧日趋减少,特别是南极上空臭氧洞的出现,造成大气层中紫外辐射的增加,破坏地球上人类的生存环境,从而成为一个政治、经济和科学的一个综合问题,引起了世界范围内各国政府和科学家们的关注和重视。

臭氧是大气中第三种重要的吸收气体,它对太阳的紫外部分有强烈的吸收,吸收区主要位于 220~320nm,而在可见光区的 440~750nm 吸收较弱;在红外谱区,臭氧有三个吸收带,分别为 1.41、9.1 和 9.6μm,其中 9.6μm 吸收带最强,另二个很弱. 利用臭氧吸收带可以用来探测它。

臭氧主要集中在高度为 10~20km 的平流层,对卫星遥感极为有利,但是仍然存在有以下问题:

(1) 臭氧的混合比垂直分布气候曲引较为简单,在某个高度上有极大值,并向上向下迅速减小,这使得权重函数几乎重复其密度曲线,即权重函数相互重叠,有强的相关性,从而可测参数十分少;

(2) 在臭氧层高度上,气温的垂直变化很小,使得权重函数的数值很小;

(3) 尽管在 $9.6\mu m$ 臭氧吸收带内有大量谱线,但这些谱线太密集,其平均吸收率很小,不能够提供足够多的臭氧垂直分布信息。

目前卫星遥感臭氧有效的方法是利用太阳光紫外后向散射法进行探测。

11.5.1 由太阳光的后向散射分布计算臭氧的垂直分布

11.5.1.1 卫星接收到大气对太阳光的散射辐射

如果入射大气顶的太阳辐射强度为 $L_{\lambda 0}$ 在通过大气时,它一方面被臭氧所吸收,另一方面要被空气分子所散射,则到达 z 高度处的太阳辐射强度为

$$L_\lambda(z, -\mu_0) = L_{\lambda 0} \exp(-\tau_\lambda/\mu_0) \tag{11.147}$$

式中,τ_λ 是包括空气分子散射和臭氧吸收的光学厚度,写为

$$\tau_\lambda = \int_z^\infty (k_\lambda \rho + \eta_{\lambda a} \rho_a) \mathrm{d}z \tag{11.148}$$

式中,k_λ 和 ρ 分别是臭氧的吸收系数和密度;$\eta_{\lambda a}$ 和 ρ_a 分别是空气分子的散射系数和密度。到达 z 高度的入射太阳辐射要被该高度处的空气分子散射,这时在 z 高度处的向上太阳散射辐射为

$$\mathrm{d}L_\lambda(z,k) = \frac{\eta_{\lambda a}}{4\pi} P(-\mu_0, k) L_\lambda(z, -\mu_0) \rho_a \mathrm{d}z \tag{11.149}$$

式中,k 是沿 z 方向的单位矢量。分子散射的相函数为

$$P(\mu, \mu') = \frac{3}{4}(1 + \cos^2 \Theta) \tag{11.150}$$

式中,μ',μ 分别是入射方向和散射方向;Θ 是散射角。如果卫星向正下方向观测,则 $\Theta = \pi - \theta_0$,故有

$$\mathrm{d}L_\lambda(z,k) = \frac{3(1+\mu_0^2)}{16\pi} L_\lambda(z, -\mu_0) \eta_{\lambda a} \rho_a \mathrm{d}z \tag{11.151}$$

如果在 z 高度散射的向上散射辐射再次受到臭氧和空气分子的散射和吸收,这时到达卫星上的辐射可以写为

$$\mathrm{d}L_\lambda^1(z,k) = \mathrm{d}L_\lambda(z,k) T_\lambda(\tau) = \frac{3(1+\mu_0^2)}{16\pi} L_{\lambda 0} e^{-\tau/\mu_0} e^{-\tau} \eta_{\lambda a} \rho_a \mathrm{d}z \tag{11.152}$$

对整层大气积分得到整个大气的散射贡献为

$$L_\lambda^1(z,k) = \frac{3(1+\mu_0^2)}{16\pi} L_{\lambda 0} \int_0^{\tau_1} \exp[-\tau(1+\sec\theta_0)] \tilde{\omega}_{0\lambda} \mathrm{d}\tau \tag{11.153}$$

式中，$\tilde{\omega}_{0\lambda} = \eta_{\lambda a}\rho_a/(k_\lambda\rho + \eta_{\lambda a}\rho_a)$ 是单次反照率。

11.5.1.2 卫星观测到的地表对太阳辐射的反射辐射

地表对太阳辐射的反射辐射为

$$R_\lambda(-\mu_0,k)(\mu_0 L_{\lambda 0}/\pi)\mathrm{e}^{-\tau_1/\mu_0} \tag{11.154}$$

式中，$R_\lambda(-\mu_0,k)$ 是地表的双向反射率，则由地表反射而到达卫星的太阳辐射为

$$L_\lambda^2(0,k) = R_\lambda(-\mu_0,k)(\mu_0 L_{\lambda 0}/\pi)\mathrm{e}^{-\tau_1/\mu_0}\mathrm{e}^{-\tau} \tag{11.155}$$

卫星接收到地球大气反射的太阳辐射为大气向上的散射辐射和地表反射太阳辐射两部分之和，即

$$L_\lambda = L_\lambda^1(z,k) + L_\lambda^2(0,k) \tag{11.156}$$

11.5.1.3 由紫外散射辐射遥感臭氧

大气中臭氧吸收主要集中于太阳辐射的紫外谱段，利用卫星接收到的紫外散射辐射可以估算大气上层的臭氧含量。对于强的臭氧吸收带，平流层以下大气的向上散射辐射可以忽略不计。可以认为臭氧在紫外区的吸收系数 k_λ 和空气分子的散射系数 $\eta_{\lambda a}$ 与高度无关，则由(11.148)式表示的光学厚度可以简化为

$$\tau = k_\lambda(u_1 - u) + \eta_{\lambda a}p/g \tag{11.157}$$

如果令 $X(p) = u_1 - u$ 为高度 p 以上大气中臭氧含量，则(11.153)式可以写为

$$Q(\lambda,\theta_0) = \frac{16\pi g L_\lambda^1}{3\eta_{\lambda a}(1+\mu_0^2)L_{\lambda 0}} = \int_0^{\tau_1}\exp\{-(1+\sec\theta_0)[k_\lambda X(p) + \eta_{\lambda a}p/g]\mathrm{d}\tau \tag{11.158}$$

式中，$Q = 16\pi g I_{\lambda 1}/3\eta_{\lambda a}(1+\mu_0^2)I_{\lambda 0}$。(11.158)式是关于 $X(p)$ 的积分方程。由卫星观测求解(11.158)式可求出 $X(p)$。

11.5.2 临边扫描探测臭氧

11.5.2.1 临边扫描探测臭氧基本原理

如果卫星上的辐射计指向地球的地平线方向观测，就称为卫星的临边扫描观测。这时卫星的观测仪器指向地球的边缘，以很小的视场接收一狭窄气层发射的辐射。卫星接收的辐射光线在离地面最近的那个点与地球气层相切，这个点称为切点，其高度为 h。临边扫描的特点表现为：

(1)由于大气密度和压力随高度迅速减小，所以卫星只能接收切点高度以上几千米高度范围内大气发射辐射信息；在切点以下气层大气密度越来越大，透过率越来越小，这时透过率随高度变化很大，权重函数宽度很窄，也就是很尖，具有很高的垂直分辨率；

(2)卫星接收到的辐射都来自大气，不受下垫面的影响；

(3) 由于大气中低层的透过率很小,该方法适用于探测大气上层的微量气体和温度分布。

如在图 11.25 中,当大气处在局地热力平衡的情况下,卫星做临边扫描观测所接收到大气发射的辐射写为

$$L(\lambda, h) = \int_{-\infty}^{+\infty} B[\lambda, T(x)] \frac{\partial \widetilde{T}(\lambda; h, x)}{\partial x} dx \tag{11.159}$$

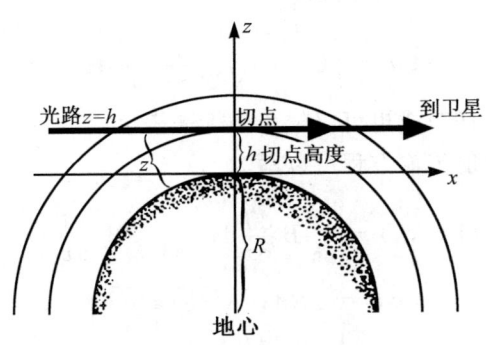

图 11.25 临边扫描几何图形

式中,x 是以切点为原点沿辐射路径的距离坐标,朝卫星方向为正,离卫星方向为负。若(11.194)式已对辐射计的光谱响应进行积分,则 $\widetilde{T}(\lambda; h, x)$ 是从点 x 沿通过 h 到卫星射线路径的平均透过率。虽然卫星的视场很窄,但总是有一定宽度,若 $f(h)$ 是视场廓线,则卫星测量的辐射为 $L(\lambda, h)$ 对视场 $f(h)$ 积分,即

$$\widetilde{L}(\lambda, h) = \int_{h}^{h+\Delta h} L(\lambda, h) f(h' - h) dh' \tag{11.160}$$

如果卫星垂直向下观测,进入视场的辐射是均匀的,可以略去视场效应。但是对于临边扫描观测,在切点高度处的辐射迅速改变,必须考虑视场效应。如果辐射仅来自于切点高度,则(11.195)式可以写为

$$L(\lambda, h) \cong B[\lambda, T(h)] \int_{0}^{\infty} \frac{\partial \widetilde{T}(\lambda, h, x)}{\partial x} dx$$

$$= B[\lambda, T(h)][1 - \widetilde{T}(\lambda, \infty)] = B[\lambda, T(h)] \varepsilon(\lambda, h) \tag{11.161}$$

式中,$T(h)$ 是切点高度处的温度,$\varepsilon(\lambda, h)$ 是路径发射率。可以看出,如果已知吸收气体成分,就可以算出 $\varepsilon(\lambda, h)$,由此可以求出温度廓线 $B[\lambda, T(h)]$;反之,如果已知温度廓线 $T(h)$,就可以求出 $\varepsilon(\lambda, h)$,从而求出吸收气体成分。

由于在水平射线路径上吸收气体的含量远比地球垂直方向上要大,对于均匀混合气体的含量为

$$u = \int_{-\infty}^{+\infty} C\rho(x) dx \tag{11.162}$$

式中，C 是质量混合比，$\rho(x)$ 是吸收气体密度。若 x 用 h 和 z 来表示，则有下式

$$(R_e + h)^2 + x^2 = (R_e + z)^2 \tag{11.163}$$

式中，R_e 是地球半径。在平流层高度，$2R_e \gg z+h$，上式可以写为

$$x^2 \cong 2R_e(z-h) \tag{11.164}$$

将上式求导后代入到（11.162）式中就得

$$u = \int C\rho(z) \sqrt{\frac{R_e}{2(z-h)}} dz \tag{11.165}$$

利用静力方程式，(11.165)式也可以气压坐标来表示。

在一般情况下，辐射传输方程可以写为

$$L(\lambda, h) = \int_0^\infty B \frac{d\tilde{T}}{dx} dx + \int_{-\infty}^0 B \frac{d\tilde{T}}{dx} dx \tag{11.166}$$

因

$$dx = \pm R dz / \sqrt{2R(z-h)} \tag{11.167}$$

代入(11.166)式有

$$L(\lambda, h) = \int_h^\infty B \frac{d\tilde{T}}{dz} dz + \int_\infty^h B \frac{d\tilde{T}}{dz} dz = \int_h^\infty B \left\{ \left[\frac{d\tilde{T}}{dz}\right]_A + \left[\frac{d\tilde{T}}{dz}\right]_P \right\} dz \tag{11.168}$$

式中，下标 A, P 表示切点前和切点后射线路径上的点。若式中大括号内的项用 W 表示，则上式为

$$L(\lambda, h) = \int_h^{h_e} B(\lambda, T(z)) W(h, z) dz \tag{11.169}$$

式中，W 是权重函数，h_e 是大气层顶的有效高度。(11.169)式的积分下限 h 是可变的。(11.169)式是第一类弗雷德霍姆积分方程。通过求解该方程就可以得到大气臭氧分布。

11.5.2.2 临边扫描权重函数

图 11.26 给出了临边扫描的权重函数。由图可见，权重函数具有很尖的峰值。对于 25km 以上的切点高度，辐射主要来自于切点高度 5km 范围内的大气辐射。在 25km 以下，权重函数很像垂直探测较宽的权重函数。从图 11.26 中还可看出，地面的贡献都为零。每条曲线的切点高度下的值是突变的，因而有较高的垂直分辨率。同时由于临边扫描看不到地面，所以方程中不存在边界项，不需要考虑地面状况的变化对方程解的影响。

因此临边扫描具有以下优点：

①可以探测高层大气，有高的垂直分辨率；

② 不需要考虑地面项；

③ 具有较大的水平覆盖；

④ 对探测气体有较高的灵敏度。

但是临边扫描也有局限性，主要有：

① 在有云时，限制了探测大气的可靠性；

② 在各个切点高度上的测量值是与水平范围为 200km 或更长一点的射线路径有关。但在这个范围内，大气状态发生很大的变化，则出现解的解释问题；

③ 在临边扫描中，大气的折射因子不能忽略。由于辐射传输方程包含了折射因子，增加了反演的复杂性；

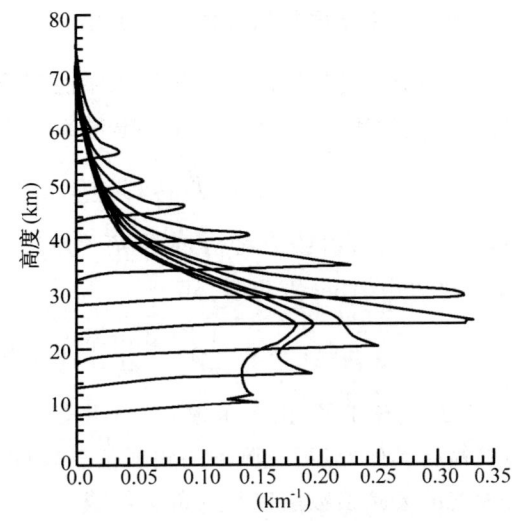

图 11.26 临边扫描的几何图形

④ 如果不能给出卫星的切点高度，则辐射计的观测方向无法确定。

11.6 卫星遥感气溶胶

气溶胶是指悬浮在大气中的各种固态和液态微粒，如尘埃、海盐、云雾和降水粒子等。但是习惯上大气气溶胶不包括云雾、降水粒子。气溶胶对太阳光的散射有重要作用，同时它作为凝结核和冻结核，由此影响大气的变化，对地气系统的辐射平衡和云雾物理起重要作用。

气溶胶来源于自然和人工两个方面。自然界产生的气溶胶有火山爆发、森林火灾、由风刮起的土壤微粒和砂粒、植物的花粉和种子、海水浪沫留下的海盐、宇宙的流星雨等。人工引起的有人类生产活动排放的烟粒、粉尘等污染物，以及核试验。

气溶胶又是重要的研究对象，迄今为止对气溶胶的浓度、尺度谱分布进行了大量观测，对气溶胶的输送规律、时空变化等作了大量的研究。但是由于对气溶胶的观测还没有建立系统网站，对于人烟稀少的高原和沙漠、海洋地区，气溶胶的时空变化很不清楚。为此近年来，一方面利用现有的气象卫星资料对气溶胶进行观测研究；另一方面专门发射了平流层试验卫星，探测气溶胶对大气增暖和冷却的作用。

气溶胶主要集中于大气低层，随高度而减小，但是在平流层，又出现一个极大值。

11.6.1 平流层气溶胶的卫星遥感

对于平流层的气溶胶可以采用掩星法测量，该方法测量临边（射线与地球大气相切方向）大气的透过率，而透过率是衰减系数沿路径的积分，即是

$$-\ln[\tilde{T}_\lambda(h)] = \tau_\lambda(h) = \int_{-\infty}^{+\infty} \beta_e(\lambda)\mathrm{d}x \qquad (11.170)$$

式中，$\tau_\lambda(h)$ 是沿射线路径方向的光学厚度。如果假定 β_e 仅是随高度 z 而变，则 $\beta_e(\lambda,z)$ 可以由 Abel 方程解得

$$\beta_e(\lambda,z) = \frac{1}{\pi}\int_0^\infty \frac{\mathrm{d}\ln\tau_\lambda}{\mathrm{d}h}[(h+R)^2 - (z+R_e)^2]^{1/2}\mathrm{d}h \qquad (11.171)$$

式中，R_e 是地球半径，由于函数 $[(h+R_e)^2-(z+R_e)^2]^{1/2}$ 在 $h=z$ 处为一强峰值，与临边扫描相类似，卫星观测到的辐射信息来自于切点高度。

大气的衰减系数由以下几部分组成：

$$\beta_e = \beta_{\text{Rayleigh}} + \beta_{\text{aerosol}} + \beta_{O_3} + \beta_{N_2O} \qquad (11.172)$$

式中，β_{Rayleigh} 是由于空气分子的瑞利散射引起的衰减；β_{aerosol} 是由于气溶胶散射辐射引起的衰减；β_{O_3}，β_{N_2O} 分别是由于臭氧和一氧化二氮吸收引起的衰减。将 (11.172) 式近似为

$$\tau_\lambda(h_i) = \sum_j \beta_e(\lambda,z)\Delta x_{ij} \qquad (11.173)$$

式中，Δx_{ij} 是由 z_j 气层通过切点高度 h_i 的射线路径长度，通过假定 β_{Rayleigh}、β_{aerosol}、β_{O_3} 和 β_{N_2O} 的初始廓线，对于每一成分采用以下各通道反演各成分：$1.0\mu m$ 用于气溶胶的 β_{aerosol}、$0.6\mu m$ 用于臭氧的 β_{O_3}、$0.45\mu m$ 用于一氧二氮的 β_{N_2O}、$0.385\mu m$ 用于瑞利散射的 β_{Rayleigh}。如果只对气溶胶，则可以减去其他成分得气溶胶的光学厚度

$$\tau_{\text{aerosol}}^{(k)}(h_i) = \tilde{\tau}_\lambda(h_i) - \sum_j [\beta_{\text{Rayleigh}}^{(k)}(z_j) + \beta_{O_3}^{(k)}(z_j) + \beta_{N_2O}^{(k)}(z_j)]\Delta x_{ij} \qquad (11.174)$$

式中，上标 k 是迭代次数，注意到光学厚度 $\tau_\lambda(h_i)$ 直接与透过率有关，可作为一个测量的量，如果方法是收敛的，则对每一个切点高度

$$r_i^{(k)} \equiv \frac{\tau_{\text{aerosol}}^{(k)}(h_i)}{\sum_i \beta_{\text{aerosol}}^{(k)}(z_j)\Delta x_{ij}} = 1 \qquad (11.175)$$

式中，$r_i^{(k)}$ 是对于每一个切点高度的反射率。否则，对于每一个 $\beta_{\text{aerosol}}^{(k)}(z_j)$ 采用下面迭代方法

$$\beta_{\text{aerosol}}^{(k+1)}(z_j) = \beta_{\text{aerosol}}^{(k)}(z_j)\prod_i\left[1+(r_i^{(k)}-1)\frac{\Delta x_{ij}}{\Delta x_{jj}}\right] \qquad (11.176)$$

式中是对于给定的 j 取所有切点高度 i 的乘积，Δx_{jj} 是对于所有 i 值的 Δx_{ij} 最大值。

11.6.2 对流层气溶胶的卫星遥感

卫星在可见光和近红外谱段观测的辐射可以写为

$$\widetilde{L} = L_s \widetilde{T}_s + L_{\text{Rayleigh}} + L_{\text{aerosol}} \tag{11.177}$$

式中，L_s 是地表处的向上辐射，$\widetilde{T}_s$ 是地面到卫星间大气的透过率，L_{Rayleigh} 是由于空气分子的蕾莉散射辐射，L_{aerosol} 是由于气溶胶引起的散射辐射。假定卫星观测的辐射没有来自海洋的辐射，对蕾莉散射也已做了订正，且仅考虑单次散射，这时辐射传输方程写为

$$\mu \frac{dL_{\text{aerosol}}}{d\tau_\lambda} = -L_{\text{aerosol}} + \frac{\widetilde{\omega}_0}{4\pi} E_{\text{sun}} P(\psi_{\text{sun}}) \exp\left(-\frac{\tau_{\text{aerosol}} - \tau_\lambda}{\mu_{\text{sun}}}\right) \tag{11.178}$$

式中，τ_{aerosol} 是气溶胶的光学厚度，τ_λ 是其他因素引起的光学厚度。μ 是卫星观测天顶角的余弦，则方程式的解为

$$L_{\text{aerosol}} = \frac{\widetilde{\omega}_0}{4\pi} E_{\text{sun}} P(\psi_{\text{sun}}) \left(\frac{\mu_{\text{sun}}}{\mu_{\text{sun}} + \mu}\right) \left\{1 - \exp\left[-\tau_{\text{aerosol}} \left(\frac{\mu_{\text{sun}} + \mu}{\mu_{\text{sun}} \mu}\right)\right]\right\} \tag{11.179}$$

由于气溶胶的光学厚度远小于1，所以上式进一步简化为

$$L_{\text{aerosol}} = \frac{\widetilde{\omega}_0}{4\pi} E_{\text{sun}} p(\psi_{\text{sun}}) \frac{\tau_{\text{aerosol}}}{\mu} \tag{11.180}$$

由上式就可以求出气溶胶的光学厚度。

11.7 卫星定量遥感云参数

在地球表面大约有50%的地区为云所覆盖，云的透射、吸收和自身发射的红外辐射在控制着入射至地球的太阳辐射和由地球大气发射的红外辐射具有重要作用，是控制着地球上各种天气和气候变化的重要因子之一，同时它也决定着地面辐射收支、地表的增温或冷却、地面能量平衡等。由卫星遥感云参数和辐射的作用有以下几方面。

(1) 帮助人们进一步理解引起气候长期变化及趋势的机制和因子，在气候预测模式中最大的不确定性是如何确定辐射与云的物理特性，如低而厚的云将入射地球的太阳辐射返回宇宙空间引起地面的冷却，高云阻止长波红外辐射并导致温室效应而增暖；

(2) 云对太阳和地球大气系统辐射的作用将改进季节、年际气候预测。地球辐射收支观测表明，对于1987年ENSO事件与太平洋中部短波和长波辐射异常有关，其辐射特征和变化与云量、云类、云的厚度密切相关；

(3) 云对太阳和地球大气系统辐射对于气候的短期变化有着重要意义，如洪涝、

干旱、火山喷发的火山云等自然灾害引起地球辐射收支的改变,对气候都有显著的影响。

在大气遥感探测中,云参数的反演是一个十分重要的参数,它对日常的天气预报、航空气象等是很重要的情报;对大气温度探测、云风矢量探测、地表特征探测都有十分重要的作用。卫星反演云参数包括:云量、云高或云顶温度、云的发射率和反射率、云的光学厚度、云类、云的微物理特性(粒子的有效半径)等。只利用卫星红外云图就可以获取云顶温度和高度、云量等,如果利用多谱段可导得云的微物理特性(粒子的有效半径)、光学厚度、云类等。

11.7.1 卫星观测单层云时反演云顶温度

11.7.1.1 不考虑大气吸收时薄云层的温度的反演

若云层很厚而稠密,则在红外谱段可以将云作为黑体,这时卫星在红外大气窗测量的辐射来自云顶表面的温度辐射,根据普朗克黑体辐射公式就能推得云顶表面的温度,再根据大气温度廓线就可推得云顶高度。但是对于一些如薄的云层或卷云,其发射率小于1,其下的红外辐射可以透过云层,如图11.27中,卫星测量的辐射L_{sat} $(T_{B\lambda})$为云层发出的和地面发射并透过云层的辐射之和,即

$$L_{sat}(T_{B\lambda})=L_\lambda(T_C)+(1-\varepsilon_{\lambda c})L_\lambda(T_S) \tag{11.181}$$

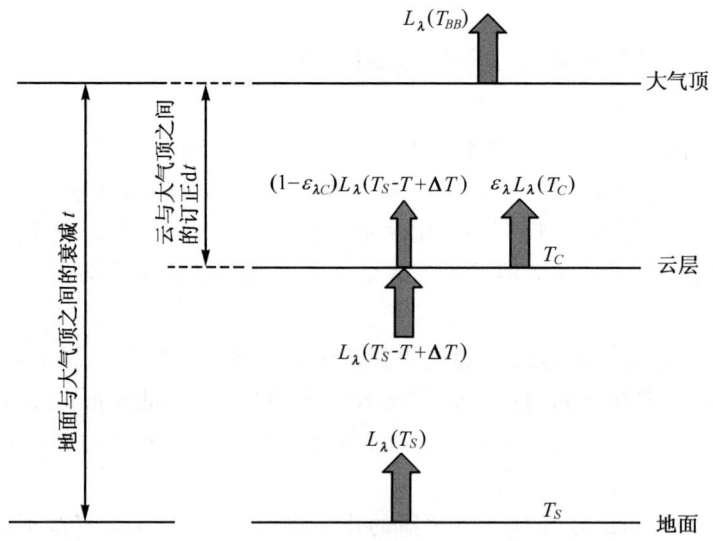

图 11.27 计算云顶高度的辐射传输

式中,$\varepsilon_{\lambda c}$是云的发射率,$(1-\varepsilon_{\lambda c})$是云层的透射率,$L_\lambda(T_C)$是云顶温度为$T_C$的普朗克

黑体辐射，$L_\lambda(T_S)$是地面温度为T_S的黑体普朗克辐射，T_{BA}是卫星观测的亮度温度。上式中假定大气没有吸收，地面的发射率ε_λ为1，瞬时视场内全部为云覆盖，且不考虑云厚度。所以(11.181)式右边第一项为卫星测量的云顶辐射，第二项是测量的透过云层的地面辐射。如果已知云层的发射率$\varepsilon_{\lambda c}$和地表温度T_S，就能由(11.181)式计算云顶温度。表11.5给出了几类云的发射率，为确定云的发射首先要确定云的类别。

表11.5 不同类型的云和云厚的发射率(%)

类别	卷云			高层云			高积云			积云浓积云			层积云			层云		
云厚	薄	中	厚	薄	中	厚	薄	中	厚	薄	中	厚	薄	中	厚	薄	中	厚
发射率	—	—	60	—	70	90	50	80	90	80	90	100	30	70	90	60	80	100

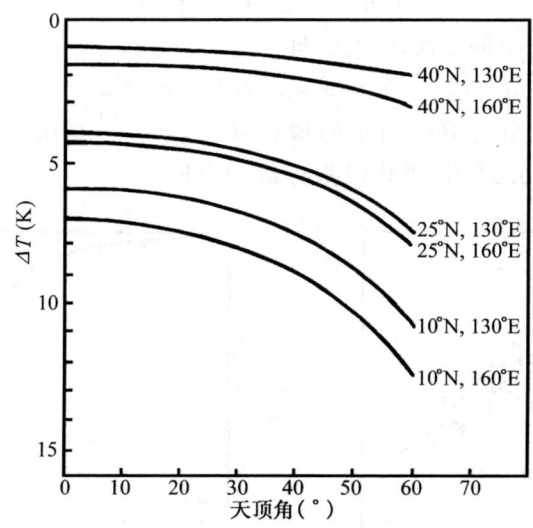

图11.28 由2月GMS标准大气算出ΔT与天顶角的关系(井上鄸志郎，1979)

11.7.1.2 考虑到大气吸收后由卫星测量的辐射反演云顶温度

地面或云面发射的辐射通过大气时，会受到大气的衰减，大气对地面或云面的辐射的吸收将影响卫星估计云和地表面温度的精度。如图11.28中，如果在卫星视场内整层大气的总衰减为T，云顶之上大气的衰减为ΔT，则由地面发出透过云层后的向上的辐射为

$$(1-\varepsilon_\lambda) \cdot L_\lambda(T_S - T + \Delta T) \qquad (11.182)$$

式中，考虑云层之上大气的订正量ΔT，有下面关系

$$L_\lambda(T_{BB}+\Delta T)=\varepsilon_\lambda L_\lambda(T_c)+(1-\varepsilon_\lambda)\cdot L_\lambda(T_S-T+\Delta T) \qquad (11.183)$$

由于订正量 ΔT 取决于云顶高度,对于低云,云顶到大气顶的辐射路径长,大气吸收明显,ΔT 较大;对于高云,云顶到大气顶的路径短,高层水汽少,ΔT 较小。

卫星测量云顶表面温度受大气中吸收气体的含量、卫星视角(天顶角)、辐射表面的高度的影响,对此下面分别讨论。

(1)视角的订正

当卫星的视角增大时,卫星的光程增加,天顶角越大,受大气的削减越大,如果卫星在天底观测时大气的订正为 $\Delta T(0°)$,对于卫星视角为 θ 的大气订正为 $\Delta T(\theta)$,图 11.29 为从 2 月份大气 GMS 标准大气计算得出的不同纬度处的订正值 ΔT 与卫星天顶角 θ 间的关系,图中曲线可以数学表示为

$$\Delta T(\theta)=\Delta T(0°)f(\theta) \qquad (11.184)$$

式中假定 $f(\theta)$ 为 $\sec\theta$ 的二次多项式,即为

$$f(\theta)=a_1\sec\theta+a_2\sec\theta+a_3 \qquad (11.185)$$

式中,a_1,a_2,a_3 为最小二乘法确定的拟合系数,$a_1=-0.0808$,$a_2=0.8106$,$a_3=0.0155$,最大误差为 $0.295K$,平均误差为 $0.0745K$。

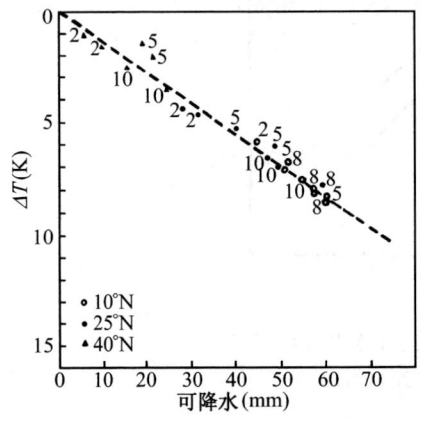 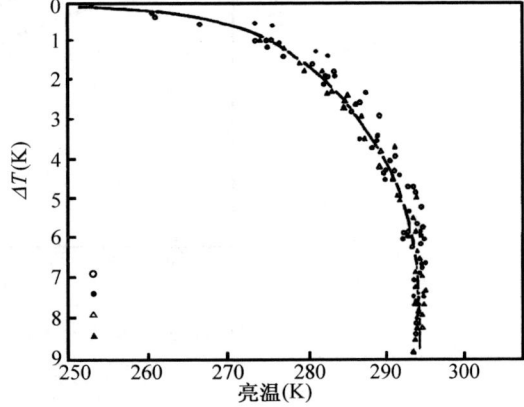

图 11.29 标准大气计算得出的温度偏差 ΔT 与大气水汽含量间的关系

图 11.30 温度偏差与亮温的关系 (井上鄞志郎,1979)

(2)可降水量和亮度温度订正

在大气窗区通道,最主要的吸收气体是水汽,所以水汽含量对 $\Delta T(0°)$ 的影响最大。如图 11.29 中,从标准大气计算得出的温度偏差 ΔT 与大气水汽含量间的关系,可见两者间有较好的线性关系,其中偏离直线的点是由于表面气温与表层温度相差较大的原因,对这些偏离的点的订正可以用亮度温度 T_B 为参数,它们间的关系如图

11.30中所示,订正值 $\Delta T(0°)$ 与大气中水汽含量的关系可以写为

$$\Delta T(0°) = A(T_B)g_1(w) + [1-A(T_B)]g_2(T_B) \tag{11.186}$$

式中,$T_B > 290K$;$0 < A(T_B) < 1$;$T_B < 290K$,则 $A(T_B) \to 0$。从图 11.30 中,$\Delta T(0°)$ 与 w 明显呈线性关系,所以可写成

$$g_1(w) = a_4 w + a_5 w^2 \tag{11.187}$$

式中,a_4, a_5 是拟合系数。而对于函数 $g_2(T_B)$,由图 11.30,可以令

$$g_2(T_B) = a_6 - a_7 \ln(a_8 - T_B) \tag{11.188}$$

式中,a_6, a_7, a_8 为拟合系数。$A(T_B)$ 可以写为

$$A(T_B) = a_9/[(a_{10} - T_B)^2 + a_9] \tag{11.189}$$

显然当 $a_9 = 0, A(T_B) = 0$;而当 $a_9 \to \infty, A(T_B) = 1$。$T_B \to a_{10}, A(T_B) = 1$。

(3) 高度订正

由于云顶高度不一,不同云顶高度上的水汽含量不同,由图 11.31,对于高度 h 与水汽含量间的关系为

$$w(h) = w_0 \exp(-a_{11}h^2 - a_{12}h) \tag{11.190}$$

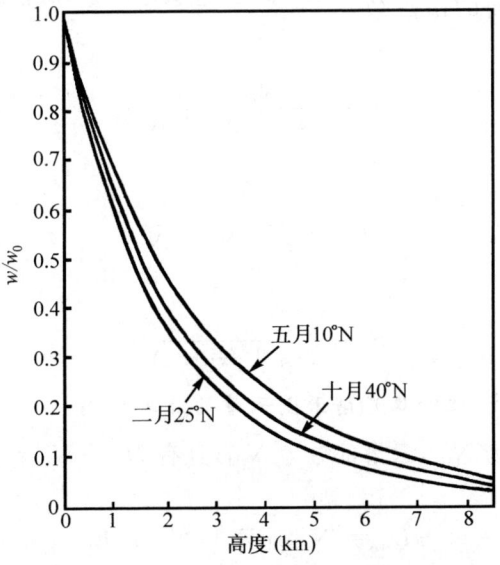

图 11.31 高度 h 以上水汽含量随高度的变化
(取自井上丰志朗,1979)

式中,$w(h)$ 指的是高度 h 以上大气中的水汽含量,w_0 是整个大气柱的水汽含量。式中拟合系数 a_{11}, a_{12} 用最小二乘法确定。(11.190)式的误差为 0.463mm,最大误差为 1.804。

(4) 温度订正的普遍表示式

将(11.184)、(11.186)、(11.190)式结合一起,就得

$$\Delta T = (a_1 \sec\theta + a_2 \sec\theta + a_3) \{A(T_B)[a_4 w(h) + a_5 w^2(h)] + [1 - A(T_B)][a_6 - a_7 \ln(a_8 - T_B)]\} \quad (11.191)$$

对于(11.191)式中系数要全部确定是很困难的,通常只能根据具体情况分别处理。

11.7.2 云量的检测方法

11.7.2.1 单通道红外资料估算云量参数

GMS 卫星资料计算云量最简便的方法是采用阈值法,如图 11.32 中,如果 T_1、T_2 是区分高云、低云和地表的阈值,N_H、N_L、N_S 分别是按阈值 T_1、T_2 所得到的高云、低云和地表面的像点数,则总云量可以写为

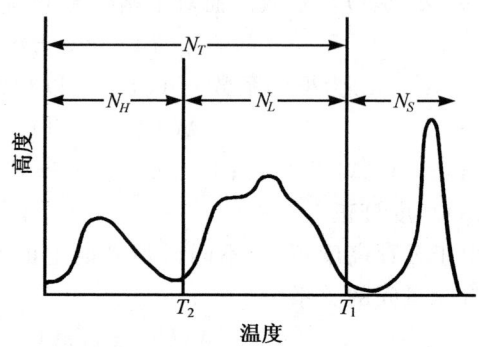

图 11.32 由温度阈值与频数关系估算高、中、低云量

$$S_T = \frac{N_H + N_L}{N_H + N_L + N_S} \quad (11.192)$$

低云量表示为

$$S_L = \frac{N_L}{N_H + N_L + N_S} \quad (11.193)$$

高云量表示为

$$S_H = \frac{N_H}{N_H + N_L + N_S} \quad (11.194)$$

11.7.2.2 可见光-红外双光谱云图云量的计算

对于晴空区部分为 N_{clr},云量部分为 N_{cld},且有 $N_{\text{clr}} + N_{\text{cld}} = 1$,卫星可见光谱段接收到的辐射为

$$\pi L_{\text{vis}} = N_{\text{clr}} \rho_{\text{clr}} E_s + N_{\text{cld}} \rho_{\text{cld}} E_s \quad (11.195a)$$

$$\pi L_{\text{ir}} = N_{\text{cld}} L_{\text{clr}} + \varepsilon N_{\text{cld}} L_{\text{cld}} + (1 - \varepsilon) L_{\text{clr}} \quad (11.195b)$$

式中,E_s 是太阳照度;ρ_{clr},ρ_{cld} 分别是无云和有云时的反射率;L_{clr},L_{cld} 分别是无云和有云时的辐射。

由 $N_{\text{clr}} + N_{\text{cld}} = 1$ 和(11.195)式就得云量 N_{cld}

$$N_{\text{cld}} = (\pi L_{\text{vis}} - \rho_{\text{clr}} E_s) / [(\rho_{\text{cld}} - \rho_{\text{clr}}) E_s] \quad (11.196)$$

及

$$L_{\text{cld}} = [(L_{\text{ir}} - L_{\text{clr}}) / \varepsilon A_{\text{cld}}] - L_{\text{clr}} \quad (11.197)$$

由 (11.196)、(11.197) 式就能估算云量和云顶温度。卫星估算云量和云顶温度的误差分别为

$$\Delta N_{\text{cld}} = \frac{\Delta L_{vis}}{L_{vis}} \frac{L_{vis}}{E_s(\rho_{dd}-\rho_{dr})} + \frac{\Delta \rho_{dr}}{\rho_{dr}} \frac{\rho_{dr}(M_s - E_s \rho_{dd})}{E_s(\rho_{dd}-\rho_{dr})} + \frac{\Delta \rho_{dd}}{\rho_{dd}} \frac{[-\rho_{dd}(M_s - \rho_{dr}E_s)]}{E_s(\rho_{dd}-\rho_{dr})^2}$$
$$+ \frac{\Delta E_s}{E_s} \frac{-M_s}{E_s(\rho_{dd}-\rho_{dr})^2} \tag{11.198}$$

$$\Delta L_{\text{cld}} = \frac{\Delta M_l}{M_l} \frac{M_l}{\varepsilon N_{\text{cld}}} + \frac{\Delta N_{\text{cld}}}{N_{\text{cld}}} \frac{L_{\text{clr}} - M_l}{\varepsilon N_{\text{cld}}} + \frac{\Delta L_{\text{clr}}}{L_{\text{clr}}} \frac{L_{\text{clr}}(\varepsilon N_{\text{cld}} - 1)}{\varepsilon N_{\text{cld}}} + \frac{\Delta \varepsilon_{\text{cld}}}{\varepsilon_{\text{cld}}} \frac{L_{\text{clr}} - M_l}{\varepsilon N_{\text{cld}}}$$
$$\tag{11.199}$$

从 (11.198)、(11.199) 式看到，云量的估计误差主要取决于云和地表反射率的估计误差，以及太阳辐照度的测量精度。而云顶温度的估计误差则与云量的估计精度和辐射测量的准确性有关。

11.7.3 云的发射率计算

从 (11.183) 式可见，在计算云顶温度或高度时，需要确定云的发射率。下面介绍几种云发射率的计算方法，以及它对云顶温度或高度估算的影响。按 (11.183) 式，云的发射率可以写为

$$\varepsilon_c = \frac{L(T_c) - L(T_s)}{L(T_c) - L(T_{\text{BB}})} \tag{11.200}$$

式中，T_c 是云顶温度，T_s 是表面温度，T_{BB} 是卫星观测到的亮度温度。

对于卫星在斜视的情况下，如果 ε_{c0} 是卫星垂直向下观测时的发射率，$\varepsilon_{c\theta}$ 是卫星视角为 θ 方向的发射率，则它们间的关系为

$$\varepsilon_{c0} = 1 - \exp\left[\ln(1 - \frac{\varepsilon_{c\theta}}{\sec\theta})\right] \tag{11.201}$$

对于冰、水混合云的发射率写为

$$\varepsilon_c = 1 - (1 - \varepsilon_{\text{ice}})(1 - \varepsilon_{\text{water}}) \tag{11.202}$$

式中
$$\varepsilon_{\text{ice}} = 1 - \exp(-k_{\text{ice}} \sec\theta \ IWP)$$
$$\varepsilon_{\text{water}} = 1 - \exp(-k_{\text{water}} \sec\theta \ LWP)$$
$$IWP = (1 - f_w) \ CWC \ dp \ g^{-1}$$
$$LWP = f_w CWC \ dp \ g^{-1}$$
$$f_w = 0.0059 + 0.9941 \exp(-0.003102 T^2)$$

式中，g 是重力常数，θ 是观测角，dp 是气压层厚度，对于 AVHRR 的 CH4 通道 (11μm)，$k_{\text{ice}} = 0.0003 + 1.290/r_e \ (\text{m}^2/\text{kg})$；$k_{\text{water}} = 0.0783 \ (\text{m}^2/\text{kg})$；对于 AVHRR 的 CH5 通道 (12μm)，$k_{\text{ice}} = -0.0003 + 1.452/r_e \ (\text{m}^2/\text{kg})$，CH5 通道 k_{water} 值为 CH4 通道的 1.2。CWC 是云水浓度。

11.7.3.1 利用可见光资料确定云的光学厚度和发射率

Mosher(1976)利用可见光云图亮度资料获取云的光学厚度,又因云的光学厚度与云的发射率有关,所以从可见光云图上云的亮度可以估算云的发射率。对于均匀云层,光学厚度与云中粒子的散射截面 σ、粒子密度 ρ 和云的厚度 Δz 有关,在计算云的散射截面 σ 需云粒谱分布,则云的光学厚度 τ_c 为

$$\tau_c = \sigma \rho \Delta z \tag{11.203}$$

为确定云的光学厚度,可事先建立几种典型的云的亮度与光学厚度的关系,根据这种关系,从实际云的亮度求出光学厚度,然后由下式

$$\varepsilon = 1 - \exp[-\tau_c] \tag{11.204}$$

就能确定云的发射率。

11.7.3.2 由相邻视场法双光谱确定云的发射率

(1)可见光通道—红外通道估算发射率

该方法是利用红外和可见光通道的两个邻接视场的亮度差求取发射率。如果卫星在瞬时视场观测的红外辐射为 L,视场内的云透过率为 $\widetilde{T}_c$,云发射的辐射为 L_c,视场内的云量为 N,则有

$$L = N(1 - \widetilde{T}_c)L_c + [1 - N(1 - \widetilde{T}_c)]L_s \tag{11.205}$$

式中,$(1 - \widetilde{T}_c)$ 是云的发射率;上式中右边第一项是视场内云发射的辐射;第二项是视场内地面发射的辐射。

如果卫星在两个相邻的视场 1、2 内接收到的辐射为 L_1 和 L_2,两视场内的云量分别为 N_{c1} 和 N_{c2},则两视场内云发出的辐射分别为 $N_{c1} \cdot L_c$ 和 $N_{c2} \cdot L_c$,两视场内地面发出的辐射分别为 $[1-N_{c1}] \cdot L_s$ 和 $[1-N_{c2}] \cdot L_s$,因此有

$$L_1 = N_{c1} \cdot L_c + [1 - N_{c1}] \cdot L_s \tag{11.206a}$$
$$L_2 = N_{c2} \cdot L_c + [1 - N_{c2}] \cdot L_s \tag{11.206b}$$

由(11.206a)、(11.206b)式就得红外通道云层发出的辐射为

$$L_c = \frac{L_1 - M_{ir} \cdot L_2}{1 - M_{ir}} \tag{11.207}$$

其中

$$M_{ir} = \frac{1 - N_{f1}}{1 - N_{f2}}$$

同理,对于可见光通道,如果两邻接视场的灰度或反照率为 V_1、V_2,则云的可见光灰度为

$$V_c = \frac{V_1 - M_{vis} \cdot V_2}{1 - M_{vis}} \tag{11.208}$$

其中

$$M_{vis} = \frac{V_c - V_1}{V_c - V_2}$$

对于云的可见光灰度 V_c 是 2×2 像点区内的 4 个点的亮度。则将 V_c 代入上式就得到 M_{vis}，又因 M_{vis} 与 M_{ir} 间为线性关系，写成

$$M_{ir} = aM_{vis} + b \tag{11.209}$$

式中，a,b 是常数。显然，将确定的 M_{vis} 代入 (11.209) 式，就得 M_{ir}，则由 (11.207) 就得四个 L_c，取其最小的值，代入 (11.200) 式就可算得云的发射率。

图 11.33 给出了卷云的可见光反照率与等效黑体温度间的关系。图中看出，卷云的反射率与等效黑体温度之间呈较好的线性关系，等效黑体温度越低，反射率越大。

图 11.34 给出了云的等效黑体温度与云的发射率间的关系。

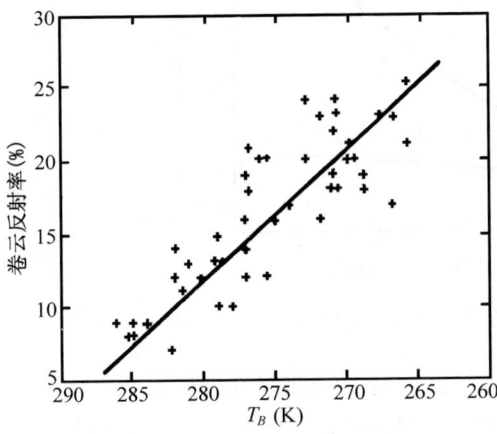

图 11.33 卷云的可见光反射率与亮温关系
(Shenk and Durran, 1973)

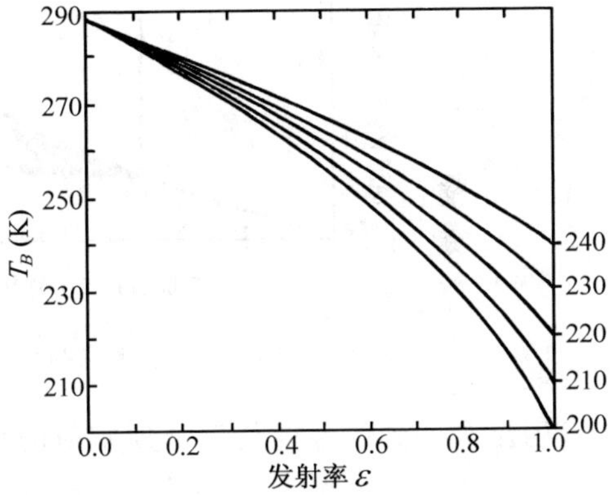

图 11.34 云顶温度、云发射率和亮温间关系
(Shenk and Durran, 1973)

11.7.3.3 水汽和红外通道确定云的发射率

如果充满视场的是半透明的卷云，而且假定卷云顶之上的水汽忽略不计，则 $\lambda_1 = 6.6\mu m, \lambda_2 = 10.7\mu m$ 两个通道接收到的辐射为

$$L_{\lambda 1} = \varepsilon_{c\lambda 1} \cdot L_{\lambda 1}(T_c) + [1 - \varepsilon_{c\lambda 1}] \cdot L_{\lambda 1}(f) \tag{11.210}$$

$$L_{\lambda 2} = \varepsilon_{c\lambda 2} \cdot L_{\lambda 2}(T_c) + [1 - \varepsilon_{c\lambda 2}] \cdot L_{\lambda 2}(g) \tag{11.211}$$

式中，$L_{\lambda 1}, L_{\lambda 2}$ 是卫星接收到的两通道辐射，$L_{\lambda 1}(T_c), L_{\lambda 2}(T_c)$ 是云顶发射的辐射，$L_{\lambda 1}(f), L_{\lambda 2}(g)$ 是入射至云底的辐射，$\varepsilon_{c\lambda 1}, \varepsilon_{c\lambda 2}$ 是云的发射率。如果 $\varepsilon_{c\lambda 1} = \varepsilon_{c\lambda 2}$，则可将上式中的 $\varepsilon_{c\lambda}$ 消去，便有

$$L_{\lambda 1} = aL_{\lambda 2} + b \tag{11.212}$$

其中
$$a = [L_{\lambda 1}(T_c) - L_{\lambda 1}(f)] / [L_{\lambda 2}(T_c) - L_{\lambda 2}(g)]$$
$$b = [L_{\lambda 1}(f) L_{\lambda 2}(T_c) - L_{\lambda 1}(T_c) L_{\lambda 2}(g)] / [L_{\lambda 2}(T_c) - L_{\lambda 2}(g)]$$

由(11.212)式看出,对于水汽和窗区通道间的关系为一直线,为此可对一卷云作 n 次水汽和窗区通道观测,得一直线 L(见图 11.35),同时可算得水汽和窗区通道间黑体辐射关系曲线 F,则曲线 L 与 F 的交点 T_N 就是卷云顶发射的黑体温度,也就是卷云顶的温度。

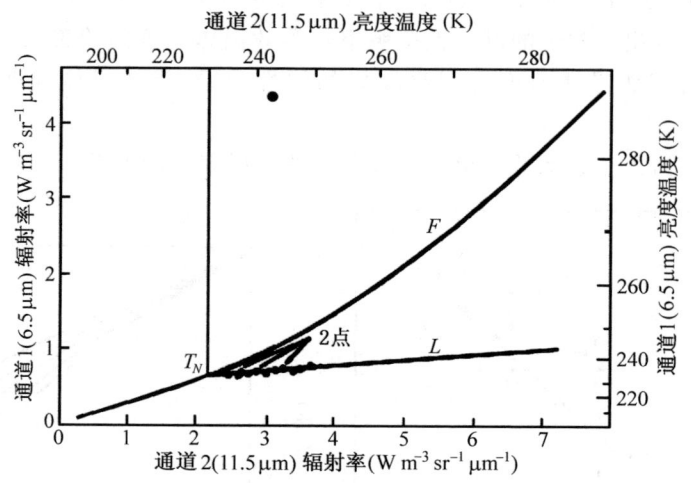

图 11.35 水汽与窗区通道辐射与亮温的关系

卫星观测到的温度是卷云顶发射的辐射与云下向上的透射过云辐射之和,为

$$L_i = L_{bi}(1-\varepsilon) + \varepsilon B_i(T_c) \quad (i=1,2) \tag{11.213}$$

即有

$$B_1(T) = f[B_2(T)] = \sum_1^n a_n B_2^{n-1}(T) \quad T \geqslant 210K \tag{11.214a}$$

$$= b[B_2(T)]^6 \quad T < 210K \tag{11.214b}$$

由(11.213)、(11.214)式可得

$$L_1 = L_{b1}(1-\varepsilon) + \varepsilon f(B_2) \tag{11.215a}$$

$$L_2 = L_{b2}(1-\varepsilon) + \varepsilon B_2 \tag{11.215b}$$

因而由(11.213)、(11.214)式求出 B_1,即得云顶温度,接着从(11.215)式求取云的发射率。

11.7.4 卫星云图的云类多光谱分析

11.7.4.1 卫星云图云类的门限值分析方法

(1)单谱段门限值方法

门限值方法,也称为阈值法,它先是根据云和无云与辐射值间的关系确定一门限值(阈值),如果某一像点的辐射值大于(或小于)已确定的门限值,认为是有云,否则为无云。这是最简单的云分类方法,如图 11.36 中,图中所取范围 $160 km^2$,根据温度选取门限值,将云分为高、中、低三类,并计算云量列于图中。

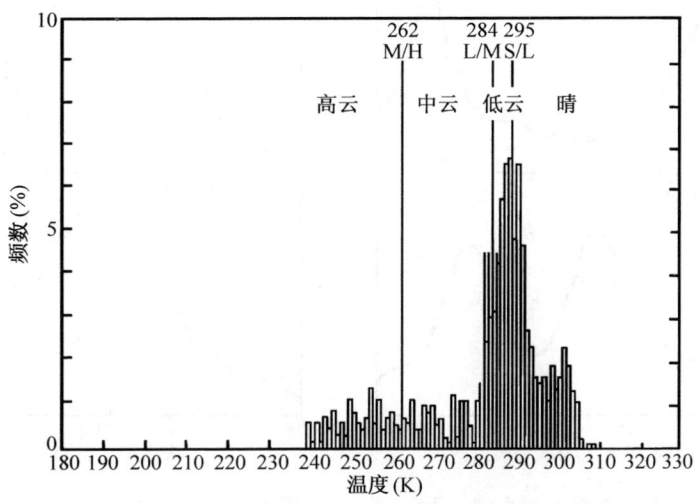

图 11.36　红外阈值法云分类(Nimbus-6THIR,11 m)

(2) 双谱段一维直方图单门限方法

利用不同通道的光谱特性设置门限值,可区分不同种类的云。下面以可见光－红外通道和短波红外－红外通道识别云的方法。

① 可见光－红外通道

如图 11.37a 中,表示的目标物反照率小于 0.15(低反照率)的情况,即在可见光图上把如薄卷云、地表等反照率小的物象显示出来,而这些物象显示在红外云图上,这两类物象间的温差很大,高度高的薄卷云处于冷的一端,地表则处在暖的一端。这种方法可识别薄卷云和地物,并把这两类物体区别开来。所以在可见光－红外通道二维直方图上,由可见光谱段门限方法和红外温度特性,很容易将薄卷云和地物区别开。

同样在图 11.37b 中,表示的目标物反照率大于 0.45(高反照率)的情况,在可见光云图上能识别较厚的高云、中低云等云类,对这些云类在红外图上,根据云顶温度的差异,识别不同高度的云类。

② 短波红外－红外通道

如图 11.38a 中,利用夜间 $3.7\mu m$ 和 $11\mu m$ 通道间的亮度温度差识别卫星视场中的裂云。对于裂云或薄云发射率的变化较大,从而有较大的亮度温度的差值,而对于厚的中低云和晴空,发射率变化小,亮度温度差也较小。

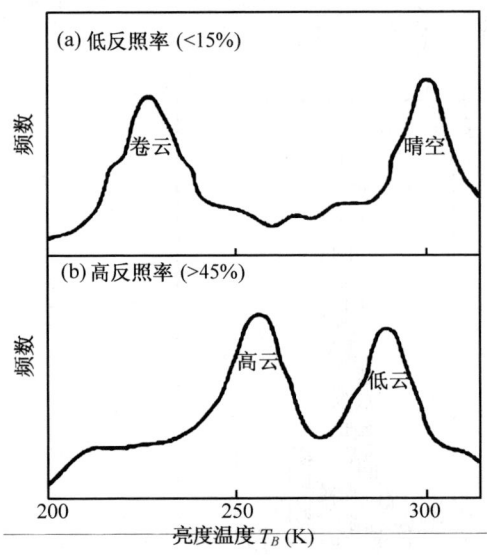
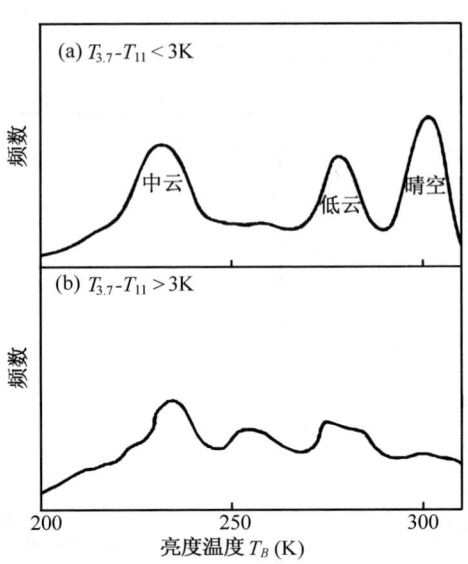

图 11.37 高和低两种反照率情况下 11μm 亮温直方图

图 11.38 两种 3.7μm 与 11μm 亮温差门限下亮温直方图

11.7.4.2 由云的光学厚度和云顶气压二维直方图云分类

国际云气候计划(ISCCP)根据云顶气压和云的光学厚度对云进行分类,如图 11.39 中,低云(0～2km)云顶气压＞680hPa,440hPa＜中云顶气压＜680hPa,高云顶气压＜440hPa(6km)。图 11.39 给出了 ISCCP 根据云顶气压和云的光学厚度的云分类。

11.7.4.3 多谱段多维直方图云分类

不同的卫星观测谱段,云的特性也不同,利用卫星的多光谱特性可以定量地区别不同类型的云,对于多谱段卫星云图,可以其灰度值或计数值制作二维或三维直方图进行云系自动分类。如图 11.40a 为可见光和红外灰图值建立的二维直方图云分类法,图中分成相应 6 种云系 6 个

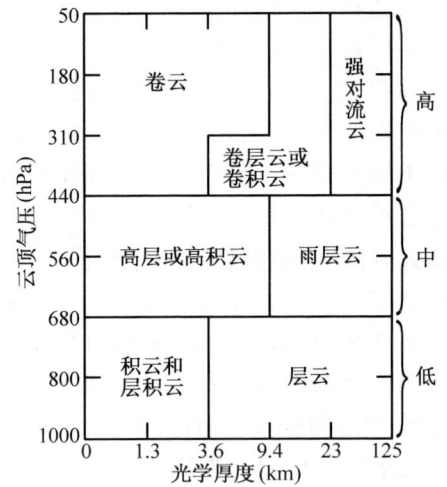

图 11.39 由卫星定出的云顶气压和光学厚度进行云分类(Rossow and Schiffer,1991)

长方形区,由图中可见,因云类的厚度和浓度的差异,以及该分类器仅根据云和其他物象的反射率和温度区分,在同一长方块内包含有几类不同的云种,如淡积云与浓雾或层积云相重叠,对此还可以根据云的其他特征区分开(见前面第五章)。图 11.40b 是可见光—红外—近红外资料建立的三维直方图,如果说二维可见光—红外直方图对某些相互重叠的云不能区别,则利用可见光—红外—近红外资料建立的三维直方图可以较好地区分它们,从图中可看到,每一类是为一长方体,相互间明显独立。

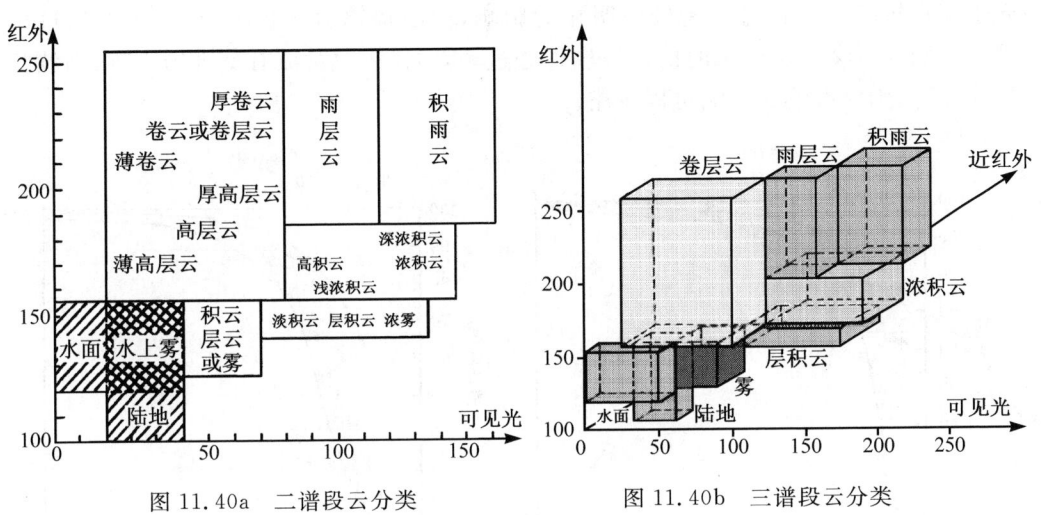

图 11.40a 二谱段云分类   图 11.40b 三谱段云分类

11.8 微波遥感大气

波长从 1mm 至 30cm(频率 1Hz—500GHz)范围内的电磁波称为微波。但是微波波段没有严格的界限,通常用字母命名波段,表 3.1 给出了微波谱各波段的名称和范围。利用探测器观测、记录和分析物体与微波的相互作用(辐射、吸收、反射和透过等),从而间接地认识物体特性的技术称作**微波遥感**。大量研究工作说明,微波遥感不仅在探测地表和海洋具有优越的能力,在探测大气和云参数方面有特殊功能。微波遥感除具有可见光和红外遥感所具有的大范围、动态、同步和快速观测的特点外,还具有全天候和全天时的优点。

11.8.1 微波辐射的主要特点

微波遥感与可见光和红外遥感相比较,在许多方面是不同的,这是因为微波辐射有以下几方面的特点:

11.8.1.1 微波辐射的穿透性

微波辐射最重要的特点是它能穿透云盖、浓雾、降雨能力,而且可以穿透一定深度的地表,所以利用微波辐射可以探测云内和云以下的大气状况,还可以对一年四季晴天很少的地区进行地表、海洋等方面进行观测调查。

图 11.41 表示在不同的微波频率处的水云和冰云透过率。可以看出,在任何微波辐射波长上,冰云的微波辐射透过率近于为 1,冰云对微波几乎没有影响;对于水云也仅在短于 2cm 时才会有较为明显的影响,微波辐辐射波长越长,水云的透过率越大。图 11.42 表示降水时的微波辐射透过率,雨比云对微波有更大的影响,当波长 >4cm 时,雨对微波的影响可以忽略。

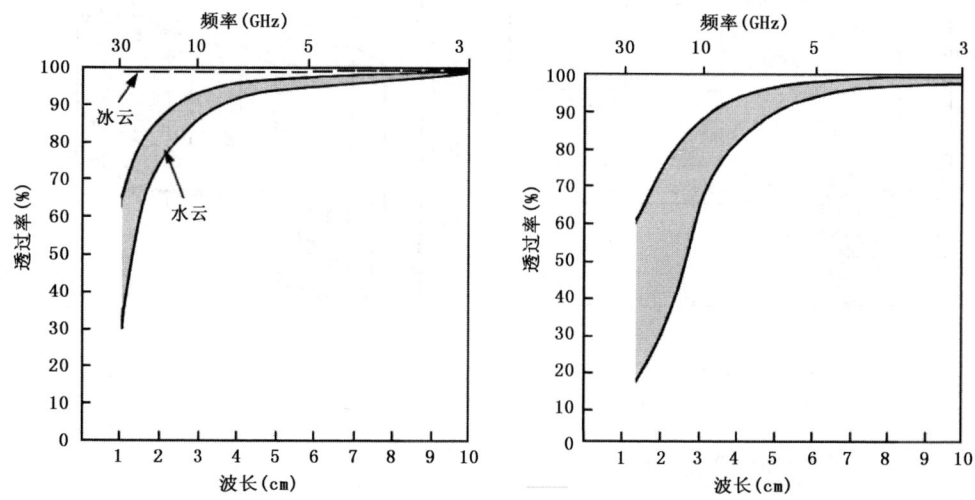

图 11.41 微波段水云和冰云的透射率(Ulaby 等,1981)　　图 11.42 微波段降雨的透射率(同左)

只有当波长 >2cm 时,降水为大雨时,影响变得严重,波长为 1cm 时,透过率急剧减小,雨的影响达到严重的程度。微波能穿透云雨,它也能穿过植被,其穿透植被的空深度能力取决于植被的含水量、植被的密度和所用的波长,较长波长的微波比短的波长有更大的穿透性,因此短的波长给出植被上层的信息,较长的微波波长可获取植被下层及地表面的信息。微波还可穿透地表到达土壤。

图 11.43 表示不同频率的微波穿透不同土壤的情形,较低频率的微波可穿透干燥土壤相当的深度,而较高频率的微波穿透深度明显减小,对较潮湿土壤,微波只能穿透 1cm。

11.8.1.2 物体的微波辐射与亮温的线性化

在热力平衡条件下,物体的微波辐射可以用普朗克公式的近似形式——瑞利琴

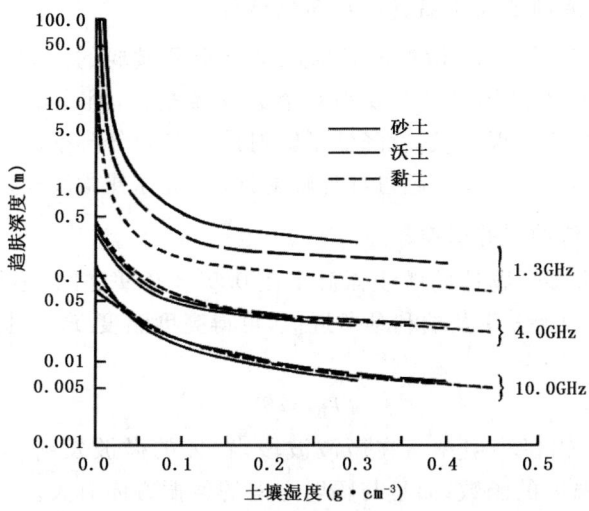

图 11.43 微波穿透土壤的趋肤深度(Ulaby 等,1981)

斯辐射公式表示为

$$B_\lambda(T_B) = \frac{2C\kappa T}{\lambda^4} \quad \text{或} \quad B_f(T_B) = \frac{2\kappa T f^2}{C^2} \quad (11.216)$$

式中,$B_\lambda(T_B)$,$B_f(T_B)$分别是波长、频率的黑体辐射率,κ是玻尔兹曼常数,T_B是黑体温度,λ是波长,f是频率。从(11.216)式可见,在微波区域,黑体辐射率与黑体温度成正比。因此,为方便在微波区用亮度温度表示辐射。图 11.44 给出了对于波长 $4.0\mu m$、$6.7\mu m$、$10\mu m$、$15\mu m$ 和微波及远红外的普朗克函数与温度的关系,可见在微波和远红外普朗克函数与温度呈线性关系。

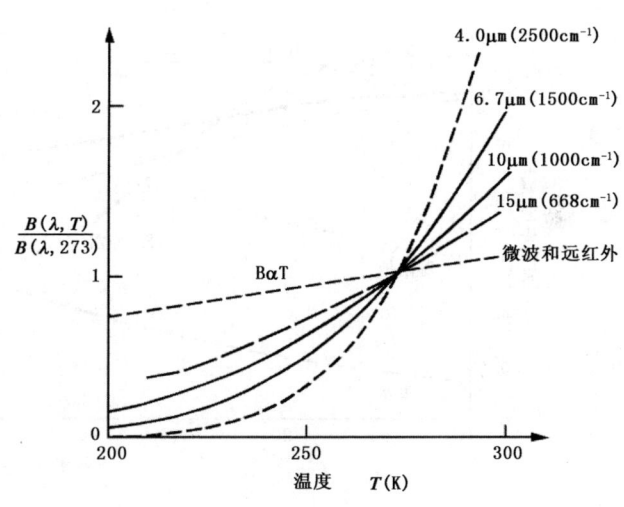

图 11.44 普朗克函数与温度间关系

11.8.1.3 微波的低噪声高灵敏度和低辐射

从(11.216)式计算表明,微波的辐射能量是十分微弱的。如大气 10cm 的微波辐射强度比 10μm 的红外辐射强度要小 8 个数量级左右,因此要探测这样微弱的微波信号,需要较大的仪器视场,这就降低了辐射计的空间分辨率。但是由于微波段的噪声十分小,辐射计的灵敏度远超过红外辐射计,这就弥补微波辐射信号的不足。

11.8.1.4 微波的比辐射率

在微波区域,大多数物体的微波辐射率在 0.95～0.9 之间,不能近似作为黑体。根据基尔霍夫定律:$L=\varepsilon B$ 及瑞利琴斯近似,可得亮度温度 T_B 与物体的实际温度 T 之间的关系为

$$T_B = \varepsilon T \tag{11.217}$$

式中,ε 是物体的比辐(发)射率。在微波波段,物体的微波发射率是物体表面粗糙度、复介电常数和温度的函数,而且与辐射方向的偏振方向有关。

图 11.45 给出了海水、陆地、冰雪的微波发射率与频率间和关系,可以看到:①海水、海冰、干雪、湿雪、湿陆地、干地等的发射率随波长而变化;②通常在微波频率越低,海水发射率最低,它与湿陆地一样随频率增大,发射率增大;③湿雪和干陆地最大,随微波频率的变化很小;④干雪、多年冰和再冻雪的发射率随频率的增大而减小;物体微波发射率的差异是遥感目标的重要依据。

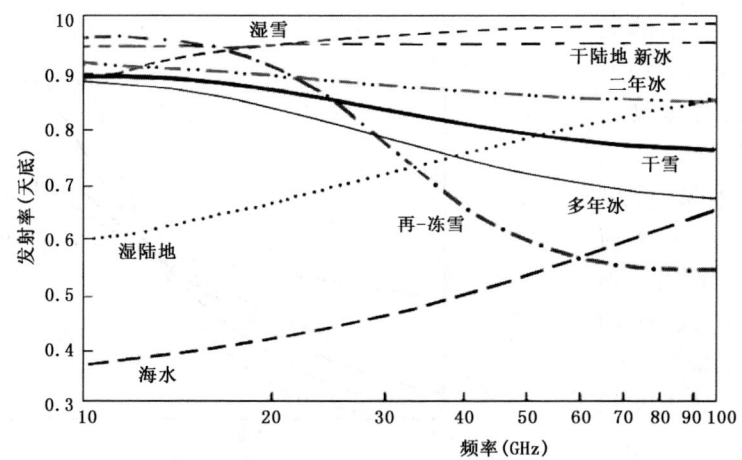

图 11.45　不同地表及覆盖物下的微波发射率

在微波区,通常表面发射率有如下关系

$$0.5 \approx < \varepsilon_{海洋} < \varepsilon_{冰雪} \approx \varepsilon_{陆地} \tag{11.218}$$

利用微波区表面的这一关系,可用于监测海洋、海冰雪。

11.8.2 大气气体和水滴对微波辐射的吸收和衰减

微波遥感大气是通过大气各种成分对微波的散射、吸收和发射获取大气参数信息。在微波的某些波长上大气分子产生强烈的吸收,其总的趋势是:频率越高,大气衰减作用越显著。在低频范围内,大气对微波辐射的吸收很小,当频率小于10kGHz时,大气的吸收可以忽略不计。

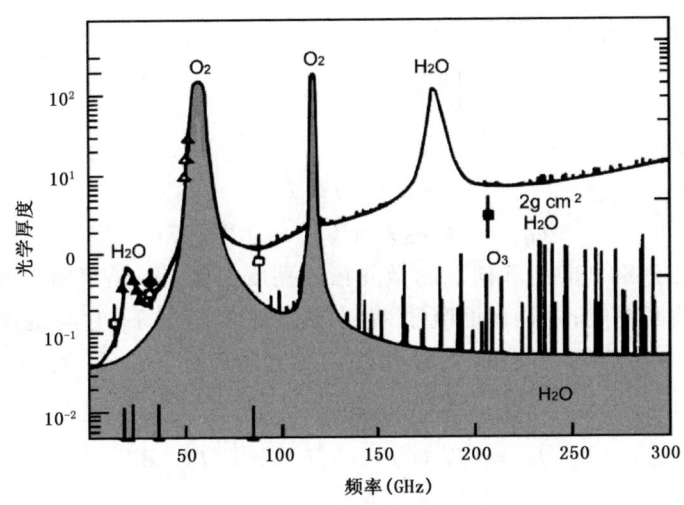

图 11.46 大气气体对微波的吸收

图 11.46 表示大气吸收气体对微波的吸收,从图中可见,大气中的微波吸收气体主要有水汽、氧分子和臭氧。其他气体对微波的吸收可以忽略不计。此外气体分子对微波的散射很小,可以忽略不计。在图中氧的微波吸收波长位于 5mm(50～70kMHz)和 2.53mm(118.7kMHz)两个波段。水汽分子的微波吸收波长位于 1.64mm(183.3kMHz)和 13.48mm(22.235kMHz)。

11.8.3 微波辐射在大气中的传输

11.8.3.1 晴天大气微波辐射传输

在热力平衡情况下辐射传输方程的普遍形式写为

$$\frac{dL_\lambda}{dl} = -(\alpha_{ab\lambda} + \alpha_{sc\lambda})L_\lambda + \alpha_{ab\lambda}B_\lambda$$

$$+ \frac{\alpha_{sc\lambda}}{4\pi}\int_0^{2\pi}\int_0^{\pi} P(\theta_s,\phi_s;\theta,\phi)L_\lambda(\theta_s,\phi_s)\sin\theta_s d\theta_s d\phi_s \tag{11.219}$$

式中，$\alpha_{ab\lambda}$，$\alpha_{sc\lambda}$ 分别是吸收系数和散射系数，$P(\theta_s, \phi_s; \theta, \phi)$ 是散射相函数，(θ_s, ϕ_s) 和 (θ, ϕ) 分别是辐射入射方向和散射方向的极角和方位角。由（11.219）式，并将各项乘以 $\lambda^4/2c\kappa$，得亮度温度形式的传输方程为

$$\frac{dT_{b\lambda}}{dl} = -(\alpha_{ab\lambda} + \alpha_{sc\lambda})T_{b\lambda} + \alpha_{ab\lambda}T$$

$$+ \frac{\alpha_{sc}}{4\pi}\int_0^{2\pi}\int_0^{\pi}P(\theta_s,\phi_s;\theta,\phi)T_{b\lambda}(\theta_s,\phi_s)\sin\theta_s d\theta_s d\phi_s \quad (11.220)$$

在微波段区晴空大气的散射很小，所以假定 $\alpha_{sc\lambda}=0$，消光作用完全是由吸收引起的，这时 $\alpha_{ab\lambda}+\alpha_{sc\lambda}=\alpha_{ab\lambda}=\alpha_{\lambda}$ 则上式简化为

$$\frac{dT_{b\lambda}}{dl} = -\alpha_{\lambda}T_{b\lambda} + \alpha_{\lambda}T \quad (11.221)$$

上式边界条件为

$$T_{b\lambda}^{\downarrow}(\infty) = T_{c\lambda} \quad (11.222a)$$

$$T_{b\lambda}^{\uparrow}(0) = \alpha_{s\lambda}T_s + (1-\alpha_{s\lambda})T_{b\lambda}^{\downarrow}(0) \quad (11.222b)$$

式中，$T_{b\lambda}^{\uparrow}$，$T_{b\lambda}^{\downarrow}$ 分别是向上和向下的微波辐射亮度温度；$T_{c\lambda}$ 是宇宙背景微波辐射亮度温度；T_s 是地面温度；$\alpha_{s\lambda}$ 是地面吸收率，在热力平衡情况下，它与地面比辐射率 $\varepsilon_{s\lambda}$ 相等。由于 $T_{c\lambda}=2.76K$ 为已知，可以扣除。在上述边界条件下，对（11.222）式积分就得

$$T_{b\lambda}^{\uparrow}(L) = T_{b\lambda}^{\uparrow}(0)\widetilde{T}_{\lambda}(0,L) + \int_0^L T(l)d\widetilde{T}_{\lambda}$$

$$= \alpha_{s\lambda}T_s e^{-\int_0^L \alpha_{\lambda}dl} + (1-\alpha_{s\lambda})e^{-\int_0^L \alpha_{\lambda}dl} \cdot \int_0^L T(l)\alpha_{\lambda}e^{-\int_0^L \alpha_{\lambda}dl'}dl + \int_0^L T(l)\alpha_{\lambda}e^{-\int_0^L \alpha_{\lambda}dl'}dl$$

$$(11.223)$$

和

$$T_{b\lambda}^{\downarrow}(0) = \int_0^{\infty}T(l)\alpha_{\lambda}e^{-\int_0^L \alpha_{\lambda}dl'}dl \quad (11.224)$$

其中

$$e^{-\int_0^{\infty}\alpha_{\lambda}dl} = 1 - \int_0^{\infty}e^{-\int_l^{\infty}\alpha_{\lambda}dl'}\alpha_{\lambda}dl$$

则（11.223）式可以写为

$$T_{b\lambda}^{\uparrow}(\infty) = \alpha_{s\lambda}T_s e^{-\int_0^L \alpha_{\lambda}dl} + \int_0^L T(l)\left[(1-\alpha_{\lambda})e^{-2\int_0^L \alpha_{\lambda}dl'}dl + 1\right] \cdot e^{-\int_0^{\infty}\alpha_{\lambda}dl}\alpha_{\lambda}dl$$

$$(11.225)$$

(11.225)式左边表示在宇宙空间(∞)处观测地面和大气向上发射的微波辐射，该式右边第一项是地面发射并透过大气到达宇宙的微波辐射；第二项是地面反射大气发射的向下微波辐射，然后透过大气进入宇宙的微波辐射；第三项是大气自身发射的微波辐射。由于在微波波谱区地表的比辐射率小于1，不能看成黑体，所以方和右边各项都有不能忽略。然而对于氧的5mm吸收带，地表的反射和发射作用可以忽略

不计。

11.8.3.2 有云大气中微波辐射传输

云对红外辐射是不透明的,云层下的红外辐射不能透过较厚的云层,所以在红外波段,通常近似地把它看成为黑体,卫星只能测量云面和云层以上大气发射的辐射。但是微波可以穿透云雾,若采用合适的频率,就能测定云能数和云下大气和地表辐射参数。如图 11.47 中,设有高云和低云两层,通常高云对微波的衰减很小,可以忽略,低云对大气辐射的反射也很小,也可忽略。且设低云云底接近地面,此时卫星收到的辐射有下面五部分。

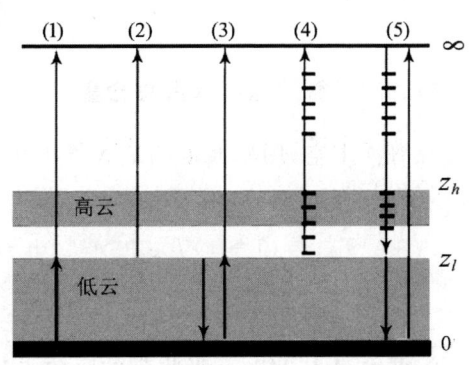

图 11.47 传输有云时微波辐射

(1)直接来自地面的微波辐射为

$$\varepsilon_{\lambda} T_s \widetilde{T}_{\lambda}^c \widetilde{T}_{\lambda}(z_l) \tag{11.226}$$

式中,ε_{λ} 是地面比辐射率,T_s 是地面温度,$\widetilde{T}_{\lambda}^c$ 是低云的透过率,$\widetilde{T}_{\lambda}(z_l)$ 是低云顶以上大气的透过率。

(2)来自低云向上发射的微波辐射为

$$\varepsilon_{\lambda}^c T_c \widetilde{T}_{\lambda}(z_l) \tag{11.227}$$

式中,ε_{λ}^c 是低云的比辐射率,T_c 为低云温度。

(3)地表反射低云向下的微波辐射为

$$(1-\varepsilon_{\lambda}) \varepsilon_{\lambda}^c T_c \widetilde{T}_{\lambda}^c \widetilde{T}_{\lambda}(z) \tag{11.228}$$

式中,$(1-\varepsilon_{\lambda})$ 是地表的反射率。

(4)低云之上大气发射的微波辐射为

$$\int_{z_l}^{\infty} T(z) K_{\lambda}(z) dz \tag{11.229}$$

式中,$T(z)$ 为 z 高度处的大气温度,$K_{\lambda}(z)$ 为权重函数。

(5)地表反射云层之上大气向下的微波辐射为

$$\widetilde{T}_{\lambda}(z_1)(\widetilde{T}_{\lambda}^c)^2 (1-\varepsilon_{\lambda}) \int_{z_1}^{\infty} T(z) \frac{\widetilde{T}_{\lambda}(z_1)}{\widetilde{T}_{\lambda}(z)} K_{\lambda}(z) dz$$

$$= (\widetilde{T}_{\lambda}^c)^2 (1-\varepsilon_{\lambda}) \int_{z_1}^{\infty} \left[\frac{\widetilde{T}_{\lambda}(z_1)}{\widetilde{T}_{\lambda}(z)}\right] T(z) K_{\lambda}(z) dz \tag{11.230}$$

将上面五部分合并,就得卫星在有云情况下接收到的微波辐射

$$T_{b\lambda} = \{[\varepsilon_{s\lambda} T_s + \varepsilon_\lambda^c T_c(1-\varepsilon_{s\lambda})]\widetilde{T}_\lambda^c + \varepsilon_\lambda^c T_c\}\widetilde{T}_\lambda(z_1) + \int_{z_1}^\infty T(z)K_\lambda(z)\mathrm{d}z$$
$$+ (\widetilde{T}_\lambda^c)^2(1-\varepsilon_{s\lambda})\int_{z_1}^\infty \left[\frac{\widetilde{T}_\lambda(z_1)}{\widetilde{T}_\lambda(z)}\right]T(z)K_\lambda(z)\mathrm{d}z \tag{11.231}$$

11.8.4 微波遥感水汽总含量

在海洋上空,用单通道测量大气中水汽的含量已取得相当好的结果。卫星遥测水汽方程写为

$$T_{b\lambda} = (1-r)T_s \mathrm{e}^{-\int_0^\infty k_\lambda \rho_w \mathrm{d}z} + r\mathrm{e}^{-\int_0^\infty k_\lambda \rho_w \mathrm{d}z}\int_0^\infty T(z)\mathrm{e}^{-\int_0^z k_\lambda \rho_w \mathrm{d}z}k_\lambda \rho_w \mathrm{d}z$$
$$+ \int_0^\infty T(z)\mathrm{e}^{-\int_z^\infty k_\lambda \rho_w \mathrm{d}z}k_\lambda \rho_w \mathrm{d}z \tag{11.232}$$

根据水汽 1.348cm 吸收带的吸收系数(表),在 5km 以下, k_λ 随高度的变化不到 10%,可以把水汽吸收系数 k_λ 看成常数,即 $k_\lambda = \bar{k}_\lambda$,且取 $\bar{T} = T(z)$ 为 5km 以下大气的平均温度,则有

$$\int_0^\infty k_\lambda \rho_w \mathrm{d}z = \bar{k}_\lambda Q \tag{11.233}$$

式中, $Q = \int_0^\infty \rho_w \mathrm{d}z$ 为大气水汽总含量。取近似式

$$\mathrm{e}^{-\int_0^\infty k_\lambda \rho_w \mathrm{d}z} = 1 - \int_0^\infty k_\lambda \rho_w \mathrm{d}z = 1 - \bar{k}_\lambda Q \tag{11.234}$$

代入(11.232)式有

$$T_{b\lambda} = (1-r)T_s[1-\bar{k}_\lambda Q] - r(1-\bar{k}_\lambda Q)\bar{k}_\lambda Q\bar{T} + \bar{T}k_\lambda Q \tag{11.235}$$

整理得

$$\bar{k}_\lambda Q = \frac{T_{b\lambda} - (1-r)T_s}{\bar{T} + r\bar{T} - (1-r)T_s} = mT_{b\lambda} - n \tag{11.236}$$

式中

$$m = \frac{1}{\bar{T}(1+r) - (1-r)T_s}, \quad n = \frac{(1-r)T_s}{\bar{T}(1+r) - (1-r)T_s}$$

或写成

$$Q = \frac{1}{\bar{k}_\lambda}(mT_{b\lambda} - n) \tag{11.237}$$

对于空对地遥感,上式可简化为

$$Q = \frac{T_{b\lambda}}{\bar{k}_\lambda \bar{T}} \tag{11.238}$$

上式表明,对于吸收不太大的频率及水汽含量不大的情形,大气的水汽总量与微波辐射亮温之间呈线性关系。

11.9 卫星遥感洋面温度

洋面占全球表面积的十分之七,洋面温度是海洋研究的重要参数,它影响大气与

海洋之间能量、动量、水汽的交换,海面温度的异常,对大气环流产生重大影响,如南方涛动引起的厄尔尼诺现象。洋面上的许多参数都可以通过卫星遥感获取。

11.9.1 双通道遥感海面温度

在红外通道卫星接收到的辐射可以写为

$$L_\lambda(T_{BB}) = B_\lambda(T_{sea}) \widetilde{T}_{\lambda s} + B_\lambda(\overline{T}_a)(1-\widetilde{T}_{\lambda s}) \tag{11.239}$$

式中,T_{BB} 是亮度温度,$\widetilde{T}_{\lambda s}$ 是整层大气的透过率,$\overline{T}_a$ 是大气的平均温度,$B_\lambda(\overline{T}_a)$ 写为

$$B_\lambda(\overline{T}_a) = \frac{1}{1-\widetilde{T}_{\lambda s}} \int_{\tau_{\lambda s}}^1 B_\lambda(T) \mathrm{d} \widetilde{T}_\lambda \tag{11.240}$$

假定不考虑的反射率和大气的散射,对(12.1)式考虑 λ_1,λ_2 两个波长,且假定 $\overline{T}_a(\lambda_1) = \overline{T}_a(\lambda_2)$,以及 $B_{\lambda 1}(T_{sea}) = B_{\lambda 2}(T_{sea}) = B_\lambda(T_{sea})$,则有

$$B_\lambda(T_{sea}) = L(\lambda_1)([L(\lambda_1)(L(\lambda_2)] \cdot \frac{1-\widetilde{T}_s(\lambda_1)}{\widetilde{T}_s(\lambda_1) - \widetilde{T}_s(\lambda_2)} \tag{11.241}$$

对于 $x \ll 1$ 时,可以近似取 $\mathrm{e}^{-x} = 1-x$,则有

$$\widetilde{T}_{\lambda s}(\lambda, \theta) = 1 - k_a z \sec\theta \tag{11.242}$$

式中,$k_a(\lambda)$ 是吸收系数,z 是垂直方向上的路径,θ 是天顶角。设

$$\frac{1-\widetilde{T}_s(\lambda_1)}{\widetilde{T}_s(\lambda_1) - \widetilde{T}_s(\lambda_2)} = \frac{k_{\nu a}(\lambda_1)}{k_{\nu a}(\lambda_1) - k_{\nu a}(\lambda_2)} = \gamma \tag{11.243}$$

则由(11.243)式代入(11.239)得

$$B_{\lambda 1}(T_{sea}) = L(\lambda_1, \theta) - \gamma [L_{\lambda 1}(\theta) - L_{\lambda 2}(\theta)] \tag{11.244}$$

引入亮度温度代替卫星观测辐射率,以泰勒级数展开,则有

$$T_{sea} = T_{\lambda 1}(\theta) - \gamma [T_{\lambda 1}(\theta) - T_{\lambda 2}(\theta)] \tag{11.245}$$

上式消除了普朗克函数的非线性作用,分裂窗公式也可用于由宽谱带间隔划分的双窗区通道公式。类似地可以导得在某一波长以两个角度测量到的亮度温度求取海面温度的双角方法,即是

$$T_{sea} = T_{\theta 1}(\lambda) - \gamma'[T_{\theta 1}(\lambda) - T_{\theta 2}(\lambda)] \tag{11.246}$$

式中

$$\gamma' = \frac{\sec\theta_1}{\sec\theta_1 - \sec\theta_2}$$

系数 γ 和 γ' 可以由光谱资料理论求得,但是一般在用分裂窗统计的方法时考虑到海面的非黑体和非线性效应,采用统计调整的系数替代 γ 和 γ',取视角每隔 $10°$ 就可达精度为 $0.1°$。另可以依赖于扫描天顶角的视角采用下式

$$T_{sea} = a_0 + a_1 T_{11} + a_2(T_{11} - T_{12}) \tag{11.247}$$

式中

$$a_k = a_{0k} + a_{1k}(\sec\theta - 1) + a_{2k}(\sec\theta - 1)^2 \quad k = 1, 2$$

这种方法的反演精度没有改进,但使用很方便。

由于在热带强的水汽连续吸收,亮度温度与水汽的非线性依赖关系,线性方法会引起较大的误差。一个称之非线性订正的海面温度交互方法,表示为

$$T_{sea} = \frac{a_0 T_{12} - a_1}{a_2 T_{12} - a_3 T_{11} - a_4}(T_{11} - T_{12} + a_5) + a_6 T_{12} + a_7 (T_{11} - T_{12})(\sec\theta - 1) - a_8$$

(11.248)

该方法与(11.247)式比较,没有明显优点,但是对于没有检测的云像点很敏感。

考虑到(11.247)式中的求积项,另一个分裂窗的改进方法是对于水汽的非线性订正取 w 与 $a_3(T_{11}-T_{12})$ 的乘积,即为

$$T_{sea} = a_0 + a_1 T_{11} + a_2 (T_{11} - T_{12}) + a_3 w(T_{11} - T_{12})$$

(11.249)

(11.249)式较(11.247)式有明显提高。但是由于 AVHRR 在不同轨道上运行,水汽 w 的空间变化很大,会引起不希望的误差,为此采用下式反演海面温度

$$T_{sea} = a_0 + a_1 T_{11} + a_2 (T_{11} - T_{12}) + a_3 (T_{11} - T_{12})^2$$

(11.250)

11.9.2 利用 3.7μm 通道资料计算海面温度

在晚间,有受水汽影响很小的 3.7μm 通道资料可以利用,可以得到较前面的模式更好的计算公式,即为

$$T_{sea} = a_0 + a_1 T_{3.7} + a_2 (T_{3.7} - T_{11}) + a_3 (T_{11} - T_{12}) + a_4 (T_{3.7} - T_{12})^2 + a_5 (T_{11} - T_{12})^2$$

(11.251)

如果卫星采用双角观测方法,则白天和夜间的海面温度反演模式为

$$T_{sea} = a_0 + a_1 T_{11} + a_2 (T_{11} - T_{12}) + a_3 (T_{11} - T'_{11})^2 + a_3 (T_{11} - T'_{12})^2 \quad (\text{白天})$$

(11.252a)

$$T_{sea} = a_0 + a_1 T_{3.7} + a_2 (T_{3.7} - T_{11}) + a_3 (T_{3.7} - T_{12}) + a_3 (T_{3.7} - T'_{3.7})$$
$$+ a_5 (T_{3.7} - T'_{11}) + a_6 (T_{3.7} - T'_{12})^2 \quad (\text{夜间})$$

(11.252b)

式中,带"'"是后一次观测时的亮度温度,该模式反演误差较上面的那些模式要小,但是对于温度梯度很大的地区,附加噪声。因此最佳的反演模式为

$$T_{sea} = a_0 + a_1 T_{11} + a_2 (T_{11} - T_{12}) + a_3 (T_{11} - T_{12})^2 + a_4 (T_{11} - T'_{11})$$
$$+ a_5 (T_{11} - T'_{12})^2 \quad (\text{白天})$$

(11.253a)

$$T_{sea} = a_0 + a_1 T_{3.7} + a_2 (T_{3.7} - T_{11}) + a_3 (T_{3.7} - T_{11})^2 + a_4 (T_{3.7} - T_{12}) + a_5 (T_{3.7} - T_{12})^2$$
$$+ a_6 (T_{3.7} - T'_{3.7}) + a_7 (T_{3.7} - T'_{12})^2 \quad (\text{夜间})$$

(11.253b)

11.10 卫星资料在农业上的应用

11.10.1 植物的反射率与叶子中叶绿素含量

如第 3 章中已提到,植物叶子的反射率随波长的关系与叶子中叶绿素含量有关。

图 11.48 给出了不同叶绿素含量的反射光谱,从图中可看到,土壤的反射率随波长的增加而平稳地增大,而对于植被的反射率则依赖于叶绿素含量。当叶绿素含量较低时,从可见光到近红外波段,反射率较大,并没有明显的峰和谷出现,当叶绿素含量增大到 $8.2 \text{mmol} \cdot \text{cm}^{-2}$,形成明显的谷和峰,在红波段处由于叶绿素吸收,反射率显著下降,出现一个谷值,在绿波段处,虽然反射率有所下降,但较红波段要小得多,该处形成一个明显的反射峰值。但是随叶绿素含量进一步增大,峰谷的差有所下降。

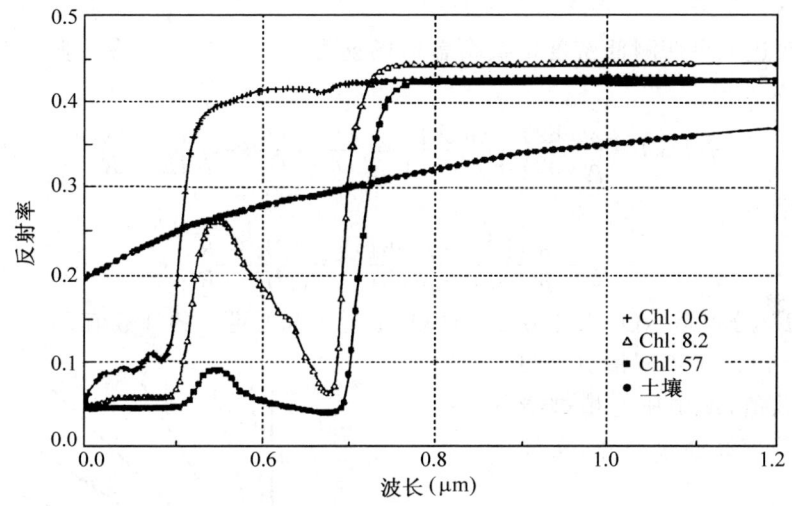

图 11.48 植被叶绿素含量、土壤与波长的关系

11.10.2 植被指数

卫星从空间遥感地面植被是利用作物的光学特性,采用不同的谱段作物反射特性的差异,将卫星的测量值进行各种组合,达到卫星监测地面植被分布。这种用于测量植被的不同谱段卫星测量值的组合称为**植被指数**。植被指数可以用于监测作物的长势、植被的覆盖度、种类和作物的产量;此外还能估算一系列农作物参数:叶面积指数、生物量、光合有效辐射、初级生产力、蒸散、土壤湿度等。因此植被指数时常又称为**绿度指数**。植被指数在大气研究中也能发挥重要作用,使用植被指数可以研究大气与陆面的相互作用,研究气候的变化等。

11.10.2.1 比值被指数 RVI

根据绿色植物的光学特性,红波段是叶绿素吸收带,近红外波段是叶绿素反射带,叶绿素含量越多,红波段吸收越大,而近红外波段的反射越大,对此取红波段与近红外波段的卫星测值的比,即

$$RVI = R/NIR \tag{11.254}$$

或以绿度写成
$$G_1 = R/NIR \tag{11.255}$$

也有写成
$$G_2 = [R/NIR]^{1/2} \tag{11.256}$$

式中,R 是卫星在红波段的测量值,NIR 是卫星在近红外波段的测量值。RVI 指数对大气影响敏感,同时当植被覆盖度小于 50% 时,其分辩能力很弱,只有当植被覆盖稠密时效果较好。

11.10.2.2 归一化植被指数 NDVI

为了改进卫星探测低密度植被覆盖时的能力,Rouse(1974)提出归一化植被指 $NDVI$,写为

$$NDVI = \frac{\rho(\text{ch}2) - \rho(\text{ch}1)}{\rho(\text{ch}2) + \rho(\text{ch}1)} = \frac{D_2 - D_1}{D_2 + D_1} = \frac{NIR - R}{NIR + R} \tag{11.257}$$

或用绿度记为

$$G_3 = \frac{\rho(\text{ch}2) - \rho(\text{ch}1)}{\rho(\text{ch}2) + \rho(\text{ch}1)} = \frac{NIR - R}{NIR + R} \tag{11.258}$$

式中,D_1,D_2 分别是 NOAA 卫星 AVHRR 通道 1 和通道 2 的计数值。

图 11.49 表示不同植被下归一化植被指数值,图中所有植被指数(虚线)的等值线通过原点,实线为土壤线。

表 11.6 给出了不同植被密度下通道 1(0.58~0.68μm)和通道 2(0.725~1.10μm)的反射率,和由此计算出的 $NDVI$ 值,将地表分成 4 个等级,其中将植被分成稀疏、中等植被和高密度植被三个等级。

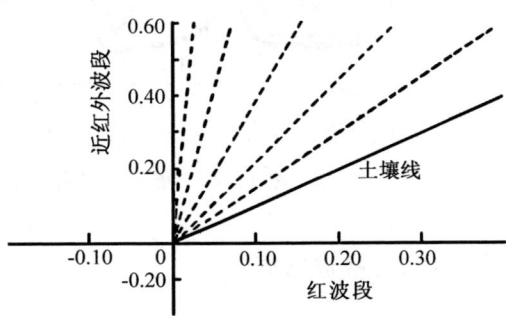

图 11.49 归一化植被指数等值线分布图

表 11.6 不同植被状态下的 $NDVI$

等级	反射率		NDVI	植被状况
	通道 1	通道 2		
Ⅰ	0.03	0.04	0.86	高稠密绿色植被
Ⅱ	0.05	0.25	0.67	中等绿色植被
Ⅲ	0.10	0.20	0.33	稀疏绿色植被
Ⅳ	0.20	0.25	0.11	裸地

归一化植被指数 $NDVI$ 对绿色植被敏感,它可以用来监测区域和全球尺度的植

被状态,同时也可对农作物和半干旱地区降水量进行预测。当低密度植被覆盖时,$NDVI$ 对观测和照明的几何很敏感。在作物生长初期,其将过高地估计植被覆盖的百分比;而在作物成熟期,则过低地估计。

为了进行植被分类和探测植被的覆盖率的变化,定义多时相植被指数($MTVI$),将两个不同日期的 $NDVI$ 相减,即

$$MNDVI = NDVI(日期2) - NDVI(日期1) \tag{11.259}$$

多时相植被指数用于比较不同时间植被的生长状况。如果 $MNDVI$ 越来越大,说明作物长势较好。

太阳天顶角对植被指数 $NDVI$ 有一定影响,图 11.50 表示了植被指数 $NDVI$ 随太阳天顶角的改变,可以看到,当天顶角小于 30°时,$NDVI$ 随太阳天顶的变化很小,当太阳天顶角增大到 60°以上,$NDVI$ 就显著地下降。

11.10.2.3 垂直植被指数 PVI

为了消除土壤对植被的影响,Richardson(1977),Jackson(1980)提出了垂直植被指数。如图 11.51 为了建立该指数,首先根据资料分析,以 R 为横坐标,NIR 为纵坐标,则土壤在 R 和 NIR 谱段的反射率之间存有下面关系

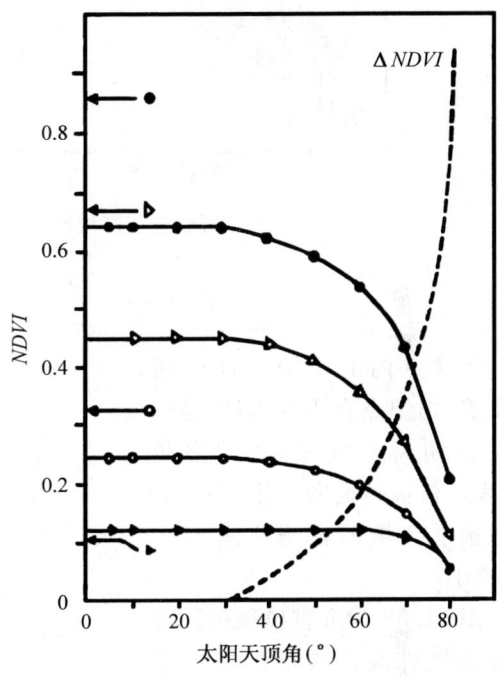

图 11.50 $NDVI$ 与太阳天顶角

$$NIR_{soil} = aR_{soil} + b \tag{11.260}$$

上式表示了当无植被时,土壤在 R 和 NIR 谱段的反射率的关系为一直线,这一直线称之"土壤线",其中 a 为土壤线的斜率,b 为土壤线的截距。如果土壤线与以 R 为横坐标之间的夹角为 θ,则可定义垂直植被指数为

$$PVI = NIR\cos\theta - R\sin\theta = \alpha NIR - \beta R \tag{11.261}$$

或者写为

$$PVI = \frac{1}{\sqrt{a^2+1}}(NIR - aR - b) \tag{11.262}$$

由(11.260)式得

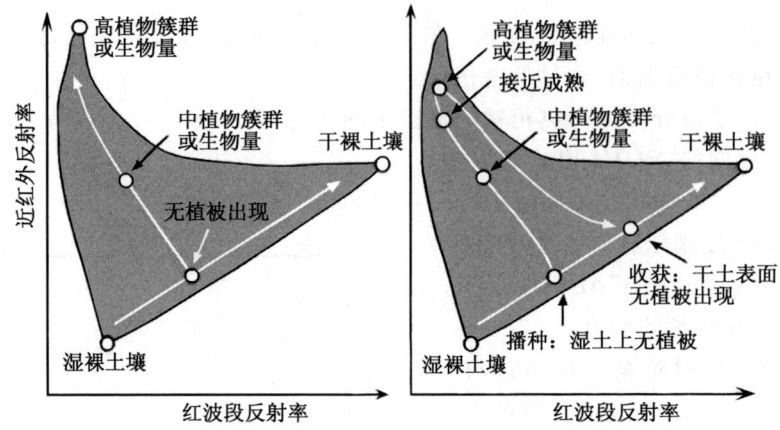

图 11.51 近红外与红波段的二维图上土壤线与植被密度

$$PVI = \frac{1}{\sqrt{a^2+1}}(WDVI - b) \tag{11.263}$$

当像点内的土壤表面有植被覆盖,则像点在 $R \sim NIR$ 坐标内就要偏离土壤线,其偏离越大,表示植被越稠密。用 PVI 表示植被受土壤的影响比用 $NDVI$ 要小。

图 11.52 为垂直植被指数在红和近红外波段构成的两维空间中的分布,可以看到垂直植被指数等值线(虚线)呈一条条平行于土壤线的直线,而且也不通过原点 O,离土壤线越远,PVI 值越大。

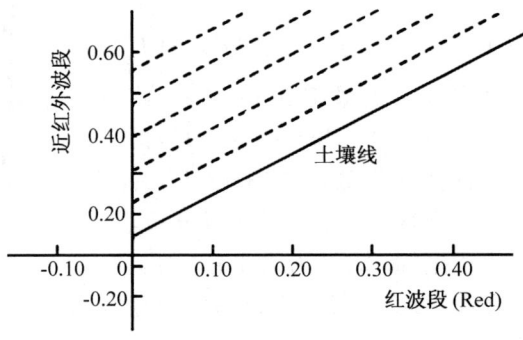

图 11.52 垂直植被指数(PVI)等值线概念模式

11.10.3 植被指数 VI 与叶面积指数 LAI 的关系

许多研究表明,前面提到各植被指数 $VI(NDVI,PVI,WDVIT,TSAVI)$ 随叶面积指数 LAI 的增加而达到一饱和值,并可通过拟合表示为一指数方程,即

$$VI = VI_\infty + (VI_g - VI_\infty)\exp(-K_{VI} \cdot LAI) \tag{11.264}$$

式中,VI_g 为裸地的植被指数;VI_∞ 为当 LAI 趋向无限大时 VI 达到的一个饱和值,实际中当叶面积指数 LAI 的极限为其大于 8.0;K_{VI} 是一个衰减系数,$K_{VI} \cdot LAI$ 相

当于光学厚度。参数 $VI_∞$ 和 K_{VI} 取决于照射到叶面的辐照度、观测角和叶面的取向。图 11.53 给出了各植被指数与叶面积指数的关系,可以看到,对于暗色土壤,NDVI 随 LAI 的增加,很快就趋向一个饱和值,SAVI 和 PVI 指数随 LAI 增加而增大,当 LAI 较小时,两者间有较好的线性关系;另外,SAVI 指数对亮和暗土壤之间随 LAI

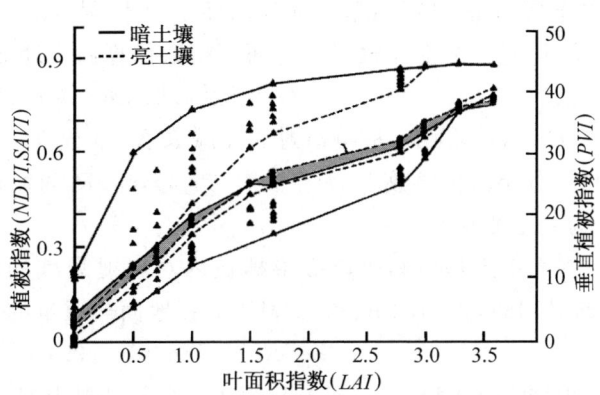

图 11.53 植被指数作为叶面积指数的函数

的差异较小,而 NDVI 和 PVI 指数对于亮和暗土壤之间随 LAI 的差异较大。

Baret 和 Guyt(1991)得出叶面积指数与植被指数的关系

$$VI = VI_{max} - (VI_{max} - VI_{min}) \exp(-k' LAI) \quad (11.265)$$

式中,VI_{max},VI_{min} 是对于稠密绿色植被($LAI>4$)植被指数的最大值和最小值,对于裸地,$LAI=0$,$VI=VI_{min}$;k' 是衰减系数。

11.10.4 植被指数 VI 与光合有效吸收辐射 APAR 的关系

光合有效辐射 PAR 的光谱区为 400~700nm,植被指数 VI 与吸收的入射辐射 APAR 的关系可以写为

$$PAR = 1 - R_c - (1 - R_g) \cdot \widetilde{T}_c \quad (11.266)$$

式中,R_c 是植冠的半球反射率;R_g 是土壤背景的半球反射率;$\widetilde{T}_c$ 是植冠的半球透射率,PAR 又可写为 LAI 的指数函数,即是

$$PAR = PAR_∞ [1 - B \cdot \exp(-K_P \cdot LAI)] \quad (11.267)$$

式中,$PAR_∞$ 是对于无限厚植冠 PAR 吸收极限值($PAR_∞=0.94$);B 是取决于试验误差和偏离模式的一个参数,一般为 0.8~1.2;K_P 是等效衰减系数,它取决于叶角分布和与辐照度的几何关系,对于 PAR 有很高吸收的绿色叶子 K_P 为一计算植冠截获光辐射的衰减系数。

由(11.264)和(11.267)式,可以导得被指数与光合有效辐射为

$$PAR = PAR_∞ \cdot \left[1 - \left(\frac{VI_∞ - VI}{VI_∞ - VI_g}\right)^{(K_P/K_{VI})}\right] \quad (11.268)$$

11.10.5 土壤热通量与植被指数关系

对于干燥裸地和部分植被覆盖的地区,土壤热通量是地面净辐射和地面能量平

衡的重要分量,植被减小到达地面的净辐射,由此减小地面热通量。Choudhury(1989)得到一个由净辐射和叶面积指数估算白天地面热通量的关系式为

$$G = R_n[0.4\exp(-k\,LAI)]$$

式中,R_n是净辐射;k是净辐射的衰减系数,常数0.4是考虑土壤湿度条件下的平均取值。当叶面积指数LAI很大时(>4),G/R_n的取极小值(0.05);对于湿的裸地,G/R_n为0.1或更小。

多光谱卫星资料可以提供植被内对辐射衰减的信息,由此估算地面的热通量。Moran(1989)得到由R_n和$NDVI$估算地面热通量的关系式为

$$G = R_n[0.58\exp(-2.13NDVI)] \quad (11.269)$$

根据Baret和Guyt(1991)得出叶面积指数与植被指数的关系为

$$VI = VI_{\max} - (VI_{\max} - VI_{\min})\exp(-k'\,LAI) \quad (11.270)$$

由(11.266)、(11.269)式可得到

$$G = R_n\left[0.4\left(\frac{VI_{\max}-VI}{VI_{\max}-VI_{\min}}\right)^\delta\right] \quad (11.271)$$

11.10.6 植被指数 VI 与地面温度和蒸散间的关系

11.10.6.1 植被指数与地面温度

如果在一像点内地面温度为T_s、可见光地面反射率为ρ_s,并在一个像点内地表植被覆盖量为f,则像点地面温度和反照率为

$$T_s = fT_v + (1-f)T_b \quad (11.272a)$$
$$\rho_s = f\rho_v + (1-f)\rho_b \quad (11.272b)$$

式中,T_v,T_b分别是像点内植被和裸地的温度;ρ_v,ρ_b分别是像点内植被和裸地的反射率,将上式中消去f,就得

$$T_s = a + b\rho_s \quad (11.273)$$

式中
$$a = (T_v\rho_b - T_b\rho_v)/(\rho_b - \rho_v)$$
$$b = (T_b - T_v)/(\rho_b - \rho_v)$$

(11.272)式给出了有植被时每一像点内温度与反射率的回归关系。由于像点间的T_b、T_v、ρ_b和ρ_v间总有不确定性,实际的关系如图11.54中的情况,从该图中看出了可见光反照率与地面温度间近似呈线性关系。以上分析在地面热力平衡分析中是重要的。上面方程对于太阳加热和气温的变化,白天中午和干燥的地区较早晨时刻和潮湿的土壤区域有相关系数高。

11.10.6.2 蒸散与叶面积指数间关系

Choudhury等(1993)由实际资料说明了叶面积指数与蒸散间的关系,如图

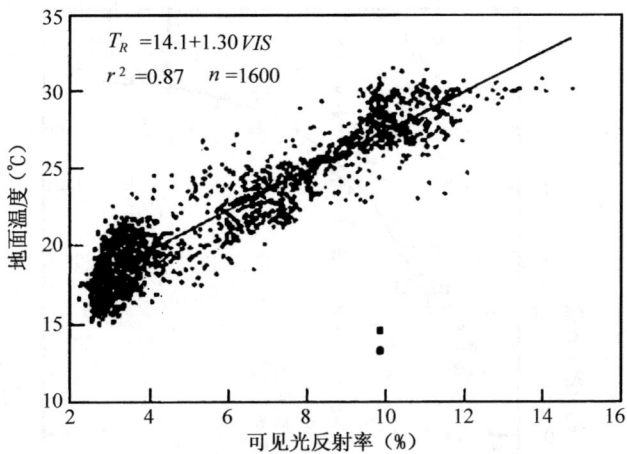

图 11.54 可见光反射率与地面温度的关系
(Simth 和 Choudhury,1990)

11.55 中,显示出叶面积指数与蒸散间的关系呈现对数指数关系,因此,对于无胁迫蒸散与潜在蒸发之比与叶面积指数的关系表示为

$$T/E_p = 1 - \exp(-\xi LAI) \tag{11.274}$$

则由(11.265)、(11.274)式消去 LAI,得 T/E_p 与植被指数的关系为

$$T/E_p = 1 - \left(\frac{VI_{max} - VI}{VI_{max} - VI_{min}}\right)^n \tag{11.275}$$

式中,$\eta = \xi/k'$,当根据 k' 值,VI 取为 $SAVI$ 时,η 趋于 1。

当土壤的蒸散很小时,比值 T/E_p 近似为实际蒸散与潜在蒸散的比值 E/E_p,用以 VI 的函数表示为

$$E/E_p = \left(\frac{VI_{max} - VI}{VI_{max} - VI_{min}}\right) \tag{11.276}$$

则由 $R_n = H + \lambda E + G$、$H = (T_s - T_a)\rho c_p / r_d$ 和(11.273)式得地表温度可以为

$$T_s = T_a + \left[R_n - G - \lambda E_p \left(\frac{VI - VI_{min}}{VI_{max} - VI_{min}}\right)\right]\frac{r_H}{\rho c_p} \tag{11.277}$$

对于(11.271)式,作为 G 线性近似,G 与 VI 的关系为

$$G = R_n \left[0.4\left(\frac{VI_{max} - VI}{VI_{max} - VI_{min}}\right)\right] \tag{11.278}$$

则由(11.277)、(11.278)式,重新排列得植被指数与地面的温度关系为

$$T_s = A + B \cdot VI \tag{11.279}$$

其中

$$A = T_a + \left(R_n + \frac{\lambda E_p \cdot VI_{min} - R_n \cdot VI_{max}}{VI_{max} - VI_{min}}\right)\frac{r_H}{\rho c_p}$$

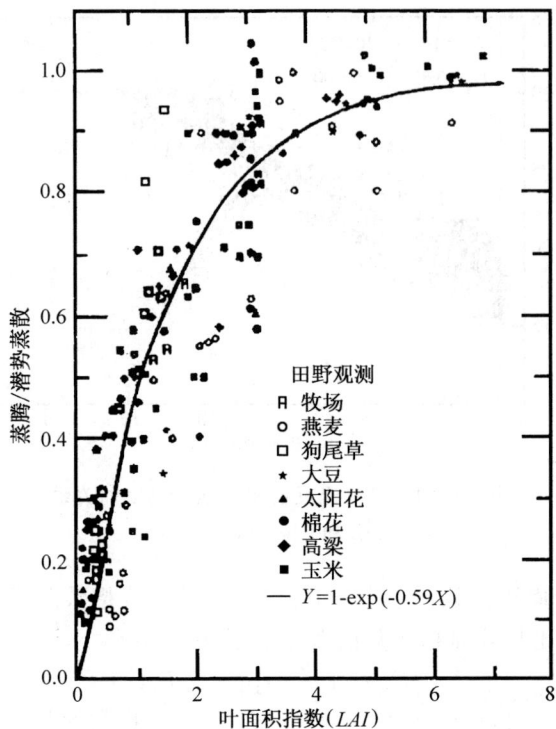

图 11.55 叶面积指数与蒸散的关系(Choudhury 等,1993)

$$B = \left(\frac{\lambda E_p - 0.4 R_n}{VI_{max} - VI_{min}}\right)\frac{r_H}{\rho c_p}$$

在无胁迫的条件下,当 $VI = VI_{min}(E=0)$ 和 $VI = VI_{max} E = E_p$)可观测到地面温度 T_s 的范围。

图 11.56 给出了由 AVHRR 仪器导得的地面温度、植被指数和蒸散的关系,图中括号内的数值是蒸散值。可以看出植被指数与地面的温度间呈线性反比例关系,也就是直线的斜率为负值。干裸地的温度高,斜率(负)较小;而湿地的温度低,斜率(负)较大。

本章要点

1. 降水与云参数的关系分析、卫星估计降水方法。
2. 卫星测量大气垂直温度、风场、大气湿度、臭氧、气溶胶的基本原理。
3. 卫星估算云参数的原理和方法。
4. 微波特点和卫星微波遥感辐射。

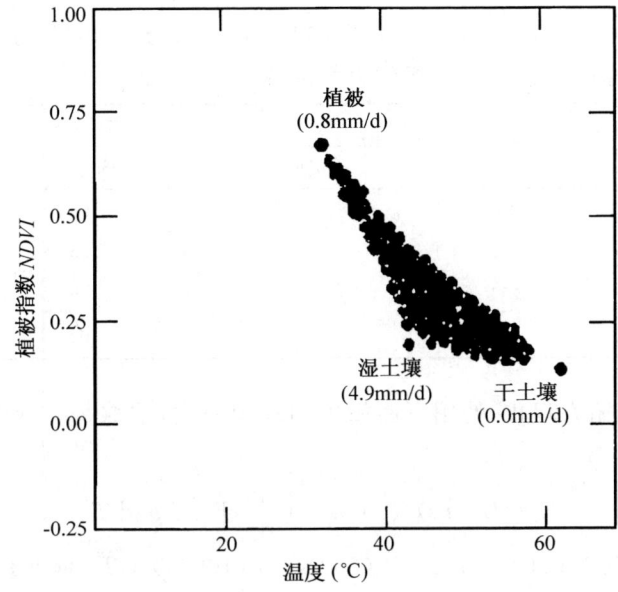

图 11.56　AVHRR 导得的 NDVI 与温度和蒸散间关系(Price,1990)

5. 卫星反演表面温度的原理。
6. 卫星资料监视植被分布和地表参数。

问题与思考题

1. 试述降水与云厚、云厚与反照率、云与雷达回波、VIS 与 IR 亮度等级与降水有何关系?
2. 试述云指数法估计降水的原理? 方法和步骤?
3. 云生命史法主要考虑哪几种因子进行降水估计? 有哪些估计方法?
4. 对流性降水估计降水要考虑哪些因素? Scofield-Oliver 方法有哪些步骤?
5. 卫星测量大气风场的依据是什么? 什么是云迹风? 描述卫星测风的原理和方法?
6. 试述大气温度的可遥感性? 测温通道如何选择?
7. 试述大气温度遥感方程? 讨论方程解的存在性、稳定性和唯一性?
8. 试述大气温度反演的回归法、约束性线性和 Smith 迭代法反演的原理和步骤。
9. 试述有云时大气温度遥感方程式? 什么是晴空大气辐射? 如何获取晴空大气辐射?

10. 如何获取云顶气压？

11. 考虑光谱中心位于 $676.7\text{cm}^{-1}, 708.7\text{cm}^{-1}, 746.7\text{cm}^{-1}$ 的三通道辐射计测量具有如下表中温度和透过率廓线的大气的辐射

气压(hPa)	温度(K)	透过率 $\widetilde{T}$		
		676.7	708.7	746.7
10	233	.86	.96	.98
150	222	.05	.65	.87
600	251	.00	.09	.61
1000	280	.00	.00	.21

(a) 由辐射传输方程式，使用下面简单的求积公式，求取每一探测通道的向上辐射 R_ν。

$$R_\nu = B_\nu(Ts)\widetilde{T}_\nu(ps) + \int_{p_s}^{0} B_\nu(Tp)\mathrm{d}\widetilde{T}_\nu$$
$$= B_\nu(T1000)\widetilde{T}_\nu(1000) + 1/2\,(B_\nu(600) + B_\nu(1000))(\widetilde{T}_\nu(600) - \widetilde{T}_\nu(1000))$$
$$+ 1/2\,(B_\nu(150) + B_\nu(600))(\widetilde{T}_\nu(150) - \widetilde{T}_\nu(600))$$
$$+ 1/2\,(B_\nu(10) + B_\nu(150))(\widetilde{T}_\nu(10) - \widetilde{T}_\nu(150))$$

(b) 设 p_ν 表示给定光谱带最大权重函数的气压高度（对于 $676.7\text{cm}^{-1}, 708.7\text{cm}^{-1}, 746.7\text{cm}^{-1}$ 分别是 $p_\nu = 50\text{hPa}, 400\text{hPa}, 900\text{hPa}$）。假定已知 $T_s = 280\text{K}$，使用 $T_{50} = 200, T_{400} = 250, T_{900} = 270\text{K}$ 猜测的 $T(p)$，由下式计算对于每一个探测通道，猜测向上辐射率 L_ν。

$$L_\nu = B_\nu(Ts)\tau_\nu(ps) + B_\nu(900)\int_{1000}^{600}\mathrm{d}\widetilde{T}_\nu + B_\nu(400)\int_{600}^{150}\mathrm{d}\widetilde{T}_\nu + B_\nu(50)\int_{150}^{10}\mathrm{d}\widetilde{T}_\nu$$
$$= B_\nu(1000)\widetilde{T}_\nu(1000) + B_\nu(900)(\widetilde{T}_\nu(600) - \widetilde{T}_\nu1000))$$
$$+ B_\nu(400)(\widetilde{T}_\nu(150) - \widetilde{T}_\nu(600)) + B_\nu(50)(\widetilde{T}_\nu(10) - \widetilde{T}_\nu(150))$$

(c) 使用 smith 提出的迭代方程，作两次迭代获取温度廓线（T_{50}, T_{400}, T_{900}）的最优估计。其迭代式为

$$\frac{R_\nu}{I_\nu^{\text{old}}} = \frac{B_\nu(T^{\text{new}}(p_\nu))}{B_\nu(T^{\text{old}}(p_\nu))}$$

(d) 在求取过程中用了哪些近似？估计求取温度廓线的误差？

12. 卫星遥感大气水汽含量有哪些方法？其依据什么原理？

13. 试述卫星遥感大气臭氧的原理？什么是临边扫描观测它有哪些特点？

14. 平流层和对流层卫星遥感气溶胶的依据什么？

15. 卫星测量云顶温度要考虑哪些因子？出现误差的原因有哪些？如何进行订正？

16. 卫星如何获取云量、发射率、光学厚度参数？云分类有哪些方法？
17. 什么是云的空间相干法？用这方法可以得到哪些云参数？
18. 微波遥感有哪些特点？微波辐射传输方程与红外辐射传输方程有哪些不同？
19. 写出晴空和有云情况下卫星遥感大气的微波辐射方程式。
20. 微波辐射计在窗区观测模糊地面($\varepsilon_{sfc}=1.0$, $T_{sfc}=300K$)处高度400hPa($\varepsilon_{cld}=0.5$, $T_{cld}=240K$)的云，假定气温垂直递减率为每10K/(100hPa)，透过率 $\tau=1.0-0.0001 \cdot p$，式中 p 以 hPa 为单位，则观测到的亮度温度是多少？
21. 微波辐射计用波数 $1.35 cm^{-1}$ 在天底观测（吸收系数为 $0.0100 m^2/kg$）陆地表面（假定地面发射率为1），大气湿度和温度廓线如下表给出，则辐射计测量到的亮度温度是多少？

压力(hPa)	温度(K)	混合比(g/kg)
0	0	0
200	200	0.02
600	240	0.20
800	280	2.00
1000	300	8.00

首先使用关系式

$$\Delta \widetilde{T} = k g^{-1} q \Delta p$$

(a)计算透过率，和确定 $100 N/m^2 = 1hPa$。(b)如果地面发射率为0.9，测到的亮度温度是多少？

22. 试述双通道卫星遥感海面温度的原理。白天测海面温度时水汽订正采用什么方法，夜间可以利用什么通道？如果采用双角观测方法，反演模式有什么变化？
23. 植物反射率与叶子中叶绿素含量是什么关系？试述植被指数有哪些？引入植被指数的原因和依据是什么？其应用范围？
24. 植被指数与光合有效辐射、土壤热通量、地面温度、蒸散、叶面积指数间有什么关系？

参 考 文 献

巴德 M J,等,1998.卫星与雷达图像在天气预报中的应用[M].卢乃锰,等译.许建民,等,校.北京:科学出版社.

陈渭民,陈勇航,1988.一次早晨形成的强暴雹过程的卫星云图分析[J].南京气象学院学报,11(2):240-244.

陈渭民,郭亚田,1987.我国南方地区一次连续降雹过程的卫星云图分析[J].南京气象学院学报,10(4):468-476.

陈渭民,赵海燕,郑媛媛,1988.长江下游地区对流云团的卫星云图统计特征[J].南京气象学院学报,11(2):106-115.

陈渭民,2010.气象卫星图像解释与判读[R].中国气象局培训中心.

陈渭民,等,2012.全球气候系统卫星遥感导论[M].北京:气象出版社.

陈渭民,等,2015.卫星云图观测原理和分析预报[M].北京:气象出版社.

帕尔特里采 G W,普拉特 C M R,1981.气象学和气候学中的辐射过程[M].吕达仁,等,译.北京:科学出版社.

气象卫星资料分析应用文集编辑组,1984.气象卫星资料分析应用文集[M].北京:气象出版社.

孙凡,陈渭民,等,2004.GMS 卫星资料和常规资料反演大气可降水[J].南京气象学院学报,27(5):641-649.

威尔顿 R B,等,1994.水汽图像在天气分析和预报中的解译与应用[M].郑新江,等,译.许建民,等,校.北京:气象出版社.

中国科学院长大气物理研究所,1971.卫星云图接收和分析[M].北京:科学出版社.

中国科学院长大气物理研究所,1972.卫星云图在天气分析和预报中和应用[M].北京:科学出版社.

中国科学院长大气物理研究所,中央气象局气象台,北京大学地球物理系,1975.卫星云图使用手册[M].北京:农业出版社.

中央气象局编辑,1976.全国气象卫星云图接收应用会议文集[M].北京:科学出版社.

陈渭民,1985.使用静止气象卫星云图分析1979年4月29日浙江金华地区冰雹[M]//气象卫星资料分析应用文集.北京:气象出版社:110-117.

Ackerman S A, Strabala K I, Gerber H E, et al, 1998. Retrieval of effective microphysical properties of clouds: A wave cloud case study[J]. J Geophys Res, 25:1121-1124.

Allen R C Jr, Durkee P A, Wash C H, 1991. Snow/Cloud discrimination with multispectral satellite measurements[J]. J Appl Meteor, 29(10):995-1004.

American Society of Photogrammetry, 1983. Manual of Remote Sensing, 2nd ed. Falls Church, VA: 94-98.

Anderson R K, et al, 1973. The Use of Satellite Picture in Weather Analysis and Forecasting. WMO Tech Note 124, WMO No333, Geneva.

参考文献

Arkin P A, Childs J D, 1985. Retrieval of cloud cover parameters from multispectral satellite images[J]. J Appl Meteor, **24**(4):322-333.

Bader M J, Forber G S, Grant J R, et al, 1995. Images in Weather Forecasting—A Practical Guide for Interpreting Satellite and Radar Imagery[M]. New York: Cambridge University Press.

Barret E C, Martin D W, 1981. The Use of Satellite Data in Rainfall Monitoring[M]. London, New York, Toronto, Sydney, San Francisco: Academic Press.

Bolsenga, S. J. (1983). Spectral reflectances of snow and fresh-water ice from 340 through 1100nm [J]. J Glaciology, **29**(102):296-305.

Carey L D, Niu J, Yang P, et al, 2008. The vertical profile of liquid and ice water content in midlatitude mixed-phasealtocumulus clouds[J]. J Appl Meteorol And Climatology, **47**:2487-2495.

Chahine M T, 1974. Remote sounding of cloudy atmospheres I: the single cloud layer[J]. J Atmos Sci, **31**:233-243.

Chesters D, Robinson W D, Uccellini L W, 1987. Optimized retrievals of precipitable water from the VAS split window[J]. J Clim Appl Meteor, **26**:1059-1066.

Clark J D, ed, 1983. The GOES User's Guide. Dept of Commerce, NOAA, NEDIS, Washington D C, 163pp.

Curry J A, Ardeel C D, Tian L, 1990. Liquid water content and precipitation characteristics of stratiform clouds as inferred from satellite microwave measurements[J]. J Geophys Res, **95**:16659-16671.

Deepak A, 1980. Remote Sensing of Atmospheres and Oceans[M]. New York: Academic Press.

Deschamps P Y, Phulpin T, 1980. Atmospheric correction of infrared measurements of sea surface temperature using channels at 3.7, 11, and 12 μm[J]. Boundary-Layer Meteorology, **18**:131-145.

Dvorak V F, et al, 1977. Tropical cyclone intensity analysis using enhanced infrared satellite data [C]. Proc 11th Tech Conf on Hurricanes and Tropical Met, Dec 13-15, Miami, Amer Meteor Soc, Boston:268-273.

Eyre J R, Menzel W P, 1989. Retrieval of Cloud Parameters from Satellite Sounder Data: A Simulation Study[J]. J Appl Meteor, **28**:267-275.

Fleming H E, Smith W L, 1971. Inversion techniques for remote sensing of atmospheric temperature profiles. Reprint from Fifth Symposium on Temperature, Instrument Society of America, 400 Stanwix Street, Pittsburgh, Pennsylvania:2239-2250.

Follansbee W A, 1973. Estimation of average daily rainfall from satellite cloud photographs. NOAA Tech Memo NESS 44, Dept of Commerce, Washington D C, 39 pp.

Gao B C, Goetz A F H, Wiscombe W J, 1993. Cirrus cloud detection from airborne imaging spectrometer data using the 1.38 micron water vapor band[J]. Geophys Res Letter, **20**(4):301-304.

Goerss J S, Velden C S, Hawkins J D, 1998. The impact of multispectral GOES-8 wind information on Atlantic tropical cyclone track forecasts in 1995: Part II: NOGAPS forecasts[J]. Mon Wea Rev, **126**:1202-1218.

Grenfell T C, Maykutt G A, 1977. The optical properties of ice and snow in the Arctic Basin[J]. J Glaciology, **18**(80):445-463.

Grenfell T C, Perovich D K, 1984. Spectral albedos of sea ice and incident solar irradiance in the southern Beaufort Sea[J]. J Geophys Res, **89**(C3):3573-3580.

Griffith C G, Woodley W L, Grube P G, et al, 1978. Rain estimates from geosynchronous satellite imagery: visible and infrared studies[J]. Mon Wea Rev, **106**:1153-1171.

Gurka J J, 1975. Distinguishing fog from stratus on satellite pictures[C]. NOAA/NESS Satellite Applications information Note 10/75-3, Washington D C, Department of Commerce.

Gurka J J, 1980. Observations of advection—radiation fog formation from enhanced IR satellite imagery[C]. Preprints, 8th Conference on Weather Forecasting and Analysis, Denver Colo, American Meteorological Society, Boston:108-114.

Gurka J, 1974. Using satellite data for forecasting fog and stratus dissipation[C]. Preprints, 5th Conference on Weather Forecasting and Analysis, 4-7 March 1974, St Louis, MO NOAA, Washington D C:54-57.

Heymsfield G M, Blackmer R H Jr, 1988. Satellite-observed characteristics of Midwest severe thunderstorm analysis [J]. Mon Wea Rev, 116:2200-2224.

Houghton J T, Taylor F W, Rodgers C D, 1984. Remote Sounding of Atmosphere[M]. New York: Cambridge University Press, 352pp.

Hutchison K D, Choe N, 1996. Application of 1.38-μm Imagery for Thin Cirrus Detection in Daytime Imagery Collected Over Land Surfaces[J]. International Journal of Remote Sensing, **17**:3325-3342.

Hutchison K D, Hardy K, Gao B C, 1995. Improved Detection of Optically-Thin Cirrus Clouds in Nighttime Multispectral Meteorological Satellite Imagery using Total Integrated Water Vapor Information[J]. Journal of Applied Meteorology, **34**:1161-1168.

Isaacs R G, Hoffman R N, Kaplan L D, 1986. Satellite remote sensing of meteorological parameters for global numerical weather prediction[J]. Rev Geophys Letter, **24**:701-743.

Jedlovec G J, 1985. An evaluation and comparison of vertical profile data from the VISSR Atmospheric Sounder (VAS) [J]. J Atmos Oceanic Tech, **2**:559-581.

Jedlovec G J, 1990. Precipitable water estimation from high resolution split window radiance measurements[J]. Jour Appl Meteor, **29**:863-877.

Juying X, Scofield R A, 1989. Satellite-derived rainfall estimates and propagation characteristics associated with mesoscale convective systems (MCSs). NOAA tech Memo NESDIS 25, Washington DC, Department of Comrnerce.

Kaufman Y J, Sendra C, 1988. Algorithm for atmospheric corrections of visible and near IR satellite imagery[J]. Int J Remote Sens, **9**:1357-1381.

Kidder S Q, von der Haar T H, 1995. Satellite meteorology—An introduction[M]. San Diego, New York: Academic Press.

King M D, 1987. Determination of the scaled optical thinness of clouds from reflected solar Radiation Measurements[J]. J Atmos Sci, **44**:1734-2044.

Kleespeis T J, McMillin L M, 1984. Physical retrieval of precipitable water using the split window technique[C]. Preprints, Conf on Satellite Meteorology/Remote Sensing and Applications, AMS, Boston:55-57.

Krebs W, Mannstein H, Bugliaro L, Mayer B, 2007. Technical note: A new day and night-time Meteosat Second Generation Cirrus Detection Algorithm MeCiDA[J]. Atmos Chem Phys, **7**: 6145-6159.

Marshall T A, 1982. Weather Satellite Picture Interpretation. London Directorate of Naval Oceanography and Meteorology, Ministry of Defence.

McClain E P, Pichel W, Walton C, et al. 1982. Multi-channel improvements to satellite-derived global sea surface temperatures[J]. Adv Space Res, **2**:43-47.

Nieman S A, Schmetz J, Menzel W P, 1993. A comparison of several techniques to assign heights to cloud tracers[J]. J Appl Meteor, **32**:1559-1568.

Olesen F S, Grassl H, 1985. Cloud detection and classification over oceans at night with NOAA 7 [J]. Int J Remote Sens, **6**:1453-1474.

Parol F J, Buriez C, Foiquart Y, 1991. Information content of AVHRR Channels 4 and 5 with respect to the effective radius of cirrus cloud particles[J]. J Appl Meteor, **30**(7):973-984.

Plokhenko Y, Menzel W P, 2000. The effects of surface reflection on estimating the vertical temperature—humidity distribution from spectral infrared measurements[J]. Jour Appl Meteor, **39**:3-14.

Prabhakara C, Dalu G, Kunde V G, 1974. Estimation of sea surface temperature from remote sensing in the 11 to 13 μm window region[J]. J Geophys Res, **79**:5039-5044.

Purdom J F W, 1976. Some use of higher solution GOES imagery in the mesoscale forecasting of convection and its behavior[J]. Mon Wea Rev, **104**:1474-1483.

Purdom J F W, 1979. The Development and Evolution of Deep Convection[C]. 11th Conference on Severe Local:143-150.

Rao P K, et al, 1994. 气象卫星——系统、资料及其在环境中的应用[M]. 许建民,等,译. 北京:气象出版社.

Rao P K, Holmes S J, Anderson R K, et al, 1992. Weather Satellites: Systems, Data, and Environmental Applications[M]. Boston:American Meteorological Society.

Richardson A J, Wiegand C L, 1977. Distinguishing vegetation from soil background information [J]. Remote Sensing of Environment, **8**:307-312.

Roger B W, Holmes S J, 1991. Water Vapor Imagery Interpretation and Applications to Weather Analysis and Forecasting[R]. NOAA Technical Report NESDIS 57.

Rouse J W, Haas R H, Schell J A, Deering D W, 1974. Monitoring Vegetation Systems in The Great Plains with ERTS[C]. Proceedings, Third Earth Resources Technology Satellite 1 Symposium, and Greenbelt, NASA SP **351**: 310-317.

Schwalb A, 1982. Modified Version of The TIROS-N/NOAA A-G Satellite Series (NOAA E-J) Advanced TIROS-N (ATN). NOAA Technical Memorandum NESS 116, Dept of Commerce, Washington D C, 29pp.

Scofield R A, Oliver V J, 1977. A Scheme for Estimating Convective Rainfall from Satellite Imagery. NOAA Tech Memo NESS 86.

Scorer R S, 1986. Cloud Investigation by Satellite[M]. Chichester: Ellis Horwood, New York: Halsted Press.

Sellsers P J, Randall D A, Collatz G J, et al. 1976. A revised land surface parameterization (SiB2) for atmospheric GCMs, Part I: Model formulation[J]. J Clim, **29**(4): 676-705.

Smith W L, 1991. Atmospheric soundings from satellites-false expectation or the key to improved weather prediction[J]. J Roy Meteor Soc, **117**: 267-297.

Stephens G L, 1994. Remote Sensing of the Lower Atmosphere: An Introduction[M]. New York: Oxford University Press.

Thiao W, Scofield R A, Robinson J, 1993. The relationship between water vapor plumes and extreme rainfall events during the summer season[R]. NOAA tech report, NESDIS 67, Washington D C, Department of Commerce.

Thomas G E, Stamnes K, 1999. Radiative Transfer in the Atmosphere and Ocean[M]. New York: Cambridge University Press.

Velden C S, Hayden C M, Nieman S J, et al, 1997. Upper-tropospheric winds derived from geostationary satellite water vapor observations[J]. Bull Amer Meteor Soc, **78**: 173-195.

Vicente G A, Scofield R A, Menzel W P, 1998. The operational GOES infrared rainfall estimation technique[J]. Bull Amer Meteor Soc, **79**: 1883-1898.

Weinreb M, Jamieson M, Fulton N, et al, 1997. Operational calibration of the imagers and sounders on the GOES-8 and -9 satellites. NOAA Technical Memorandum NESDIS 44, 32pp.

會田勝,等,1983.衛星資料の利用[J].氣象研究ノート,**145**.

青木忠生,1980.マイクロ波によろりモートセソソグシ[J].氣象研究ノート,**144**:57-71.

神子敏朗,1972.氣象衛星資料の定量利用[J].氣象研究ノート,**113**:1-36.

小平信彦,1978.靜止氣象衛星,GMS(ひまわワ)[J].天氣,**25**(4).

附录 1 英文缩略语

AATSR	Advanced Along-Track Scanning Radiometer	先进的前向扫描辐射仪
ACRIM	Active Cavity Radiometer Irradiance Monitor	主动空腔辐射计辐照度监视器
ADEOS	Advanced Earth Observing Satellite	先进的地球观测卫星
ADM	Angular Dependence Model	角依赖模式
AEM	Application Explorer Mission	应用探测任务
AIRS	Atmospheric Infrared Sounder	大气红外探测器
ALT	Altimeter	高度表
AMSR	Advanced Microwave Scanning Radiometer	先进的微波扫描辐射仪
AMSU	Advanced Microwave Sounding Unit	先进的微波探测装置
API	Antecedent Precipitation index	先前降水指数
APT	Automatic Picture Transmission	自动图片传输
ASAR	Advanced Synthetic Aperture Radar	先进的合成孔径雷达
ASTER	Advanced Spaceborne Thermal Emission and Reflection Radiometer	先进的航天热发射和反射辐射计
ATI	Area Time Integral	面积时间积分
ATLID	Atmospheric Lidar	大气激光雷达
ATS	Application Technology Satellite	应用技术卫星
AVCS	Advanced Vidicon Camera System	先进的光导摄像照相系统
AVHRR	Advanced Very High Resolution Radiometer	先进的甚高分辨率辐射计
AVNIR	Advanced Visible and Near-Infrared Radiometer	先进的可见光和近红外辐射计
BUV	Backscatter Ultraviolet Spectrometer	后向散射紫外光谱仪
CAC	Climate Analysis Center	气候分析中心
CCD	Charge-Coupled Device	电荷耦合装置
CCR	Cloud Cover Radiometer	云量辐射计
CDA	Command and Data Acquisition	指令和资料接收
CERES	Cloud and the Earth's Radiant Energy System	云和地球辐射能量系统
CGMS	Committee on Coordination for Geostationary Meteorological Satellite	地球静止气象卫星协调委员会
CI	Current Intensity	电流强度
CIRA	Cooperative Institute for Research in the Atmosphere	大气研究合作协会

CLAES	Cryogenic Limb Array Etalon Spectrometer	低温临边阵列基准光谱仪
CNES	Centre National d'Etudes Spatiales	法国国家空间研究中心
CRT	Cathode Ray Tube	阴极射线管
CST	Convective-Stratiform Technique	对流－层状方法
CZCS	Coastal Zone Color Scanner	海岸区彩色扫描仪
DAAC	Distributed Active Archive Center	现存挡资料分发中心
DCP	Data Collection Platform	资料收集平台
DCS	Data Collection System	资料收集系统
DIAL	Differential Absorption Lidar	差分吸收激光雷达
DMSP	Defense Meteorological Satellite Program	国防气象卫星计划
DORIS	Doppler Orbitography and Radiopositioning Integrated by Satellite	卫星的多普勒轨道图形和无线电定位合成
DRIR	Direct Readout Infrared Radiometer	直接读出红外辐射计
DS	Dwell Sounding	下行探测
ECT	Equator Crossing Time	过赤道时间
EOS	Earth Observing System	地球观测系统
EOS-AEROR	EOS Aerosol Mission	地球观测系统气溶胶项目
EOS-ALT	EOS Altimetry Mission	地球观测系统高度项目
EOS-AM	EOS Morning Crossing (Ascending) Mission	地球观测系统晨过(升)项目
EOS-CHEM	EOS Chemistry Mission	地球观测系统化学项目
EOS-COLOR	EOS Ocean Color Instrument	地球观测系统海洋彩色仪器
EOS-PM	EOS Afternoon Crossing (Descending) Mission	地球观测系统午后过(降)项目
EOSAT	Earth Observation Satellite Company	地球观测卫星公司
EOSDIS	EOS Data and Information System	地球观测系统资料和信息系统
EOS SP	Earth Observation Scanning Polarimeter	地球观测扫描极地计
EPA	Environmental Protection Agency	环境保护局
ERB	Earth Radiation Budget	地球辐射收支
ERBE	Earth Radiation Budget Experiment	地球辐射收支试验
ERBE-NS	ERBE Nonscanner	ERBE 非扫描辐射仪
ERBE-S	ERBE Scanner	ERBE 扫描辐射仪
ERBS	Earth Radiation Budget Satellite	地球辐射收支卫星
ERTS	Earth Resources Technology Satellite	地球资源技术卫星
ESA	European Space Agency	欧洲空间局
ESSA	Environmental Science Service Administration	环境科学管理局
EUMETSAT	European Organization for the Exploitation of Meteorological Satellite	欧洲气象卫星组织

附录1 英文缩略语

FACE	Florida Area Cumulus Experiment	佛罗里达地区积云试验
FAR	False-Alarm Ration	虚警率
FOV	Field of View	视场
FWS	Filter Wedge Spectrometer	滤光楔光谱仪
GAC	Global Area Coverage	全球覆盖
GARP	Global Atmospheric Research Program	全球大气研究计划
GATE	GARP Atlantic Tropical Experiment	GARP热带大西洋试验
GDAS	Global Data Assimilation System	全球资料同化系统
GEO	Geostationary Earth Observatory	静止卫星地球观测
GEO	Geostationary Orbit	静止卫星轨道
GHIS	GOES High-Resolution Interferometer Sounder	静止业务卫星高分辨率相干探测器
GLAS	Geoscience Laser Altimeter System	地球科学激光高度表系统
GLAS	Goddard Laboratory for Atmospheric Sciences	戈达德大气科学实验室
GLRS	Geoscience Laser Ranging System	地球科学激光测距系统
GMS	Geostationary Meteorological Satellite	日本地球静止气象卫星
GOES	Geostationary Operational Environmental Satellite	地球静止业务环境卫星
GOMOS	Global Ozone Monitoring by Occultation of Stars	掩星法全球臭氧监测
GOSTCOMP	Global Operational Sea Surface Temperature Computation	全球业务海洋表面温度计算
GPI	GOES Precipitation Index	GOES降水指数
GSM	Global Spectral Model	全球谱模式
GTS	Global Telecommunications System	全球通讯系统
GVAR	GOES Variable	GOES可变性
HgCdTe	Mercury Cadmium Telluride	碲镉汞(探测器)
HIRDLS	High-Resolution Dynamics Limb Sounder	高分辨率动力临边探测器
HIRIS	High-Resolution Imaging Spectrometer	高分辨率图像光谱仪
HIRS	High-Resolution Infrared Radiation Sounder	高分辨率红外辐射探测器
HIS	High-Spectral-Resolution Interferometer Sounder	高分辨率相干探测器
HMMR	High-Resolution Multifrequency Microwave Radiometer	高分辨率多频微波辐射计
HRC	Highly Reflective Cloud	高反射率云
HRIR	High-Resolution Imfrared Spectrometer	高分辨率红外辐射计

HRIS	High-Resolution Imaging Spectrometer	高分辨率图像光谱仪
HRPT	High-Resolution Picture Transmission	高分辨率图像传输
IASI	Infrared Atmospheric Sounding Interferometer	红外大气探测相干仪
IDCS	Image Dissector Camera System	图像分析照相系统
IFOV	Instantaneous Field of View	瞬时视场
ILAS	Improved Limb Atmospheric Spectrometer	改进的临边大气光谱仪
IMG	Interferometric Monitor for Greenhouse Gases	温室气体的相干监测
InSb	Indium Antimonide	锑化铟
IPCC	Intergovernmental Panel on Climate Change	气候变化国际政府成员组
IR	Infrared	红外
IRIS	Infrared Interferometer Spectrometer	红外干涉光谱仪
IRLS	Interrogation Recording and Location System	应答记录和定位系统
IRTS	Infrared Temperature Sounder	红外温度探测器
ISAMS	Improved Stratospheric and Mesospheric Sounder	改进的平流层和中间层探测器
ISCCP	International Satellite Cloud Climatology Program	国际卫星云气候计划
ISRO	Indian Space Research Organization	印度空间研究组织
ITCZ	Intertropical Convergence Zone	热带辐合带
ITIR	Intermediate Thermal Infrared Radiometer	中红外热力辐射计
ITOS	Improved TIOS Operational System	改进的 TIOS 业务系统
ITPR	Infrared Temperature Profile Radiometer	红外温度廓线辐射计
JPL	Jet Propulsion Laboratory	喷气推进实验室
LAC	Local Area Coverage	区域覆盖
LASA	Lidar Atmospheric Sounder and Altimeter	激光大气探测器和高度表
LAWS	Laser Atmospheric Wind Sounder	激光大气风探测器
LEO	Low Earth Orbits	低高度地球轨道
LIMS	Limb Infrared Monitor of the Stratosphere	平流层临边红外监视器
LIS	Lighting Imaging Sensor	闪电图像感应器
LRIR	Limb Radiance Inversion Radiometer	临边辐射反演辐射计
LW	Longwave	长波
MCSST	Mutlichannel Sea Surface Temperature	多通道海面温度
MERIS	Medium-Resolution Imaging Spectrometer	中分辨率成像光谱仪
METESAT	Meteorological Satellite	欧洲气象卫星
MFOV	Medium Field of View	中视场

MHS	Microwave Humidity Sensor	微波湿度感应器
MIMR	Multifrequency Imaging Microwave Radiometer	多频成像微波辐射仪
MIPAS	Michelson Interferometer for Passive Atmospheric Sounding	被动大气探测 Michelson 干涉仪
MISR	Multiangle Imaging Sector Radiometer	多角成像扇形辐射仪
MLCE	Maximum-Likelihood Cloud Estimation	最大似然云估计
MLS	Microwave Limb Sounder	微波临边探测
MODIS	Moderate-Resolution Imaging Spectro-radiometer	中分辨率成像辐射光谱仪
MOPITT	Measurement of Pollution in the Troposphere	对流层中污染的测量
MRF	Medium-Range Forecast	中期预报
MRIR	Medium Resolution Infrared Radiometer	中分辨率红外辐射计
MSC	Meteorological Satellite Center	气象卫星中心
MSI	Mutlispectral Imaging	多光谱成像
MSSCC	Mutlicolor Spin Scan Cloud Camera	多彩色自旋扫描云照相机
MSU	Microwave Sounding Unit	微波探测单元
MTPE	Mission to Planet Earth	行星地球任务
MTS	Microwave Temperature Sounder	微波温度探测器
MUSE	Monitor Ultraviolet Solar Energy	紫外太阳能量监测器
MVS	Minimum Variance Simultaneous	最小瞬时变化
NASA	National Aeronautics and Space Administration	美国国家航空宇航局
NASDA	National Space Development Agency (of Japan)	日本国家空间发展厅
NCDC	National Climatic Data Center	国家气候资料中心
NCO	Narrow CO_2 channel	窄 CO_2 通道
NEΔL	Noise-Equivalent Radiance Difference	噪声等效辐射差
NEΔT	Noise-Equivalent Temperature Difference	噪声等效温度差
NEMS	Nimbus E Microwave Spectrometer	雨云 E 微波光谱仪
NESDIS	National Environmental Satellite, Data, and Information Service	国家环境卫星资料信息局
NEXRAD	Next-Generation Radar	下一代雷达
NFOV	Narrow Field of View	窄视场
NGM	Nested Grid Model	嵌套格点模式
NMC	U.S National Meteorological Center	美国国家气象中心
NOAA	National Oceanic and Atmospheric Administration	国家海洋大气管理局

NOSAT	No Satellite	无卫星
NSCAT	NASA Scatterometer	NASA 散射计
NSSDC	National Space Science Data Center	国家空间科学资料中心
OCTS	Ocean Color and Temperature Scanner	海洋彩色和温度扫描仪
OLR	Outgoing longwave radiation	射出长波辐射
OLS	Operational Linescan System	业务线性扫描系统
PCBT	Polarization-Corrected Brightness Temperature	极化订正亮度温度
PE	Primitive Equation	原始方程
PMR	Pressure Modulator Radiometer	压强调制辐射计
PMT	Photo Multiplier Tube	光电倍增管
POD	Probability of Detection	探测概率
POEM	Polar-Orbit Earth Observation Missions	极轨卫星观测项目
POES	Polar-Orbiting Operational Environmental Satellite	极轨业务环境卫星
POLDER	Polarization and Directionality of Earth's Rflectances	极化定向性地球反射率
PPI	Plan Position Indicator	平面位置显示器
PR	Precipitation Radar	测雨雷达
PRAREE	Precise Range and Range Rate Equipment-Extended	精确距离和距离率设备扩展
PRF	Pulse Repetition Frequency	脉冲重复频率
RA-2	Radar Altimeter 2	雷达高度表
RAFS	Regional Analysis and Forecast System	区域分析和预报系统
RF	Radio Frequency	无线电频率
RIS	Retroreflector In Space	空间后向反射器
RMS	Root Mean Square	均方根
RPM	Revolutions per Minute	每分钟分辨率
RTTS	Real-Time Transmission Systems	实时传输系统
S&R	Search and Rescue	搜索和救援
SAB	Sorting into Angular Bins	分检进入角度库
SAGE	Stratosphere Aerosol and Gas Experiment	平流层气溶胶气体试验
SAM	Stratospheric Aerosol Measurement	平流层气溶胶测量
SAMS	Stratospheric and Mesospheric Sounder	平流层和中间层探测
SAR	Synthetic Aperture Radar	合成孔径雷达
SAS	Solar Aspect Sensor	太阳形貌感应器
SASS	Seasat-A Satellite Scatterometer	海洋卫星－卫星散射仪

附录1 英文缩略语

SAT	Satellite	卫星
SBUS	Solar Backscatter Ultraviolet Spectrometer	太阳后向散射紫外光谱仪
SCAMS	Scanning Microwave Spectrometer	扫描微波波谱仪
SCARB	Scanner for the Radiation Budget	辐射收支扫描仪
SCIASAC	Scanning Imaging Absorption Spectrometer Atmospheric Cartography	扫描成像吸收光谱大气制图法
SCMR	Surface Composition Mapping Radiometer	表面成分图示辐射计
SCR	Selective Chopper Radiometer	选择调制辐射计
SeaWiFS	Sea-Viewing Wide Field Sensor	宽视场海洋观测感应器
SEM	Space Environment Monitor	空间环境监测器
SIR	Shuttle Imaging Radar	航天飞机成像雷达
SIRS	Satellite Infrared Spectrometer	卫星红外光谱仪
SMM	Solar Maximum Mission	太阳最大日照项目
SMMR	Scanning Multichannel Microwave Radiometer	多通道微波扫描辐射仪
SMS	Synchronous Meteorological Satellite	同步气象卫星
SOCC	Satellite Operations Control Center	卫星业务控制中心
SOLSTICE	Solar Stellar Irradiance Comparison Experiment	太阳恒星辐照度比较试验
SPOT	Systeme Probatoire Observation de la Terre	法国斯波特卫星
SR	Scanning Radiometer	扫描辐射仪
SSALT	Solid-State Altimeter	固态高度表
SSM/I	Special Sensor Microwave Imager	特殊感应微波成像仪
SSM/T	Special Sensor Microwave Temperature	特殊感应微波温度传感器
SST	Sea Surface Temperature	海面温度
SSU	Stratospheric Sounding Unit	平流层探测单元
STS	Space Transportation System	空间传输系统
SW	Shortwave	短波
TDRE	Tracking and Data Relay Experiment	跟踪和数据中继试验
TES	Tropospheric Emission Spectrometer	对流层发射光谱仪
THIR	Temperature Humidity Infrared Radiometer	温湿红外辐射计
TIP	TIROS Information Processor	TIROS信息处理系统
TIROS	Television and Infrared Observational Satellite	电视红外观测卫星系统
TMI	TRAMM Microwave Imager	TRMM微波成像仪
TMR	TOPEX Microwave Radiometer	TOPEX微波辐射计
TOMS	Total Ozone Mapping Spectrometer	总臭氧绘图光谱仪

TOPEX	Ocean Topography Experiment	海洋地形试验
TOVS	TIROS Operational Vertical Sounder	TIROS 业务垂直探测器
TRMM	Tropical Rainfall Measuring Mission	热带雨量测量项目
TTC	Telemetry, Tracking, and Command	电视,跟踪,指令
TWERLE	Tropical Wind Energy Conversion and Reference Level Experiment	热带风能变换和参考电平试验
UARS	Upper Atmosphere Research Satellite	高层大气研究卫星
UHF	Ultra-High Frequency	超高频
USGCRP	U. S. Global Change Research Program	美国全球变化研究计划
UTC	Coordinated Universal Time	世界协调时
VAS	VISSR Atmospheric Sounder	VISSR 大气探测器
VDUC	VAS Data Utilization Center	VAS 资料利用中心
VHRR	Very High Resolution Radiometer	甚高分辨率辐射计
VIRR	Visible and Infrared Radiometer	可见光和红外辐射计
VIRS	Visible Infrared Scanner	可见光红外扫描仪
VIRSR	Visible Infrared Scanning Radiometer	可见光红外扫描辐射仪
VIS	Visible	可见光
VISSR	Visible and Infrared Spin Scan Radiometer	可见光和红外自旋扫描辐射计
VTPR	Vertical Temperature Profile Radiometer	垂直温度廓线辐射计
WCO_2	Wide CO_2 channel	宽 CO_2 通道
WEFAX	Weather Facsimile	天气传真
WFOV	Wide Field Of View	广视场
WMO	World Meteorological Organization	世界气象组识
WSR	Weather Service Radar	天气监视雷达

附录2 一些基本常数

常数	符号	数值/单位		相对不确定性（ppm）
通用常数				
真空中的光速	C	2.99792458×10^8	$m \cdot s^{-1}$	精确
万有引力常数	G	6.67259×10^{-11}	$N \cdot m^2 \cdot kg^{-2}$	128
普朗克常数	h	$6.6260755 \times 10^{-34}$	$J \cdot s$	0.60
玻尔兹曼常数	k	1.380658×10^{-23}	$J \cdot K^{-1}$	8.5
第一辐射常数	c_1	$1.1910439 \times 10^{-16}$	$W \cdot m^2 \cdot sr^{-1}$	0.60
第二辐射常数	c_2	1.438769×10^{-2}	$m \cdot K$	8.4
斯蒂芬—玻尔兹曼常数	σ	5.67051×10^{-8}	$W \cdot m^{-2} \cdot K^{-4}$	34
维恩位移常数		2.897756×10^{-3}	$m \cdot K$	8.4
阿伏伽德罗常数	N_A	6.0221367×10^{23}	mol^{-1}	0.59
摩尔气体常数	R^*	8.314510	$J \cdot mol^{-1} \cdot K^{-1}$	8.4
地球参数				
标准大气压	atm	1.01325×10^5	Pa	精确
干空气平均分子重量	W_M	2.8966×10^{-2}	$kg \cdot mol^{-1}$	
干空气气体常数	R	2.8704×10^2	$J \cdot kg^{-1} \cdot K^{-1}$	
标准重力加速度	g_0	9.80665	$m \cdot s^{-2}$	精确
轨道常数	Gm_e	3.986005×10^{14}	$m^3 \cdot s^{-2}$	0.15
地球质量	m_e	5.97370×10^{24}	kg	128
地球赤道半径	r_{ee}	6.378137×10^6	m	0.31
地球极半径	r_{ep}	6.356752×10^6	m	0.31
平均地球半径	r_e	6.371009×10^6	m	0.31
地球四极重力系数	J_2	1.08263×10^{-3}		2.7
回归年		$3.15569259747 \times 10^7$	s	
地球角速度	$d\Omega/dt$	7.292115×10^{-5}	$rad \cdot s^{-1}$	0.02
太阳参数				
太阳常数	S_{sun}	1.368×10^3	$W \cdot m^{-2}$	2600
太阳可视半径	r_{sun}	6.9595×10^8	m	1160
日地平均距离	d_{sun}	1.4956×10^{11}	m	470

附录3 常用单位换算

1 瓦(W)＝1 焦耳·秒$^{-1}$(J·s^{-1})

1 卡(cal)＝4.1868 焦耳(J)＝2.388 尔格(erg)＝6.635×10^{-2} 毫瓦·时(mW·h)

1 卡·分$^{-1}$(cal·min^{-1})＝69.78 毫瓦(mW)

1 卡·秒$^{-1}$(cal·s^{-1})＝4.1868 瓦(W)

1 卡·厘米$^{-2}$(cal·cm^{-2})＝1 兰(ly)

1 兰·分$^{-1}$(ly·min^{-1})＝69.78 毫瓦·厘米$^{-2}$(mW·cm^{-2})

1 焦耳·秒$^{-1}$(J·s^{-1})＝1 瓦(W)＝10^3 毫瓦(mW)

1 兆焦耳(MJ)＝2.778×10^2 毫瓦·时(mW·h)

1 卡·厘米$^{-2}$·秒$^{-1}$(cal·cm^{-2}·s^{-1})＝4186.8 毫瓦·厘米$^{-2}$(mW·cm^{-2})

1 尔格·秒$^{-1}$(erg·s^{-1})＝10^{-4} 毫瓦(mW)

1 瓦特·米$^{-2}$(W·m^{-2})＝0.1 毫瓦·厘米$^{-2}$(mW·cm^{-2})

1 毫巴(mb)＝10^{-3} 达因·厘米$^{-2}$(dyn·cm^{-2})＝10^2 瓦·秒·米$^{-3}$(W·s·m^{-3})
       ＝1 百帕(hPa)

1 达因(dyn)＝10^{-5} 牛顿(N)